中国石化上海石油化工研究院

中国石化上海石油化工研究院创建于1960年，在基本有机原料、芳烃、增产低碳烯烃、合纤单体、煤化工、高分子材料、油田化学品及精细化工等技术领域，形成了研发特色和技术优势。形成了甲苯歧化、乙苯脱氢、丙烯腈、精对苯二甲酸、异丙苯、裂解汽油加氢、醋酸乙烯、甲醇制烯烃、合成气制乙二醇等具有中国石化自主知识产权的成套技术或催化剂，成功应用于国内外大中型石化装置，保持了先进水平。

上海石化院在浦东新区和上海市化学工业园区分设两个基地，下设5家分院；目前职工总数695名，其中各类专业技术人员 652名，其中中国工程院院士1名，高级职称技术人员290人，博士161人，硕士184人；设有基本有机原料催化剂国家工程研究中心、博士后工作站、全国标准化委员会石油化学分技术委员会、中国石化有机原料科技情报中心站、中国石化有机原料标准化中心、上海市石油化工产品质量监督检验站等依托机构。

截至2016年底，上海石化院累计获得省部级以上科技奖励293项，其中国家科技进步特等奖1项、一等奖1项，中国专利金奖5项，中国石化科技进步特等奖2项。累计申请中国专利5000余件，授权中国专利2000余件（专利号：200510028787.3、201110193348.3、201210150216.7等）。

茂名石化

SINOPEC MAOMING COMPANY

企业要发展 环保要先行

茂名石化，始建于1955年5月，位于粤西美丽的海滨城市——茂名。这座城市因茂名石化而生、而长、而兴，被誉为“南方油城”。

茂名石化，中国“一五”期间156个重点建设项目之一，也是广东省“一五”期间国家重点建设项目，它的建设结束了华南地区没有石油工业的历史，是国内较早原油加工能力达到千万吨级、乙烯生产能力达到百万吨级和第三家年原油加工能力超过2000万吨的石油化工企业。

茂名石化已经走过了60年的风雨，历经艰难曲折，创造了无比辉煌。近年来始终坚持“既要金山银山，更要绿水青山”的原则，建立完善环保管理体系，严格执行环保“三同时”制度，做好污染防治工作，推进清洁生产以及开展造林绿化工作，不仅在生产建设上实现了质的飞跃，而且在环境保护上取得了巨大成就，做到了增产减污，走上了可持续发展的良性循环之路，成为广东环境保护先进单位和全国造林绿化先进单位，被广东省指定为“工业观光旅游景点”。茂名石化作为中国石化炼化企业排头兵，“十一五”经济效益位居中国石化炼化企业前茅，“十二五”期间，技术经济指标、经济效益保持我国炼化企业前列，并且年盈利额在中国石化炼油、化工板块利润总额中所占比例逐年提升。

www.mpcc.com.cn

辉煌六十年硕果满枝藤

——中石化洛阳工程有限公司

中石化洛阳工程有限公司成立于1956年，前身为石油工业部抚顺设计院、石油工业部第二炼油设计研究院、中国石化总公司洛阳炼油设计研究院、中国石化集团公司洛阳石油化工工程公司。1984年作为国家基本建设体制改革试点单位进入EPC总承包领域，2012年完成公司制重组改制，与中石化广州工程有限公司实行一体化管理。经过60年的发展，该公司已成为是能源化工领域集技术专利商与工程承包商为一体的高新技术企业。目前，该公司拥有中国综合设计甲级资质，业务领域涵盖21个行业；拥有工程总承包、工程设计、工程监理、工程咨询和环境影响评价等甲级资格证书，市场领域已拓展到海外。

60年来，该公司累计完成国内石油炼制、石油化工、天然气、医药及化工领域的工厂、装置、油库、长输管道及市政设施等大中型工程建设项目1000多项，在常减压、催化裂化、延迟焦化、加氢、重整、制氢、油气储运、煤化工、煤直接液化等领域形成了独具特色的先进工程技术，推动了中国炼油和石化工业的发展和技术进步；独立或与国内外工程公司合作完成海外工程设计、工程总承包、技术出口项目百余项，业绩遍及亚、欧、非等国家和地区。

目前，该公司不仅先后获得国家科技进步奖和发明奖350项、优秀设计奖137项、优质工程奖48项、全国优秀总承包项目奖9项、国内外授权专利961项（专利号：ZL201310338193.7；ZL201310095142.6等），而且还荣获了全国精神文明建设工作先进单位、全国五一劳动奖状、全国思想政治工作先进企业、全国模范职工之家、全省先进基层党组等荣誉称号。

洛阳基地办公大楼

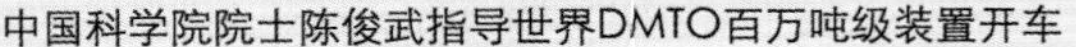

中国科学院院士陈俊武指导世界DMTO百万吨级装置开车

前沿技术研发

王玉普董事长视察公司总承包的阿特劳炼油厂项目现场

站在新起点开辟新航程

——中石化广州工程有限公司

中石化广州工程有限公司前身为广州中元石油化工工程有限公司。2003年6月，为适应企业内部深化改革专业化管理的要求，中国石油化工集团公司决定将中元公司整体并入中石化洛阳工程有限公司组建为其广州分公司，本部设计人员开始逐步南迁到广州分公司。2012年5月，根据中国石化炼化工程（集团）有限公司整体上市的新形势和建设世界一流工程公司的新要求，正式重组为中石化广州工程有限公司，与中石化洛阳工程有限公司实行一体化管理。

近几年来，该公司按照“统筹运作、规范管理、效率优先、确保稳定”的总体思路，对广州、洛阳两个基地实行一体化管理，坚定不移地推进主营业务在广州基地运行。截止目前，中石化洛阳工程有限公司70%的员工已到广州工作，工程设计等核心业务已成功实现在广州国际化大平台上正式运营。以科威特阿祖尔炼厂、中科炼化一体化为代表的一批重点工程项目正在顺利推进。

未来，该公司将坚持开放共享的发展理念，把握公司主体南迁机遇，发挥广州区位优势，全面开展运营管理体系升级，力争早日把广州基地建设成为一个有着全新理念和全新管理模式、更加市场化、更加国际化的工程公司，实现更高追求和更大发展。

广州基地办公大楼

中科炼化一体化项目开工建设

在中国石化率先建成并投用LNG项目

科威特阿祖尔炼油厂项目签约

中石化广州工程有限公司
SINOPEC GUANGZHOU ENGINEERING CO., LTD.

中石化洛阳工程有限公司
SINOPEC LUOYANG ENGINEERING CO., LTD.

创新不停步 引领新潮流

从中国率先进行流化催化裂化装置的自主设计，到甲醇制烯烃成套技术研发，创新已成为中石化洛阳工程公司成长的基因。

多年来，该公司始终秉承科技引领、创新驱动的发展理念，坚持把创新战略放在公司四大发展战略（创新战略、全球化战略、炼化一体化战略、价值最大化战略）之首，不断加强研究与设计的紧密结合，加强与国内外科研院所、高等院校及专利商等合作伙伴的战略合作，以工程技术开发为核心，致力推动原始创新、协同创新、消化吸收再创新，以新技术开发带动项目市场开发，为客户创造价值，形成了鲜明的研究设计一体化管理、项目化运作和开放式科研技术创新特色。

通过国内规模较大的常减压、催化裂化、加制氢等先进炼油生产装置和甲醇制烯烃成套技术的开发与设计，该公司已在炼油、芳烃、油气储运、LNG、现代煤化工、煤制油等领域形成了独具特色的品牌技术。目前，该公司正聚焦甲醇制芳烃、新型煤制乙二醇、木焦油加氢、甲烷氧化偶联制乙烯、聚甲氧基二甲醚制备等新兴能源领域前沿技术研发，致力打造促进石油化工、天然气化工、盐化工、生物化工、新兴能源化工、油煤共炼等相关产业融合发展的全新业务链。

流化催化裂化装置率先在中国建成投产

公司开发与建设的百万吨级超低压连续重整装置在广州建成投产

公司采用自主开发的新技术建设的液相循环柴油加氢工业示范装置

公司作为专利商和承包商建成世界领先的全球规模较大的180万吨/年煤基甲醇制烯烃MTO工业示范装置在内蒙成功

坚持全球化 享誉海内外

从二十世纪八十年代的技术引进、双边合作，到以工程承包商、技术专利商进军海外，该公司始终把建设世界一流工程公司作为企业的理想与追求，不断加快“走出去”步伐，积极开拓国际市场。

在国内，该公司运用自主创新技术完成了镇海、茂名、大连、广州等一批1000至2000万吨级大型炼油基地的总体规划、工程设计、工程总承包，承担完成了世界海拔较高的格尔木至拉萨成品油管道、中国输送距离较长的西南成品油管道、中国较早的石油战略储备基地、中国石化较早的LNG接收站、广西LNG接收站等一批油气储运项目。目前，该公司市场份额占据国内炼油化工工程市场的“半壁江山”，所开发的全球领先的DMTO技术突破了煤制烯烃产业的瓶颈，已在近二十家生产企业推广应用，形成了中国独有的甲醇制烯烃战略性新产业。

多年来，该公司已先后进入中亚、南亚、中东、非洲、美洲等国家与地区，完成了科威特艾哈迈迪炼油厂、卡塔尔油气集输管道、阿尔及利亚凝析油、阿联酋富查伊拉炼厂FEED、哈萨克斯坦阿特劳炼油厂芳烃等工程设计、工程总承包项目近百项。同时，与埃克森—美孚、UOP、Axens、西班牙TR、德希尼布、西比埃等全球著名的专利商、工程公司、项目业主建立起良好的合作关系。

目前，该公司承担的哈萨克斯坦阿特劳石油深加工、科威特阿祖尔新建3150万吨炼厂等“一带一路”沿线国家项目，正全力推进。

科威特阿祖尔炼厂现场施工正在进行

卡塔尔油气集输管线

EPCC建设的哈萨克斯坦阿特劳炼油厂芳烃项目

伊朗Nika罐区

福建炼化一体化项目

中天合创煤化工项目

中海油惠州炼油项目

中国石化武汉分公司80万吨/年乙烯项目

中国石化普光气田天然气净化厂项目

海南炼化60万吨/年芳烃联合装置

工程转化，已经掌握了具有国际水平的大炼油、大乙烯、大芳烃以及天然气净化、液化与储运的工艺和工程技术，成功实现了煤直接液化、煤制烯烃、高含硫天然气净化、生物柴油、生物航煤等技术的工业应用，拥有可进行对外许可的成套技术52项。至今，SEI共荣获国家科技进步奖76项，国家技术发明奖4项，技术发明奖11项，拥有有效专利近600项、专有技术200余项（专利号：ZL 201010208921.9；ZL 201120317044.9等）。

SEI始终秉承“用精品工程为人类绘制石化宏伟蓝图”的使命，先后完成了2200多套石油炼制与石油化工装置的工程咨询、工程设计和工程总承包，创造了辉煌的工程业绩，共荣获国家级优秀设计奖50项，优质工程奖14项，优秀工程总承包奖19项。

SEI期待以优质服务为境内外用户增值，实现SEI与用户共成长！

让我们“一起，做更好的”！

中韩（武汉）石油化工有限公司

SINOPEC-SK (WUHAN) PETROCHEMICAL COMPANY LIMITED

中韩（武汉）石油化工有限公司由中国石化股份有限公司与韩国SK综合化学株式会社以65:35的股比合资成立，两家公司均为世界500强企业。公司位于湖北省武汉化学工业区内，占地面积294.8公顷，是我国中部地区较早的大型乙烯生产企业。从2007年奠基到2012年全面中交，项目历经五年建设，于2013年8月正式投产。

中韩石化共有11套主要装置及公用辅助设施，除EO/EG、HDPE、JPP三套装置引进国际先进技术外，乙烯裂解、裂解汽油加氢、线性低密度聚乙烯、聚丙烯、丁二烯抽提、MTBE/丁烯-1、芳烃抽提、碳五等8套装置均采用中石化自有技术，“乙烯三机”等关键设备率先在国内全部采用国产化装备，主要催化剂也均实现国产化，设备国产化率达87%以上，是目前国内设备国产化率较高、拥有自主知识产权的大型乙烯生产企业。

中韩石化始终坚持节能减排、绿色环保的理念，在安全和环保方面的投资分别达到10亿元和14亿元，是公司除主体设备外较大的一笔资金投入。2015年投资2.15亿元建成的脱硫脱硝装置，外排烟气优于国家环保新标准，生产废水经过分类收集处理后，水质达到国家排放标准。外排废气和废水均安装有在线监控设施，实现24小时全程监控。

目前，公司年产合成树脂产品100万吨，其他有机化工产品130万吨。产品广泛应用于汽车、电器、健康容器、医用器具、管材构件、家用物品、化纤等领域，依托武汉便捷的公路、铁路、水路交通优势，产品销售市场辐射华东、华南、西北、西南等区域。实现年销售额200余亿元，带动了上下游产业链发展，促进了地方经济的发展。

图片注释

1、中韩石化公司全景。 2、裂解雄风。 3、监护池。 4、晴空赏烯云。 5、中韩石化中心控制室。 6、中韩石化公司大楼。 7、一白鹭上青天。

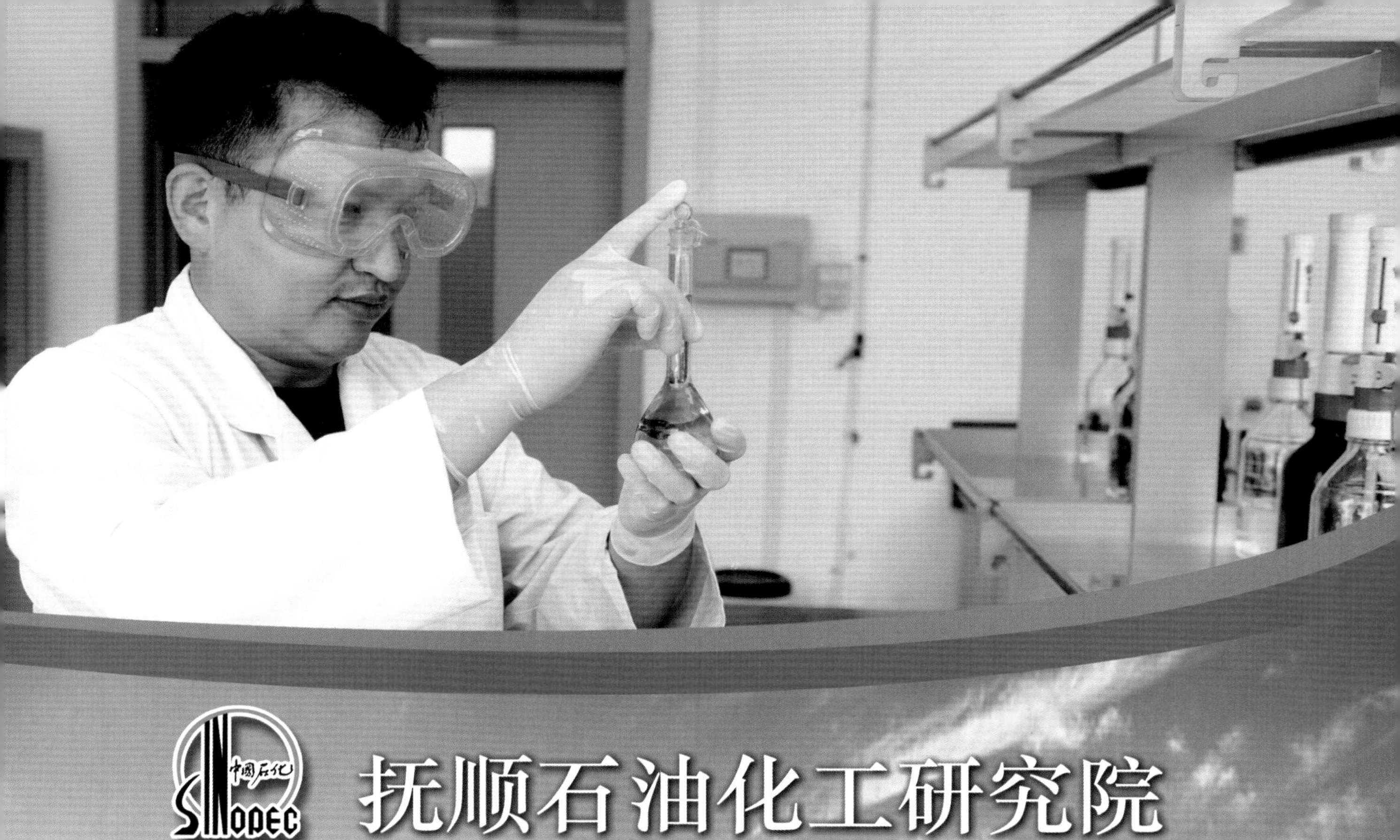

炼油与石化工业技术进展

（2017）

本书编委会　编

中国石化出版社

内 容 提 要

《炼油与石化工业技术进展(2017)》以专题形式，按当前的热点问题分为综述、炼油工艺与产品、化工工艺与产品、三剂、装备技术与信息化、装置运行与管理、减排节水节能与安全环保七个栏目。全书收录有代表性的文章近100篇，由中国石化、中国石油、中国海油等公司所属炼化企业、研究院所和国内其他石油化工相关企事业单位的200多位专家和工程技术人员撰写。

这些文章具有紧密联系企业生产实际，涉及众多当前炼化行业所关注的热点、难点问题的特点，对炼化企业从事生产经营和管理，以及科学研究的技术人员和管理人员有重要的参考价值。

图书在版编目(CIP)数据

炼油与石化工业技术进展.2017/《炼油与石化工业技术进展》编委会编.—北京：中国石化出版社，2017.9
ISBN 978-7-5114-4585-8

Ⅰ.①炼… Ⅱ.①炼… Ⅲ.①石油炼制-文集②石油化学工业-技术革新-中国-文集 Ⅳ.①TE62-53 ②F426.22-53

中国版本图书馆CIP数据核字(2017)第190975号

中国石化出版社出版发行
地址:北京市朝阳区吉市口路9号
邮编:100020 电话:(010)59964500
发行部电话:(010)59964526
http://www.sinopec-press.com
E-mail:press@sinopec.com
北京艾普海德有限公司印刷
全国各地新华书店经销
*
889×1194毫米 16开本 28印张 16彩页 793千字
2017年9月第1版 2017年9月第1次印刷
定价:150.00元

《炼油与石化工业技术进展》
编　委　会

前　言

为了及时反映国内和国际石油炼制和石油化工产业在生产经营、工程建设、技术改进与创新以及可持续发展等方面的成果，为炼化企业科技和管理人员提供一个技术与管理经验的交流平台，《炼油与石化工业技术进展》(2017)一书以专题形式，结合当前的热点问题，设立了综述、炼油工艺与产品、化工工艺与产品、三剂、装备技术与信息化、装置运行与管理、减排节水节能与安全环保等栏目。全书收录有代表性的文章近100篇，由中国石化、中国石油、中国海油、延长石油、神华集团等公司所属炼化企业、研究院所和国内其他石油化工相关企事业单位的200多位专家和工程技术人员撰写。这些文章具有紧密联系企业生产实际，涉及众多当前炼化行业所关注的热点、难点问题的特点，对炼化企业从事生产经营和管理，以及科学研究的技术人员和管理人员有重要的参考价值。

为了加强对本书编写组织工作的领导，提高本书收录论文的水平，出版社和编辑部邀请了徐承恩、胡永康两位院士担任技术顾问，中国石化、中国石油、中国海油、延长石油等单位技术部门的有关负责人担任编委，同时特邀部分炼化企业和相关单位的技术负责人担任特邀编委。在此，谨向他们以及众多关心支持本书出版的各级领导、专家和一线的同志们表示衷心感谢！

按照本书的编制原则，编辑部将在2018年继续组织本书新版的编写出版工作。欢迎广大炼化企业、科研院所以及相关单位的科技人员、管理人员积极关注和支持，同时我们也会逐步扩大征稿范围，吸收更多炼油和化工企业的从业人员和相关大专院校专家、学者的优秀论文和科研成果，并注意适当引入国外先进技术和成果。真诚期望本书能够起到有利于为国内炼油和化工企业、科研设计单位搭起一座相互沟通交流的桥梁，以创新驱动为导向，为推进我国炼油与石化产业的技术进步和增强我国炼化产品国际竞争力多做贡献。

《炼油与石化工业技术进展》(2017)投稿热线：
电话：010-59964081
邮箱：tianxi@ sinopec. com
地址：北京市朝阳区吉市口路9号石化大厦302，中国石化出版社(100020)

目　录

综　述

炼油工艺与产品

化工工艺与产品

三　　剂

装备技术与信息化

装置运行与管理

减排节水节能与安全环保

《石油混合二甲苯》国家标准修订

康　茵　刘顺涛　龙化骊

（中国石化石油化工科学研究院，北京　100083）

摘　要：调研了石油混合二甲苯国内外相关标准，根据国内石油混合二甲苯生产现状，对GB/T 3407—2010《石油混合二甲苯》进行了修订。新标准更加符合国内石油混合二甲苯产品的实际质量水平及市场要求以及考虑到试验操作人员的健康防护，能够达到国内先进水平。

关键词：石油混合二甲苯；标准修订

1　引言

石油混合二甲苯是重要的基础石化原料。目前国内二甲苯的年产量约为912.3×10^4t，年消费量超过1000×10^4t，仍处于供不应求的局面。我国石油混合二甲苯的国家标准为GB/T 3407—2010《石油混合二甲苯》。2013年，有企业反映，标准中的馏程项目的检测方法已修订，按照新修订的检测方法测定产品馏程，不能达到GB/T 3407—2010产品标准中终馏点指标要求。同时还有企业提出对产品进行重新分类、增加烃类含量指标、修改试验方法等问题。根据生产企业和用户的反馈意见，对标准进行了修订。新修订的标准根据国外多数二甲苯标准中馏程项目的表征方法及企业提供的实测数据，将馏程项目的终馏点修改为干点，指标保持不变；增加烃类含量项目和相应的气相色谱测试方法，修改总硫含量和蒸发残余物含量指标及检验周期等。新标准更加符合国内石油混合二甲苯产品的实际质量水平及市场要求，并且考虑到试验操作人员的健康防护。

2　国内外标准现状

国外关于二甲苯产品的质量标准有ISO 5280—1979(E)《工业用二甲苯 规范》(见表1)，ГОСТ 9410-1978(E)《二甲苯》(见表2)，日本工业标准JIS K2435-3-2006《苯·甲苯·二甲苯 第3部分：二甲苯》(见表3)，ASTM D843—2006《硝化级二甲苯标准规范》(见表4)和ASTM D5211-2012《对二甲苯原料用二甲苯的标准规格》(见表5)。

ISO 5280—1979(E)二甲苯的质量指标采用初馏点和干点以及密度项目来控制产品纯度，详见表1。

ГОСТ 9410—1978(E)二甲苯分A、B两级，见表2。馏程控制初馏点和98%馏出温度以及初馏点到95%的馏出温度范围。A级二甲苯纯度(C_8芳烃含量)不小于99.6%。酸洗比色和蒸发残余物的指标均优于ISO标准中相应指标。没有设定总硫含量指标，但规定了硫醇硫和硫化氢的指标。

JIS K2435-3—2006标准中，设定两个质量等级的二甲苯规格，见表3。采用烃类含量控制产品纯度。2号二甲苯与ISO标准的质量规格相当，1号二甲苯纯度高于2号。

表1　ISO 5280-1979(E)《工业用二甲苯 规范》

项　目		质量指标	试验方法
透明度		清净，不含可分离的杂质	目测
颜色(Hazen单位 铂-钴色号)	不大于	20①	ISO 2211或6271

续表

项　　目		质量指标	试验方法
密度(20℃)/(kg/m³)		855~870	ISO 5281
不溶水(20℃)		无	目测
馏程/℃			ISO 4626
初馏点	不低于	137	
干点	不高于	143	
酸洗比色		酸层颜色应不深于 1000mL 稀酸中含 1.0g 重铬酸钾的标准溶液	ISO 5274
总硫含量/(mg/kg)	不大于	10	ISO 5282
腐蚀性硫化物		相当于 1 级铜片轻微变色	ISO 2160
硫醇硫含量/(mg/kg)		无	ISO 5275
中性试验		中性	ISO 5276
蒸发残余物含量/(mg/100mL)	不大于	5	ISO 5277
闪点/℃		如需要，由供需双方自订协议	ISO 1523 或 3679

① 所需参比溶液颜色最深为 50 单位。仅需准备 1000mL 标准比色液。

表 2　ГОСТ 9410—1978(E)《二甲苯》

项　　目		质量指标	
		A	B
外观和颜色		透明，无悬浮的杂质，颜色不深于 1 立升水中含重铬酸钾 0.003g 的标准溶液	
密度(20℃)/(kg/m³)		862~868	860~870
馏程/℃			
初馏点	不低于	137.5	137.0
98%馏出温度	不高于	141.2	143.0
初馏点到 95%的温度范围	不大于	3.0	4.5
C_8芳烃含量(质量分数)/%	不小于	99.6	—
酸洗比色		酸层颜色应不深于 1000mL 稀酸中含 0.3g 重铬酸钾的标准溶液	酸层颜色应不深于 1000mL 稀酸中含 0.5g 重铬酸钾的标准溶液
硫醇硫和硫化氢含量/(mg/kg)		无	
蒸发残余物含量/(mg/100mL)		无	
闪点/℃	不低于	23	

表 3　JIS K2435-3—2006《苯·甲苯·二甲苯　第 3 部分：二甲苯》

项　　目		二甲苯 1 号	二甲苯 2 号
外观		透明且不溶于水 无沉淀物或悬浮物	
颜色(Hazen 单位铂-钴色号)	不大于	20	
密度或相对密度			
密度(20℃)/(kg/m³)		855~870	
相对密度(15/4 ℃)		859~874	
总硫含量/(mg/kg)	不大于	10	
铜片腐蚀		—	轻微变色
中性试验		中性	

续表

项　　目		二甲苯 1 号	二甲苯 2 号
烃类含量(质量分数)/%			
非芳烃	不大于	1.0	2.0
甲苯	不大于	1.0	1.5
C_8芳烃	大于	98	97
C_9和C_9以上芳烃	不大于	1.0	1.5
馏程(原料脱水)		供需双方另订协议	
酸洗比色(原料脱水)	不深于	6 号比色液颜色	
蒸发残余物含量/(mg/100mL)	不大于	5	
溴价/(gBr/100g)		供需双方另订协议	
溴指数/(mgBr/100g)		供需双方另订协议	

表 4　ASTM D843—2006《硝化级二甲苯标准规范》

项　　目		质量指标	ASTM 试验方法
非芳烃/%(体)	不大于	4.0	D 6563
酸洗比色	不深于	6 号比色液颜色	D 848
铜片腐蚀		通过(1A 或 1B)	D 849
外观		清澈透明，无沉淀(18.3~25.6℃)	—
颜色(Hazen 单位 铂-钴色号)	不大于	20	D 1209 或 D 5386
馏程(760mmHg，101.3kPa)/℃			D 850
总馏程范围	不大于	5	
初馏点	不低于	137	
干点	不高于	143	

表 5　ASTM D5211—2012《对二甲苯原料用二甲苯的标准规格》

项　　目		质量指标	ASTM 试验方法
烃类含量/%			D 6563 或 D 7504
对二甲苯	不小于	18	
乙苯	不大于	20	
甲苯	不大于	0.5	
C_9和C_9以上芳烃	不大于	1.0	
非芳烃	不大于	0.3	
氮含量/(mg/kg)	不大于	按需测定	D 6069 或 D 7184 或 D 7183
硫含量/(mg/kg)	不大于	1.0	D 7183
外观		清澈透明，无沉淀	—
氯含量/(mg/kg)		按需测定	D 5194 或 D 5808 或 D 7359 或 D 7536
颜色(Hazen 单位 铂-钴色号)	不大于	20	D 1209 或 D 5386

续表

项　　目		质量指标	ASTM 试验方法
馏程(760mmHg, 101.3kPa)/℃			D 850
总馏程范围	不大于	5	
初馏点	不低于	137	
干点	不高于	143	

ASTM D843—2006，规定了馏程范围为5℃的硝化级二甲苯规格，采用非芳烃体积分数和馏程两项来控制产品纯度，设置项目少于ISO标准，如表4所示。

ASTM D5211—2012，规定了馏程范围为5℃的用于生产对二甲苯的二甲苯规格。指标设置上，采用烃类含量和馏程来控制产品纯度。除硫含量外，还规定了氮含量和氯含量(按需测定项目)。这些杂质影响催化剂性能或腐蚀设备，对二甲苯的下游加工工艺影响程度各不相同。此标准针对性较强，如表5所示。

国外标准是以馏程或烃类含量来控制产品纯度。而多数标准中馏程项目采用的是干点而不是终馏点。目前国外测定苯类产品的馏程主要采用ASTM D850《工业芳烃及相关物料馏程的测定》，方法中规定总馏程范围为干点减去初馏点。

目前国家标准GB/T 3407—2010《石油混合二甲苯》中馏程项目的测定方法采用GB/T 3146—1982，方法中馏程项目采用的是终馏点而不是干点，而终馏点的定义又与GB/T 3146.1—2010规定有所不同，是导致采用不同方法测定的终馏点出现较大差异的主要原因。

3　国内二甲苯的生产和使用情况

二甲苯主要来自石油馏分重整生成油和裂解汽油。催化重整是生产二甲苯的主要工艺。近年来通过轻质类芳构化及重芳烃轻质化来生产BTX芳烃的技术得到较快发展。为了满足对芳烃的不同需求，相应发展了芳烃间的转化和分离技术。

2008年我国二甲苯的生产能力已经达到722.3×10⁴t/a，产量约为467.4×10⁴t/a。生产主要集中在中国石油和中国石化的大公司。2008年国内二甲苯主要生产企业状况见表6。

表6　2008年国内二甲苯主要生产企业状况

公司名称	生产能力/(×10⁴t/a)	公司名称	生产能力/(×10⁴t/a)
宁波中金石化有限公司	23.5	乌鲁木齐石化	18.8
BASF-YPC有限公司	6.4	燕山石化	7.0
青岛丽东石化有限公司	77.7	长岭石化	8.0
上海赛科石化有限公司	9.0	广州石化	5.7
山西焦化股份有限公司	1.4	金陵石化	60.1
上海高桥	2.0	洛阳石化	31.5
大连石化	2.1	茂名石化	10.5
大庆石化	3.6	齐鲁石化	18.9
独山子石化	5.0	上海石化	23.5
抚顺石化	16.5	石家庄石化	2.9
吉林石化	9.4	天津石化	47.0
锦西石化	2.8	扬子石化	110.0
锦州石化	5.3	镇海炼化	101.7
兰州石化	20.2	山西太原石化	0.4
辽阳石化	88.4	九江石化	3.0

2012 年国内二甲苯的产量为 912.3×10^4t/a，消费量超过 1000×10^4t/a，仍处于供不应求的局面。

二甲苯是重要的基础石化原料。其中异构级二甲苯主要用于生产对二甲苯和邻二甲苯，所占比例分别为 77%和 18%。通过新型催化剂的开发和工艺组合，改进甲苯歧化、烷基转移、重芳烃脱烷基、异构化等技术，仍是当前对二甲苯增产技术的开发重点。混合二甲苯中间二甲苯是含量最高的组分，但缺少比较经济的方法将其分离。随着络合法和吸附法分离工艺的开发成功，间二甲苯的应用领域逐渐扩大。目前国内生产间二甲苯的厂家主要是燕山石化，产能为 80×10^4t/a。间二甲苯最主要的用途是生产 IPA(间苯二甲酸)，广泛应用于建筑、家具、汽车等领域。目前国内间二甲苯市场存在较大缺口。乙苯是生产苯乙烯的原料，用量巨大。从混合二甲苯中直接分离出乙苯是工业上的一个难点。目前辽宁中科石化集团已建成首套混合二甲苯直接分离乙苯装置，将扩大混合二甲苯的使用范围。

我国已经成为亚洲乃至世界溶剂级二甲苯最大的进口国家。溶剂级二甲苯主要用作油漆、涂料和溶剂等，其需求约占二甲苯总消费量的 1/2。

我国二甲苯的消费结构大致为：49%用于油漆、涂料和染料；20%用于有机化工原料；15%用于农药；16%用于其他用途。

近年来随着中国经济的发展，国内二甲苯市场需求有较大增长。未来几年中国二甲苯产能的增长主要来自乙烯新建装置、二甲苯抽提装置、新扩建的炼厂重整装置、改扩建的二甲苯装置新增能力。随着惠州乙烯、大连福佳及中国石化福建石化二甲苯新装置的投产及一些老装置的扩能改造，2012 年国内二甲苯的生产能力已达到 1305.8×10^4t。

4 标准修订说明

4.1 馏程

GB/T 3146—1982 方法于 2010 年修订为 GB/T 3146.1—2010，GB/T 3146.1 修改采用 ASTM D850，终馏点的定义与 GB/T 3146 有所不同，区别见表 7。

表 7 GB/T 3146 和 GB/T 3146.1 主要技术差异

标准号	GB/T 3146	GB/T 3146.1
终馏点	当馏出液达到 96%时撤火，注意温度上升，其最高温度即为终馏点	若需要报告终馏点，应观察试验过程中的温度计的最高读数，通常是在蒸馏烧瓶底部全部液体都蒸发后才会出现，读取此温度并作为终馏点记录
取样方式	氢氧化钾或无水氯化钙脱水，试样温度应保持 20℃±3℃	除去游离水，不允许除去溶解水，不再规定取样温度
蒸馏仪	GB/T 3146—1982 蒸馏仪，温度计分度值为 0.1℃，接收器为异径量筒	采用 GB/T 6536—1997 蒸馏仪，温度计采用分度值为 0.2℃的工业芳烃蒸馏用 ASTM 温度计或同等温度计，接收器改为普通量筒
温度计校准方法	温度计自身校准，水银柱外露部分温度校准，大气压对温度计校准	取消了外露温度计，只进行温度计自身校准和大气压对温度计校准
精密度	重复性和再现性	删除了重复性内容，引入了中间精密度

有专家对不同标准规定的终馏点进行了研究，认为终馏点到达后会出现两种情况。第一种情况为蒸馏烧瓶底部向温度计的传热量小于温度计向周围环境的散热量，致使温度计读数下降。第二种情况为温度计周围气相中的分子发生分解吸热，从而使温度计读数下降。GB/T 3146 规定“当馏出液达到 96%时撤火”，会出现上述第一种情况。GB/T 3146.1 没有规定撤火，很难出现第一种情况，而二甲苯总馏程范围较窄，达到终馏点出现第二种情况时，温度远高于 GB/T 3407—2010 产品标准

的指标规定。表 8 为某炼厂采用 GB/T 3146 和 GB/T 3146.1 两种方法测得的馏程数据。

表 8　某炼厂采用 GB/T 3146 和 GB/T 3146.1 两种方法测得的馏程数据

GB/T 3146 初馏点/℃	GB/T 3146 终馏点/℃	GB/T 3146.1 初馏点/℃	GB/T 3146.1 干点/℃	GB/T 3146.1 终馏点/℃	GB/T 3407—2010 3℃二甲苯终馏点/℃不高于	GB/T 3407—2010 5℃二甲苯终馏点/℃不高于
139.4	141.0	138.4	140.8	153.0	141.5	143
139.5	141.0	139.0	140.5	163.4		
139.5	141.0	139.0	140.5	166.3		
139.4	140.9	138.6	140.5	162.9		

从表 8 可以看出，两种方法测定的初馏点基本相同，GB/T 3146 测定的终馏点与 GB/T 3146.1 测定的干点基本一致。但 GB/T 3146.1 测得的终馏点远远高于干点，即远高于 GB/T 3146 测定的终馏点，无法达到 GB/T 3407—2010 标准对终馏点的指标要求。我们认为两种方法测定终馏点报告方式不同，两种方法的试验条件也不同(见表 7)，导致两种方法测定的终馏点有较大差异。

目前 GB/T 3146 已由 GB/T 3146.1 替代。GB/T 3146.1 中终馏点的定义是国际上普遍采用的。

此次修订，馏程项目的测定方法修改为 GB/T 3146.1。国外大多数二甲苯标准中馏程项目的表征采用干点。目前国外测定苯类产品馏程主要采用 ASTM D850《工业芳烃及相关物料馏程的测定》，方法中规定总馏程范围为干点减去初馏点。鉴于此，此次修订，根据企业提供的数据(见表 9)，将 GB/T 3407—2010《石油混合二甲苯》标准中馏程项目的终馏点修改为干点，指标保持不变是合适的，即总馏程范围为干点减去初馏点，而不是终馏点减去初馏点。

表 9　石油混合二甲苯质量数据汇总

项　目 \ 企业名称	1z	2DS	3sJ	4L	5G	6M	7Q	8JJ	9T	10C	11w	12ZD
外观	透明液体，无不溶水及机械杂质											
颜色(Hazen 单位 铂-钴色号)	5	20	5	15	10	10	5	10	20	10	5	10
密度(20℃)/(kg/m^3)	867	860.5	866.4	867.0	865.6	863.7	867.7	866.1	865.4	865.7	866.5	862.8
馏程(GB/T 3146.1)/ ℃												
初馏点	137.4	137.8	137.7	139.0	138.8	137.7	137.8	138.3	138.9	139.1	138.8	139.0
干点	141.4	140.7	140.1	141.0	141.3	139.3	140.7	141.0	139.9	141.3	141.0	141.2
终馏点	—	155.4	>150	—	>170	—	—	—	—	—	—	—
总馏程范围	4.0	2.9	2.4	2.0	2.5	1.6	2.9	2.7	1.0	2.2	2.2	2.2
酸洗比色	<0.5	0.5	0.05	<0.3	0.1	<0.5	<0.3	0.05	0.05	0.08	<0.5	<0.5
总硫含量/(mg/kg)	<0.5	0.50	1	1.0	<0.5	<1.0	<0.5	0	0.6	0.4	<1.0	0.5~0.56
蒸发残余物含量/(mg/100mL)	0.8	1.7	0.5	2.0	0.6	1.6	—	1.2	0.8	0.5	0.5	3
铜片腐蚀	通过	通过	通过	通过	通过	通过	通过	通过	通过	通过	通过	通过
中性试验	中性	中性	中性	中性	中性	中性	—	中性	中性	中性	中性	中性
溴指数/(mgBr/100g)	<5	63.64	0.8	65	<5	42	2.13	—	63.08	36.67	—	27.18

4.2　删除溴指数项目

GB 3407—1990《石油混合二甲苯》国家标准中没有设定溴指数检测项目。GB/T 3407—2010 产品标准考虑国内有些炼厂采用溴指数来衡量芳烃物料中烯烃的含量，于是参考 JIS K2435-3—2006 标准(溴指数项目指标为供需双方另订协议)，增加溴指数检测项目，指标为供需双方商定。此次修订，考虑到历次版本的标准中都已经设定了酸洗比色检测项目(酸洗比色是间接检验苯类产品中不稳定物质，如烯烃及其他有色物质多少的指标)，用于衡量烯烃含量，该项目实施多年，为大多数炼厂所接受和认可，所以此次修订删除溴指数检测项目。

4.3 本标准混合二甲苯适用范围

本标准适用于由催化重整工艺或高温裂解制乙烯等工艺所得的石油混合二甲苯。

二甲苯主要来源于炼油厂重整装置、乙烯生产厂的裂解汽油以及煤炼焦时的副产。前两者生产的石油混合二甲苯来源于石油产品，后者生产的焦化二甲苯来源于煤炭。目前通过煤炼焦获得的芳烃已不占主导地位，世界芳烃总产量中90%以上来自于石油。

焦化二甲苯的国家标准为GB/T 2285—1993《焦化二甲苯》。该标准适用于从焦炉煤气中回收的粗苯经酸洗、分馏所得到的焦化二甲苯。GB/T 2285—1993《焦化二甲苯》与GB/T 3407—2010《石油混合二甲苯》的技术指标对比见表10。

表10 《焦化二甲苯》与《石油混合二甲苯》技术指标对比

项目	GB/T 3407—2010《石油混合二甲苯》		GB/T 2285—1993《焦化二甲苯》		
	质量指标		质量指标		
	3℃二甲苯	5℃二甲苯	3℃二甲苯	5℃二甲苯	10℃二甲苯
外观	透明液体，无不溶水及机械杂质		室温（18～25℃）下透明液体，不深于每1000mL水中分别含有0.003g重铬酸钾的颜色	室温（18～25℃）下透明液体，不深于每1000mL水中分别含有0.03g重铬酸钾的颜色	
颜色（Hazen单位 铂—钴色号）不大于	20		—		
密度（20℃）/（kg/m³）	862～868	860～870	857～866	856～866	840～870
馏程/℃					
初馏点 不低于	137.5	137	137.5	136.5	135.0
终馏点 不高于	141.5	143	140.5	141.5	145.0
总馏程范围 不大于	3	5	—	—	—
酸洗比色	酸层颜色不深于1000mL稀酸中含0.3g重铬酸钾的标准溶液	酸层颜色不深于1000mL稀酸中含0.5g重铬酸钾的标准溶液	酸层颜色不深于1000mL稀酸中含0.6g重铬酸钾的标准溶液	酸层颜色不深于1000mL稀酸中含2.0g重铬酸钾的标准溶液	酸层颜色不深于1000mL稀酸中含4.0g重铬酸钾的标准溶液
总硫含量/（mg/kg） 不大于	2		—		
蒸发残余物含量/（mg/100mL） 不大于	3		—		
铜片腐蚀	通过		2号（即中等变色）	—	—
中性试验	中性		中性		
溴指数/（mgBr/100g）	供需双方商定		—		
水分	—		室温（18～25℃）下目测无可见的不溶解的水		

从表10可以看出，石油混合二甲苯标准检测项目多于焦化二甲苯。石油混合二甲苯的馏程范围与焦化二甲苯不同。石油混合二甲苯酸洗比色指标严于焦化二甲苯，说明焦化二甲苯比石油混合二甲苯含有更多不稳定物质，如烯烃、乙苯、苯乙烯及其他有色物质。石油混合二甲苯铜片腐蚀指标为通过，即铜片不腐蚀或轻微变色。焦化二甲苯铜片腐蚀指标为2号（即中等变色），说明焦化二甲苯含有更多的酸性物质或硫化物等腐蚀物质。此外，焦化二甲苯没有控制Hazen颜色、总硫和蒸发残余物等指标。一般来说，焦化二甲苯比石油混合二甲苯含有更多的高沸点物质和杂原子化合

物。石油混合二甲苯可以用于油漆，如果油漆档次不高可选用焦化二甲苯。石油混合二甲苯用作化工原料时，如生产对二甲苯或农药中间体，用户通常会增加杂质含量(乙苯、非芳烃)的控制要求，而焦化二甲苯一般不能满足要求。焦化二甲苯价格远低于石油混合二甲苯。

不同来源(石油或煤炭)的二甲苯质量不同，用途不同。本次修订，标准仍然只适用于石油基混合二甲苯。

4.4 产品分类

此次产品调查过程中有企业建议：将石油混合二甲苯分为PX(对二甲苯)级和溶剂级(适用于用作溶剂、油漆、涂料、染料等)；或是将石油混合二甲苯分为化工级(适用于用作化工原料)和溶剂级。

国外用于生产PX的二甲苯产品标准有ASTM D5211—2012《对二甲苯原料用二甲苯的标准规格》。ASTM标准通过设置烃类含量和微量元素指标来控制二甲苯的纯度。中国石化在国家标准GB/T 3407—2010的基础上，参照ASTM D5211，建立了Q/SH PRD0404—2011《PX装置用混合二甲苯》企业标准。

国标GB/T 3407—2010设置馏程、密度、酸洗比色、蒸发残余物、总硫含量及铜片腐蚀等项目指标控制二甲苯的纯度。该标准有较高的质量水平。此次调研了14家炼油企业，除3家企业没有提供数据，其余有8家企业生产符合GB/T 3407—2010质量标准的石油混合二甲苯，其乙苯、非芳烃、对二甲苯等烃类含量及微量元素含量均能够达到Q/SH PRD0404—2011《PX装置用混合二甲苯》的要求(见表11)。

表11 11家炼油企业石油混合二甲苯组分分析数据

企业	乙苯含量/%(≤19)	非芳烃含量/%(≤2.0)	PX含量/%(≥18)	甲苯含量/%(≤0.5)	C_9和C_9以上芳烃含量/%	氯含量/(mg/kg)(≤1)	氮含量/(mg/kg)(≤1)
1Y	17.05	0.76	19.02	0.11	0.08	<0.5	<0.5
2Q	15.09	0.382	17.37	0.032	0.265	<0.5	<0.3
3G	13.66	1.35	18.92	0.19	0.75	<0.5	<0.5
4JJ	21.32	0.0032	20.96	0.734	0.218	—	—
5S	14.415	1.265	19.77	0.308	0.708	<1.0	<1.0
6Z	11.19	≤2.0	20.52	0.13	0.05	<0.5	<0.5
7T	16.45	0.52	21.42	0.066	0	<0.8	<0.8
8ZD	14.297	1.432	20.45	0.03	0.2143	<0.5	<0.5
9C	17.68	0.81	18.06	0.26	0.06	—	—
10M	52.39	2.48	8.85	0.26	1.13	—	—
11W	17.87	0	20.48	0	0	—	—

GB/T 3407—2010石油混合二甲苯适用于用作化工原料或溶剂、油漆、染料等。用作化工原料时，目的产品不同(对二甲苯、邻二甲苯、间二甲苯或乙苯等)，对混合二甲苯的组成要求不同。如PX装置用混合二甲苯就对对二甲苯、乙苯、非芳烃、氯含量、氮含量等有特殊要求。各企业和用户，可以根据不同需求，在GB/T 3407的基础上对特殊需要测定的组分协商测定。

大约有20%的石油混合二甲苯用作化工原料，其中77%用于生产对二甲苯，18%用于生产邻二甲苯。此外，随着络合法和吸附法分离工艺的开发成功，间二甲苯的应用领域逐渐扩大。从混合二甲苯分离间二甲苯或乙苯等工艺近年来具有越来越大的发展空间。所以从石油混合二甲苯的发展趋势和适用范围来看，国家标准的分级不能仅考虑对二甲苯。

石油混合二甲苯主要来源于炼油厂重整装置、乙烯生产厂的裂解汽油以及煤炼焦时的副产。我国石油混合二甲苯的生产主要集中在中国石油和中国石化的大公司。2012年国内石油混合二甲苯的生产能力约为1305.8×10^4t，而焦化二甲苯资源总共才有11×10^4t。中国石油和中国石化的大公司全部采用催化重整或乙烯裂解装置，能够生产符合GB/T 3407国家标准要求的石油混合二甲苯，适用于用作化工原料或溶剂、油漆等。目前国内大公司采用重整或乙烯裂解工艺，保证了国内石油混合二甲苯的总体质量水平较高。如果将二甲苯分为化工级和溶剂级两类，由于用户对用作溶剂、油漆等的二甲苯一般没有要求，溶剂级二甲苯不需要化工级二甲苯那么多技术指标，将会使二甲苯国家标准的整体水平下降。设定溶剂级二甲苯指标的意义只能是针对年产量很少的焦化二甲苯。焦化二甲苯本身已经有国家标准。此次修订，如果将石油混合二甲苯分为化工级(适用于用作化工原料)和溶剂级，会使标准整体水平降低。

此次修订，石油混合二甲苯仍然根据产品馏程范围进行分类，与上一版本保持一致。

4.5 烃类含量

此次修订，设定"烃类含量"项目，包含"C_8芳烃含量"、"C_9和C_9以上芳烃含量"、"非芳烃含量"和"甲苯含量"四项。

4.5.1 C_8芳烃含量

GB/T 3407标准中设置馏程项目控制二甲苯的纯度。此次产品质量调查过程中，一些企业提出建议：标准设定C_8芳烃含量(邻二甲苯、间二甲苯、对二甲苯、乙苯的质量分数总和)指标，采用气相色谱法进行测定。

企业生产装置对精馏塔调整操作的依据一般是产品烃类组成，控制生产装置运行条件的分析项目也是产品烃类组成。气相色谱法具有分离效能高、分析速度快、操作简单、对环境污染和操作人员健康影响小等特点。气相色谱法分析产品组成具有规模化的发展趋势。

JIS K2435-3—2006《苯·甲苯·二甲苯．第3部分：二甲苯》标准中，设定1号和2号两个质量等级的二甲苯规格，其中2号二甲苯与ISO 5280—1979(E)《工业用二甲苯 规范》标准的质量规格相当，2号二甲苯的C_8芳烃含量(质量分数)为不小于97%，ISO 5280标准中二甲苯的馏程范围为137～143℃，而GB/T 3407标准中，5℃混合二甲苯的馏程范围也为137～143℃。JIS K标准中1号二甲苯纯度高于2号，为不小于98%。此次调研了15家企业，采用重整或乙烯裂解工艺，生产馏程范围为3℃或5℃的混合二甲苯。15家企业生产的混合二甲苯均能够达到GB/T 3407标准指标要求，其中13家企业混合二甲苯C_8芳烃含量达到97%以上，5℃混合二甲苯C_8芳烃含量基本在97%以上(11家企业中9家企业含量大于97%)，3℃混合二甲苯C_8芳烃含量全部在98%以上(见表12)。此次修订，5℃和3℃混合二甲苯C_8芳烃含量指标参考JIS K标准，结合企业实测数据制定。

鉴于气相色谱法的特点和产品烃类组成在工业生产上的作用，此次修订，拟增加用气相色谱法测定的C_8芳烃含量项目。5℃混合二甲苯指标为：不小于97%，3℃混合二甲苯指标为：不小于98%。

表12 各企业用色谱法测定石油混合二甲苯组成数据

企业名称	生产工艺	馏程范围指标值/℃不大于	馏程初馏点/℃干点/℃	C_8芳烃含量/%(PX+MX+OX+EB)	C_9和C_9以上芳烃含量/%	非芳烃含量/%	甲苯含量/%	组成测定方法
1Q	催化重整+C_8吸附分离	3	137.8 140.7	98.88	0.265	0.382	0.032	UOP 744
2C	重整+抽提+精馏	3	139.1 141.3	98.43	0.06	0.81	0.26	ASTMD6563
3SJ	催化重整+抽提+精馏	3	137.7 140.1	99.84	<0.2	<0.2	0	ASTMD6563
4JL	连续重整+抽提	3	138.5 140.4	>98	<1.0	≤0.5	≤0.5	UOP 744

续表

企业名称	生产工艺	馏程范围指标值/℃不大于	馏程初馏点/℃干点/℃	C_8芳烃含量/%(PX+MX+OX+EB)	C_9和C_9以上芳烃含量/%	非芳烃含量/%	甲苯含量/%	组成测定方法
5M	环丁砜抽提蒸馏	5	137.7 139.3	96.49	1.13	2.48	0.26	ASTMD6563
6G	催化重整+抽提	5	138.8 141.3	97.38	0.72	2.33	1.31	ASTMD6563
7JJ	催化重整	5	138.3 141.0	98.73	0.218	0.0032	0.734	ASTMD6563
8W	重整汽油+抽提	5	138.8 141.0	100.02	0	0	0.04	ASTMD6563
9Z	催化重整+C_8吸附分离	5	137.4 141.4	98.39	0.05	1.8	0.13	ASTMD6563
10T	UOP 连续重整	5	138.9 139.9	97.24	0	0.52	0.066	UOP 744
11ZD	连续/半再生重整+精馏	5	139.0 141.2	97.65	1.24	2.5	0.08	UOP744
12DQ	乙烯裂解+抽提	5	137.3 139.8	>98	<1.0	<0.1	<0.5	企标色谱法参照 UOP744
13L	乙烯裂解+抽提	5	139.0 141.0	99.40	<0.6	<0.6	<0.6	企标色谱法参照 ASTMD6563
14S	UOP 专利技术	5	138.7 140.9	97.03	0.708	1.265	0.308	UOP744
15DL	重整+抽提	5	137.8 140.7	94.76	<0.5	4.74	0.00	ASTM D6563

4.5.2 C_9和C_9以上芳烃含量

C_9和C_9以上芳烃是二甲苯痕量杂质中的主要杂质。C_9和C_9以上芳烃含量会影响二甲苯干点结果。C_9和C_9以上芳烃含量高，二甲苯的干点也相应升高。JIS K2435-3—2006 标准中C_8芳烃(二甲苯)含量为不小于97%时，C_9和C_9以上芳烃含量为不大于1.5%；C_8芳烃含量不小于98%时，C_9和C_9以上芳烃含量不大于1.0%。

本次调研15家采用不同工艺生产混和二甲苯的企业，5℃混合二甲苯的C_9和C_9以上芳烃含量实测值均为不大于1.5%，3℃混合二甲苯的C_9和C_9以上芳烃含量实测值均为不大于1.0%，见表12。

采用某炼厂5℃混合二甲苯馏程与烃类组成经验公式(见表13)，对11家企业的混合二甲苯(馏程范围指标为不大于5℃)干点值进行计算，根据企业乙苯含量和C_9和C_9以上芳烃含量的实测值计算出的干点值与企业产品干点的实测值基本一致，当C_9和C_9以上芳烃含量为2%时，计算的干点值均高于143℃(GB/T 3407 规定，馏程范围为5℃的混合二甲苯干点不高于143℃)，而当C_9和C_9以上芳烃含量为1.5%时，计算的干点值均不高于143℃。11家企业中9家企业的C_8芳烃含量大于97%(见表13)。所以此次修订，对于5℃混合二甲苯，设定当C_8芳烃含量为97%时，C_9和C_9以上芳烃含量对应指标值为不大于1.5%是合适的。

对于3℃混合二甲苯，根据企业实测数据(见表13)，参照JIS K标准，设定当C_8芳烃含量为98%时，C_9和C_9以上芳烃含量为不大于1.0%。

表13 不同企业干点计算值与实测值比较

经验公式：干点=139.8−0.015×(乙苯含量−20)+2.1×(C_9和C_9以上芳烃含量)						
企业名称	生产工艺	C_8芳烃含量(质量分数)/%	干点(按公式计算)/℃	干点(实测值)/℃	干点(按公式计算 C_9^+=1.5%)/℃	干点(按公式计算 C_9^+=2.0%)/℃
Z	乙烯裂解	98.39	141.1	141.3	142.9	144.3
	催化重整		141.1	141.5	142.9	144.3
G	乙烯裂解	97.38	141.0	139.0	142.8	144.1
	催化重整		141.0	141.3	142.8	144.1
ZD	催化重整	97.65	141.3	141.2	143.0	144.0
T	催化重整	97.24	139.4	139.9	142.3	143.5
M	催化重整	96.49	139.3	139.3	142.5	143.5
S	催化重整	97.03	140.5	140.9	142.5	143.5
JJ	催化重整	98.73	140.3	141.0	143.0	144.0
W	催化重整	100.02	139.8	141.0	143.0	144.0
L	乙烯裂解	99.40	140.9	141.0	143.0	144.1
DL	催化重整	94.76	140.9	140.5	143.0	144.1
DQ	催化重整	>98	139.3	139.8	142.4	143.5

烃类含量项目中设置C_9和C_9以上芳烃含量指标，是为防止产品中C_8芳烃含量合格(不小于97%或98%)，但由于C_9和C_9以上芳烃含量较高，可能导致馏程干点不合格。

4.5.3 非芳烃含量和甲苯含量

非芳烃是连续重整反应装置脱庚烷塔顶油经芳烃抽提后的抽余油，组分较轻，馏程范围大约为62~129℃(馏程上限温度为96%馏出温度)，族组成分析，大部分为C_6和C_7物质。甲苯的沸点为110.6℃。当石油混合二甲苯中含有一定量的非芳烃和甲苯时，由于这些物质沸点较轻，可能会导致混合二甲苯的初馏点降低。某炼厂的测定数据也表现出这个趋势，见图1。同时这些杂质会增加下游生产装置能耗。因此要控制其含量。另一方面，非芳烃物质会包含一定量的烯

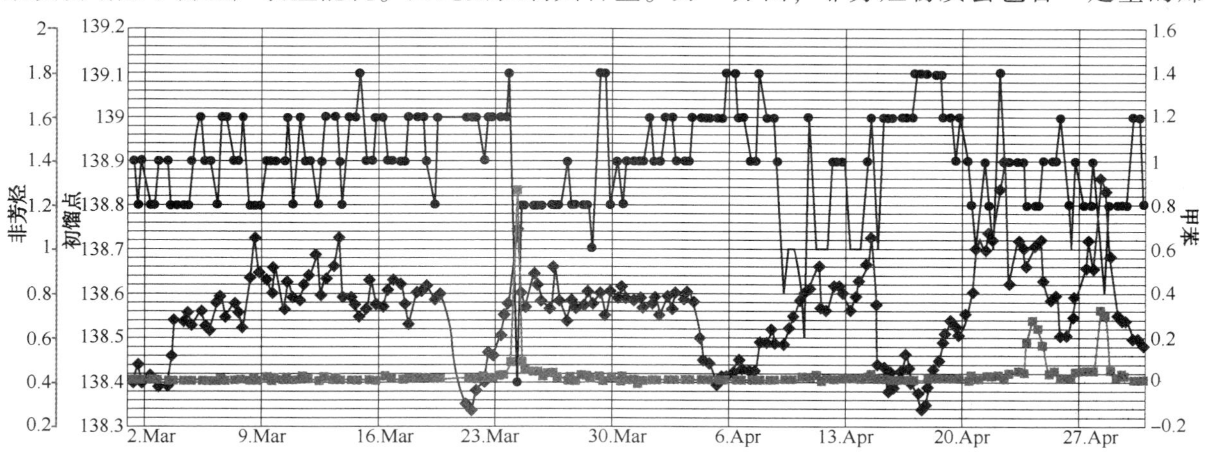

图1 某炼厂非芳烃、甲苯与初馏点数据图

烃，烯烃含量高会导致酸洗比色检验不合格。在标准中已经采用酸洗比色指标来控制烯烃含量，非芳烃中的其他成分对混合二甲苯质量影响并不大。所以在控制住烯烃含量的前提下，可以适当放宽非芳烃含量的指标范围。JIS K 标准中当 C_8芳烃含量为“不小于 98%和不小于 97%”时，非芳烃含量为“不大于 1.0%和不大于 2.0%”。此次修订，参考 JIS K 标准，结合企业实测数据(见表 12)，设定非芳烃含量指标为“不大于 1.0%和不大于 2.5%”(比 JIS K 标准略微放宽)；JIS K 标准中当 C_8芳烃含量为“不小于 98%和不小于 97%”时，甲苯含量指标为“不大于 1.0%和不大于 1.5%”。考虑甲苯的毒性较大，应严格控制其含量，此次设定甲苯含量指标为“不大于 0.5%和不大于 1.0%”，严于 JIS K 标准。另外，杂质苯也可能会影响混合二甲苯的初馏点。但从企业的分析数据来看，苯含量均很少，一般不大于 0.01%，且 JIS K 标准中也没有设置苯含量指标，因此此次修订没有设置苯含量指标。

4.5.4　烃类含量测定方法

我国目前还没有测定混合二甲苯烃类含量的国家标准或行业标准方法。目前各企业一般采用 UOP 744《用气相色谱法测定碳氢化合物中的芳烃含量》或 ASTM D6563《用气相色谱法测定苯、甲苯、二甲苯浓度的试验方法》或各企业的自建色谱方法，见表 14。ASTM D6563 方法适用于测定终馏点低于 215℃的物质，单组分芳烃含量(质量分数)的检测范围为 0.01%~90%。UOP 744 方法适用于测定石油馏分中的单组分 C_6~C_{10}芳香族化合物或者终馏点≤210℃的芳烃的含量。单组分芳烃含量(质量分数)的检测下限为 0.01%。ASTM D6563 和 UOP 744 方法均能够满足石油混合二甲苯组分检测要求，且两种方法选用的色谱柱、校正因子等条件非常接近。两种测定方法比较见表 14。但 UOP 744 方法组分分得非常细，计算比较复杂，两种方法的典型谱图见图 2 和图 3。某炼油厂同一样品采用两种测定方法的数据对比见表 15。从表 15 可以看出，两种方法测定同一样品的数据具有很好的一致性。此次修订，对烃类组成的测定采用 ASTM D6563 方法。

表 14　两种测定方法比较

方法标准	ASTM D6563-2012	UOP 744-2006
适用范围	本方法叙述了通过毛细管柱气相色谱法对苯、甲苯、二甲苯混合物中总非芳烃、苯、甲苯、乙苯、二甲苯和总 C_9芳烃含量的测定。该测试方法适用于终馏点低于 215℃的物质。单组分芳烃含量的检测范围为 0.01%~90%	本方法用于测定石油馏分中的单组分 C_6~C_{10}芳烃或者终馏点≤210℃的芳烃的含量。当本方法用于以上任何一种情况时，单组分芳烃含量的检测下限为 0.01%
色谱柱	推荐内径 0.25mm，柱长 50m 或 60m 的键合聚乙二醇熔融石英毛细管，膜厚 0.25μm	内部涂有交联聚乙二醇涂层的熔融石英毛细管柱。长 60m，内径 0.32mm，膜厚 0.5μm
色谱条件	载气 He，分流比 200：1，程序升温，70~200℃	载气 H_2，分流流量 200mL/min，程序升温，50~210℃
定量方法	校正面积归一	校正面积归一
校正因子	非芳烃 1.0000 苯 0.9100 甲苯 0.9200 乙苯 0.9275 对二甲苯 0.9275 间二甲苯 0.9275 邻二甲苯 0.9275 总 C_9芳烃 0.9333	正庚烷 1.000 苯 0.909 甲苯 0.919 二甲苯 0.927 甲基-2-乙基苯 0.933 1,2,3,4-四甲基苯 0.938

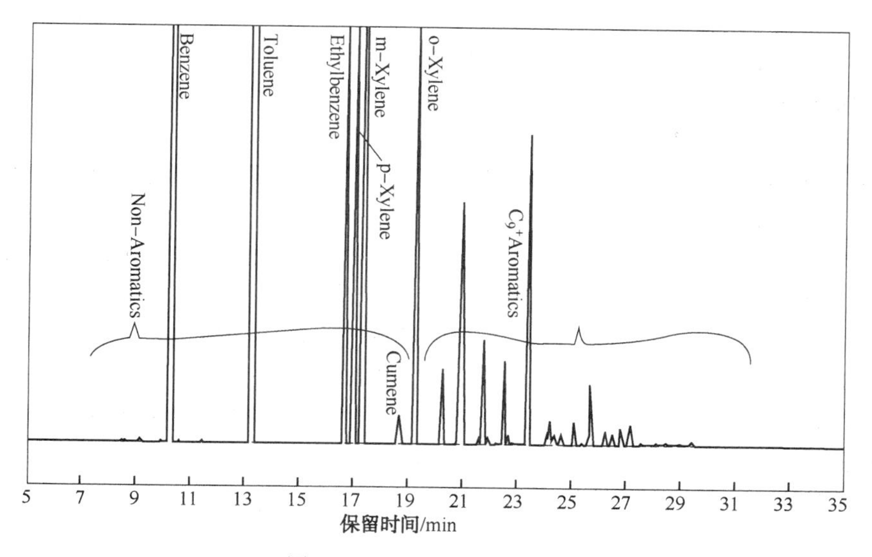

图 2　ASTM D6563 典型谱图

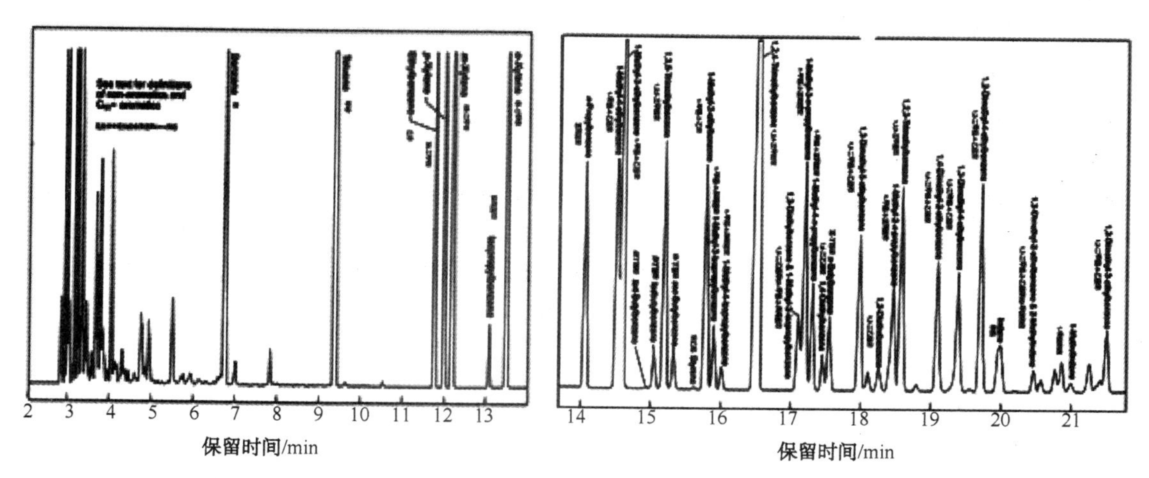

图 3　UOP744 典型谱图

表 15　同一样品分别采用 UOP 744 和 ASTM D6563 方法测定的数据对比

分析方法	C_9和 C_9以上芳烃含量/%	乙苯含量/%	对二甲苯含量/%	甲苯含量/%	非芳烃含量/%	苯含量/%
UOP744	0. 11	15. 84	18. 85	0. 08	0. 55	<0. 01
ASTMD6563	0. 10	15. 84	18. 85	0. 08	0. 56	<0. 01
UOP744	0. 06	9. 80	17. 79	0. 28	0. 83	<0. 01
ASTMD6563	0. 06	9. 80	17. 79	0. 28	0. 83	<0. 01

4. 5. 5　烃类含量与馏程两项可任选其中之一

此次修订，设定烃类含量控制产品纯度，主要是考虑产品烃类含量在工业生产上的作用；气相色谱法与馏程方法相比较，对环境和操作人员的影响小，以及气相色谱法具有规模化的发展趋势。但用馏程控制产品纯度在我国已开展多年，指标与试验方法为大部分生产企业和用户所接受，且由于馏程与烃类含量两项并没有严格的对应关系，不能完全删除馏程项目，企业一般达到两项之一的指标即可满足生产，所以此次修订，生产企业和用户可以根据协定，任选“馏程”和“烃类含量”两项之一进行测定。

4.5.6 总硫含量

此次标准修订征求意见过程中，有专家提出进一步降低总硫含量指标的建议。因为对于重整工艺的原料，本身就要求总硫含量不大于 0.5mg/kg。考虑到目前国内装置产品的总硫含量一般均小于 1mg/kg，故此次修订将总硫含量指标由不大于 2mg/kg 修改为不大于 1mg/kg。

4.5.7 检验项目

此次标准修订征求意见过程中，有炼厂提出：将“总硫含量”、“中性试验”、“蒸发残余物含量”三项由出厂批次检验项目修改为出厂周期检验项目。

对于此项建议，我们对石油混合二甲苯的生产工艺进行了调研。对于采用环丁砜抽提的生产工艺，部分抽提装置中会出现环丁砜循环系统腐蚀严重的情况。其原因是，在抽提过程中，环丁砜及杂质发生劣化，产生磺酸、丁基磺酸、硫酸等造成硫腐蚀。此外，环丁砜抽提原料虽然经过脱氯处理(处理后氯含量小于 1μg/g)，但氯会在环丁砜中发生累积，造成氯腐蚀，且腐蚀程度比硫腐蚀更严重。环丁砜本身是含硫化合物。所以从环丁砜的分子结构和抽提工艺酸腐蚀的情况来看，“总硫含量”和“中性试验”两相还应作为出厂批次检验项目为宜。

蒸发残余物是检验高沸点物质对芳烃的污染情况。高沸点物质含量与重整进料的性质、馏份范围及工艺条件有关。例如，如果抽提蒸馏塔和汽提塔的分离效果稍差一些，会有少量高沸点环丁砜溶剂残留在芳烃中，使蒸发残余物含量增加。又如重整产物中高沸点物质 C_9 和 C_9 以上非芳烃含量与连续重整的苛刻度和重整进料中的芳烃潜含量有关。重整进料的组成和生产工艺的参数、条件控制等不是一成不变的。但是考虑到蒸发残余物项目污染比较大，对操作人员的健康影响也较大，所以修改蒸发残余物项目的检验周期，即：当选择烃类含量项目检测时，蒸发残余物含量项目可以由出厂批次检验项目设定为出厂周期检验项目，每半年至少测定一次。

4.5.8 修改蒸发残余物指标

由于重整装置生产的目标产品不同，重整进料组成和装置反应苛刻度不同，抽提装置分离效果有差别，白土精制等原因，会导致混合二甲苯中蒸发残余物含量的差别。如果要降低蒸发残余物含量，企业需增加能耗和投资。据调研，将 5℃混合二甲苯蒸发残余物含量指标由不大于 3mg/100mL 修为不大于 5mg/100mL，不会影响产品的使用。因此，本次修订，将 5℃混合二甲苯蒸发残余物含量指标由不大于 3mg/100mL 修为不大于 5mg/100mL。

4.5.9 馏程测定方法

GB/T 3146—1982《苯类产品馏程测定法》包括蒸馏法和色谱法两部分。目前该方法已由 GB/T 3146.1—2010 替代。GB/T 3146.1《工业芳烃及相关物料馏程的测定 第 1 部分：蒸馏法》没有色谱法部分。但许多企业认为色谱法更加方便、快捷，并且污染小，更倾向于采用色谱法来测定混合二甲苯的馏程。本次修订，对 GB/T 3146.1 方法增加脚注：“允许使用 GB/T 3146—1982 中的色谱法进行检测，有争议时，以 GB/T 3146.1 为仲裁方法。”

5 新旧标准技术对比

本标准与 GB/T 3407—2010 相比主要变化如下：

(1) 馏程终馏点项目修改为干点；

(2) 增加烃类组成项目，馏程和烃类组成两项可任选其中之一；

(3) 总硫含量指标由不大于 2mg/kg 修改为不大于 1mg/kg；

(4) 5℃混合二甲苯蒸发残余物含量指标由不大于 3mg/100mL 修改为不大于 5mg/100mL；

(5) 删除溴指数项目；

(6) 馏程试验方法由 GB/T 3146 修改为 GB/T 3146.1，增加脚注：允许使用 GB/T 3146—1982 中的色谱法进行检测，有争议时，以 GB/T 3146.1 为仲裁方法；

(7) 删除总硫含量试验方法 SH/T 0689；

（8）删除密度试验方法 SH/T 0604；

（9）当选择烃类含量项目检测时，蒸发残余物含量项目可以由出厂批次检验项目设定为出厂周期检验项目，每半年至少测定一次；

（10）增加型式检验项目。

6 结论

新标准根据国外多数二甲苯标准中馏程项目的表征方法及企业提供的实测数据，将馏程项目的终馏点修改为干点，指标保持不变；增加烃类含量项目，利于生产装置运行条件的控制；增加气相色谱方法测试产品烃类含量，发挥气相色谱法分离效能高、分析速度快、操作简单、对环境污染和操作人员健康影响小等特点；根据产品实际质量情况，修改总硫含量和蒸发残余物含量及其检验周期等。新标准更加符合国内石油混合二甲苯产品的实际质量水平及市场要求以及考虑到试验操作人员的健康防护。新标准能够达到国内先进水平。

浅谈调度指挥系统的建设与应用

黄志博

(中国石化镇海炼化分公司，浙江宁波 315207)

摘　要：镇海炼化在建设智能化工厂过程中，提出了智能调度需求，本文介绍了镇海炼化调度指挥系统的建设思路和应用情况。

关键词：调度；建设；应用

1　引言

在建设智能化工厂过程中，镇海炼化根据自身组织架构和实际业务情况，提出了建设智能调度系统的需求和思路，希望建立自上而下、覆盖完整的调度指令线上管理体系，实现调度指令的一体化、痕迹化、信息化管理，为此与石化盈科共同开发了调度指挥系统。

2　情况介绍

2.1　组织构架

镇海炼化生产实行两级管理、一级调度，公司设置总调度室，总调度室设立值班调度，除储运部、港储部设有二级调度外，生产运行部不设立生产调度指挥机构或调度岗位，日常装置生产和系统运行安排直接指挥到操作班组。总调度室对全公司生产实行统一调度、综合协调，全权负责公司生产调度的归口管理，以及日常生产过程的系统平衡、协调和指挥工作，并跟踪检查装置运行动态、生产安排落实执行情况。

2.2　原业务流程

日作业计划编制人员每日根据月度计划、旬计划、日产运销会及生产实际情况编制日作业计划Excel表单，上传至公司网页，公司值班调度将日作业计划表单内容分解成调度指令，通过调度电话下发给储运、港储二级调度或相关运行部，储运、港储二级调度获取调度指令后，通过手写作业票细化指令并下发给内操岗位，储运、港储内操根据作业票内容操作并反馈执行情况，其他运行部内操直接通过调度电话接受调度指令并反馈完成情况。

简要流程如图1所示。

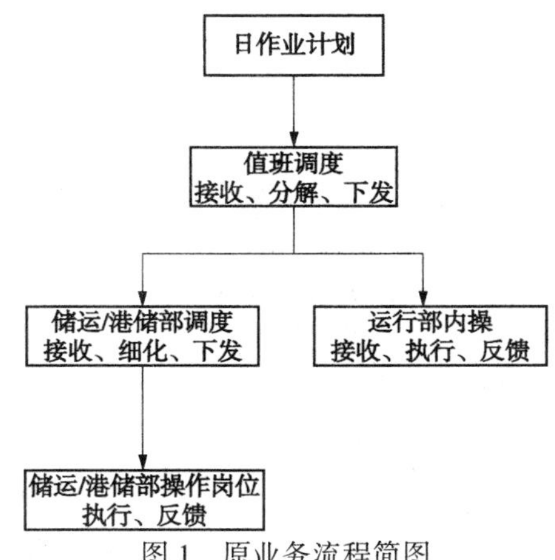

图1　原业务流程简图

3　建设思路和效果

调度指挥系统必须基于现有业务模式，通过信息化手段，将原有文本和电话形式的调度指令无差别转换为线上指令，提高调度指令的准确性和执行效率。

3.1　建立自上而下、覆盖完整的系统

正常生产过程中，调度指令覆盖所有运行部，直接指导全厂生产平衡，所以要求调度指挥系统必须做到自上而下、覆盖完整。

通过梳理组织架构，在调度指挥系统中设置了日作业计划编制、公司值班调度、储运/港储调度、储运/港储/装置内操 4 个层次的角色，涵盖了所有计划编制人员、相关调度人员以及相关运行部内操。在业务流程方面，调度指挥系统以日作业计划编制为龙头，以公司值班调度为中心，建立调度指令的全过程线上体系，实现了日作业计划编制→公司值班调度→装置内操和日作业计划编制→公司值班调度→储运/港储调度→储运/港储内操的调度指令闭环执行管理，如图 2 所示。

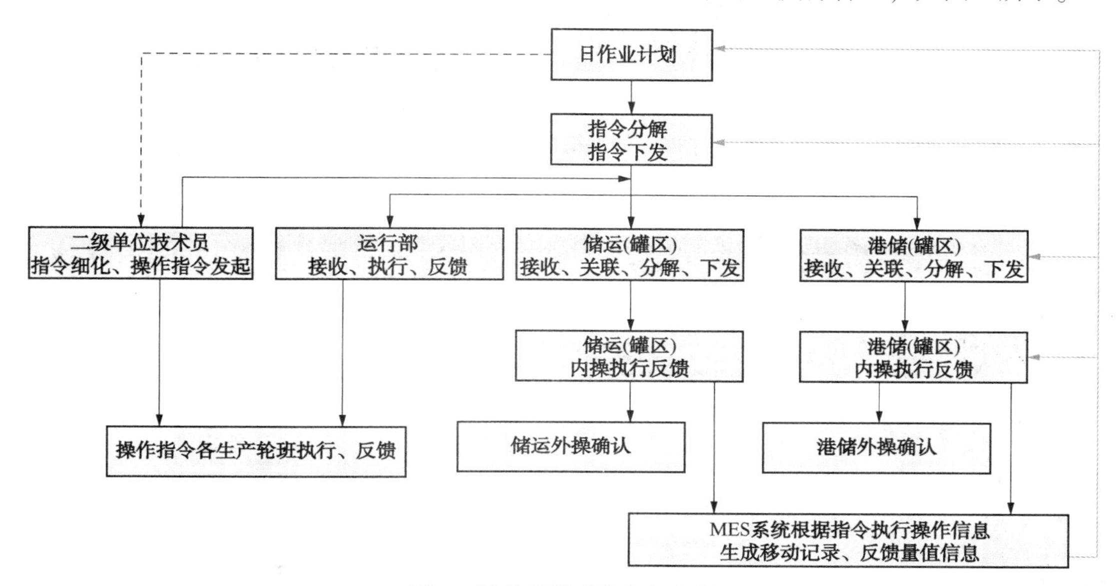

图 2　调度指挥系统业务流程

在调度指令正常流转过程中，除了操作人员，审核者也扮演十分重要的角色，通过发挥关键岗位关键人员的作用，可以最大限度确保调度指令流转的准确性。参照现有工作程序，系统在日作业计划编制、公司值班调度、二级调度三个层面设置了相应的审核程序和功能，日作业计划编制完成后由上行管理人员审核，通过后方可下发至公司值班调度；公司值班调度将日作业计划修改、分解成调度指令后由值班调度长审核，通过后方可下发至相关运行部；储运、港储调度将调度指令分解完成后由同级平行岗位审核确认，确认无误后下发至内操。另外，为准确记录调度指令执行情况，在调度指令结束后，操作人员可将具体执行时间、执行情况直接反馈至公司值班调度。

3.2　全流程痕迹化

调度指令直接指导生产，其具有权威性、时效性、准确性等一系列重要特征，为实现调度指令准确传递、公开共享、结果实时反馈，调度指挥系统从计划编制到指令执行结束的全过程实行痕迹化管理。

痕迹化主要体现在三个方面，即操作人员、操作时间、操作内容。调度指令的修改、审核、下发、执行、结束等各关键步骤，系统会记录下相关信息，以便各级人员掌握指令的执行进度，也便于管理者追踪溯源；各级岗位人员做为调度指令编辑、下发、执行的操作者，直接对调度指令执行的准确性和及时性负责，所以每个操作人员必须采用实名登录，实现责任落实到人；为确保记录时间的准确性和一致性，全系统均采用系统时间做为标准，避免出现多台电脑因设置时间不同导致记

录时间有差别的情况；同时调度指挥系统与SMES物料移动模块相关联，实现了调度指令与物料移动、实时数据的同步联动，通过SMES精准反应装置的实际操作情况。

调度指令全程痕迹化的记录模式如图3所示。

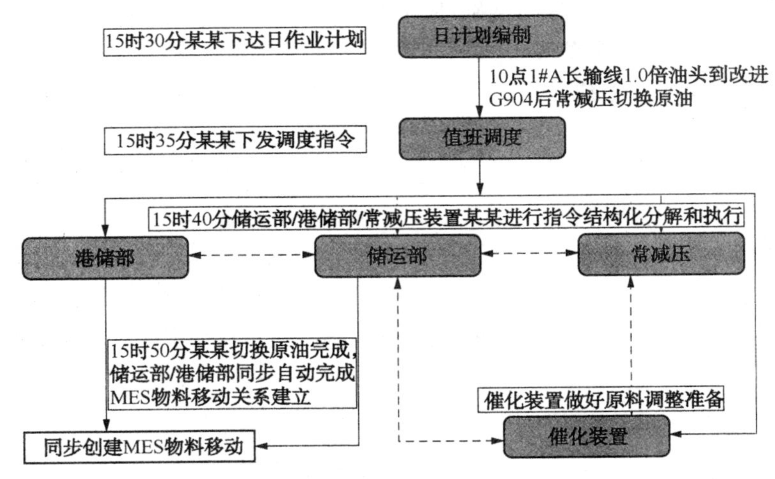

图3　调度指令痕迹化流程

实际效果如图4所示。

图4　调度指令痕迹化实际效果

3.3　调度指令结构化

日作业计划是调度指令的源头，日作业计划的编制工作重要且繁重，急需先进的操作模式给予支撑，在调度指挥系统建设前期，通过大量收集基础数据，使系统实现了以在线编制日作业计划替换Excel文本录入形式，辅助计划编辑、生产安排，并通过实现作业计划的深度结构化，实质性地提高了日作业计划编制人员的工作效率。日作业计划结构化见图5。

根据前期收集的基础数据，参考原Excel形式的文本类型日作业计划，在调度指挥系统的计划编制模块中，将原油输送、装置加工安排、产品流向、产品出厂等复杂的日作业计划模型梳理成炼油和化工两大类计划，在此基础上又深入划分成原油安排、常减压装置、原料管理、炼油装置、炼油产品、芳烃装置、芳烃产品、乙烯装置、乙烯产品、乙烯原料等10小类作业计划类型，定义了收、付、增收、增付、停收、停付、活罐、封罐、静止等9种收付场景，配置了5000余条计划模型，使原文本类型日作业计划无差别转变成包含原方案、启动条件、新方案、物料源、物料目的等模块的线上结构化指令，实现了大部分关键字段可下拉框选择，将需要手输的内容降到最低，提高了调度的日计划录入效率，同时减少了出错的概率，实现质量和效率的双提升。

图 5　日作业计划结构化

储运部和港储部是调度指令执行对多的部门，据不完全统计，二级调度平均每天要下达 200 多张作业票，为减轻其工作量，调度指挥系统也对储运调度下达的指令实行了结构化。通过收集 1200 余条储运系统移动路径的基础数据，系统配置了 1000 余条二级调度指令的模型，实现了二级调度在分解调度指令时自动带出执行岗位、物料源、物料目的和移动路径等详细信息(见图 6)，最大限度减少了手输内容，使指令下达更加高效、精准，极大的提高了二级调度的工作效率。

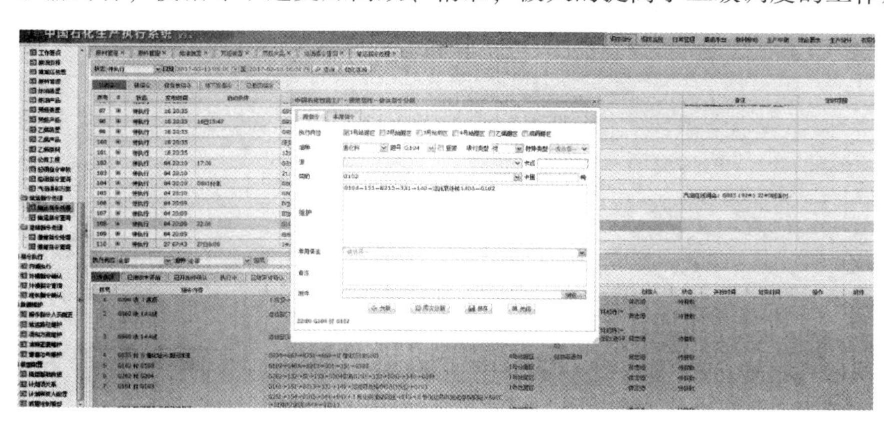

图 6　储运调度指令结构化

3.4　必要的辅助功能

为确保调度指令及时执行，调度指挥系统中设置了声音加提示框形式的提醒功能。根据各级岗位的实际工作情况，设置了不同的提醒规则，主要有调度指令下达 2h 后未执行时提醒，下班前 2 小时有未执行的指令时提醒，岗位操作人员也可根据指令内容自行设定报警提醒时间。另外，针对指令执行过程，设置了待执行、执行中、已结束等不同状态的显示，并加以颜色区分和状态排序，帮助各级人员快速、准确识别不同状态指令，同时便于各级岗位人员掌握指令执行进度。

为便于编制计划和监控调度指令执行情况，通过 PI 系统数据想关联，调度指挥系统建设了集成的可视化调度监控，实现了罐监控和预测、长输线油头预测、生产装置物料实时监控等功能。通过收集 415 个罐的基础数据，设计相应的计算逻辑，实时动态显示罐的运行状态和库存变化趋势，包括满罐、空罐、静罐、收、付等状态，以及罐的安全高度、实时液位和罐量、收付物料、温度、压力等信息，并具备预测满罐时间、付空时间及到达给定收付量时间等功能。在原油长输线模块中，通过配置公式，实现了原油长输线油头的预测、计算功能，为长输线的计划安排和执行提供了安全保障。

4 应用情况

调度指挥系统的应用效果基本达到预期，指令结构化以及罐监控和预测功能使日作业计划的编制更加便捷、精准、高效，同时避免了多次切换程序带来的麻烦。公司值班调度通过调度电话和调度指挥系统的双保险同时下达指令，确保了调度指令流转的准确，同时全流程线上闭环管理模式与痕迹化功能，也便于公司值班调度掌控调度指令执行情况。二级调度层面实现了调度指令的线上编辑和流转，完全取代了原来线下作业票，极大减轻了二级调度与内操的工作量，使指令的日常管理更加便捷化、规范化。

5 结语

调度指挥系统综合集成生产全过程信息，帮助各岗位的高效协同，有助于提高生产运行平稳性，在继续做好培训工作的同时，还要集思广益，不断对系统进行完善改进，提高系统功能全面性、人性化程度、人机友好性，使其更好的服务于企业生产。

电感耦合等离子体发射光谱法在石油化工领域中的应用及展望

赵铁凯　荣丽丽　曹婷婷　孙　玲

（中国石油石油化工研究院大庆化工研究中心，黑龙江大庆　163714）

摘　要：介绍了电感耦合等离子体发射光谱法（ICP-AES）的原理及样品范围广、分析精度高、线性范围宽且多种元素同时测定等优点。运用ICP-AES技术在石油化工领域中所涉及的汽油、原油、润滑油等石油化工产品中进行分析应用，并从石油化工领域方面对ICP-AES技术的应用前景进行展望。

关键词：电感耦合等离子体原子发射光谱法（ICP-AES）；石油化工；汽油；原油；润滑油；石油焦；催化剂

1　引言

电感耦合高频等离子体（Inductively Coupled Plasma，简称ICP）分析技术是分析化学中的一个重要组成部分，而电感耦合等离子体原子发射光谱仪（ICP-AES）是现代分析化学领域中不可缺少的元素检测仪器，广泛应用于生产生活中的各个领域。电感耦合等离子体原子发射光谱法（ICP-AES）是以原子发射为理论依据，以等离子体原子发射光谱仪为手段的分析方法，其技术的先驱Green-fiald在1964年发表了他的研究成果[1]。20世纪70年代后该技术取得了真正的进展，1974年美国的Thermo Jarrell-Ash公司研制出了第一台商用的电感耦合等离体原子发射光谱仪。近年来，随着电子计算机应用技术的发展，ICP-AES技术也得到了长足的发展。与如原子吸收光谱、X-射线荧光光谱等其他分析技术相比，由于此法具有简便、快速、检出限低、动态线性范围宽、可对70多种元素同时进行分析、无需化学分离、被测元素无明显干扰、基体效应小、精密度高、准确性好等优点，已在环保、食品、石油、化工、地质、矿物、农业、生物医学以及金属材料等许多领域中得到越来越广泛的应用[2,3]。

在石油化工产品生产和开发的过程中部分金属元素及非金属元素对产品本身的性质能够起到决定性的作用。例如在原料油中的重金属（主要有Fe、Ni、Cu、V、Na）对催化剂的污染是一个突出的问题。因为重金属污染使催化剂中毒，影响产品分布的选择性同时使产品质量下降[4]。在现行标准方法中一直利用原子吸收光谱法完成元素的分析检测。该方法整个测试周期长、步骤多、引入误差机会多，这将导致分析数据不能快速报出及数据准确性差。如今电感耦合等离子体发射光谱法（ICP-AES）测定技术的引进使问题迎刃而解，方法操作方便快捷、线性范围宽、精密度高、准确性好、检出限低、灵敏度高等优点。以其对各种元素在宽线性范围内所具有同步测定的特点使测量效率和准确性都得到明显提高。因此，与其他分析技术如原子吸收光谱、X-射线荧光光谱等方法相比，显示了较强的竞争力。

2　工作原理

2.1　电感耦合高频等离子体（ICP）

等离子体（Plasma）是指电子和离子的浓度处于平衡状态时电离的气体。这种气体中不仅含有中性原子和分子，而且含有大量的电子和离子，因而等离子体是电的良导体。由于等离子体的正、负电荷密度几乎相等，所以从整体上来看是呈电中性的。ICP装置由高频发生器和感应圈、炬管和供气系统、试样引入系统三部分组成。高频发生器的作用是产生高频磁场以供给等离子体能量。应用最广泛的是利用石英晶体压电效应产生高频振荡的他激式高频发生器，其频率和功率输出稳定性高，频率多为27~50MHz，最大输出功率通常是2~4kW。ICP焰明显地分为三个区域：焰心区、内焰区和尾焰区。焰心区呈白炽不透明，是高频电流形成的涡电流区，温度高达10000K。由于黑体辐射，氩或其他离子同电子的复合产生很强的连续背景光谱。试液气溶胶通过该区时被预热和蒸发，又称预热区。气溶胶在该区停留时间较长，约2ms。内焰区在焰心上方，在感应线圈以上约10~20mm，呈淡蓝色半透明状，温度约6000~8000K，试液中原子主要在该区被激发、电离，并产生辐射，所以它又称测光区。试样在内焰处停留约1ms，比在电弧光源和高压火花光源中的停留时间10^{-2}~10^{-3}ms长。这样，在焰心和内焰区试样得到充分的原子化和激发，对测定有利。尾焰区在内焰区上方，无色透明，温度较低，在6000K以下，只能激发低能级的谱线。

2.2 原子发射光谱法

原子发射光谱分析(atomic emission spectrometry, AES)是根据待测物质的气态原子被激发时所发射的特征线状光谱的波长及其强度来测定物质的元素组成和含量的一种分析技术[5]。原子发射光谱法可对约70种元素(金属元素及磷、硅、砷、碳、硼等非金属元素)进行分析，在一般情况下，用于1%以下含量的组分测定，检出限可达10^{-6}，精密度为±10%左右，线性范围约2个数量级。这种方法可有效地用于测量高、中、低含量的元素。原子发射光谱法包括了三个主要的过程：①由光源提供能量使样品蒸发，形成气态原子，并进一步使气态原子激发而产生光辐射；②将光源发出的复合光经单色器分解成按波长顺序排列的谱线，形成光谱；③用检测器检测光谱中谱线的波长和强度。由于待测元素原子的能级结构不同，因此发射谱线的特征不同，据此可对样品进行定性分析。而根据待测元素原子的浓度不同，因此发射强度不同，可实现元素的定量测定。光谱分析仪器是由激发光源、分光系统和检测器三部分组成。常用的激发光源有电弧光源、电火花光源和电感耦合高频等离子体光源(ICP)等。

3 ICP-AES工作法的特点

3.1 多种元素同时测定

由于经典光谱法因样品组成影响较严重，欲对样品中多种成分进行同时定量分析，参比样品的匹配，参比元素的选择，都会遇到困难。同时由于分馏效应和预燃效应，造成谱线强度-时间分布曲线的变化，无法进行顺序多元素分析。而ICP-AES最显著的特点是多种元素同时检测-可同时检测一个样品中的多种元素。每一种物质无论是以何种物理状态存在，其化学成分往往是很复杂的，既有必须存在的高浓度的主量元素，也存在不需要的杂质元素。既有金属元素，也有非金属元素。用化学分析、原子吸收光谱法等只能单个元素逐一测定。ICP-AES可对约70种元素(金属元素及磷、硅、砷、碳、硼等非金属元素)进行分析[6]，除了He、Ne、Ar等惰性气体以外，自然界中存在的所有元素均已有用该方法检测[7]。在一般情况下，用于1%以下含量的组分测定，检出限可达10^{-6}，精密度为±10%左右，线性范围约2个数量级。这种方法可有效地用于测量高、中、低含量的元素。采用ICP-AES，一个样品一经激发，样品中各元素都各自发射出其特征谱线，可以进行分别检测而同时测定多种元素。而且对很多样品中含量较高的非金属元素硫、磷、氯等也可一次完成，这也是原子吸收光谱仪达不到的。

3.2 线性动态范围宽

一般的精密分析仪器都有它的线性范围(一般是2~3个数量级)，以明确该类仪器准确测定的浓度区间(不同类型的仪器或同类不同生产厂家的仪器还有区别)，如果待测元素的浓度过高或过低，就必须进行化学处理，如稀释或浓缩富集，使待测浓度位于误差允许的线性范围之内。因此，当常量元素和微量元素需要同时测定时，就增加了分析的难度，加大了工作量，而测定结果往往还不理想。电感耦合等离子体原子发射光谱仪的动态线性范围大于10^6数量级，也就是说，在一次测定中，既可测百分含量级的元素浓度，也可同时测10^{-9}数量级浓度的元素，这样就避免了高浓度元素要稀释、微量元素要富集的操作，既提高了反应速度，又减少了繁琐的处理过程不可避免产生的误差[8]。

3.3 分析精度高

电感耦合等离子体原子发射光谱仪可准确分析含量达到1ng/mL级的元素，而且很多常见元素的检出限达到0.1~1μg/L级，分析精度非常高。当试样浓度大于100倍检出限时，相对标准偏差RSD小于1%，优于电弧和火花光谱法，具有溶液进样分析方法的稳定性，其校正曲线的线性范围较宽，通常可以达到5~6个数量级。对高低含量的元素要求同时测定，尤其对低量元素要求精度高的项目，采用ICP-AES更加便捷。

3.4 样品范围广

电感耦合等离子体原子发射光谱仪可以对固态、液态及气态样品直接进行分析。但由于固态样品存在及其不稳定、需要特殊的附件且有局限性。气态样品一般与质谱、氢化物发生装置联用效果较好，因此应用最广泛优先采用的是溶液雾化法(即液态进样)[9]。从实践来看，溶液雾化法通常能取得很好的稳定性和准确性。在测试工作中，运用一定的专业知识和经验，采取各种化学预处理手段，通常都能将不同状态的样品转化为液体状态，采用溶液雾化法进行样品测定。溶液雾化法可以进行70多种元素的测定，并且可在不改变分析条件的情况下，同时进行多元素的测定，或有顺序地进行主量、微量及痕量浓度的元素测定。

3.5 选择性好

由于光谱的特征性强，所以对于一些化学性质极相似的元素的分析具有特别重要的意义。如铌和钽、铣和铪等十几种稀土元素的分析用其他方法都很困难，而对ICP-AES技术来说是毫无困难之举。

3.6 定性及半定量分析

对于一个未知的样品，等离子体原子发射光谱仪可利用丰富的标准谱线库进行元素的谱线比对，形成样品中所有谱线的“指纹照片”，计算机通过自动检索，快速得到定性分析结果，再进一步可得到半定量的分析结果。它的定性分析通常准确可靠。这一优势对于事故的快速初步的判断、某种处理过程中的中间产物的分析、不需要非常准确的结果等情形非常快速和实用。

除具有上述主要优点外目前尚有一些局限性。首先在经典分析中，影响谱线强度的因素较多，尤其是试样组分的影响较为显著，所以对标准参比的组分要求较高；其次对于固体样品一般需要进行样品的处理，预先转化为溶液，而这一过程往往使检测限变坏；再次前期投入比较大，工作时需要消耗大量氩气，所以运转费用高。另外，如果不与其他技术联用，它测出的只是样品中元素的总量，不能进行价态分析。

4 电感耦合等离子体原子发射光谱法在石油化工领域中的应用

ICP-AES技术的应用领域广泛，现在已普遍用于水质、环境、冶金、地质、化学制剂、石油化工、食品、医疗以及实验室服务等的样品分析中。迄今为止，用ICP发射光谱法就已测定过多达70多种元素，目前除惰性气体不能进行检测和元素周期表的右上方的那些难激发的非金属元素如C、N、O、F及元素周期表中碱金属族的H、Rb、Cs的测定结果不好外，它可以分析元素周期表中的绝大多数元素。

随着原子发射光谱技术的成熟和发展，在石油产品金属元素的检测分析方面得到日益广泛的应用，并且电感耦合等离子体原子发射光谱法(ICP-AES)检出限可达10^{-9}级，满足绝大部分科研分析的需求。

4.1 在汽油分析中的应用

铅是一种蓄积性毒物，它对人体健康和生态环境的危害已日益受到重视。世界各国已逐步推行汽油无铅化，我国GB 17930—1999标准规定，车用无铅汽油中铅含量须≤5mg/L。因此，严格监控和准确测定汽油中的铅含量显得十分重要。

Lord[10]等和陈文新[11]等采用化学萃取法对汽油进行前处理，将萃取出的含铅水相导入等离子体炬管，以AES法测定铅含量，检出限达1.5μg/L。张金生[12]等人采用微波等离子体炬原子发射光谱仪(MPT-AES)，结合微波消解预处理样品，以O_2为屏蔽气，选择最佳仪器条件测定汽油中痕量铅，检出限为25μg/L，回收率为96.9%~103.8%。有机溶剂稀释直接进样ICP-AES法，是将样品用混合二甲苯或溶剂油等有机溶剂稀释，直接引入ICP-AES仪，并采用有机金属标准(如CONOSTANS-21)溶液作校正曲线进行光谱分析。

4.2 在原油分析中的应用

原油的成分不仅有大量的有机物质(饱和烃、芳香烃、胶质及沥青质等)，微量金属元素也广泛而多样。原油的来源、性质等不同，含有的微量金属元素种类以及浓度也存在差异[13,14]。微量金属元素在原油中的丰度、赋存状态及石油地球化学意义的研究已逐渐引起了研究者们的关注[15~17]。基于当前微量金属元素的研究形势，研发或改进现有的原油中微量金属元素分析技术，解决当前检测技术中存在的微量金属元素含量低、富集难、分析难等问题，既有助于充分了解原油的无机特征，又可为油气勘探提供可靠指标和依据。

金大伟[18]采用先炭化，后灰化的方法对原油进行前处理。分析确定了最佳取样量、最佳炭化方法、最佳灰化温度和时间等条件。实验结果表明：可同时检出原油中26种微量金属元素；检出限最低可达1μg/L级；稳定性好，平均标准偏差为4.7%；准确度高，加标回收率为92%~105%。在勘探领域的应用上，原油中微量金属元素特征对判别原油来源和指示原油的运移方向具有重要的意义。王忠[19]根据电感耦合等离子体发射光谱仪的工作原理及测定原油中金属钒含量的分析方法，建立了测定钒含量不确定度的方法，并对不确定度各分量进行了分析和计算，判定标准曲线的拟合过程为其相对不确定度主要影响因素，样品的重复性测定次之，样品的称量及他因素的贡献不大。当置信度为95%时，其扩展相对不确定度为4.5×10^{-2}。

4.3 在润滑油分析中的应用

润滑油作为机动车辆、机械设备维护保养的必需品，是石油化工的重要组成部分，随着我国改革开放的深入，国民经济的快速发展，带动了汽车工业、机械行业迅猛发展。事实上，润滑油的许多性能在很多程度上决定于一些重要元素之间的互配效果和磨损及污染元素的含量[20]。从具体元素的含量去研究和改善润滑油的某些性能，不仅可以更全面地了解润滑油各成分之间的作用规律，而且有利于新润滑材料的开发。

叶涛等[21]采用ICP-AES同步测定燃料油和润滑油中Pb、Fe、Mn、Al、Ba、Ca、Cu、Mg、V、Zn、Si、P、S元素。样品经航空煤油稀释10倍后直接进样。考察了发射功率、雾化器流量及观测高度对测试的影响，确定最优测试条件为发射功率1.4kW，雾化器流量0.6L/min，观测高度8mm。对除S以外目标元素测定的回收率都在91%~108%，RSD均在0.3%~3.5%。徐少丹等[22]采用微波消解法对润滑油样品进行前处理，通过电感耦合等离子体发射光谱仪对硫、磷、硅三种微量非金属元素进行检测，确定仪器的最优分析参数，如波长、发射功率、雾化器流量、观测高度等，并建立微波消解、ICP-AES测定润滑油微量非金属元素的方法。该方法加标回收率为93%~101.2%，精密度小于3%。而李萍[23]研究了润滑油中非金属元素氯的分析方法。将样品用用10倍质量的混合二甲苯或航空煤油进行稀释，再以同样的方式制备标准溶液。通过优化电感耦合等离子体原子发射光谱测定氯元素的分析参数，考察了空白溶剂和干扰元素对测定氯的影响。测定润滑油中氯的相对标准偏差($n=8$)≤4.46%，测定氯标准物质的相对误差≤5%。

4.4 在石油焦分析中的应用

石油焦是以渣油、沥青或重油为原料。经过延迟焦化装置生产的黑色或暗灰色固体石油产品[24]。徐晓霞等[25]研究利用微波灰化技术灰化石油焦，加入助溶剂熔融灰分，酒石酸-盐酸溶解样品，用电感耦合等离子体原子发射光谱法测定石油焦中铁元素的含量，优化了仪器工作参数和实验条件。结果表明，标准曲线 0~50.0mg/L 范围呈线性，线性关系 $r=0.99998$，方法检出限为 0.03mg/L，加标回收率为 99.70%~102.99%，相对标准偏差为 0.41%~1.32%。检测结果与分光光度法比较，具有更好的精密度和准确度。

4.5 在催化剂分析中的应用

随着催化裂化工艺的不断进步以及炼油企业自身发展的需要，催化裂化原料油逐渐向重质化发展。原料油中的微量金属元素将会污染催化裂化催化剂而使其中毒。中毒后的催化剂活性和选择性将明显降低，这将直接影响催化裂化的收率以及产品分布[26]。例如铁、镍、铜、钒、钠、锑等金属元素会严重影响催化剂的活性及选择性、重油的转化率和石油产品的质量，甚至会使催化裂化催化剂中毒，最终直接影响企业生产的经济效益和社会效益[27]。其中以镍、钒的影响最为显著。因此，对于使用中的再生、平衡催化剂进行微量金属元素含量分析，可以有效地指导炼油厂的生产。同时，也可以为催化剂厂研制生产抗金属污染催化裂化催化剂提供技术支撑。

马志云等[26]通过高温熔融-硝酸法前处理样品，对检出限、重复性以及准确性的考察。表明等离子发射光谱法测定催化剂中微量金属元素含量检出限低、重复性好、准确度高、且具有多元素同时测定以及线性范围宽的特性，是催化裂化催化剂中金属元素含量快速测定的最有效方法之一。实验数据表明，回收率在 96.6%~102.3%。Fe、Ni、V、Mg 测定的相对标准偏差在 1%以下，Ca 和 Na 由于容易受到污染干扰，测定的相对标准偏差略大于 1%。K 灵敏度低、测定强度低，测定数据的相对标准偏差为 4.56%。Cu 含量低，测定数据的相对标准偏差较大为 5.63%。检测结果与分光光度法比较，具有更好的精密度和准确度。陈智[28]采用电感耦合等离子体原子发射光谱法(ICP-AES)同时测定废旧 SCR 脱硝催化剂中多种微量元素。通过对废旧 SCR 脱硝催化剂进行湿法处理，适用于 ICP-AES 测定的废旧 SCR 脱硝催化剂预处理方法。建立了电感耦合等离子体原子发射光谱法同时测定脱硝催化剂中 P、S、As、Fe、Ti、Cr、Mg、Ni、Pb、Na、K、Hg 这 12 种元素的方法，该方法的检出限为 0.0002~0.0533μg/mL，回收率为 93.59%~101.07%，相对标准偏差 RSD($n=10$)为 0.88%~3.83%。该方法的灵敏度高，分析结果准确可靠。

5 电感耦合等离子体原子发射光谱法的研究进展和石油化工领域中的展望

随着电感耦合等离子体原子发射光谱(ICP-AES)的不断发展，专家知识的应用日益成为分析中不可缺少的部分。专家知识主要用于等离子体的模拟、等离子体诊断和光谱干扰的机理研究，这些方面已积累了相当多的工作基础，很多模型计算与数值处理方法已运用于 ICP-AES 光谱的模拟与干扰校正。建立 ICP-AES 的专家系统，不仅可以较为准确地解决光谱干扰等问题，而且使得 ICP-AES 中非数值计算和非算法处理过程得以解决。专家系统的研制将是未来 ICP-AES 光谱仪的发展方向。ICP-AES 技术另一发展方向是“智能化”。随着所谓的“智能检测器”—电荷转移器件(CTD)如 CCD、CID 的引入，利用大容量高速度的计算机，迅速存贮样品中的全部光谱信息，采用智能的数据处理方法、人工神经元网络及专家系统，来解决 ICP-AES 中存在的光谱干扰和大量数据问题，将是提高 ICP 法分析性能和扩大其应用范围的又一方向[29]。

随着石油化工领域市场的国际化，市场竞争将对国有产品提出越来越高的挑战。无论是产品的质量、生产、加工、包装到商标等，都必须与国际法规接轨，否则产品将面临被淘汰的危险。为了适应新一轮的市场竞争的需求，让自主产品走向国际市场，产品的质量控制在理论上必须提供和世界检测水平相符的可靠数据。不管是石油化工还是农业、医药、环保、食品、还是其他工业产品等，用 ICP-AES 进行这些产品中多元素的分析测定、可称之为是目前国际上在这一领域检测水平高的分析技术，可为产品提供可靠的，国际技术领域认可的实验数据。因此，ICP-AES 在未来的经济发展和科学研究中将发挥更为积极而重要的作用。

参考文献

[1] Greanfiald, S. High-pressure plasmas as spectroscopic emission sources[J]. Analyst. 1964, 89(1064): 713-720.

[2] 何晋浙. ICP-AES 法在元素分析测试中的应用技术[J]. 浙江工业大学学报, 2006, 34(1): 48-50.

[3] 杨叶青. ICP-AES 法测定工业污泥中铜、铅、锌、镉[J]. 现代仪器, 2004, 10(5): 37-38.

[4] 胡艳光. 电感耦合等离子发射光谱仪在石化行业中的应用[J]. 中国化工贸易, 2014, (2): 35-38.

[5] 林树昌等. 分析化学(仪器分析部分)[M]. 北京: 高等教育出版社, 1994.

[6] 李百灵等. ICP-AES 和 ICP-MS 法测定大米中的微量元素[J]. 光谱实验室, 2002, 19(3): 420-423.

[7] 郑国经. ICP-AES 分析技术的发展及其在冶金分析中的应用[J]. 冶金分析, 2001, 21(1): 36-43.

[8] 韩翀. 电感耦合等离子体发射光谱的特点及应用[J]. 铝镁通讯, 2009(1): 37-39.

[9] 石景燕. 电感耦合等离子体发射光谱法在化学分析中的应用[J]. 河北电力技术, 2003, 22(增刊): 43-44.

[10] Charles J. Lord. Determination of lead and lead isotope ratios in gasoline by inductively coupled plasma mass spectrometry[J], Journal of Analytical Atomic Spectrometry. 1994, 9(5): 599-603.

[11] 陈文新等. ICP-AES 测定车用无铅汽油中的铅[J]. 光谱实验室, 2003, 20(4): 495-497.

[12] 张金生等. 微波消解-微波等离子体炬原子发射光谱法测定无铅汽油中痕量铅的研究[J]. 高等学校化学学报, 2004, 25(7): 1248-1250.

[13] 张厚福等. 石油地质学[M]. 石油工业出版, 1999: 14-16.

[14] 宗国宪等. 莺歌海盆地原油中微量元素分布特征及其地质意义[J]. 海洋石油, 2003, 23(4): 27-29.

[15] 丁志敏. 微量元素在霸县凹陷油源对比中的应用[J]. 石油与天然气地质, 1987, 8(2): 138-144.

[16] 刘小薇等. 微量元素在煤成烃研究中的应用[J]. 石油勘探与开发, 1995, (5): 40-44.

[17] 赵孟军等. 原油中微量元素地球化学特征[J]. 石油勘探与开发, 1996, 23(3): 19-23.

[18] 金大伟. 原油中微量金属元素检测新技术(ICP-AES 法)及应用[J]. 西部探矿工程, 2016, 28(2): 57-59.

[19] 王忠. 电感耦合等离子体发射光谱法测定原油中钒含量的不确定度评定[J]. 现代科学仪器, 2013, (2): 160-162.

[20] 黄宗平. ICP-AES 法测定润滑油中微量元素的评述[J]. 现代科学仪器, 2005, (2): 61-63.

[21] 叶涛等. ICP-OES 同步测定燃料油和润滑油中的 13 种元素[J]. 分析实验室, 2016, 35(2): 157-160.

[22] 徐少丹等. 润滑油中微量硫、磷、硅的 ICP-OES 快速同步测定[J]. 润滑与密封. 2016, 41(8): 142-148.

[23] 李萍. 用电感耦合等离子体原子发射光谱测定润滑油中的氯[J]. 合成润滑材料. 2016, 43(1): 7-10.

[24] 程丽华. 石油产品基础知识[M]. 北京: 中国石化出版社, 2008, (1): 241.

[25] 徐晓霞等. 微波灰化-电感耦合等离子体发射光谱法测定石油焦中铁[J]. 检验检疫学刊. 2015, 25(3): 21-24.

[26] 马志军等. 催化裂化催化剂中微量金属元素的测定[J]. 分析测试技术与仪器. 2004, 10(1): 42-45.

[27] 田建坤等. ICP-AES 法测定石油裂解催化剂中金属元素的含量[J]. 天中学刊. 2008, 23(5): 64-65.

[28] 陈智. 电感耦合等离子体发射光谱法(ICP-OES)同时测定废旧 SCR 脱硝催化剂中的多种微量元素[J]. 现代化工, 2016, 36(6): 183-186.

[29] 时亮. 电感耦合等离子体-原子发射光谱法的应用[J]. 化工技术与开发. 2013, 42(5): 17-21.

炼油工艺与产品

RIPP 降低柴汽比的加氢改质系列技术

任　亮　杨　平　戴立顺　胡志海　聂　红

（中国石化石油化工科学研究院，北京　100083）

摘　要：介绍了 RIPP 开发的降低柴汽比加氢改质系列技术，包括多产重整料的加氢改质 MHUG-N 技术、最大量生产喷气燃料的加氢改质技术、最大量生产化工料的加氢改质技术、兼产大比重喷气燃料和清洁柴油的加氢改质技术。这些技术的开发和工业应用为炼油企业降低柴汽比、满足新常态下的市场需求提供了可靠的技术支撑。炼厂可根据柴油池构成、全厂加工流程和相关装置现状等进行选择，以进一步提高经济效益。

关键词：柴汽比；加氢改质；高辛烷值；汽油重整料；化工料

1　引言

近年来，随着人们生活水平的不断提高以及中国经济发展方式的转变，我国炼油行业和车用燃料市场呈现出新常态。一方面，随着环保要求的日趋严格、汽柴油质量标准的不断升级以及原油资源的日趋短缺，原油资源的清洁、合理、高效的加工利用问题成为各炼厂企业关注的焦点之一。第二方面，2014 年我国炼油能力达到 7.5×10^8t，加工原油 5.03×10^8t。平均开工负荷仅 67.1%。产能过剩，资源、能源利用率不高。第三方面，成品油消费虽呈持续增长态势，但汽油、煤油和化工产品刚性需求较快增长，柴油需求缓慢。因此，炼油行业应该根据市场需求及时致力于供给侧改革。

图 1 为中国燃料油消费市场柴汽比数据，可见 2010 年以来，柴汽比呈明显下降趋势，2014 年已经降低至 1.6∶1，预计 2020 年降至 1.2∶1。

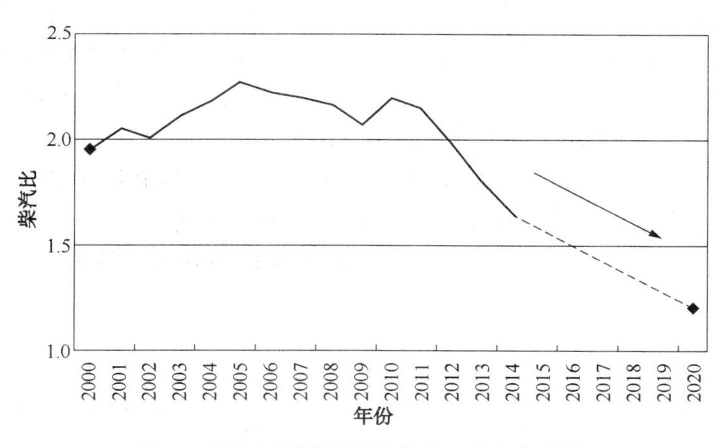

图 1　中国车用燃料市场柴汽比的变化趋势

根据上述新变化，中国炼油业的主要任务将是在控制炼油能力过快增长的同时，努力调整装置结构和产品结构，以实现更加高效地利用石油资源、生产过程清洁化、油品质量升级等目标。因此，为满足未来市场需求、提高经济效益，降低柴汽比、增产汽油和喷气燃料、油化结合将是未来炼油业的发展方向。

石油化工科学研究院（以下简称 RIPP）自 20 世纪 90 年代初开始，在中压加氢改质 MHUG 技术基础上，先后开发了一系列降低柴汽比的加氢改质系列技术。包括由多产重整原料的加氢改质技术、直馏柴油最大量生产喷气燃料的加氢改质技术、最大量生产化工料的加氢改质技术、兼产大比重喷气燃料和清洁柴油的加氢改质技术。这些技术的成功开发满足了各炼厂柴油质量升级、调节柴汽比以及提高经济效益等需求。

2　多产重整原料的加氢改质技术

在MHUG、MHUG-Ⅱ及RICH技术研究开发的基础上，RIPP根据劣质柴油的烃类构成特点，开发了多产重整料的加氢改质技术。该技术以劣质催化裂化柴油、环烷基直馏柴油等低十六烷值的劣质柴油为原料，采用特定馏分段循环的工艺流程，在适宜的工艺条件下，可生产25%~35%以上、硫和氮含量均小于0.5μg/g的优质重整原料，同时可以生产硫含量小于10μg/g、十六烷值达51以上，满足欧Ⅴ排放标准要求的清洁柴油产品。图2给出了多产重整料加氢改质技术的工艺流程示意图。

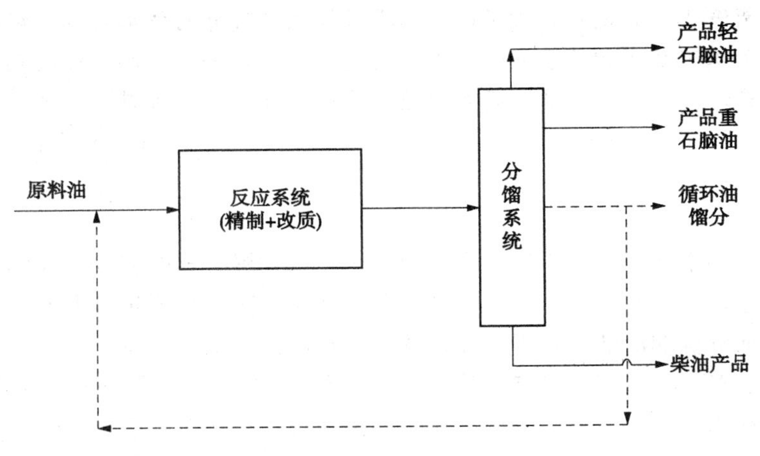

图2　多产重整料加氢改质技术工艺流程示意图

在中型试验装置上以表1所示的环烷基柴油为原料，研究了多产重整料加氢改质技术的反应效果，考察了循环比为12.96%时，不同重石脑油收率下产品分布和产品性质的变化。表2和表3给出了主要工艺参数和产品性质。可见，各条件得到的重石脑油馏分芳烃潜含量超过60%，硫含量、氮含量均小于0.5μg/g，溴价小于0.5gBr/100g，可以作为优质重整装置进料。从煤油馏分性质来看，提高重石脑油收率，煤油馏分20℃密度由0.8185g/cm^{3}降低至0.8125g/cm^3，烟点由24.0mm提高至25.0mm，冰点均小于-60℃，萘烃体积含量小于3%，可以满足3号喷气燃料要求。从柴油馏分性质来看，柴油馏分20℃密度由0.8380g/cm^{3}降低至0.8299g/cm^3，十六烷指数由52.9提高至60.3，实测十六烷值由53.5提高至57.0，且硫含量均小于10μg/g，多环芳烃含量为0，可以满足欧Ⅴ排放标准要求。

表1　多产重整料加氢改质技术工艺研究采用的环烷基柴油原料性质

原料油名称	环烷基柴油原料	原料油名称	环烷基柴油原料
密度(20℃)/(g/cm^3)	0.8714	ASTM D-86馏程/℃	
		初馏点~终馏点	176~356
硫含量/(μg/g)	2000	烃类组成/%	
		总芳烃	37.7
氮含量/(μg/g)	278	环烷烃	41.3
十六烷值	35	链烷烃	21.0

表 2　多产重整料加氢改质技术工艺条件和产品石脑油馏分性质

条件编号	条件-1	条件-2	条件-3
工艺参数			
氢分压/MPa	10.5	10.5	10.5
精制/改质反应温度/℃	基准/基准-2	基准/基准+1	基准+5/基准+5
化学氢耗/%	1.80	2.00	2.22
循环比/%		12.96	
轻石脑油馏分			
密度(20℃)/(g/cm^3)	0.6365	0.6358	0.6386
氢含量/%	16.32	16.27	16.27
馏程范围/℃	<65	<65	<65
重石脑油馏分			
重石脑油收率/%	22.12	31.08	44.19
密度(20℃)/(g/cm^3)	0.7557	0.7533	0.7655
硫含量/(μg/g)	<0.5	<0.5	<0.5
氮含量/(μg/g)	<0.5	<0.5	<0.5
溴价/(gBr/100g)	<0.5	<0.5	<0.5
芳潜含量/%	66.76	62.78	60.31
馏程/℃			
初馏点~终馏点	82~175	85~173	89~173

表 3　多产重整料加氢改质技术工艺研究产品煤油和柴油馏分性质

条件编号	条件-1	条件-2	条件-3
煤油馏分			
煤油收率/%	40.79	37.15	28.25
密度(20℃)/(g/cm^3)	0.8185	0.8166	0.8125
硫含量/(μg/g)	<10	<10	<10
氮含量/(μg/g)	<0.5	<0.5	<0.5
烟点/mm	24.0	24.0	25.0
冰点/℃	<-60	<-60	<-60
萘烃体积分数/%	<3	<3	<3
馏程/℃			
初馏点~终馏点	164~232	166~235	169~230
柴油馏分			
柴油收率/%	30.56	22.68	13.73
密度(20℃)/(g/cm^3)	0.8380	0.8360	0.8299
硫含量/(μg/g)	<10	<10	<10
氮含量/(μg/g)	<1	<1	<1
十六烷指数(ASTM D-4737)	52.9	54.3	60.3
十六烷值	53.5	53.7	57.0
馏程/℃			
初馏点~终馏点	226~347	226~347	240~351
单环芳烃含量/%	3.4	3.4	3.1
双环以上芳烃含量/%	0	0	0

3　最大量生产喷气燃料的加氢改质技术

近年来，随着我国航空业的持续快速发展对喷气燃料的需求不断增加，且喷气燃料的价格较柴油高，生产喷气燃料有较好的经济效益。另外，柴油市场相对饱和，将柴油馏分转化为高价值的喷气燃料馏分具有较好的市场前景。

RIPP 在中压加氢改质 MHUG 技术开发和工业实践的基础上，开发以直馏柴油为原料，最大量生产喷气燃料的中压加氢改质技术。该技术的关键是，在产品喷气燃料性质(冰点、烟点)合格的条件下，如何扩宽喷气燃料馏分范围、提高喷气燃料产品的选择性；同时尽可能降低氢耗和低价值产品(如气体和轻石脑油)的收率，提高重石脑油馏分选择性，提高氢气利用效率。

通过大量的试验研究，RIPP 得到了在一次通过和部分循环两种工艺条件下典型的反应工艺参数、产物分布和产品性质等结果。表 4 给出了直馏柴油原料的详细性质。表 5 给出了一次通过和循环流程下生产喷气燃料的工艺条件、喷气燃料馏分收率和各馏分产品性质。由表中数据可见，采用一次通过工艺喷气燃料收率为 50%左右，烟点为 26.1mm；采用部分循环模式下喷气燃料收率为 55%左右，烟点为 25.0mm。副产的轻石脑油链烷烃含量 90%以上，可作为优质的乙烯原料；未转化的柴油链烷烃含量和十六烷指数都很高，既可以做高十六烷值清洁柴油调合组分，也可以作为优质的乙烯裂解原料。

表 4　直馏柴油性质

项　目	数　值	项　目	数　值
密度(20℃)/(g/cm^3)	0.8437	实测十六烷值(GB/T 386—2000)	52.7
折光率 (20℃)	1.4705	馏程(ASTM D—1986)/℃	226~331
硫含量/(μg/g)	5800	烃类组成/%	
氮含量/(μg/g)	62	链烷烃	40.8
碳含量/%	86.59	正构烷烃	14.4
氢含量/%	13.41	总环烷烃	33.5
溴价/(gBr/100mL)	0.69	总单环芳烃	15.8
冰点/℃	-8	总双环芳烃	9.2
烟点/mm	20	三环芳烃	0.7
凝点/ ℃	-21	总芳烃	25.7
冷滤点/℃	-17	总重量	100
十六烷指数(ASTM D-4737)	54.6		

表 5　最大量生产喷气燃料的加氢改质技术反应条件和产品性质

工艺流程	一次通过	部分循环转化
催化剂	A	B
工艺参数		
氢分压/MPa	8.0	8.0
轻石脑油性质(<65℃)		
密度(20℃)/(g/cm^3)	0.6220	0.6102
链烷烃含量/%	92.74	97.01
重石脑油馏分性质(65~140℃)		
密度(20℃)/(g/cm^3)	0.7301	0.7182
硫含量/(μg/g)	<1.0	<1.0
芳潜/%	45.3	—
喷气燃料馏分性质	(140~285℃)	(140~260℃)
收率/%	50.20	54.39
密度(20℃)/(g/cm^3)	0.8159	0.7959
硫含量/(μg/g)	<10	<10
氮含量/(μg/g)	<0.5	<0.5
闪点/℃	45	40
冰点/℃	-51	-48
烟点/℃	26.1	25.0
柴油馏分性质	(>285℃)	(>260℃)

续表

工艺流程	一次通过	部分循环转化
密度(20℃)/(g/cm³)	0.8335	0.8156
硫含量/(μg/g)	<10	<10
链烷烃含量/%	52.8	62.4
十六烷指数(ASTM D-4737)	70.2	73.7
馏程范围(初馏点~终馏点)/℃	284~334	274~326

4 最大量生产化工料(重整料和乙烯料)的加氢改质技术

为了减少柴油产量，RIPP 开发了最大量生产化工料的柴油加氢改质技术。该技术以直馏柴油或直柴与其他柴油组分的混合油为原料，采用高选择性的加氢改质催化剂，将原料中的环烷烃和芳烃选择性裂化至石脑油馏分，而将链烷烃保留至柴油馏分中。石脑油芳潜高，硫氮等杂质含量低，可作为优质的重整原料；未转化柴油中的链烷烃含量高，可作为优质的乙烯原料。

以表 4 所示的直馏柴油为原料，表 6 给出了最大量生产化工料加氢改质技术的工艺条件和产品性质。可见，在 6.4MPa 条件下，轻石脑油链烷烃含量超过了 90%，是优质的乙烯料；重石脑油芳潜超过了 50%，硫含量低，是优质的重整料；未转化柴油十六烷值超过 60，链烷烃含量达到了 49%以上，饱和烃含量达到了 88%以上，是优质的乙烯裂解料。以工艺条件 2 为例，重整料收率达到 27.5%，乙烯料收率达到了 72.5%。此外，通过反应温度的灵活调整，可以得到不同比例的重整料和乙烯料。

目前，该技术已经成功在福建联合石化 100×10^4t/a 柴油加氢精制装置上实现了工业应用，取得了良好效果。

表 6 最大量生产化工料加氢改质技术的反应条件和产品性质

试验编号	条件-1	条件-2
工艺参数		
反应温度/℃	基准	基准+10
氢分压/MPa	6.4	6.4
轻石脑油性质(<65℃)		
收率/%	2.10	9.00
密度(20℃)/(g/cm³)	0.6389	0.6380
硫含量/(μg/g)	<0.5	<0.5
链烷烃含量/%	91.4	90.5
重石脑油性质(65~170℃)		
收率/%	9.40	27.50
密度(20℃)/(g/cm³)	0.7514	0.7498
硫含量/(μg/g)	<0.5	<0.5
芳潜/%	60.4	54.5
未转化柴油馏分性质(<170℃)		
收率/%	88.5	63.5
密度(20℃)/(g/cm³)	0.8166	0.8024
硫含量/(μg/g)	<10	<10
氮含量/(μg/g)	<0.5	<0.5
十六烷指数(ASTM D-4737)	63.5	63.7
十六烷值	63.9	60.2
链烷烃含量/%	49.0	55.7
环烷烃含量/%	40.1	33.2
多环芳烃含量/%	1.1	0.8
馏程范围(初馏点~终馏点)/℃	284~334	274~326

5 兼产高密度喷气燃料和清洁柴油的加氢改质技术

高密度喷气燃料(又称为大比重喷气燃料)是一类具有高密度、高体积热值的液体烃类燃料。与普通的喷气燃料相比，它可以提高燃料单位体积的热值，在燃料箱容积一定时，可以有效增加燃料箱携带燃料的能量，是航天飞行器高航速、远航程飞行的重要保障。

由于飞机油箱体积是有限的，为提高其航程，要求燃料有较高的体积热值，而体积热值等于燃料的质量热值与其密度的乘积。换而言之，即要求喷气燃料除了有较高的质量热值外，还要有较大密度，因此高热值喷气燃料，又称为高密度喷气燃料。目前我国大比重喷气燃料标准为6号喷气燃料(GJB 1603—1993)，20℃密度要求不小于0.835g/cm^3，烟点≮20mm，净热值不小于42.9MJ/kg。

从组成上讲，由于氢的质量热值比碳大很多，氢碳比越高，质量热值越大，即烷烃和环烷烃的质量热值较大，而密度正好相反，芳香烃和环烷烃的密度较大，因此兼顾质量热值和密度，环烷烃是高密度喷气燃料的理想组分。

催化裂化柴油具有芳烃含量高的特点，芳烃经加氢饱和以及选择性开环后不仅可以提高柴油的十六烷值，而且还可以生产富含环烷烃的喷气燃料馏分，这部分喷气燃料馏分可满足高密度喷气燃料对组成性质的要求。

为了验证LCO生产高密度喷气燃料加氢改质工艺技术加工不同催化柴油的反应效果，试验分别以JN催柴、YS催柴和MM-MIP催柴为原料，开展了原料油适应性试验。试验用原料油性质见表7，试验结果见表8。

由表7可见，试验各原料油性质均较劣，表现为密度大、十六烷值低等特点。原料油的密度在0.9221~0.9577g/cm^3；十六烷值在14.5~19.9。另外，这几种试验原料油芳烃含量和双环以上芳烃含量较高，总芳烃达到了71.1%~88.4%，双环以上芳烃47.2%~60.1%。

在上述工艺条件下，三种原料的高密度喷气燃料馏分密度均大于0.835g/cm^3，烟点不小于20.0mm，萘系烃体积分数小于0.1%，冰点-47℃以下，净热值大于42.90MJ/kg，主要性质全部满足高大比重喷气燃料的性质要求。此外，副产的石脑油芳潜在61.4%~72.9%，可作为优质的重整原料。产品柴油馏分的密度在0.8438~0.8485g/cm^3，硫含量小于10μg/g，十六烷值在58以上，可作为优质的清洁柴油调合组分。

表7 生产大比重喷气燃料和柴油改质技术之原料油适应性试验原料催柴性质

原料油	JN催柴	YS催柴	MM-MIP催柴
密度(20℃)/(g/cm^3)	0.9221	0.9417	0.9577
折光率(20℃)	1.5343	1.553	1.5659
硫含量/(μg/g)	5250	3470	2600
氮含量/(μg/g)	1400	1100	214
碳含量/%	89.43	90.23	90.61
氢含量/%	10.54	9.77	9.34
十六烷指数	29.1	24.2	19.9
十六烷值(GB/T 386)	19.9	20.0	14.5
馏程(ASTM D-86)/℃			
初馏点	210	198	194
10%	240	232	227
30%	265	257	250
50%	289	275	262
70%	320	307	285
90%	352	340	322
终馏点	372	363	352

续表

原料油	JN 催柴	YS 催柴	MM-MIP 催柴
烃类组成/%			
总链烷烃	18.1	14.5	8.0
总环烷烃	10.8	4.9	3.6
单环芳烃	23.9	20.8	19.9
双环以上芳烃	47.2	59.8	60.1
总芳烃	71.1	80.6	88.4

表 8　原料油适应性研究主要结果

试验原料	JN 催柴	YS 催柴	MM-MIP 催柴
工艺参数			
氢分压/MPa	基准	基准	基准
反应温度/℃	360/360	360/360	355/355
总体积空速/h^{-1}	基准	基准	基准
氢油体积比	基准	基准+400	基准+400
<165℃石脑油馏分质量收率/%	7.75	12.67	21.75
165~250℃喷气燃料馏分质量收率/%	36.25①	50.33	60.25
>250℃柴油馏分质量收率/%	56.00②	37.00	18.00
<165℃石脑油馏分产品性质①			
密度(20℃)/(g/cm^3)	0.7682	0.7570	0.7438
芳潜/%	72.9	69.9	61.4
喷气燃料馏分产品性质			
馏分范围	165~240℃	165~250℃	165~250℃
密度(20℃)/(g/cm^3)	0.8399	0.8394	0.8368
硫含量/(μg/g)	<10	<10	<10
冰点/℃	<-60	-52.2	<-60
烟点/℃	20.0	25.0	23.0
萘系烃/%(体)	0.1	<0.1	<0.1
闪点/℃	46	68	60
净热值/(MJ/kg)	42.91	42.91	42.90
总芳烃含量/%	10.4	2.7	1.7
馏程(初馏点~终馏点)(ASTM D-86)/℃	181~236	179~250	179~250
柴油馏分产品性质			
馏分范围	>240℃	>250℃	>250℃
密度(20℃)/(g/cm^3)	0.8485	0.8440	0.8438
硫含量/(μg/g)	<10	<10	<10
十六烷值(GB/T 386)	58.5	68.2	>60
总芳烃含量/%	10.0	2.8	2.0

①165~240℃喷气燃料馏分；②>240℃的柴油馏分。

6　结论

石油化工科学研究院根据市场变化，开发了多种降低柴汽比的加氢改质技术，包括多产重整料的加氢改质技术、最大量生产喷气燃料的加氢改质技术、最大量生产化工料的加氢改质技术、兼产高密度喷气燃料和清洁柴油的加氢改质技术。这些技术可以将催化柴油、直馏柴油转化为高辛烷值汽油、或者喷气燃料、或者化工料，产品性质优良，满足了市场需求，为炼油企业提供了可靠的技术支撑。炼油厂可根据需要选择合适的加氢改质技术，以满足柴油质量升级的需求同时保证炼厂经济效益最大化。

加氢精制装置兼产喷气燃料时的问题与对策

张 锐 习远兵 张登前 刘 锋 牛传峰

(中国石化石油化工科学研究院, 北京 100083)

摘 要: 为提高炼油企业的装置的灵活性和经济性, 通过对比常规的汽油加氢装置、柴油加氢装置与喷气燃料加氢装置, 发现三者在工艺流程上具有相似性, 其操作条件也具有相通性用于喷气燃料加氢脱硫醇具有可行性。对兼产装置在实际生产过程中遇到的主要运行问题及产品质量问题进行了分析并给出了相应的对策。喷气燃料产品颜色不合格的问题主要是加氢深度的原因, 产品腐蚀不合格是因为油品中存在的硫化氢和元素硫。通过经济效益分析, 表明炼油企业利用闲置装置兼产喷气燃料不仅可以节省装置投资, 又可以充分利用原有装置的催化剂, 还扩大了炼油企业的喷气燃料生产能力。

关键词: 加氢精制; 喷气燃料; 脱硫醇

1 引言

喷气燃料也称航空煤油(简称喷气燃料), 是航空喷气发动机的专用燃料。喷气燃料的主要来源是石油炼制, 部分来源于生物质。目前我国喷气燃料产量约占总加工原油量的4%, 主要来源为原油常压蒸馏出的直馏煤油馏分, 二次加工的喷气燃料馏分产量较小[1]。

由于航空运输业具有很强的国际性, 许多商用飞机需要在世界上不同的地区加油, 因此各国喷气燃料尽管有自己的特点, 但是主要质量指标十分相近。3 号喷气燃料的规格标准(GB 6537—2006)是由中国石油化工集团石油化工科学研究院、空军油料研究所、中航油总公司等制定的, 是全球范围内最严格的标准[2]。对照直馏喷气燃料馏分的性质与3 号喷气燃料的规格标准, 可以发现直馏喷气燃料馏分的主要质量问题是硫醇性硫含量超标, 特别是加工高含硫的原油, 直馏喷气燃料中的硫醇含量更高; 有些直馏喷气燃料中的酸值指标超高、产品的颜色达不到要求, 同样需加以处理。喷气原料油中硫醇类硫化物、含氧化合物、碱性氮化物在加氢氛围内很容易被脱除, 通过加氢精制可以很好的改善产品质量和颜色。

当前中国是仅次于美国的世界第二大喷气燃料消费国。近年来随着民航运输总周转量同比保持两位数以上的增幅, 使得国内喷气燃料需求逐年提高。2015 年全年民用航空消费喷气燃料约 2700×10^4t, 较 2014 年增加了 9. 3%。预计到 2020 年到年均增长保持在 8%以上[3]。随着全球经济一体化的进程高速发展, 国际贸易和商务往来将更频繁。航空运输总周转量的稳步上升将使国内、外喷气燃料市场上的需求继续保持增长。由于航空煤油免征消费税, 对于炼化企业来说是高附加值的产品, 炼化企业可以选择利用闲置装置进行加工喷气燃料的生产, 从而提升经济效益。中国石化、中国石油是国内最大的两家喷气燃料生产商, 在当下的形势下, 其下属的炼化企业迫切要求增加喷气燃料生产能力。

2 加氢精制装置兼产喷气燃料的可行性分析

随着人们对生存环境的日益重视, 环境问题越来越受到全世界的高度关注, 开发出高质量的清洁燃料生产技术是石油炼制领域面临的主要问题之一。尤其是随着原油日益变重变劣, 对中间馏分油进行加氢精制来满足市场对油品质量的要求更显重要。加氢精制能有效地使油品中所含硫、氮和氧等杂元素的有机化合物进行氢解，使其中的烯烃、二烯烃、芳烃和多环芳烃进行加氢饱和，并脱除其中所含的金属等杂质。

2.1 典型的加氢精制工艺介绍

2.1.1 喷气燃料加氢精制工艺

由于喷气燃料加氢工艺对原料油具有较强的适应性，易于实现先进控制和清洁生产，氢耗量低[4]。随着其应用不断地扩大，在国内已经取代传统非加氢工艺。喷气燃料加氢精制工艺按照其装置的压力等级分为：浅度加氢处理、常规加氢处理、深度加氢处理工艺。尽管加氢深度有所不同，但其工艺流程基本相同，常规加氢精制工艺流程见图 1。

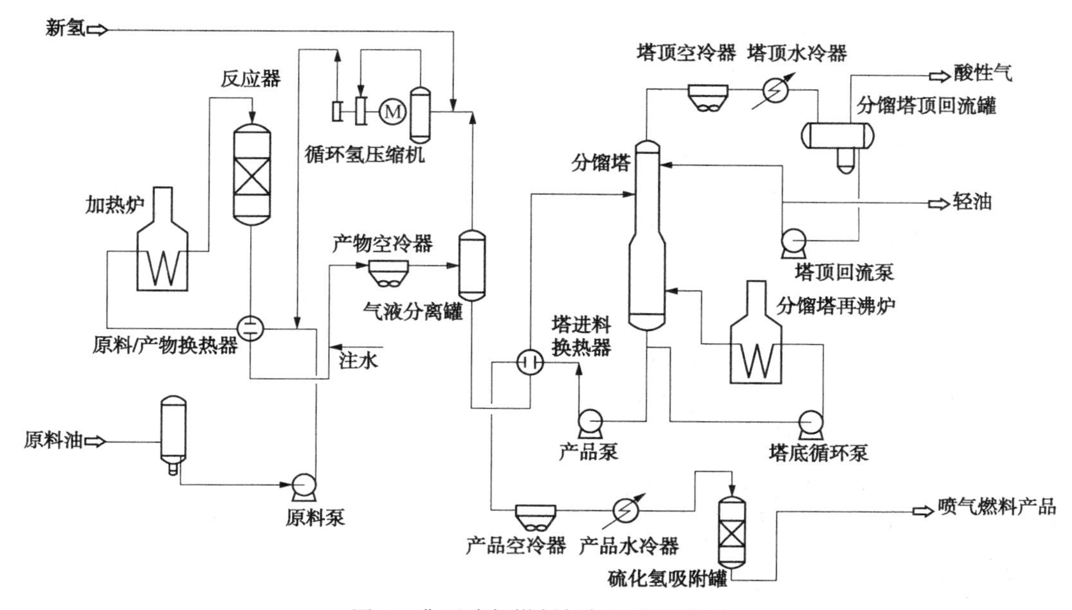

图 1 典型喷气燃料加氢工艺流程图

2.1.2 汽油选择性加氢脱硫装置

为了满足国内汽油质量升级的需要，提高催化裂化汽油的脱硫率并降低烯烃饱和程度、减少产品辛烷值损失，众多研究单位开发出汽油选择性加氢脱硫工艺。目前中国石化应用最广泛的加氢脱硫工艺为石油化工科学研究院所开发的选择性加氢脱硫工艺为 RSDS 工艺[5]，其中的重馏分加氢脱硫工艺流程见图 2。

由于 RSDS 重馏分加氢单元的第一反应器(图 2 中的 R1)为保护反应器，主要是脱除催化裂化汽油重馏分中的二烯烃，用于喷气加氢精制时可以作为保护反应器，也可以切除，单独使用第二反应器。

2.1.3 柴油加氢精制装置

柴油加氢精制工艺是生产清洁柴油工业化应用最为广泛、最为成熟的工艺技术，通过原料油在催化剂的作用下进行加氢脱硫、脱氮、脱烯烃和脱芳烃，从而得到满足清洁柴油排放标准的产品。常规的柴油加氢精制装置工艺流程图 3。

2.2 可行性分析

通过对比三种不同的馏分油加氢精制工艺流程可以看出，均是原料油先经原料泵升压后与氢气混合，然后与反应产物进行换热，再经加热炉加热后进入加氢精制反应器。在临氢的条件下，反应物流中的非烃化合物、不饱和烃类进行加氢精制反应和加氢饱和反应。反应产物经过换热后进入分离器进行气、液相分离，富含氢气的气相在脱除硫化氢后进入循环氢压缩机进行循环使用，液相反应生成油经过换热后，进入分馏系统去脱除油品中的硫化氢及轻烃组分，最后在分馏塔底得到精制后产品。上述说明三者在工艺流程上是相似的，因此对于汽油加氢装置和柴油加氢装置加工喷气燃

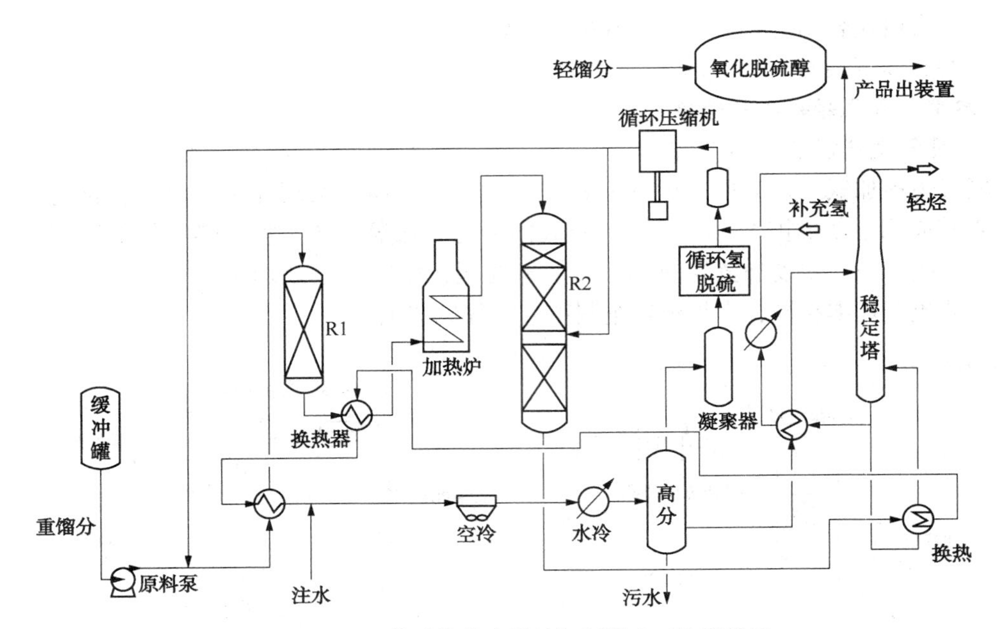

图 2　RSDS 工艺重馏分选择性加氢脱硫工艺流程图

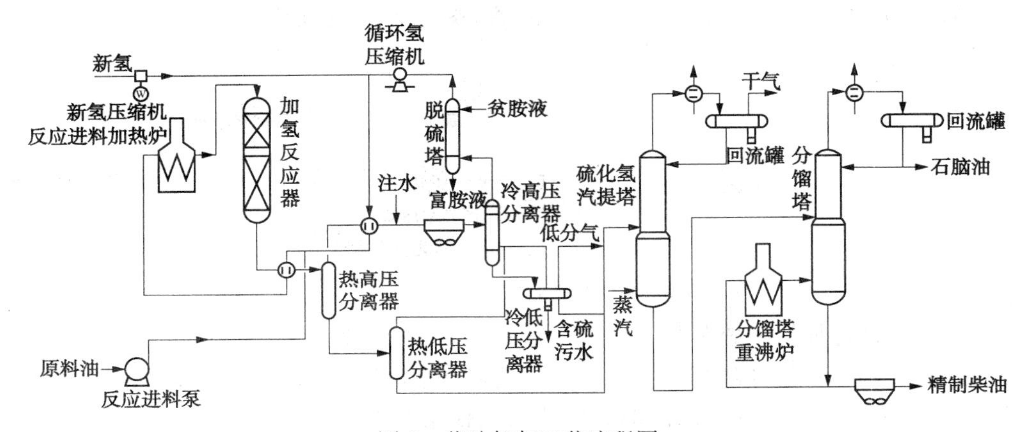

图 3　柴油加氢工艺流程图

料馏分，在工艺流程上是可行的。

进一步将三种不同馏分油的加氢精制工艺条件进行对比，对比情况见表 1。

表 1　三种加氢工艺操作条件对比情况

项　　目	加氢工艺		
	喷气燃料	汽油	柴油
氢分压/MPa	0.7~2.0	1.6	3.2~6.4
催化剂体积空速/h^{-1}	4.0~5.0	3.0~6.0	1.0~2.0
标准状态氢油体积比	50~150	300~600	200~500
反应温度/℃	230~300	250~330	320~400

通过表 1 中三种加氢工艺条件对比可以看出，喷气燃料加氢工艺的操作条件最为缓和；与汽油加氢工艺相比，操作条件在很大程度上的是相同的，因此采用汽油工艺装置来加工喷气燃料具有较强可实施性；由于柴油加氢精制在工艺条件上是最苛刻的，其反应条件足够用于对于喷气燃料加氢精制，在实际生产过程中，可以降低氢分压和调整反应温度来降低加氢苛刻度以满足喷气燃料生产的要求。

工业上常用的加氢精制催化剂大多是由一种ⅥB 族金属与Ⅷ族金属组合的二元活性组分所构

成。工业生产中还根据实际情况，特别是对原料中杂质含量多变的现状，选用数种活性不同的催化剂进行级配。三种工艺所选用的催化剂都是匹配与之相应的加氢精制目的的。喷气燃料加氢精制主要脱除的硫化物类型是硫醇，因为其具有恶臭和不安定性，所以必须进行深度脱除。喷气燃料中存在一定含量的硫化物能起到天然抗氧剂的作用，因此加氢工艺不要太高的脱硫深度，所得到的产品中总硫含量按照质量标准的要求在2000μg/g以下即可；汽油加氢精制主要脱除的硫化物类型是硫醚、硫醇、噻吩及苯并噻吩硫，特别说明的是汽油选择性加氢脱硫催化剂研发的核心就是在加工催化裂化汽油时在尽可能不饱和或少饱和烯烃的基础上进行深度加氢脱硫，因此催化剂的脱硫功能较强，是很容易满足在加工喷气燃料加氢脱硫醇；柴油加氢精制是要将其中的所有硫化物脱除至极低的水平，特别是涉及到大分子硫化物的脱除，主要是噻吩类、苯并噻吩类、二苯并噻吩类等较难脱除的硫化物类型[6]。其加氢精制条件也是三种工艺里面最为苛刻的一个，若是采用柴油加氢精制催化剂来脱除喷气燃料馏分中的硫醚、硫醇硫及噻吩硫，则需要降低加氢苛刻度。

综上所述，三种加氢精制装置不仅在工艺流程上具有相似性，而且其操作条件也具有相通性。另外汽油加氢精制催化剂及柴油加氢精制催化剂的加氢功能均能满足喷气燃料加氢脱硫醇。

3 兼产喷气燃料面临的问题及解决措施

加氢装置兼产喷气燃料运行时，由于油品性质的变化及工艺条件的调整会给生产操作带来诸多问题，本节从化学反应机理、化工系统过程等角度出发对可能出现的问题进行了分析，并且给出了相应的解决措施。

3.1 装置运行问题及解决措施

3.1.1 输送设备

喷气燃料加氢精制的化学氢耗很低，一般在0.1%以下。对于100×10^4t/a的规模的喷气燃料加氢装置，新鲜氢气（新氢）的补入量也就1500Nm^3/h左右。由于汽、柴油加氢装置的氢耗一般在0.4%~1.2%，较喷气燃料加氢要高很多，补充的新氢流量也大，设计的新氢流量控制阀的开度较大。如果在生产喷气燃料过程中不进行改造，那么补充进入反应器中的新氢量就大，这就会导致装置的废氢排放量增加。因此需要在压缩机入口增设新氢流量控制阀，将控制阀设一大一小两组，当切换进行喷气燃料生产时由小的控制阀控制，改回原装置的操作模式时采用大的控制阀控制。

加氢装置的原料油及精制产品的输送大都采用离心泵来进行，为了保证离心泵的输出的流量在最佳工况点附近，需要根据离心泵的特性曲线和装置的设计参数来进行选型。兼产的装置面临的问题就是实际的加工量与原有的装置的设计加工量不匹配。当加工负荷较低时，不能保证泵的经济性，可以通过调节泵出口的流量控制阀的开度进行流量控制，这就造成了泵的轴功率的浪费，因此可以根据实际生产需要对泵的叶轮进行切削改造。压力等级较高的装置采取降压来进行喷气燃料加氢时，由于反应进料泵工作点无法保持在较佳的工作区域内，需要对原反应进料泵工况进行核算，以确认是否需要更换进料泵。

3.1.2 装置能耗

喷气燃料加氢由于加氢深度较浅，化学反应放热较少，装置所需的反应热基本通过加热炉供给，反应加热炉负荷较高。尤其是当兼产装置的催化剂到使用的末期时，由于催化剂活性的不足，需要更高的反应温度来满足加氢活性时就需要提高加热炉负荷，从而使消耗燃料气的量增大，影响整体装置的能耗。

喷气燃料加氢精制所需的氢油体积比一般为50左右，小于汽油、柴油加氢精制装置的氢油体积比（300~500）。若是仍按照汽柴油加氢精制装置的循环氢量进行操作，属于过高的氢油比，尽管是有利于加氢精制的，只是因此消耗的高压蒸汽或电要高。

由于对反应物流中的硫化氢脱除精度要求高，需要较高的分馏温度，也会相应的造成脱硫化氢气提塔和分馏塔的负荷较高。

3.2 产品质量问题及解决措施

3.2.1 颜色及颜色安定性

3 号喷气燃料的规格标准中规定了喷气燃料颜色不小于+25 号(赛氏比色)，同时也规定了民用航空燃料的颜色安定性[2]。经过加氢精制后得到产品的颜色一般都能满足大于+25 号。部分炼油厂在其实际生产过程中出现了颜色不合格的问题，一般是因为加氢精制深度不够或是系统中存在杂质、污垢混入产品中影响分析结果。

喷气燃料的主要成分如烷烃、环烷烃基本上不引起喷气燃料变色，影响喷气燃料颜色安定性的主要是馏分中存在的不安定组份和金属离子[7]。不安定组份包括氧化物(环烷酸、羧酸和酚类)、氮化物、硫化物和不饱和烃；金属离子对烃类的氧化有很强的催化作用，能够加快燃料变色的速度，有文献报道油品中的铜离子能够使颜色变深加快[8]。在许多变色的实例中，总有氮化物的存在。氮化物分为碱性氮化物和非碱性氮化物，当两类化合物共存时，还会发生协同作用，碱性氮化物能加快非碱性氮化物的自动氧化过程，强化了燃料的变色反应。特别是喷气燃料馏分中存在的碱性氮化物中的 1,2,3,4- 四氢喹啉及非碱性氮化物(特别是 2,5-二甲基吡咯)，颜色安定性很差[9]。

在使用备用装置的催化剂的，可能面临的问题是原有装置的催化剂活性状态处于末期，即加氢性能较弱。在脱除氮化物是存在一定的局限性。可能会导致产品的颜色安定性达不到要求，在这种情况下可以通过提高反应温度来满足加氢能力。

对于加氢等级高的装置在兼产喷气燃料时，由于原装置的换热网络是在原有反应条件下进行设计的，因此需要维持较高的反应温度才能满足换热流程运行。在较高的反应温度情况下(>320℃)所得到的喷气燃料产品的颜色可能会小于 25 号，产品出现淡绿的颜色。文献在研究超深度加氢脱硫时，发现油品中的 DBT 在进行深度加氢脱硫反应时产生的自由基如未能迅速加氢则会形成多环芳烃分子，产品颜色加深。众多文献表明[10,11]：当芳环上接有 C ═C、C ═NH、C ═S 时，物质易产生颜色。对于深度加氢后的产品中硫、氮含量极低，很难存在 C ═NH、C ═S，可能的原因就是多环芳烃在较高的反应温度下，因受到热力学的限制而无法加氢饱和，从而存在于油品之中，使油品呈现出淡绿色。三环芳烃如蒽、荧蒽类具有荧光特性，在油品中含量仅 10^{-6}级便可以使油品显现出淡绿色，从而影响产品的颜色。喷气燃料中的含量极低的荧蒽类物质，在缓和的加氢条件下，可以进行芳烃加氢饱和。但是当反应问题提高到一定程度时，受热力学的限制使反应平衡常数变小，从而保留在产品中，给产品的颜色造成了影响。针对此种情况，可以选择提高装置操作压力及标准状态氢油体积比来增大芳烃饱和的反应平衡常数，使荧蒽类化合物进行加氢饱和，从而改善产品的颜色。

3.2.2 腐蚀指标不稳定

导致喷气燃料腐蚀不合格的问题，主要是产品中的 H_2S 和元素硫。

喷气燃料加氢精制所脱除的硫化物生成了 H_2S，并溶解在油品中，需要在分馏系统中进行完全脱除。H_2S 对银片腐蚀的影响是很大的，只要喷气燃料中含有 1μg/g 的 H_2S ，银片腐蚀就会不合格[12]。因此分馏-稳定系统的操作参数对油品中的硫化氢脱除效果至关重要。

对于分馏系统的塔底热源采用的是重沸炉，通过调整分馏系统的参数既可以满足脱除硫化氢的要求，一般是通过提高塔底温度或者降低分馏塔塔顶压力来时提高脱出精度。汽油加氢装置正常操作情况下，其分馏塔底的温度一般为 200℃，其热源来于反应物流(300℃)与分馏塔底物流的换热。当加工喷气燃料时，由于加氢精制本身产生的反应热很低，一般反应温度在 260℃左右既可以满足脱硫醇的要求。而将馏分较重的喷气燃料馏分中的硫化氢汽提干净需要较高的塔底温度(>240℃)，此时的换热就不能够满足要求，因此需要提高整体的反应温度来满足分馏系统的要求。柴油加氢装置为了使石脑油产品中的硫含量直接满足调和的要求，一般都采用的双塔流程，即脱硫化氢塔-分馏塔联合使用。在脱硫化氢塔中将反应物流中溶解的硫化氢进行深度脱除，若是脱硫化氢汽提塔是采用蒸汽汽提，在兼顾生产喷气燃料时，当装置无有效的脱水手段时，会使塔底喷气燃料含有微量水，使硫化氢更易溶解于喷气燃料中，从而造成腐蚀不合格。

由于硫化氢很容易被氧化成元素硫，用银片腐蚀检测喷气燃料的元素硫腐蚀性是非常灵敏的。当元素硫的含量达到0.5μg/g时，银片腐蚀为2级，即不合格[13]。在加氢系统中可能存在的硫化氢被氧化成元素硫的情况主要有两类。第一类是加氢后的喷气燃料在空气冷却器前需注入脱盐水避免铵盐在低温点结盐形成堵塞，注水后的物流进入冷高压分离器进行油水分离。由于脱盐水中含有微量氧，可以形成元素硫。特别是在装置检修后开工或非计划开停工时，由于产品在冷高压分离器中的停留时间增加，所以生成的元素硫较正常生产时多，从而影响银片腐蚀。第二类是在正常生产中，汽提塔采用的汽提蒸汽的模式进行操作。当蒸汽中含有微量氧，使硫化氢氧化变成单质硫，致银片腐蚀不合格。元素硫在喷气燃料中有一定的溶解度，溶解的元素硫很难除去。因此喷气燃料能否通过银片腐蚀，最重要的就是控制产品中 H_2S 和元素 S 含量。另外硫化氢和元素硫相互作用使得银片的腐蚀程度急剧增强[12]，在实际生产过程中应当控制产品中的硫化氢和元素硫的含量在0.5μg/g之内。

4 经济效益分析

中国石化镇海分公司、扬子分公司及中国石油兰州石化在各自的柴油加氢精制装置上均进行过喷气燃料的生产。上海石化分公司的RSDS工艺，均在其装置闲置期加工生产喷气燃料，均表明生产加工期间能够给企业可观的经济效益[14~16]。

目前汽油(石脑油、混芳)的消费税高达2100元/t，柴油消费税也攀升至1430元/t，而对于航空煤油仍然继续暂缓征收[17]。在当下国际油价持续走低及成品油消费税征求的前提下，生产汽、柴油的利润空间被进一步的压缩，生产喷气燃料的利润得到进一步的提升，因此炼油企业迫切希望得到一种能够扩大自生喷气燃料生产的能力，以期获得更多利益。新建一套 100×10^4t/a 的喷气燃料加氢装置项目，项目中包括反应部分(包括压缩机)、分馏、公用工程设施等需要投资3000~4000万元，并且装置的建设期一般都要1~2年。炼油企业若能够快速的响应市场机制，充分利用在全球炼油经济大背景及我国降低柴汽比的要求下，将原有的、闲置的汽柴油加氢装置进行喷气燃料加工，可以给炼油企业带来可观的经济效益。兼产的装置扣除装置操作费用和维护成本，生产1吨喷气燃料可以获得约1000元利润。因此炼油企业要对自生闲置装置进行评估，并进行简单的改造，来实现喷气燃料的生产。这样既节省了装置投资成本，又充分利用原有装置的催化剂，还扩大了炼油企业的喷气燃料生产能力。

5 结论

(1) 通过对比典型的加氢精制工艺与喷气燃料加氢工艺在流程上具有相通性，同时也论证了其加工喷气燃料馏分生产喷气燃料的可行性。兼产装置在实际生产过程中需要重点关注因原料的变化带给流体输送设备的运行问题和因此而引起的能耗较高问题。

(2) 喷气燃料产品颜色不合格的问题主要是加氢深度的原因，产品腐蚀不合格是因为油品中存在的硫化氢和/或元素硫。

(3) 通过经济效益分析，表明炼油企业利用闲置装置兼产喷气燃料不仅可以节省装置投资，又可以充分利用原有装置的催化剂，还扩大了炼油企业的喷气燃料生产能力。

参 考 文 献

[1] 李娜，陶志平. 国内外喷气燃料规格的发展及现状[J]. 标准科学. 2014(02)：80-81.

[2] 中国石油化工股份有限公司石油化工科学研究院，空军油料研究所，中国航空油料总公司. GB6537-20063号喷气燃料[S]. 北京：中国标准出版社，2007.

[3] 徐伟池，方磊，郭金涛，等. 喷气燃料生产技术现状及发展趋势[J]. 化工中间体. 2011(02)：19-22.

[4] 夏国富. 加氢催化剂、工艺和工程技术：喷气燃料馏分的加氢技术[M]. 北京：中国石化出版社，2003. 165-167.

[5] Xi Yuanbing，Zhang Dengqian，Chu Yang，et al. Development of RSDS-III Technology for Ultra-Low-Sulfur Gasoline Production[J]. China Petroleum Processing & Petrochemical Technology . 2015，17(2)：46-49.

[6] 王征，杨永坛. 柴油中含硫化合物类型分布及变化规律[J]. 分析仪器. 2010(01)：70-73.

[7] 赵德强. 兰州石化公司加氢精制喷气燃料变色和银片腐蚀不合格问题研究[D]. 兰州大学，2007.

[8] 马玉红，杨宏伟，杨士亮，等. 航空发动机喷气燃料颜色变化研究[J]. 当代化工. 2013(09)：1231-1232.

[9] 陈立波，郭绍辉，宋兰琪，等. PingbaRP-3 喷气燃料中有色组分的鉴定及其特性研究[J]. 燃料化学学报. 2004(06)：684-685.

[10] Xiaoliang Ma，Kinya Sakanishi，Tkaaki Isoda et al. Structural Characteristics and Removal of Visible-Fluorescence Species in Hydrodesulfurized Diesel Oil[J]. Energy & Fuels，1996，10(1)：91-96.

[11] Takatsuka T，Wada Y，Suzuki H，et al. Deep Desulfurization of Diesel Fuel and Its Color Degradation. [J]. Sekiyu Gakkaishi，1992，35(2)：179-184.

[12] 潘光成，李涛，吴明清. 加氢型喷气燃料元素硫腐蚀性研究[J]. 石油与天然气化工，2012，41(5)：464-468.

[13] 王凡喜，王悦军，赵玉庆，等. 硫与硫醇反应对喷气燃料银片腐蚀的研究[J]. 油气储运，2005，24(1)：35-37.

[14] 李林，朱玉新，张伟伟，等. 焦化汽柴油加氢装置改喷气燃料加氢装置的技术改造[J]. 石油与天然气化工，2016(2)：17-22.

[15] 裴季红，曹宏武. 汽油加氢改喷气燃料加氢质量控制与分析[J]. 当代化工. 2010(04)：398-400.

[16] 叶华伟. T317 型喷气燃料精制剂在 3#军用喷气燃料中的应用[J]. 工业催化，2005，13(6)：51-52.

[17] 关于继续提高成品油消费税的通知；财税[2015]11 号.

催化裂解(DCC)装置操作参数的优化调整

赵长斌　贺胜如　王葆华　张旭亮　杨　果

(中海石油宁波大榭石化有限公司，浙江宁波　315812)

摘　要：中海石油宁波大榭石化有限公司 220×10^4t/a DCC 装置投料开工以来，其高附加值产品乙烯、丙烯收率分别为 3.27%，16.55%，远低于设计值(4.5%)，(19.5%)。在对影响乙烯、丙烯产率的主要因素进行分析的基础上，通过采取优化原料配比、工艺操作参数，催化剂配方等措施，使乙烯、丙烯收率分别达到了 4.53%、19.52%，全面达到设计条件，后续乙苯-苯乙烯等化工装置达到了满负荷操作，也创造了目前国内 DCC 装置乙烯、丙烯产率的最好水平。

关键词：DCC；乙烯；丙烯；操作参数；优化

1　引言

中海石油宁波大榭石化有限公司 220×10^4t/a DCC 装置由中国石化工程建设有限公司(SEI)设计，是目前国内规模最大的 DCC 装置，采用石油化工科学研究院(RIPP)的 DCC-plus 技术，以重油为原料，乙烯、丙烯等低碳烯烃为目的产品，副产轻芳烃，是大榭石化三期馏分油项目实现“炼化一体化”的核心装置。

自 2016 年 6 月 9 日第一次投料开工以来，装置运行平稳，但其高附加值产品乙烯、丙烯收率较低。乙烯收率为 3.27%，远低于设计值(4.5%)；丙烯收率为 16.55%，远低于设计值(19.5%)。特别是乙烯产率，严重制约了后续乙苯-苯乙烯等化工装置的负荷，为进一步挖潜 DCC 工艺优势，增加高附加值产品乙烯、丙烯收率，提高经济效益，是该厂急待解决的难题。

2　DCC-plus 工艺技术特点

DCC-plus 工艺技术是在 DCC 工艺技术基础上开发的增强型催化裂解新技术，该技术与传统 DCC 工艺不同的是：将来自再生器的另外一股高温、高活性的再生催化剂引入流化床反应器床层，通过改变反应器系统轴向的温度和催化剂的活性梯度，增强了反应系统内不同反应器的可控性，使得重油原料的一次转化和丙烯前身物二次裂解分别在适应的反应条件下发生，最终缓解了增产丙烯与降低干气和焦炭产率之间的矛盾[1]。

DCC-plus 技术由于优化了反应器的温度分布和催化剂的活性分布，和 DCC 工艺相比，加工掺混渣油(石蜡基)的原料时，改善产品分布和产品选择性更加明显[1]。

DCC-plus 技术采用了双提升管+流化床的反应器型式，根据中型试验结果，采用纯提升管反应器有利于多产乙烯，采用提升管+床层反应器有利于多产丙烯。因此，该技术在增产丙烯产率的同时，也兼顾了副产品乙烯的产率[2]。

3　丙烯、乙烯的生成机理

催化裂化过程中的重质原料经过一次裂化后，生成的汽油中间馏分，汽油中的 $C_5\sim C_8$ 烯烃在 ZSM-5 分子筛上可进一步转化为丙烯和乙烯。因此，汽油组分是生成丙烯和乙烯的主要前身物。

袁起民[3]等研究认为，催化裂解重油生成丙烯的路径主要有两个：一是原料中烃类大分子经单分子或双分子裂化反应生成的活性中间体一步裂化生成丙烯；另一种是由活性中间体裂化生成的汽油中烯烃等活泼中间产物二次裂解生成丙烯。丙烯生成是二者共同作用的结果。

石油烃类在酸性分子筛上的裂解反应按正碳离子反应机理进行，而在正碳离子反应生成的气体烯烃中丙烯和丁烯的含量较高。

4 装置运行情况分析

2016年6月9日DCC装置一次开车成功后，在石科院和SEI的指导下，逐步将一反温度提至550~560℃、二反温度提至620~630℃、三反藏量提至30t、二反投用气分碳四、轻汽油回炼。进入8月份后，DCC装置进行全面的优化操作。

从表1、表2的产品分布情况来看，2016年6月9日第一次投料开车以来，6~9月份实际干气产率为10.14%，液化气产率偏低，低于设计值6.44%；裂解汽油产率偏高，高出设计值11.92%；乙烯、丙烯产率分别为3.27%、16.55%(对新鲜进料)远低于设计指标，装置急需进行优化调整，改善产品分布。

表1 开工初期裂解装置设计与实际物料平衡数据对比

项　目	设计值	实际值
进料/(t/h)		
常压渣油	142.56	78.75
加氢尾油	119.85	128.21
气分 C_4 回炼	26.24	9.63
富丙烯干气	1.04	1.22
出料/%		
干气	8.95	10.14
液化气	45.04	38.60
裂解汽油	22.73	34.65
柴油	13.15	6.64
油浆	2.17	1.84
焦炭	7.96	8.13
合计	100	100

注：干气中不含非烃，各物料中均不含饱和水，富丙烯干气来自乙苯装置。

表2 乙烯、丙烯产率(对新鲜进料)

项　目	设计值	6月	7月	8月	9月	平均
新鲜进料量/(t/h)	262					
乙烯(反算法)收率/%	4.5	3.30	3.34	3.34	3.11	3.27
乙烯(正算法)收率/%	—	3.56	3.31	3.58	3.35	3.45
丙烯收率/%	19.5	16.76	16.57	16.68	16.37	16.59

注：正算法是根据干气中乙烯含量计算的；反算法是根据下游化工装置乙苯产量推算的。

经过分析，造成产品分布与设计偏差较大的主要原因是：

(1) DCC混合原料密度为0.9023g/cm^3，明显高于设计值0.889g/cm^3，常压渣油密度为0.94g/cm^{3}左右，远高于设计值的0.902g/cm^3；由于原料配比不合理，石蜡基常渣质量和比例与设计偏差较大，这些都是对增产乙烯、丙烯的不利因素，急待优化调整。

(2) 装置开工平衡剂比例大，系统藏量高(1000t)，且含有较大比例的重油催化裂化剂，专用催化剂只占DCC装置系统藏量的30%左右，且系统各处藏量分配比例尚处于优化阶段，催化剂选择性差，活性高，氢转移反应加剧，造成干气和裂解汽油产率偏高。

(3) 裂解汽油中乙烯、丙烯的重要前身物 C_5 烯烃含量偏低，根据图1看出，C_5 烯烃含量长期在35%~40%，且烷烃含量高，造成轻汽油回炼对增产丙烯的作用不大，这些因素都是导致乙烯、丙烯产率低的主要原因。

(4) 反-再系统的操作参数还是处在摸索阶段，与设计值有一定偏差，需进一步优化调整。

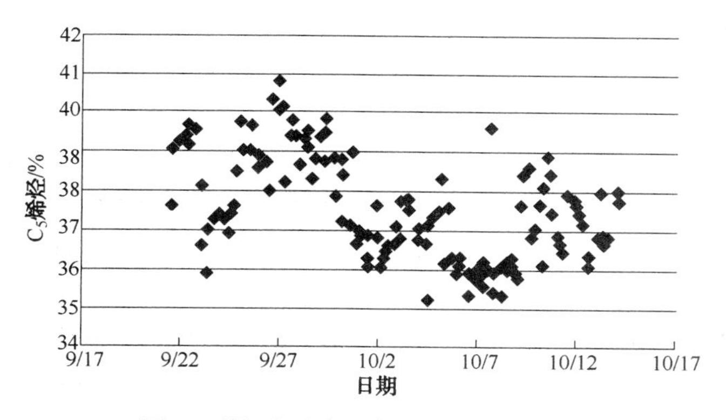

图 1 裂解汽油中 C_5烯烃含量变化趋势

5 影响乙烯、丙烯产率的主要因素分析

在综合分析影响乙烯、丙烯产率的各种因素基础上，考虑到实际操作中剂油比、注水量、反应压力等指标与工艺包及设计值接近，总结出原料性质、催化剂裂解活性、操作参数(反应温度、空速、) C_4及轻汽油回炼是影响乙烯、丙烯产率的主要因素。

5.1 原料性质的影响

装置设计原料为石蜡基的常渣和加氢尾油，开工时原料性质(见表 3)及原料配比与设计值偏差较大，导致产品分布与设计值有很大变化。

表 3 三种原料的性质

项　目	加氢尾油	常压渣油	混合蜡油
碳氢含量/%			
碳含量	86. 22	86. 7	86. 82
氢含量	13. 68	12. 85	12. 16
氢碳原子比	1. 90	1. 78	1. 68
20℃密度/(kg/m³)	879. 9	902. 6	938. 2
残炭/%	<0. 1	5. 25	0. 15
碱性氮/(mg/kg)	<1	456	440
四组分/%			
饱和烃	96. 8	64. 8	71. 2
芳烃	3	19. 7	22. 3
胶质	0. 2	14	6. 4
沥青质	<0. 1	1. 5	0. 1
金属含量/(mg/kg)			
Fe	0. 1	1. 7	1. 3
Ni	<0. 1	5. 9	<0. 1
V	<0. 1	5. 9	<0. 1
Na	0. 3	0. 5	2. 3
Ca	0. 2	0. 6	0. 3

表 4　单个原料油和混合原料油的产物分布

催化剂	DMMC-2(专用剂)				
原料油	加氢尾油	常压渣油	加氢尾油：常压渣油(1：1)	加氢尾油：常压渣油(2：1)	
转化率/%	93.72	93.01	92.50	93.52	
二烯产率/%					掺炼比增大
乙烯	4.13	4.50	4.45	4.33	↓
丙烯	18.96	19.82	20.27	19.35	↓
乙烯+丙烯	23.09	24.32	24.72	23.68	↓

从表 3、表 4 可以看出：常压渣油的乙烯和丙烯的产率最大，其次为加氢尾油，混合蜡油的乙烯和丙烯产率较小；加氢尾油的 C_5 产率最大，且烯烃度较大，因此可以通过回炼进一步转化为乙烯和丙烯；加氢尾油中虽然饱和烃含量很高，但绝大多数为环烷烃，且多为二环及以上环烷烃，在反应过程中很难裂化成乙烯、丙烯等小分子烯烃，不利于多产乙烯和丙烯。加氢尾油和常压渣油掺炼后乙烯、丙烯产率没有发生明显变化；随着加氢尾油和常压渣油掺炼比的增大，乙烯和丙烯的产率均有所减小，C_6 ~ C_8 芳烃产率增大。

在原料油掺炼时，应优化好常渣与加氢尾油的比例，在实际操作中，在满足两器热平衡的前提下，应当尽量减小加氢尾油的掺炼比。

5.2　催化剂裂解活性的影响

DCC-I 的反应机理为正碳离子反应，丙烯的产率取决于重油的一次裂化能力及汽油、中间馏分的二次裂化能力，即取决于催化剂的裂解活性[4]。在催化剂方面，通常采用具有高活性基质和酸密度低而酸强度高的择型分子筛催化剂，从而使其具有高裂化性、低氢转移活性[5]。

开工初期，DCC 专用剂比例较低，混有一部分 RFCC 裂化剂，系统内平衡催化剂活性较高，MAT 达到了 72，氢转移活性较高，导致生成的一部分丙烯被饱和，使得低碳烯烃选择性下降，造成丙烯产率下降。从图 2 近 3 个月趋势分析，氢转移指数一直偏高持续在 1.6~2.2，远远高于 DCC 工艺要求的氢转移指数 1.5 以下的水平。

为了控制氢转移反应，必须适当降低平衡剂的活性，争取控制在 65 ~ 70。在多次协调石科院（RIPP）、催化剂厂优化调整催化剂配方的基础上，同时也调整了系统新鲜剂的补充速度。

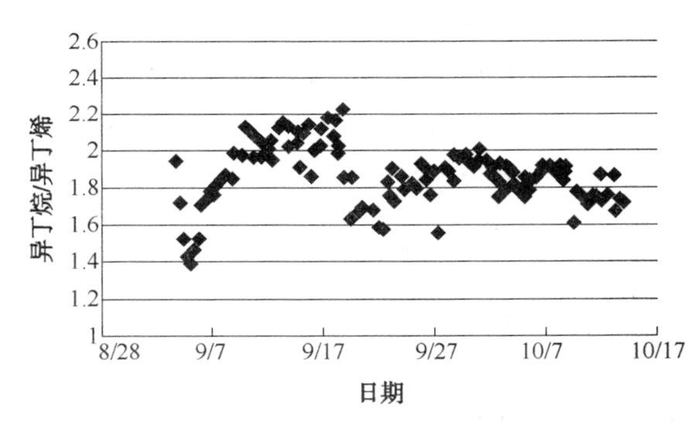

图 2　氢转移系数的变化趋势(2016.8.28 ~ 10.17)

5.3　操作参数的影响

5.3.1　提升管及床层反应温度

试验表明，温度对乙烯产率影响最明显，随着反应温度的提高，乙烯、丙烯产率都相应增加，550℃以下乙烯产率增加不明显，550 ~ 620℃乙烯产率增加明显，620℃以上，乙烷产率增加比乙烯更明显，出现一个明显的拐点。

因此，为了兼顾丙烯和乙烯产率，在实际操作中，第一提升管温度确定为 560℃，二反温度确定为 625℃，三反床层温度确定为 560 ~ 570℃。

5.3.2 三反藏量的影响

在实际操作中，通过调整三反藏量的高低来改变床层空速，可以改变产品分布。由于轻汽油(馏程 30~85℃)组分中烃类分子链短，难以裂化，不仅需要较高的反应温度，还需要较高的催化剂密度，因此轻汽油组分的催化裂解需要采用提升管+床层反应器或床层反应器。床层操作主要控制参数为床层空速和油气空塔线速。

空速的变化不仅引起油气停留时间发生变化，而且床层的催化剂密度也会发生变化。

当空速为 $2h^{-1}$时，甲烷产率增加剧烈，表明催化裂解轻汽油产低碳烯烃时，空速不能太低，应维持床层油气空塔线速在 0.6~1.0m/s，在注水量为30%时，空速基本控制在 4~6 h^{-1}比较合适[7]。

5.4 C_4 及轻汽油回炼量的影响

王素燕[8]等经过试验研究得出：在催化热裂解条件下，C_4组分在 650℃，停留时间 3.6s 时，转化率达到 63.83%；生成乙烯与丙烯的产率分别为 10.96%和 24.44%；温度高达 680℃时，热裂解反应加剧，转化率达到 40%；气分 C_4回炼量对丙烯产率影响最大，其中 C_4回炼时，丙烯：乙烯产率≈2：1。

DCC-plus 工艺采用双提升管加流化床层反应器的形式，其中汽油组分进入单独的提升管回炼是增产丙烯的主要手段。而反应器的结构改进本质上都是在调整反应过程的剂油比和空速[8]。

朱根权[6]认为：催化裂解轻汽油组分中烃分子链短，需要较高的反应温度，而反应温度升高，对热反应的促进作用大于催化反应。因此选择合适的反应温度，既能选择性地得到 C_2~C_4烯烃，又能抑制甲烷的生成。试验结果表明，以丙烯为主要目的产物时，反应温度在 620℃比较合适。以乙烯+丙烯为主要目的产物时，反应温度在 650℃比较合适。

6 措施的制定及应用效果

在对影响乙烯、丙烯产率的主要因素进行分析的基础上，通过采取以下措施使乙烯、丙烯产率达到了设计保证值。

(1) 优化装置原料品种和配比，且保持原料性质相对稳定。

根据石科院(RIPP)对装置原料(常压渣油、加氢尾油、蜡油)的分析结果及按不同比例在实验装置上获得的产物分布数据，筛选出最优的原料配比。从图 3 和图 4 可看出随着渣油比例的提高乙烯及丙烯收率均呈上升趋势，乙烯产率，由 3.5%上升至 3.95%，丙烯产率由 17.2%上升至 19.4%，由此确定提高原料中渣油比例有利于提高乙烯、丙烯产品收率。

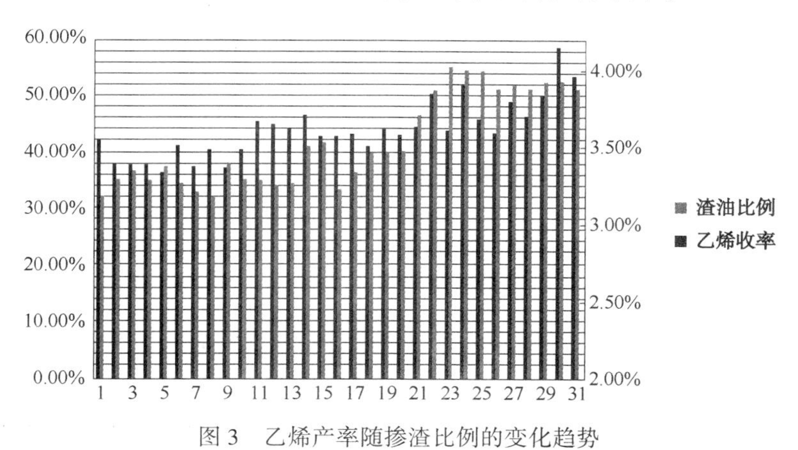

图 3 乙烯产率随掺渣比例的变化趋势

(2) 优化专用催化剂的加入量，控制合理的平衡催化剂活性。

从开工后采取了各种措施来降低系统平衡催化剂活性，以降低不利于乙烯、丙烯生成的氢转移反应活性，通过不断调整专用催化剂补充量，加快催化剂置换速度，同时协调石科院(RIPP)和催

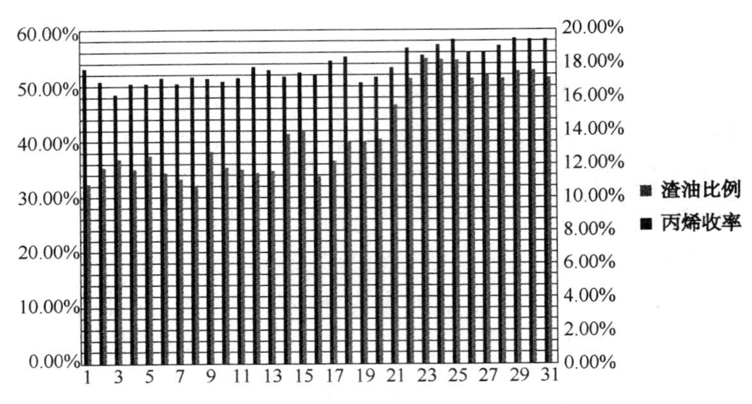

图 4　丙烯产率随掺渣比例的变化趋势

化剂厂调整配方。从 10 月份开始大幅度调整专用催化剂补充量，单耗由 0.793kg/t 原料调整至 1.0~1.1kg/t 原料，经过近 3 个月的控制，系统平衡催化剂活性从 72 下降到 68。

（3）优化主要工艺操作参数。

主要对原料预热温度、一反出口温度、二反出口温度、三反藏量、C_4回炼量、汽油回炼量等主要工艺参数进行优化操作。在保证其他操作条件不变的情况下，以三反藏量调整、C_4回炼量调整为主。

11 月 11 日对三反床层藏量进行调整，由 40t 提至 50t；12 月 1 日将三反床层藏量提至 60t，12 月 13 日提至 70t，12 月 20 日提至 80t。调整前后主要操作条件见表 5。

表 5　调整前后主要操作条件

项　　目	设计	调整前	调整后
处理量/(t/h)	262	202	245
一反反应温度/℃	560	544560	
二反反应温度/℃	610	621	625
再生温度/℃	700	699	698
三反藏量/t	150	30	50~80
三反床层空速/h^{-1}	3.0	8	4~6
气分回炼 C_4/(t/h)	26.2	10.125	
二反轻汽油量/(t/h)	13	19.113	
原料油预热温度/℃	260	215	245
主风量/(Nm^3/min)	5035	4081	5195
反应压力/MPa(g)	0.14	0.13	0.14
再生压力/MPa(g)	0.17	0.15	0.16
催化剂活性	65	72	68
再生剂含碳/%	<0.15	0.01	0.01
沉降器第一级旋分线速/(m/s)	18.4	18.7	18.5
沉降器第二级旋分线速/(m/s)	19.76	20.5	20.6
第一提升管剂油比(对新鲜进料)	11.8	8.7	8.6
再生器第一级旋分线速/(m/s)	19.52	17.8	18.4
再生器第二级旋分线速/(m/s)	22.99	20.6	21.6
第二提升管剂油比	25.2	20.56	25.0
烧焦量/(kg/h)	23092	17710	20064

11 月 11 日开始，对三反床层藏量进行调整，由 40t 提至 50t(对应的空速约为 6 h^{-1}、5h^{-1})，11 月 26 日将 C_4回炼量由 22 t/h 提至 25 t/h。乙烯收率有所上升，丙烯收率先降后升，C_4回炼对乙烯、丙烯产率的影响见图 5。

12 月 1~20 日开始三反床层藏量由 60t 提至 80t(对应的空速约为 4 h^{-1}、3 h^{-1})，在原料性质稳

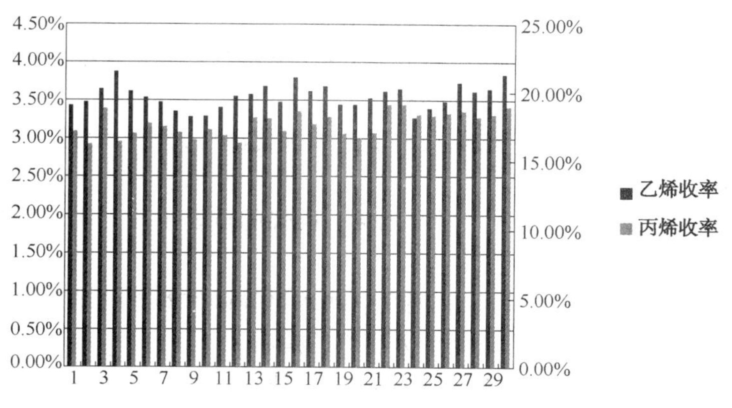

图 5　C_4 回炼对乙烯、丙烯产率影响的趋势

定及其他操作参数不变的情况下从图 6 看出，提高三反床层藏量有利于提高乙烯、丙烯产率，其中乙烯产率提高更加明显。

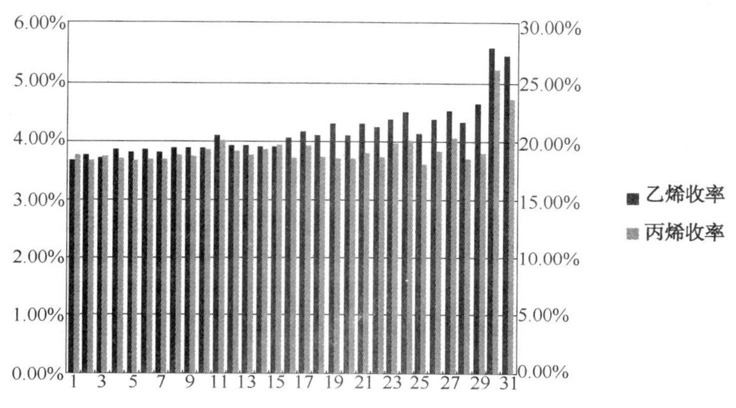

图 6　三反藏量对乙烯、丙烯产率影响的趋势

经过采取以上措施，10~12 月乙烯及丙烯收率变化如图 7 所示，从整体趋势看出乙烯及丙烯收率呈稳步上涨趋势，12 月乙烯、丙烯产率(对新鲜原料)分别达到了 4.53%和 19.52%，创造了目前国内同类装置的最好水平。

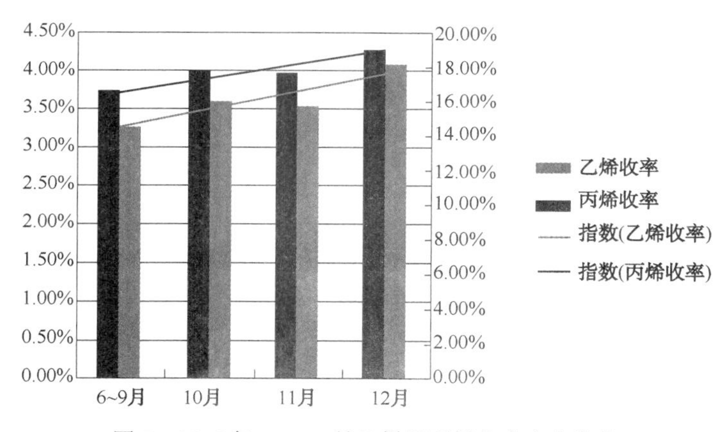

图 7　2016 年 10~12 月乙烯及丙烯收率变化趋势

7　结论

(1) 通过采取优化原料配比、工艺操作参数，催化剂配方等措施，乙烯、丙烯对新鲜进料的收

率分别达到了4.53%、19.52%，达到了设计保证值。

(2) 石蜡基的常渣性质和比例，对丙烯和乙烯的产率影响较大，在原料油掺炼时，在满足两器热平衡的前提下，应当尽量减小加氢尾油的掺炼比。

(3) 对DCC-plus工艺，控制适当的氢转移活性和裂化活性，使系统催化剂活性保持在65~70，对增产乙烯和丙烯是十分有利的。

(4) 通过改变三反藏量来调整空速是增产乙烯、丙烯的重要手段，实践证明，空速控制在4~6 h^{-1}比较合适，也是比较灵活的调节手段。

(5) 在优化提升管反应温度、原料预热温度、注水量等操作参数的基础上，为最大限度增产乙烯、丙烯，灵活调整C_4及轻汽油回炼量是十分有效的措施。

(6) DCC装置增产乙烯、丙烯的措施灵活多样，实际生产上，要结合装置的自身特点和目的需求，采取针对性措施，才能取得事半功倍的效果，获得较好的经济效益。

参 考 文 献

[1] 张执刚，谢朝刚，朱根权．增强型催化裂解技术(DCC-PLUS)试验研究[J]．石油炼制与化工．2010，41(6)：39-43.

[2] 张执刚，谢朝刚，施至诚，等．催化热裂解制取乙烯和丙烯的工艺研究[J]．石油炼制与化工，2001，32(5)：21.

[3] 袁起民，龙军，谢朝刚．重油催化裂解过程中丙烯和干气的生成[J]．石油学报(石油加工)．2014，30(Ⅰ)：1-6.

[4] 宫超．影响催化裂解工艺丙烯产率的因素[C]//催化裂化协作组第六届年会论文集，1997：150-154.

[5] 袁起民，李正，谢朝刚，等．催化裂化多产丙烯过程中的反应化学控制[J]．石油炼制与化工2009，40(9)：27 -30.

[6] 朱根权．工艺条件对催化裂解汽油裂化制低碳烯烃反应的影响[J]．石油炼制与化工．2015，46(6)：7-10.

[7] 王素燕，陈新国，徐春明，C_4混合物催化热裂解性能的研究[C]//催化裂化新技术[M]．北京：中国石化出版社2004.6：389.

[8] 沙有鑫，龙军，谢朝刚，等．操作参数对汽油催化裂化生成丙烯的影响极其原因探究[J]．石油学报(石油加工)增刊．2010.10：21-22.

常压蒸馏塔含硫污水颜色趋黑原因分析

赵 耀

（中国石化天津石化研究院，天津 300271）

摘 要：通过分析查找原油蒸馏塔塔顶的含硫污水变黑的原因，结果表明是由于腐蚀产生的二价铁离子与水中的硫化氢反应生成胶态硫化亚铁所致，确定跟塔顶注水注剂不当以及加工原油硫含量高有关。建议优化平稳进装置原油性质以及实时改变塔顶注剂工艺以保证蒸馏装置安稳优运行。

关键词：换热器；铵盐结晶；垢下腐蚀

1 引言

近年来，中国石油消费保持中低速增长，2015 年对外依存度首次突破 60%，成品油净出口量连续三年大幅递增。进口原油 3. 34×10^{8}t，比上年增长 8. 8%。其中含硫原油也在逐步增加，因此对含硫原油的加工和利用日益重要[1]。某石化石化拥有炼油一次加工能力 1550×10^{4}t/a，其中 1#蒸馏装置设计加工能力 250×10^{4}t/a，2#蒸馏装置设计加工能力 250×10^{4}t/a，3#蒸馏装置设计加工能力 1000×10^{4}t/a。主要加工原油品种有巴士拉轻、巴士拉重、沙轻、沙重、科威特、福蒂斯、卡斯蒂利亚等含硫或高硫原油。2017 年 4 月 10 日，常减压技术人员在 3#蒸馏装置例行采样分析过程中发现其顶部 D－102 罐常顶水样出现异常情况，水样放置几分钟后由澄清开始变黑，放置数小时后，黑色物质与水层有明显的分层。这种现象也同时在 1#蒸馏装置和 2#蒸馏装置相同的部位出现。由于这种情况以前没有发生过，怀疑跟换热器、管路等腐蚀有关，可能是装置运行不稳定的前兆。塔顶冷凝器的腐蚀不容忽视，尤其对于锈钢管束，当管束被腐蚀穿以后，循环水会串到壳程，造成污水量增大、冷却效果差等问题[2]。因此这种现象引起了工艺技术人员的重视，技术人员将其与腐蚀联系起来，力争将问题扼杀在摇篮中，保证装置平稳运行。

本文通过样品处理、垢物元素分析、工艺物料分析，确定含硫污水变色的机理，找到发生腐蚀的原因。基于此本文旨在通过建立原油快评系统，加强对进装置原油的及时准确监控，优化平稳原油性质，减少工艺波动；同时改善塔顶注有机胺的质量，减缓硫化氢腐蚀。

2 装置概况

2.1 塔顶含硫污水切出工艺

塔顶油气（135℃）从蒸馏塔 C－102 抽出，经过原油－常顶油气换热器 E－101，降至 105℃，进入 D－104 罐，其液相热回流返蒸馏塔 C－102，气相经过注水、注有机胺、注缓蚀剂，温度降至 80℃，经空冷器 A－101 温度降至 60℃，经水冷降至 40℃，后进入油水分离罐 D－104，含硫污水从 D－104 切出。塔顶含硫污水切出工艺如图 1 所示。

2.2 含硫污水相关情况简介

塔顶压力 0. 02MPa，工艺介质包括石脑油和含硫污水。石脑油经换热冷却从 135℃降至 40℃后进入去向轻烃回流单元。来自污水气体单元的净化水经过注水洗涤石脑油中盐分、硫化氢等杂质，在罐 D－104 切出去向污水汽提单元。采集的水样见图 2。

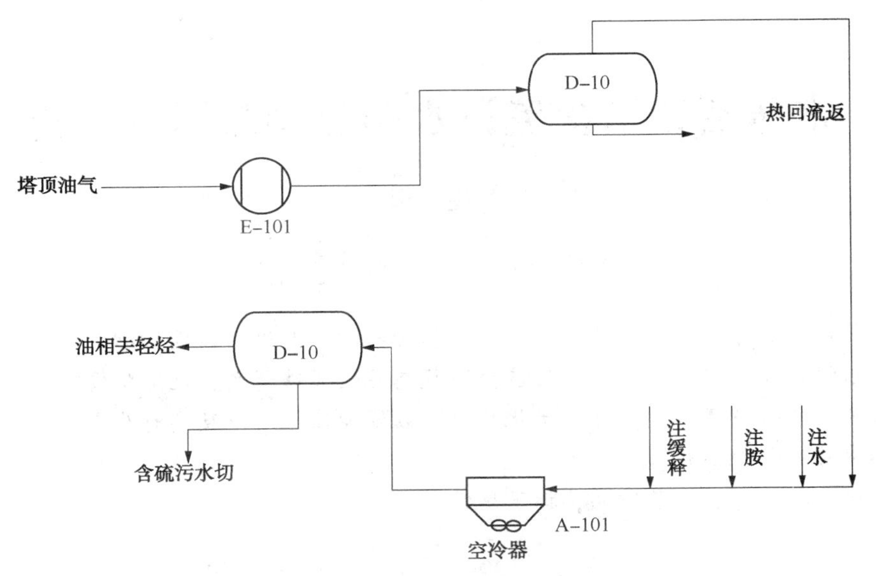

图 1　塔顶含硫污水切出工艺图

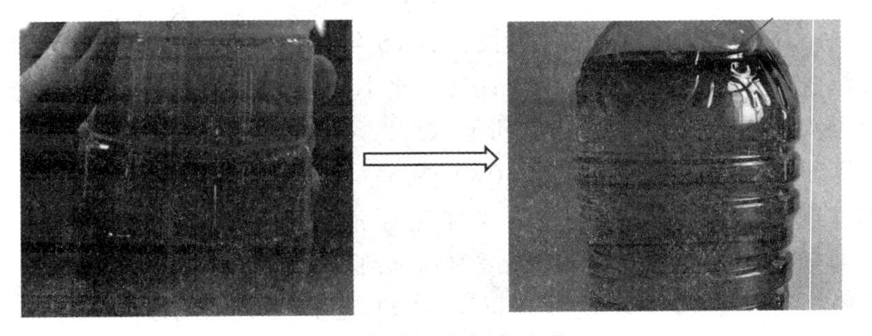

图 2　含硫污水颜色变化

如图 2 所示，采出的含硫污水为白色乳浊液，静置后几分钟就发现在其上部产生黑色的絮状沉淀，可闻到明显臭鸡蛋类气味。随着时间的推移，分层明显，并且黑色物质渐渐变黄。

3　黑色物质形成原因分析

3.1　化学鉴定

将含硫污水过滤，收集其内黑色颗粒，在高温 550℃焙烧后垢物颜色为黄色，典型的氧化铁的颜色见图 3。

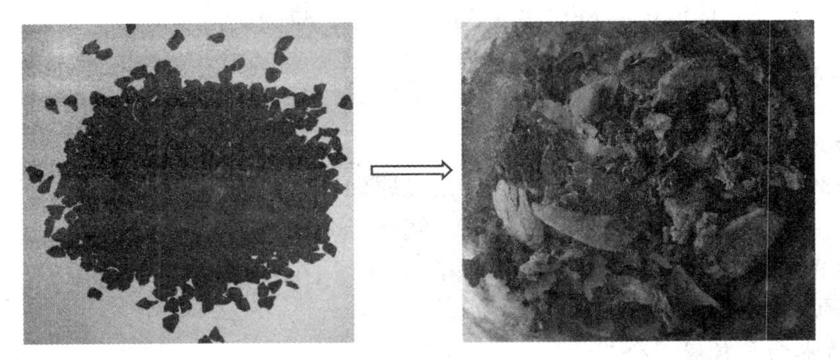

图 3　黑色颗粒被氧化

发生的化学反应：FeS(黑色)$+O_2 \xrightarrow{高温} Fe_2O_3$(黄色)$+SO_2\uparrow$，初步判断水层上部黑色层应该是胶态 FeS 颗粒附着在有机胺上形成的分层。

3.2 含硫污水分析

实验人员对含硫污水做简单的处理，采用离子色谱分析含硫污水中的 S 和 Cl，采用电感耦合等离子体发射光谱仪(ICP)分析金属铁离子含量。分析结果见表 1。

表 1 含硫污水分析结果

项　目	测定值	标　准	项　目	测定值	标　准
pH 值	7.35	5.5~7.5	Cl/(μg/g)	95.38	30
S/(μg/g)	17800	—	Fe/(μg/g)	0.15	3

由表 1 可知，含硫污水中 pH 值在合理范围内，但氯离子比较高；且含硫污水中的 S 含量很高，大部分以 H_2S 或二价硫化物的形式溶于水中[3]，硫化亚铁的溶度积 3.7×10^{-19}(18℃)，在二价铁离子浓度很小的情况下，随着溶液中的 S^{2-} 增加，其溶液离子浓度乘积>硫化亚铁的溶度积，就会生成硫化亚铁沉淀。

3.3 黑色颗粒表征

根据能谱仪(Energy Dispersive Spectrometer，EDS)进样要求，用定量分析滤纸过滤含硫污水的黑色颗粒物，室温条件下氮气烘干进样。分析结果见图 4 和表 2。

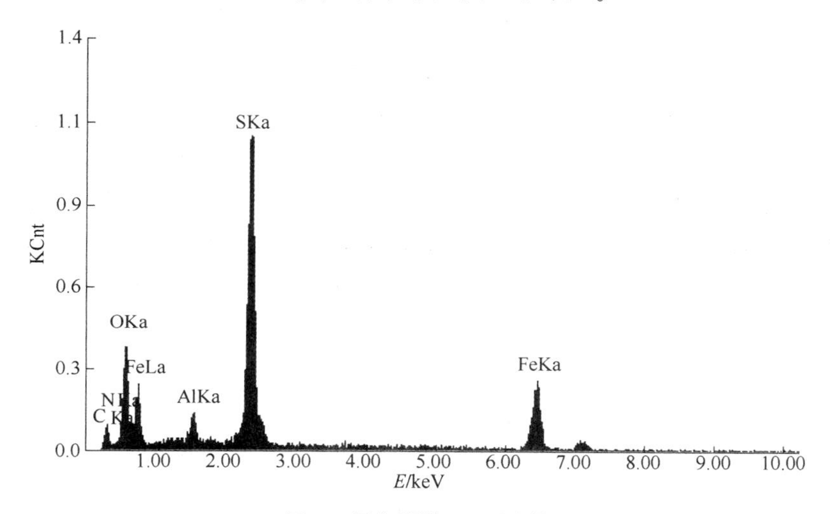

图 4 黑色颗粒 EDS 图谱

表 2 黑色颗粒元素分析结果

元　素	含量/%	元　素	含量/%
C	20.39	S	25.78
N	3.16	Fe	35.02
O	15.65	合计	100

从分析结果中可以看到，黑色物质中硫、铁含量居高。硫化亚铁的化学式为 FeS(含硫量：36%)，硫化亚铁为黑褐色六方晶体难溶于水[4]，据此可以判断出黑色物质为 FeS。

硫化氢腐蚀生成的硫化亚铁是不会轻易从设备上掉下来[5]，但是水相中若有氯离子，会对硫化亚铁保护膜产生冲击，使二价铁离子进入液相。水相中有有机胺的存在，二价铁离子与有机胺形成的络合物，屏蔽了硫化氢。当溶液将水与空气接触后，空气中的 O_2、CO_2 破坏了络合物的离子之间的平衡，使溶液中的 H_2S 有机会冲破络合物表面进而 Fe^{2+} 发生以下反应生成 Fe_xS_y。由于其量少量且均匀，在有机胺的作用下以黑色胶态 FeS 颗粒悬浮在含硫污水的上部。

3.4 格鲁斯在线腐蚀速率趋势

在 3#蒸馏装置的塔顶空冷器 A-101 处安装的格鲁斯在线探针腐蚀系统，完整记录下发现问题前三个月的管道器壁腐蚀速率。

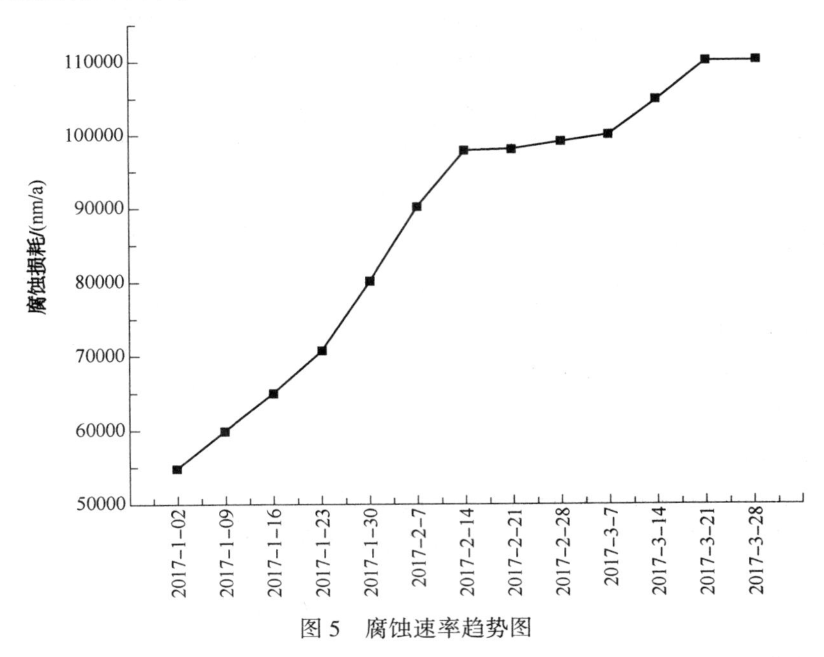

图5 腐蚀速率趋势图

从图5中可以明显看到，近期空冷处的腐蚀速率呈现明显上升的趋势。最高超过0.1mm/a，已经接近腐蚀设防值0.25mm/a。

3.5 脱后原油硫含量及其变化

2017年该企业蒸馏装置加工原油以巴士拉原油为主，辅之以少量劣质油，加工的原油属于含硫甚至高硫原油。从检测记录(见图6)可以看到其硫含量在1.5%~2.6%区间范围。

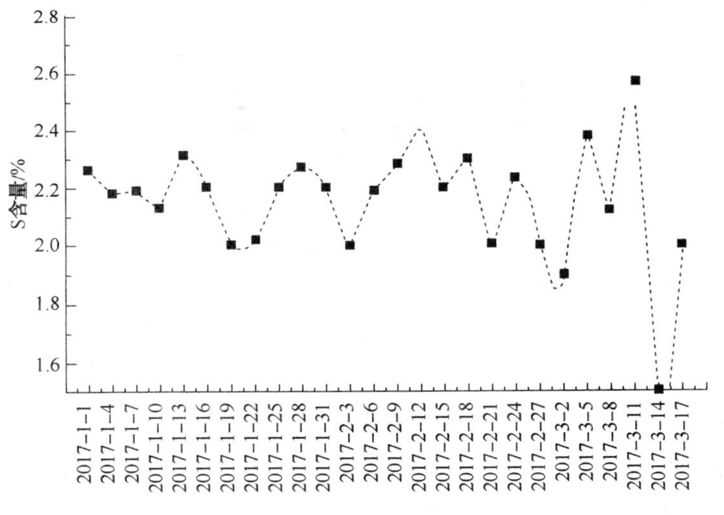

图6 硫含量检测图

以2017年1月份至3月份为例，原油硫含量波动较大，经过计算S含量数据期望2.13，方差0.082，标准差接近0.3，离散系数达到14%。原油中的硫主要以硫化氢、单质硫、硫醇、硫醚、二硫化物和噻吩等形态存在[6]。另外，在300℃左右硫醇也可分解出硫化氢，导致高硫原油在加工过程中，会产生明显的硫腐蚀，并进而导致塔顶切水的硫含量剧增。综合前面的分析，原料中硫含量有变化会增加腐蚀，并导致塔顶初馏产品和含硫污水变黑。

4 保证装置安稳优运行的措施

首先，随着加工原油种类增大，进厂原油性质和结构的不断变化，含硫、酸值较高，尤其是硫含量忽高忽低，为装置生产和后续加工带来的很大困难。因此必须结合原油快速评价系统开展各类原油的评价工作，利用原油快速评价系统对原油性质进行快速预测，并通过原油优化系统精确计算比例，并对原油输转过程进行优化调度排产，最后通过原油调和控制系统进行精确比例控制，稳定蒸馏的进料性质；

其次，加强设备腐蚀检测，根据腐蚀情况及时控制缓蚀剂和有机胺以调整含硫污水的 pH 保障铁含量和 pH 值在合理范围内；保证目前的正在使用和将要使用的注剂、注水质量，使用质量合格的缓蚀剂和有机胺，可采用蒸汽携带中和剂的加药方式，使得中和剂雾化效果更好，充分发挥其中和酸性物质的作用[7,8]。

再次，提高原油电脱盐脱水的效率，及时掌控脱后原油盐含量、水含量；如果相关指标比如 Cl 超标，增大电脱盐的电场强度，降低原油在脱盐罐中的流速，延长原油在电场中的停留时间，同时优化脱盐脱后原油换热网络，稳定脱盐操作温度来改善脱盐效果[9]。

最后，加工高硫、高酸原油，相应需要加大塔顶注剂量，以减缓腐蚀。

参 考 文 献

[1] 李志强．原油蒸馏工艺与工程[M]．北京：中国石化出版社，2010.12.
[2] 才向磊．高硫原油炼制过程中各装置硫化氢形成机理及控制措施研究[J]．中国安全生产科学技术，2014，10(s1)：113-119.
[3] 刘后生．管混原油加工硫转化规律及腐蚀防护浅析[J]．石油化工腐蚀与防护，2002，19(6)：1-5.
[4] 马东明．常减压蒸馏装置硫腐蚀与防护[J]．石油化工腐蚀与防护，2008，25(4)：25-27.
[5] 黄丽萍．含硫原油加工中的硫化物腐蚀与防护技术探析[J]．金山油化纤，2002(1)：45-50.
[6] 唐丽丽．典型炼厂硫转移及硫分布分析研究[J]．工业安全与环保，2013，39(9)：95-97.
[7] 王颖新，项征，魏科明．常顶油变色原因分析[J]．锦州石油化工，2016，1(33)：1-4.
[8] 潘思仲．常减压蒸馏装置管线失效原因分析及对策[J]．化工设备与管道，2012，30(6)：52-54.
[9] 杜荣熙，张林，梁劲翌．原油蒸馏装置的腐蚀与防护[J]．石油化工腐蚀与防护，2007，24(4)：57-60.

RIPP润滑油加氢技术及进展

郭庆洲　黄卫国　王鲁强　李洪宝　高　杰　李洪辉　牛传峰　夏国富

(中国石化石油化工科学研究院，北京　100083)

摘　要： 介绍了石油化工科学研究院润滑油加氢技术及相关催化剂的研发与生产，列出了高压加氢处理(RHW)技术、中压加氢处理(RLT)技术以及润滑油异构降凝(RIW)技术应用及进展。

关键词： 基础油；加氢处理；加氢精制；异构降凝

1　引言

环保要求的提高和汽车技术的进步对润滑油的质量提出了更高的要求，提高燃油经济性、减少排放和延长换油周期是汽车技术发展对润滑油性能提出的要求。作为润滑油主要构成组分的基础油，其质量对润滑油的质量有重要影响，特别是黏温性能的好坏对最终产品的使用性能和经济性能起决定性的作用。

然而，随着生产基础油优质资源的不断减少和进口原油的增加，我国原来以优质石蜡基原油为原料设计的“老三套”基础油生产过程不能适应变化了的原料性质，导致基础油的质量下降，主要表现为黏度指数降低，酸值上升等。在这种情况下，利用加氢技术提高基础油的质量日益受到重视，同时APIⅡ类以上高档基础油的生产也要求使用加氢技术，可见随着我国对基础油质量要求的不断提高，目前以“老三套”为主导的基础油生产模式必然逐渐过渡到以加氢处理、异构降凝等加氢技术为主导，以“老三套”传统技术为辅助的基础油生产模式，只有这样才能解决目前面临的原料质量不断劣质化而产品质量要求却不断提高的困难。

中国石化石油化工科学研究院(RIPP)多年来致力于润滑油基础油的研究开发，形成了系列润滑油基础油加氢催化剂及成套工艺技术，这些技术的开发与成功应用，增强了原料的适应性，使产品的质量得到大幅提高，产品结构更趋合理、更富于竞争性，创造了可观的经济效益和社会效益。

目前我国在润滑油基础油的生产过程中所面临的原料性质变化大，产品质量不稳定的难题，从RIPP的润滑油加氢技术的工业实践证明，采用加氢技术可以克服原料的某些缺陷，从而稳定生产高档润滑油基础油是可行的。

2　RIPP润滑油加氢技术的开发及应用

2.1　润滑油高压加氢处理(RHW)技术

环烷基原油在世界原油资源中仅占2%左右，是比较稀少的资源。自20世纪50年代末开发克拉玛依低凝原油以来，先后在克拉玛依、大港、辽河等油田发现不同类型的环烷基油资源并生产出多种产品。近年来中国海洋石油公司开发的近海油田，如绥中36-1、曹妃甸也发现有较多的环烷基原油资源并已投入工业生产。

国内环烷基原油大都含有较多环烷酸和胶质，采用传统工艺很难加工。因此，RIPP多年来一直致力于开发用于生产环烷基润滑油的加氢技术。自1988年第一套环烷基馏分油低压加氢预精制(加氢脱酸)装置在克拉玛依石化公司投产以来，先后开发了加氢脱酸、中压加氢处理与临氢降凝等工艺技术并投入工业应用，取得了良好的经济效益。

但从今后的发展看，生产经过深度加工的低芳烃环烷基基础油更为合理，市场前景更为广阔。发达国家如美国职业安全保健管理局(OSHA)多年前就颁布了关于限制环烷基基础油芳烃含量的规定。从目前国内市场情况看，光亮油质量一直不够理想，为此近年来大量进口高质量的光亮油。同时，浅颜色、低芳烃含量的高档环烷型橡胶填充油在当前和今后都有较大的市场需求。因此，应用高压加氢技术生产低芳烃优质环烷基基础油是合理的选择，也是今后的发展趋势。

RIPP 根据环烷基用油的特点和需求，成功开发了润滑油高压加氢处理(RHW)技术，并成功进行了工业应用。克拉玛依石化公司(以下简称克石化)30 ×10^4t/a 环烷基基础油高压加氢装置 2000 年 11 月建成投产，该装置采用高压加氢处理-临氢降凝-加氢后精制工艺流程，原则流程示意图见图 1。装置实际操作氢分压 15.0MPa，以克拉玛依九区稠油减二、减三线馏分油与轻脱沥青油为原料，单馏分进料，切换操作，生产多种润滑油基础油，副产石脑油，煤油、轻柴油。该装置加工的典型原料油性质见表 1，各线油主产品性质见表 2。

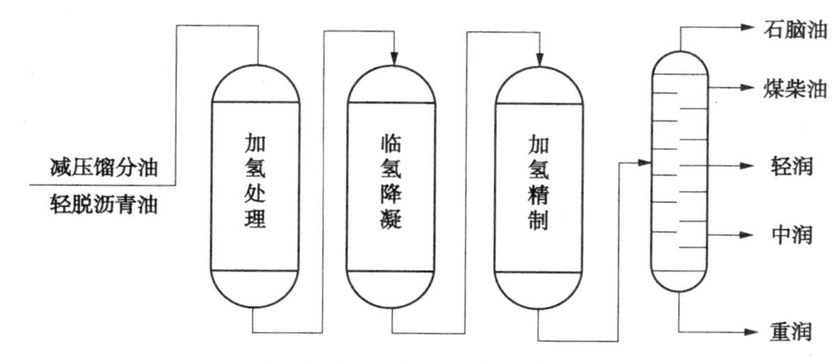

图 1　RHW 技术流程示意图

表 1　加氢原料油理化性质

原料油	减二线	减三线	轻脱油
密度/(20℃)/(g/cm^3)	0.9155	0.9254	0.9165
运动黏度/(mm^2/s)			
100℃	7.190	14.65	65.86
40℃	81.41	353.6	2947
黏度指数	—	—	48
倾点/℃	-19	-5	0
色度/号	5.0	5.0	7.0
酸值/(mgKOH/g)	8.38	8.46	1.43
含硫量/(μg/g)	1031	1050	1472
含氮量/(μg/g)	1400	1800	2640

表 2　各线加氢油主产品性质

名　　称	KN4006	KN4010	K150BS
原料油	减二线	减三线	轻脱油
反应条件			
氢分压/MPa	15.0	15.0	15.0
反应温度/℃	350	355	385
体积空速/h^{-1}	0.5	0.5	0.4
主产品性质			
运动黏度/(mm^2/s)			
100℃	5.891	10.47	30.25
40℃	52.69	158.8	534.4
黏度指数	—	—	82
密度/(20℃)/(g/cm^3)	0.8965	0.9023	0.8776

续表

名　称	KN4006	KN4010	K150BS
比色/赛波特号	+30	+30	+30
倾点/℃	-30	-21	-15
闪点(开口)/℃	187	215	286
含硫量/(μg/g)	16.8	28.3	75.9
含氮量/(μg/g)	12.9	<5	41.4
饱和烃/%	97.33	96.55	96.38
芳烃/%	1.505	3.44	2.24

该装置自投产以来，一直高负荷、稳定运转，取得了较好的经济效益和社会效益，主要包括以下特点：

(1) 产品收率高。

全氢型流程与加氢脱酸-糠醛精制流程相比，不再产生低价值的糠醛抽出油，主产品质量也比原流程大大提高。同时，润滑油产率也比原流程有较大提高，减二、减三线油润滑油产率达到95%以上，轻脱沥青油润滑油产率达到85%以上。

(2) 产品质量好。

原料经过高压加氢处理-临氢降凝/加氢后精制流程加工后，与加氢脱酸-糠醛精制流程相比，所得产品中的硫含量、氮含量及芳烃含量均很低，性质稳定，提高了产品的质量档次，扩大了产品的应应用范围。

2.2 润滑油中压加氢处理(RLT)技术

中间基原油在国外较少用于生产润滑油基础油，但在国内新疆、南阳、临商等中间基原油都用于基础油生产，在国内的基础油构成中占有较大的比例。由于原油的组成特点和传统的“老三套”流程的限制，中间基原油采用“老三套”工艺只能生产黏度指数较低的基础油。RIPP为提高中间基原油基础油质量做了多年研究工作。特别是针对炼厂现有工艺流程与近期市场需求，开发了与传统“老三套”工艺结合的中压加氢处理(RLT)工艺技术，其原则流程示意图见图2。

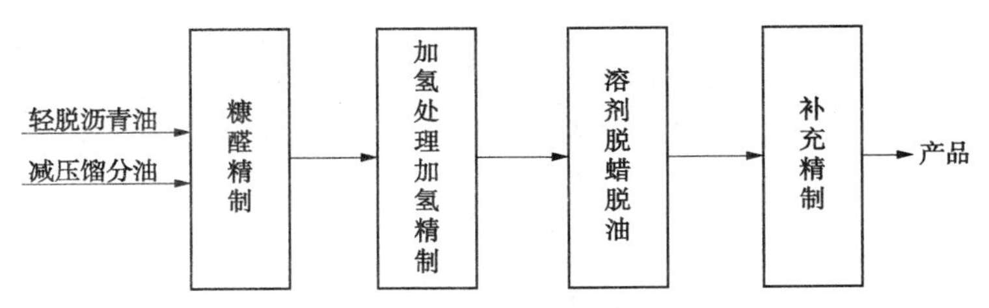

图2　RLT技术流程示意图

与应用较多的馏分油加氢裂化相比，加氢处理过程以生产润滑油基础油为主产品，为了避免过度裂化造成的润滑油基础油收率与黏度的下降，除采用专用催化剂与比较缓和的工艺条件外，将各线原料油先经过适当深度的溶剂精制，除去部分胶质与重芳烃，提高加氢处理的效果。

中国石油化工股份有限公司荆门分公司原有包括糠醛精制、酮苯脱蜡、白土与加氢补充精制装置在内的润滑油生产线，以及配套的石蜡、微晶蜡加氢装置等，以中间基原油为主要原料生产MVI标准的基础油。但随着加工原油品种变化较大，原有生产线已不能适应要求，影响基础油质量，因此，采用RIPP开发的润滑油中压加氢处理RLT技术，建设一套20×10^4t/a润滑油加氢处理装置，并于2001年10月开工运转，实际操作氢分压10.0MPa，先后通入鲁宁管输油(含少量南阳原油)减三、减四线糠醛精制油，从实际结果看均优于实验室结果。

荆门分公司润滑油加氢处理生产的基础油典型性质见表3。

经过几年的运转表明：

（1）加氢处理流程可以从中间基原料生产符合 HVIⅡ类与 HVIⅢ类基础油。虽然加氢处理流程采用溶剂脱蜡，但通过改进工艺，仍可以得到低倾点基础油。由于采用加氢活性高的催化剂，在运转初期，基础油中芳烃含量非常低。

（2）采用加氢处理-溶剂脱蜡流程除可以降低总投资外，还可生产优质蜡产品，油、蜡收率较高，蜡产品质量很好（见表 4），具有很好的经济效益。

表 3　荆门分公司基础油性质

产品编号	HVIⅡ6	HVIⅡ10	HVIⅡ26
原料油	减三线	减四线	轻脱油
运动黏度/(mm^2/s)			
100℃	5.970	10.72	26.46
40℃	31.50	98.50	392.6
黏度指数	118	104	91
密度/(20℃)/(g/cm^3)	0.8469	0.8614	0.8886
闪点(开口)/℃	219	252	294
色度/号	<0.5	<0.5	1.0
中和值/(mgKOH/g)	0.007	0.017	0.008
残炭/%	0.01	0.02	0.07
含硫量/(μg/g)	1.4	4.5	<200
含氮量/(μg/g)	3.4	2.9	/
氧化安定性(旋转氧弹，150℃)/min	259	300	260

中国石油化工股份有限公司济南分公司以临商原油为原料，采用老三套反序流程生产 HVIⅠ类基础油，但随着油田的深入开发，原油变重，基础油质量降低，主要表现为中和值偏高，黏度指数降低等。为了提高基础油产品的质量等级，济南分公司对原有的老三套系统进行改造，并采用 RIPP 的新一代高压 RLT 技术，建成一套 30×10^4t/a 润滑油加氢处理装置，构成 RLT 生产工艺流程。该装置设计氢分压 16.0MPa，于 2012 年 10 月建成投产，使用第二代润滑油加氢处理催化剂 RL-2 和后精制催化剂 RLF-2，主要以临商、进口混合原油的减三线馏分油、减四线馏分油及轻脱沥青油为原料，生产 HVIⅡ6，HVIⅡ10 中、高黏度的基础油和 HVIⅡ26 或 HVIⅢ30 光亮油，产品典型性质见表 5。

表 4　减三线蜡性质

项　　目	减三线蜡	项　　目	减三线蜡
熔点/℃	61.5	针入度/0.1mm	6
运动黏度(100℃)/(mm^2/s)	4.69	密度/(20℃)/(g/cm^3)	0.8205
含油量/%	0.7		

表 5　济南分公司基础油性质

产品编号	HVIⅡ6	HVIⅡ10	HVIⅡ30
原料油	减三线	减四线	轻脱油
密度/(20℃)/(g/cm^3)	860.5	856.6	889.8
运动黏度/(mm^2/s)			
100℃	6.420	72.01	424.0
40℃	41.18	9.341	38.17
黏度指数	105	109	92
倾点/℃	-12	-15	-18
闪点(开口)/℃	229	258	301
色度/号	0.3	0.1	0.2

续表

产品编号	HVIⅡ6	HVIⅡ10	HVIⅡ30
硫含量/(μg/g)	1.9	7.4	11
碱性氮含量/(μg/g)	2	1	2
氧化安定性(旋转氧弹，150℃)/ min	289	397	>300

经过两年多的实际运转表明：

(1) 以临商原油的减压馏分油和轻脱沥青油为原料，可以稳定生产中高黏度的 HVIⅡ类基础油。

(2) 采用高压加氢处理流程，蜡下油的收率明显降低，基础油及石蜡收率提高。

(3) 与中压加氢处理相比，蜡和微晶蜡的质量提高。副产的中间润滑油馏分和汽、柴油轻质组分质量提高，附加值增加。

以 RLT 工艺润滑油高压加氢处理技术对现有“老三套”装置进行升级改造，极大地提高了原料适应性，利用中间基原油生产 HVIⅡ类基础油，实现基础油的质量升级，特别是利用中间基原油生产重质光亮油时，在降低黏度损失、解决重质基础油中易于产生絮状物等方面，具有其他过程不可比拟的优势。

2.3 润滑油异构降凝(RIW)技术

应用日益普遍的大跨度多级内燃机油需要使用低倾点基础油，而传统的溶剂脱蜡工艺很难达到这一要求。因此早在 20 世纪 80 年代就有润滑油临氢降凝工艺问世。但临氢降凝工艺存在油品黏度指数下降较多、收率较低的缺点。谢夫隆(Chevron)公司于 1993 年应用润滑油异构降凝技术成功后，受到国内外多家企业的关注，大庆炼化公司引进 Chevron 公司技术建设 20×10^4t/a 装置并于 1999 年 10 月投产。中国石油化工股份有限公司高桥分公司引进 Chevron 公司技术建设的 40×10^4t/a 装置于 2004 年建成投产，以进口混合石蜡基、中间基混合原油为原料生产 API Ⅱ类以上的润滑油基础油产品。

随着国内市场对高档润滑油基础油的需求日益增大，国内有关单位也在规划建设润滑油异构降凝装置，如中海油基地集团规划建设的润滑油异构降凝装置为 40×10^4t/a，该装置设计已加氢裂化尾油为原料，生产运动黏度为 3~6mm²/s，黏度指数大于 110 的 API Ⅱ类以上的基础油产品。

RIPP 开发的润滑油异构降凝技术(RIW)已经完成催化剂和工艺技术的开发，实现了催化剂及工艺技术的工业试验。并针对不同原料类型和产品要求，开发用于润滑油异构降凝的系列工艺技术。

2.3.1 减压馏分油异构技术技术

针对国内炼厂加工的多种原油开展研究工作，对中东原油、国内石蜡基与中间基原油、高凝点环烷基油等，RIPP 开发了针对性的加工工艺，形成了系列技术，以满足不同用户的需求，用于生产不同品种和不同使用目的的产品。

中东含硫原油如伊朗、沙特原油胶质含量高，含蜡量较低；如果馏分油直接脱硫后进异构降凝虽然可以简化流程，但基础油黏度下降较多，难以生产高黏度基础油如光亮油。RIPP 采用浅度糠醛精制-加氢处理-异构降凝流程，可以降低加氢负荷，减少黏度损失。采用这一流程的结果见表 6 和表 7。

表 6　伊朗轻油减三、减四线油异构降凝结果

原料油	减三线	减四线	
基础油总收率/%	70.6	72.8	
规格	HVI200	HVI200	HVI500
收率/%	70.6	35.4	37.4

续表

原料油	减三线	减四线	
基础油性质			
运动黏度/(mm^2/s)			
100℃	7.07	5.68	11.35
40℃	48.95	35.54	94.47
黏度指数	101	98	107
倾点/℃	-21	-39	-18
旋转氧弹/min	420	412	407

表 7　伊朗轻油轻脱沥青油异构降凝结果

规　格	HVI200	HVI500	HVI120BS
基础油性质			
运动黏度/(mm^2/s)			
100℃	7.05	11.20	25.33
40℃	48.22	94.18	308.68
黏度指数	100	105	106
倾点/℃	-2	-20	-12
旋转氧弹/min	418	410	398

仪长管输原油是典型的中间基原油，近几年随着我国原油消费量的增加，仪长管输原油业混入了来源各异的进口原油，由于原油质量波动较大，给润滑油基础油的生产带来困难。RIPP 针对这一情况，对荆门分公司加工的管输原油开展了采用异构降凝技术生产高档润滑油基础油的研究工作。研究表明，以减压馏分油为原料，采用高压加氢处理-中压异构降凝/加氢后精制流程可以生产满足 API Ⅱ类标准的基础油。不同减压侧线原料经过异构降凝后所得到的产品性质见表 8。

表 8　仪长管输减三减四馏分油异构降凝结果

原　　料	减三线馏分油	减四线馏分油
产品性质		
运动黏度/(mm^2/s)		
100℃	8.1	10.1
40℃	60.5	81.6
黏度指数	101	104
倾点/℃	-18	-18
芳烃含量/%	<1	<1
旋转氧弹(加剂)/min	412	415

2.3.2　加氢裂化尾油异构降凝技术

加氢裂化尾油来源于高压深度加氢过程，由于原来原料中的硫化物、氮化物以及芳烃均被脱除或深度转化，其硫、氮及芳烃含量低，烃类组成主要以链烷烃和环烷烃为主，润滑油馏分的黏度指数较高，是异构降凝技术生产高档润滑油基础油的良好原料。随着我国柴油质量不断升级，国内加氢裂化装置的数量及规模不断增加，加氢裂化尾油的产量也在不断上升，如何有效利用加氢裂化尾油资源，生产高附加值的产品受到业界的广泛关注。为了满足用户的需求，RIPP 对国内多种尾油进行了异构降凝试验研究，表 9 中列出了几种尾油的试验结果。由表 9 可见，三种加氢裂化尾油经过异构降凝后都可得到黏度指数很好的基础油产品，但尾油来源不同时，经过降凝后产品的黏度指数也不尽相同，这与加氢裂化的原料及裂化深度有关。表 9 中尾油 2 是环烷基原油的减压蜡油经过加氢裂化后获得的，经过异构降凝后由其得到的基础油产品的黏度指数稍低，也达到的了 HVI Ⅱ$^+$

基础油的黏度指数指标。

上述研究表明，利用加氢裂化尾油可生产高档HVIⅡ或HVIⅢ类润滑油基础油。

表9　几种尾油的异构降凝结果

产品性质	尾油1	尾油2	尾油3
运动黏度/(mm^2/s)			
40℃	21.21	28.33	31.51
100℃	4.48	5.180	5.295
黏度指数	125	113	119
倾点/℃	-21	-27	-24

2.3.3　费托合成蜡异构降凝技术

随着我国替代能源战略的实施，费托合成是煤、天然气、生物质等其他能源转化为可用燃料的重要过程，费托合成产物的转化利用是整个产业能够顺利发展的重要环节。费托合成产物主要以蜡的形态存在，其较高的凝点影响使用，因此，开发高效的高碳数正构烷烃的异构转化技术是充分利用费托合成产物的关键。针对这一需求，RIPP开展了不同碳数范围正构烃的异构转化催化剂及工艺技术的研究，形成了由费托合成蜡生产高品质燃料，超高黏度指数润滑油基础油等系列技术。

表10　费托蜡异构降凝基础油典型性质

牌　　号	4号基础油	6号基础油
密度(20℃)/(kg/m^3)	0.8191	0.8191
运动黏度/(mm^2/s)		
40℃	17.11	31.19
100℃	4.088	6.220
黏度指数	145	154
倾点/℃	-50	-45

在润滑油基础油的烃类构成中，不同黏度等级的基础油其碳数分布一般在$C_{25}\sim C_{45}$。针对这一碳数范围，RIPP开发成功了超高黏度指数基础油的异构降凝技术，并完成了工业试验。表10是以费托合成蜡为原料生产的基础油的性质。由表10可见，由费托合成蜡可生产出矿物基础油难以达到的黏度指数水平的基础油。

2.4　RIPP润滑油加氢技术的新进展

随着我国进口原油的不断增加和国内石蜡基及优质中间基原油的不断减少，用于生产润滑油基础油的原料质量不断下降，导致润滑油产品的质量，特别是黏度指数整体上在降低，传统的“老三套”生产工艺在对劣质化原料解决黏度指数问题存在技术上和操作上的困难。

针对这一情况，RIPP一直致力于采用加氢技术或采用老三套和加氢相结合的技术生产高黏度指数基础油的研究。在原有已工业化催化剂的基础上，开发了适用于劣质原料的新型系列催化剂，同时加强原料组成变化、催化剂的原料适应性等基础性研究，立足在深入认识不同的原料组成及其性质的基础上设计催化剂的活性组元，新型加氢处理催化剂在加强脱硫、脱氮及芳烃饱和活性的同时，提高了环烷环的选择性开环能力，在有效提高产品黏度指数的同时，降低反应物的过度裂化从而保持产物具有较低的黏度损失和获得较高的收率。表11是新型加氢处理催化剂和已工业化的RL-1催化剂在相同工艺条件下的对比结果。由表11可见，在加氢产物收率相当的情况下，用新型催化剂加氢获得的产品的黏度指数和黏度较高，这种特点在用于生产高黏度的基础油，尤其是生产光亮油时，具有独特优势。RL-2催化剂已经在荆门分公司20×10^4 t/a完成了工业应用试验。工业运转表明，该催化剂除了具有优良的加氢脱硫、脱氮、芳烃饱和活性外，还具有很好的对多环环烷烃选择性开环的能力，在润滑油加氢处理过程中使用在提高黏度指数、降低加氢处理过程中的黏度损失等方面具有优势。目前该催化剂已在济南分公司、燕山分公司、克拉玛依石化公司以及地方炼油企业等的润滑油加氢装置上推广应用。

表 11　新型加氢处理催化剂性能对比

催化剂	RL-2	RL-1
原料	环烷基轻脱沥青油	环烷基轻脱沥青油
产物馏程/℃	>450	>450
产物收率/%	68.2	68.4
运动黏度/(mm^2/s)		
100℃	31.46	24.76
40℃	565.2	404.4
黏度指数	83	76
硫含量/(μg/g)	9	10
氮含量/(μg/g)	<1	6.4

在异构降凝研究领域，RIPP 在完善第一代异构降凝催化剂相关的工艺研究及原料适应性试验的同时，完成了第二代异构降凝催化剂的开发。第二代催化剂同第一代催化剂相比，其降低倾点的能力，对长链异构烷烃的选择性有很大提高，表现为在较低的反应温度下，可以得到倾点满足产品要求的基础油；产品倾点相同时，第二代催化剂具有较高的基础油收率。表 12 对两代催化剂的性能进行了对比。

表 12　两代异构降凝催化剂性能对比

催化剂	第一代剂	第二代剂
原料	大庆减四馏分油	大庆减四馏分油
产品收率/%	66.4	69.6
运动黏度/(mm^2/s)		
100℃	10.8	10.6
40℃	77.9	77.3
黏度指数	126.0	123.0
倾点/℃	-24.0	-24.0

目前第二代润滑油异构降凝成套技术于 2016 年 7 月在中国石化茂名分公司 40×10^4t/a 装置工业应用，以加氢裂化尾油为原料，生产高档 HVI Ⅲ类润滑油基础油。表 13 为异构降凝技术在茂名分公司工业应用结果。

表 13　异构降凝技术在茂名分公司工业应用结果

催化剂	原料	运动黏度/(mm^2/s)	黏度指数	倾点/℃
第二代剂	加氢裂化尾油	100℃　5.623 40℃　30.26	127	-18

在加氢补充精制领域。RIPP 开发了以硅铝材料为载体的新型催化剂，新型催化剂强化了在缓和条件下对微量多环芳烃的加氢饱和能力，用于润滑油加氢工艺的加氢后精制反应器，可以有效改善产品的颜色和光、热安定性。表 14 列出了某轻脱沥青油的加氢处理油分别用新型加氢精制催化剂和 RIPP 第一代加氢精制催化剂进行加氢后，产品光安定性的对比结果，由表 14 可见，新型催化剂的加氢精制效果比第一代催化剂有较大提高。目前该新型催化剂已经工业化，编号为 RLF-2，在荆门分公司、济南分公司等工业装置上推广异应用。

表14　新型加氢精制催化剂加氢性能对比

催化剂	RLF-2	RJW-2
样品初始比色/赛波特号	+30	+30
存放时间/天	30	20
样品存放后比色/赛波特号	26	19

3　结语

经过多年的持续研发，RIPP 在润滑油加氢领域开发了系列技术，用户可根据原料性质和所期望的目标产品选择相应的技术，在应对原油劣质化和基础油质量升级过程中，提供了强有力的技术支撑。

MIP 催化裂化装置急冷油应用效果对比及优化选择

张俊逸

（中国石化九江分公司，江西九江　332004）

摘　要：某炼厂 MIP 催化裂化装置在喷嘴进料满负荷的情况下，为进一步发挥急冷油自身在二反的裂解增产汽油的能力，将急冷油由自产汽油陆续改为自产柴油、常一线油、常二线油。根据各急冷油工况下的生产数据进行效益测算，得出在目前市场价格体系下，常一线油作急冷油装置经济效益最大。

关键词：MIP；催化裂化；急冷油；应用效果；优化选择

1　引言

催化裂化装置使用急冷技术是调整反应苛刻度的重要手段和措施之一，在我国 80%以上的催化裂化装置具有使用急冷油的手段或正在使用急冷油技术[1]。合理运用急冷油技术，催化裂化装置可取得提高装置轻质油收率、降低干气及焦炭产率等良好的应用效果。本文跟踪记录了某炼厂 MIP 催化裂化装置分别投用自产粗汽油、自产催化柴油、常一线油、常二线油等不同急冷油工况下的生产数据，并进行了分析和横向对比，希望为同类催化裂化装置急冷油优化带来启发和参考。

2　装置及 MIP 工艺简介

该炼厂催化裂化装置由洛阳石化工程公司 1996 年设计，2004 年进行了增产丙烯、多产异构化烷烃的清洁汽油生产技术（MIP-CGP）改造，2011 年进行了降低焦炭和干气产率技术（MIP-DCR）改造，在提升管底部增设预混合器。该装置设计年加工量 1.0 Mt，采用反应-再生并列式布置的两器形式，设外提升管反应器，再生器为烧焦罐加第二密相床两段再生的结构，装置的提升管反应器采用了单层喷嘴单段进料、底部预提升、顶部注急冷介质急冷的形式，急冷油喷嘴位于进料喷嘴上 10.2 m，第二反应区入口处，见图 1。

装置采用的 MIP 工艺主要特点为：采用由串联双反应区变径提升管反应器构成的新型反应系统，在不同的反应区内选择性地裂化，一反区主要以裂化反应为主，生成较多烯烃，经大孔分布板进入扩径的二反经急冷油冷却后，在较低温度、较长停留时间下，增强氢转移、异构化反应，抑制二次裂化反应，实现产品分布及性质的改善。

3　不同急冷油性质分析

国内一般采用的急冷介质有急冷水、粗汽油、催化柴油等，通过注入急冷介质，来改变注入点前后的反应苛刻度，促进氢转移反应和异构化反应，终止二次裂化。急冷水等惰性介质能一定程度上改善产品分布但因不直接参与化学反应，提高目的产品产量能力有限，同时会大幅增加分馏塔顶部油气冷却负荷，应用较少。粗汽油、催化柴油等参与化学反应的急冷油介质是目前应用最广泛的介质之一，在终止或抑制二次裂化反应的同时，自身亦有裂化反应和其他的二次反应发生。MIP 催化裂化装置急冷油注入位置处于二反区前，该区间反应温度较低、停留时间较长，不同急冷油对装置的影响不同。

该炼厂 MIP 催化裂化装置原使用分馏塔顶粗汽油做急冷油，后结合全厂增产汽油需要，该装

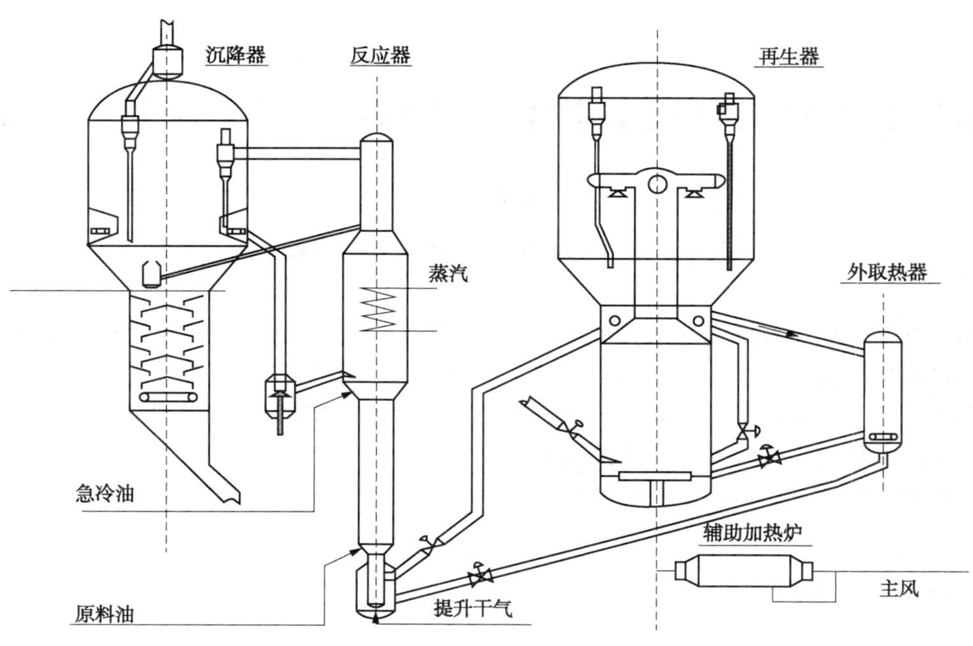

图 1　反再结构简图

置在提升管喷嘴进料已满负荷的情况下，为进一步发挥急冷油自身在二反裂解增产汽油的能力，陆续选用了自产催化柴油、常一线油、常二线油作急冷油，用量均控制在 7t/h，以对比不同急冷油的应用效果，并优选效益最佳的急冷油。不同急冷油性质见表 1。

表 1　不同急冷油性质对比

急冷油	密度(20℃)/(kg/m³)	恩氏蒸馏/℃						族组成/%			
		初馏点	10%	50%	90%	95%	终馏点	P	O	N	A
粗汽油	743.1	27	47	112	183	—	203	35.6	28.4	11.7	24.3
常一线油	797.9	152	176	196	216	—	232	47.3	—	34.7	18.0
常二线油	834.8	208	240	264	294	—	309	41.7	—	36.5	21.8
催化柴油	941.8	197	230	270	331	344	—	3.5	15.2	5.8	75.3

注：柴油馏分 PONA 组成目前无实验室分析方法，上表中柴油馏分 PONA 组成分析数据为流程模拟软件(RSIM)测算参考数据。

4　实际应用情况比对

4.1　产品分布对比

因不同急冷油使用时间跨度较长，为消除装置原料性质、操作条件变化带来的影响，本文以粗汽油作急冷油时的标定数据为基准，其他急冷油工况下数据为该基准加上更换急冷油前后三天标定数据的相对变化值。不同急冷油工况下，产品分布变化见表 2。

从表 2 可以看出：投用不同急冷油介质，装置产品分布变化明显，装置柴汽比从高到低选用的急冷油依次为：粗汽油、催化柴油、常二线油、常一线油；轻液收从高到低选用的急冷油依次为：粗汽油、常一线油、常二线油、催化柴油。粗汽油作急冷油时装置焦炭和干气收率最低，轻液收最高，但装置柴汽比也最高；常一线油、常二线油作急冷油时，装置汽油收率均达到了 47% 以上，比粗汽油作急冷油时增加了 6 个多点，同时常一线油作急冷油时液化气收率明显提升；催化柴油作急冷油时汽油收率比粗汽油作急冷油时增加了 3 个多点，因其芳烃含量较高，自身裂化能力较弱，其裂化转化为汽油的能力不如常一线油、常二线油。

表 2　不同急冷油介质工况下产品分布对比

产品分布	急冷油介质			
	粗汽油	催化柴油	常一线油	常二线油
汽油/%	41.42	45.16	47.47	47.53
柴油/%	31.28	25.47	23.61	24.92
干气/%	2.89	3.03	3.35	3.13
液化气/%	15.28	15.95	16.28	14.66
油浆/%	3.19	4.13	3.20	3.65
焦炭/%	5.94	6.26	6.09	6.11
柴汽比	0.72	0.56	0.50	0.52
轻液收	87.98	86.58	87.36	87.11

4.2　产品性质对比

从表 3 可以看出：投用不同急冷油介质，稳定汽油、柴油密度变化不大，但稳定汽油辛烷值变化较大，辛烷值从高到低依次投用的急冷油为：催化柴油、粗汽油、常二线油、常一线油。常一线油作急冷油时，其部分馏程与汽油重叠，且饱和烃含量多，在二反工况条件下易进一步分解为气体，使得液化气收率提高，但由于二反温度低，氢转移反应加剧，导致液化气中丙烯、异丁烯含量下降，同时本身未裂化的组分辛烷值低，进入汽油馏分后，造成催化汽油辛烷值下降较多；常二线油作急冷油时进入汽油的组分必须由裂化反应生成，汽油辛烷值相对下降较少，但其进一步裂化为液化气的能力较弱，同时也因二反温度低，氢转移反应加剧，液化气中丙烯、异丁烯含量下降；催化柴油作急冷油因其芳烃含量较高，进入汽油中的单环芳烃等组分辛烷值高，有利于提高稳定汽油辛烷值，同时液化气及其中的烯烃含量也较高，可能是由于其作急冷油时吸热量相对较小，二次裂化反应仍然较强所致。

表 3　不同急冷油工况下产品性质对比

产品性质	急冷油介质			
	粗汽油	催化柴油	常一线油	常二线油
稳汽密度/(kg/m^3)	729.4	734.6	730.8	734.1
稳汽干点/℃	203	203	203	203
稳汽辛烷值(RON)	92	92.1	90.4	91.4
液化气中丙烯/%	33.12	34.20	32.84	31.82
液化气中异丁烯/%	8.91	8.84	8.59	8.01
柴油密度/(kg/m^3)	932.3	940.9	935.4	938.7
柴油 95%馏出温度/℃	350	350	350	350

4.3　工艺参数对比

在保持装置反应温度、反应压力、进料量、回炼油量等操作条件一定的情况下，投用上述几种急冷油后，装置工况稳定，未见流化异常现象，装置主要工艺参数变化如表 4 所示。

再生部分主要为烧焦罐温度变化，其变化趋势与各急冷油工况下装置生焦趋势一致。反应部分主要变化参数为二反出口温度，烃类气化热随相对分子质量的增大而减小，单从急冷油相变吸热考虑，粗汽油的吸热量最大，二反出口温度理论上应最低，但由表 4 可以看出：常一线油、常二线油作急冷油时，二反出口温度均比粗汽油作急冷油时低，这证明常一线油、常二线油在二反工况条件下，自身发生较多二次裂化反应而大量吸热，说明常一线油、常二线油裂化能力较好，与投用其作急冷油后装置汽油+液化气收率大幅增加结果相符；催化柴油作急冷油时，二反出口温度最高，也证明其自身裂化吸热较少，转化为汽油能力相对较弱。

表4 不同急冷油介质工况下主要参数变化

工艺参数	急冷油介质			
	粗汽油	催化柴油	常一线油	常二线油
新鲜进料量/(t/h)	140	140	140	140
回炼油量/(t/h)	15	15	15	15
急冷油量/(t/h)	7	7	7	7
反应温度/℃	525	525	525	525
二反入口温度/℃	507	507	507	507
二反出口温度/℃	496	498	493	495
反应压力/kPa	215	215	215	215
再生压力/kPa	231	231	231	231
烧焦罐温度/℃	668	675	670	673

4.4 经济效益对比

在目前市场价格体系下，考虑汽油辛烷值调和成本，如表5所示，装置效益由高到低依次投用的急冷油为：常一线油、催化柴油、常二线油、粗汽油。与粗汽油作急冷油相比，催化柴油、常一线油、常二线油作急冷油时装置效益分别增加0.21万元/h、0.65万元/h、0.02万元/h，常一线油作急冷油装置效益最高，按全年8400小时运行时间计算，每年较粗汽油作急冷油工况增效0.65×8400=5460万元。

表5 不同急冷油效益对比

项目	产品价格/(元/t)	粗汽油		催化柴油		常一线油		常二线油	
		流量/(t/h)	产值/(万元/h)	流量/(t/h)	产值/(万元/h)	流量/(t/h)	产值/(万元/h)	流量/(t/h)	产值/(万元/h)
进料量		140		140		140		140	
急冷油量		7		7		7		7	
汽油	3290	57.99	19.08	63.22	20.80	69.78	22.96	69.87	22.99
柴油	2590	43.79	11.34	35.66	9.24	34.71	8.99	36.63	9.49
干气	2050	4.05	0.83	4.24	0.87	4.92	1.01	4.60	0.94
丙烯	5852	7.09	4.15	7.64	4.47	7.86	4.60	6.86	4.01
异丁烯	4487	0.63	0.28	0.68	0.30	0.68	0.30	0.55	0.25
民用液化气	2863	13.68	3.92	14.02	4.01	15.40	4.41	14.14	4.05
油浆	834	4.47	0.37	5.78	0.48	4.70	0.39	5.37	0.45
烧焦	0	8.32	0.00	8.76	0.00	8.95	0.00	8.98	0.00
产品总价值/(万元/h)		39.97		40.18		42.66		42.19	
原料相对成本/(万元/h)		0.00		0.00		1.75		2.03	
调和成本/(万元/h)		0.17		0.17		0.46		0.34	
总效益/(万元/h)		39.80		40.01		40.45		39.82	
效益变化/(万元/h)(与粗汽油工况比较)				0.21		0.65		0.02	

注：① 该装置油浆去调和60号道路石油沥青，产品价值按60号道路石油沥青价格计算；丙烯、异丁烯分别去聚丙烯、MTBE装置加工，产品价值按聚丙烯、MTBE价格计算；常一线、常二油作急冷油分别按3号航空煤油、0号车用柴油价格计算原料成本；产品价格均按不含税价计。

② 自产粗汽油、自产催化柴油作急冷油为装置自身回炼物流，不计入原料相对成本。

③ 根据该炼厂汽油池重整汽油、非芳烃产量和辛烷值情况，在指定催化汽油辛烷值降低1个单位时，分别计算调和为93#汽油需外购MTBE量，测算单位催化汽油降低1个单位辛烷值增加调和成本=(3991−3290)×(169−23)/3400/(92−91)=30.03元/t。不同急冷油工况下催化汽油辛烷值统一按调和为93#计算调和成本，则粗汽油作急冷油时调和成本=30.03×57.99×(93−92)/10000=0.17万元/h，其余工况下调和成本计算如同。

5 结论

不同类型急冷油对 MIP 催化裂化装置产品分布及产品质量有不同的影响，根据市场价格体系变化合理选择急冷油介质可以提高目的产品收率，提升装置经济效益。在目前市场价格体系下，常一线油作催化裂化装置急冷油具有最好的经济效益，与粗汽油作急冷油相比，每年可增效 5460 万元。

参考文献

[1] 毛安国，常学良，顾洁．对催化裂化装置使用终止剂技术的认识[J]．石化技术与应用，2003，04：276-278，234.

加氢精制喷气燃料银片腐蚀不合格的原因及对策

张先平

(中国石化九江分公司，江西九江 332004)

摘 要：加氢精制喷气燃料银片腐蚀不合格的主要因素为活性硫化物，本文从生产环节入口，对反应脱硫、汽提等环节对精制喷气燃料银片腐蚀的影响进行分析，提出了解决系统压降上升和精制油携带硫化氢等轻组分的措施，解决精制喷气燃料银片腐蚀不合格问题。

关键词：加氢精制；精制喷气燃料；喷气燃料；银片腐蚀；闪点

1 引言

中国石油化工股份有限公司九江分公司喷气燃料加氢装置是由原 15×10^4t/a 半再生重整装置的预处理单元改造而来，采用低压临氢脱硫醇技术，经 2012 年改造后，装置规模为 20×10^4t/a，主要生产精制喷气燃料，即 3 号喷气燃料半成品。根据九江分公司产品出厂内控质量控制指标，3 号喷气燃料银片腐蚀按不大于 1 级控制。

喷气燃料加氢装置自 2012 年 8 月开工投产以来，经常出现精制喷气燃料银片腐蚀不合格的现象，特别是 2014 年 8 月和 12 月，连续出现银片腐蚀不合格的现象，严重影响 3 号喷气燃料的产量。

2 银片腐蚀不合格的原因

喷气燃料银片腐蚀不合格的主要原因是活性硫化物，如单质硫、硫化氢和硫醇。根据东北大学硫化物对喷气燃料银片腐蚀的分析实验表明，微量单质硫或硫化氢会影响银片腐蚀，硫醇硫单独存在时对银片腐蚀的影响很小，硫醇与单质硫共存时会加重腐蚀程度并出现颜色多样性。

不同浓度的单质硫对喷气燃料银片腐蚀的影响如表 1 所示。

表 1 不同浓度单质硫对喷气燃料银片腐蚀的影响

单质 S 含量/(μg/g)	颜色	等级	单质 S 含量/(μg/g)	颜色	等级
0.05	银白	0 级	0.40	银白	0 级
0.10	银白	0 级	0.45	银白	0 级
0.15	银白	0 级	0.50	浅黄色	1 级
0.20	银白	0 级	0.70	浅黄色	1 级
0.25	银白	0 级	1.00	黄色	2 级
0.30	银白	0 级	2.00	浅黑色	3 级
0.35	银白	0 级	5.00	黑色	4 级

不同浓度的硫化氢对喷气燃料银片腐蚀的影响如表 2 所示。

表 2 不同浓度硫化氢对喷气燃料银片腐蚀试验的影响

硫化氢含量/(μg/g)	0.15	0.50	1.0	1.5	5.0	20	45
腐蚀银片颜色	银白	银白	浅黄色	褐色	深褐色	灰色	黑色
腐蚀等级	0 级	0 级	1 级	2 级	2 级	3 级	4 级

不同结构的硫醇硫对喷气燃料银片腐蚀的影响如表3所示。

表3　不同结构的硫醇硫对喷气燃料银片腐蚀试验的影响

硫醇硫含量/(μg/g)	项目	腐蚀银片颜色	腐蚀等级
50/100/500	正戊硫醇	银白/银白/失去光泽	0级/0级/1级
50/100/500	十二烷硫醇	银白/银白/失去光泽	0级/0级/1级

由表1~表3可知，影响喷气燃料银片腐蚀的主要活性硫化物是微量硫化氢和单质硫，精制喷气燃料含有1μg/g左右的硫化氢或0.5μg/g的单质硫时，其银片腐蚀试验就不合格。硫醇硫对喷气燃料银片腐蚀很小，当燃料中硫醇硫含量达500μg/g，才会出现银片失去光泽的现象。

单质硫来源于装置检修后或非计划停工，在装置检修或非计划停工时，系统内积存的硫化物遇空气生成单质硫，开工后，硫被精制喷气燃料夹带而导致银片腐蚀不合格。在正常生产期间，装置为密闭生产，油品无法接触到空气，无法产生单质硫，即使出现微量的单质硫，也会被精制罐中的氧化锌吸收。

因此，保证精制喷气燃料银片腐蚀合格的主要措施是控制油品内硫化氢含量和降低硫醇硫的含量。

3　原因分析

3.1　反应后管路铵盐结晶

喷气燃料加氢装置采用低压临氢脱硫醇技术，催化剂为RSS-2，自2012年8月运行以来，脱硫醇率达97.8%，精制喷气燃料硫醇硫含量平均130 μg/g，随着装置的运行，铵盐结晶的现象日益突出，特别是加工高含氯原料期间，加氢反应后管路堵塞严重，高分罐压力由1.75 MPa下降至1.6 MPa以下，反应压降增加，造成循环氢和新氢流量下降明显，分别由正常流量4100Nm^3/h和160Nm^3/h降至2300Nm^3/h和60Nm^3/h，氢油比明显不足，仅41.7，低于设计值60，影响硫醇硫脱除率，精制油硫醇硫含量最高上升至220 μg/g，若压降进一步上升可能出现因硫醇硫含量上升导致银片腐蚀不合格的现象。

3.2　汽提塔结盐严重

喷气燃料加氢装置开工初期，汽提塔塔底和塔顶温度分别控制215℃和120℃左右，随着装置的运行，汽提塔塔底和塔顶温度分别提高至255℃和160℃，才可能保证产品质量合格。此时，汽提塔塔底重沸炉的炉膛温度已达790℃(工艺指标为≯800℃)，塔顶的不凝气量由215 Nm^3/h逐步下降至140 Nm^3/h以下，精制喷气燃料闪点波动大，装置稍有波动，均可能出现精制喷气燃料闪点下降，继而出现银片腐蚀不合格。2014年8月和9月，均出现此类现象。通过此类现象分析，装置汽提塔中的部分轻组分未从塔内蒸出，并携带微量硫化氢随精制油出装置，造成银片腐蚀不合格，说明汽提塔塔盘存在严重的铵盐结晶现象，造成塔盘堵塞，开孔率下降，分馏效果变差，从而导致塔顶油气量下降，精制油携带含有微量硫化氢的轻组分出装置，造成精制喷气燃料闪点下降，银片腐蚀不合格。

3.3　汽提塔塔顶回流介质问题

自喷气燃料加氢装置开工以来，汽提塔顶回流一直为塔顶油，塔顶油为石脑油，含较高的硫化氢。由于汽提塔塔顶油气量小，油气的空冷器无副线，冬季时，塔顶油气温度较低，特别是夜间或雨雪天气，塔顶油气量过低，经空冷后温度下降明显，最低仅3℃。当较低温度的塔顶油回流至塔内，回流量也随塔顶油温度的下降而下降，回流后，造成分布器分配不均，塔内部分区域的油气急冷，影响了汽提塔各塔盘的气液相平衡，含硫化氢的轻组分油容易被内回流携带进入塔底精制油中，此外，汽提塔顶还会形成硫化氢来回循环，影响硫化氢随塔顶不凝气排出汽提塔的时间，从而引发精制喷气燃料银片腐蚀不合格。

4 对策及实施效果

4.1 对反应后管路实施注水

喷气燃料加氢装置加氢反应后管路堵塞，经分析，主要为铵盐结晶堵塞换热器、空冷管束等管路，根据铵盐溶解于水的原理，当反应后管路压降上升导致循环氢流量低于 $2500Nm^3/h$ 时，装置按注水处理，从反应器出口注水，高分罐底部脱水，注水完成后，要求高分罐继续连续脱水，脱至无水改间断脱水，按 2 次/h，6h 后，按正常脱水，以防止加氢精制油带水至汽提塔影响产品腐蚀。

通过反应后管路注水后，反应系统内的铵盐大部分被溶解，新氢和循环氢流量恢复正常值，氢油比得到了保障，恢复至 80 以上，精制喷气燃料的产品质量未受到影响。

4.2 对汽提塔实施水洗

为了解决汽提塔铵盐结晶，塔盘堵塞严重的状况，根据铵盐溶解于水的原理，2014 年 9 月 15 日，开始对汽提塔进行水洗，装置汽提塔降温，缓慢降低重沸炉的温度直至熄炉火，反应系统改循环，停装置进料，从塔顶油泵入口给水，塔底给汽，对汽提塔实施水洗。水洗完成后，汽提塔塔底温度和塔顶温度控制恢复至开工初期的 215℃和 120℃，塔顶不凝气量恢复至 $200Nm^3/h$ 以上，9 月 18 日，银片腐蚀开始合格。

通过水洗，大部分铵盐溶解于水从汽提塔排出，塔盘开孔率上升，分馏精度改善，汽提塔内的气液相平衡恢复正常状态，产品质量符合指标要求。

4.3 改精制油做顶回流

根据塔顶油硫化氢含量高，当温度较低时，塔顶回流量下降时，塔内气液相平衡将发生变化，造成含硫化氢的轻组分油携带至精制油中，造成精制喷气燃料银片腐蚀不合格，为了解决此类问题，通过对塔顶油气空冷器加盖帆布，对回流管线加绑保温棉，以提高回流温度，但效果不佳，2014 年 12 月 25 日，调整汽提塔塔顶回流介质，改塔底精制油做顶回流介质，汽提塔顶温和底温控制稳定，12 月 26 日，银片腐蚀开始合格。

由于精制油硫化氢含量低，温度随气温波动小，性质稳定，做顶回流时可保证汽提塔顶温和底温稳定，塔内有一定分馏梯度，从而使汽提塔内的气液相平衡恢复正常状态，可保证精制喷气燃料银片腐蚀合格，质量符合指标要求。

5 效果情况

2014 年 8 月~2015 年 5 月，喷气燃料加氢装置产品银片腐蚀不合格点和合格率如表 4 所示。

表 4 2014 年 8 月~2015 年 5 月喷气燃料加氢装置产品腐蚀对比表

月 份	2014 年				2015 年				
	8 月	9 月	10 月	12 月	1 月	2 月	3 月	4 月	5 月
不合格点数/个	9	10	0	21	3	0	0	0	0
合格率/%	90.32	88.89	100.00	65.00	96.67	100.00	100.00	100.00	100.00

2014 年 8 月~2015 年 5 月，喷气燃料加氢装置产品腐蚀情况如图 1 所示。

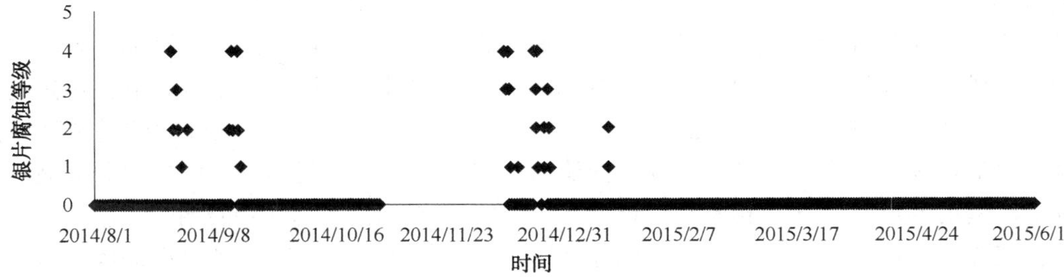

图 1 2014 年 8 月~2015 年 5 月喷气燃料加氢装置产品腐蚀等级散点图

由表4和图1可知：2014年8月对反应后管路实施短时间注水，清洗了管路中的铵盐，产品腐蚀合格。持续半个月后，又连续出现精制喷气燃料腐蚀不合格的现象，通过对汽提塔实施水洗，清洗了塔盘上的铵盐，产品腐蚀合格，并持续稳定至11月装置停工大检修。12月下旬，随着气温下降，昼夜温差大，塔顶回流温度波动大，含较高浓度硫化氢的塔顶油回流至汽提塔，当温度较低时，改变了汽提塔内的气液相平衡，部分硫化氢携带至精制油品中，造成产品腐蚀不合格。为此，通过改精制油做顶回流介质，汽提塔塔顶温度波动得到有效控制，稳定了汽提塔操作和气液相平稳，产品腐蚀合格，且持续保持稳定。

通过反应后管路实施短时间注水、汽提塔水洗等措施，消除了管路和塔盘结盐对装置产品质量的影响；通过更改塔顶回流介质，消除了回流介质温度对产品质量的影响，稳定了汽提塔操作，精制喷气燃料腐蚀不合格的情况得到了有效控制，效果显著。

6 结语

精制喷气燃料银片腐蚀问题是3号喷气燃料生产过程中质量控制的难点，造成银片腐蚀不合格的因素是多方面的。从反应的角度来看，应控制好反应压力，保证氢油比和空速是关键；从分馏效果的角度来看，应严格监控汽提塔不凝气的排放量，通过调整塔底温度，确保硫化氢随不凝气蒸出汽提塔，将精制喷气燃料中的硫化氢含量降至最低，才能确保产品银片腐蚀合格，确保3号喷气燃料的质量达到指标要求。

参考文献

[1]刘琳，翟玉春等．元素硫与其它硫化物共存时银片腐蚀的研究[J]．石油与天然气化工，2002(5)：279-281.
[2]刘琳，翟玉春，钱建华，等.《硫化物对喷气燃料银片腐蚀的研究[J]．炼油技术与工程，2002. 32(5)：35-36.
[3]潘蕊娟．喷气燃料银片腐蚀机理及解决方法[J]．工业催化．2006. 1：17-19.
[4]曹雪峰，芦清新．胜利炼油厂3#喷气燃料银片腐蚀原因与对策[J]．齐鲁石油化工，2005. 33(1)：13-18.
[5]姚运海，周勇．低压喷气燃料加氢精制技术的开发及工业应用[J]．化工科技，2003. 11(3)：29-31.
[6]赵素芬，张洪星，马智扬．预硫化催化剂RSS-1A(S)的工业应用[J]．石化技术，2008. 15(3)：29-33.
[7]夏国富，朱玫，聂红．喷气燃料临氢脱硫醇RHSS技术的开发[J]．石油炼制与化工，2001. 32(1)：12-15.

沿江炼厂渣油加氢原料特点及长周期运行对策

邵志才　戴立顺　杨清河　聂　红

(中国石化石油化工科学研究院，北京　100083)

摘　要：针对沿江炼厂渣油加氢装置原料硫含量低，氮含量较高，金属Ni/V比高以及金属Fe和Ca含量高等特点，中国石化石油化工科学研究院(RIPP)提出了一系列解决方案：增设原油预脱钙措施，开发容垢能力更高的保护剂和残炭加氢转化能力更强的催化剂，开发有针对性的催化剂级配技术，开发高效的反应物流分配技术，在部分炼厂实施RICP工艺。应用结果表明，所开发集成技术可充分发挥保护反应器的容垢能力和整体催化剂的活性，有利于沿江炼厂渣油加氢装置的长周期运转。

关键词：渣油加氢；原料；反应特性；长周期；运行；对策

1　引言

近年来，中国石化建设了越来越多的固定床渣油加氢装置，截至2016年底中国石化已投入生产的渣油加氢装置共有10套。沿江炼厂安庆分公司、九江分公司和长岭分公司渣油加氢装置和即将建成投产的荆门分公司的渣油加氢装置主要加工仪长管输原油减压渣油混合原料，其中硫含量较低，低于1.5%；而氮含量较高，为0.3%~0.8%；金属Ni和V总量虽然不高，为45~50μg/g，但Ni/V比高，为1.7~3.5；金属Fe和Ca含量较高，高于50μg/g。渣油加氢装置不仅能增加轻质油产率，还有利于生产清洁汽油产品，但由于上述四个炼厂均仅有一套渣油加氢装置，装置一旦停工，将使全厂的清洁汽油生产和渣油平衡变得相当困难，因此渣油加氢装置的稳定运行对沿江炼厂显得尤为重要。为了深入理解该类型渣油原料的反应特点和延长沿江炼厂固定床渣油加氢装置运转周期，从沿江炼厂第一套渣油加氢装置(长岭分公司渣油加氢装置)开始，中国石化石油化工科学研究院(以下简称RIPP)通过对该类型原料反应特性的研究，开发了一系列可以兼容的工艺技术和催化剂，提出了合理、有效的长周期运行的整体解决方案。

2　沿江炼厂渣油加氢原料的反应特性

2.1　铁和钙含量较高

长岭分公司1.7Mt/a渣油加氢装置开工前对各馏分分别取样，按设计比例进行混合，对混合原料进行分析，结果表明与原设计原料性质差别较大，具体性质见表1[1]。由表1可知，原料中Fe、Ca含量远较设计值高，Fe含量为36.0μg/g，Ca含量更高达92.9μg/g。

表1　设计原料和开工前采样原料主要性质

项　目	设计原料	采样原料	项　目	设计原料	采样原料
密度(20℃)/(g/cm^3)	0.9727	987.5	金属含量/(μg/g)		
黏度(100℃)/(mm^2/s)	289.9	>419	Ni	31.1	43.3
			V	14.6	17.9
残炭/%	11.68	14.62	Fe	6.8	36.0
硫含量/%	2.08	1.38	Ca	10.9	92.9
氮含量/%	0.49	0.68	Na	2.4	3.8

渣油中油溶性的 Fe 加氢条件下易生成 FeS，沉积在催化剂颗粒间或呈环状分布在催化剂表面[2]；渣油中的有机 Ca 会在催化剂(保护剂)外表面发生加氢脱钙反应，生成的 CaS 以结晶的形式沉积在催化剂颗粒外表面[2]。沉积的 FeS 和 CaS 会降低催化剂床层的空隙率，导致反应器压降增加和催化剂利用率降低[3]。

董凯等[4]的研究表明，仪长管输原油渣油中的含钙化合物可以分为易脱除钙和难脱除钙：易脱除钙主要分布在胶质中，较容易通过原油脱钙剂脱除；使用脱钙剂后渣油中的含钙化合物几乎全部为难脱除钙；难脱除钙主要分布于沥青质中，较难通过加氢脱除，这部分难脱除的含钙化合物不会转化为 CaS 而沉积在催化剂床层中，对渣油加氢装置的影响大幅减小。

2.2 硫含量低但氮含量高

为了深化对沿江炼厂渣油原料加氢反应特性的认识，对两套不同类型渣油加氢装置的原料进行了中型加氢试验研究。试验原料为两套典型渣油加氢装置的原料(CL 原料和 MM 原料)，CL 原料为仪长管输原油的渣油混合原料，MM 原料为中东进口原油的渣油混合原料。

两种渣油原料的加氢试验结果见表 2[5]。由表 2 可以看出，与 MM 原料相比，CL 原料硫含量低，氮含量高，残炭值略低。在相同反应条件和相同催化剂级配下，两种原料的脱硫率较高，脱氮率和残炭加氢转化率相对较低；CL 原料的加氢脱硫率、加氢脱氮率和残炭加氢转化率均低于 MM 原料。研究表明[5]，两种原料的反应特性差异主要与其杂原子含量、组分组成和分子结构有关。

表 2 两种原料和加氢生成油主要性质

项　　目	CL 原料	CL 生成油	MM 原料	MM 生成油
密度(20℃)/(kg/m^3)	976.0	939.9	981.2	922.0
黏度(100℃)/(mm^2/s)	174.3	44.7	80.43	19.21
残炭/%	11.72	5.88	13.04	4.03
S/%	1.19	0.16	4.42	0.39
N/%	0.51	0.34	0.23	0.12
C/%	86.54	87.22	84.28	87.24
H/%	11.31	12.14	10.96	12.39
(Ni+V)/(μg/g)	55.8	9.9	106.8	8.9
平均相对分子质量	675	585	589	533
四组分/%				
饱和烃	28.1	45.1	29.0	59.8
芳烃	36.7	35.8	46.1	31.9
胶质	32.2	18.3	19.3	7.6
沥青质	3.0	0.8	5.6	0.7
脱硫率/%		86.55		91.18
脱氮率/%		33.33		47.83
残炭加氢转化率/%		49.83		69.10

3 有针对性的解决方案

3.1 增加原油脱钙设施，做好原油脱钙

3.1.1 原油脱钙设施改造流程

经过深入研究，RIPP 提出在原油电脱盐装置增设脱钙设施，注入脱钙剂，将渣油中易脱除钙尽可能完全脱除后再进行加氢处理。典型改造流程示意图见图 1[6](红线部分为新增管线和设备)。脱钙剂可以分别注入三个电脱盐罐，有助于脱除含钙化合物。

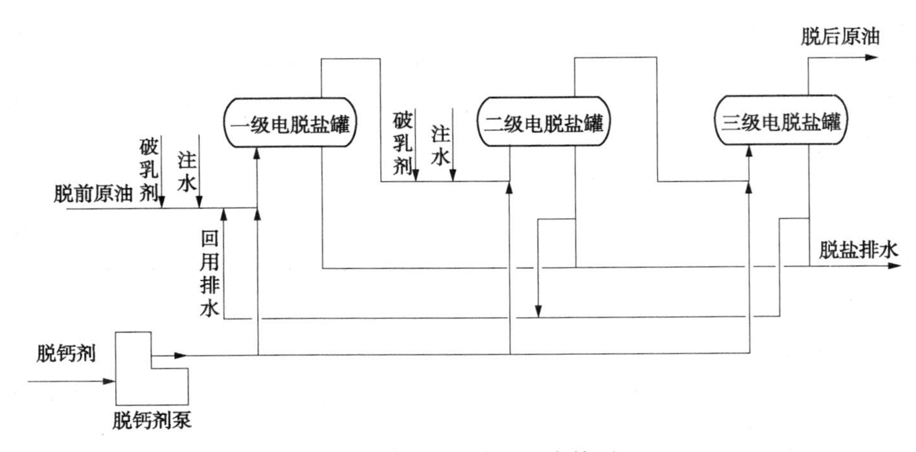

图 1　脱钙设施流程示意简图

3.1.2　实施效果

1992 年中国石化齐鲁分公司建成中国大陆第一套渣油加氢装置，用于处理孤岛减压渣油。孤岛渣油中的铁钙含量高影响装置的操作周期，严重时装置连续运转 3~4 个月后，一反压降就迅速上升而迫使装置停工，进行脱金属催化剂撇头[7]。通过增设原油脱钙设施，沿江炼厂首套渣油加氢装置(长岭分公司 1.7Mt/a 渣油加氢装置)实现了加工高铁钙含量渣油加氢装置的长周期运转[6,8]。图 2 为该装置第一周期(简称 RUN-1，下同)的运转情况，由图可见，尽管增设了原油脱钙措施，但由于原料中铁含量较高的影响，R-101 压降仍然达到了 0.7MPa，第一周期共运转 426 天，按照设计进料量 212.5t/h 计，当量运转天数为 448 天。

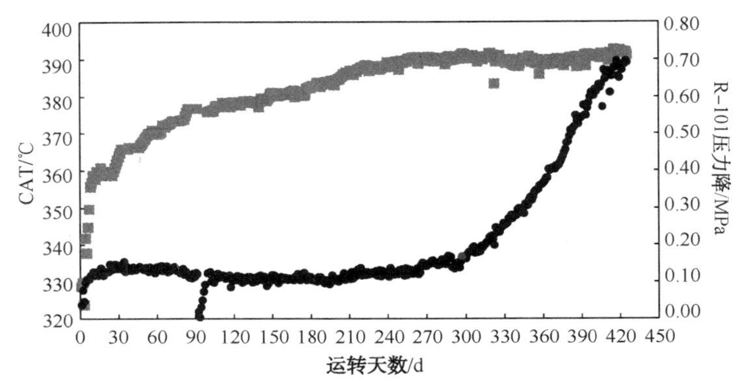

图 2　长岭分公司 RUN-1 CAT 和 R-101 压力降

■—CAT；●—R-101 压力降

3.2　有针对性的催化剂开发

3.2.1　保护剂的开发

由图 2 可以看出，导致长岭分公司 1.7Mt/a 渣油加氢装置第一周期停工的最直接因素为 R-101 压降升高至上限值 0.7MPa。由此可以推断 R-101 催化剂床层空隙率已降至较低值。第一周期停工后对 R-101 卸出的旧剂进行了分析。从渣油加氢装置第一周期的运转情况和旧剂的分析结果看[6]，渣油加氢反应过程中脱除的 Fe 和 Ca 大部分都沉积在前部反应器，特别是第一个反应器中。第一个反应器中装填了大量的保护剂，因此在原有保护剂的基础上，RIPP 开发了空隙率更高和容铁钙能力更强的保护剂 RG-30、RG-20、RG-30E、RG-30A 和 RG-30B[9]。新型保护剂设计基于两个原则，一是特殊的孔结构，以使铁、钙尽可能扩散至催化剂颗粒内部；二是较高的空隙率，以容纳足够多的杂质沉积在催化剂颗粒之间。

3.2.2 更高残炭加氢转化性能催化剂的开发

董凯等[6][10]的研究结果表明，仪长渣油原料平均相对分子质量较大、胶质含量高、芳香分含量低；大量分子都含有氮原子，只有少量分子中存在硫原子；分子结构相对较大，且支化程度较高。该原料加氢脱硫、加氢脱氮和残炭加氢反应相对较困难。

在第三代 RHT 系列渣油加氢催化剂研制基础上，RIPP 针对这种原料最新开发了残炭加氢转化性能更高的 RCS-31 和 RCS-31B 催化剂[11]。新催化剂通过优化载体孔结构，提高催化剂的有效反应表面以及活性中心的可接近性；通过优化活性组成，提高催化剂总的活性中心数；通过改进活性组分负载工艺，提升催化剂活性相结构的本征活性；通过表面性质改性，减少催化剂运转过程中表面积炭数量。该催化剂有利于促进残炭加氢转化和减少积炭。

3.3 有针对性的催化剂级配技术

渣油加氢反应器为高压设备，投资巨大，需要多种不同功能催化剂组合装填，所装填的催化剂只能一次性使用，不宜再生。由于仪长管输原油铁钙含量较高，从长岭分公司渣油加氢装置第一周期的运转情况来看，尽管主催化剂还有活性，但由于 R-101 压降上升至限定值 0.7MPa，装置只能停工换剂。基于对原料反应特性和催化剂性能的认识以及构建的反应动力学和催化剂失活模型，结合上述新的 RHT 系列催化剂，RIPP 开发了有针对性的催化剂级配技术，使得 R-101 压降上升速度和整体催化剂失活速度同步，充分发挥保护反应器的容垢能力和整体催化剂的活性。

根据长岭分公司渣油加氢装置第一周期的运转情况，在后续的几个周期中 RIPP 持续对该装置进行级配优化，长岭分公司渣油加氢装置的运转情况持续优化[8, 12]。图 3 为 R-101 的压降变化情况，图 4 为催化剂平均反应温度(CAT)变化情况。由图 3 和图 4 可以看出，R-101 压降上升速度与 CAT 上升速度越来越同步。

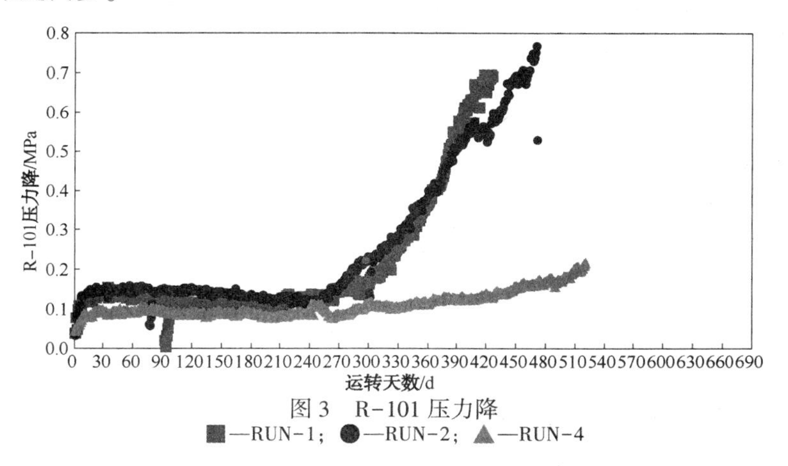

图 3 R-101 压力降

■—RUN-1；●—RUN-2；▲—RUN-4

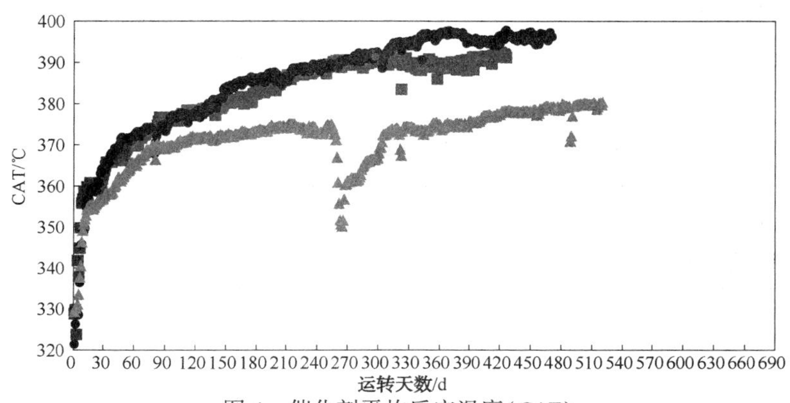

图 4 催化剂平均反应温度(CAT)

■—RUN-1；●—RUN-2；▲—RUN-4

3.4 反应物流高效分配技术

由于渣油原料黏度较大，渣油在反应器内的有效分配较为重要。一方面如果物流分配较好，可以充分利用反应器内的催化剂，另一方面物流分配不好，还会导致热点产生，影响装置的长周期运行。研究表明[13]，热点出现在液流速度小的局部区域，由于液速小，原料油发生深度转化(如发生热裂化等放热反应)，因而导致局部温度升高而出现热点。低液速区是逐渐形成的，通常最初液体分布差的部位容易出现热点。

基于对渣油原料性质和工程流体力学的深入认识，RIPP 开发了渣油加氢反应物流高效分配技术。长岭分公司第二周期 R-101 分配器采用 RIPP 开发的高效分配技术。图 5 为该装置第一和第二周期 R-101 最大径向温差情况，由图 5 可以看出，采用高效分配技术后，R-101 最大径向温差大大降低，有利于装置的长周期高效运行[14]。

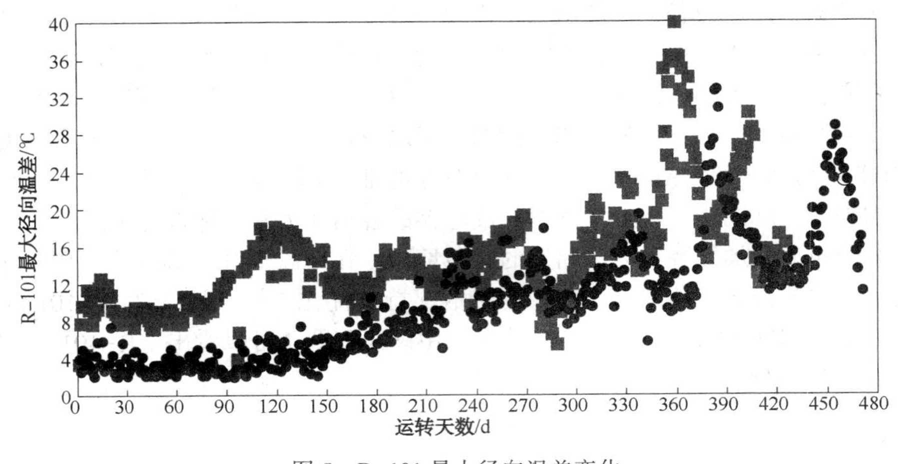

图 5 R-101 最大径向温差变化

■—RUN-1；●—RUN-2

3.5 采用 RICP 技术

渣油中的各种化合物在固体催化剂上的加氢转化过程，均需要反应物流与催化剂充分接触，反应物分子只有扩散进入到催化剂孔的内表面，才能实现化学反应。渣油分子大、黏度高，孔内传质阻力大，扩散速度慢，因此内扩散常常是渣油加氢过程的控制步骤。渣油的黏度与分子大小是影响渣油加氢反应的两个重要参数。采用 RIPP 开发的 RICP 工艺可以降低渣油加氢原料的黏度，促进渣油加氢脱除硫、金属、残炭和沥青质等杂质的反应进行[15,16]。

RICP 技术除可促进渣油加氢反应、提高轻油收率外，还可降低催化剂上的积炭量[15,16]，提高加氢催化剂的整体性能。仪长管输渣油中氮含量较高，导致其在催化剂上的积炭更严重。通过采用 RICP 技术，可以有效降低催化剂上的积炭含量。表 3 为安庆分公司和长岭分公司渣油加氢装置第一周期卸出催化剂的炭含量的分析结果。由表可见，采用 RICP 工艺的渣油加氢催化剂上的积炭明显低于常规 RHT 工艺的渣油加氢催化剂上的积炭含量。

表 3 不同加工工艺下卸出的催化剂平均炭含量分析结果

项　目	安庆分公司	长岭分公司
工艺特点	RICP	RHT
运转时间/d	445	426
停工时 CAT/℃	396	392
原料平均残炭值/%	10.3	10.5
R-101 平均炭含量/(g/100g 新鲜催化剂)	21.8	29.6
R-102 平均炭含量/(g/100g 新鲜催化剂)	16.5	21.3

续表

项目	安庆分公司	长岭分公司
R-103平均炭含量/(g/100g新鲜催化剂)	11.3	18.0
R-104平均炭含量/(g/100g新鲜催化剂)	9.7	21.4
R-105平均炭含量/(g/100g新鲜催化剂)	9.9	—
催化剂平均炭含量/(g/100g新鲜催化剂)	13.8	22.6

3.6 掺炼催化柴油

目前沿江炼厂催化裂化装置基本上都采用MIP工艺，MIP催化柴油中含有大量芳烃。与RICP机理相同，渣油加氢原料中掺入MIP催化柴油可以增加原料油中芳烃含量，提高“溶炭、消炭”能力，有利于减缓催化剂生焦速度。

长岭分公司渣油加氢装置第四周期掺入催化柴油，掺入比例约为总进料量的10%左右。催化柴油总芳烃含量约为81.4%，通过合理控制催化柴油的掺炼量，第四周期共运转693天。长岭分公司四个周期运转时间的比较见表4。由表4可以看出第四周期的运转时间远远高于前面三个周期。

表4 长岭分公司渣油加氢装置四个运转周期比较

运行周期	运转时间/d	停工原因
第一周期	426	R-101压降上升至0.7MPa
第二周期	471	R-101压降上升至0.7MPa
第三周期	326	R-101压降上升时间较早上升速度较快(原料中钙控制不理想)
第四周期	693	

4 结语

RIPP针对沿江炼厂渣油加氢装置原料铁和钙含量高、硫含量低但氮含量高的特点及其反应特性，通过基础研究和应用研究相结合，提出了沿江炼厂渣油加氢装置运行优化方案并成功应用。针对原料铁钙含量较高的特点，增设原油脱钙措施，开发容垢能力更强的保护剂，实现了高铁钙渣油加氢装置的长周期运转；针对原料硫含量低、氮含量高的特点，开发出残炭加氢转化能力更强的催化剂；为了实现装置的更长周期高效运转，开发出有针对性的催化剂级配方案，力争做到R-101压降上升与催化剂失活速度同步；为了发挥催化剂的整体性能，开发出高效的反应物流分配技术；针对原料氮化合物含量较高会使催化剂积炭升高的特点，在部分炼厂实施了RICP工艺，应用结果表明与传统RHT工艺相比，使用RICP工艺后，催化剂上的积炭大幅下降，装置运行周期更长；通过掺炼催化柴油，可以增加原料油中芳烃含量，提高“溶炭、消炭”能力，有利于减缓催化剂生焦速度。

参考文献

[1] Shao Z C, Zhao X Q, Liu T, et al. Commercial Application of the Second Generation RHT Catalysts for Hydroprocessing the Residue with Low Sulfur and High Nitrogen[J]. China Petroleum Processing and Petrochemical Technology. 2014, 16(1): 1-7.

[2] 郭大光，戴立顺．工业装置渣油加氢脱金属催化剂结块成因的探讨[J]．石油炼制与化工，2003，34(4)：47-49.

[3] 李大东．加氢处理工艺与工程[M]．北京：中国石化出版社，2004：155，444.

[4] 董凯，孙淑玲，邵志才，等．仪长渣油中含钙化合物的分布及加氢脱钙反应的研究[J]．石油学报(石油加工)，2017，33(2)：86-91.

[5] 邵志才，贾燕子，戴立顺，等．不同类型渣油原料加氢反应特性的差异[J]．石油炼制与化工，2017，48(1)：1-5.

[6] 邵志才，贾燕子，戴立顺，等．高铁钙含量渣油加氢长周期运行的工业实践[J]．石油炼制与化工，2015，46

(9)：20-23.

[7] 孙丽丽．应用上流式反应技术扩能改造渣油加氢脱硫装置[J]．石油炼制与化工，2002，33(4)：5-8.

[8] 廖述波，陈章海，杨勤．沿江炼油厂首套渣油加氢装置的运行分析[J]．石油炼制与化工，2014，45(1)：59-63.

[9] Hu Dawei，Yang Qinghe，Dai Lishun et al. Development and Commercial Application of Third Generation Resid Hydrotreating catalysts[J]. China Petroleum Processing and Petrochemical Technology，2013，15(20)：1-5.

[10] 董凯，邵志才，刘涛，等．仪长渣油加氢处理反应规律的研究-I. 仪长渣油性质特点及加氢反应特性的研究[J]．石油炼制与化工，2015，46(1)：1-5.

[11] 赵新强，余战兴，贾燕子，等．渣油加氢脱残炭脱硫催化剂 RCS-31 的开发[J]．工业催化，2013，21(4)：22-26.

[12] 陈大跃，涂彬．第三代 RHT 系列催化剂在高氮低硫和高铁钙类型渣油加氢装置上的工业应用[J]．石油炼制与化工，2015，46(6)：46-51.

[13] Hiroki Koyama，et al. Comercial Experience in Vacuum Residue Hydrodesulfurization . NPRA Annual Meeting，San Francisco-California，March 19-21，1995，AM-95-43.

[14] 刘涛，邵志才，杨清河，等．延长渣油加氢装置运转周期的 RHT 技术及其工业应用[J]．石油炼制与化工，2015，46(7)：43-46.

[15] 牛传峰，戴立顺，李大东．芳香性对重油加氢反应的影响[J]．石油炼制与化工，2008，9(6)：1-5.

[16] 牛传峰，张瑞弛，戴立顺，等．重油加氢-催化裂化双向组合技术 RICP[J]．石油炼制与化工，2002，33(1)：27-29.

柴油加氢精制改质降凝组合技术研究

贾云刚　张铁珍　姜　维　吴显军　李瑞峰　马守涛　郭桂悦

（中国石油大庆化工研究中心，黑龙江大庆　163714）

摘　要：针对某石化公司柴油改制装置冬季生产-35号低凝柴油的技术需求，并结合大庆化工研究中心多年的柴油加氢催化剂研发情况，开发了HT-1加氢精制催化剂、HU-2加氢改质催化剂和HV-6加氢异构降凝催化剂组合技术，并开展评价实验。催化柴油在氢分压6.3MPa、氢油体积比600：1、空速1.6/2.3/1.9h^{-1}、和反应温度350/362/358℃的工艺条件下，生产的-35#低凝柴油十六烷指数38.5，硫含量5.7μg/g，氮含量8.2μg/g；催化柴油与直柴的混合柴油在氢分压6.3MPa、氢油体积比600：1、空速1.6/2.3/1.9h^{-1}、和反应温度347/358/352℃的工艺条件下，生产的-35$^{\#}$低凝柴油十六烷指数43.8，硫含量4.2μg/g，氮含量7.1μg/g。柴油产品均可作为-35$^{\#}$国Ⅴ车用柴油的调和组分，表明柴油加氢精制改质降凝组合技术具有较好的原料适应性。

关键词：清洁柴油；加氢精制；加氢改质；异构降凝

1　引言

随着世界范围内车辆柴油化趋势的加快，柴油的需求量越来越大，充分利用现有的石油资源，提高柴油产率，对劣质柴油的深度加工显得尤为重要。目前，环保法规对我国车用燃料质量提出了更加严格的要求，生产低硫、低氮和高十六烷值的清洁柴油及减少有害物质的排放已成为炼油企业急需解决的课题[1~5]。

中国石油某石化公司45×10^{4}t/a柴油加氢改质装置采用炉前混氢方案，冷高分流程，分馏部分采用分馏塔和汽提塔方案。通常该装置以加工催化柴油为主，通过改质提高柴油十六烷值，满足全厂十六烷值调和需要。冬季为了满足市场对-35号低凝柴油的需求，间歇混入部分直馏柴油，通过改质、降凝反应，降低柴油凝点及冷滤点并提高十六烷值，满足全厂低凝柴油调和需要。同时，为满足2017年实行的国Ⅴ清洁柴油标准，拟采用新组合催化剂及工艺对现有装置进行技术改造，以满足国Ⅴ清洁低凝柴油的生产需求。针对装置原料性质、工艺条件及产品指标要求，结合大庆化工研究中心多年的柴油加氢催化剂研发情况，开发了HT-1加氢精制催化剂、HU-2加氢改质催化剂和HV-6加氢异构降凝催化剂组合技术，并开展评价实验。

2　评价条件

2.1　评价原料

某石化公司45×10^{4}t/a柴油加氢装置常年加工催化柴油，冬季间歇掺入部分直柴，通过降凝反应，降低柴油凝点，满足全厂冬季低凝柴油调和出厂要求。根据不同季节生产原料的变化情况，本次评价采用了催化柴油及催化柴油与直馏柴油（80：20）的混合柴油两种原料。原料油性质见表1，评价用氢气性质见表2。

表 1　原料油性质

项　目	某石化催柴	某石化常二线	混合柴油 催柴：常二线=80：20
密度(20℃)/(g/cm^3)	0.9067	0.8188	0.8876
总氮含量/(μg/g)	661	32	548
总硫含量/(μg/g)	2460	843	2180
凝点/℃	-27.9	2.0	-17.7
馏程/℃			
初馏点	125.5	227.0	145.5
5%	197.5	254.0	207.5
10%	211.0	263.0	219.5
50%	257.5	291.0	267.5
90%	334.0	325.5	331.0
95%	352.0	333.5	346.5
终馏点	364.5	340.5	361.0
十六烷指数	29.7	69.0	34.5
碱性氮/(μg/g)	141.6	19.6	117.6
闪点(℃)闭口	57.0	102.5	57.0
链烷烃	19.1	58.2	27.8
环烷烃	7.4	28.5	11.3
单环芳烃	31.5	7.8	27.1
多环芳烃	42.0	5.5	33.8
冷滤点/℃	-6.0	4.0	-6.0

表 2　氢气性质

组分	含量/%(体)	组分	含量/%(体)	组分	含量/%(体)
H_2	96.75	CH_4	3.24	C_2H_6	0.01

2.2　评价装置

本次评价工作在大庆化工研究中心的“中国石油加氢评价中试基地”进行，采用评价装置为多反应器一段串联评价装置，见图 1。

图 1　200mL 多反应器一段串联评价装置

3　评价结果与讨论

由于加氢改质和异构降凝催化剂均为含分子筛催化剂，均含有一定的酸性作为主要反应活性中心，酸中心极易受到油品中氮的影响而导致活性下降甚至失活。因此，通常要求改质、降凝段进料中氮含量小于20μg/g，以确保改质、降凝催化剂反应活性及活性稳定性。精制反应器的反应温度调节主要依据一反出口的氮含量。根据前期实验室及工业应用经验，氮含量将至20μg/g以下时，硫含量均能达到国Ⅴ要求。

3.1 催化柴油评价结果

表3为催化柴油的评价结果。

表3 某石化催化柴油评价结果

项目	原料（催化柴油）	产品		
工艺条件				
压力/MPa	—	6.3		
氢油比/(体积比)		600∶1		
温度(一反/二反/三反)/℃		350/362/358		
空速(一反/二反/三反)/h^{-1}		1.6/2.3/1.9		
液收/%	—	98.82		
馏分切割温度/℃	—	全馏分	<145	>145
不同馏分收率/%	—	—	4.74	94.68
密度(20℃)/(g/cm^3)	0.9067	0.8733	0.7091	0.8845
总氮含量/(μg/g)	661	7.8	1.6	8.2
总硫含量/(μg/g)	2460	5.1	1.6	5.7
凝点/℃	-27.9	<-45.0	—	<-45.0
冷滤点/℃	-6	—	—	-29
馏程/℃				
初馏点	125.5	61.0	28.5	181.0
5%	197.5	163.5	42.5	204.5
10%	211.0	196.0	47.0	212.0
50%	257.5	243.5	88.5	247.0
90%	334.0	313.5	138.0	312.5
95%	352.0	336.5	158.5	331.0
终馏点	364.5	350.0	163.5	351.5
十六烷指数	29.7	—	—	38.5
闪点(闭口)/℃	57.0	—	—	37.5
链烷烃	19.1	—	—	30.9
环烷烃	7.4	—	—	16.1
单环芳烃	31.5	—	—	38.5
多环芳烃	42.0	—	—	14.5

注：一反氮含量为18.6μg/g。

催化柴油评价结果表明：原料中氮含量为661μg/g，精制反应后，精制油的氮含量在20μg/g以下，能够满足改质、降凝催化剂的进料要求；改质催化剂在目前的工艺条件下，十六烷指数达到38.5，提高了8.8个单位，多环芳烃降低27.5个单位；降凝催化剂具有较好的异构选择性，降凝幅度达到20℃以上，冷滤点降低至-29℃，达到-35#低凝柴油指标要求，同时柴油收率达到94.68%。

3.2 混合柴油评价结果

表4为混合柴油的评价结果。

表4 某石化混合柴油评价结果

项目	原料(混合柴油)	产品		
工艺条件				
压力/MPa		6.3		
氢油比(体积比)		600∶1		
温度(一反/二反/三反)/℃		347/358/352		
空速(一反/二反/三反)/h^{-1}		1.6/2.3/1.9		
液收/%		98.82		
馏分切割温度/℃		全馏分	<145	>145
不同馏分收率/%	100		6.41	93.23
密度(20℃)/(g/cm^3)	0.8876	0.8571	0.7084	0.8705
总氮含量/(μg/g)	548	6.4	1.5	7.1
总硫含量/(μg/g)	2180	3.9	1.2	4.2
凝点/℃	-17.7	-42.7	—	-40.3
冷滤点/℃	-6	—	—	-29
馏程/℃				
初馏点	145.5	47.5	36.0	194.5
5%	207.5	154.5	53.0	209.5
10%	219.5	196.5	58.0	216.5
50%	267.5	251.5	90.0	255.0
90%	331.0	318.0	131.0	315.5
95%	346.5	338.5	140.0	332.5
终馏点	361.0	347.0	147.5	349.5
十六烷指数	34.5	—	—	43.8
闪点(闭口)/℃	57.0	—	—	67
链烷烃	27.8	—	—	35.2
环烷烃	11.3	—	—	21.1
单环芳烃	27.1	—	—	34.5
多环芳烃	33.8	—	—	9.2

注：一反氮含量为17.3μg/g。

混合柴油评价结果表明：精制催化剂脱硫、脱氮性能与催化柴油评价结果一致，氮含量随着直柴的加入有所降低，精制反应温度在347℃时，精制油的氮含量在20μg/g以下，产品硫含量达到10μg/g以下，满足国Ⅴ柴油指标要求；改质催化剂在目前的工艺条件下，十六烷指数达到43.8，提高了9.3个单位，多环芳烃降低24.6个单位；降凝催化剂具有较好的异构选择性，降凝幅度达到20℃以上，冷滤点降低至-29℃，达到-35#低凝柴油指标要求，同时柴油收率达到93.23%。

4 结语

(1) HT-1加氢精制催化剂精制具有较好的脱硫脱氮性能，精制产品的氮含量小于20μg/g，能够满足加氢改质、异构降凝催化剂的进料要求。

（2）HU-201 加氢改质催化剂加工催化柴油或催化剂柴油和常二线的混合油，实现了提高十六烷值、降低芳烃含量的目标。

（3）HV-601 加氢异构降凝催化剂表现出了良好的异构活性及选择性，实现了柴油凝点及冷滤点的大幅降低，同时保持了很高柴油收率。

（4）组合催化剂活性评价结果能够满足某石化生产的需求。加工催化柴油和混合柴油时，产品硫含量、氮含量、凝点、冷滤点均达到-35 号国Ⅴ柴油指标要求。

参 考 文 献

[1] 刘爱华，达建文．低硫、低芳烃柴油生产技术[J]．石化技术，2000，7(1)：59-62.

[2] 李书亮．生产低硫柴油的加氢催化剂[J]．石油化工高等学校学报，2002，15(4)：44-47.

[3] 曲凯，李汶键，冯新海．柴油加氢脱硫技术研究[J]．化工管理，2015，(33)：100.

[4] 刘昶，孟祥兰，郝文月，等．FRIPP 生产低凝柴油加氢技术开发与应用[J]．当代石油化工，2015，23(8)：4-8.

[5] 宋文模．柴油馏分的加氢脱硫脱芳烃[J]．炼油设计，2002，32(2)：7-12.

柴油液相加氢技术及应用进展

刘丽莹　荣丽丽　孙　玲　曹婷婷

(中国石油化工研究院大庆化工研究中心，黑龙江大庆　163714)

摘　要：环保法规的日益严格，使得国内外柴油产品质量不断升级。本文简要概述了柴油液相加氢技术的特点和优势。归纳了柴油液相加氢技术在国内外的工业应用情况，并对该技术的发展进行了展望。

关键词：柴油；液相加氢；工业应用

1　引言

随着全球对环境保护的重视，环保法规的日益严格，柴油作为重要的车用燃料，国内外对其产品质量要求在不断提高，低硫、低芳烃、高十六烷值柴油已成为世界各国柴油新规格的发展趋势[1-4]。欧盟国家已于2009年开始实施硫含量低于10 μg/g的欧Ⅴ排放标准[5~7]。近年来我国油品质量升级步伐亦明显加快，将于2017年1月1日全面实施车用柴油国Ⅴ标准，也规定硫含量低于10 μg/g。

目前最为普遍和有效的清洁油品生产的主体技术是加氢。油品质量升级需要对包括直馏柴油在内的所有柴油馏分进行深度加氢处理，将使炼厂的生产过程更为复杂，生产周期将拉长，成本将大幅提升。为了达到柴油产品新标准，炼厂现有的加氢装置和工艺在操作费用和运行成本上都面临着巨大的压力，同时也给炼油企业带来了新的挑战和契机。经过世界各大炼油公司及炼油科技工作者不断努力，一种更加简捷、满足节能减排要求的新的生产工艺技术—柴油液相加氢技术应运而生。

2　柴油液相加氢技术

液相循环加氢工艺是上世纪末由美国工艺动力学公司(Process Dynamics)开发而成。该技术打破了加氢技术传统的气相循环模式，取消了循环氢压缩机和氢气循环系统，提升了加氢反应效率，为加氢工艺的发展开拓了新思路。

2.1　技术特点

柴油液相循环加氢技术是利用油品中的溶解氢来满足加氢反应的需要，以油品中氢浓度的梯度变化作为反应的推动力。该技术反应器的物料为单一液相物料，催化剂床层处于全液相中、接近等温操作，降低非受控裂化反应，减少轻组分生成，反应效率高、目的产品收率高。液相循环加氢技术可以在适宜的工艺条件下加工各种柴油原料，对原料适应性强、产品质量好。

2.2　技术优势

2.2.1　催化剂

由于催化剂床层完全处于液相中，消除了催化剂润湿因子的影响，提高了催化剂的利用效率，降低了催化剂的用量；循环油的比热大，使反应器在接近等温模式条件下进行，可减少催化剂结焦现象，延长催化剂寿命和装置运行周期[8]。

2.2.2　产品

液相循环加氢技术最关键的是可同时做到高脱硫、高脱氮率，而且在精制柴油产品收率上高于传统加氢技术。由于该技术反应器的温升降低，最大程度地减少了裂化反应的发生，使价值有限的轻组分收率降低，符合规格要求的目的产品收率同时得到了提高。对于高饱和进料(如轻柴油、焦化柴油)，液相循环加氢反应器温升更低，在抑制裂化反应的同时，由于平均温度的降低，能有效地处理能脱除的氮化物，并且不会对硫的再结合反应产生任何不利影响[9]。

2.2.3 经济效益

(1) 投资：在满足工艺要求的情况下催化剂用量减少，反应器的体积减小。由于反应器内为全液相，所以反应器的长径比更加灵活，壁厚可以降低。该技术不设置氢气循环系统，省略了循环氢压缩机、高压分离器、循环氢脱硫塔、部分高压管线等。这样催化剂和设备采购费和安装费等都降低了，相应的装置的占地面积缩小了，流程更加简单化和灵活化，建设周期大大缩短了[10]。

(2) 运行成本和维护费用：催化剂用量减少、寿命延长，降低了催化剂的更换成本和废料的处理成本。由于取消了氢气循环系统，高压设备减少，使得装置的维护费用和能耗降低，相应的运行安全性和稳定性显著提高。

3 国外柴油液相加氢技术应用

上世纪末美国 Process Dynamics 公司开发的液相循环加氢工艺，即 Iso Therming 技术[11,12]，于 2003 年在新墨西哥州工业化。该装置日生产 3800 桶含硫量为 10ppm 的柴油。此后，又在这家工厂继续将该工艺应用于煤油加氢处理和柴油加氢处理改造，并在弗吉尼亚州一炼油厂应用于 1.2 万桶/日超低硫柴油加氢处理装置。2007 年 8 月底，杜邦公司从过程动力学公司手中购得炼油厂用 Iso Therming 加氢处理技术。

据 2003 年所作评价，用于生产超低硫柴油时进行预处理的这种装置，可脱硫 90%～98%，而氢耗仅为 70%～90%，与常规加氢处理相比，催化剂总用量仅为 15%～30%，可使用常规的现有催化剂。最主要的是，对于想改造原有加氢处理装置的炼厂而言，IsoTherming 技术还可以提供这样一种方案，即把 IsoTherming 反应器放在原有加氢处理反应器的前面，作预处理用。这样的投资只是处理加氢脱硫技术的一部分。IsoTherming 预处理反应器完成大部分加氢脱硫反应，原有的常规反应器只完成很少一部分加氢脱硫反应。常规滴流床反应器的传质限制不再是约束条件，因为事实上 IsoTherming 反应器已经把大量氢气转移到油中。由于这个原因，在常规反应器中，由于生焦造成的催化剂失活大大减少原有的装置处理量，可以改造为压力高一些的 IsoTherming 系统，充分利用原有的装置，总投资可以减至最少。该技术是一项突破性的技术，能为炼油商提供一种更经济和更灵活生产超低硫柴油的新手段。

4 国内柴油液相加氢技术应用

生产清洁油品是我国炼油工业发展的重点，在发展低碳经济、循环经济、实现可持续发展的大形势下，近年来我国油品质量升级步伐明显加快。为了满足环保对油品的质量要求和市场对清洁燃料的需求，各科研单位都在竞相开发低成本、高效加氢新工艺。

4.1 技术评议

2009 年 9 月中旬，由中国石化集团抚顺石油化工研究院与洛阳石油化工工程公司共同开发的 SRH 液相循环加氢技术通过中国石化科技开发部组织的技术评议[13]。2010 年 2 月 26 日，由中国石化工程建设公司和石油化工科学研究院共同完成的柴油液相加氢(SLHT)技术研究通过科技开发部组织的技术评议[14]。这两项具有自主知识产权的柴油液相加氢技术相继在下列国内各家炼化公司成功应用，标准着我国柴油加氢技术达到了国际先进水平。

4.2 长岭工业试验

2009 年 10 月 29 日，第一套柴油液相加氢装置在中国石化长岭分公司进行首次工业试验。试验表明：以常二线、常二线与焦化柴油的混合油、常二线与 FCC 柴油的混合油为原料进行试验，产品中的硫质量分数分别小于 50μg/g、100μg/g 和 250 μg/g，脱硫率分别达到 98.45%、97.49%

和92.79%[15,16]。

4.3 九江石化工业应用

2012年1月13日，由中国石化自主研发、拥有自主知识产权的国内首套150×10⁴t/a上进料柴油液相循环加氢工业装置，在中国石化九江分公司打通全流程，实现一次开车成功[17~19]。经分析，生产的精制柴油产品总硫含量、腐蚀、馏程、十六烷值等关键指标全部达到设计要求，总硫含量小于50μg/g。与传统滴流床加氢技术相比，可降低装置能耗50%以上，具有明显的经济效益和社会效益，为柴油质量的进一步升级奠定了良好基础。

4.4 石家庄炼化工业应用

2011年12月23日，260×10⁴t/a柴油液相循环加氢工业装置，在石家庄炼化分公司打通全流程，生产出合格产品，实现开车一次成功，标志着这套具有国际先进水平的柴油加氢装置建成投产[20,21]。该技术将使柴油产品中硫含量比国3车用柴油标准硫含量下降80%以上，可有效减少对大气的污染。与传统滴流床加氢技术相比，此技术可降低装置能耗40%以上，具有明显的经济效益和社会效益。

4.5 安庆石化工业应用

2013年9月15日，新建220×10⁴t/a液相柴油加氢装置在安庆分公司公司实现一次安全环保开车成功[22~24]。装置运行27个月能够稳定生产国Ⅳ车用柴油，降低装置负荷后可生产国Ⅴ车用柴油。

4.6 长庆石化工业应用

2013年8月7日，长庆石化具有国际先进水平的60×10⁴t/a柴油液相循环加氢装置建成投产[25]。该装置以直馏柴油和催化柴油的混合油为原料，配套装填中石油自主研发的FDS-1型催化剂。经检测，产品硫含量、馏程、腐蚀、十六烷值等关键指标均达到设计要求。其中，柴油硫含量小于50μg/g，符合国Ⅳ清洁柴油质量标准，可降低装置能耗60%以上，标志着该公司产品升级与结构调整又迈上了新台阶。

4.7 哈尔滨石化工业应用

2014年11月5日，中国石油哈尔滨石化100×10⁴t/a柴油液相加氢装置一次开车成功，为哈尔滨石化生产国五排放标准柴油打下基础。哈尔滨石化柴油液相加氢装置是继石家庄炼化和安庆石化之后，应用中国石化连续液相技术的柴油加氢装置。但与前两套装置相比，该装置采用了第二代连续液相加氢技术，具有投资低、占地少、原料适应性强的特点。

4.8 胜利石化工业应用

2013年6月，100×10⁴t/a液相柴油加氢装置在胜利石化开工至今，运行平稳[26]。该工艺以直馏柴油和掺入20%的催化柴油为原料，生产国Ⅳ柴油，国Ⅴ标准升级仅需增加一台反应器，即可实现，既节省投资又节约能源。

4.9 泉州石化工业应用

2014年4月11日5时，全球规模最大的375×10⁴t/a柴油液相加氢装置实现投料一次开车成功，生产出符合国Ⅴ质量标准的柴油产品[27]。这个装置是中化泉州石化公司炼油项目的重点装置之一。

经过几年的发展，我国柴油液相加氢技术正逐步走向成熟。经过科研人员的不断努力和完善，柴油液相加氢技术将会发挥更大的优势作用，生产出更高标准的绿色清洁柴油产品。

5 展望

在能源日益紧缺、原油质量日益变差，而环保法规对车用柴油的质量要求日益严格的形势下，柴油液相加氢技术正凭借着自身的技术和成本优势逐步占领市场。相信经过科研人员的继续努力和完善，生产高标准的超低硫甚至无硫柴油产品指日可待。该技术也可以拓展到煤油加氢精制、蜡油加氢处理等装置，使中国油品质量升级步入国际先进行列。

参 考 文 献

[1] Song Chunshan. New approaches to deep desulfurization for ultra-clean gasoline and diesel duels：An overview[J]. Fuel，2002，47（2）：439-445.

[2] Song Chunshan. An overview of new approaches to deep desulfurization forultra-clean gasoline，diesel fuel and jet fuel [J]. Catalysis Today，2003，86（1/2/3/4）：211-263.

[3] Babich I V，Moulijn J A. Science and technology of novel processes for deep desu1furization of oil refinery streams：A review [J]. Fuel，2003，82(6)：607-631.

[4] 李大东．加氢处理工艺与工程[M]．北京：中国石化出版社，2004：969-971.

[5] 杨英．清洁柴油加氢脱硫技术进展[J]．石油化工技术与经济，2015，31(3)：55-62.

[6] Phirun S M，Tim L K. The effect of diesel fuel sulfur content on particulate matter emission for a non-road dieselgenerator [J]. Journal Air Waste Manage Association，2005，55（7）：993-999.

[7] Niu Luna，Liu Zelong，Tian Songhai. Identification and characterization of sulfur compounds in straight-run diesel using comprehensive two-dimensional GC coupled with TOFMS [J]. China Petroleum Processing and Petrochemical Technology，2014，16(3)：10-18.

[8] 陈良．液相循环加氢工艺在清洁柴油生产中的应用[J]．炼油技术与工程，2015，45(10)：5-8.

[9] 马文志．柴油液相加氢精制技术与传统加氢精制技术的比较[J]．山东化工，2014，43(4)：137-140.

[10] 李哲，康久常，孟庆巍．液相加氢技术进展[J]．当代化工，2012，41(3)：292-294.

[11] Pryor P，Cooper R. Clean fuel technology：DuPont clean fuel technologies isothermingR technology，an alternative to traditional desulfurizing，methods[J]. Hydrocarbon Engineering，2009，14(6)：30-33.

[12] Ron D K，M ichael D A，Byars M S，et a1. Isotherming-a new technology for ultra low sulfur fuels[C]//NPRA Annual Meeting. San Antonio：NPRA，2003.

[13] 钱伯章．SRH 液相循环加氢可望工业化[J]．炼油技术与工程，2010，40(2)：36.

[14] 张维忠．柴油液相加氢(SLHT)技术研究通过评议[J]．石油化工设备技术，2010，31(3)：57.

[15] 谢清峰，巢文辉，夏登刚．SRH 液相循环加氢技术工业试验[J]．炼油技术与工程，2012，42(12)：12-15.

[16] 宋永一，方向晨，刘继华．SRH 液相循环加氢技术的开发及工业应用[J]．化工进展，2012，31(1)：240-245.

[17] 徐志海．SRH 柴油液相循环加氢技术在九江石化的工业应用[J]．当代化工，2015，44(4)：833-836.

[18] 刘兵兵．SRH 液相加氢技术在柴油加氢装置中的工业应用[J]．广东化工，2013，40(246)：109-122.

[19] 信息与动态：柴油液相循环加氢精制装置开车[J]．工业催化，2012，20(2)：32.

[20] 刘凯祥，李浩，孙丽丽，等．上流式加氢反应器 内连续液相的控制方法[J]．石油炼制与化工，2012，43(8)：7-12.

[21] 刘凯祥，阮宇红，李浩．连续液相加氢技术在柴油加氢精制装置的应用[J]．石油化工设计，2012，29(2)：26-29.

[22] 董晓猛．RS-2000 催化剂在 2.2 Mt/a 柴油连续液相加氢装置上的工业应用[J]．石油化工，2014，43(12)：1427-1432.

[23] 李桂军，黄宝才．连续液相柴油加氢装置长周期运行和效果分析[J]．炼油技术与工程，2016，46(2)：31-35.

[24] 董晓猛，黄宝才，范宜俊．连续液相柴油加氢装置的能耗优势分析[J]．石油炼制与化工，2015，46(8)：81-85.

[25] 长庆石化 60 万吨柴油液相循环加氢装置投产[J]．石油化工应用，2013，32(8)：128.

[26] 张志强．柴油液相加氢技术的工业应用[J]．广东化工，2015，42(20)：66-67.

[27] 国内外动态：世界规模最大柴油液相加氢装置成功开车[J]．石油化工腐蚀与防护，2014，31(3)：54.

灵活高效的劣质柴油加氢改质技术首次工业应用

王甫村[1]　胡维军[2]　孙发民[1]　王永振[3]　秦丽红[1]

(1. 中国石油石油化工研究院大庆化工研究中心，黑龙江大庆　163714；
2. 中国石油抚顺石化公司催化剂厂，辽宁抚顺　113001；
3. 中国石油乌鲁木齐石化公司炼油厂，新疆乌鲁木齐　830019)

1　引言

2016年8月，中国石油石油化工研究院大庆化工研究中心开发的柴油加氢改质催化剂(PHU-201)在乌鲁木齐石化180×10^4t/a柴油加氢改质装置开展了工业应用试验，在经过催化剂干燥、硫化、钝化后，切换十六烷值较低的重油催化柴油、蜡油催化柴油、直馏柴油的混合原料油，进入正常运行阶段。应用结果表明，PHU-201催化剂完全满足了生产技术需求，柴油十六烷值达到57，硫含量1.4 μg/g，完全满足国Ⅴ车用柴油标准要求，解决了乌鲁木齐石化催化柴油等劣质柴油十六烷值较低、无法出厂的技术难题，而且重石脑油收率高达20%以上，可以有效降低柴汽比、生产优质清洁柴油产品，标志着该催化剂达到国际先进水平。

2　催化剂性能标定

2016年11月22日，开展了柴油加氢改质催化剂(PHU-201)性能标定工作。主要考察了两种方案：(1)满负荷多产柴油方案；(2)最大量生产石脑油方案。原料油为常二线柴油、常三线柴油、蜡催柴油、重催柴油和焦化汽油。标定的主要结果如表1~表5所示。

2.1　原料油性质(表1)

表1　原料油性质

项　　目	方案一		方案二	
密度/(kg/m^3)	847.0	850.6	857.8	857.9
馏程/℃				
10%	180	183	173	173
30%/50%	225/280	226/282	234/289	236/290
70%/90%	304/341	305/341	319/361	320/363
硫含量/(μg/g)	1012	1030	1220	1180
十六烷值	44.8	46.6	44.7	45.2
十六烷指数	45.9	45.0	43.0	43.1
凝点/℃	-2	-2	-1	-1

2.2　主要操作条件(表2)

表2　反应系统主要操作条件

项　　目	方案一	方案二
体积空速/h^{-1}	1.5/1.55	1.20/1.25
氢油体积比/(Nm^3/m^3)	654∶1	770∶1
精制反应器平均温度/℃	329	346
改质反应器平均温度/℃	345	363
精制反应器入口氢分压/MPa	9.6	8.8

2.3 产品性质(表3、表4)

表3 柴油产品性质

项　　目	方案一		方案二	
密度/(kg/m³)	832.7	829.8	825.7	823.4
馏程/℃				
初馏点/10%	187/215	186/214	190/215	192/218
30%/50%	233/276	234/278	235/271	234/270
70%/90%	300/338	302/337	304/337	306/339
终馏点	355	352	359	359
闪点/℃	81	78	80	79
氮含量/(μg/g)	0.5	0.5	0.5	0.5
硫含量/(μg/g)	0.8	0.9	1.3	1.0
十六烷值	53.0	55.5	52.6	52.8
凝点/℃	-3	-2	-4	-3

表4 石脑油产品性质

项　　目	方案一		方案二	
密度/(kg/m³)	737.1	737.5	741.2	742.6
馏程/℃				
初馏点	46	47	50	49
10%	83	82	87	87
50%	124	127	127	132
90%	151	155	148	158
终馏点	166	174	164	171
氮/(μg/g)	0.5	0.5	0.5	0.5
硫/(μg/g)	0.9	0.6	0.5	0.5
溴值/(gBr/100g)	0.21	0.21	0.26	0.21
芳潜/%	50.7	51.5	63.5	63.3

2.4 物料平衡(表5)

表5 物料平衡

项　　目	物料名称	方案一		方案二	
		t/h	比例/%	t/h	比例/%
入方	原料油	215.00	100.00	175.5	100.00
	氢气	2.65	1.23	2.96	1.68
	合计	217.65	101.23	178.46	101.68
出方	低分气	1.03	0.48	0.88	0.50
	干气	3.22	1.50	3.35	1.91
	石脑油	21.23	9.87	43.34	24.70
	柴油	192.17	89.38	130.89	74.57
	合计	217.65	101.23	178.46	101.68

3 结语

从乌鲁木齐石化180×10⁴t/a柴油加氢改质装置的标定结果能够看出，劣质柴油加氢改质催化剂(PHU-201)技术主要对柴油池中劣质的催化柴油等进行高效转化，大幅度提高柴油十六烷值，兼顾脱除硫氮等杂质，同时可生产高芳潜石脑油做重整原料。该技术具有以下特点：

（1）原料适应性强：可加工催化柴油、焦化柴油、直馏柴油、焦化汽油等混合油。

（2）产品质量好：可以使催化柴油等劣质柴油的十六烷值提高10~15个单位，密度降低15~40kg/m^3，多环芳烃小于2%，硫含量小于10μg/g，可做为国Ⅴ、国Ⅵ清洁柴油调和组分。

（3）生产灵活性大：通过调整反应温度，可以使石脑油产率达25%以上，芳潜高达63.5%，可做为优质的重整原料生产高辛烷值汽油。

碳四资源综合利用

罗淑娟　李东风

（中国石化北京化工研究院，北京　100013）

摘　要：本文介绍了我国碳四烃资源情况，并从碳四烃生产燃料油的添加剂或调和油，深加工生产高附加值的化工产品，增产乙烯、丙烯原料以及碳四尾气利用等方面，综述了碳四资源利用技术进展。针对我国现有碳四资源状况和发展趋势，提出碳四烃开发利用的建议。

关键词：炼厂碳四；裂解碳四；丁二烯；尾气利用；进展

1　引言

碳四烃是重要的石油化工原料，是单烯烃(正丁烯和异丁烯)、二烯烃(丁二烯)、烷烃(正丁烷和异丁烷)的总称。随着我国化工行业产品精细化的发展和资源利用率的提高，碳四烃的综合利用越来越受到人们的关注。本文对最近几年国内外有关碳四烃的综合利用情况进行介绍，并提出我国碳四烃开发利用的建议。

2　我国碳四烃的资源状况

我国碳四烃来源主要有以下三个方面：

(1) 炼厂碳四：炼油厂的催化裂化装置、减粘裂化装置、焦化装置和热裂化装置都能够生产碳四烃，但由催化裂化装置生产的碳四最多，占60%以上。

来自炼厂催化裂化(FCC)装置的碳四烃，其收率与裂化深度、催化剂有关，产量约为进料质量的10%~13%。炼厂碳四烃其馏分组成的特点是丁烷(尤其是异丁烷)含量高，不含丁二烯(或者含量甚微)，其中的丁烯质量分数为50%左右。2014年我国催化裂化装置能力 1.8×10^8t/a以上，预计炼厂碳四总量超过 700×10^4t。

(2) 乙烯裂解碳四：蒸汽裂解碳四烃的收率与裂解原料、苛刻度有关。裂解碳四烃的特点是丁二烯含量高，约占裂解碳四的50%。

2014年我国已建成乙烯产能总计达到 2015.5×10^4t/a，乙烯产量达 1704.4×10^4t。以石脑油为裂解原料时，碳四产量约为乙烯产量的40%~50%，裂解碳四总量 682×10^4~852×10^4t。

(3) MTO副产碳四烃：180×10^4t甲醇制烯烃(MTO)装置在生产 60×10^4t乙烯、丙烯的同时副产5.5%左右(对甲醇)的混合碳四，即60万t烯烃项目可副产碳四 10×10^4t左右。截至2014年，我国已投产和正在试车的煤制烯烃项目有14个，各地规划的煤制烯烃总产能已超过 2000×10^4t/a。已投产的MTO产业副产碳四总量已超过 100×10^4t。

MTO工艺副产混合碳四主要是1-丁烯、反-2-丁烯和顺-2-丁烯，其中，1,3-丁二烯、异丁烯含量较低。混合碳四中 C_4 烃占80%以上，其中正丁烯占74.04%(8.73% 1-丁烯、31.90%反-2-丁烯、23.40%顺-2-丁烯)、异丁烯2.93%、正丁烷1.90%、1,3-丁二烯0.99%、异丁烷0.24%，其余19.91%为非碳四烃(C_3、C_5、C_6、C_6^+)[1]。

不同来源的碳四馏分组成特点[2~4]见表1。

表 1　碳四馏分的组成　%

项　目	1-丁烯	2-丁烯	异丁烯	正丁烷	异丁烷	丁二烯/炔烃
炼厂碳四	13	28	15	10	34	
裂解碳四	14	11	22	2	1	50
MTO 碳四	20~26	65~70	2~4	4	0.2	

碳四资源量的不断增长为进一步开发碳四资源的深加工利用技术、提高产品附加值提供了广阔的空间。

3　碳四资源利用情况

不同来源的碳四烃，用途也有所不同。对于炼厂催化裂化装置的碳四烃，因烷烃含量高，多作为燃料使用，化工利用率较低。对于乙烯裂解得到的碳四烃，由于丁二烯和丁烯含量较高，通常先回收其中的丁二烯，再对剩余丁烯进行化工利用。

3.1　燃料利用

全球大量碳四烃主要用作燃料，以丁烯为例，约 90%用于燃料，仅 10%用于化学品市场。相对碳四烃直接作燃料使用而言，将碳四烃加工成烷基化油、甲基叔丁基醚及车用液化石油气等各种液体燃料或添加剂则具有较高的应用价值。

碳四烃生产甲基叔丁基醚作为汽油调合组分和辛烷值改进剂[5,6]，是全球少数几个发展极为迅速的石化产品。但由于甲基叔丁基醚对饮用水的污染，导致美国部分地区从 2004 年 1 月起限制或禁用甲基叔丁基醚。全球甲基叔丁基醚产能和需求量已呈明显下降趋势。

烷基化油是一种具有较高的辛烷值，烯烃和芳烃含量低，燃烧后清洁性好的汽油调和组分，被称为“绿色汽油调和组分”[7]。烷基化油的主要组分是由异丁烷与丁烯进行烷基化反应得到。催化裂化装置的混合碳四馏分中含有较多的异丁烷组分，可作为烷基化的原料。目前成熟的烷基化技术分为氢氟酸法烷基化和硫酸法烷基化。

芳构化是指烯烃在酸性中心的作用下经过裂解、聚合、环化等过程生成芳烃。碳四烯烃通过芳构化，一方面可以生产芳烃，如苯、甲苯和二甲苯(BTX)；另一方面也可制得高辛烷值汽油。

碳四烃作为车用液化气时，产品质量有较高要求，由于炼厂液化气中含有约 45%的烯烃，远高于车用液化石油气中总烯烃不大于 10%的要求，同时丙烷含量无法满足要求需调和才能满足质量要求，且丙烷与液化气质量比例须达到 4∶1。由于当前车用液化气与民用液化气相比价格一致，液化气经过加工后作为车用燃料销售很难带来更高的经济效益。如车用液化气价格上涨可考虑通过与丙烷进行调合，少量生产。

总之，生产具有较高附加值的碳四烃燃料产品，开发和应用环保型碳四烃利用新技术，是国外发展碳四烃燃料利用的总趋势，也是我国石油石化行业的必然选择。

3.2　化工利用

碳四烃的化工利用主要是指将碳四烃中的丁二烯分离后的抽余碳四或炼厂混合碳四中各组分分离后通过不同途径生产高附加值的化工产品。以下主要介绍丁二烯、丁烯和丁烷的化工利用。

3.2.1　丁二烯

丁二烯主要用于合成顺丁橡胶(BR)、丁苯橡胶(SBR)、丁腈橡胶(NBR)、苯乙烯-丁二烯-苯乙烯(SBS)弹性体以及 1，2-低分子聚丁二烯。我国生产的丁二烯大部分供国内市场消费，主要用于生产合成橡胶和合成树脂。随着经济的发展，我国丁二烯的消费结构也发生了改变，从 20 世纪 90 年代初的几乎全部用于生产合成橡胶逐渐向其他非橡胶产品发展，如生产丙烯腈-丁二烯-苯乙烯树脂(ABS)、SBS 及合成乳胶等产品消费丁二烯的数量和比例增长幅度较大。

此外，丁二烯还可直接合成一些基本有机原料，如丁二醇、四氢呋喃、苯乙烯、己二腈(己二胺)、己内酰胺、丁醛/丁醇及 2-乙基己醇和 1-辛烯/1-辛醇等。

丁二烯在蒸汽裂解得到的碳四馏分中的质量分数约为50%，通过抽提得到丁二烯，这是丁二烯的一个主要来源[8]；另一来源是从炼油厂碳四馏分脱氢制得[9]。

根据抽提溶剂的不同可分为乙腈法(ACN)、二甲基甲酰胺法(DMF)和N-甲基吡咯烷酮法(NMP)等。ACN法是1965年由美国Shell公司研发并实现工业化的。整个工艺包括第一萃取精馏塔、第二萃取精馏塔、精制、溶剂回收4个部分。DMF法采用与ACN法相同的二级萃取精馏，此方法是由日本ZEON公司开发的，并于1965年实现工业化。NMP法也采用两级萃取精馏，由德国BASF公司开发并于1968年实现工业化。这三种方法在国内均有采用，并开发了相应的国产化技术[10]。

3.2.2　正丁烯

丁烯主要来源于炼油厂和乙烯厂的副产回收装置，另有一部分来自于专门的乙烯生产装置。正丁烯有1-丁烯和2-丁烯(包括顺式和反式)两种异构体，在大多数反应(水合、酯化、氧化、齐聚)中生成相同的产物。

目前发达国家正丁烯化工利用主要集中在仲丁醇/甲乙酮生产、1-丁烯利用和辛烯生产等方面。近年来，国内外研究的热点是通过烯烃歧化或催化裂解方法，使低价值的碳四烯烃转化成高附加值的丙烯和乙烯产品[11,12]。烯烃歧化工艺已在多家企业实现工业化生产，碳四/碳五烯烃催化裂解制低碳烯烃已在国内实现工业化。

具有发展前景的1-丁烯的深加工产品主要是1-丁烯齐聚产品，即聚1-丁烯(PBT)和1-辛烯及十二碳烯[13]。目前，国外已成功开发了几套工艺流程用于1-丁烯齐聚。日本Nissan公司开发了镍系均相催化过程；美国UOP公司与德国Hüls公司联合开发了Octol工艺，该工艺同时具有均相和多相催化的优点。国内在此方面的研究较少。1-丁烯齐聚制得的1-己烯和十二碳烯，经羰基合成制得异壬醇和异十三醇。由此开发一系列精细化工产品，这为1-丁烯的利用提供了一条新途径。国内中国石化北京化工研究院开发了聚1-丁烯工艺技术，拟在镇海炼化建设工业示范装置。

2-丁烯的主要用途：①采用间接烷基化技术生产烷基化汽油，这是2-丁烯的主要用途，约占2-丁烯用量的70%。②由2-丁烯和乙烯生产丙烯。2-丁烯是利用碳四烃生产丙烯最好的原料。目前具有代表性的歧化工艺有：ABB Lummus公司的OCT技术，该技术已实现工业化；正在工业示范装置上验证的IFP公司的Meta-4工艺等。③通过正丁烯水合-脱氢两步法生产甲乙酮，此工艺是今后主要发展趋势之一。④2-丁烯二聚制辛烯。⑤在过渡络合物催化剂作用下与合成气反应生成2-甲基丁醇。⑥与冰醋酸在酸性催化剂作用下得到乙酸仲丁酯。

另外，中国石化北京化工研究院开发了正丁烯异构为异丁烯技术[14,15]，丁烯单程转化率≥40%，异丁烯平均选择性≥90%，催化剂再生周期≥40天，已成功应用于20×10^4t/a工业装置。

3.2.3　正丁烷

正丁烷下游石化产品包括乙烯、醋酸、脱氢产物、酸酐等。其中用作蒸汽裂解原料生产乙烯是正丁烷最大且最具潜力的应用途径，但受其他裂解原料成本的制约。此外，正丁烷经氧化制备高附加值的下游产品的技术已成为正丁烷化工利用的研究热点之一。

正丁烷可用于生产顺酐。顺酐是一种较为重要的有机和精细中间体，目前工业化生产顺酐按原料路线主要分为苯法、正丁烷法、碳四烯烃法、苯酐副产法。但由于苯法的原子利用率较低，因此以碳四烯烃和正丁烷为原料生产顺酐技术应运而生，近年来随着全球环保意识的不断增强，正丁烷法发展迅速，已占主导地位，约占总生产能力的80%。

目前国外以正丁烷为原料生产顺酐的比较典型和先进的工艺技术路线有美国Lummus公司和意大利AluSuise公司联合开发的正丁烷流化床溶剂吸收工艺，即ALMA工艺；英国BP公司开发的正丁烷流化床水吸收工艺，即BP工艺；美国SD公司开发的正丁烷固定床水吸收工艺，即SD工艺；意大利SISAS化学公司采用的正丁烷固定床溶剂吸收工艺，即Conser-Pantochim工艺[16]。

我国利用正丁烷法生产顺酐相对国外来说，技术还很落后。

3.2.4 异丁烯

在燃料利用方面，异丁烯主要用于合成甲基叔丁基醚。在化工利用方面，异丁烯主要用于生产丁基橡胶、甲基丙烯酸甲酯、聚丁烯或聚异丁烯或生产其他精细化学品。生产不同的化学品对异丁烯的纯度有不同的要求，含量大于50%的异丁烯可以生产甲基叔丁基醚、叔丁醇、聚丁烯和二异丁烯等；含量大于90%的异丁烯可以生产甲基丙烯酸甲酯、异戊二烯等；含量大于99%的异丁烯则可以生产丁基橡胶、聚异丁烯、2，4-二叔丁基甲酚、叔丁胺、特戊酸、甲代烯丙基氯等产品[17,18]。随着利用异丁烯生产的衍生物产量的扩大，对异丁烯特别是高纯度异丁烯的需求量将进一步增加。

目前国内高纯度异丁烯的年生产能力很小，仅为43 kt，且作为化学品消费的异丁烯比例明显偏低，造成了异丁烯资源的浪费。

3.2.5 异丁烷

由于裂解碳四烃中异丁烷的含量较低，总量也不大，分离成本比较高，而且化学性质较为稳定，所以在化工利用方面的应用不多见，多作为液化石油气的原料。目前国外利用较多的主要是炼厂和油田副产的异丁烷。异丁烷用作燃料时，不仅是液化石油气的主要组分，还是烷基化油的主要原料。其化工利用途径主要有：共氧化法生产环氧丙烷、脱氢生产异丁烯、芳构化制芳烃等[19]。

采用异丁烷和丙烯共氧化法可生产环氧丙烷并联产叔丁醇，其中环氧丙烷是低成本生产1,4-丁二醇的原料。但由于受到原料来源和联产品叔丁醇市场的制约，近年来新建的环氧丙烷装置多采用乙苯与丙烯共氧化法。采用异丁烷共氧化法生产环氧丙烷的新建装置很少。

异丁烷脱氢制异丁烯是解决异丁烯短缺问题的主要竞争技术之一，包括异丁烷无氧脱氢和异丁烷催化氧化脱氢两种技术。由异丁烷无氧脱氢生产异丁烯，已有几种工艺实现工业化。目前异丁烷氧化脱氢技术仍处于研究阶段，由于受到催化剂选择性的制约，没有突破性的进展。

由于成本和环保方面的优势，异丁烷选择氧化生产甲基丙烯酸甲酯最近受到广泛关注。ElfAtochem公司和日本住友公司的以异丁烷为原料生产甲基丙烯酸甲酯的生产工艺取得了一定的进展，但还未取得突破。原因是当异丁烷单程转化率较高时，产品的选择性就很低。如采用负载钯和钼的新型多组分催化剂，异丁烷单程转化率为9%~12%，甲基丙烯酸选择性也仅为50%。

异丁烷在精细化工方面的其他应用包括：气溶胶促进剂、聚乙烯发泡剂、冷冻剂等。由于异丁烷作制冷剂几乎不会造成气候变暖，而且可以增进冷却效率，所以近年来被开发用作冰箱制冷剂CFC-12和HFC-134a的替代品[20]。

3.3 增产乙烯、丙烯

乙烯和丙烯是重要的石油化工基础原料，近年来随着全球经济的发展，世界范围对乙烯和丙烯的需求量越来越旺盛。因此，增产乙烯和丙烯是石化企业迫切的任务。

中国石化北京化工研究院在裂解原料中引入碳四烃[21]，一方面可以置换出部分石脑油，另一方面还可以提高丁二烯等高附加值产品的收率。随碳四烃原料比例的增加，裂解产物中丁二烯的收率增加。正常情况下，碳四烃作为部分裂解原料时，相比石脑油原料，丁二烯收率增加，丙烯收率增加，乙烯收率略降低，三烯收率增加，可获得较好的经济效益。

碳四烃还可以通过催化裂解和催化歧化两种技术增产乙烯和丙烯[22]。催化裂解主要是利用碳四烃中的丁烯在酸性分子筛催化剂的作用下裂解得到丙烯，同时得到一定量的乙烯。催化歧化主要是指碳四烯烃与乙烯歧化生成丙烯、碳四烯烃自身歧化生成丙烯两类反应。

由于MTO副产碳四烃中1-丁烯和2-丁烯的总含量在90%左右，因此，煤基混合碳四可作为生产乙烯和丙烯的优质原料[23]。中国石化上海石油化工研究院开发的OCC工艺采用具有独特择形性和酸性的ZSM-5分子筛催化剂，把碳四烯烃选择性地转化为丙烯和乙烯。2009年，中原石化将中国石化上海石油化工研究院开发的SMTO装置与OCC装置相耦合，成为世界首套集成OCC的MTO工业装置。耦合后，丙烯加乙烯选择性从80%左右提高到82%~87%[24]。中国科学院大连化学物理研究所的 DMTO-Ⅱ[25]技术是利用甲醇转化的强放热反应和碳四催化裂解的强吸热反应相耦合，两个反应均采用流化床反应器，使用同一催化剂，节约能源，提高了烯烃收率。

3.4 碳四尾气的利用

丁二烯尾气是裂解混合碳四抽提丁二烯生产装置排出的高炔烃尾气，由于其中炔烃含量很高，过去因无合适的回收方法，通常需要用大量的碳四抽余液将尾气稀释后作为燃料气使用或直接排火炬系统。截止 2016 年，我国共有 27 套裂解碳四抽提丁二烯装置，总生产能力达到 3906 kt/a。每年排放的高炔烃尾气十分可观，如将其合理利用，将会产生很大的经济效益[26]。

中国石化北京化工研究院对丁二烯尾气进行了研究，提出了丁二烯尾气选择加氢和全加氢工艺。选择加氢将尾气中炔烃、二烯烃转化为单烯烃，全加氢工艺将尾气中的烯烃、炔烃转化为烷烃。选择加氢和全加氢产品均可作为乙烯装置裂解原料，用于增产乙烯、丙烯。目前已在中国石化茂名分公司建成丁二烯尾气全加氢工业化装置[27]，在福建石化建成丁二烯尾气选择加氢工业化装置。另有几套设计再建装置，应用前景比较好。

4 结论

近年来随着大型炼化企业一体化的发展，碳四资源量越来越大，合理利用碳四资源成为亟待解决的问题，也是提高企业生产装置经济效益的重要手段。

（1）应对碳四烃下游产品的市场进行全面分析，不要盲目追求化工利用率（特别是精细化工品）。由于高辛烷值汽油调和原料的需求在不断增长，在相当长的时间里，高价值的燃料利用仍是碳四烃利用的最主要的途径。

（2）对于炼化一体化企业，在满足炼厂自身碳四平衡的前提下，将炼厂混合碳四和裂解碳四整合在一起，利用碳四烃资源增产乙烯、丙烯，生产高辛烷值汽油调和组分以及生产高附加值的化工产品，都具有较好的发展前景。

（3）随着煤化工的发展，将 MTO 装置与碳四烃综合利用装置耦合，对提高碳四烃的利用率、提高 MTO 装置的经济效益都有积极的意义，是一个有前景的发展方向。

参 考 文 献

[1] 吴秀章．煤制烯烃及下游产品市场需求与加工技术分析[J]．神华科技，2011，9(4)：70-75.

[2] 王庆峰，王艳菊．炼厂碳四烃的利用研究[J]．中国新技术新产品，2011(7)：18.

[3] 闫国春．甲醇制烯烃工艺副产碳四的综合应用[J]．内蒙古石油化工，2007(8)：38-41.

[4] 兰秀菊，李海宾，姜 涛．煤基混合碳四深加工方案的探讨[J]．乙烯工业，2011，23(1)：12-16.

[5] 赵振海，杨芳，陈伟雄．醚化汽油调和国Ⅳ车用汽油配方研究[J]．石化技术与应用，2014，32(5)：437-440.

[6] Han Kewei, Xia Shuqian, Ma Peisheng, et al. Measurement of Critical Temperatures and Critical Pressures for Binary Mixtures of Methyl tert-Butyl Ether (MTBE) + Alcohol and MTBE+Alkane[J]. J Chem Thermodyn, 2013, 62(6): 111-117.

[7] 吕绍毛，蒋静．碳四烷基化应用前景研究[J]．中国石油和化工标准与质量，2014(2)：25.

[8] 崔小明．丁二烯生产技术及国内市场分析[J]．石油化工，2003，32(增刊)：132-134

[9] 耿旺，杨耀．脱氢法制丁二烯技术现状及展望[J]．精细石油化工，2013，30(3)：70-75

[10] 王晓慧，李建萍，贾自成．兰州石化公司乙腈法抽提丁二烯工艺特点[J]．石油化工，2009，38(7)：773-778.

[11] 汪燮卿．关于开发碳四、碳五馏分生产丙烯技术方案的探讨[J]．当代石油石化，2003，11(9)：5-8

[12] 白尔铮，胡云光．四种增产丙烯催化工艺的技术经济比较[J]．工业催化，2003，11(5)：7-12

[13] 金山．[J]．中国化工信息，2001，(40)：17-18.

[14] 雷杨，吴琼，王健，等．正丁烯异构化工艺技术及发展前景[J]．当代化工，2016，45(11)：2628-2631.
[15] 张利霞，任行涛，栗同林，等．正丁烯骨架异构化催化剂的研究[J]．现代化工，2001，31(7)：43-44，46.
[16] 王加丽．C_4馏分的若干利用技术[C]//C_4资源、利用途径及技术开发学术交流会论文集．北京：中国化工学会石油化工专业委员会，2002.64-70.
[17] 张威．异丁烯的利用[J]．精细石油化工，1992，(2)：57-63
[18] 韩占刚，李铭岫．异丁烯制甲基丙烯酸甲酯催化剂的研究[J]．现代化工，2001，21(4)：21-24.
[19] 耿旺，汤俊宏，孔德峰．异丁烷化工利用技术现状及发展趋势[J]．石油化工，2013，42(3)：352 - 356.
[20] Tao Y W，Zhong S H.[J]．Acta Physico- Chimica Sinica，2001，17(4)：356- 360.
[21] 中国石油化工股份有限公司，中国石油化工股份有限公司北京化工研究院．一种增产丙烯和乙烯的方法：中国，CN 102285857 A[P]．2011 - 12 - 21.
[22] 李影辉，曾群英，万书宝，等．碳四烯烃歧化制丙烯技术[J]．现代化工，2005，25(3)：23 - 26.
[23] Álvaro-Muñoz T，Márquez-Álvarez C，Sastre E．Aluminum Chloride：A New Aluminum Source to Prepare SAPO-34 Catalysts with Enhanced Stability in the MTO Process[J]．Appl Catal，A，2014，472：72 - 79.
[24] 姜瑞文，张西国，王娟华．中国石化甲醇制低碳烯烃(SMTO)工艺与开车特点[J]．炼油技术与工程，2014，44(9)：6 - 8.
[25] 钱伯章．国内首套采用DMTO-Ⅱ技术甲醇制烯烃项目将建成[J]．石油炼制与化工，2014，45(6)：102.
[26] 周召方．丁二烯装置碳四尾气的综合利用[J]．乙烯工业，2016，28(3)：57-59.
[27] 中国石化有机原料科技情报中心站．国内首套丁二烯尾气加氢装置投运[J]．石油炼制与化工，2015，46(11)：34.

庆阳石化国Ⅵ汽油升级研究

兰创宏[1]　李志超[2]　吴占永[1]　刘建楠[1]　李永洲[1]　张健[1]　马军兵[1]　张志宏[1]

（1 中国石油庆阳石化分公司，甘肃庆阳 745115；
2 中国石油工程建设有限公司华东设计分公司，山东青岛 266071）

摘　要：国家已颁布第六阶段汽油质量标准，对苯、烯烃和芳烃含量有更严格的要求。分析庆阳石化公司汽油生产现状，发现其国Ⅵ汽油生产存在辛烷值不足和烯烃含量过高的问题。经过多方案对比，确定异构化+醚化+烷基化路线是适合庆阳石化公司国Ⅵ汽油升级路线。分析国家对国Ⅵ汽油的升级安排和庆阳石化公司的现实需求，建议采用分步分期实施的方案：先建设异构化装置，提高汽油池辛烷值，减少乙醇汽油调合组分油产量；其次建设醚化装置，大幅降低汽油池烯烃含量，满足满足国ⅥA 阶段汽油的要求；最后建设烷基化装置，增产汽油并进一步稀释汽油池烯烃含量，生产国ⅥB 阶段汽油。

关键词：汽油升级；异构化；醚化；烷基化

1　引言

2016 年 12 月 23 日，国家正式发布第六阶段车用汽柴油质量标准。国Ⅵ汽油将分两阶段实施，ⅥA 阶段技术要求过渡期至 2023 年 12 月 31 日，自 2024 年 1 月 1 日起实施ⅥB 阶段车用汽油的技术要求，主要技术指标表 1。

表 1　车用汽油标准主要技术指标

项目		国Ⅴ			国ⅥA			国ⅥB		
		89#	92#	95#	89#	92#	95#	89#	92#	95#
研究法辛烷值	≮	89	92	95	89	92	95	89	92	95
硫含量/(μg/g)	≯	10			10			10		
氧含量/%	≯	2.7			2.7			2.7		
苯含量/%(体)	≯	1.0			0.8			0.8		
烯烃含量/%(体)	≯	24			18			15		
芳烃含量/%(体)	≯	40			35			35		

国Ⅵ乙醇汽油调合组分油标准尚未发布，参考国Ⅵ汽油标准ⅥB 阶段以及国Ⅴ车用汽油和乙醇汽油调合组分油之间的质量差异，预测国Ⅵ乙醇汽油组分油标准主要技术指标表 2。

表 2　乙醇汽油调合组分油标准主要技术指标

项目		国Ⅴ			国ⅥA			国ⅥB		
		89#	92#	95#	89#	92#	95#	89#	92#	95#
研究法辛烷值	≮	87	90	93.5	87	90	93.5	87	90	93.5
硫含量/(μg/g)	≯	10			10			10		
氧含量/%	≯	—			—			—		
苯含量/%(体)	≯	1.0			0.8			0.8		
烯烃含量/%(体)	≯	26			20			17		
芳烃含量/%(体)	≯	43			38			38		

庆阳石化公司经过多年持续的升级改造，汽油产品已提前达到了国Ⅴ，主要的汽油牌号有92#、95#和92#乙醇汽油调合组分油等，汽油池主要性质见表3。

表3　现状汽油池主要性质

名称	数量/($\times10^4$t/a)	硫含量/(μg/g)	烯烃含量/%(体)	芳烃含量/%(体)	RON
MTBE	4.85	5.00	0.10	0.00	115.00
重整汽油	39.89	0.50	0.00	80.00	100.00
加氢催化汽油	87.00	14.00	40.00	17.00	88.50
拔头油	19.20	0.50	0.00	0.37	78.30
合计	150.93	8.43	23.90	28.55	90.61

然而，庆阳石化公司国Ⅵ汽油生产仍存在以下几个问题：

辛烷值不足：汽油池平均辛烷值仅为90.61，需生产较多的92#乙醇汽油调合组分油(辛烷值较低)。由于92#乙醇汽油调合组分油的需求正在逐渐萎缩，未来庆阳石化公司乙醇汽油调合组分油产量将不大于40×10^4t/a，辛烷值矛盾将更加突出，高标号汽油(95#、98#)生产将日益困难。

烯烃含量高：催化汽油加氢后烯烃含量为40%(体)，且在汽油池中占比高(58.09%)，导致汽油池烯烃含量[(23.90%(体)]远高于国VI标准的要求。

为此，庆阳石化公司及时对国Ⅵ汽油升级进行了研究。

2　国Ⅵ汽油升级研究

显然降低汽油烯烃含量，提高汽油池辛烷值是制约庆阳石化汽油质量升级的关键问题。另外，庆阳石化公司有生产乙醇汽油调合组分油的市场需求，汽油质量升级还需兼顾汽油池氧含量的问题。

分析庆阳石化总工艺流程和汽油生产的特点，国Ⅵ汽油升级的关键点有以下几个方面：

庆阳石化公司拔头油主要为C_5/C_6的轻质烷烃，虽然具有硫、氮和烯烃等杂质含量低的有点，但由于辛烷值较低，调入汽油后会拉低了汽油池的辛烷值。提高拔头油的辛烷值，通常可以采用异构化工艺。异构化工艺是在催化剂的作用下，将直链烷烃转化为带直链的异构体，从而提高辛烷值。根据工艺方案的不同，异构化油的辛烷值最高可达93[1,2]。

庆阳石化公司有丰富的C4资源，发展烷基化技术具有天然的优势，可新建烷基化装置，增加汽油调合组分，稀释汽油池的烯烃含量。烷基化工艺是在催化剂作用下，使异丁烷和丁烯反应生成烷基化油的过程[3]。

庆阳石化公司催化汽油烯烃含量较高，采用醚化工艺可显著降低烯烃含量，并提高辛烷值。醚化工艺是以轻汽油中的活性烯烃在催化剂的作用下与甲醇进行醚化反应，生成辛烷值高而蒸汽压低的醚化汽油[4]。

围绕减少降低汽油池烯烃含量、提高汽油池辛烷值等问题，对方案一(异构化+烷基化)、方案二(烷基化+醚化)、方案三(异构化+醚化)和方案四(异构化+烷基化+醚化)等四个方案进行了对比分析。

2.1　方案一：异构化+烷基化

新建异构化装置对拔头油改质，异构化油的辛烷值按90设计。新建烷基化装置处理醚后C4、重整液化气，把液化气转化汽油。方案一汽油调合表见表4。

表4　方案一汽油池主要性质

名　　称	数量/(×10⁴t/a)	硫含量/(μg/g)	烯烃含量/%(体)	芳烃含量/%(体)	RON
MTBE	4.86	5.00	0.10	0.00	115.00
重整汽油	38.95	0.50	0.00	90.00	103.00
加氢脱硫汽油	87.25	10.00	40.00	17.00	88.50
异构化油	18.78	0.50	0.00	0.00	90.00
烷基化油	11.93	7.00	0.00	0.00	96.00
合计	161.77	6.24	22.11	27.99	92.83
国Ⅴ95#汽油	76.86	5.49	19.66	36.12	95.21
国Ⅴ92#乙醇汽油调合组分油	40.00	6.44	24.75	18.91	90.28
国Ⅴ92#汽油	44.91	7.35	23.76	22.79	92.19

方案一汽油池烯烃含量降低至22.11%，辛烷值提高至92.83，可以少产甚至不产乙醇汽油调合组分油。虽然异构化装置大幅提高汽油池的辛烷值，可大幅减少乙醇汽油调合组分油的产量，但受原料限制，烷基化油产量有限，汽油池烯烃含量仍远不能满足国Ⅵ标准要求。

2.2　方案二：烷基化+醚化

虽然烷基化油性质好(零芳烃、零烯烃、辛烷值高等)，但受原料限制，烷基化油产量有限，汽油池烯烃降低幅度不大。针对汽油烯烃的问题，方案二采用新建烷基化和醚化的路线，汽油调合情况见表5。

表5　方案二汽油池主要性质

名　　称	数量/(×10⁴t/a)	硫含量/(μg/g)	烯烃含量/%(体)	芳烃含量/%(体)	RON
醚化轻汽油	28.63	10.00	29.00	0.10	96.00
MTBE	4.86	5.00	0.10	0.00	115.00
重整汽油	38.95	0.50	0.00	90.00	103.00
加氢脱硫汽油	61.20	10.00	24.00	28.00	84.00
拔头油	19.15	0.50	0.00	0.37	78.30
烷基化油	11.93	7.00	0.00	0.00	96.00
合计	164.71	6.28	14.24	28.86	91.44
国ⅥB95#汽油	10.30	4.07	6.27	28.67	95.13
国ⅥB92#乙醇汽油调合组分油	74.00	6.81	15.38	33.35	90.18
国ⅥB92#汽油	80.41	6.08	14.31	24.63	92.17

新建了醚化装置后，方案二烯烃含量(体积)大幅降低至14.24%，已经达到了国ⅥB阶段的要求。显然，醚化装置可以有效降低汽油池的烯烃含量。由于低辛烷值拔头油的辛烷值没有提高，而烷基化油和醚化轻汽油的辛烷值贡献又有限，方案二汽油池辛烷值较现状仅提高0.33个单位，导致汽油池辛烷值值不足，每年需要至少生产74×10⁴t的乙醇汽油调合组分油。

虽然方案二全厂汽油烯烃、芳烃、氧含量等指标满足国Ⅵ标准，但辛烷值仍偏低，过量的乙醇汽油调合组分油将销售困难。

2.3　方案三：异构化+醚化

从方案一和方案二中可以看到，异构化装置是对辛烷值贡献最大，醚化装置对降烯烃效果最好，因此方案三考虑新建异构化和醚化装置，汽油池主要性质见表6。

表6 方案三汽油池主要性质

名称	数量/($\times10^4$t/a)	硫含量/(μg/g)	烯烃含量/%(体)	芳烃含量/%(体)	RON
醚化轻汽油	28.63	10.00	29.00	0.10	96.00
MTBE	4.86	5.00	0.10	0.00	115.00
重整汽油	38.95	0.50	0.00	90.00	103.00
加氢脱硫汽油	61.20	10.00	24.00	28.00	84.00
异构化油	18.78	0.50	0.00	0.37	78.30
合计	152.42	6.24	15.39	31.14	92.68
国ⅥA95#汽油	52.86	5.05	11.73	29.12	95.16
国ⅥA92#乙醇汽油调合组分油	40.00	6.32	16.57	33.50	90.26
国ⅥA92#汽油	59.56	7.25	17.98	30.98	92.16

方案三与前两个方案相比：汽油烯烃含量降低至15.39%，未达到国ⅥB阶段的要求，但距离已满足国ⅥA阶段的要求；辛烷值提高到92.68，乙醇汽油调合组分油的产量可控制在40×10^4t/a以下。

2.4 方案四：异构化+醚化+烷基化

前述分析表明，异构化、醚化和烷基化对于汽油池的辛烷值和降低烯烃含量的贡献有限的，任意两套装置的组合均不能使庆阳石化公司的汽油产品满足国ⅥB阶段的要求。因此，方案四考虑新建异构化、醚化和烷基化三套装置，汽油池主要调合性质见表7。

表7 方案四汽油池主要性质

名　称	数量/($\times10^4$t/a)	硫含量/(μg/g)	烯烃含量/%(体)	芳烃含量/%(体)	RON
醚化轻汽油	28.63	10.00	29.00	0.10	96.00
MTBE	4.86	5.00	0.10	0.00	115.00
重整汽油	38.95	0.50	0.00	90.00	103.00
加氢脱硫汽油	61.20	10.00	24.00	28.00	84.00
异构化油	18.78	0.50	0.00	0.00	90.00
烷基化油	11.93	7.00	0.00	0.00	96.00
合计	164.34	6.30	14.20	28.72	92.94
国ⅥB95#汽油	63.86	5.31	12.62	32.21	95.23
国ⅥB92#乙醇汽油调合组分油	40.00	7.62	16.81	20.95	90.31
国ⅥB92#汽油	57.67	6.48	14.38	30.31	92.09
国ⅥB98#汽油	2.82	6.24	9.96	21.66	98.30

从表中可以看到，新建异构化、醚化和烷基化等三套装置后，汽油产量增加至164.34×10^4t/a，汽油池烯烃含量降低至14.20%，辛烷值提高至92.94。全厂汽油全部达到国Ⅵ，可生产95#汽油63.86×10^4t/a、乙醇汽油调合组分油40.00×10^4t/a(或更少)，92#汽油57.67×10^4t/a，同时可增产高标号的98#汽油2.82×10^4t/a。

3 结论与建议

综合上述，庆阳石化公司国Ⅵ升级应采用异构化+醚化+烷基化的路线，既达到了生产国Ⅵ汽油的目的，又增产了汽油，提高了经济效益。总流程示意如图1所示。

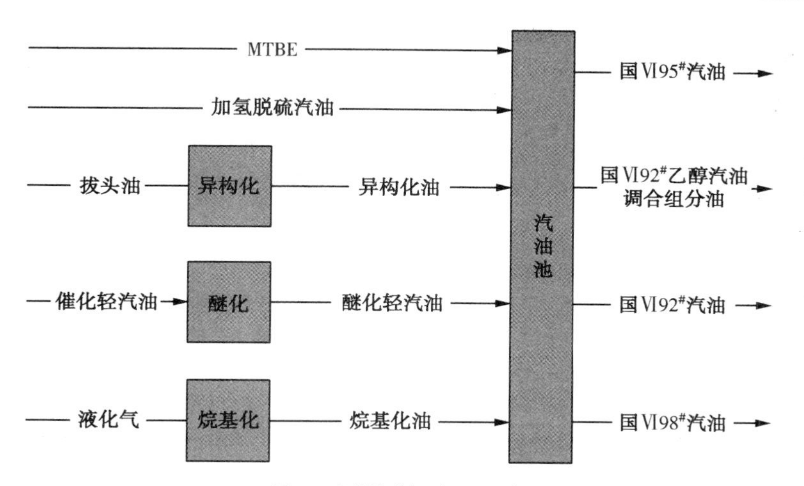

图1　国Ⅵ升级流程示意

分析国家对国Ⅵ汽油的升级安排和庆阳石化公司的现实需求，建议采用分步分期实施的方案：先建设异构化装置，提高全厂汽油的辛烷值，减少乙醇汽油调合组分油的产量以适应目标市场需求的变化；其次建设醚化装置，大幅降低全厂汽油池烯烃含量，满足国ⅥA 阶段汽油的要求；最后建设烷基化装置，增产汽油并进一步稀释汽油池烯烃含量，生产国ⅥB 阶段汽油。

参　考　文　献

[1] 胡云峰．利用轻石脑油异构化技术生产优质汽油调和组分[J]．中外能源，2013，18(6)：61-64.

[2] 任建生．轻质烷烃异构化工艺技术[J]．炼油技术与工程，2013，43(7)：28-31.

[3] 马玲玲，徐海光，部闯，等．烷基化技术工业应用综述[J]．化工技术与开发，2013，42(12)：24-27.

[4] 刘成军，温世昌，綦振元，等．催化轻汽油醚化工艺技术综述[J]．石油化工技术与经济，2014，30(5)：56-61.

ALG 技术在山东地炼
催化汽油选择性加氢脱硫装置上的应用

张世洪　郭贵贵　曲良龙

(北京安耐吉能源工程技术有限公司，北京　100190)

摘　要：北京安耐吉能源工程技术有限公司开发的催化汽油选择性加氢 ALG 技术，自 2012 年推广应用以来，在全国近 40 家炼厂得到广泛应用。该技术具有汽油产品收率高、辛烷值损失小、装置运行周期长、操作弹性大等特点。ALG 技术可以根据原料特点，实施不同的工艺组合，既有经典的一段脱硫流程，又有两段脱硫工艺，该技术在山东地炼推广应用最多。目前应用规模既有 100×10^4t/a 的大型汽油加氢装置，又有规模 15×10^4t/a 的小型装置；既有低负荷运行情况，又有超负荷运行的例子。本文从装置技术标定及现场平均数据统计两个侧面，对两个类型的装置应用情况进行了总结。

关键词：催化汽油；选择性；加氢脱硫；辛烷值损失；负荷率

1　概述

北京安耐吉能源工程技术有限公司(以下简称“北京安耐吉)于 2012 年推向市场的 ALG 催化汽油选择性加氢脱硫技术，目前国内客户已近四十家，涉及山东、江苏、浙江、辽宁、吉林、广东、河南、宁夏、新疆等省、自治区。总加工规模超过 1500×10^4t/a，所有产品均满足国家相应的油品质量指标要求。加氢装置产品的硫含量和硫醇硫直接满足产品标准要求。该工艺汽油产品辛烷值损失低，装置操作弹性大，产品收率高，且能满足装置长周期运行的需要，目前采用 ALG 技术的最大规模有 100×10^4t/a，最小的有 15×10^4t/a。本文主要总结 ALG 技术在山东齐成石油化工有限公司和山东石大胜华化工集团股份有限公司的应用情况，前者规模为 80×10^4t/a，两段加氢脱硫；后者为 15×10^4t/a，典型一段加氢脱硫流程。

2　两套催化汽油加氢装置特点

山东齐成石油化工有限公司(以下简称“齐成石化”)80×10^4t/a 催化汽油选择性加氢装置，预处理部分增加了两台保护反应器，可以采取并联或单台操作方式，以最大限度的延长装置运行周期。装置连续运行周期可以达到四年以上。

加氢脱硫部分设两段脱硫，增加了操作弹性或选择性，两段脱硫既可以串联，也可以单独运行。

装置设热低分，以充分利用反应热，达到节能降耗的目的，一段脱硫设热低分泵和冷低分泵，以充分回收氢气，达到降低氢耗的目的。原则流程如图 1 所示。

该装置于 2015 年 7 月 13～19 日，进行催化剂装填；9 月 28～30 日，催化剂干燥；10 月 4～7 日，催化剂预硫化；10 月 10 日，催化汽油进料，当天晚上 20：00，生产出合格的国四汽油产品。10 月底开始生产国Ⅴ汽油。2016 年 2 月进行了装置标定。

山东石大胜华化工集团股份有限公司(以下简称“石大胜华”)15×10^4t/a 催化汽油加氢精制装置，为典型的催化汽油选择性加氢流程。该装置设置预处理反应器、加氢脱硫和脱硫醇三个反应器。加氢脱硫部分为一段脱硫。原则流程如图 2 所示。

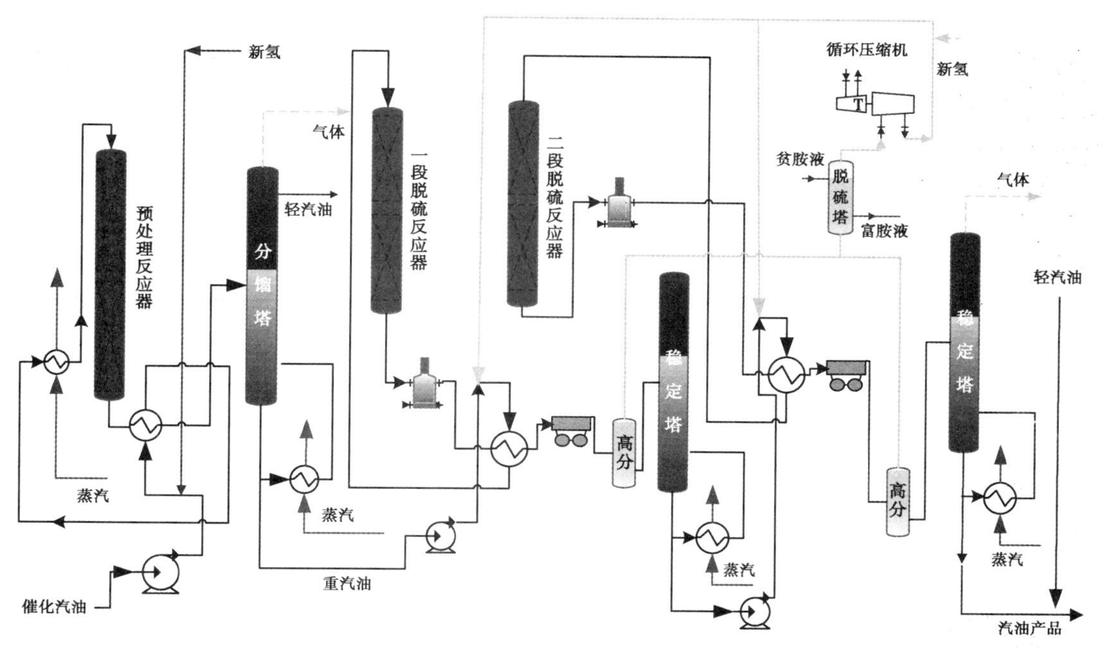

图 1　齐成石化 80×10⁴t/a 催化汽油选择性加氢原则流程图

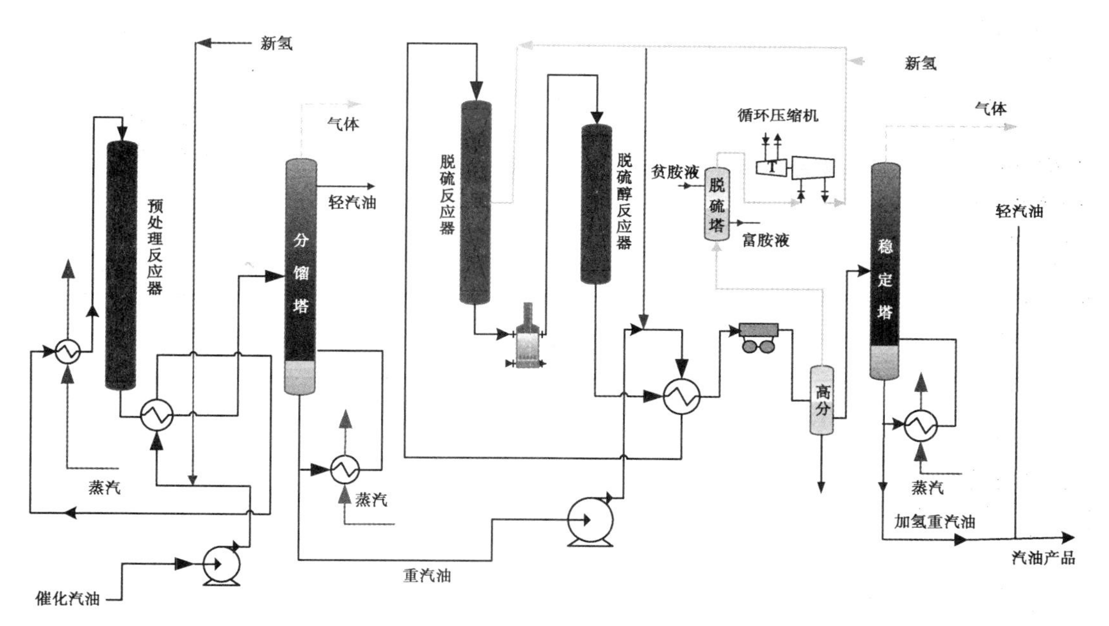

图 2　石大胜华 15×10⁴t/a 催化汽油选择性加氢原则流程图

该装置于 2015 年 2 月 2~4 日，进行催化剂装填；3 月 2 日完成氢气气密；3 月 12 日，完成催化剂预硫化；因原料汽油供应问题，装置投料较晚。4 月 17 日，催化裂化装置正常后，装置正式投料，4 月 18 日，生产出合格的国四汽油产品。11 月份开始生产国Ⅴ汽油。

3　两套装置运行情况分析

3.1　齐成石化 80×10^4t/a 催化汽油加氢装置标定

齐成石化汽油加氢于 2016 年 2 月 26~27 日进行了一次标定工作，标定期间原料油硫含量维持在 520μg/g 左右，装置进料为 64~65t/h，负荷率 64%~65%，负荷率较低。该装置目前基本上处于低负荷运行状态。表 1~表 10 是该装置标定数据。

表 1 原料油性质

采样时间	2-26-16：00	2-27-8：00
密度(20℃)/(g/ cm^3)	736.5	735.7
硫/(μg/g)	513	538
烯烃/%	18.37	17.4
芳烃/%	26.3	27.6
辛烷值(RON)	90.0	90.3

表 2 预加氢系统操作条件

采样时间	2-26-16：00	2-27-8：00
装置进料量/(t/h)	64	65
负荷率	64%	65%
新氢进料量/(Nm^3/h)	782	746
体积空速/h^{-1}	1.8	1.8
预加氢反应器 R-101		
入口压力/MPa	2.42	2.45
出口压力/MPa	2.38	2.34
入口温度/℃	142.0	144.0
第一床层上排平均温度/℃	140.5	141.0
第一床层下排平均温度/℃	144	143.5
第二床层上排平均温度/℃	145	144.5
第二床层下排平均温度/℃	148.5	148.5
出口温度/℃	149.0	150.0
总温升/℃	7.0	6.5

表 3 预分馏系统操作条件

采样时间	2-26-16：00	2-27-8：00
轻汽油外送流量/(t/h)	23.6	23.6
轻汽油回流流量/(t/h)	99.0	104.7
分馏塔 C-101		
塔顶压力/MPa	0.35	0.34
进料温度/℃	112	111
塔顶温度/℃	69	66
塔底温度/℃	168	166

表 4 加氢脱硫反应系统操作条件

采样时间	2-26-16：00	2-27-8：00
进料流量/(t/h)	37.99	42.06
新氢流量/(Nm^3/h)	2353	2413
一段反应器 R-102		
循环氢总流量/(Nm^3/h)	33818	32837
体积空速/h^{-1}	1.1	1.2

续表

采样时间	2-26-16：00	2-27-8：00
氢油比/(Nm^3/m^3)	685	601
入口压力/MPa	1.86	1.85
出口压力/MPa	1.75	1.74
入口温度/℃	210	208
第一床层上排平均温度/℃	207.5	204.5
第一床层下排平均温度/℃	210.5	209.5
第二床层上排平均温度/℃	212.0	211.5
第二床层下排平均温度/℃	215.5	213.5
总温升/℃	6.5	7.0
出口温度/℃	217.0	215.0
二段反应器 R-103		
循环氢总流量/(Nm^3/h)	33710	31922
体积空速/h^{-1}	1.1	1.2
氢油比/(Nm^3/m^3)	683	655
入口压力/MPa	1.86	1.85
出口压力/MPa	1.74	1.72
入口温度/℃	220	221
第一床层上排平均温度/℃	220	219.5
第一床层下排平均温度/℃	223.5	223.5
第二床层上排平均温度/℃	224.5	224.5
第二床层下排平均温度/℃	227.5	227.5
总温升/℃	6.5	7.0
出口温度/℃	229	229

* 循环氢有部分排放置换。

表 5　循环氢脱硫系统操作条件

采样时间	2-26-16：00	2-27-8：00
脱硫塔 C-103		
贫胺液流量/(t/h)	5.24	5.89
入口温度/℃	26.0	24.0
出口温度/℃	20.8	11.0

表 6　新氢组成

采样时间	2-26-16：00	2-27-8：00
H_2/%(体)	99.99	99.99
CH_4/(μg/g)	1.7	2.2
CO/(μg/g)	2.6	6.4
CO_2/(μg/g)	7.6	7.8

表 7 脱硫后循环氢组成

采样时间	2-26-16：00	2-27-8：00
H_2/%(体)	93.9	96.6
CO/(μg/g)	350	400
H_2S/(μg/g)	20	40

表 8 预分馏塔轻汽油性质

采样时间	2-26-16：00	2-27-8：00
密度(20℃)/(g/cm^3)	635.5	640.2
硫/(μg/g)	10.5	16.1
馏程(ASTM D-86)/℃		
初馏点	26	27
10%	31	33
50%	36	39
90%	46	51
终馏点	57	59

表 9 加氢脱硫重汽油性质

采样时间	2-26-16：00	2-27-8：00
密度(20℃)/(g/cm^3)	773.2	777.5
硫/(μg/g)	3	4.4
馏程 ASTM D-86 /℃		
初馏点	76	77
10%	95	96
50%	127	127
90%	177	177
终馏点	201	203

表 10 混合汽油产品性质

采样时间	2-26-16：00	2-27-8：00
密度(20℃)/(g/cm^3)	736.9	735.7
硫/(μg/g)	6.0	6.3
总脱硫率	98.8	98.8
烯烃	12.0	12.2
芳烃	28.7	27.6
RON 辛烷值	88.6	88.7
辛烷值损失	1.4	1.6

标定期间装置原料汽油含硫 510~540μg/g，负荷率 64%~65%，混合汽油硫含量控制较低(6~7μg/g)，循环氢脱硫后 CO 浓度较高(350~400μg/g 以下)，装置辛烷值损失能控制在 1.5 左右。若装置能进一步提高加工负荷，降低循环氢中 CO 浓度，混合汽油产品硫含量能控制在 9~10μg/g，辛烷值损失可以可望降至 1.0 左右。

2017 年 3 月份，我们对齐成石化汽油加氢运行情况进行了跟踪回访，现场统计数据汇总如表 11所示。

表 11　2017 年 3 月份油品总硫和辛烷值分析汇总

日期	原料油总硫/(μg/g)	轻汽油总硫/(μg/g)	重汽油总硫/(μg/g)	混合油总硫/(μg/g)	原料油辛烷值 RON	产品辛烷值 RON	辛烷值损失 RON
2017/3/1	1094.4	21.3	4.1	6.7	90.5	88.7	1.8
2017/3/9	1139.0	23.3	2.8	6.6	90.5	88.6	1.9
2017/3/16	1014.1	30.1	1.0	7.1	90.1	88.6	1.5
平均	1082.5	24.9	2.6	6.8	90.4	88.6	1.7

* 备注：2017 年 3 月份装置平均加工负荷为 53t/h。

在装置进料 53%负荷，原料汽油硫含量增加至 1100μg/g 情况下，即使混合汽油硫含量控制在 7μg/g 以下，装置平均辛烷值损失也能稳定控制在 1.7 左右。

3.2　石大胜华 15×10^4t/a 催化汽油加氢装置运行分析

2017 年 1 月份，我们到石大胜华汽油加氢装置现场进行了跟踪回访，2 月份，再次到现场进行了数据采集，主要操作条件及分析数据汇总如表 12~表 21 所示。

表 12　原料油性质

采样时间	17-1-10-8：00	17-2-7-8：00
密度(20℃)/(g/ cm^3)		
硫/(μg/g)	514	548
辛烷值(RON)	88.4	86.2

表 13　预加氢系统操作条件

采样时间	17-1-10-8：00	17-2-7-8：00
装置进料量/(t/h)	27.99	28.75
负荷率/%	149	153
新氢进料量/(Nm^3/h)	88	76
体积空速/h^{-1}	2.81	2.88
预加氢反应器 R-101		
入口压力/MPa	2.39	2.40
出口压力/MPa	2.51	2.52
入口温度/℃	162.4	165.3
出口温度/℃	165.8	169.7
总温升/℃	3.4	4.4

表 14　预分馏系统操作条件

采样时间	17-1-10-8：00	17-2-7-8：00
轻汽油外送流量/(t/h)	10.65	11.28
轻汽油回流流量/(t/h)	6.5	7.74
分馏塔 C-101		
塔顶压力/MPa	0.29	0.29
进料温度/℃	132	136
塔顶温度/℃	92	88
塔底温度/℃	171	171

表 15　加氢脱硫反应系统操作条件

采样时间	17-1-10-8：00	17-2-7-8：00
进料流量/(t/h)	17.34	17.47
新氢流量/(Nm^3/h)	679	553
脱硫反应器 R-201		
循环氢总流量/(Nm^3/h)	8032	7889
体积空速/h^{-1}	3.5	3.6
氢油比/(Nm^3/m^3)	354	345
入口压力/MPa	2.05	2.04
出口压力/MPa	1.95	1.94
入口温度/℃	246.8	249.5
第一床层上排温度/℃	248.0	251.1
第一床层下排温度/℃	257.5	257.9
第二床层上排温度/℃	263.9	262.8
第二床层下排温度/℃	280.1	275.9
总温升/℃	26.9	21.5
出口温度/℃	281.6	276.9

*循环氢有排放置换。

表 16　新氢组成

采样时间	17-1-10-8：00	17-2-7-8：00
H_2/%(体)	99.99	99.99
CH_4/(μg/g)	0	0
CO/(μg/g)	1	2
CO_2/(μg/g)	4	3

表 17　脱硫后循环氢组成

采样时间	17-1-10-8：00	17-2-7-8：00
H_2/%(体)	98.63	98.55
CO/(μg/g)	0	2
H_2S/(μg/g)	6	10

表 18　预分馏塔轻汽油性质

采样时间	17-1-10-8：00	17-2-7-8：00
密度(20℃)/(g/ cm^3)	0.6435	640.2
硫 /(μg/g)	25	26
馏程 ASTM D-86/℃		
初馏点	21	21
10%	30	30
50%	40	41
90%	57	58
终馏点	64	65

表19　加氢脱硫重汽油性质

采样时间	17-1-10-8：00	17-2-7-8：00
密度(20℃)/(g/cm³)	0.7745	0.7718
硫/(μg/g)	4	3
馏程ASTM D-86/℃		
初馏点	79	79
10%	100	99
50%	129	129
90%	176	176
终馏点	199	200

表20　混合汽油产品性质

采样时间	17-1-10-8：00	17-2-7-8：00
密度(20℃)/(g/cm³)	0.7366	0.7329
硫/(μg/g)	9	10
总脱硫率		
初馏点	26	29
10%	54	56
50%	102	103
90%	169	170
终馏点	196	197
辛烷值RON	87.7	85.3
辛烷值损失	0.7	0.9

表21　2017年1~2月份汽油总硫和辛烷值分析汇总

日期	原料油总硫/(μg/g)	轻汽油总硫/(μg/g)	重汽油总硫/(μg/g)	混合油总硫/(μg/g)	原料油辛烷值RON	产品辛烷值RON	辛烷值损失RON
2017/1/3	462	30	4	9	88.7	87.4	1.3
2017/1/10	514	25	4	9	88.4	87.7	0.7
2017/1/31	568	28	4	11	86.7	85.8	0.9
2017/2/7	548	26	4	10	86.2	85.3	0.9
2017/2/14	629	26	6	11	86.4	85.5	0.9
2017/2/21	397	25	3	8	87.2	85.8	1.4
平均	519.67	26.67	4.17	9.67	87.27	86.25	1.02

注：2017年1~2月份，装置平均加工量28.12t/h。

石大胜华原料汽油含硫基本上在400~600μg/g，装置负荷率较高，1~2月份均在150%左右。循环氢中CO浓度控制很低(5μg/g以下)，有利于降低脱硫反应温度，减少辛烷值损失，生产国五汽油时平均辛烷值损失在1.02。

4　结论

催化汽油选择性加氢ALG技术，在齐成石化80×10^4t/a和石大胜华15×10^4t/a两套装置应用，均表现了很好的适应性。

齐成石化汽油加氢为两段加氢脱硫工艺，运行特点是：负荷率偏低，64%~65%；原料汽油硫含量波动大，500~1100μg/g；混合汽油产品硫含量控制过低，混合汽油硫含量控制在6~7μg/g；循环氢中CO杂质含量偏高，350~400μg/g。

该装置在65%负荷，混合汽油产品硫含量控制较为苛刻的情况下，原料硫含量538μg/g时，辛烷值损失能控制在1.5以下；在原料汽油含硫增加至1100μg/g时，平均辛烷值损失能控制在1.7左右。

因此，齐成石化催化汽油选择性加氢装置，因其原料汽油硫含量波动大，装置负荷高，选择两段脱硫是合适的。

石大胜华汽油加氢为典型一段加氢脱硫工艺，运行特点：负荷率较高，达150%；原料汽油硫含量稳定，400~600μg/g；循环氢中CO杂质浓度很低(小于5μg/g)；混合汽油产品硫含量控制适度，混合汽油硫含量控制在9~10μg/g。

该装置在超负荷达到150%，混合汽油产品硫含量控制较好的情况下，辛烷值损失能控制在1.0以下。

因此，石大胜华催化汽油选择性加氢装置，因其原料汽油硫含量稳定，装置规模小，选择一段脱硫就能满足目前生产需要。

从两个装置运行情况对比来看，要降低辛烷值损失，第一，产品汽油硫含量控制要适度，重汽油不要加氢过度，混合汽油硫含量最好控制在9~10μg/g。汽油产品硫含量控制苛刻与否，主要是由企业汽油自身调和的多样性所决定的。第二，尽量维持装置满负荷运行。

齐成石化和石大胜华的应用情况表明，ALG技术不仅具有汽油产品收率高、辛烷值损失小、装置运行周期长的特点，同时还对装置加工负荷及原料汽油硫含量大幅度变化，表现了很强的适应性。齐成石化负荷率仅65%，原料汽油含硫波动500~1100μg/g；石大胜华在原料汽油含硫400~600μg/g情况下，超负荷达150%时，ALG催化剂仍能表现很好的适应性。

催化汽油选择性加氢ALG技术，在山东地炼推广应用极为成功，较好的解决了广大地炼企业汽油产品质量升级问题。目前使用ALG技术的国内厂家已近四十家，除山东省大量使用以外，在江苏、浙江、辽宁、吉林、广东、河南、宁夏、新疆等省、自治区均有应用。

试析 IMO 全球船舶 2020 硫排放 0.5%上限政策影响

张龙星

（中国石化燃料油销售有限公司，北京　100029）

摘　要：对于占据全球燃料油近一半以上消费量的船舶燃料油行业，硫排放上限从当前 3.5%到 2020 年 0.5%的跃进将具有革命性影响，本文试从政策出台背景进程及各行业应对措施来进行相应分析。

关键词：IMO；2020 硫排放；0.5%上限政策；炼厂；船东；船燃供应商

1　引言

近年来国内陆上油品标准不断升级，国五标准刚落地推行不久，北京上海又先行先试国六标准。近期更有山东、河北各港口逐步禁止接收柴油车运送煤炭消息传出。同时随着《巴黎协定》规定的节能减排任务的生效，包括德国、法国、荷兰、挪威等国在内的国家和地区已经开始出台相应的燃油车禁止销售政策。所有的一切都凸显着国际社会为推进减排所做的努力，但是相对于陆上排放限制的严苛，船舶排放一直以来由于船舶的高度流动性、不同水域管辖国经济社会发展高度差异性及全球低硫燃油资源紧缺性在管制上一直较为滞后。总部设在英国伦敦的国际海事组织（IMO/International Maritime Organization）作为联合国负责海上航行安全和防止船舶造成海洋污染（Safe Shipping，Clean Ocean）的政府间专门机构一直致力于推动全球船舶排放限制。2016 年伦敦当地时间 10 月 27 日，IMO 在海上环境保护委员会/MEPC 70 作出了“自 2020 年实施 0.5%的全球海域硫限制，而不是推迟五年至 2025 年”的重大决定。在 2017 年 7 月 9 日刚结束的 MEPC71 会议上，关于全球海域 2020 年 1 月 1 日开始实行 0.5%硫排放限制的规定再次得到 IMO 确认。

2　IMO 出台硫排放控制政策背景及全球船舶燃油硫含量控制进程

2.1　船舶燃料油污染不容小觑

（1）船用燃料在燃烧过程中会向大气排放硫氧化物、氮氧化物和颗粒物等污染物，很多国家的环保监测机构认为，由于船舶大多使用高硫燃料油，其排放废气中所含的柴油颗粒物、氮氧化物和硫氧化物，威胁人类健康与环境。

（2）尤其在港口城市，船舶燃油含硫量是车用柴油的 100~3500 倍。IMO 资料显示，船舶年排放 SOX 达 634×10^4t，约占世界排放总量的 4%。2009 年美国国家海洋和大气管理局（NOAA）的研究报告证明，海上船舶燃油已经成为大气污染的重要来源，每年全球海上船舶排放的颗粒污染物总量相当于全球汽车所排放颗粒污染物的 50%，全球每年排放的氮氧化物气体中 30%自海上船舶，船舶燃油污染已成为继机动车尾气污染、工业企业排放之后第三大大气污染来源。

（3）根据欧洲绿色环保阵营“运输与环保/Transport & Environment”数据显示，船运业所造成的空气污染光在欧洲每年就导致了 5 万例非正常死亡，并由此造成了高达 5800 万欧元的社会成本。

2.2　全球船舶燃油硫含量控制进程

海洋环境保护委员会（MEPC）早在 1988 年就正式开展防止船舶造成大气污染议题的研讨及审议工作。1997 年将《国际防止船舶造成污染公约》（《MARPOL 73/78 公约》）议定书进行修订，通过了附则Ⅵ《防止船舶造成大气污染规则》，并于 2005 年 5 月 19 日正式生效。为进一步加快保护海洋环境，2006年起，国际海事组织(IMO)《国际防止船舶造成污染公约》(MARPOL)附则六“防止船舶造成空气污染”对船舶的硫氧化物排放设立了总体的限制。国际上强制设立排放控制区(ECA/Emission Control Area)的形式主要有两种。一种是通过国际海事组织IMO审核批准设立排放控制区；另一种是地区组织、国家或者地方政府制定并强制实施区域船舶排放控制政策。凡是加入国际海洋法公约，按照公约规定不能对领海采取单边立法行为，但设立ECA需要由缔约国提出建议，经由国际海事组织评估通过，流程繁复且各项评价相对严苛。在国际社会多年努力下，目前全球硫排放ECA可用图1进行阐述。

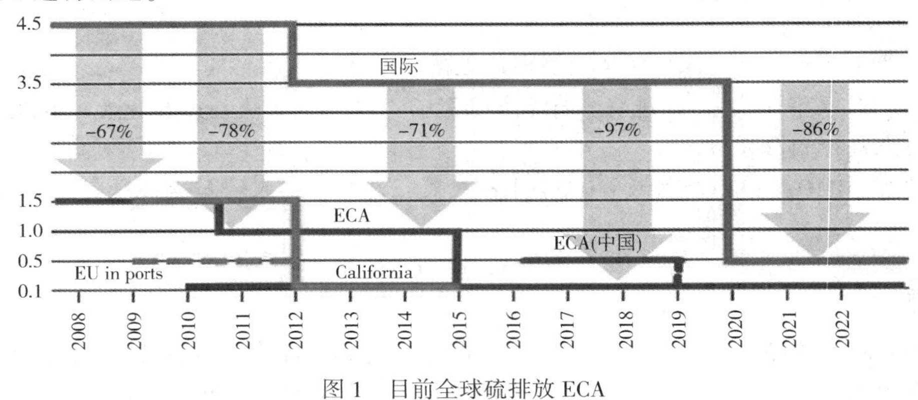

图1 目前全球硫排放ECA

ECAS(硫排放限制区)；截止2010年，现有的ECAS，包括波罗的海、北海、北美(包括美国和加拿大沿海)和美国加勒比(包括波多黎各和美属维京群岛)。

3 IMO全球船舶2020硫排放0.5%上限政策的行业影响及应对措施

国际海运是国际贸易中最主要的运输方式，全球70%以上大宗货物的运输是通过海上运输实现的，2015年全球海运总量达到107×10^8t。国际海运量的持续增长有效带动了全球船舶燃料油需求，2015年全球船舶燃料油消费规模达到2×10^8t。

全球燃料油市场年需求规模4.3×10^8t，从过去十几年来全球燃料油市场消费结构变化情况看，用于发电和其他工业的燃料油消费明显减少，而船舶燃料油消费规模呈现逐年增长，成为全球燃料油消费消费领域的第一大油品。历年统计数据显示，全球燃料油市场年需求规模4.3×10^8t，占全球油品需求总量9.1%；全球船舶燃料油年需求量2×10^8t，占全球燃料油需求总量的46.5%；公用(电力)设施燃料油年需求0.8×10^8t，呈减少趋势；用于炼厂原料、其他工业的燃料油需求1.5×10^8t，呈减少趋势。

船舶燃料在全球燃料油行业中占据举足轻重地位，而全球硫限制的规定将直接影响航运经济，在ECA以外航行的所有船舶使用硫含量不高于0.5%的燃油，航运企业的燃油成本无疑将上升。根据国际标准ISO8217，按照船舶柴油机转数、行程及船舶类型，船舶燃料油分为船舶馏分燃油(轻质)和船舶残渣燃油(重质)。合规低硫燃油成本往往都是馏分燃油(轻质)，很有可能超过残渣燃油(重质)成本的50%。残渣燃料油是航行在ECA以外的大多数船舶所使用的燃油，在ECA内，船舶必须使用硫含量不高于0.1%的燃油。

根据相关预测，燃油成本保持在当前的低水平下，2020年强制性要求改用低硫燃油意味着燃油成本将回升。如果到2020年，如一些机构预测，油价上涨接近70 $/bbl(1bbl=159L)，预计低硫燃油与残渣燃料油之间的价格差异将增加400 $/t。根据经济合作与发展组织/OECD下辖国际运输论坛估算，国际航运业在2020年的消费量将达到390万桶每天，其中30%为残渣燃油(重质)，70%为馏分燃油(轻质)。这意味着与今天相比，在2020年需求侧将消失200×10^4bbl每天的残渣燃油(重质)消费量，增加200×10^4bbl每天的馏分燃油(轻质)消费量。

IMO全球船舶2020硫排放0.5%上限政策将对炼厂、船东及船燃供应商产生全方位影响。

3.1 炼厂方面

2020年硫排放大限将对全球炼油行业影响深远，依靠初级装置大量产出燃料油的落后炼厂利润将难以为继，反之拥有深度炼化装置的先进炼厂将受益。

英国石油工业协会(UKPIA/UK Petroleum Industry Association)认为0.5%硫排放大限将对炼厂结构和运营产生深刻影响，并认为以下四大应对措施尽管各有优缺点但是炼厂必须考虑：

(1) 升级装置如新建裂解装置、减粘装置及焦化装置以深度炼化燃料油提高柴油产出比，由于炼厂现在多为跨国公司所有因此这些跨国公司只会在回报较高的炼厂投资。

(2) 选用低硫原油并降低残渣燃料油产出。消极面是低硫原油在市场走俏并与高硫品种形成较高品种价差，挤压炼厂利润。

(3) 停止产出残渣燃料油。这也对投资要求巨大

(4) 对残渣燃料油进行脱硫处理或与低硫柴油混调，这也同样对投资要求巨大。根据国际能源署(IEA/International Energy Agency) 2016年2月石油市场中期展望数据，这些装置将比升级装置耗资更大且当前燃料油脱硫装置需求极小全球仅为不到10万桶每天。

现实的问题是，全球大多数炼厂均无法生产达到标准要求的燃料油，需要改造原有的炼油加工工艺，需要大量的技术改造资金投入，也需要大幅提高燃油供应价格，而即便两个条件均具备，能否调动炼厂的积极性也具有非常大的不确定性，炼厂更愿意加工汽煤柴等油品，并全力提高出率，不愿意生产低附加值的燃料油。

当前，亚洲国家采购的原油主要是来自中东的高硫原油，而非西非、北美的低硫原油，加工生产低硫燃油的代价更大，经济性上非常不划算。也就是说，现有资源如何保障水上燃油需求将面临非常严峻的挑战？虽然有市场需求，但大多数石油公司的炼厂受限于固有工艺以及原油进口渠道，无法产生足够的热情生产船用低硫燃油，未来船用燃油供应渠道将面临非常大的不确定性。

3.2 船东方面

运价已经持续低迷了数年，而大量投入运营的新造船舶为了降低燃油能耗，均是燃烧硫含量较高的重质燃料油，如500CST和700CST，发动机大多也是据此品质设计的，一旦油品质量发生变化，船舶发动机的参数均要进行调整，包括船用锅炉燃烧器和船用柴油机供油系统、燃烧装置、燃油转换装置、监控系统，此外还需增加低硫燃油舱室及调整管路。

许多船东期待国家有关部门能尽快出台低硫油使用补贴机制或行政规费减免政策，加大和落实船舶排放控制区政策支持。

船东也要在是否使用低硫燃油、使用LNG或是选择安装废气清洁系统(洗涤器)等方面进行艰难的选择，已达到平衡预算成本的目标。而无论如何，船东最后的选择，将决定着船供油行业未来发展的方向。

为了更直观显示船东的决定对行业影响，用表1进行阐述。

表1 船东的决定对船舶燃料油行业的影响

主要解决方案	优势	劣势	炼油行业收益	前景
低硫残渣型船燃	无需改造； 简便易行； 成本相对低； 动力性能好	生产环节改造投入	有助于消化炼厂油浆、石油焦、沥青、柴油资源	于船东而言是理性选择
低硫馏分型船燃	供应较为充足且在大部分港口都有供应；满足限排区要求； 改动相对少	成本相对高	有助于消化过剩柴油	短期重要措施

续表

主要解决方案	优势	劣势	炼油行业收益	前景
LNG 船燃	清洁能源	初期改造成本高； 配套设施不完善； 动力性能不足， 续航时间受限	有助于消化 LNG 资源	短期内难以大规模替代
废气清洁系统(洗涤器)	节约船燃成本	改造成本高； 安装空间大； 存在二次污染可能； 装置生产供货能力有限	变化不大	国际上仅 6 家供应商，生产改造时间短，应用有限。

3.3 船燃供应商方面

船燃供应商需要向船东提供符合要求的低硫燃油资源以满足法规要求，需要协调上游供应商改变原有的燃油供应品质，但由于低硫燃油的资源具有较大的不确定性，船燃供应商短时间内需要采购大量船用柴油作为替代品种以满足限排法规要求，船供油公司资金需求也会大幅度增长，中小船燃供应商的融资能力将受到严峻考验；

船燃供应商需要增加投入对现有的仓储、驳船设施和管线进行改造，确保低硫燃油资源各项质量检验指标的稳定，并尽量做到专库专用和管线专用，这势必带来资产投入的增加和库容周转率的压力增加；

由于船东会在使用低硫燃油、使用 LNG 或是加装废气清洁过滤系统之间进行选择，船燃供应商不仅要保有原有的资源供应渠道，也需要适应船东需求，一旦船东大量选择 LNG 作为动力燃料，船供油行业将变身为一个全新的行业。

短期来看，在全球现有的燃油资源困境下，获得符合 IMO 标号要求的低硫燃油资源几乎无法满足船东的需求，IMO 限排政策在 2020 年执行前三年内预计船东仍以转换油品标号的方式进行燃油加注，在低硫燃油和高硫燃油之间进行切换，到达海岸线的时候使用低硫燃油，在公海航行的时候使用更为便宜的高硫燃油，预计船用柴油的需求会出现快速增长。

IMO 限排政策在 2020 年执行后，在低硫资源无法满足的前提下，预计船东将大规模使用船用柴油满足排放要求，转移价格上涨的成本，同时出于成本降低的诉求，船用柴油和调和的低硫燃料油会成为消费的主流，重质燃料油的需求受到极大抑制。同样，不确定性因素也依然存在，如果油价出现大幅上涨，也会驱使部分船东选择使用尾气清洁过滤装置或者 LNG 燃料予以大幅降低成本。

随着全球排放控制的日益临近，炼厂、船东以及船燃供应商应当尽早规划应对措施，共同探讨硫排放控制的最佳方案和应对措施，提前做好充足的准备，确保水上航行的安全可靠，应对方案不仅要成本最优，也要兼顾安全性和便利性。

4 结语

总体而言，船供油市场将在 2020 年以后进入低硫燃油、尾气过滤装置、LNG 等多元化供油解决方案的时代，不同的船东会在主动应对和被动选择之间进行战略考量，但短期来看，低硫燃油的使用会占据主导，其次是尾气过滤装置，再次是 LNG 的应用。

参 考 文 献

[1] 田明．全球炼油业新格局新趋势[J]．中国石油企业，2016(8)．
[2] 张春晓．非洲将迎来新一轮炼化扩能潮[J]．中国水运报，2016.10.12.

化工工艺与产品

降低乙苯/苯乙烯分离塔顶的苯乙烯夹带量

张 镇

（中国石化茂名分公司，广东茂名 525000）

摘 要：对化工分部苯乙烯装置2016年大修后乙苯/苯乙烯分离塔DA-401塔顶采出苯乙烯夹带量偏高的原因进行全面的分析，调查导致苯乙烯馏出口纯度过高的原因，并为此采取一系列措施，使得塔顶采出中的苯乙烯夹带量明显降低，提高乙苯脱氢进料的有效原料量，减少苯乙烯的聚合损失，从而增加了苯乙烯产品的产量，提高了装置经济效益。

关键词：苯乙烯；夹带量；纯度

1 引言

化工分部苯乙烯装置的乙苯/苯乙烯分离塔DA-401的塔顶乙苯采出中的苯乙烯夹带量的设计值为1.9%。2016年3~4月装置经过大修清理后，开车初期塔顶苯乙烯的夹带量处于较高水平，特别是2016年5月分平均值达到了2.33%左右，苯乙烯夹带量明显高于设计值。经过对系统回流、蒸汽、进料量进行校对调整后，苯乙烯夹带量明显下降，但2016年7~8月份平均值仍达到了1.96%左右。循环乙苯夹带的苯乙烯会在循环使用的过程中因高温或没阻聚剂保护下聚合堵塞换热器及管线，减少循环乙苯的苯乙烯夹带量，能够增加苯乙烯产量从而提高装置的经济效益。

2 苯乙烯精馏概述

2.1 苯乙烯精馏流程

茂名分公司化工分部苯乙烯装置的苯乙烯精馏系统，该精馏系统由四条精馏塔：乙苯/苯乙烯分离塔DA401；乙苯回收塔DA402；苯乙烯分离塔DA403；苯/甲苯分离塔DA404；和一个薄膜蒸发器ED401。通过精馏分离将乙苯脱氢后的混合物分离出苯、乙苯、甲苯、产品苯乙烯和苯乙烯焦油副产品，如图1所示。

2.2 乙苯/苯乙烯分离塔DA401工艺流程

如图1所示，来自脱氢液罐TA-503的脱氢液，进入乙苯/苯乙烯分离塔DA401。该塔结构为填料塔，进料位置在第三填料段上部，为防止苯乙烯聚合，从第二填料段上加入无硫阻聚剂（NSl）；该塔为真空操作，由一台液环式真空泵GB-401来控制。从塔顶蒸发出的乙苯及轻组分气体经乙苯/苯乙烯分离塔一系列换热器EA-413、EA-404、EA-420冷凝排下塔顶罐FA-401。用泵将部分液体回流至塔内，部分液体作为进料去乙苯回收塔DA-402。塔底物料为苯乙烯及重组分，塔底物料用泵送至苯乙烯精馏塔DA-403。

3 调整优化目标

将循环乙苯的苯乙烯夹带量由目前的2.055%降低到设计值1.9%以下。

4 苯乙烯夹带量现状及影响要因分析

4.1 苯乙烯夹带量现状

今年5月份，乙苯/苯乙烯分离塔DA-401塔顶乙苯的苯乙烯夹带量月平均达到了2.33%左右，

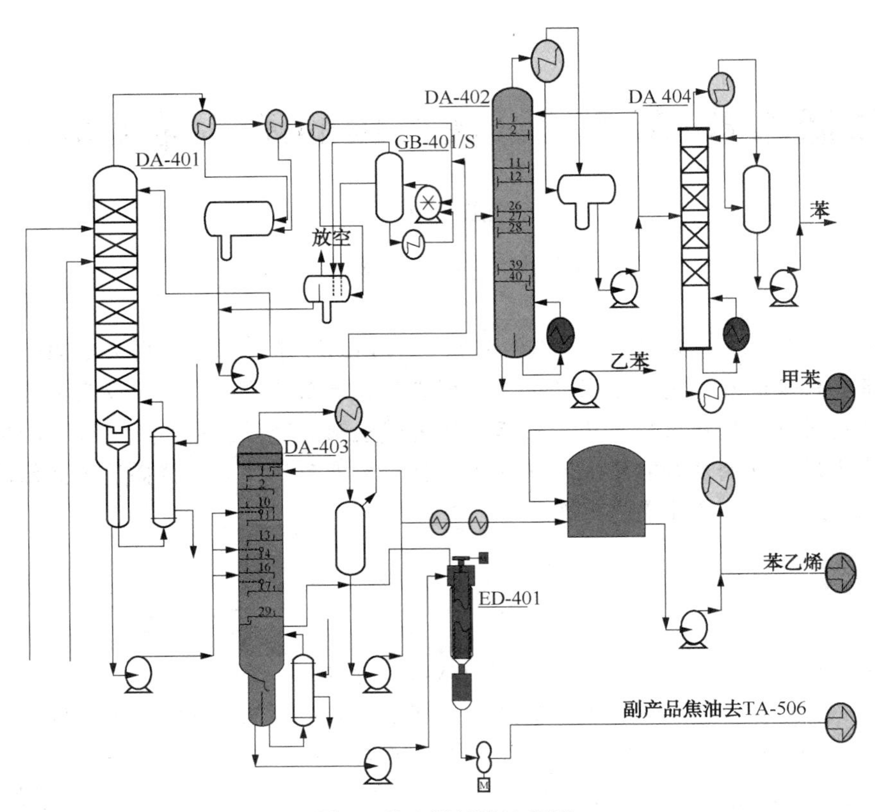

图1 苯乙烯精馏流程图

如表1所示。

表1 2016年循环乙苯的苯乙烯夹带量统计数据表

生产日期	记录次数	循环乙苯的苯乙烯夹带量/%
5月	95	2.33
6月	93	1.97
7月	90	1.99
8月	93	1.93
平均	—	2.055

4.2 苯乙烯夹带量偏高的要因分析

夹带量受诸多因素的影响，原因大致如表2所示。

表2 苯乙烯夹带量偏高的原因分析

序号	项 目	原因分析
1	EA402蒸汽凝液排放阀故障，造成蒸汽加入不稳	DA401塔釜再沸器EA402的凝液通过调节阀LV4002排放控制凝液液位来控制DA401的加热蒸汽量，因调节阀LV4002故障引起EA402凝液液位无规则跳动，直接造成了再沸器加热蒸汽波动，严重影响了DA401塔的平稳操作，从而使塔顶夹带量偏高
2	塔顶乙苯的采样不准确，存在采死样可能性	DA401塔顶罐FA401两台采出泵GA402/S，塔顶乙苯经泵后有一小部分经泵出口到采样冷却器后再返回泵入口。而现GA402出口返回入口有一段“死区”，可能采到死样，从而造成分析不准

续表

序号	项　　目	原因分析
3	DA401 塔内带水影响分离效果	因 300#脱氢液分离罐界面液位控制不好，引起送到装置脱氢液罐 TA503 的脱氢液夹带水较多，且有一段时间 300#为正压操作，DA401 只能间歇正压放水，放水效率低，使 DA401 系统带水造成塔真空波动，塔压波动，影响分离效果，从而造成塔顶夹带量偏高
4	DA401 塔进料浓度波动大	因装置 300#催化剂为新催化剂 GS-12，300#系统还处于开车初期阶段，催化剂性能还不够稳定，且各项参数、指标控制还不够稳，导致 DA401 塔的进料苯乙烯浓度变化大，从而造成 DA401 塔的操作受到这一外在因素的影响，使 DA401 塔顶乙苯中的苯乙烯夹带量偏高。
5	DA401 回流量过大，造成塔液泛	精馏塔的操作过程在大蒸汽、大回流下有利于精馏操作更快出产品。但大回流量会增加装置的能耗且回流量过大会造成精馏塔液泛，影响塔的正常操作，造成塔顶、塔底产品都受影响。在 DA401 操作中因回流显示表 FT4010 指示故障(显示偏小)误导，造成回流量过大，引起塔液泛，造成塔顶苯乙烯夹带量偏大
6	操作人员调节方法不统一	对 DA401 的操作过程中有的人是对加热蒸汽进行调节，有的人则是对回流进行调节，有的人对蒸汽、回流、塔顶采出均进行调节。因方法不统一，导致塔的操作乱、不平稳，影响分离效果，致使塔顶夹带高
7	苯乙烯产品的纯度过高	优级苯乙烯产品的纯度要求是不低 99.80%。但为了确保馏出口合格率及苯乙烯产品纯度符合公司管理要求，操作时大多数 400#主操都是将苯乙烯产品的纯度控制在 99.93%以上，很少低于 99.92%的情况。因此，之前苯乙烯产品的平均纯度为 99.94%左右。而从分析班报表的数据及蒸馏原理均表明，苯乙烯产品纯度超高，循环乙苯的苯乙烯夹带量就偏大

5　降低苯乙烯夹带量对策实施

5.1　联系仪表检查处理 LV-4002 调节阀

室内室外对讲机联系好，校对 EA402 室内 DCS 显示的凝液液位及现场玻璃板液位，确认对应后，通过外操现场关 LV-4002 调节阀前闸阀并打开 LV-4002 副线阀控制，调好 EA-402 的凝液液位在合适位置后，切出调节阀 LV4002。并通过对讲机由室内主操指挥外操在现场用 LV4002 副线微调控稳 EA402 凝液液位，保证 DA401 塔釜的加入蒸汽量稳定。然后联系仪表人员到现场检查处理 LV4002，确认处理正常 LV4002 后，再投用。

5.2　现场检查乙苯采样点 SC-4003 情况

现场检查 DA401 顶乙苯采样点的流程情况，因 GA402 泵出口经乙苯采样冷却器返回入口管线中有部分管线存在“死区”情况，而 GA402S 出口经采样冷却器返回入口不存在在“死区”情况。室内主操与外操用对讲机联系好，把 GA402 切到 GA402S，避免因采 SC4003 乙苯样时造成采有死样造成分析不准情况。

5.3　加强 DA401 脱氢液进料脱水

因 DA401 进料带水多影响 DA401 的操作，安排一名操作工在脱氢液罐 TA503 专门放水，另再安排一名操作工在 FA402 连续正压放水以确保尽快把进料及塔内水排出。并要求 300#联系仪表检查处理好 FA305 界面液位 LC3034，并严格要求 300#主操控制界面液位保持在一定范围内。

5.4　稳定 DA401 脱氢液进料浓度

因 DA401 进料苯乙烯浓度波动大，要求 300#主操精心操作控好控稳脱氢反应器 DC301/302 入口温度、GB301 入口压力，严格控在一定范围内、乙苯进料及主蒸汽量一次蒸汽量不能有较大波动。调整期间联系中化加样每4小时分析一次DA401进料脱氢液组成以便及时了解脱氢液组成变化情况并能及时作相应调整。

5.5 适当降低DA401回流量，防止塔液泛

主操在室内先把DA401塔回流阀FV4010改到手动操作下，联系仪表到现场检查校对回流流量表FT4010的显示情况，发现回流显示值偏小，当仪表调整正常完成后，400#主操慢慢关小回流阀FV4010降低DA401塔回流量，同时适当减少塔釜蒸汽量，并及时观察室内在线表AI-4004A及AI-4001变化情况联系中化加样分析以检证调整操作效果。

5.6 统一操作规定

针对400#主操调节方法不统一，造成对DA401精馏塔分离的影响。统一400#主操的DCS操作。

(1) 只有在塔的操作平衡(物料平衡、汽液平衡、热量平衡)受到破坏而影响苯乙烯产品纯度时，才允许主操对与被破坏平衡有关的参数进行较大幅度的调节，否则只能进行轻微的调节，操作上采取精调、细调、勤调方式，确保精馏过程的平稳。

(2) 在非下雨天、公用工程正常、相关设备正常的情况下，精馏塔再沸器的加热蒸汽量由蒸汽凝液的液位串级控制一定范围内，要求操作工不能随意乱动，一般情况下只对塔的采出及回流作调节，确实要调动作也不能太大，确保操作调节方法统一，以保证精馏塔塔釜蒸汽的稳定。

5.7 苯乙烯纯度优化调整

在确保苯乙烯产品纯度符合优级品要求的基础上稍降低产品纯度，根据生产实际情况，在一天内，即使馏出口有一二次采样分析时苯乙烯纯度偏低的情况，也不会导致中间罐的苯乙烯产品纯度偏低。而且即使出现中间罐苯乙烯产品纯度偏低的情况，也可以通过掺混的办法将产品纯度提高到满足优级品要求。因此决定在确保苯乙烯产品纯度符合优级品要求的基础上鼓励操作人员“卡边操作”，降低苯乙烯产品纯度尽量减少塔顶乙苯的苯乙烯的夹带量。

6 效果

目标值完成情况，即DA-401塔顶乙苯采出中的苯乙烯夹带量分析结果的变化趋势图如图2所示。

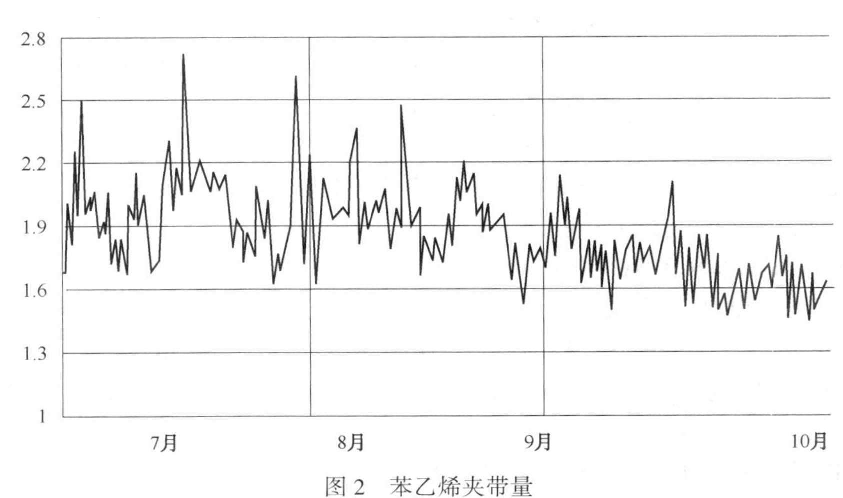

图2 苯乙烯夹带量

根据统计结果，经调整后9月份DA-401塔顶苯乙烯夹带平均值由7月份的1.99%降为1.73%，10月塔顶乙苯采出中的苯乙烯夹带量的平均值降低至1.61%左右。

7 结论

通过对装置运行中存在的问题进行深度分析及一系列调整优化后，目前乙苯/苯乙烯塔顶采出

中的苯乙烯夹带量明显降低，降到了现在平均 1.61%左右。苯乙烯夹带量由原来的 2.3%大大超过设计值 1.9%，降到现在的 1.61%左右，减少了苯乙烯聚合损失，从而相应的增加了苯乙烯产品的产量，提高了装置经济效益。

当然，影响 DA401 顶苯乙烯夹带量的因素还有，如塔内件情况。减少夹带量的方法也还很多，这有待大家共同去分析、探讨，并进一步优化操作，从而降低装置综合能耗物耗。本文只就以上几个方面实施的一些做法供读者参考。

低密度聚乙烯涂覆专用料的研究和探讨

郭钦生　李侈富

(中国石化茂名分公司，广东茂名　525000)

摘　要： 探讨低密度聚乙烯(LDPE)管式法和釜式法生产工艺和产品的性能差异，并研究相关性能参数对于涂覆效果的影响。在现有的管式法工艺上调节工艺参数，用不同牌号产品进行共混，在挤出机中进行引发生成长支链，改善产品的性能，增加分子量分布宽度，降低挤出收缩，基本能够达到涂覆料的性能。

关键词： 低密度聚乙烯；涂覆；釜式法；管式法

1　引言

低密度聚乙烯工艺主要有两种，一种是管式法工艺，另一种是釜式法工艺。在国外两种工艺大约各占 50%，而国内基本都是管式法工艺，仅有燕山公司等一两套釜式法工艺。管式法生产的产品特点是具有分子量分布窄、短支链多、转化率高，生产速度快的优点，因此在生产薄膜产品方面要优于釜式法工艺。与管式法相比，釜式法生产的最突出的产品是具有分子量分布宽、长支链多、熔体强度高、挤出收缩小，因此在生产涂覆料方面要优于管式法。

在涂覆市场上，国产 LDPE 涂覆料仅有燕山釜式法生产的一个牌号，其余都是进口料，价格较高。利用现有的两套 LDPE 装置开发涂覆料，能够改善公司现有两套 LDPE 装置产品结构，提高产品竞争力。

之前试生产的 2420M 涂覆料投放市场后，下游公司反映，与国内涂覆料或国外牌号 1 相比，在同一台机上，国内涂覆料或国外牌号 1 的幅宽为 4.12m，2420M 的幅宽 为 4.09m，幅宽收缩了 30mm。仅从数据来看，缩幅不是很大。对于加工厂来说，对涂覆料的要求，不仅仅是缩幅，还要求加工速度，因此要求熔融指数不能太低，一般要求在 7~10g/10min，即要求熔融指数与缩幅之间的平衡。管式法工艺生产的 LDPE，达到这种平衡是比较困难的，较少支链的管式工艺的产品，融熔指数提高，缩幅会随之显著增加。

针对试生产牌号 2420M 的使用情况与市场上的涂覆料对比，为生产出能满足使用要求的涂覆料，还需要对生产工艺和参数进行分析调整。

2　管式法和釜式法生产工艺比较

2.1　管式法工艺特点

低密度聚乙烯的聚合过程是遵循自由基的聚合机理，这种聚合过程的产品特点是产品的分子结构是由长支链和短支链组成。随着聚合压力、温度、调整剂、反应温峰、停留时间、转化率的不同而生产出不同的产品。管式法和釜式法生产，各种因素对分子结构的影响大体相同。

2.1.1　温度和压力对分子结构的影响

温度升高，反应活性增加，链转移速度增加比例高于链增长反应，产品的支化度增加，短支链增加，产品熔点低。压力升高，链转移速率增加比例低于链增长反应，聚合物容易生成长链，分子量增加，密度增加，支链减少[1]。保持平衡的温度压力，合成出的聚合物具有一定比例的长支链和短支链，才能满足使用要求。

2.1.2 链转移剂对分子结构的影响

除了温度和压力外，链转移剂对分子结构的影响非常大，现有的链转移剂有丙烷、丙烯、丙醛，其反应活性丙醛最大、丙烷最小。链转移剂的主要作用是调整分子量大小，对分子结构也有较大的影响，使用活性高的链转移剂不利于生产出长支链的产品。

用丙醛做调整剂，在分子链上会引入一定的羰基，由于氧分子的存在，会使涂覆的粘合力的增加；同时丙醛有较高的活性，链转移加快，短支链增加，长支链减少，在分子中会产生更多的叔碳原子或双健，这都会导致涂覆熔体表面与氧发生氧化反应而在分子链上引入氧原子，这也会使涂覆的粘合力的增加。短支链的增加，长支链的减少会降低熔点，使热封性能良好，加快了热封速度。

2.1.3 反应温峰对分子结构的影响

在现有的两套工艺中，其温峰是不同的。总体来讲温度跨度越大，分子量分布越宽。低温区越低，产生的长支链越少、越长。高温区越高，产生的短支链越多、越短。相对来说多温区要比单温区更容易调节出较宽的分子量分布，但是管式法反应停留时间短，链转移快，仍不能产生更多更长的支链。

2.1.4 停留时间和转化率对分子结构的影响

对管式法来讲，基本上每个质点的停留时间都相同，都很短，转化率较高。因此会产生分子量分布窄、短支链多、长支链少的聚合物。

2.2 釜式法工艺特点

釜式法与管式法相比，温度和压力都较低。最大的不同是停留时间的不同。在釜式法工艺中，由于搅拌器的搅拌轴产生返混现象，每个分子的停留时间不同。某些分子随着不断返混，在反应釜中停留时间较长，与引发剂接触的次数较多，在大分子上引发产生的长支链和短支链都较多。

反应在不同的温区中发生，在高温区其转化率较高，产生的短支链较多，产生的聚合物较多。聚合物越多，引发剂越易引发聚合物产生长支链，长支链也就就越多。因此可以说釜式法工艺的产品的分子结构中既有较多的短支链，也有较多的非常长的长支链。这些长支链使重均分子量显著提高，分子量分布加宽。由于较多的长支链，增加了熔体的强度，减少了涂覆收缩，这是釜式法产品最显著的特点。

对国内涂覆料来讲，其生产工艺采用了双釜串联的釜式法生产工艺，调整两个反应釜的压差，生产出分子量分布较宽的双峰产品。反应温度和压力大约为 250℃ 和 150MPa，调整剂为乙烷。

3 管式法和釜式法产品比较

从分子结构来看，长支链是决定涂覆料的根本因素。由于长支链的存在，使聚合物在流动性、模口膨胀、收缩方面有良好的平衡。在管式法工艺中，其产品不存在较多的长支链，因此流动性、模口膨胀、收缩存在着不平衡性。即模口膨胀大，收缩小，但流动性低，达不到涂覆料的要求，因此我们对其进行探讨和研究，力争寻找到用管式法生产涂覆料并达到要求的生产的途径。

3.1 国内外产品比较

从表 1 数据可以看出：对于支链聚乙烯如低密度聚乙烯来说熔流比越小，长支链越多，由此可见：国外牌号 1 和 国内涂覆料的长支链最多。在熔融指数为 6~7g/10min 的涂覆料中，2420M 的膨胀最小，挤出宽度最小。国外牌号 1 和 国内涂覆料 都有最低的熔点和结晶度，说明它们长支链和短支链都较多。也就是支化度较高。

表 1 国内外产品比较

产品	熔融指数 2.16kg	溶流指数 5kg	溶流比	第一点膨胀	第四点膨胀	挤出带宽度/cm	熔点/℃	结晶度/%	分布指数
国外牌号 1 原料	7.04	24.29	3.45	3.82	2.40	6.8	107.6	31.29	8.565
国外牌号 1 造粒	6.22	21.49	3.46	4.02	2.58	7.5			
国内涂覆料原料	6.91	23.30	3.37	4.00	2.36	7.2	106.4	35.4	11.061
国内涂覆料造粒	6.13			3.28	2.64	8.0			
2420M 原料	7.64	28.19				3.82	115.8	43.6	4.072
2420M 造粒	7.38			2.4	1.84	4.1	117.0	36.60	
1810D 原料	0.32			2.94	2.76		112.7	39.74	
1810D 造粒	0.25		1.60	6.39	2.92	2.8		112.5	39.45
868-000 原料	49.34						113.1	41.57	
868-000 造粒	47.52						113.4	33.96	

3.2 分子量分布和热分析性能比较

3.2.1 分子量和分子量分布

对国内涂覆料、国外牌号 1、2420M 分别进行了凝液渗透色谱(GPC)测试(北化院)。其分子和分子量分布数据如表 2 和图 1~图 3 所示。

表 2 GPC 测试结果

原　　料	数均 M_n	重均 M_w	PDI M_w/M_n
2420M	14009	57049	4.0723
国外牌号 1	17372	148793	8.5651
国内涂覆料	17192	190161	11.0610

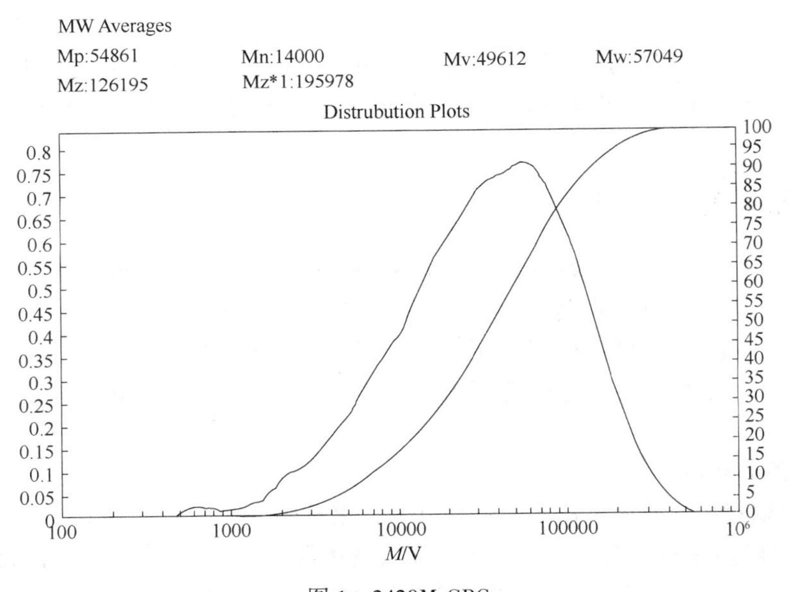

图 1 2420M GPC

从以上数据和分布图可以看出：三种产品的数均分子量相差并不大，国内涂覆料 和 国外牌号

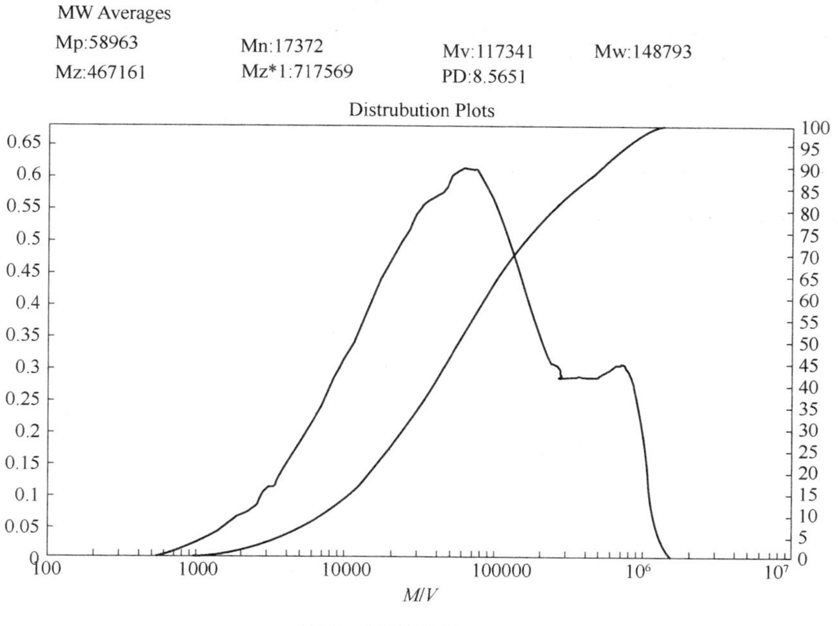

图 2　国外牌号 1 GPC

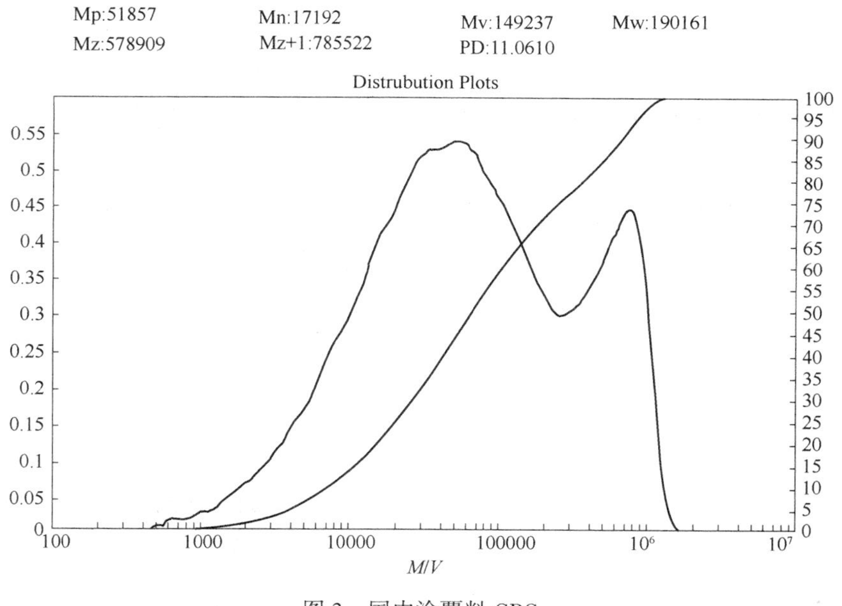

图 3　国内涂覆料 GPC

1 的重均分子量比 2420M 高 1 个数量级，分子量分布指数高 1 倍以上，而熔融指数相差并不大，因此可以想象，国内涂覆料和国外牌号 1 非常高的重均分子量并没有使其熔融指数降低，说明在国内涂覆料和国外牌号 1 的分子结构中高分子量部分是由较多的长支链构成[2]。因此 2420M 与国内涂覆料和国外牌号 1 在分子结构上存在较大的差异，导致了产品性能的不同。

国内涂覆料和国外牌号 1 相比，国内涂覆料 有更高的重均分子量和更宽的分子量分布，因此在挤出时国内涂覆料的幅宽更宽，收缩更小，见表 1。

3.2.2　热分析性能

对国内涂覆料、国外牌号 1、2420M 分别进行了差示扫描量热仪(DCS)测试(北化院)，其数据如表 3 所示。

表 3　DCS 测试

原　　料	熔点/℃	熔融热焓/(J/g)	H	结晶度	H/293
2420M	112. 51	126. 45	43. 16	98. 71	131. 18
国外牌号 1	105. 28	107. 86	36. 81	91. 50	112. 36
国内涂覆料	105. 12	109. 76	37. 46	90. 16	110. 48

热分析图如图 4~图 6 所示。

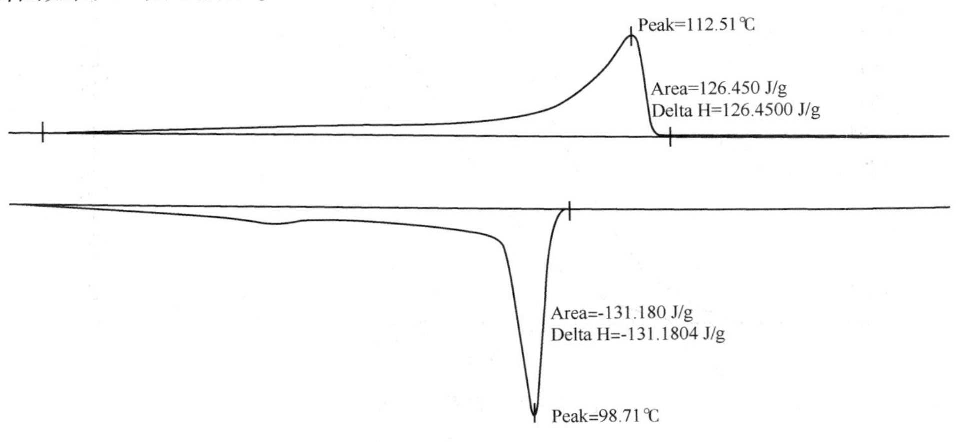

图 4　2420M DSC

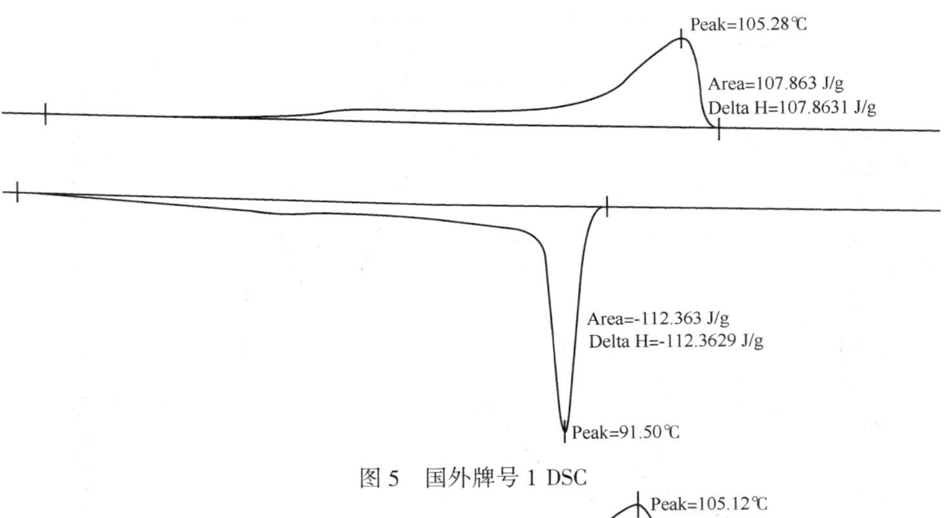

图 5　国外牌号 1 DSC

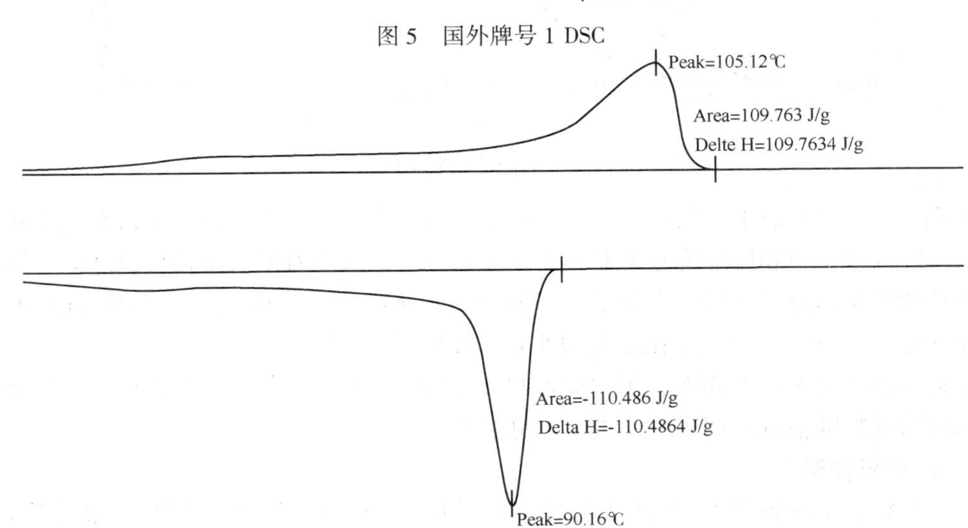

图 6　国内涂覆料 DSC

从以上数据可以看出：2420M 的熔点、结晶度都高于国内涂覆料和国外牌号 1，说明 2420M 的支链少；国内涂覆料比国外牌号 1 的熔融热焓和结晶度都高，说明 国内涂覆料的短支链比 国外牌号 1 稍少，长支链稍多，重均分子量高(见分子量分布图)。一般来说，熔点和结晶点低，密度也低。通过试验证明：降低密度会使熔融指数和缩幅有良好的平衡，这就要求在大分子结构上不仅有较多的长支链，还要有较多的短支链。通过对国内涂覆料和国外牌号 1 的热分析也证明了这一点，即 国内涂覆料和国外牌号 1 的熔点和结晶度都低于 2420M。

4 用管式法生产涂覆料探讨

4.1 工艺调整

在工艺方面主要调整温度、压力、调整剂、转化率、停留时间、引发剂等。对于我公司的两套高压装置来说，用那一套更好一点，应进行进一步分析。无论是那套装置温度、压力、调整剂三者是互相平衡的关系。在三者的平衡之下，平衡了产品的分子结构，平衡了大分子中支链的含量和分子量分布，从而生产出具有使用价值的，透明的薄膜产品。1 号 LDPE 用丙烷做调整剂，有利于降低链转移速度，有利于增加支链的长度，而不利于支链的数量的增加。2 号 LDPE 用丙醛做调整剂加快了链转移的速度，有利于支链数量的增加，而不利于支链长度的增加。如果调解合适的温度和压力，尽量使支链的长度增加，或许能够改善产品的分子量分布。2 号 LDPE 有 4 点引发剂进料，并且它的支化数量较多，与 2 号 LDPE 相比，它有更多的机会引发高分子链生成更大的分子，这与釜式法的多次接触而引发聚合物生成长支链非常类似，但必须有足够的停留时间和合适的调整剂及温度、压力、转化率等。

温峰、温谷的宽度加大，有利于分子量分布加宽。温度升高有利于短支链增加；压力增加有利于分子量增加，但支链减少而加长。从对两套装置的产品分析来看，2 号装置的产品的短支链较多，分子量分布较窄，若能够继续调整温峰和温谷的宽度，增加分子量分布宽度，或用活性较低的调整剂，会加宽 2420M 的分子量分布，使缩幅降低，这样虽然达不到国内涂覆料或国外牌号 1 的效果，但可以改善其效果。

4.2 产品共混

为了增加分子量分布，采取共混的方法也可达到目的，因此进行共混试验。

4.2.1 1810D 与 868-000 共混

共混数据如表 4 所示。

表 4 1810D 与 868-000 共混

试验号	868 中 1810D 含量/%	熔融指数 2. 16kg	第一点膨胀/ mm	第四点膨胀/ mm	挤带宽度/ cm	挤出料中 1810/868g
1	0	47. 52	0/47. 52			
2	10	28. 19	2. 819/25. 371			
3	20	17. 05	3. 68	1. 98	3. 41/13. 64	
4	30	10. 25	3. 62	2. 06	5. 5	3. 075/7. 175
5	40	6. 20	3. 6	2. 50	6. 1	2. 48/3. 72
6	50	3. 65	3. 58	2. 76	6. 6	1. 825/1. 825
7	60	2. 16	3. 46	2. 74	6. 7	1. 296/0. 864
8	70	1. 25	3. 34	2. 84	6. 8	0. 875/0. 375
9	80	0. 77	3. 18	2. 88	6. 9	0. 616/0. 154
10	90	0. 43	3. 04	2. 84	7. 0	0. 387/0. 043
11	100	0. 25	2. 92	2. 80	0. 25/0	

从图7和图8看出随着1810D含量的增加，融熔指数的降低，挤出带宽增加；第一点膨胀降低，这并不是膨胀小，而是由于挤出量中1810D的量逐渐减小；第四点膨胀逐渐增加，这是由于1810D的含量逐渐增加，直到1810D达到100%时，第一点和第四点膨胀几乎达到相同值，也就是纯的1810D的挤出熔体强度最高，挤出带也最宽，达到7cm以上。与国外牌号1和国内涂覆料相比，虽然1810D的挤出宽度达到要求，但指数太低。与2420M相比，5号样的融熔指数与其基本相当，而挤出宽度提高了1/3，达到6.1cm，比国外牌号1和国内涂覆料的挤出宽度仍低了1/7~1/6。

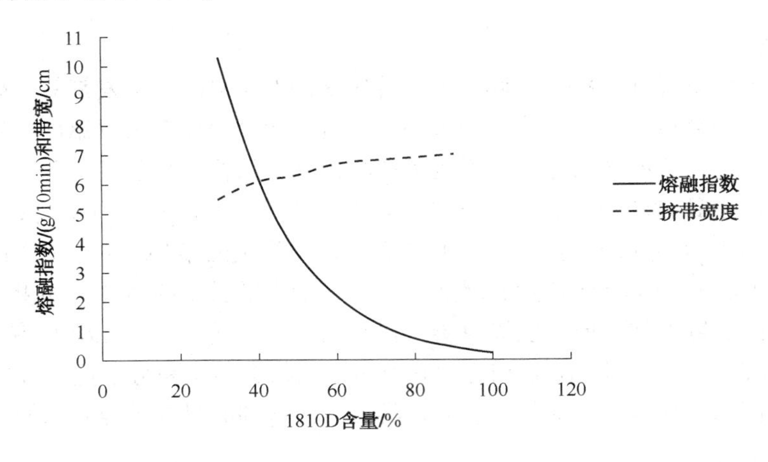

图7 1810D含量与熔融指数和挤带宽度的关系

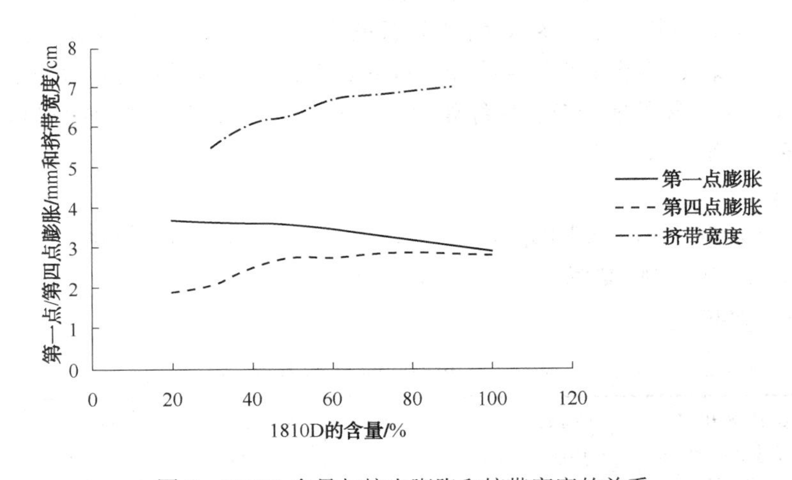

图8 1810D含量与挤出膨胀和挤带宽度的关系

从图7、图8也可以看出：随着1810D的增加，熔融指数显著降低，曲线非常陡。当1810D达到50%以下时，曲线趋于平缓。因此可以说：随着高分子量的增加，熔融指数迅速降低，这样就产生了不平衡。预期是随着高分子量部分的增加，而不会引起太多的熔融指数的降低，达到二者良好平衡，这样才能满足涂覆料的要求。分析原因就是1810D虽然有较大的分子，但在它的分子中有较少较长的支连，而没有足够多的长支链，使熔融指数急剧下降。因此，需要继续试验寻找合适的混配数据，即融熔指数和挤出宽度达到平衡。

4.2.2 1810D和868-000和2420H及951-000共混

从表5、表6的数据可以看出：随着1810D的降低，2420H或951-000的提高，融熔指数降低，膜口膨胀、挤出带宽降低。25号样的平衡性最好，挤出带最宽，达到6.2cm。其他样品都没有较好的平衡。加入相同量时，951-000比2420H的挤出带要宽。

表 5　1810D 和 868-000 和 2420H 共混

试验号	1810D/868/2420H	熔融指数/2. 16kg	第一点膨胀/mm	第四点膨胀/mm	挤带宽度/cm	1810D/868/2420Hg
20	4/5/1	4. 50	3. 54	2. 62	6. 0	1. 8/2. 25/0. 45
21	3/5/2	5. 91	3. 50	2. 42		1. 773/2. 955/1. 182
22	2/5/3	6. 65	3. 40	2. 28		1. 33/3. 325/1. 995
23	1/5/4	7. 20	3. 24	3. 20	5. 7	0. 72/3. 6/2. 88

表 6　1810D 和 868-000 和 951-000 共混

试验号	1810D/868/951	熔融指数/2. 16kg	第一点膨胀/mm	第四点膨胀/mm	挤带宽度/cm	1810D/868/951重量/g
24	4/5/1	4. 28	3. 54	2. 58	6. 05	1. 712/2. 14/0. 428
25	3/5/2	5. 56	3. 48	2. 38	6. 20	1. 668/2. 78/1. 112
26	2/5/3	6. 64	3. 50	2. 30	5. 50	1. 328/3. 32/1. 992
27	1/5/4	8. 11	3. 42	2. 14	5. 90	0. 811/4. 055/3. 244
28	0/5/5	10. 22	3. 38	2. 02	5. 40	0/5. 11/5. 11

4. 2. 3　1810D 与 2420M 共混

表 7　1810D 与 2420M 共混

试验号	1810D 含量	熔融指数/2. 16kg	第一点膨胀/mm	第四点膨胀/mm	挤带宽度/cm	1810/2420M重量/g
13	0	7. 38	2. 92	2. 08	4. 1	0/7. 38
29	10	5. 23	3. 12	2. 24	5. 4	0. 523/4. 707
30	20	3. 89	3. 3	2. 48	5. 8	0. 778/3. 112
31	30	2. 90	3. 36	2. 68	6. 2	0. 87/2. 03
32	40	2. 14	3. 36	2. 82	6. 5	0. 856/1. 284
33	50	1. 60	3. 34	2. 88	6. 7	0. 8/0. 8
34	60	1. 06	3. 34	2. 96	6. 8	0. 636/0. 424
35	70	0. 74	3. 28	2. 98	6. 8	0. 518/0. 222
36	80	0. 53	3. 24	2. 90	6. 9	0. 424/0. 106
37	90	0. 38	3. 04	2. 88	7. 1	0. 342/0. 038
11	100	0. 25	2. 92	2. 80		0. 25/0

从表 7 数据看出：1810D 的挤出量越大，膨胀越大，如 31 号和 32 号样；1810D 的含量越大，挤出带越宽。

4. 2. 4　1810D 与 2420M 与 868-000 共混

表 8　1810D 与 2420M 与 868-000 共混

试验号	1810D/2420M/868	熔融指数2. 16kg	第一点膨胀/mm	第四点膨胀/mm	挤带宽度/cm	1810/2420M/868/(g/10min)
38	6/54/40	11. 43	3. 26	1. 88	5. 5	0. 69/6. 17/4. 6
39	12/48/40	10. 47	3. 34	1. 80	5. 6	1. 26/5. 0/4. 19
40	18/42/40	8. 84	3. 38	2. 00	5. 3	1. 59/3. 7/3. 54
41	24/36/40	7. 13	3. 46	2. 26	5. 6	1. 71/2. 57/2. 9
42	30/30/40	6. 23	3. 50	2. 40	5. 9	1. 87/1. 87/2. 5
43	36/24/40	4. 97	3. 54	2. 54	6. 0	1. 78/1. 19/1. 9
44	42/18/40	4. 15	3. 58	2. 66	6. 4	1. 74/0. 75/1. 7
45	48/12/40	3. 63	3. 58	2. 74	6. 5	1. 74/0. 44/1. 5
46	54/6/40	2. 96	3. 52	2. 82	6. 6	1. 60/0. 18/1. 2

从表8数据来看，42号样中1810D的挤出量最大，融熔指数达到要求，挤出带宽度达到5.9cm。

4.2.5 951-000/2420H与868-000共混

表9 951-000与868-000共混

试验号	2424H/868	熔融指数 2.16kg	第一点膨胀/Mm	第四点膨胀/mm	挤带宽度/cm	951/868/(g/10min)
50	100/0	2.03	3.26	2.74	6.6	2.03/0
51	90/10	2.83	3.30	2.66	6.5	2.55/0.283
52	80/20	3.96	3.34	2.56	6.4	3.17/0.80
53	70/30	5.67	3.36	2.40	6.2	3.97/1.70
54	60/40	7.92	3.38	2.18	5.8	4.75/3.17
28	50/50	10.22	3.38	2.02	5.4	5.11/5.11

表10 2420H与868-000共混

试验号	2424H/868	熔融指数 2.16kg	第一点膨胀/mm	第四点膨胀/mm	挤带宽度/cm	951/868/(g/10min)
55	100/0	1.73	3.06	2.56	6.4	2.03/0
56	90/10	2.35	3.06	2.50	6.1	2.55/0.283
57	80/20	3.28	3.10	2.40	5.8	3.17/0.80
58	70/30	4.73	3.10	2.28	5.65	3.97/1.70
59	60/40	6.62	3.12	2.12	5.3	4.75/3.17
60	50/50	9.48	3.12	1.80	4.7	4.74/4.7

从表9、表10的数据可看出：53号和54号样的融熔指数为6左右，挤出带宽为6cm左右，与国外牌号1和国内涂覆料相比融熔指数基本相当，挤出带宽度仍低1/7左右。951-000与2420H相比，951-000的流动性和挤出膨胀和挤出带宽度的平衡性更好一些。说明951-000的分子中长支链更多或更长一些。

5 结论

(1) 熔体膨胀和挤出带宽度随着低熔指产品含量增加而增加。融熔指数随着低熔指产品含量的增加而降低。

(2) 由于在1810D、868-000、951-000、2420H、2420M缺少长支链，其共混试验能使融熔指数与挤出带宽度能达到一定的平衡，即融熔指数达到6~7g/10min，挤出宽度可以达到6cm左右，但仍达不到 国外牌号1和国内涂覆料 的宽度7cm左右。

(3) 与2420M相比，在熔融指数基本相当时，共混试验挤出带宽度可提高1/3左右，即宽度从4cm提高到6cm左右。

(4) 国内涂覆料 和 国外牌号1 的重均分子量比2420M高一个数量级，其分布系数分别是11.061和8.565和4.072，因此2420M的分子量分布较窄。国内涂覆料 和 国外牌号1的长支链较多，提高了产品的熔体强度，降低了产品的黏粘度，使涂覆产品的挤出速度和收缩有良好的平衡。

(5) 国内涂覆料和国外牌号1的熔点和结晶度都比2420M低，因此 国内涂覆料 和 国外牌号1的短支链和长支链都比2420M多。

(6) 通过对管式法和釜式法生产工艺分析可知，釜式法产生的长支链对融熔指数和挤出带宽度的平衡起到重要的作用。长支链可以使重均分子量提高，挤出黏粘度下降，但熔体强度不会因此而降低，所以挤出时不会产生收缩。

(7) 现有的管式法工艺，老装置的产品如951-000比新装置生产的2420H有更高的熔体强度，挤出收缩更小一些，这主要是调整剂的不同所致。然而，新装置的四点进入引发剂，对引发产生长支链是由较大的机会。增加停留时间并用烷烃做引发剂，或者调整温度、压力等，可能生产出性能改善的涂覆产品。

参 考 文 献

[1] 何维华，张志洲，黄松．我国涂覆级树脂生产状况及发展前景[J]．合成树脂基塑料，2007，24(3)：75.
[2] 黄起中．涂覆级 LDPE 专用树脂 18G-10 的工业开发[J]．塑料工业，2011，39(3)116.

乙二醇装置环氧乙烷精制系统扩能改造

陈观志　张国强

(中国石化茂名分公司，广东茂名　525000)

摘　要：论述了中国石油化工股份有限公司茂名分公司化工分部环氧乙烷/乙二醇装置在EO反应器、循环气压缩机和氧气混合器不做改动的前提下，通过串联一套环氧乙烷精制系统对装置产品结构进行调整。改造后装置环氧乙烷生产能力提高14.2t/h，达到了扩能改造目标。

关键词：NS-3倾斜立体长条复合塔板；环氧乙烷；串联；装置改造

1　引言

环氧乙烷是重要的化工原料，又是广谱、高效的气体杀菌消毒剂，在医学消毒和工业灭菌上用途广泛，常用于食料、纺织物及其他方法不能消毒的对热不稳定的药品和外科器材等的气体熏蒸消毒，如皮革、棉制品、化纤织物、精密仪器、生物制品、纸张、书籍、文件、某些药物、橡皮制品等[1]。

近年来，高纯环氧乙烷(EO)产品市场需求快速增长，价格持续上涨，提高环氧乙烷产品产能成为全国各家环氧乙烷/乙二醇装置扩能的首要任务，许多生产商纷纷计划新建或扩建环氧乙烷生产装置，以获取更大的经济效益[2]。

2　茂名乙二醇装置改造前状况

茂名分公司环氧乙烷/乙二醇(EO/EG)装置原设计生产能力为8×10^4t/a当量环氧乙烷(EOE)，采用Shell专利的氧气法生产工艺，乙烯在银催化剂作用下直接氧化生成环氧乙烷，装置原设计为主产乙二醇，副产环氧乙烷。经2005年、2008年、2011年三次技术改造后，已调整产品结构转产环氧乙烷，环氧乙烷产量最高达12.5t/h，但醛含量接近30mg/kg，制约产能进一步提高。

3　改造目的

本次改造的主要目的是满足茂名工业园区对环氧乙烷迅猛需求，确保环氧乙烷产品质量达到国家标准GB/T 13098—2006“工业用环氧乙烷”优等品的要求，尽量增产效益更好的环氧乙烷产品，增加装置操作灵活性，改造后可根据环氧乙烷和乙二醇的市场行情，调整环氧乙烷和乙二醇产品的生产能力，提高装置的经济效益水平。

4　改造方案

茂名乙二醇装置2005年将环氧乙烷精制塔塔内件更换为山东科技大学专利技术NS-3倾斜立体长条复合塔板。此种塔盘处理量大，由于设计阀孔动能因子和开孔率的提高，塔板气相通量可达的2倍以上；高效率带来的回流比下降，也大大降低了塔内气相负荷；另外塔板面流动液体不含气体，同一降液管的通过能力提高3倍以上，塔板处理能力提高3倍以上；塔板上规整填料的作用使气液接触充分，界面更新快，雾沫夹带减少，提高了分离效率。改造后高纯EO生产能力从2.25t/h提高至5.6t/h，达到了设计产能，运行效果良好。NS-3塔板见图1所示。

图 1　NS-3 倾斜立体长条复合塔板

环氧乙烷属于高危介质，国内同类装置对环氧乙烷精制系统的扩能改造都是进行水力学的放大、更换高效塔内件提高效率和通过 CO_2 脱除系统改造提高催化剂活性来实现增产环氧乙烷，主要反应工艺操作条件也遵循原有的设计。茂名乙二醇装置总结原环氧乙烷精制塔 C302 改造经验，结合 SHELL 专利技术特点，对环氧乙烷精制系统进行环氧乙烷精制塔串联改造。流程见图 2。

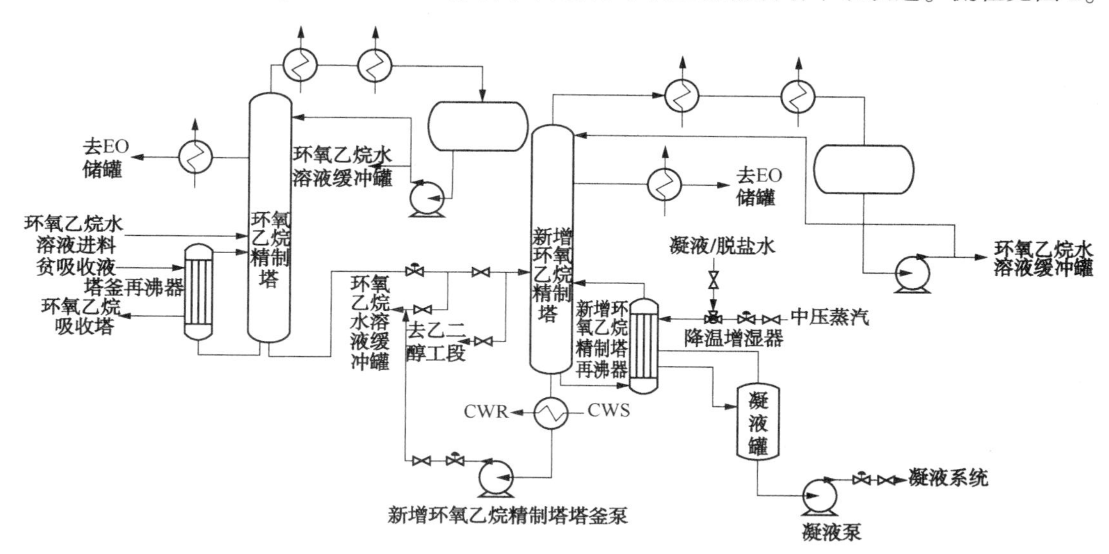

图 2　环氧乙烷精制系统改造流程图

通过在原环氧乙烷精制塔后串联一个塔径为 1700mm，装填有 76 块 NS-3 型高效塔盘(包含一块产品采出塔盘)的新环氧乙烷精制塔 C302N，进一步精制富含 EO 的水溶液，分离出更多的环氧乙烷来实现环氧乙烷精制系统的扩能。

为提高其轻重组分的分离效果，C302N 增加了提馏段的塔盘数，共装填 76 块塔 NS-3 型高效塔盘(包含一块产品采出塔盘)。考虑到进料 EO 浓度以及醛含量的波动，设置三个进料口位置，进料位置在第 11/9/3 块塔盘，可以进行适当切换，优化操作。出于安全考虑，该塔再沸器采用了浸没式安装，在塔釜低液位操作时也能保证换热管内充满液体，防止再沸器干管加热，EO 气化分解；并采用中压蒸气经减温减压为低压蒸气加热。

塔顶气含 CO_2 及甲醛的低纯度 EO 产品经 EO 精制塔 N 塔顶冷凝器和 EO 精制塔 N 塔顶过冷却器冷却到后流至 EO 精制塔 N 回流罐，该凝液大部分经 EO 精制塔 N 回流泵打回塔内作为回流，其余部分约 0. 8t/h 作为含醛 EO 排放至乙二醇工段。

高纯度 EO 产品采出温度约 43℃，经 EO 产品冷却器 N 冷却到 20℃后，用泵送至新增的 EO 贮罐。

塔釜水溶液含有乙二醇、乙醛等杂质，EO浓度约13%，温度约83℃，经EO精制塔N塔底冷却器冷却至55℃后与塔顶含的醛EO排放物流混合后用泵送至乙二醇工段。

当产品中醛含量超标时，可投入侧线排乙醛线来控制产品中醛含量。排出的含乙醛EO可与经冷却后的塔釜液混合后一起送入后续系统处理。此外，通过在C-302N塔的不同位置加入脱盐水，可以控制产品中的醛含量。

为优化生产条件，提升旧环氧乙烷精制塔环氧乙烷产品质量，新塔8t/h EO采出设计，总环氧乙烷产量达16t/h，年处理量可达到12.8×10^4t。

改造后用于生产乙二醇的EO约为2t/h(占反应器EO能力的12%)，是结合现有装置情况综合考虑后确定的。根据实际操作经验，在保证乙二醇产品能稳定采出的前提下，乙二醇工段的最低生产负荷约为MEG采出量2.5~3.5t/h，折合EO约为2~2.7t/h，占反应器EOE产量的12%左右。在此排放比例下，后部乙二醇工段可不做改动。不仅节省后部的改造费用，而且当乙二醇产品销路好时，还可恢复原有的乙二醇生产负荷下操作，使装置的操作更加灵活[3]。

5 实施效果

受催化剂选择性下降影响，装置总当量环氧乙烷为16.6t EOE/h。增产环氧乙烷技术改造项目于2013年7月31日投产，运行模式为旧塔6.2t/h，新塔8t/h，环氧乙烷产量由12.5t/h提高至14.2t/h，乙二醇产量由5.1t/h下降至3.1t/h；环氧乙烷产品醛含量由0.003%下降至0.002%。改造后参数对比见表1。

表1 环氧乙烷精制系统改造后参数对比

项目	改造前	改造后
环氧乙烷产量	12.5t/h	14.2t/h
环氧乙烷产品中醛含量	0.003%	0.0014%
环氧乙烷产品中酸含量	0.0005%	0.0005%
环氧乙烷产品中水含量	0.0083%	0.0062%
环氧乙烷产品二氧化碳含量	<0.0005%	<0.0005%
环氧乙烷产品色度	5	5

新环氧乙烷精制塔与旧环氧乙烷精制塔皆使用NS-3倾斜立体长条复合塔板，因新塔有76层塔盘，塔径为1700mm，优于旧塔(69层塔板，塔径1300mm)。新塔投产后对环氧乙烷产品质量有良好的改善作用。新旧环氧乙烷精制塔产品质量对比见表2。

表2 新旧环氧乙烷精制塔产品质量对比

项目	旧塔	新塔
环氧乙烷产量	6.2t/h	8t/h
环氧乙烷产品中醛含量	0.003%	0.0005%
环氧乙烷产品中酸含量	0.0005%	0.0005%
环氧乙烷产品中水含量	0.0083%	0.0056%
环氧乙烷产品二氧化碳含量	<0.0005%	<0.0005%
环氧乙烷产品色度	5	5

6 结论

6.1 客观制约因素

增产环氧乙烷技术改造项目基于2014年4月装置标定数据总产量18.57t EOE/h设计，新环氧乙烷精制塔设计负荷为8t/h，投产后环氧乙烷精制系统环氧乙烷负荷达16t/h。受银催化剂选择性下降，反应器空速下降，催化剂管减薄堵塞1%管数及乙二醇产品220nm紫外透过率接近指标下限

75%影响，增产环氧乙烷技术改造项目投产时，装置总产量只有16.6t EOE/h，在确保乙二醇产品质量达优等品指标前提下，装置总环氧乙烷产量只能达到14.2t/h。按设计环氧乙烷采出比例为86.2%，实际运行环氧乙烷采出比例为85.54%，比设计值稍低。

6.2 改造效果

增产环氧乙烷技术改造项目通过2013年10月15日至10月18日标定数据分析，项目产品质量、产量，能耗、物耗均符合设计指标，达到设计要求，在环氧乙烷醛含量及装置综合能耗指标上优于项目设计值。表明乙二醇装置增产环氧乙烷技术改造项目设计合理，能确保装置在安全稳定运行的前提下，进一步提高环氧乙烷产量，做大效益。

投用新增环氧乙烷精制塔环氧乙烷产能提高至14.2t/h，按照年运行8000h，2013年环氧乙烷月平均利润1125.96元/t计算，年增效益为：$1.7\times8000\times1125.96/10000=1531.3$万元，充分体现了环氧乙烷扩能改造带来的经济优势。

参 考 文 献

[1] 侯延杰. 环氧乙烷精制塔的模拟与分析[J]. 安徽化工，2011，37(6)，43.
[2] 阮永毅. 降低环氧乙烷水含量的优化改造[J]. 广州化工，2012，40(7)：166.

280kt/a 干气制苯乙烯联合装置运行分析及优化

陈 亮 林亚祥 徐 彬 刘付华 李 斌

(中海石油宁波大榭石化有限公司，浙江宁波 315812)

摘 要：介绍了280kt/a催化干气制苯乙烯联合装置运行情况，装置从2016年6月首次投料一次开车成功，装置运行平稳，苯乙烯产品达99.86%，达到国家优级品指标。乙苯装置苯单耗0.747t/t乙苯，乙烯单耗0.272 t/t乙苯，苯乙烯装置乙苯单耗1.058 t/t苯乙烯；乙苯装置的综合能耗117.7kgEO/t.EB，苯乙烯装置综合能耗262kgEO/tSM；物耗和能耗均优于国内其他同类装置。通过设计上进一步优化，乙苯装置增加循环苯汽化器，苯乙烯降低脱氢单元与精馏单元之间的相互影响程度，提高装置的稳定性，降低操作难度。

关键词：催化干气；乙苯；苯乙烯；优化

1 引言

随着国民经济的快速发展，我国石化行业得到了长足发展，炼厂催化裂化(FCC)、催化裂解(DCC)装置每年要副产大量的干气(简称催化干气)，以往通常作为燃料气使用。然而，催化干气中含有较高附加值的乙烯组分，近年来，随着乙烯原料资源短缺情况日趋严重，国内外炼油行业越来越重视炼厂干气中乙烯的综合利用，如果能合理利用，将是炼厂的一个效益增长点。相比于纯乙烯制乙苯法来说，利用催化干气中的稀乙烯直接与苯反应制取乙苯，可以省去乙烯精制提纯工艺，节省投资。同时，据某咨询公司分析，以稀乙烯法生产乙苯，净原料成本比纯乙烯法低13%~15%[3]，具有明显的利润空间和成本竞争力。

利用催化干气中的稀乙烯直接与苯烃化的技术，国外早在20世纪50年代末就开始了研究和探索，主要的工艺有Monsanto-Lummus工艺、Alkar工艺和Mobil-Badger工艺，但均需对于气中的杂质如丙烯、硫化氢、水、氧等杂质严格精制至μg/g级[1]。国内在20世纪80~90年代由中国科学院大连化学物理研究所(简称大连化物所)、抚顺石化公司等联合开发了催化干气制乙苯的系列技术，基于其优异的催化剂活性、选择性、稳定性、好的抗杂质性能，以及该技术优异的节能减排降耗效果，在石化行业获得了广泛应用，目前已应用于20余套工业装置，有效提高了石油资源利用率[2]。21世纪初上海石油化工研究院、中国石化石油科学院、洛阳石化工程公司联合科研与工程开发出具有自主知识产权的催化干气制乙苯技术及成套工艺包。

280kt/a催化干气制乙苯-苯乙烯联合装置，其中乙苯装置采用中国石化自主知识产权的气相法干气制乙苯技术(SGEB)，烷基化反应采用气相烷基化反应，催化剂采用上海石油化工研究院研制的催化剂(SEB-08)；烷基转移反应采用液相烷基转移反应，催化剂采用石油化工科学研究院研制的催化剂(AEB-1H)。苯乙烯装置采用中石化上海石油化工研究院、华东理工大学、中石化上海工程有限公司联合开发的两级负压绝热乙苯脱氢制苯乙烯技术。催化剂采用中国石化催化剂上海分公司制造的催化剂(GS-HA)。设计规模为年产中间产品乙苯300kt，产品苯乙烯280kt，加工负荷弹性范围为60%~110%，年操作时间为8400h。该装置于2016年3月31日实现高标准中交，2016年6月投料试车取得一次性成功。

2 工艺原理及特点

2.1 催化干气制乙苯

稀乙烯制乙苯工艺原理主要是发生两个反应，即烷基化和烷基转移反应。原料催化干气中的乙烯与纯苯在一定条件下于固定床分子筛催化剂上进行气相烷基化反应，得到目标产物乙苯。主反应(1)伴随着副反应(2)的发生，为了减少副产物进一步提高乙苯产率，将多乙苯与苯按一定比例均匀混合，返回烷基转移反应器进行液相烷基转移反应生成乙苯。整个过程主要发生了如下系列反应：

（1）主反应：

$$C_2H_4+C_6H_6 = C_6H_5C_2H_5$$

苯和乙烯烷基化生成乙苯，此反应是强放热过程，反应热为 1072.6kJ/kg 乙苯。此反应原则上是可逆反应，但在 0.8MPa，320~400℃反应条件下，正向反应(烷基化)比反向反应(脱烷基)更为有利。

$$C_6H_4(C_2H_5)_2+C_6H_6 = 2C_6H_5C_2H_5$$

多乙苯和苯发生烷基转移反应生产乙苯，烷基转移反应进行的速率比烷基化反应慢，并且受化学平衡的限制，热效应基本为零。

（2）副反应：

$$C_6H_5C_2H_5+C_2H_4 = C_6H_4(C_2H_5)_2$$

$$C_6H_4(C_2H_5)_2+C_2H_4 = C_6H_3(C_2H_5)_3$$

$$C_3H_6+C_6H_6 = C_6H_5C_3H_7$$

$$C_6H_5C_2H_5 = C_6H_4(CH_3)_2$$

$$n[C_nH_{2n}] \longrightarrow [C_nH_{2n}]_n$$

在烷基化反应过程中，主要副反应是苯与丙烯反应生产丙苯，乙苯与乙烯进一步反应生成二乙苯和三乙苯等。

2.2 乙苯脱氢制苯乙烯

在脱氢反应器中，乙苯通过强吸热脱氢反应生成苯乙烯和氢气，反应进行程度受化学平衡制约。对于气相吸热反应而言，反应平衡常数随温度上升而增加，所以高温有利于乙苯向苯乙烯转化。整个乙苯脱氢反应过程主要有以下系列反应：

（1）主反应式：

$$C_6H_5C_2H_5 \rightleftharpoons C_6H_5C_2H_3+H_2$$

（2）副反应：

在反应器中除了发生上述主反应，还发生热裂解、氢化裂解等副反应。

$$C_6H_5CH_2CH_3 \longrightarrow C_6H_6+C_2H_4$$

$$C_6H_5CH_2CH_3+H_2 \longrightarrow C_6H_5CH_3+CH_4$$

$$C_6H_5CH_2CH_3+H_2 \longrightarrow C_6H_6+C_2H_6$$

$$C+2H_2O \longrightarrow 2H_2+CO_2$$

$$CH_4+H_2O \longrightarrow CO+3H_2$$

$$C_2H_4+2H_2O \longrightarrow 2CO+4H_2$$

$$CO+H_2O \longrightarrow H_2+CO_2$$

由上列主、副反应可知，在水蒸气存在下的乙苯催化脱氢，除生成目的产物苯乙烯外，副产物主要有：氢气、苯、甲苯、甲烷、乙烯、二氧化碳、一氧化碳等。

在乙苯脱氢反应中，除了发生主反应和各类副反应外，原料乙苯中的化学杂质也发生反应，生成物还会进一步发生反应，故最终生成物还含有另一些副产物，如二甲苯裂解、异丙苯脱氢生成 α

-甲基苯乙烯、聚苯乙烯及焦油等。

3 工艺流程

3.1 乙苯装置

乙苯装置共分5个系统，即脱丙烯系统、反应系统、尾气吸收系统、产品分离系统、热载体系统，如图1所示。

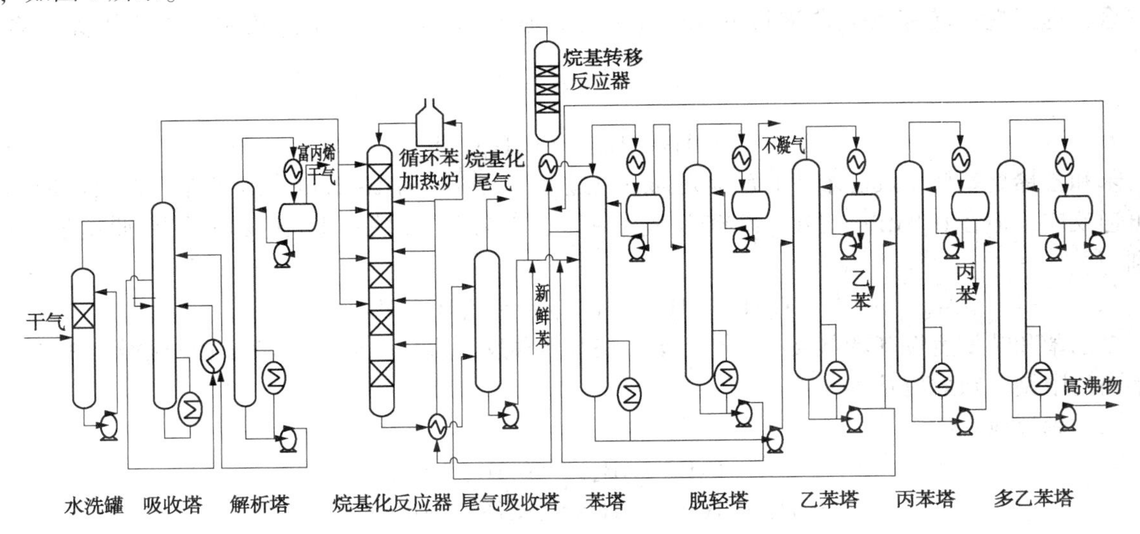

图1 干气制乙苯工艺流程图

催化干气进入脱丙烯系统，用水洗去催化干气携带的液体以及夹带的脱硫剂甲基二乙醇胺（MDEA），保护设备和管道不受腐蚀，同时延长催化剂的寿命，再用乙苯选择性吸收/解吸工艺吸收干气中丙烯，有效降低了苯的消耗，并减少了二甲苯的生成量。脱丙烯后的净化干气与被加热炉加热到320~360℃的循环苯进行烷基化反应，从分离系统回来的多乙苯和苯经过加热至170℃以后进行烷基转移反应，尾气用多乙苯进行吸收，吸收后的尾气进入燃料管网。富吸收剂与反应产物一同进入分离系统，分别依次分离出苯、乙苯、丙苯、多乙苯和高沸物，脱非芳塔脱去苯中非芳和少量水净化原料苯，其中不凝气进入燃料气管网，高沸物送苯乙烯装置。为了降低装置能耗热量回收利用，循环苯塔顶冷凝器副产0.25MPa蒸汽，乙苯和丙苯塔顶冷凝器副产0.35MPa蒸汽供苯乙烯装置使用。

热载体经加热炉加热到305℃，分多路分别送至丙烯吸收塔重沸器、解吸塔底重沸器、烷基转移进料加热器、丙苯塔底重沸器、多乙苯塔底重沸器作热源，然后返回热载体罐。热载体循环使用。

3.2 苯乙烯装置

苯乙烯装置主要有苯乙烯脱氢反应系统和苯乙烯精馏系统组成。如图2所示。

从乙苯蒸发器顶部出来的乙苯和蒸汽共沸体经反应产物加热与蒸汽过热炉出来的过热蒸汽通过反应器入口的静态混合器混合后进入脱氢反应器反应。反应产物经过冷却后，液相进入油水分离罐沉降，气相进入尾气压缩机后经过吸收解析系统除去脱氢尾气中苯乙烯、乙苯等油相，最后通过尾气增压机送至制氢装置作原料。油水分离罐水相经聚结器、工艺水处理器后进入汽提塔将凝液中烃类汽提出来，合格的凝结水送至凝液系统；油相物料——脱氢液送入罐区脱氢液罐进一步沉降切水后作精馏系统分进料。脱氢液通过顺序精馏分别依次分离出苯、甲苯、乙苯、苯乙烯、焦油；为了能够合理利用乙苯/苯乙烯分离塔顶馏出物热源，将馏出物与乙苯脱氢反应单元的乙苯和水换热，蒸发产生乙苯和水的共沸混合体。

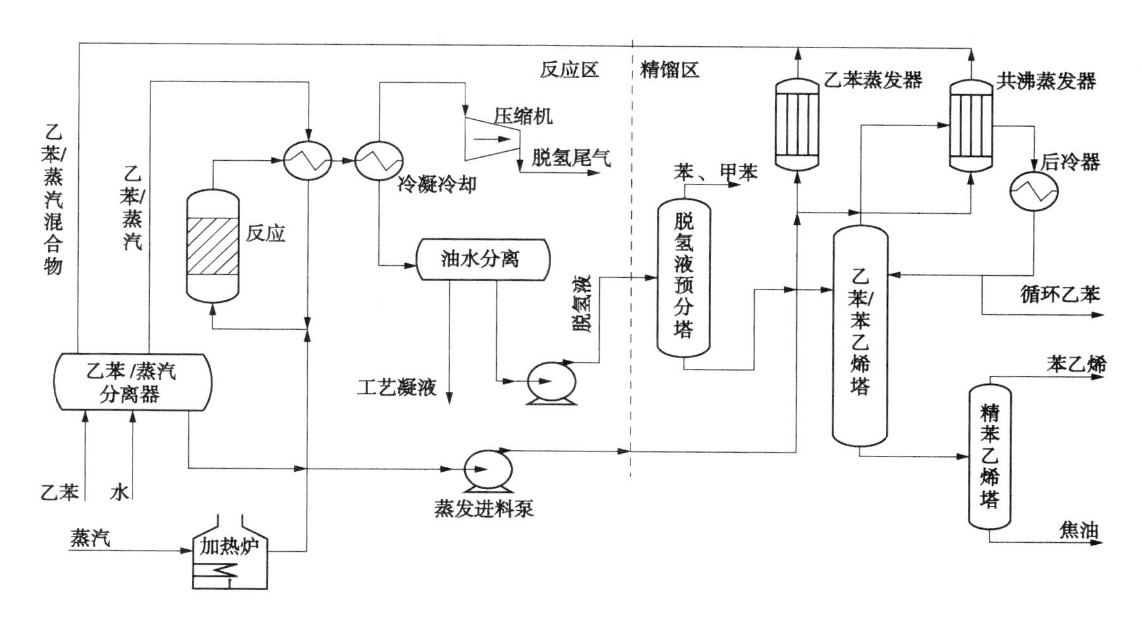

图 2　乙苯脱氢制苯乙烯工艺流程图

乙苯负压绝热脱氢恒沸精馏技术，优点在于运用恒沸精馏节能技术流程，降低乙苯脱氢单元的加热蒸汽用量及苯乙烯精馏单元循环水用量，装置综合能耗大大下降。

4　装置运行情况

该装置从 2016 年 6 月一次投料试车成功以后，装置一直平稳运行，随后对该装置进行全面标定工作，本文收集标定期间运行数据对干气制苯乙烯运行进行分析总结。

4.1　原料

原料苯部分采用的是连续重整装置生产的苯，不足部分外购，其性质见表 1；催化裂解干气采用的是上游 DCC 装置产生的干气，其组成见表 2。

表 1　新鲜苯组成分析

项　　目	数据/%	项　　目	数据/%
密度(20℃)	879.0	非芳	0.007
硫含量	0.12	甲苯	0.009
纯度	99.981	中性实验	中性
蒸发残余物	1.0	结晶点(干基)	5.35

表 2　催化干气组成分析

项　　目	数据/%	项　　目	数据/%
氢气	24.175	丙烷	0.032
氮气	5.589	丙烯	0.288
二氧化碳	0.792	异丁烷	0.011
一氧化碳	0.539	正丁烷	0.027
甲烷	32.402	丁烯	0.047
乙烷	10.081	硫化氢	<0.5
乙烯	25.517		

4.2　主要操作条件

催化干气制苯乙烯操作条件如表 3~表 6 所示。

表 3　烷基化与烷基转移操作条件

项　　目	烷基化反应	烷基转移反应
温度/℃	330～340	170～175
压力/MPa	0. 7～0. 8	2. 9～3. 0
质量空速/h^{-1}	乙烯：0. 4；苯：6. 8	1. 224
分子比	苯/乙烯：6. 1	—
质量比	—	苯/多乙苯：6

表 4　乙苯单元分离部分操作条件

项　　目	尾气吸收塔	循环苯塔	脱非芳塔	乙苯塔	丙苯塔	多乙苯塔
温度/℃						
塔顶	33～35	148～150	128～131	171～173	195～197	142～145
塔釜	78～81	232～235	135～138	227～231	227～230	240～244
进料	15～17	148～152	124～126	232～235	227～231	227～231
回流	—	124～126	18～20	152～154	153～155	116～118
压力/MPa						
塔顶	0. 55	0. 5	0. 35	0. 15	0. 15	-0. 06
回流罐	—	0. 45	0. 3	0. 05	0. 01	-0. 065
回流比		1. 3～1. 5	—	3. 4～3. 8	—	5. 3～5. 5

表 5　脱氢反应单元操作条件

项　　目	第一反应器	第二反应器
温度/℃		
入口	604～607	615～618
床层	533～535	566～568
出口	528～530	560～562
压力(绝)/kPa		
入口	52～55	45～47
出口	47～49	37～39
质量空速/h^{-1}	0. 19	
水/烃比	1. 3	

表 6　苯乙烯精馏单元操作条件

项　　目	苯乙烯预分塔	乙苯-苯乙烯塔	精苯乙烯塔
温度/℃			
塔顶	59～61	100～102	82～84
塔釜	95～98	111～116	94～98
进料	32～35	95～98	111～116
压力(绝)/kPa			
塔顶	24	36. 1	11. 5
塔釜	25. 3	40	13. 8
回流比	20～22	9～11	0. 65～0. 75

4. 3　*产品质量*

中间产品乙苯和产品苯乙烯的组成见表 7 和表 8，由表 7 数据可知，乙苯纯度达 99. 836 %，乙苯质量达到国家优级品的水平。苯乙烯纯度达 99. 86%，苯乙烯产品质量达到国家优级品指标。

表 7　乙苯中间产品的组成

项　目	数据/%	项　目	数据/%
苯	0.031	二乙苯	<0.001
甲苯	0.016	异丙苯	0.011
乙苯	99.836	非芳	0.010
二甲苯	0.082		

表 8　苯乙烯产品的组成

项　目	数　据	项　目	数　据
色度(钴-铂)	≤10 号	聚合物/(mg/kg)	2
苯乙烯/%	99.86	过氧化物(以过氧化氢计)/(mg/kg)	≤50
乙苯/%	0.03	总醛(以苯甲醛计)/(mg/kg)	≤100
二甲苯/(mg/kg)	600	阻聚剂(TBC)/(mg/kg)	12
α-甲基苯乙烯/(mg/kg)	100		

4.4　能耗情况

乙苯、苯乙烯装置能耗数据表如表 9、表 10 所示。

表 9　乙苯装置能耗数据表

项　目	系　数	设计值	实际值
循环水/(kgEO/t)	0.1	5.650	3.4343
电/[kgEO/(kW·h)]	0.228	13.319	9.747
3.5MPa 蒸汽/(kgEO/t)	88	129.6	131.472
1.0MPa 蒸汽/(kgEO/t)	76	15.348	9.424
0.35MPa 蒸汽/(kgEO/t)	66	-48.436	-51.546
0.25MPa 蒸汽/(kgEO/t)	55	-78.562	-52.525
工艺凝液/(kgEO/t)	7.65	17.664	13.066
除氧水/(kgEO/t)	9.2	1.960	0.8188
除盐水/(kgEO/t)	2.3	0	0.8809
3.5MPa 凝结水/(kgEO/t)	7.65	-12.896	-12.11
1.0MPa 凝结水/(kgEO/t)	7.65	-1.545	-0.9486
净化风/(kgEO/Nm^3)	0.038	0.425	0.205
氮气/(kgEO/Nm^3)	0.15	0.4	0
燃料气/(kgEO/t)	0.950	112.857	76.95
伴热热水/(kgEO/t)	1.2	0	1.9596
冷冻水/(kgEO/t)	0.01	0.18	0.0441
热水/(kgEO/t)	1.2	-23.43	-13.134
综合能耗/(kgEO/tEB)		132.71	117.7381

从表 9 数据可以知道乙苯单元能耗比设计值低 15 kgEO/t EB，主要由于催化干气中乙烯浓度比设计值 25.41%低 1.3 个百分点，但是进装置干气流量高达 35000Nm^3/h 左右，生产负荷为设计负荷的 119%左右，因此，乙苯装置能耗低于设计指标。

表 10　苯乙烯装置能耗数据表

项　目	系　数	设计值	实际值
燃料气/(kgEO/kg)	0.950	78.385	84.7
电/[kgEO/(kW·h)]	0.228	19.838	19.3
0.25MPa 蒸汽/(kgEO/t)	55	84.15	49.3
0.35MPa 蒸汽/(kgEO/t)	66	62.04	52.8
1.0MPa 蒸汽/(kgEO/t)	76	-66.88	-3.0
3.5MPa 蒸汽/(kgEO/t)	88	83.6	64.4

续表

项　　目	系　　数	设计值	实际值
循环水/(kgEO/t)	0.1	10.663	11.4
除盐水/(kgEO/t)	2.3	0	0.6
凝结水/(kgEO/t)	7.65	-3.44	-19.3
净化风/(kgEO/Nm^3)	0.038	0.741	0.5
0.8MPa 氮气/(kgEO/Nm^3)	0.15	2.25	1.1
冷媒水/(kgEO/t)	0.01	0.083	0.2
综合能耗/(kgEO/tSM)		271.4	262.0

从表10数据可以知道，苯乙烯装置综合能耗标定值为262.0kgEO/t.SM，比设计271.4kgEO/t SM低8.6。从数据可知3.5MPa蒸汽比设计值低近20 kgEO/t.SM，主要是由于尾气压缩机转速低于设计转速；而0.25MPa蒸汽比设计值低25 kgEO/t.SM主要是由于乙苯装置副产蒸汽较少，这样也导致苯乙烯装置1.0MPa蒸汽的消耗变大，比设计高出63kgEO/t.SM；燃料气消耗比设计高出6.3kgEO/t.SM，主要原因为主蒸汽流量较设计大，水烃比比设计稿0.1，导致燃料气消耗量增加；总体能耗优于设计指标。

4.5 物料平衡

根据标定期间的实际运行数据所计算的物料平衡数据如表11和表12所示。

表11　乙苯装置物料平衡表

项　　目	设计值		实际值	
	流量/(t/d)	比率/%	流量/(t/d)	比率/%
原料				
新鲜苯	642.52	49.41	766.1	50.35
催化干气	657.86	50.59	755.4	49.65
合计	1300.39	100	1521.5	100
产品				
乙苯	858.51	66.02	1026.2	67.44
富丙烯干气	20.3	1.56	25.3	1.67
烷基化尾气	392.93	30.22	433.8	28.51
不凝气	19.64	1.51	22.3	1.47
丙苯	6.1	0.47	8.7	0.57
高沸物	2.9	0.22	5.2	0.34
合计	1300.39	100	1521.5	100.00

从表11中数据可以看出，催化干气量一天比设计值大100t，乙苯产量一天要高出168t，因此，乙苯装置负荷大概在设计负荷的119%。富丙烯干气和烷基化尾气都优于设计指标，而丙苯和高沸物高出设计值，主要是脱丙烯后崔化干气中丙烯含量较大，高于设计值300mg/kg，同时由于装置负荷较大所致。苯与乙苯的质量比为0.747，乙烯与乙苯质量比为0.272，从数据分析可知本装置苯和乙烯消耗均在国内同类装置中最好。

表12　苯乙烯装置物料平衡表

项　　目	设计值		实际值	
	流量/(t/d)	比率/%	流量/(t/d)	比率/%
原料				
乙苯进料总量	847.92	99.50	849.6	97.148
高沸物	3.36	0.394	24.03	2.748
DNBP	0.640	0.075	0.643	0.074
TBC	0.028	0.003	0.026	0.003

续表

项　　目	设计值		实际值	
	流量/(t/d)	比率/%	流量/(t/d)	比率/%
精馏阻聚剂	0.240	0.028	0.241	0.027
合计	852.188	100	874.54	100
产品				
苯乙烯产品产出	796.085	93.41	802.91	91.81
脱氢尾气去界外	28.295	3.32	29.89	3.42
苯/甲苯去界外	18.716	2.20	21.14	2.41
焦油去界外	9.092	1.07	20.6	2.36
合计	852.188	100	874.54	100

从表12中数据可以知道，苯乙烯装置在100%负荷下运行，高沸物和焦油量比设计值稍微偏高，高沸物进装置较高，因此，焦油出的相应偏高。乙苯与苯乙烯质量比1.058，乙苯单耗能够达到设计指标1.06 tEB/tSM。

5 装置优化

5.1 乙苯装置循环苯汽化升温过程的优化

同类型装置开工过程中在苯循环升温阶段，循环苯加热炉炉管振动大，出口温度波动大，系统升温慢等问题。与设计院反复论证，在循环苯加热炉前增置苯汽化器，提高进炉温度，转移苯汽化点，使苯纯汽相进入加热炉管，减少因汽液两相携带造成炉管振动大，苯循环升温期间操作平稳，缩短了装置开工时间，消除开工阶段安全隐患。

5.2 优化乙苯/苯乙烯分离塔塔顶水冷器负荷

正常操作条件下，乙苯/苯乙烯分离塔顶馏出物首先通过恒沸换热器与反应系统的乙苯和水进行换热降温，再由水冷器冷却。当脱氢反应系统触发联锁后，塔顶馏出物自动切至恒沸换热器旁路，此时只能通过水冷器进行冷却，在设计时水冷器只能满足乙苯/苯乙烯分离塔70%负荷，因此，只能降低此塔负荷来维持正常操作，否则会将造成塔压升高、塔釜温度升高，破坏塔的平衡及分离效果，严重时将造成塔釜爆聚。该操作难度大，可操作性差，且耗时耗力。

为解决脱氢反应系统联锁对乙苯/苯乙烯分离塔的影响，对塔顶冷却负荷进行优化。通过模拟计算，将水冷器换热面积增大29%，并在循环水回水管线上设置电磁阀旁路，紧急情况时该电磁阀迅速打开，通过增大循环水量，维持塔顶压力，保持正常负荷，提高装置平稳性。正常生产时关闭电磁阀旁路，减少循环水用量，提高经济性。

5.3 乙苯/苯乙烯分离塔塔顶热旁路增设调节控制

恒沸精馏节能工艺流程将脱氢单元与精馏单元高度关联，乙苯蒸发负荷需要在精馏单元与脱氢单元之间进行切换、转移，在此过程中必须与脱氢单元、精馏单元升降负荷同步，造成装置单元之间干扰性强、灵活性差、操作复杂。通过乙苯/苯乙烯塔顶气相热旁路两位式切断阀增加阀门定位器、优化水冷却负荷、增大脱氢单元乙苯蒸发器负荷、恒沸换热器进料入口增设防偏流调节阀控制等优化，脱氢单元升降负荷时，精馏单元可以只通过调整乙苯/苯乙烯分离塔顶气相热旁路阀的开度来调整乙苯蒸发量，同时实现乙苯蒸发负荷的切换、转移，大大降低了脱氢单元与精馏单元相互干扰性，简化了操作，提高了操作灵活性。

5.4 优化乙苯/蒸汽分液罐气相出口应急蒸汽控制方案

脱氢反应进料正常的70%负荷由乙苯/苯乙烯分离塔顶恒沸换热器提供，30%负荷由E304提供。当触发联锁或者乙苯/苯乙烯分离塔波动时，乙苯蒸发负荷要迅速由乙苯/苯乙烯分离塔顶恒沸换热器切换到E304。但在切换过程中，E304蒸发较慢，通常会造成脱氢反应进料降低，反应器入口温度迅速升高，触发联锁而停车。原控制方案如图3所示。

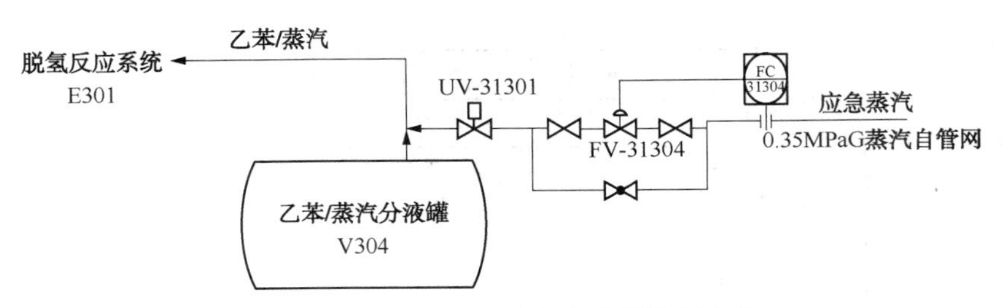

图 3　V304 气相出口应急蒸汽原控制方案

通过优化将乙苯/蒸汽分液罐气相出口紧急蒸汽采用调节阀和紧急切断阀相组合的控制方案，当进料量波动，反应器入口温度迅速上升时，及时打开调节阀，通入紧急蒸汽，给反应器降温，有效控制反应器入口温度；紧急联锁时，切断阀紧急打开，有效控制反应器入口温度，实现装置平稳运行。优化后控制方案如图 4 所示。

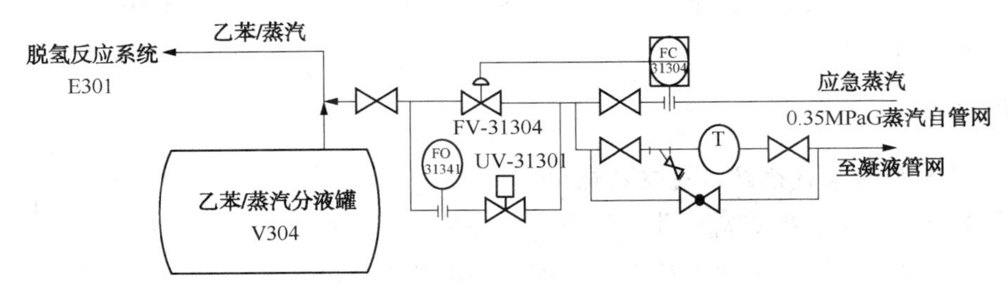

图 4　V304 气相出口应急蒸汽优化后的控制方案

6　结语

（1）该乙苯-苯乙烯联合装置是目前国内最大催化干气制苯乙烯联合装置，装置运行平稳，苯乙烯产品纯度达 99.86%，苯乙烯产品质量达到国家优级品指标。

（2）催化干气中乙烯含量较高，同时气量较大，乙苯装置负荷高达 119%左右，苯和乙烯单耗目前优于国内同类装置。乙苯装置的综合能耗 117.7kgEO/t EB，苯乙烯装置综合能耗 262kgEO/tSM，均优于国内其他同类装置。

（3）设计上进一步优化，乙苯装置增设循环苯汽化器，避免液击现象发生，开工期间操作平稳；苯乙烯通过提高乙苯/苯乙烯精馏塔塔顶后冷器的冷却效果、优化乙苯/蒸汽分液罐气相出口应急蒸汽控制方案、乙苯/苯乙烯分离塔顶热旁路增设调节控制等措施，降低脱氢单元与精馏单元之间的相互影响程度，提高装置的稳定性，降低操作难度。

参　考　文　献

[1] 李建伟，王嘉，刘学玲，等．催化干气制乙苯第三代技术的工业应用[J]．化工进展．2010，29(9)：1790-1795.

[2] 申永贵，郑长有，孟令猛．催化干气制乙苯装置工业操作方案优化与应用[J]．当代化工．2013，42(6)：798-802.

[3] 何作云，李建新，朱青．炼厂催化干气稀乙烯制取乙苯/苯乙烯利用方案分析[J]．当代石油化工．2005，13(3)：35.

丙烯腈市场分析与技术进展

迟洪泉　戚桂贞

（中国石化齐鲁分公司，山东淄博　255408）

摘　要： 阐述了国内丙烯腈的生产能力和实际产量、市场需求和价格走势，对国内丙烯腈技术现状及其市场发展趋势进行了分析和预测，另外还介绍了国内外科研开发、技术进展。

关键词： 丙烯腈；生产；市场；展望

1　引言

丙烯腈（Acrylonitrile，Propenenitrile，Vinyl Cyanide），分子式 C_3H_3N，结构式 $H_2C=CHCN$，分子量 53.06，无色液体，溶点 -83.5℃，沸点 77.5~79℃，相对密度 0.8060（20℃/4℃），折光率 1.3911，能与大多数有机溶剂，如丙酮、苯、四氯化碳、乙酸乙酯、甲醇和甲苯等互溶，易自聚。

以丙烯腈为原料可生产腈纶（丙烯腈纤维），丁腈橡胶（NBR）、丙烯腈-丁二烯-苯乙烯树脂（ABS）和苯乙烯-丙烯腈树脂（SAN）等，在合成纤维、合成橡胶和塑料等领域有着广阔的前景。

2　国内市场供需分析

2.1　国内丙烯腈市场供应概况

2016 年国内丙烯腈有效产能为 194.7×10^4t，产量为 167×10^4t，同比增幅 15.17%，开工率为 86%，同比提高了 12%。2016 年国内丙烯腈进口总量为 30.61×10^4t，同比减少 23%左右，自给率提高至 85%。生产企业分布：东北地区产能 70.4×10^4t，占 36.1%；华北山东地区产能 22×10^4t，占 11.3%；华东地区总产能 99×10^4t，占 50.8%，详见图 1。

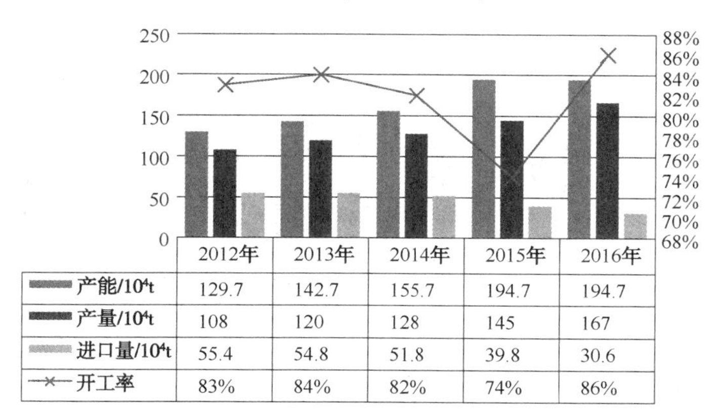

	2012年	2013年	2014年	2015年	2016年
产能/10^4t	129.7	142.7	155.7	194.7	194.7
产量/10^4t	108	120	128	145	167
进口量/10^4t	55.4	54.8	51.8	39.8	30.6
开工率	83%	84%	82%	74%	86%

图 1　2012~2016 年国内丙烯腈产能、产量、开工率变化

2.2　国内丙烯腈消费结构及需求现状

中国丙烯腈下游消费主要集中在东北、华北山东以及华东地区。目前，华东供应缺口 20×10^4t，通过进口货来补充；华北供应缺口 23×10^4t，通过华东、东北厂家及进口货来补充；东北大约有 10×10^4t 的余量南下至华北及苏北地区，详见图 2 和表 1。

表1　国内丙烯腈消费区域分布

消费地域	华东	华北 山东	东北
占比	52%	24%	20%
供应缺口/$\times10^4$t	-20	-23	10
补充来源	进口	通过华东、东北厂家及进口货来补充	南下至华北及苏北地区

2016年丙烯腈产品消费结构中腈纶占32%左右，ABS占36%，丙烯酰胺占20%。与2015年相比，腈纶占比下降2%，ABS上升4%，丙烯酰胺下降3%。ABS取代腈纶成为丙烯腈第一大衍生物。

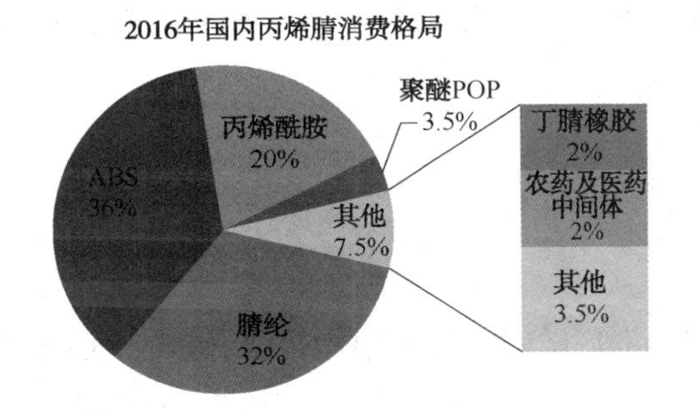

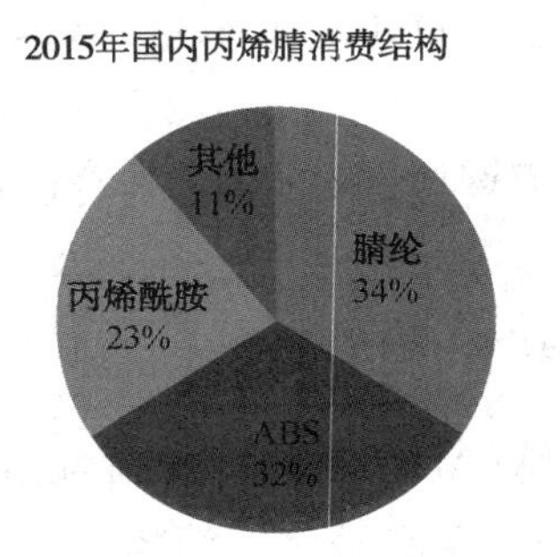

图2　2015年和2016年国内丙烯腈消费结构对比

据统计，2016年国内ABS产能376×10^4t，产量310×10^4t，同比增幅12.7%，对丙烯腈消费量估值77×10^4t左右，是推动年内丙烯腈需求继续增长的主要动力。反观腈纶，虽然装置扩能仍在继续(吉林化纤2×10^4t/a)，2016年底国内腈纶有效产能增至76×10^4t，年度产量仅为71×10^4t，同比增幅仅2.2%。终端表现低迷，下游订单外流，腈纶厂家承压产销，不乏限产降负，导致年内产量仅微幅增长，对原料支撑及市场供应量增加有限。消费排名第三的丙烯酰胺2016年产能为94×10^4t，产量65×10^4t，增幅3%，年内市场整体表现平平，主流厂家生产正常，维持老客户供应，但终端需求一般，厂家转嫁成本困难，盈利能力有所下降。

2016年国内丙烯腈表观消费量197×10^4t，同比增幅6.5%，需求增长达到了近五年的最高点。

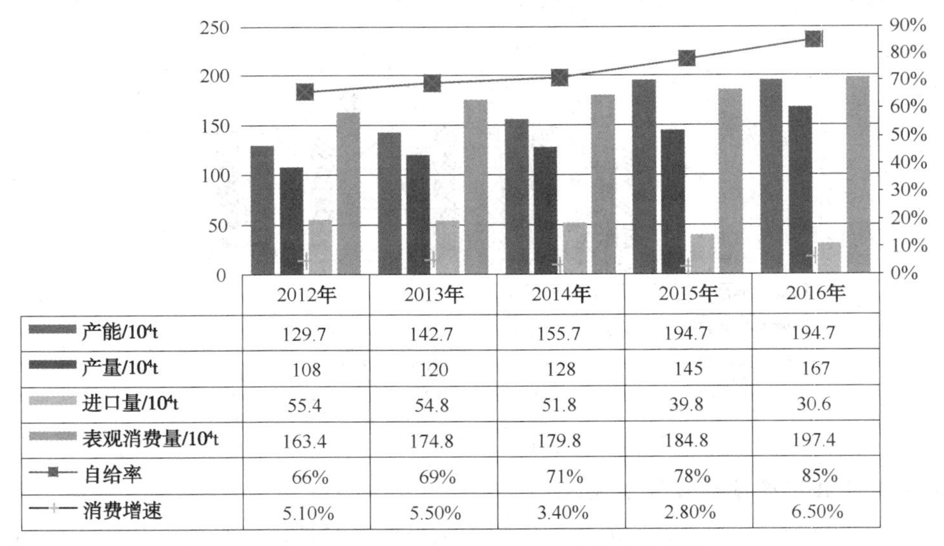

	2012年	2013年	2014年	2015年	2016年
产能/10^4t	129.7	142.7	155.7	194.7	194.7
产量/10^4t	108	120	128	145	167
进口量/10^4t	55.4	54.8	51.8	39.8	30.6
表观消费量/10^4t	163.4	174.8	179.8	184.8	197.4
自给率	66%	69%	71%	78%	85%
消费增速	5.10%	5.50%	3.40%	2.80%	6.50%

图3　2012~2016年国内丙烯腈消费变化趋势

2.3　市场价格走势

2016年国内丙烯腈市场价格整体走势向好，不过在上半年经历了长达近五个月的低迷整理期，价格一度低至7700元/t。三季度开始才借助国内外装置集中检修造成的供应吃紧，价格开始强力上拉，且高位状态一直保持到年底10500~10600元/t收盘。

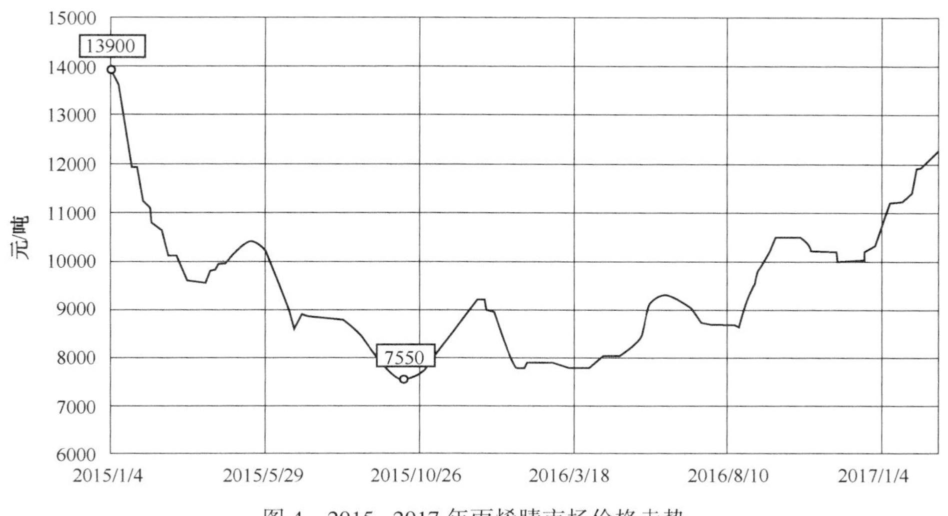

图4　2015~2017年丙烯腈市场价格走势

2017年一季度，国内占丙烯腈消费比例近90%的主要下游行业维持高负荷开工，利好丙烯腈厂家产销，使之库存长期处于低位，价格从2017年初的10800元/t升至3月初的12500元/t。具体来看，目前ABS行业开工高至9成，产品利润可观，厂家生产积极性较高；腈纶行业开工9.5成，厂家产销正常，并无库存压力，以及3月吉林化纤位于河北藁城6×10^4t/a腈纶装置有投产计划，对原料需求存增加预期；AM/PAM行业整体开工参考7~7.5成，主流厂家生产正常，库存不高，对原料丙烯腈需求相对平稳。

国内丙烯腈生产工艺以丙烯氨氧化法为主，其生产过程中，原料丙烯单耗大概在1.15t，液氨单耗约为0.5t，人工及其他成本费在2000元/t左右。据计算，2016年丙烯腈理论成本8719元/t，2016年市场丙烯腈均价9008元/t，理论盈利289元/t。2016年12月~2017年3月，丙烯腈市场均价11281元/t，丙烯腈理论成本10468元/t，理论盈利813元/t。

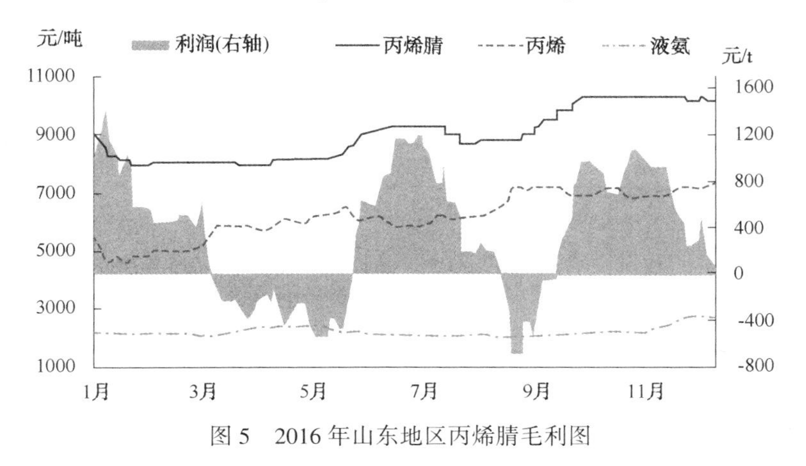

图5　2016年山东地区丙烯腈毛利图

2.4　2017年市场前景预测

2017年油价预期50~60美元/桶区间，将提振丙烯市场，预计国内丙烯供应略紧，山东地区丙烯均价不低于7000元/t，丙烯腈成本面预期表现强势，2017年上半年国内丙烯腈市场走势坚挺，但随着下游成本压力逐步增加以及新产能释放，下半年高价丙烯腈或将逐步回调。粗略估算，2017年丙烯腈理论成本估值在10000元/t左右。

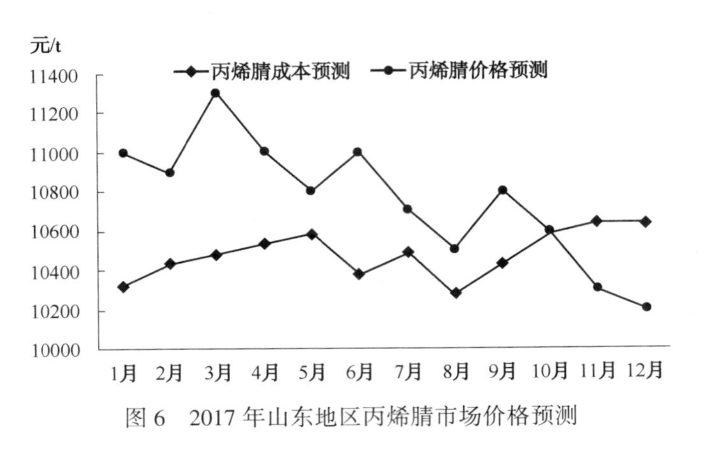

图 6　2017 年山东地区丙烯腈市场价格预测

2.5　未来供需平衡预测

2017~2019 年新建、扩建项目中，丙烯腈项目有 5 个，合计约 105×10^4t；同期，主要下游装置扩能也在继续，其中 ABS 装置改扩建计划 5 套，合计约 139×10^4t；腈纶一套 6×10^4t；丙烯酰胺计划新增 4 套装置，产能约 14×10^4t。

表 2　2017~2019 年丙烯腈及下游新增产能统计　10^4t

丙烯腈		ABS		丙烯酰胺	
厂家	新增产能	厂家	新增产能	厂家	新增产能
广西科元	20	中海油乐金	15	爱森	6
天津渤化	26	广西科元	40	四川光亚	1
山东海力	13	上海华谊	20	宝莫	2
中化泉州	26	山东海力	50	东营诺尔	5
中海油	20	盛禧奥(中国)	14		
合计	105		139		14

据估算，到 2019 年，下游新增产能对丙烯腈消费的增量在 45×10^4t 左右，届时国内丙烯腈产能将达到 299 万吨，以 90%的开工率估算产量在 278×10^4t 左右，同期消费量预计为 259×10^4t，供过于求的矛盾将凸显。

表 3　未来中国丙烯腈供需平衡预测　10^4t

年份	产能	产量	开工率	消费量	供需平衡
2014 年	155.7	128	82%	179.8	51.8
2015 年	194.7	145	74%	184.8	39.8
2016 年	194.7	167	86%	197.4	30.4
2017 年 E	208	187	90%	204.3	17.3
2019 年 E	299	278	90%	259	-19

3　技术进展

目前，丙烯腈的工业生产方法主要采用丙烯氨氧化法和丙烷氨氧化法，而我国丙烯腈全部采用丙烯氨氧化法进行生产。丙烯腈的生产方法按工艺发展时间顺序可分为 4 种。

3.1　氰乙醇法

环氧乙烷和氢氰酸在水和三甲胺的存在下反应得氰乙醇。然后以碳酸镁为催化剂，于 200~280℃脱水制得丙烯腈，收率约 75%。此法生产的丙烯腈纯度较高，但氢氰酸毒性大，成本也较高。

3.2 乙炔法

乙炔和氢氰酸在氯化亚铜-氯化钾-氯化钠稀盐酸溶液的催化作用下，在 80～90℃反应得丙烯腈。此法生产过程简单，收率良好，以氢氰酸计可达 97%。但副反应多，产物精制较难，毒性也大，且原料乙炔价格高于丙烯，在技术和经济上落后于丙烯氨氧化法。1960 年以前，该法是世界各国生产丙烯腈的主要方法。

3.3 丙烯氨氧化法

主要反应为：反应的主要副产物为氢氰酸、乙腈、二氧化碳和一氧化碳。这种方法具有原料便宜易得，工艺过程简单，产品成本低等优点，是目前国内外主要的生产方法。

丙烯氨氧化反应部分丙烯氨氧化是强放热反应，反应温度较高，催化剂的适宜活性温度范围又比较窄，固定床反应器很难满足要求，工业上一般采用流化床反应器，生产能力为 2.5×10^4t/a，采用 C-41 型催化剂。粒径分布为 0～44μm，占 25%～45%；44～88μm，占 30%～60%；大于 88μm，占 15%～30%。内部构件由催化剂支撑板及空气分布板、丙烯和氨分配管、U 形冷却管和旋风分离器等组成。反应器筒体分两大段，直径较细的称为反应段，包括浓相和稀相两部分，在浓相处设有 60 组冷却管，8 组过热水蒸气管。该管组不仅可以移走反应热，还可以起到破碎流化床内气泡，改善筒体流化质量的作用。稀相处无任何构件，直径较粗的称为扩大段，作用是降低气体流速回收被夹带的催化剂粒子，无冷却构件，设有四组三级旋风分离器。第一级旋风分离两组并联，分离出来的催化剂粒子经下料管返回反应段。

流化床中的空气分布板均匀开孔，不仅用作催化剂的支撑板，还可起导向作用，使气体均匀分布在床层的整个截面上，创造良好的流化条件。该分布板与丙烯和氨分配管之间有适当的距离，形成一个催化剂再生区，可使催化剂处于高活性氧化状态，丙烯和氨从侧面进料，空气从反应器底部进料，这样一方面可使原料混合气的配比不受爆炸极限的限制，比较安全；另一方面在开车时，反应器处于冷态，此时让空气先进开工炉，将空气预热到反应温度，再利用这一热空气将反应器加热到一定温度，同时使催化剂流化起来，然后再通入丙烯和氨，待流化床运行正常反应放热，停开工炉，让反应器进入稳定的氨氧化反应操作状态。丙烯氨氧化法工艺流程如图 7 所示。

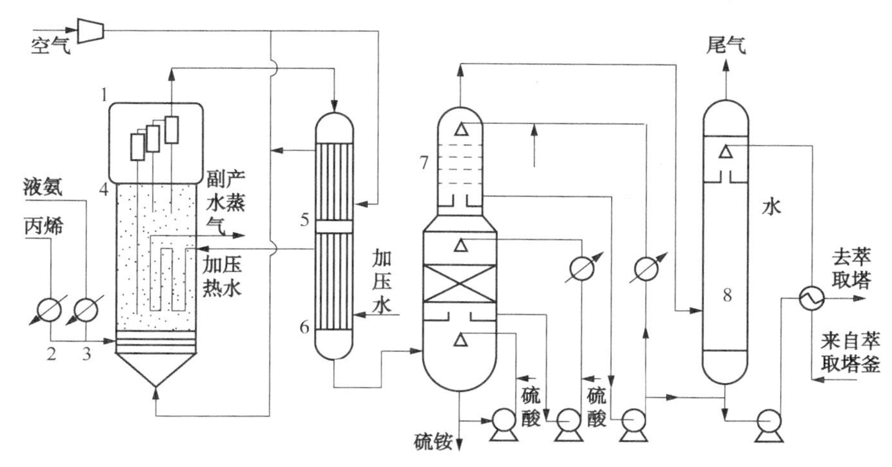

图 7　丙烯氨氧化生产丙烯腈反应与氨中和部分工艺流程

1—空气压缩机；2—丙烯蒸发器；3—液氨蒸发器；4—反应器；5—空气预热器；
6—冷却管补给水加热器；7—氨中和塔；8—水吸收塔

3.4 丙烷法

日本旭化成公司全资子公司韩国东西石油化学公司的一套 7×10^4t/a 丙烯腈生产装置已经在 2007 年前夕投产。该装置原采用传统丙烯氨氧化工艺制备丙烯腈，现经改造后，将采用旭化成的丙烷新工艺来制备丙烯腈。在完成此次工业规模的示范运行后，该公司还将加强与泰国 PTT 公司的合作，在泰国采用丙烷新工艺建造一套200kt/a的丙烯腈装置，丙烷原料由PTT提供。

尽管旭化成没有披露有关丙烷制丙烯腈新工艺的详细内容，但其专利透露了该专有催化剂由金属组分(如钼、钒、铌、锡)负载在二氧化硅上。丙烷、氨、氧和惰性气体混合物通过催化剂在415℃和0.1MPa条件下反应。4年前实验室试验表明丙烷转化率约为90%，丙烯腈选择性70%，丙烯腈总收率60%。旭化成称，这4年来催化剂一直在改进，提高了转化率和选择性。

与丙烯氨氧化工艺相比，该丙烯腈新工艺具有较低的操作成本，尤其适于具有丰富廉价丙烷资源的地区。

4 发展趋势及建议

目前丙烯腈行业的发展呈现出四大明显特点：一是以丙烷为原料的丙烯腈生产路线在逐步推广；二是作为生产丙烯腈最主要工艺，丙烯氨氧化法的新型催化剂的研发依旧是核心课题；三是装置大型化、生产集中化；四是随着环保意识和执法力度的加强，节能减排、废水、尾气处理、工艺优化日益重要。

因此，国内企业在消化吸收原引进生产技术完善现有生产工艺的同时，应该积极自主开发或引进新一代成本更低、收率更高、更环保的新技术，尤其是要进一步推进催化剂的国产化进程，并形成具有自主知识产权的自有技术；积极开发废水、尾气处理新技术，开发不产生硫酸铵污染的丙烯腈生产工艺，以减少对环境的影响，提高原料的利用率；努力降低主要原料丙烯的成本，要加强开发副产乙腈和氢氰酸(HCN)的利用新技术；积极探索丙烷法制丙烯腈新技术的开发和应用，以降低产业成本，提高企业市场竞争力。

参考文献

[1] 黄金霞，马振航，田原．2015年丙烯腈技术、生产与市场[J]．化学工业，2016，34(3)：40-45.
[2] 崔小明．我国丙烯腈生产技术研究进展．精细与专用化学品，2016，24(3)：5-7.
[3] 张冷俗，李红娟，邢超，等．丙烯腈生产技术研究进展[J]．弹性体，2011，21(4)：85-91.
[4] 中国丙烯腈生产能力不断提高[EB]．化工在线，2015-5-26.
[5] 丙烯腈进入供应宽松时代[EB]．卓创资讯，2015-12-21.
[6] 丙烯腈进出口数据[EB]．中国化工信息网，2015-12-30.
[7] 一种丙烯腈生产中副产物乙腈的精制工艺：中国，CN104592055A[P]．2015-05-06.
[8] 改进的丙烯腈制造：中国，104672106A[P]．2015-06-03.
[9] 丙烯腈产品的在线分析．US2015329480（A1）[P]．2015-11-19.

丙烯腈市场供需分析及预测

迟洪泉　戚桂贞

（中国石化齐鲁分公司，山东淄博　255408）

摘　要：阐述了国内丙烯腈的生产、进出口情况、市场需求和价格走势，对国内丙烯腈市场发展趋势进行了分析和预测。

关键词：丙烯腈；生产；市场；展望

1　引言

丙烯腈(AN)是一种重要的有机化工原料，主要用于生产丙烯腈纤维(腈纶)，也是生产丙烯腈-丁二烯-苯乙烯树脂(ABS)、苯乙烯-丙烯腈树脂(SAN)等热塑性合成树脂、丁腈橡胶(NBR)、己二腈以及丙烯酰胺和其他衍生物等的原料，开发利用前景广阔

2　国内丙烯腈市场供应分析

2.1　*产能扩张暂缓，产量持续增长*

2016年国内无新建丙烯腈装置产能投产，有效产能仍为194.7×10^4t/a，与2015年年底持平，产量为167×10^4t，同比增幅15.17%，开工率同比提高了12%。2012~2016年国内丙烯腈的数据及2016年的产能分布分别见图1和图2。

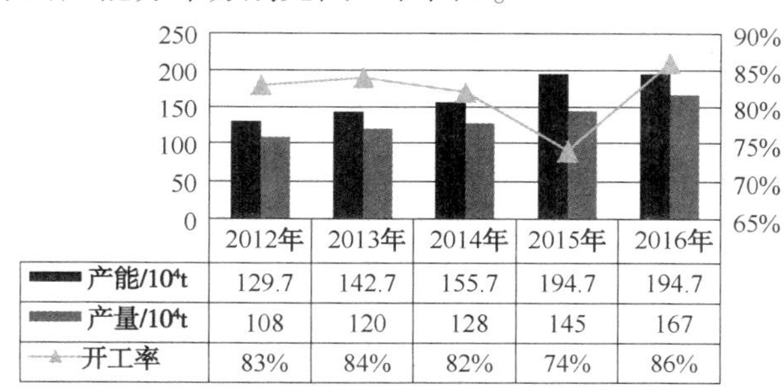

	2012年	2013年	2014年	2015年	2016年
产能/10^4t	129.7	142.7	155.7	194.7	194.7
产量/10^4t	108	120	128	145	167
开工率	83%	84%	82%	74%	86%

图1　2012~2016年国内丙烯腈产能、产量、开工率变化

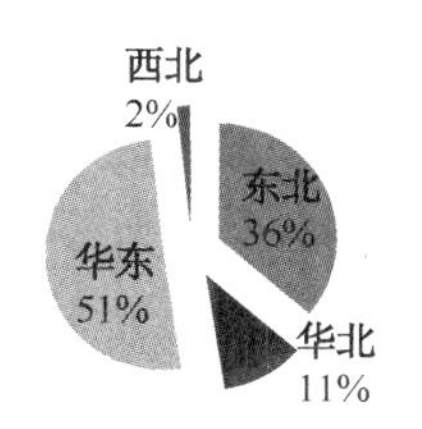

图2　2016年国内丙烯腈产能分布统计图

中国丙烯腈生产企业主要集中在东北、华北山东以及华东地区。其中，东北地区主要是中石油旗下企业，产能达到70.4×10^4t，占比36.1%；华北山东地区主要有两家工厂，齐鲁石化与科鲁尔化学，生产能力为22×10^4t/a，占比为11.3%左右；华东地区作为消费量最大的地区，近年来也逐步发展为生产能力最大的地区，2016年区域总产能达到99×10^4t/a，占比达到50.8%左右；另外西北地区目前仅有一家兰州石化生产丙烯腈，产能为3.5×10^4t/a，占比仅为1.8%。

按企业性质分，丙烯腈生产能力为95×10^4t，占国内总产能比重大约48.7%；中国石油丙烯腈生产能力为73.9×10^4t，占比大约为37.9%；另外还有唯一的民营企业江苏斯尔邦石化产能为26×10^4t，占比大约为13.3%。

2.2　*进口递减趋势持续，出口窗口再度打通*

随着国内供应量的稳步提高，丙烯腈自给率同步上升。据海关统计，2016年国内丙烯腈进口

总量为30.61×10^4t，同比减少23%左右，自给率提高至85%，进口均价1065.43美元/t。2016年国内丙烯腈进口均采用一般贸易方式，进口口岸包括南京海关、宁波海关、天津海关和大连海关。其中，南京海关和宁波海关进口总量为25.60×10^4t，占进口总量的84%；进口货源主要来自韩国、美国、台湾以及巴西，进口量分别为13.41×10^4t、8.59×10^4t、8.21×10^4t和0.40×10^4t。主要进口企业按进口量排序，依次为镇江奇美、台化塑胶、天津大沽以及爱森(中国)，上述企业丙烯腈进口量占全年进口总量的78%，如图3所示。

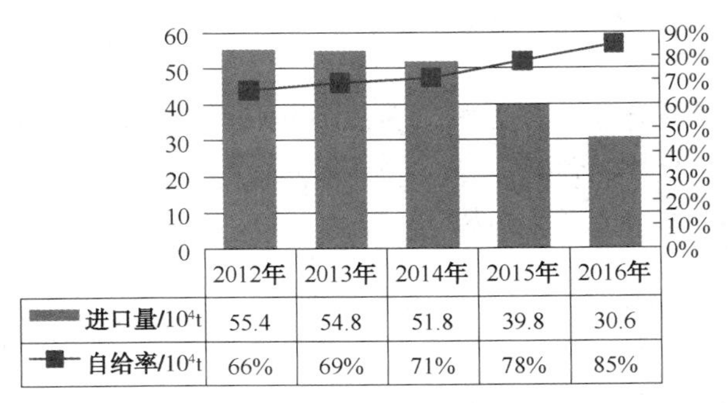

图3 2012~2016年国内丙烯腈进口变化图

目前国内丙烯腈进口总量中合约货占比较高。一方面，作为外资或中外合资的下游消费大户需要承担缓解本土丙烯腈供应压力的责任；另一方面，出于分散风险，实现原料稳定供应的目的，下游消费大户仍将按照一定比例采购进口原料。因此，丙烯腈进口供应虽有压缩空间，但仍将在国内市场占据一席之地。

另外，2016年10月金山联贸出口1950t丙烯腈至印度，出口金额24.69万美元。时隔7年，国内丙烯腈行业再度冲破出口束缚，成为缓解国内丙烯腈供需压力的新出路。

3 国内需求及消费结构分析

3.1 消费区域三分天下，华北华东缺口较大

从消费来看，国内丙烯腈下游消费企业均主要集中在华东、华北及东北三个地区(见表1)，其中华东地区仍是消费量最大的区域，其次为东北地区和华北地区，占比分别为52%、24%及20%。具体到各个地区来看，华东区域内集中了国内大部分的腈纶、ABS及丙烯酰胺等产品的工厂，而且大厂云集。其中上海石化15×10^4t/a的腈纶装置为国内仅次于吉林化纤的第二大生产企业；同时国内最大的两大ABS企业镇江奇美和LG甬兴也在华东区内；另外，丙烯酰胺主要工厂包含爱森、江西昌九、浙江鑫甬、安徽巨成及新乡博源等大厂。据估算，目前区内供应存在大约20×10^4t缺口，大部分需要通过进口货来补充。

表1 国内丙烯腈消费区域分布

消费地域	华东	华北	东北
占比	52%	24%	20%
供应缺口/×10^4t	-20	-23	10
补充来源	进口	通过华东、东北厂家及进口货来补充	南下至华北及苏北地区

东北地区丙烯腈产能及消费量均位列第二位，区内主要集中了吉林化纤腈纶、吉化ABS及大庆丙烯酰胺等大厂，目前可以达到自给自足状态，且有大约10×10^4t/a的剩余产品南下至华北及苏北地区。

华北及山东地区下游丙烯酰胺工厂较为集中，而腈纶及ABS仅分别为齐鲁石化及天津大沽两个厂家。不过，作为连接南北的中转站，其中山东市场现货交易十分活跃。目前华北地区供应缺口

较大，大约有 23×10^4t/a 的产品需要通过华东、东北厂家及进口货来补充。

3.2 消费格局略有变化，ABS 占比超过腈纶

山东润兴科技年产 10×10^4t 己二腈装置在试运行期间发生事故，至今仍未重启。丙烯腈新生需求夭折，年内消费仍集中在 ABS、腈纶以及丙烯酰胺领域。

得益于近年来我国汽车及家电等行业的蓬勃发展，ABS 行业发展较为迅猛，尽管 ABS 年内并无新装置投产，但开工率的明显提升带动了产量的大幅增长。据统计，2016 年国内 ABS 产能 376×10^4t，产量 310×10^4t，同比增幅 12.7%，对丙烯腈消费量估值 77×10^4t 左右，是推动年内丙烯腈需求继续增长的主要动力。反观腈纶，虽然装置扩能仍在继续（吉林化纤 2×10^4t/a），2016 年底国内腈纶有效产能增至 76×10^4t，但年度产量仅为 71×10^4t，同比增幅 2.2%。终端表现低迷，下游订单外流，腈纶厂家承压产销，不乏限产降负，导致年内产量仅微幅增长，对原料支撑及市场供应量增加有限，丙烯腈第一大衍生物地位被 ABS 取代。消费排名第三的丙烯酰胺 2016 年产能为 94×10^4t，产量 65×10^4t，增幅 3%，年内市场整体表现平平，主流厂家生产正常，维持老客户供应，以及执行出口订单，产销尚可，但终端需求一般，厂家转嫁成本困难，产品盈利能力有所下降。

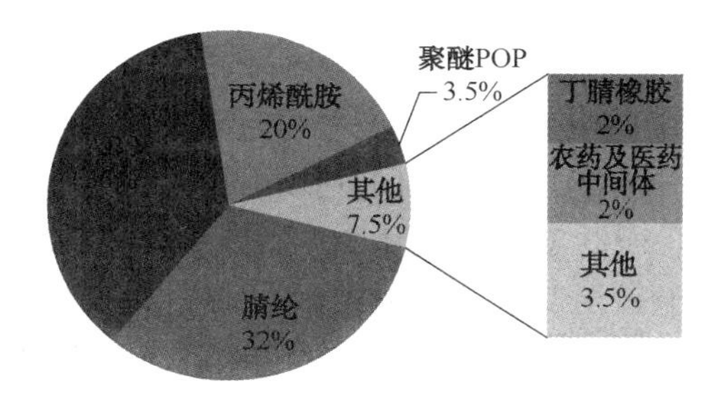

(a) 2016年国内丙烯腈消费结构

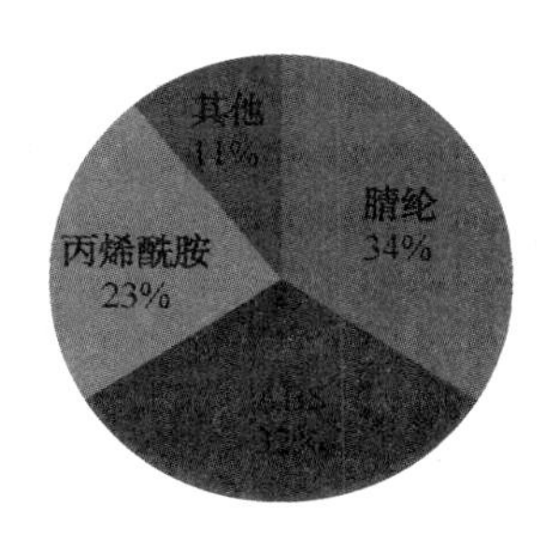

(b) 2015年国内丙烯腈消费结构

图 4　2016 年和 2015 年国内丙烯腈消费格局对比

据估算，2016 年国内丙烯腈下游消费品中，腈纶占比达到 32% 左右，ABS 占比 36%，丙烯酰胺占比为 20%。较 2015 年相比，腈纶占比下降 2%，ABS 占比则上升 4%，丙烯酰胺占比下降 3%。ABS 产量继续攀升，需求表现强劲，推动丙烯腈需求增长，2016 年国内丙烯腈表观消费量 197 万吨，同比增幅 6.5%，需求增长达到了近五年的最高点。

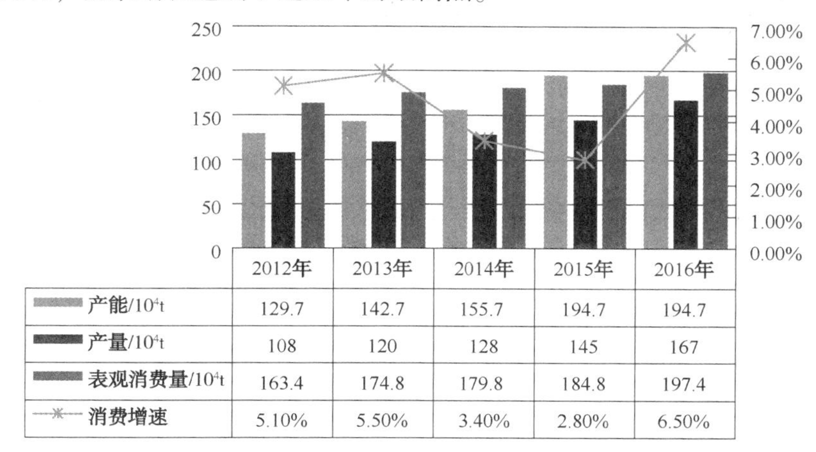

	2012年	2013年	2014年	2015年	2016年
产能/10^4t	129.7	142.7	155.7	194.7	194.7
产量/10^4t	108	120	128	145	167
表观消费量/10^4t	163.4	174.8	179.8	184.8	197.4
消费增速	5.10%	5.50%	3.40%	2.80%	6.50%

图 5　2012~2016 年国内丙烯腈消费变化趋势

4　市场价格走势与利润分析

4.1　2016 年预期中的下跌，意料外的上涨

2016 年国内丙烯腈市场价格整体走势向好，不过在上半年经历了长达近五个月的低迷整理期，价格一度低至 7700 元/t。三季度开始才借助国内外装置集中检修造成的供应吃紧，价格开始强力

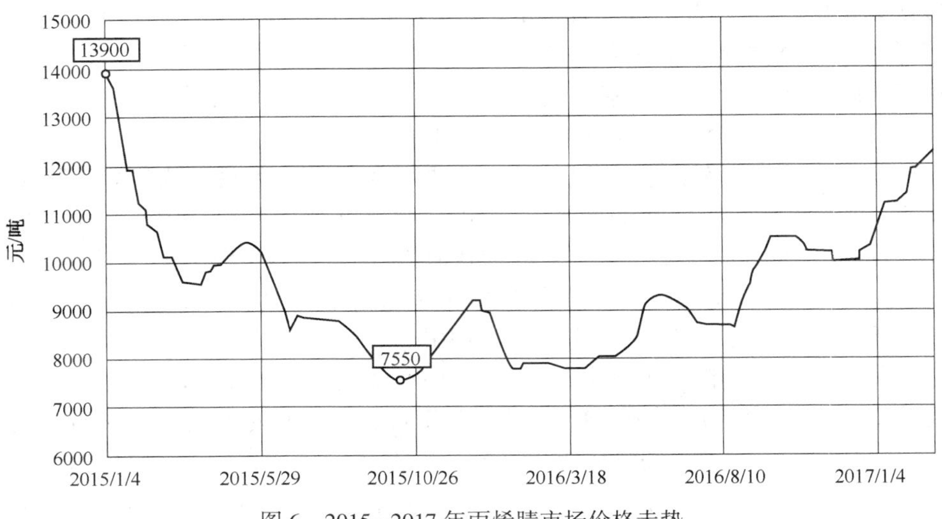

图6　2015～2017年丙烯腈市场价格走势

上拉，且高位状态一直保持到年底10500～10600元/t收盘。

4.2　2017年一季度下游高负荷开工，丙烯腈产销利好

春节长假过后，国内丙烯腈市场继续上涨，占丙烯腈消费比例近90%的主要下游行业维持高负荷开工，利好丙烯腈厂家产销，使之库存长期处于低位，价格从2017年初的10800元/t升至3月初的12500元/t。具体来看，目前ABS行业开工高至9成，产品利润可观，厂家生产积极性较高；腈纶行业开工9.5成，厂家产销正常，并无库存压力，以及3月吉林化纤位于河北藁城6×10^4t/a腈纶装置有投产计划，对原料需求存增加预期；AM/PAM行业整体开工参考7～7.5成，主流厂家生产正常，库存不高，对原料丙烯腈需求相对平稳。

综上，个别装置检修以及5月部分装置将集中检修，导致国内外丙烯腈现货供应均偏紧，同时主要下游行业高负荷开工，需求表现强势，使得丙烯腈厂家库存维持低位。根据丙烯腈装置检修时间推算，6月过后国内外丙烯腈供应紧张局面将逐步缓解。在此之前，供应面利好，将对厂商高报形成有利支撑。

4.3　2016年行业整理盈利，2017年一季度利好

据统计，2016年市场丙烯腈均价9008元/t，丙烯腈理论成本8719元/t，理论盈利289元/t；除3月中旬至5月下旬和8月中至9月初两个时间段外，行业整体呈盈利状态。2016年12月～2017年3月，丙烯腈市场均价11281元/t，丙烯腈理论成本10468元/t，理论盈利813元/t。

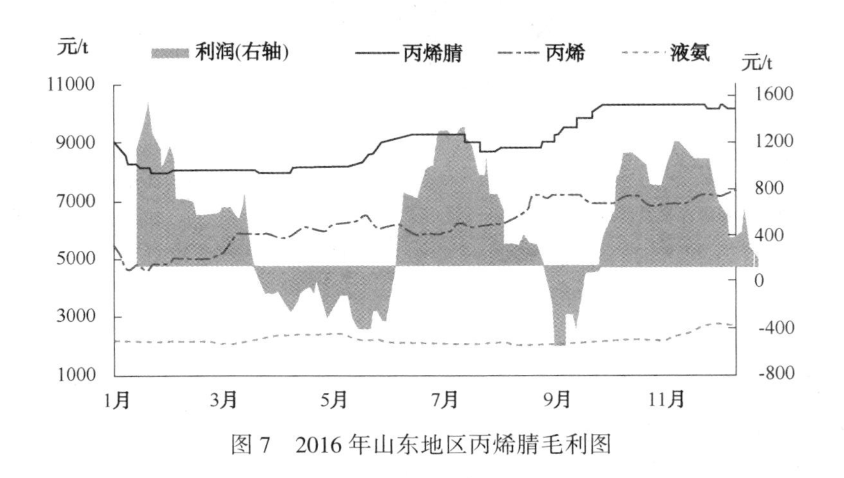

图7　2016年山东地区丙烯腈毛利图

5　2017 年市场前景预测

5.1　预期原料走势坚挺，丙烯腈成本面利好

2016 年年底欧佩克成员国和非欧佩克产油国达成联合减产协议，受此消息支撑，市场人士对 2017 年油价预期多提至 50~60 美元/桶。原油走势向好，提振丙烯市场气氛。预计 2017 年国内丙烯供应略紧，山东地区丙烯均价不低于 7000 元/t，远高于 2016 年均价 6316 元/t。丙烯腈成本面预期表现强势，对市场将形成有力支撑。粗略估算，2017 年丙烯腈理论成本估值在 10000 元/t 左右。

5.2　ABS、腈纶产能继续释放，需求将有明显增长

吉林化纤位于河北藁城的 6×10^4t/a 腈纶新建装置计划 2017 年 3 月投产，对丙烯腈年度需求增量预计在 4×10^4t 左右。同时，全球经济缓慢复苏，终端需求亦或逐步改观，加之新装置投产预期下，预计 2017 年国内 ABS 年将新增产能 14×10^4t 左右，对丙烯腈需求增量 3×10^4t 左右。目前主要下游行业高负荷生产，丙烯腈市场需求面支撑明显。

5.3　亚洲丙烯腈装置集中检修，进口供应趋紧利好国内行情

表 2　2017 年国内外部分丙烯腈装置检修计划一览　　10^4t

厂家名称	检修产能	检修开始时间	检修持续时间
上海赛科	26	2 月	1 个月
台塑	28	2 月	1 个月
英力士	54	5 月	45 天
旭化成	20	5 月	2 个月
东西石化	24.5	5 月	1 个月
台湾中石化	24	5 月	1 周
Ascend(美国)	31	5 月	1 个月
安庆石化	13	6 月	15 天左右
泰光石化	29	9 月	3 周
台湾中石化	24	10 月	3 周

东西石化丙烯腈装置限产，以及台塑丙烯腈装置计划 2 月检修，亚洲丙烯腈供应水平不高。同时，近期国内行情大涨，推升丙烯腈进口报盘。据统计，2017 年一季度亚洲货源零星高端报盘已从 1090＄/t 升至 1500＄/t。展望后市，5 月美国及亚洲部分丙烯腈装置(英力士 54×10^4t/a、旭化成 20×10^4t/a、东西石化 24.5×10^4t/a 等装置)将集中检修，供应仍有偏紧预期，将对丙烯腈进口报盘形成有力支撑，中长期进口供应预期减少，从而利好国内丙烯腈行情走势。

5.4　海力丙烯腈项目进展略慢于预期，年中投产概率降低

据了解，山东海力 13×10^4t/a 丙烯腈新建项目土建已完成，目前正处于设备安装阶段，该项目原定于 2017 年年中投产，但按项目进展情况推算，市场人士多推测，新装置于 2017 年 4 季度投产概率较大。据此预计，2017 年上半年丙烯腈整体供应偏紧，将对价格形成明显利好。

5.5　下游转嫁成本阻力大及新装置投产预期，中长期丙烯腈行情仍存隐忧

2017 年初，国内丙烯腈行情基本面预期乐观，支撑厂商报盘大幅拉涨。山东地区丙烯腈高端成交至 11500~11600 元/t，为近两年来新高。但随着下游成本压力凸显，买盘对高价原料抵触情绪增加，商家出货意向提升，市场交投重心下移。

经济增速放缓，短期终端仍难有良好改观，下游转嫁成本涨幅阻力较大，现腈纶厂家理论亏损千元左右；虽然丙烯酰胺、聚丙烯酰胺厂家报盘多跟涨，但市场高价成交滞缓，部分厂家仍用高价原料生产以交付前期低价订单，成本压力犹存。

同时，近年来国内丙烯腈下游需求变动有限，行业产能持续增加，未必能悉数转换为产量，对丙烯腈消费增量亦或低于预期。综上，需求面利好有限，将难以支撑丙烯腈价格持续上涨。

另外，随着山东海力丙烯腈新建装置顺利投产，国内丙烯腈有效产能将增至208×10^4t/a，国产供应增加，且不排除新工厂通过竞价方式拓展销路，抢占市场份额，以及国外丙烯腈装置检修过后，对国内供应亦存增加预期。届时丙烯腈供应面或再度承压，从而利空价格走势。

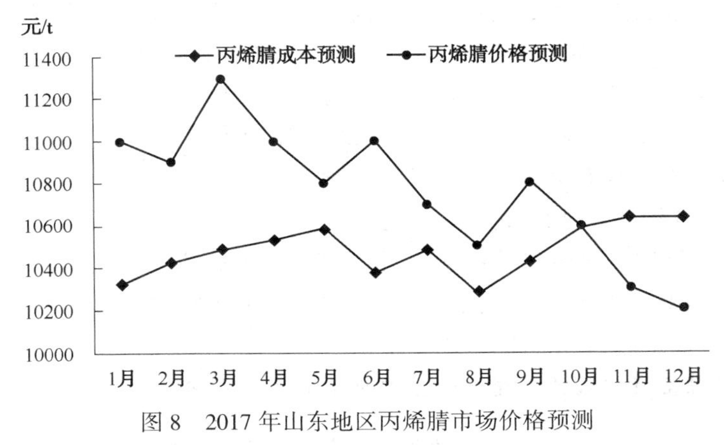

图 8　2017 年山东地区丙烯腈市场价格预测

6　未来供需平衡预测

未来新扩建项目中，华北市场计划有两套装置，其中最先投产的预计将是山东海力的13×10^4t/a丙烯腈项目；英力士和渤海集团合资在天津计划投建的26×10^4t/a 的丙烯腈装置由于“天津港”事故的影响，目前投产时间也未确定，该套装置将采用英力士的工艺和催化剂技术。台湾中石化在华东计划投产26×10^4t/a 的丙烯腈项目，但由于行情因素，目前投产时间未定。华南地区有两套新增计划，中海油20×10^4t/a 的丙烯腈新装置为其二期工程，系中海油全资子公司——中海石油炼化有限责任公司负责投资建设，目前尚无具体投产时间；另一套为广西科元的20×10^4t/a 的新装置，由于公司项目计划的更改，将先投产 ABS 装置，丙烯腈项目延后至 2018 年。若所有规划项目按期投产，2019 年国内丙烯腈产能将有105×10^4t 增量。

表 3　2017～2019 年丙烯腈及下游新增产能统计　　10^4t

丙烯腈		ABS		丙烯酰胺	
厂家	新增产能	厂家	新增产能	厂家	新增产能
广西科元	20	中海油乐金	15	爱森	6
天津渤化	26	广西科元	40	四川光亚	1
山东海力	13	上海华谊	20	宝莫	2
中化泉州	26	山东海力	50	东营诺尔	5
中海油	20	盛禧奥(中国)	14		
合计	105		139		14

同期，下游 ABS、腈纶、丙烯酰胺的扩能也在继续，其中 ABS 装置改扩建计划包括：中海油乐金15×10^4t、广西科元40×10^4t、上海华谊20×10^4t、山东海力50×10^4t、台湾盛禧奥 14×10^4t；盛禧奥在原来 PS 厂址的基础上升级改造，项目预计进程较快，2017 年下半年有投产可能，其他几套 ABS 装置预计 2018～2019 年才会投产。腈纶新建装置极少，目前统计仅有吉林化纤位于河北藁城的6×10^4t/a 腈纶新建装置计划 2017 年投产。2017～2019 年丙烯酰胺计划新增产能共计14×10^4t，具体包括：江苏爱森6×10^4t、四川光亚1×10^4t、广东宝莫2×10^4t、东营诺尔5×10^4t。据估算，到 2019 年下游新增产能对丙烯腈消费的增量在45×10^4t 左右，届时国内丙烯腈产能将达到299×10^4t，以 90%的开工率估算产量在278×10^4t 左右，同期消费量为259×10^4t，供过于求的矛盾将凸显。

表 4　未来中国丙烯腈供需平衡预测　　10^4t

年份	产能	产量	开工率	消费量	供需平衡
2014 年	155.7	128	82%	179.8	51.8
2015 年	194.7	145	74%	184.8	39.8
2016 年	194.7	167	86%	197.4	30.4
2017 年 E	208	187	90%	204.3	17.3
2019 年 E	299	278	90%	259	-19

7　发展趋势及建议

目前丙烯腈行业的发展呈现出四大明显特点：一是以丙烷为原料的丙烯腈生产路线在逐步推广；二是作为生产丙烯腈最主要工艺，丙烯氨氧化法的新型催化剂的研发依旧是核心课题；三是装置大型化、生产集中化；四是随着环保意识和执法力度的加强，节能减排、废水、尾气处理、工艺优化日益重要。

因此，国内企业在消化吸收原引进生产技术完善现有生产工艺的同时，应该积极自主开发或引进新一代成本更低、收率更高、更环保的新技术，尤其是要进一步推进催化剂的国产化进程，并形成具有自主知识产权的自有技术；积极开发废水、尾气处理新技术，开发不产生硫酸铵污染的丙烯腈生产工艺，以减少对环境的影响，提高原料的利用率；努力降低主要原料丙烯的成本，要加强开发副产乙腈和氢氰酸(HCN)的利用新技术；积极探索丙烷法制丙烯腈新技术的开发和应用，以降低产业成本，提高企业市场竞争力。

参　考　文　献

[1] 黄金霞，马振航，田原. 2015 年丙烯腈技术、生产与市场[J]. 化学工业，2016，34(3)：40-45.

[2] 崔小明. 我国丙烯腈生产技术研究进展[J]. 精细与专用化学品，2016，24(3)：5-7.

[3] 中国丙烯腈生产能力不断提高[EB]. 化工在线，2015-5-26.

[4] 丙烯腈进入供应宽松时代[EB]. 卓创资讯，2015-12-21.

[5] 丙烯腈进出口数据[EB]. 中国化工信息网，2015-12-30.

[6] 改进的丙烯腈制造：中国，104672106A[P]. 2015-06-03.

[7] 丙烯腈产品的在线分析. US2015329480 (A1) [P]. 2015-11-19.

PVC 市场供需平衡分析及预测

戚桂贞　迟洪泉

(中国石化齐鲁分公司，山东淄博　255408)

摘　要：从产能、产量、供需、消费、进出口等方面的数据分析入手，介绍了国内PVC 行业发展现状，并对未来国内市场的供需态势进行了预测。

关键词：PVC；产能；需求；利润；市场

1　全球 PVC 供应格局分析

聚氯乙烯(Polyvinyl Chloride，PVC)是五大通用合成树脂之一，目前已成为中国第一、世界第二的通用型合成树脂材料。聚氯乙烯具有良好的物理和化学性能，既能生产硬制品，又可加入增塑剂生产软制品，可广泛用于工业、农业、建筑公用事业和日常生活等各个领域。

2016 年全球 PVC 总产能约 5513×10^4t，环比增长 2.4%，PVC 企业开工率提升至 76%。预计，后续全球 PVC 产能仍将保持缓慢上升的趋势，开工率有望进一步提升；长期来看，全球需求量也在稳步增长，2016 年至 2021 年，全球对 PVC 的需求量将以 3.2%的年增长率上升。未来世界 PVC 行业将继续受产能过剩困扰，预计到 2020 年全球 PVC 产能仍将远远超过需求。

2　中国 PVC 供应分析

2.1　2016 年国内产能与分布格局

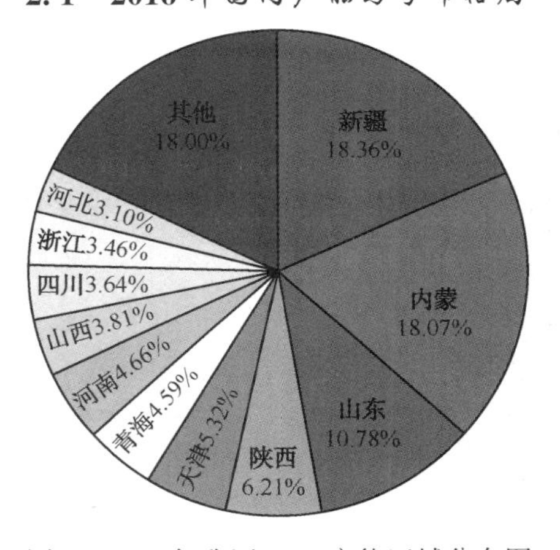

图 1　2016 年我国 PVC 产能区域分布图

2016 年，包括糊树脂在内的 PVC 总产能达到 2277×10^4t，其中电石法产能 1894×10^4t，占比达到 83%，乙烯法产能 383×10^4t，占比 17%。基于我国能源格局，我国 PVC 的生产依旧是电石法占主导。有配套电石的 PVC 企业产能达到了 1263.5×10^4t，占比从 37%提高至 56%。一体化项目具有明显的成本优势和供应优势，仍是新进入项目甚至整个行业发展的方向之一。

2016 年我国 PVC 产能分布依旧是有资源优势的西北大区，其中新疆、内蒙产能占比均达到 18%以上，山东产能占比达到 11%，见图 1。

2.2　中国 PVC 产能、产量及开工率变化

2003~2009 年中国 PVC 行业产能大幅增长的过程中，产量增长率也高居 20%以上。2010~2014 年我国 PVC 产能平均增速在 4.54%，产量平均增速在 9.58%。2014 年、2015 年两年我国 PVC 产能出现负增长(淘汰产能 240×10^4t)，产量增速明显放缓。2016 年我国 PVC 新增产能 130×10^4t，淘汰产能 97×10^4t，产能同比微幅增加 1.48%；1~12 月产量累计 1669.2×10^4t，同比增加 3.73%。

2011~2016 年 PVC 行业平均开工率达到 65%，2016 年平均开工率达到 73.84%，同比增加明显。其中，西部企业开工率较高，全年开工率均在 80%以上，个别企业开工率超过 100%，见图 2 和图 3。

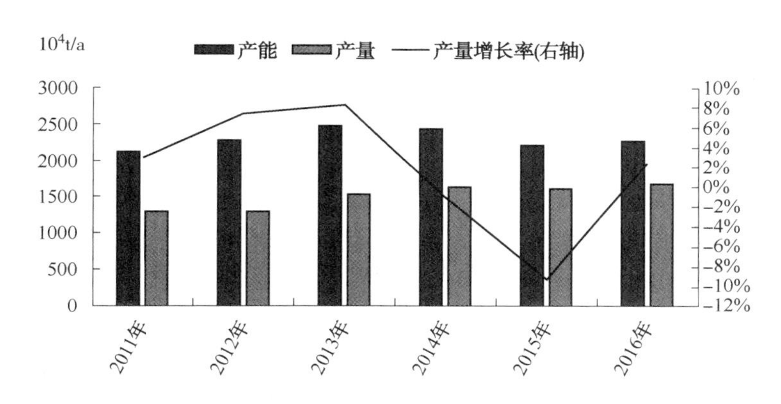

图 2　2011~2016 年中国 PVC 产能、产量变化图

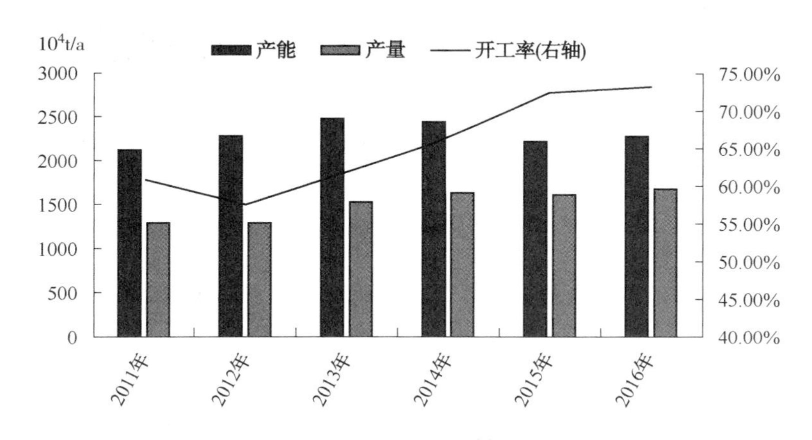

图 3　2011~2016 年中国 PVC 开工率变化图

2.3　PVC 进口分析

由于我国 PVC 供应大于需求，且技术及质量提升明显，因此进口量及进口依存度基本呈现逐年下降的趋势。2016 年全年国内 PVC 进口总量 77×10^4t，同比下降 7.3%。进口依存度 4.4%。进口来源中美国货源占 40%，台湾货源占 29%，日本货源占 22%，印尼货源占 4%。进口很难以一般贸易形式在国内流通，90%以上的是以来料加工及进料加工的方式。

3　2016 年 PVC 行业需求格局分析

3.1　2016 年 PVC 需求结构

我国 PVC 主要用于与房地产相关的管材、型材的生产，2016 年型材(28%)、管材(27%)对 PVC 的需求占比达到 55%，软制品及其他占比 34%，基本与 2015 年持平。华东、华南及华北仍是 PVC 的主要消费地区占总消费量的 73%以上，预计这种局面在短期几年内不会出现明显变化。其中广东和福建市场容量很大，但产能不足，多引进西南、西北及进口 PVC；华东、华北地区 PVC 产销基本平衡；随国家对中西部地区大规模基础设施的兴建及西部地区人工成本等优势，中西部地区的 PVC 消费量小幅增加。

2016 年 PVC 各个制品行业的产销情况并不相同，大部分下游制品企业的开工负荷均维持在 60%~70%，同比变化不大。从 PVC 下游最大两个硬制品-型材、管材行业消耗量来看，2016 年并无明显亮点，下半年旺季不旺，需求平淡，回落迹象明显。下半年下游大型型材管材厂因原料速涨，而制品需求低迷无法与原料同步涨价，导致行业普遍亏损减产，而部分小厂因亏损严重直接停车停产，下游需求端不振或将导致产品的涨价不可持续。

3.2 PVC 出口分析

2010-2014 年我国 PVC 出口量平均增速在 48.78%。但是由于我国出口地较为单一，对少数国家依赖程度过高。2014 年 6 月份开始印度对我国 PVC 大幅增加反倾销税，导致 2015 年我国出口量同比下降 3%。2016 年，受“一带一路”战略，和人民币对外升值的影响，出口优势增加，1~12 月份出口达到 105.1×10^4t，同比增加 34.34%。

中国 PVC 出口主要是印度、俄罗斯、马来西亚，印度是中国 PVC 树脂第一大出口市场占比达到 24%。出口海关天津港口占比 66%；乌鲁木齐港口占比 21%，主要是新疆天业、中泰 PVC 出口至俄罗斯；宁波港口占比 4%。

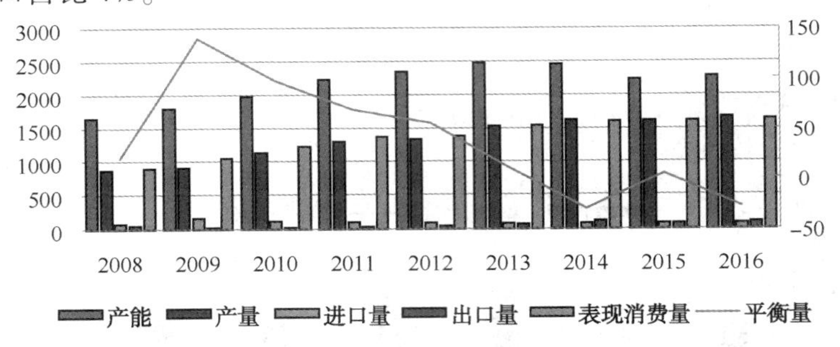

图 4　2010~2016 年我国 PVC 表观消费量变化图

3.3 PVC 表观消费量变化

2010~2016 年，国内 PVC 表观消费量总体呈上升趋势，但从 2013 年开始消费量的增长逐步放缓。

表 1　历年国内 PVC 供需一览表　　10^4t

年度	2008	2009	2010	2011	2012	2013	2014	2015	2016
产能	1646	1800	1984.5	2224.5	2341	2476	2454	2222	2277
产量	869.2	906.47	1130.034	1295.2	1326	1529.5	1629.6	1609.2	1669.2
进口量	79.75	162.99	119.9	105.09	94.04	75.95	80.79	82.54	77.22
出口量	59.96	23.6	21.8	36.8	38.56	65.63	111.07	78.23	105.1
表现消费量	888.99	1045.86	1228.134	1363.49	1381.48	1539.82	1599.32	1613.51	1641.21
平衡量	19.79	139.39	98.1	68.29	55.48	10.32	-30.28	4.31	-27.99

总体来看，2016 年由于 PVC 行业利润的大幅提升，新增产能明显增加。受国民经济的提升支撑，需求量也有所增加，但由于房地产调整周期，下游制品需求低迷等因素影响，PVC 的需求增速仍低于产能增速约 0.4 个百分点。2014~2016 年消费增长率均为 1%左右，在供给明显收缩、需求弱增长的背景下，虽然行业仍处于过剩态势，但过剩程度已逐步缓解。预计 2017 年下游消耗 PVC 用量增速在 1.3%左右，管材、型材需求增加有限，软制品、出口方面需求将会有所提升。

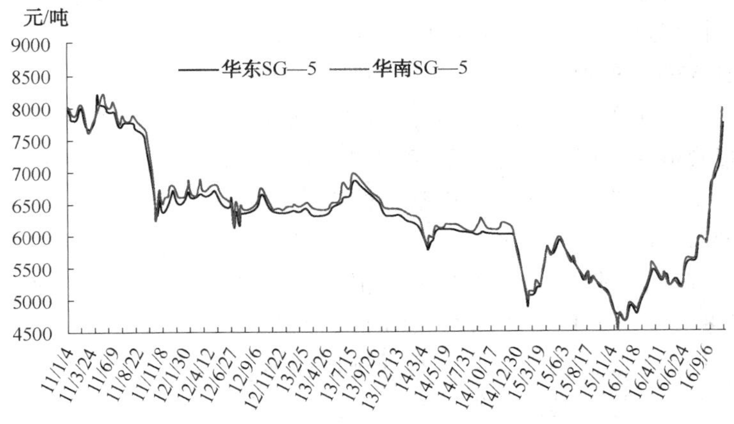

图 5　2011~2016 年 PVC 价格走势图

4 PVC 价格走势分析

2011 年起，我国 PVC 市场经历了长达 5 年的漫漫熊途。从 2011 年年初 8200 元/t 的高位，跌至 2015 年年底最低 4650 元/t，5 年时间下跌高达 3550 元/t，跌幅 76.34%。

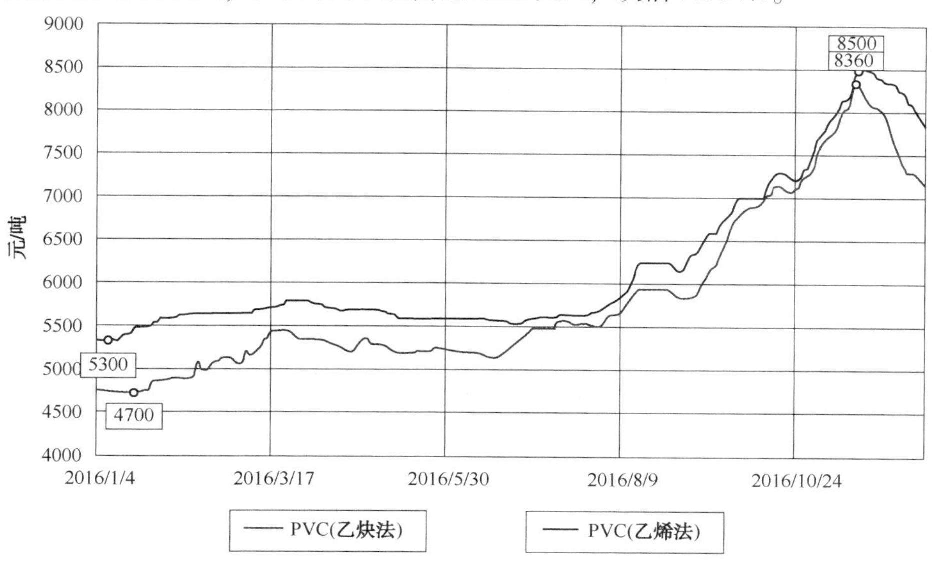

图 6　2016 年 PVC 价格走势图

2016 年是 PVC 的重要转折年，上半年 PVC 价格在 4760～5560 元/t 区间震荡，下半年上涨至 8300～8500 元/t，较年初最低价上涨 3600 元/t。主产区 PVC 企业也摆脱了长期亏损的局面，西北企业盈利达到 2000 元/t 上。造成大幅上涨的主要原因：

第一方面是行业经历去产能、转型升级之后，供给侧改革效果明显，而且 2016 年前 6 个月房地产新开工面积同比增长 15%，结束了 2014 年、2015 连续 2 年的负增长。由于 60%的 PVC 用于生产管材和型材等建筑用材，而管材和型材的需求滞后于房地产开工 6～12 个月，因此上半年房地产行业的复苏带动了下半年 PVC 原材料的需求；

第二方面是由于 PVC 国际市场好转，东南亚及印度市场需求改善，国内人民币大幅贬值，所以二、三季度 PVC 出口量大幅上升，给现货 PVC 基本面提供明显支撑；

第三方面是中央环保督察组在 7 月中旬开始展开第一轮的环保督查，力度之大前所未有，导致电石价格大幅上涨，PVC 企业因原料供应不足或者环保不达标等因素影响，整体开工率下降，供应量减少，进一步支撑 PVC 价格大涨；

第四方面是 9 月 21 日起，由于史上最严的超限、超载治理政策的实施，导致汽运价格大幅上涨；

第五方面，随着汽运以及以煤价格的飙升炭为代表的大宗商品运量上涨等因素影响，铁运开始异常紧张，10 月底至 11 月份运力紧张的问题进一步接力，成为推涨 PVC 的又一重要原因。

11 月中旬，PVC 价格已经创下了 6 年来最高点，距离历史最高点也仅有一步之遥。而供需基本面却逐步出现逆转，随着现货 PVC 价格的大幅上涨，国内价格明显高于国外价格，PVC 出口量开始大幅下降，而且 PVC 企业开工率逐步提升，部分前期长期停车企业也陆续恢复开工，供应情况已经从过去的紧张逐步转变为宽裕。华东及华南市场 SG-5 从最高价 8300～8500 元/t 开始回落。12 月份随天气的转冷，北方需求陆续降温，加之环保影响，广东及河北等地部分下游企业被迫停车，PVC 需求表现较为低迷。企业开工正常，供应稳定，导致供大于求矛盾明显，企业及市场库存增加明显，贸易商信心缺失，积极降价出货，导致 12 月份 PVC 价格持续大幅下挫。截至月底国内电石法 SG-5 均价到 6249 元/t，环比下跌 1420 元/t，跌幅 18.52%。乙烯法 1000 型均价 7031 元/t，环比跌1240元/t，跌幅14.99%。

总体来看，2016年下半年这一波价格上涨是成本上升、环保压力、宏观调控和国际市场波动导致的被动上涨。而国内外市场需求不振、行业盈利分化严重，表明这种涨价并非经济基本面好转催生，单靠成本推升的涨价将来或不可持续。

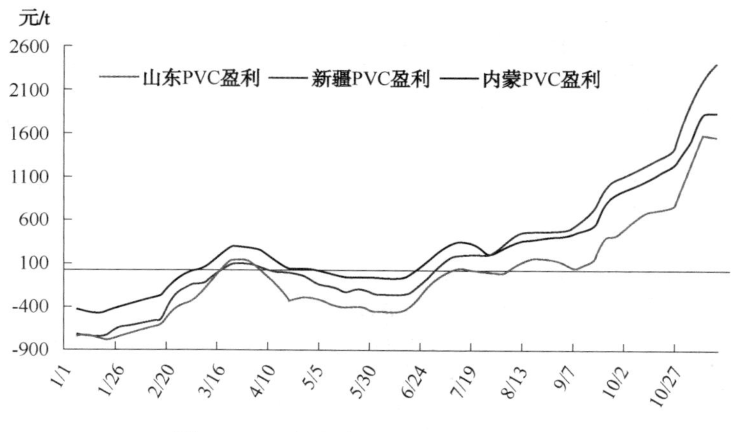

图7　2016年主产区PVC毛利走势图

5　2016年PVC企业盈利情况分析

2016年我国PVC企业终于走出低谷，行业整体一举扭转亏损的局面。以内蒙、新疆及山东三地电石法企业为例，年初最低亏损仍然500~700元/t，而至年底，PVC整体盈利到达1300~2000元/t(生产成本：电石法5100~5700元/t，乙烯法5200~6080元/t)。但由于价格大幅上升之后，一些僵尸企业死灰复燃，部分新增产能陆续投产，后期PVC产能将再度出现较为明显的增加，PVC企业大幅盈利的情况也难长期维持。

6　未来行业发展预测

2016年PVC新增产能130×10^4t，除了沈阳化工、昔阳化工和云南能投投产之外，多数产能将推至2017年之后完全释放，但由于下游亏损严重，房地产开始调整，需求量将难以明显增加，所以2017年PVC价格缺乏继续冲高的基础，但也将摆脱低位，处于高位震荡。行业不出现大跌的情况下，很难有新的淘汰企业，行业开工率继续小幅提升。预计2017年我国PVC产能达到2300~2350×10^4t，开工率提升至75%~78%，产量预计达到1700~1800×10^4t。

2017年及以后计划投产的产能还有351×10^4t，但这部分产能投产时间均不确定，预计2017~2019年实际新增产能在200×10^4t左右。

表2　2014~2019年PVC产品供需预测　　10^4t/a

指标	2014年	2015年	2016年	2017年E	2018年E	2019年E
产能	2454	2222	2277	2300	2400	2450
产量	1629.6	1609.2	1669.2	1730	1750	1800
开工率	66.41%	72.42%	73.31%	75.20%	72.90%	73.50%
进口量	80.79	82.54	77.22	70	69	68
出口量	111.071	78.23	105.1	90	100	110
表观消费量	1599.319	1613.51	1641.21	1710	1719	1758
平衡量	-30.281	4.31	-27.99	-20	-31	-42

综合来看，目前PVC供需面基本处于平衡状态，未来几年PVC产能及产量有再度增加的趋

势。后期随着“一带一路”政策的不断落实，沿线国家基建将陆续提升，我国 PVC 出口量还将维持高位。受国民经济的提升支撑，需求量也将陆续增加，但受到房地产进入新的一轮调整期，制品行业不振、经济大环境等因素影响，短期几年国内 PVC 需求增速仍将较慢，年均约 2.6%，低于同期产能增长约一个百分点，刚刚恢复的 PVC 供需平衡局面后期有再度打破的风险，PVC 行业的发展可能出现反复。

7 结语

国内 PVC 产业已经进入结构调整期，中西部一体化装置也在快速地发展，这些因素都会对未来 PVC 产业的格局产生重大影响。同时，伴随着产业集中度的提高，我国也必将会顺利完成从 PVC 生产大国向生产强国的转变，对全球 PVC 市场的影响也会愈加明显，这也将是所有 PVC 从业者都需要关注的重大战略性问题。

参 考 文 献

[1] 陈杰．国内外聚氯乙烯工业生产技术进展[J]. 当代石油石化，2002，10(10)：17-19.
[2] 张新力．中国 PVC 行业发展现状及趋势[J]. 聚氯乙烯，2010，38(6)：1-3.
[3] 郎需霞．中国 PVC 行业现状及发展趋势[J]. 聚氯乙烯，2015，43(7)：1-13.
[4] 陶磊，张志和．我国 PVC 产业现状及发展趋势[J]. 聚氯乙烯，2016，44(7)：1-4.

聚苯硫醚产业发展状况及聚苯硫醚纤维发展与应用

王彦宁　于　强　刘　杨

(中国石化天津分公司研究院，天津　300270)

摘　要：主要介绍了国内外聚苯硫醚的产业发展状况以及聚苯硫醚纤维的发展和应用。

关键词：聚苯硫醚；PPS；纤维；产业发展；应用

1　引言

聚苯硫醚是一种苯环对位上含硫原子的芳香族高分子化合物，一种耐高温高性能热塑性工程塑料，是迄今为止世界上性价比最高的特种工程塑料，已成为特种工程塑料的第一大品种。在通用工程塑料的排行中，PPS 排在聚碳酸酯、聚酯、聚甲醛、尼龙和聚苯醚之后，产量居第 6 位[1]。2011 年到 2016 年这 5 年间我国对其需求量以年均 20%的速率增长，预计到 2020 年我国 PPS 的需求量将达到 20×10^4t。PPS 具有优异的耐热性、阻燃性、绝缘性和化学稳定性[2]，其强度和硬度均较高，可用多种成型方法进行加工，而且可精密成型。PPS 的用途十分广泛，主要应用于汽车、电子电气、机械行业、石油化工、制药业、轻工业以及军工、航空航天等特殊领域。

2　国内外发展状况

2.1　国内发展状况

迄今为止，PPS 的研发主要集中在树脂本身的改进以及纤维增强复合材料性能的优化两个方面[3~14]。随着技术的改进和发展，其中合成树脂由最初的涂料级和注塑级发展到现在的涂料级、注塑级、挤出级、纤维级和薄膜级齐头并进的局势；而纤维增强复合材料方面，由早期仅有的短切纤维增强复合材料[11]，发展到近年来新增加的中长纤维增强和连续纤维增强 PPS 复合材料。

20 世纪 70 年代开始，上海华东化工学院、上海合成树脂研究所、天津合成材料研究所、广州化工研究院、四川大学等单位对聚苯硫醚进行了生产与应用方面的研究开发工作，从小试到千克级扩试，再到吨位级中试至百吨级试产，先后上马了数 10 套生产装置，耗资数以亿计。80 年代后半期，主要是四川地区的一些中小企业，建立了一批多为年产几十吨规模的小装置，生产低分子量的涂料级 PPS 树脂。由于工艺技术不完善，产品缺乏竞争力，这些小装置未能正常运转。四川特种工程塑料厂与四川大学合作，由国家投资于 1990~1991 年建成年产 150tPPS 的工业性试验装置，生产交联型注塑级树脂。

2000 年以后，四川自贡华拓实业发展股份有限公司和四川自贡鸿鹤化工集团(自贡鸿鹤特种工程塑料有限责任公司)分别建立了年产 85t 和 70t 的 PPS 树脂合成装置，并相继通过了四川省组织的 72h 生产考核。以此为基础，四川华拓实业发展股份有限公司于 2002 年年底在四川德阳建成了千吨级的 PPS 产业化装置并试车成功，于 2003 年以四川得阳科技股份有限公司的名义开始了 PPS 树脂的生产和复合材料的销售，几乎成为了唯一的国产 PPS 树脂生产与供应商。2006 年年底建成年产 6000tPPS 树脂生产线，2007 年年底新建年产 2.4 万吨 PPS 树脂生产线和年产 5000tPPS 纺丝生产线。然而，2014 年年初该企业被查出资金链出现问题，公司停产，致使国内 PPS 产业遭受打击。

以往我国PPS生产装置规模普遍偏小，近年来，面对我国旺盛的PPS需求以及国内供应短缺和大量产品需要进口的情况，我国企业也纷纷新建万吨级聚苯硫醚生产装置。四川自贡鸿鹤化工股份有限公司于2006年后并入四川昊华西南化工公司，该公司目前建有年产2000t纤维级PPS的生产装置，并打算建设年产1.5×10^4tPPS树脂的生产线。浙江新和成特种材料有限公司引进美国菲利普石油公司技术建设了年产5000t的PPS生产线，并已于2013年9月正式投产。2015年5月，新和成与荷兰皇家帝斯曼集团组建合资公司，将以新和成生产的PPS树脂为基料，生产一系列高性能工程塑料，产品主要面向汽车，电子电气及工业领域。到2019年预计产能将达3×10^4t。

鄂尔多斯市伊腾高科有限公司与四川大学合作，凭借其当地丰富的芒硝资源，拟建设年产1×10^4tPPS的生产线，首期年产3000t工程已于2014年基本完工。2014年4月，敦煌西域特种新材股份有限公司与兰州新区签约，建设一座占地8000m^2的特种高科技企业技术研发中心，计划以PPS树脂、PPS薄膜、PPS纤维、PPS注塑件、PPS涂料等产品的研发为核心，打造特种工程塑料产品的集散地和辐射源基地。2014年6月海西泓景化工有限公司投资21亿元，建设年产2×10^4t硫化碱和2000tPPS生产线装置，预计首期项目将于2017年6月投产。2014年8月广安聚苯硫醚树脂项目正式破土动工，主要建设2×10^4t注塑级聚苯硫醚、1×10^4t纤维级聚苯硫醚、2000t拉膜级聚苯硫醚、6×10^4t聚苯硫醚改性料、1500t聚苯硫醚薄膜及5000t聚苯硫醚合成纤维生产项目。

2015年，敦煌西域特种材料有限公司首期年产2000tPPS项目投产。2016年，四川中科兴业高新材料公司于中瑞投资集团联合，投资15亿元建设年产1×10^4tPPS及其深加工项目。2016年7月，重庆聚狮新材料科技有限公司PPS项目动工，总投资7.5亿元，设计年产3×10^4t纤维级PPS。

2.2 国外发展状况

1967年，美国菲利浦石油公司的Edmonds和Hill用对二氯苯和硫化钠在极性溶剂中加热缩聚制得具有商业价值的聚苯硫醚树脂，取得专利权，并于1973年以商品名“Ryton”率先实现工业化生产；1991年推出第二代注塑级树脂高分子量线型PPS树脂产品，使PPS的综合性能，特别是冲击韧性有了显著改善。菲利浦石油公司相关专利的保护期与1984年末终止后，日本东曹公司、吴羽化学工业公司、东燃石油化学工业公司等均建成了年产3000t的聚苯硫醚生产装置。随后日本大日本油墨化学公司、美国特佛隆公司也先后建设了年产4000~5000t的聚苯硫醚工业化生产装置。此后相当长的时间，国外PPS以两位数的增长率快速发展。

目前，全球PPS需求日益增长，全球各大生产厂商为迎合市场的需求迅速作出反应，纷纷扩大甚至建立新的生产线，增大产能。2013年，SK化工在韩国蔚山工业园当中新建一个生产设备，首期的产能是每年1.2×10^4tPPS基材，同时，考虑到以后的市场增长率，SK化工也会适时扩建产能，今后将达到每年2×10^4t。2014年，东丽工业公司在韩国群山建设产能为8600t的PPS树脂和3300吨聚苯硫醚化合物生产装置。届时，东丽工业公司全球PPS产量将提高到2.76×10^4t。同年，迪爱生株式会社(DIC，大日本油墨化学公司)在中国张家港新建一座产能将为6000t的PPS混配厂，并与2016年2月份进行试生产。待张家港工厂全面投产后，DIC公司PPS化合物总产能有望增至4×10^4t/a。比利时苏威(Solvay)公司2014年9月以2.2亿美元的价格收购雪佛龙菲利普斯化学公司(ChevonPhillipsChemical)的PPS业务。另外，塞拉尼斯(Celanese)公司与吴羽化学工业(KurehaCorp)公司在美国组建的合资生产厂有1.5×10^4t的产能，2014年在江苏南京建立其中国境内第一个PPS复合生产装置，新增Fortron牌聚苯硫醚树脂复合生产能力。

2.3 国内外技术创新对比情况

近年来，国内许多新材料研发与生产企业不断加强技术研究创新，为我国的聚苯硫醚发展起到了极大的推动作用。关于国内企业对于聚苯硫醚的研究创新成果，从国内专利申请情况来看，国内能够生产玻璃纤维增强类、填充类、填充增强类、耐磨润滑类、增韧类、合金类、低氯类多个聚苯硫醚粒料品种，能够生产涂料级、注塑级、纤维级与注塑级聚苯硫醚低氯树脂四个聚苯硫醚树脂品种，能够生产PPS长丝、PPS短纤维两类聚苯硫醚纤维。

与国内相比，国外企业也在不断进行聚苯硫醚技术的创新。例如东丽公司2013年采用新工艺建成了年产5000t低含气聚苯硫醚的生产线。这项新工艺使聚苯硫醚聚合物内的残留气体减少60%，进一步提升了成型精度，提高了聚苯硫醚树脂品质。再如美国泰科纳(Ticona)公司拥有最全系列的PPS树脂产品，通过挤出和吹塑工艺生产出的聚苯硫醚用于燃料电池和柴油车的膜与复合材料，通过熔融吹塑和纺丝粘合技术使用线性聚苯硫醚生产出熔融无纺布，通过挤出和压塑成型工艺的非填充、高黏度工艺，生产厚板、圆棒状与其他胚料用来加工样件。

通过对比可以看出，无论在广度和深度上来说，国内和国际的水平差距不大，但值得思考的是，国产产品在国内市场上并不多见，大部分树脂仍依靠进口。究其原因主要有两个方面：一是国内对于生产高品质聚苯硫醚的关键技术并未完全掌握，国内与国外的技术水平还有一定差距[15]；二是国外企业采用价格战对国内企业进行打击。

3 聚苯硫醚纤维发展与应用

3.1 聚苯硫醚纤维发展概况

我国对于PPS纤维的研发始于20世纪70年代，从事该项工作的有四川大学、化工部晨光化工研究院、天津合成材料研究所等单位。90年代进口的PPS树脂及聚酯共混纺丝机理和纺丝动力学得到了广泛而深入的研究，以天津工业大学为代表单位获得研究成果较为丰厚，并于1999年通过了成果验收。2004年中国纺织科学研究院与国内已实现规模化生产的四川得阳科技股份有限公司合作，批量试制出PPS短纤维。江苏瑞泰科技获得了四川纺织工业研究所PPS纤维的生产技术，于2006年开始生产PPS短纤维和长丝，率先实现了PPS纤维的国产化。2008年某公司成功研发的聚苯硫醚长丝通过了检测部门的测定，该项研究成果属国内首创。目前全国PPS纤维的使用量在1300t左右，处于供不应求的状态，预计2020年达到2×10^4t以上时方可基本满足我国对PPS纤维的需求。

1979年美国Phillips公司首次研制成功纤维级PPS树脂，1983年实现PPS短纤维工业化生产。2001年日本东丽公司收购了Phillips公司的PPS纤维事业部，成为PPS纤维的最大生产厂家。目前整个PPS纤维的产业几乎掌握在美国、日本等少数几个生产商手中。近十年来，欧美、日本等发达国家和地区的燃煤电力、燃煤锅炉行业对PPS纤维的需求量一直保持25%左右的年增长率[16]。一些发展中国家，如印度、巴西等国也开始大量采用袋式除尘技术，扩大了全球对PPS纤维的市场需求。目前，PPS纤维已形成了上百种的巨大产业链，是前景很好的高新技术产业。PPS纤维产品主要包括短纤、中空纤维、非织造等纤维与纺织制品，全球PPS纤维的总产量估计在每年5000~7000t。

3.2 聚苯硫醚纤维应用

目前，PPS纤维最主要的用途是作为耐高温、耐腐蚀的袋式除尘器滤料，主要有以下几个方面：

（1）火力发电厂燃煤锅炉。

我国是以煤炭为主的一次能源结构的国家，目前火力发电将是我国电力生产的主要方式。在我同提高工业锅炉烟尘排放标准的情况下，袋式除尘器在治理烟气、粉尘、二氧化硫等污染物方面正在逐步显现出其优越性。

目前，国内电厂广泛采用的静电除尘的烟气粉尘排放质量浓度最多达到100mg/m^3，不能满足将烟气粉尘排放质量浓度降低到50mg/m^{3}的新标准。而袋式除尘器的烟气粉尘，排放质量浓度可达到30mg/m^{3}以下，目前用于燃煤锅炉烟气净化的滤料主要是PPS针刺毡。

（2）垃圾焚烧炉。

从环保的角度出发，我国大、中城市都在兴建垃圾焚烧炉。除去焚烧炉排放烟气中的硫氧化物、氮氧化物等腐蚀性化学物，是耐高温PPS纤维的另一个较大应用。

（3）取暖锅炉。

据不完全统计，北方地区的冬季取暖燃煤锅炉占到目前煤发电锅炉的十五分之一，而此类锅炉的使用基本全部分布在城市中，因此以 PPS 纤维产品为主要过滤物的过滤袋得到了广泛的应用。

（4）其他。

利用 PPS 纤维的耐热、耐酸碱及较低的含湿率的特点，以 PPS 纤维制成针刺非织造布可用于热的化学品过滤；利用 PPS 纤维良好的保温性，东丽纤维研究所开发了 PPS 复合丝的保温衣用材料。

4 结语

目前国内 PPS 的生产工艺不足够成熟，而且在产品纯化处理及工程规模放大上有着很多的关键性工艺技术不能取得突破，致使产品无论在数量还是质量上，与国外相比均还存在一定差距，所以应当重视基础性研究工作，对工艺参数做进一步的优化和调整，达到降低生产成本、提高产品质量的目的，进而提高国内聚苯硫醚产业整体水平。另外，着重开发多功能、系列化的 PPS 产品，进一步扩大其应用领域，满足各行业特别是高技术领域对 PPS 的需求。最后，PPS 纤维的发展应紧抓下游市场，加大与下游企业的研发合作，提高市场占有率，逐步形成核心竞争力，满足日益增长的市场及研发技术需求。

参考文献

[1] 严光明，李艳，李志敏，等．聚芳硫醚树脂的合成、性能及应用发展概况[J]．中国材料进展，2016，34(12)：877-882.
[2] 孙航，李志迎，贾罂．聚苯硫醚纤维的化学稳定性研究[J]．化工新型材料，2016(03)：187-189，195.
[3] 常青．聚苯硫醚树脂合成的实验研究[D]．兰州：兰州大学，2016.
[4] 孙银宝，李宏福，张博明．连续纤维增强热塑性复合材料研发与应用进展[J]．航空科学技术，2016(05)：1-7.
[5] 王雄刚，姚丁杨，黄彩霞，等．GF 增强 PPS 复合材料的增韧改性研究[J]．工程塑料应用，2016(02)：116-119.
[6] 景鹏展，朱姝，余木火，等．基于碳纤维表面修饰制备碳纤维织物增强聚苯硫醚(CFF/PPS)热塑性复合材料[J]．材料工程，2016(03)：21-27.
[7] 程丽．聚苯硫醚(PPS)改性及其管材成型的研究[D]．北京：北京化工大学，2016.
[8] 张伟．聚苯硫醚改性及其复合材料制备与性能[D]．合肥：合肥工业大学，2016.
[9] 李振，乔雯钰，张鑫鑫，等．聚苯硫醚改性研究的进展[J]．上海塑料，2016(03)：1-6.
[10] 李方舟，张翀，尹立，等．聚苯硫醚基复合材料研究进展[J]．塑料科技，2015(05)：90-94.
[11] 张翀，李方舟，尹立，等．短切玻璃纤维增强聚苯硫醚的性能研究[J]．绝缘材料，2015(12)：36-39.
[12] 蒋爱云，王瑞利，王道山．改性聚苯硫醚研究进展[J]．合成材料老化与应用，2015(05)：89-92.
[13] 程丽，薛平，金志明．聚苯硫醚改性方法及成型研究进展[J]．工程塑料应用，2015(11)：118-121.
[14] 强新雷，扈广法，高超峰．聚苯硫醚的合成与应用[J]．应用化工，2014(02)：357-359.
[15] 连丹丹，张蕊萍，戴晋明，等．国内外纤维级聚苯硫醚树脂的流变性能对比[J]．产业用纺织品，2014(06)：26-29，33.
[16] 赵永冰．聚苯硫醚纤维的发展和市场前景[J]．合成纤维，2016(8)：25-27.

丁辛醇市场供需简析

沈美君

(中国石化齐鲁分公司，山东淄博　255408)

摘　要：从产能、产量、供需、消费、进出口等方面的数据分析入手，介绍了国内丁辛醇行业发展现状，并对未来国内市场的供需态势进行了预测。

关键词：丁辛醇；产能；需求；利润；市场

1　引言

2016年国内丁辛醇有效产能 406.1×10^4t，产量 318.33×10^4t，同比增幅5.67%，开工率为78.38%，同比提高了9.2%。预计2017年我国丁辛醇产能达到 470×10^4t，开工率70%~75%，产量预计达到 $330\sim350\times10^4$t。据预计，我国丁辛醇到2020年间将处于供应过剩的格局。

2　正丁醇

2.1　产能、产量、开工率及进出口

2016年年底，安庆曙光正丁醇装置如期投产，国内正丁醇产能增至 225.5×10^4t，产量为 153.02×10^4t，同比增长3.43%，全年开工率为68%。从地域来看，目前正丁醇产能主要集中在东北、华北(山东)、华东和西南地区。由于正丁醇的主要消费地在华东，但华东产量自供不足，需要其他地区补充，2015年四川石化与烟台万华装置投产，两家工厂先后在华东建库，加之部分进口货源与东北货源，2016年多数时间华东市场供应相对充裕。

据海关数据显示，2016年中国正丁醇进口量高达 32.77×10^4t，同比增加41.92%；出口 1.06×10^4t，同比减少21.72%，见图1和表1。进口货源主要来自俄罗斯、马来西亚等。

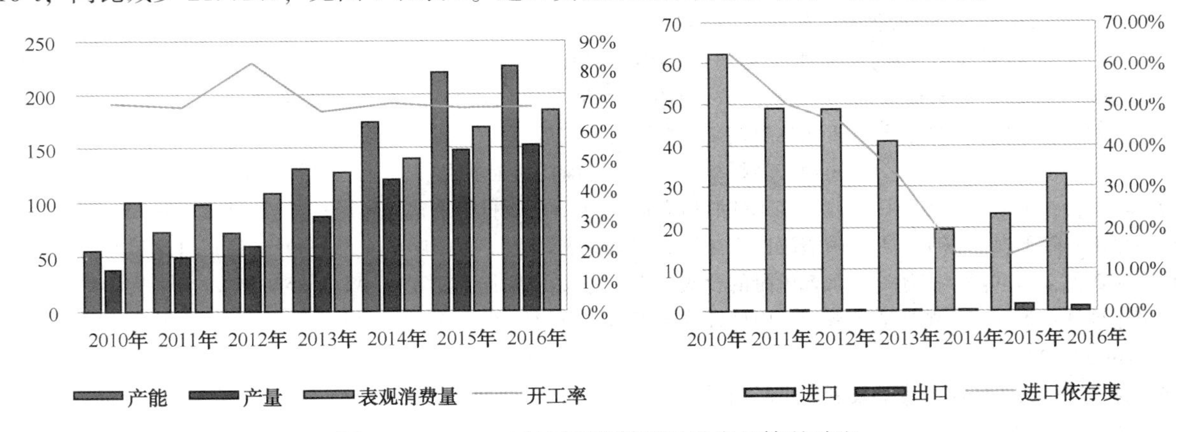

图1　2010~2016年正丁醇供需及进出口情况对比

表1　2010~2016年正丁醇供需平衡对比　　10^4t

正丁醇	产能	产量	进口	出口	进口依存度	表观消费量	开工率
2010年	55	38	62.35	0.2	62.26%	100.2	69%
2011年	72.5	49.09	49.12	0.16	50.10%	98.1	68%

续表

正丁醇	产能	产量	进口	出口	进口依存度	表观消费量	开工率
2012 年	71.5	59	48.87	0.16	45.37%	107.7	83%
2013 年	130.1	86.4	40.96	0.08	32.18%	127.3	66%
2014 年	174.1	120.2	19.39	0.263	13.92%	139.327	69%
2015 年	219.5	147.95	23.09	1.36	13.61%	169.69	67%
2016 年	225.6	153.02	32.77	1.06	18.71%	184.83	68%

2.2 下游消费构成

正丁醇下游主要产品消费中丙烯酸丁酯约占 50%，醋酸丁酯 23%，DBP7%。2016 年国内丙烯酸丁酯产能 224×10^4t，开工率约 40%~50%；据有关行业研究报告显示，全球油漆和涂料用乳液聚合物的消费量复合年均增长率约为 5.4%，全球各主要地区的涂料行业都正在向水性化方向持续发展，预计在发展中国家，水性涂料的进展将最为明显，其中，丙烯酸树脂在水性涂料中的应用最多，占整个水性涂料品种的 80%，而且，其成本相对较低，应用领域十分广泛。随着水性涂料的应用增多，势必会增加对丙烯酸酯类的刚性需求。

2016 年醋酸丁酯产能 128×10^4t，装置整体开工率在 50.27%，较 2015 年 44.87%上涨 5.4 个百分点。2010~2016 年我国醋酸丁酯的整体表观消费量呈现震荡增长趋势。至 2016 年年底，我国醋酸丁酯表观消费量达 55.82×10^4t 附近，较 2015 年同期消费量(46.8×10^4t)增加 19.27%左右。随着环保政策日益严格，油性油漆、油性油墨的发展受到抑制，多地政府发布相关文件限制高 VOC 制品发展。与此相应，下游大力研发、推广水性产品，预计醋酸丁酯刚需或将减少。供求面看，醋酸丁酯后市将陷入供应增加需求减少的窘境。

社会环保意识日渐增强，在下游应用领域未有延伸和 DBP 毒性未解下，国内对 DBP 的需求量持续萎缩，据数据显示，2013~2016 年 DBP 表观消费量分别为：37.7×10^4t、35.41×10^4t、30.44×10^4t、28.69×10^4t。

3 辛醇

3.1 产能、产量、开工率及进出口

2016 年年底，新增安庆曙光 10×10^4t/a 辛醇装置如期投产，国内辛醇产能增至 203.5×10^4t。产量达 165.31×10^4t，同比增加 7.38%。辛醇除去北京东方、吉林石化、江苏善俊、东明东方，四川石化停产转产产能，增加华鲁恒升与山东建兰正丁醇装置转产辛醇的产能，辛醇实际运营产能为 191×10^4t/a，按照 2016 年产量折算，全年行业开工率为 86.55%。

2016 年中国进口辛醇 20.135×10^4t，累计进口量比去年同期减少 7.89%。出口累计 7049.9t，比去年同期减少 51.09%。2015 年中国辛醇出口市场已有明显萎缩，2016 年在此基础上继续减少。

进口货源主要来自印尼、韩国和沙特。

表 2　2010~2016 年辛醇供需平衡对比　　10^4t

辛醇	产能	产量	进口	出口	进口依存度	表观消费量	开工率
2010 年	92.1	55.25	46.46	0.44	45.88%	101.27	60%
2011 年	96.1	74	35.9	0.34	32.77%	109.56	77%
2012 年	118.5	86.6	36.29	0.7	29.70%	122.19	73%
2013 年	160	112.75	27.82	0.307	19.13%	145.4	70%
2014 年	197	137.887	19.347	5.409	12.74%	151.825	70%
2015 年	216	153.308	21.858	1.441	13.41%	162.95	71%
2016 年	203.5	165.31	20.135	0.705	10.90%	184.74	81%(87%)

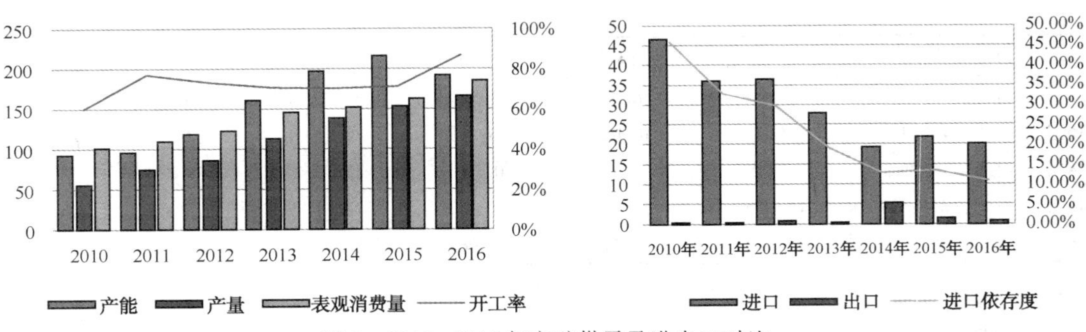

图 2　2010~2016 年辛醇供需及进出口对比

3.2　下游消费构成

从消费方面看，我国辛醇主要用途就是生产增塑剂，邻苯二甲酸二辛酯(DOP)，约占辛醇消费量的 70%。在国内增塑剂市场的发展中，DOP 始终保持着龙头老大的地位，哪怕在环保增塑剂被重视，传统增塑剂不断被爆出具备危害性的今天。据统计，在 2012 年国内 DOP 市场产能高至 300×10^4t 后，与之相伴的便是产量的萎缩及开工负荷的下降，四五成的开工已经成为常态。虽然在邻苯限制呼声渐高的情况下，DOP 主增塑剂的地位岌岌可危，但在某些制品性能方面，其仍然无法被完全替代，下游消费增速约为 3%。截至 2016 年年底我国 DOP 年产能力已达 310×10^4t 以上，表现消费量 133.72×10^4t，位居全球首位。预计 2017~2018 年 DOP 新增产能在 20×10^4t 水平，DOTP 增量在 10×10^4t 左右。

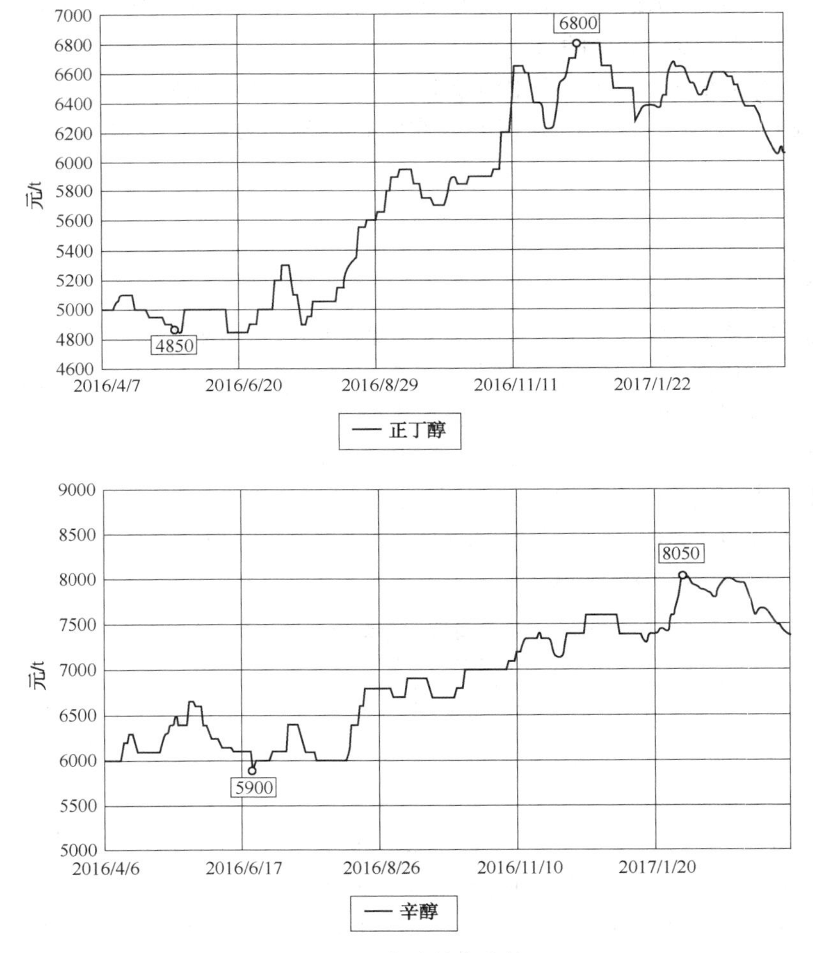

图 3　丁辛醇价格走势

4 丁辛醇价格走势、下游开工率及利润

表 3 2017 年一季度中旬丁辛醇及下游主要产品开工率和利润

项　　目	本月均值	上月均值	涨跌幅
正丁醇利润/(元/t)	251	542	-291
正丁醇开工率/%	84.4	82.9	1.50
丙烯酸丁酯利润/(元/t)	2544	2323	221
丙烯酸丁酯开工率/%	44	44	0.00
醋酸丁酯利润/(元/t)	185	176	9
醋酸丁酯开工率/%	66	37	29.00
辛醇利润/(元/t)	435	540	-105
辛醇开工率/%	87	85.4	1.60
DOP 利润/(元/t)	-22	-50	28
DOP 开工率/%	66	70	-4.00

注：丙烯酸丁酯利润数值为丙烯到丁酯的利润。

从表 3 可见，2017 年一季度中旬丁辛醇开工率提升，利润有所下滑。辛醇行业边际贡献稳定在 400 元/t，正丁醇波动较大，大约在 300 元/t。3 月底 4 月初辛醇开工率提升为 90%，正丁醇降至 66%。

5 未来发展预测

5.1 环保政策趋严对丁辛醇行业的长期影响

随着重污染天气影响扩大，环保要求再度趋严，其中部分省份、城市一度下达中小化工厂停工的指令，上述对化工品的影响力度逐渐加大。丁辛醇下游产品中亦有诸多工厂停车，如河北境内的石家庄白龙、石家庄泰吉及河北振东等装置停车，进而对丁辛醇下游需求带来较大影响。就丁辛醇装置按照地域分布来划分，其中 5 成以上的产能地区位于重污染区域，山东及周边地区丁辛醇产能较大，随着华北地区环保政策趋严，或对 2017 年丁辛醇供需带来深刻影响，进而引导丁辛醇产能分布格局的深刻变革。

5.2 供应方面

2017 年明确新增丁辛醇产能为鲁西三期 40×10^4t/a 的产能(正丁醇 20×10^4t，辛醇 20×10^4t)计划上半年投产。目前多数装置维持高负荷运行，南京惠生正丁醇装置计划 3 月中旬改造后转产辛醇，华东市场正丁醇供应量缩减，但安庆曙光装置计划提升负荷，供应面仍呈现增加预期。

2017 年及以后计划新增的丁辛醇产能预计有 97×10^4t，除鲁西三期外，如日照晨曦 15×10^4t/a、潍坊博斯腾 22×10^4t/a、辽宁缘泰 20×10^4t/a，但这部分产能投产时间均不确定，预计 2017-2019 年实际新增产能在 50×10^4t 左右。

5.3 需求方面

实际上几乎所有的增塑剂都是供大于求，但新型增塑剂的开工率多在 60%~80%，而传统增塑剂 DOP 开工率在 45%，DBP 只有 30%的开工率。DOP、DBP 的过剩是增塑剂产品里面最凸显的，尤其是在环保压力下，DOTP、DPHP 等环保增塑剂的市场份额在扩大。邻苯类增塑剂 DOP、DBP、DINP 的市场占有率在 2016 年达到 55%左右，但随着新规影响，以及之前的规定不断提高检测手段，邻苯类增塑剂需求量将会继续下跌 5%左右。

综合来看，目前国内丁辛醇供需基本上处于平衡，产能已基本满足自给的需要，利润辛醇好于正丁醇。但是随着各地环保检查力度的加大，对丁辛醇供需将带来深刻的影响。

表4　2017~2019年丁辛醇供需预测　　10^4t/a

项目	正丁醇			辛醇		
	2017年E	2018年E	2019年E	2017年E	2018年E	2019年E
产能	235.5	245	253	233.5	252	260
产量	164.85	166.6	172.04	177.46	181.44	176.8
开工率/%	70	68	68	76	72	68
进口量	35	30	28	28	25	23
出口量	19.85	21.6	30.04	5.46	16.44	15.8
消费量	180	175	170	200	190	184
平衡量	15.15	8.4	−2.04	22.54	8.56	7.2

预计2017年我国丁辛醇产能将达到470×10^4t，开工率70%~75%，产量预计达到$330\sim350\times10^4$t；2019年产能预计513×10^4t，消费量约为354×10^4t。综合我国丁辛醇消费需求预测和国内产能计划来看，我国丁辛醇到2020年前后将处于供应过剩的局面。考虑到进口产品的数量，国内装置开工率，预计在60%~75%。

生物基丁二烯研发进展

李　涛

（中国石化扬子石油化工有限公司南京研究院，江苏南京　210048）

摘　要：综述了国内外各大公司生物基丁二烯的研发进展及其产业化概况，指出了未来生物基丁二烯的发展趋势。

关键词：生物基；丁二烯；研发

1　引言

丁二烯是一种重要的基本有机化工原料，主要用于生产聚丁二烯橡胶、丁苯橡胶、丁腈橡胶、丁苯胶乳、苯乙烯热塑性弹性体以及ABS树脂等，此外还可用于生产己二腈、己二胺、尼龙66以及1，4-丁二醇，可用作粘接剂、汽油添加剂等，用途十分广泛。乙烯生产路线原料的变更致未来丁二烯长期紧缺。丁二烯传统为石脑油裂解乙烯副产，一般情况下100×10^4t乙烯副产15×10^4t丁二烯。目前全球范围内丁二烯需求估计为1100×10^4t，年新增约30×10^4t～50×10^4t，即需求最少两套100×10^4t石脑油路线乙烯投产来满足。而预计2017年起，全球每年新增的400×10^4t～600×10^4t乙烯产能(或需求)中多以煤化工或乙烷为路线，不副产丁二烯，致丁二烯长期紧缺。面对供需缺口，北美企业在生产丁二烯技术上开动脑筋。一方面，从页岩气中回收丁烷生产丁二烯，另一方面，另辟蹊径，通过生物技术生产丁二烯，弥补缺口。

2　国外生物基丁二烯技术进展

国外生物基丁二烯技术研发主要集中在美国和欧洲的生物技术公司和橡胶公司，具体技术现状见表1。

表1　国外生物基丁二烯技术研发现状

公　司	工艺路线	技术水平
美国Cobalt科技公司	纤维素原料→生物正丁醇、2，3-丁二醇→丁二烯	13.5万升示范装置
美国Genomatica公司	可再生资源→丁二烯	中试水平
美国Lanza Tech与Invista公司	CO等含碳废气→2,3-丁二醇→丁二烯	小试，5.68×10^4L/a的乙醇和2，3-BDO
美国Amyris和日本可乐丽公司	采用美国Amyris开发的Biofene技术制取丁二烯和异戊二烯	小试
法国Golbal Bioenergies与Synthos公司	可再生资源→丁二烯	小试
法国米其林集团与Axens公司、法国石油可再生能源研究所	合作项目名为BioButterfly	小试

2.1　美国Cobalt公司生物基丁二烯生产工艺

美国Cobalt科技公司和亚洲两家化学公司合作开发生物基丁二烯生产工艺，并计划在亚洲建首套生物丁二烯生产装置，预计2017年投产，采用传统的化学催化技术，用生物丁醇做原料生产丁二烯。上述亚洲化学公司是通过股权投资入股 Cobalt 公司来支持这一交易。该公司首席执行官称，公司正在开发生产生物丁二烯的整套技术，且可以在全球市场销售。

该技术是先将生物质原料转化为生物丁醇，再通过传统的化学脱水、脱氢工艺来制得丁二烯。Cobalt 科技公司的技术将使纤维素生物质如森林废弃物和木料工厂加工后的残余物，通过生物质乳化、调制和连续发酵的过程，转化为正丁醇。正丁醇是可通用的平台化学品，可通过丁醛衍生物氧化和 1-丁烯衍生物脱水这两条已知的路径开发。丁醇脱水途径可用于：①使正丁醇烷基化生成汽油；②低聚生成喷气燃料和柴油；③氧化生成丁二烯；④异构化生成异丁烯；⑤裂解生成乙烯和丙烯。据称，采用这种方式比石油原料路线节省成本 40%~60%。

Cobalt 公司宣布其生物基正丁醇技术规模已成功达到发酵规模大于 100000L，比先前的 4000L 中试规模要大。该示范装置位于 Florida 州 Okeechobee 的 LS9's 工厂，只需要对 LS9's 工厂现有好氧系统做很小的改动，显示了 Cobalt 公司厌氧技术的灵活性和该公司生物催化剂的适应性。

早在 2010 年 8 月 12 日，Cobalt 科技公司曾与福陆公司于签署工程咨询服务合同，将其纤维素生物丁醇生产技术推向商业化。福陆公司将为 Cobalt 科技公司的验证和商业化规模丁醇生产装置提供 EPCM(工程、采购、建设、维护)服务。2011 年，Cobalt 科技公司还与美国 API 公司达成协议，建设世界首家工业规模纤维素生物丁醇生产厂(约 1440t/a)，并在生物质发电厂和其他客户中共同推广生物丁醇解决方案。2 家公司将使该公司专有的连续发酵和蒸馏技术用于密歇根州阿尔皮纳生物炼制厂。该厂于 2012 年年中开始生产生物丁醇。

2.2 法国 Golbal Bioenergies 公司生物丁二烯技术

欧洲领先的橡胶制造商 Synthos 公司与法国从事工业生物技术、开发可持续路线制取轻烯烃的全球生物能源公司(Golbal Bioenergies)于 2012 年 12 月 6 日宣布，发现了一种直接的生物途径，可使可再生资源转化为丁二烯。两家公司将合作开发可持续发展路线，生产轻质烯烃，签署的合作协议包括：将开发新的工艺用于使可再生资源转化为丁二烯。

全球生物能源公司已使一系列的菌株实施了工程化处理，可用于生产异丁烯，异丁烯可转化为液体燃料和各种聚合物。其丁二烯计划与异丁烯计划存在许多相似之处。2014 年 11 月 26 日，Global Bioenergies 公司宣布，已通过用糖类物质直接发酵成功地生产出生物丁二烯。

由于自然界不存在直接合成丁二烯的生物化学途径，因而 Global Bioenergies 公司必须首先构造出由自然界不存在的一系列酶促反应构成的、全新的代谢途径，该公司于 2012 年 12 月完成了这项工作。接下来是提高这些酶的活性，并将人工构造的代谢途径导入细菌菌株。与此同时，Global Bioenergies 公司还宣布，成功构建出了独特的生产菌株。将该菌株接种到实验室规模的发酵罐里，然后加入葡萄糖，结果在发酵罐排放的气体中检测到丁二烯。这是以可再生资源为原料通过发酵直接生产丁二烯的首次报道。

根据合作协议，全球生物能源公司负责实验室水平的研发，Synthos 公司考虑下一阶段将过程推向工业化。全球生物能源公司将接受研发资助、百万欧元的开发费用以及特许权使用费，这些都将来自于 Synthos 公司用于制造橡胶的生物丁二烯的销售。全球生物能源公司将持有非橡胶应用的独家代理权。

2.3 美国 Genomatica 公司生物基丁二烯技术

Genomatica 公司是总部位于美国圣迭戈(San Diego)的可持续化学品开发商，该公司于 2011 年 8 月 23 日宣布，已从生物基原料生产出丁二烯。该公司现正在推进其首款产品 1,4-丁二醇(BDO)走入商业化规模，丁二烯将成为其世界级规模生产的下一个目标。

Genomatica 公司专注于开发可再生的路线，拥有从可再生资源生产 25 种基础和中间化学品的专利。2011 年 8 月中旬，Genomatica 公司与意大利 Novamont 公司签署了一项协议，组建了欧洲 BDO 合资企业。根据条款，Novamont 将提供必要的资金，使意大利现有生产基地，使用 Genomatica 公司的技术转而生产 4000 万磅/年的 BDO。

2013年年初，意大利Eni集团的化学子公司Versalis公司和Genomatica公司成立了技术合资企业，其中Versalis持有多数股权。该合资企业开发了一套完整的制造工艺，可用1,3-丁二醇制取生物基丁二烯，并计划转让该技术。两家公司表示，1,3-BDO是生产生物基丁二烯最合适的中间体。Genomatica公司应用其全过程的系统方法来开发微生物，用于生产1,3-BDO。这种方法可提高成本效益，生产的产品可回收再利用。Versalis已在意大利Novara和Mantova研发中心的200升发酵罐用1,3-BDO生产出数千克的丁二烯，并用阴离子和齐格勒-纳塔催化剂制造出生物聚丁二烯。

2.4 Invista与Lanza Tech联合开发生物基丁二烯

世界领先的尼龙生产商Invista(英威达)公司和(Lanza Tech)朗泽科技公司于2012年8月14日签订一份生物基丁二烯联合开发协议，根据该协议，双方将合作开发一步法及两步法丁二烯生产技术，将工业废气中的一氧化碳转化为丁二烯。朗泽科技是一家多元化的燃料和化学品公司，能利用一氧化碳生产乙醇和丁二醇，并利用气体微生物发酵技术将上述产品直接工业化转换为丁二烯。

合作初期双方将重点开发一种生产丁二烯的两步法工艺。该工艺是基于Lanza Tech生物科技公司的一氧化碳生成2,3-丁二醇技术。同时，该项目将开发一种直接通过气体发酵工艺生产丁二烯的一步法生产工艺。此外，双方还将共同开发该项技术的各种扩展工具，开发成功后将可以使用Lanza Tech生物科技公司的气体发酵技术及其专有的生化技术平台，利用含有废气的一氧化碳直接生产各种化工产品(包括尼龙中间体)。英威达正在建立内部的生物技术团队，以开发用于生产产品和原料的生物技术途径。在英威达专有的已二腈(ADN)生产技术中，丁二烯是关键的化学中间体。已二腈是制造尼龙66的重要化学中间体。

此外，韩国SK创新公司和LanzaTech公司于2013年10月宣布，双方正合作开发生物基1，3-丁二烯的生产技术。SK将与LanzaTech公司合作，应用LanzaTech公司天然气发酵工艺集成的新技术，将工业废气以及来自于废物气化所得的合成气转化成为低碳燃料和化学品。

2.5 美国Amyris和日本可乐丽公司合作开发Biofene技术

位于美国加州的生物技术公司阿米瑞斯(Amyris)与日本可乐丽公司于2011年8月5日签署一项合作协议，组建合作伙伴以开发石油原料替代技术。

根据协议，可乐丽将使用Biofene技术，以取代石油衍生的原料如丁二烯和异戊二烯，以制取特定等级的高性能聚合物。阿米瑞斯公司的技术基于专有的合成生物学平台，该平台可使酵母工程化的菌株生产出类异戊二烯物，这是一类具有宽范围工业应用的多种类别的分子。阿米瑞斯公司拥有专有的高处理能力工艺，每天可创建和测试数千种酵母菌株，以供对这些菌株进行选择，使这些菌株具有最高效率和可放大功能。

2.6 法国米其林集团启动生物丁二烯研发项目

据英国《轮胎及配件》消息，米其林集团与Axens公司和法国石油可再生能源研究所(IF-PEN)日前启动一个植物化学研究合作项目，旨在开发出一种生物基丁二烯(bio-butadiene)生产工艺并推向市场，用于制造合成橡胶，并最终生产出对环境影响小的轮胎。

该合作项目名为BioButterfly，除开发基于创新型生物丁二烯的生产工艺外，合作三方还将致力于为法国未来的生物合成橡胶工业奠定基础。BioButterfly在今后8年中，将获得5200万欧元的资金支持。这一项目已被法国环境和能源管理署(ADEME)作为“投资未来”计划的一部分。

据介绍，该研究将集中于5个关键的挑战性课题：即生产生物丁二烯的经济竞争力；减少对环境的影响，尤其是贯穿于整个生产链的碳排放量(与化石燃料比较)；制造出高性能合成橡胶并使该工艺适应生物丁二烯的所有用途；降低投资成本；为法国未来的生物合成橡胶工业做准备。

3 国内生物基丁二烯技术进展

2,3-丁二醇是1,3-丁二烯的加工原料，2,3-丁二醇脱水可产生甲乙酮，甲乙酮进一步脱水形成1,3-丁二烯。目前生物发酵法生产2,3-丁二醇虽然得到了广泛的研究，但一直没有实现工业化，由于发酵过程对环境、菌种等要求都非常高，生产成本居高不下，如何合理控制成本、保证产品的稳定性和收率成为现阶段制约其发展的主要因素。

3.1 长春大成集团

近年来，随着生物柴油行业的快速发展，其副产物甘油的产量逐年上升，为了对甘油进行有效的生物利用，开发出一种生物柴油和1,3-丙二醇的联产的工艺路线，而2,3-丁二醇为在生产1,3-丙二醇的过程中的副产物之一。随着长春大成集团年产20×10^4t生物基化工醇项目的正式投产，一条新的生产2,3-丁二醇的工艺路线随之产生，见图1。

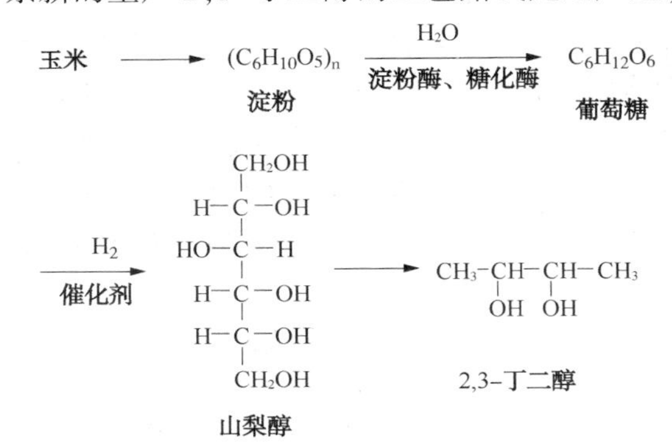

图1 玉米生产丁二醇反应式

长春大成集团自主创新，利用生物质为原料，成功研发出生产生物基化工醇所需的催化剂技术，该催化剂对生物质分子特有的羟基结构具有很高选择性，将玉米淀粉等生物质原料水解成葡萄糖，催化加氢得山梨醇，山梨醇水相裂解即可以得到C_2~C_4二元醇和多元醇的混合液，将反应物中一些较重的组分(包括有机酸盐)除去，精馏提纯后即可得到纯度在97%以上的丙二醇、乙二醇和丁二醇等产品[1]。

其中，2,3-丁二醇的产率约为5%。在该生产线中，2,3-丁二醇的生产能力可达1×10^4t/a，而国内目前的年消耗量最多为1000t/a。出于市场局限性的考虑，目前大部分2,3-丁二醇暂时没有作为独立的产品单独销售，而是与其他产品混合销售。丙二醇和乙二醇为应用广泛的大宗化工原料，年需求量相当大。进一步精馏、提纯后得到的化工醇产品，可替代同类石油基化工产品，且价格较石油基化工产品具有明显的优势。

长春大成集团计划将生物化工醇的产能扩大至40×10^4t/a，且产能为100×10^4t/a的玉米工业园区已在筹备当中，届时2,3-丁二醇的产能将扩大为6×10^4t/a。

3.2 华东理工大学

华东理工大学的沈亚领在建立可有效提高粘质沙雷氏菌2,3-丁二醇发酵水平和高效分离纯化的平台技术、探索利用代谢工程技术有效调控并设计生物炼制过程中微生物“细胞工厂”。

取得的重要进展包括克隆对粘质沙雷氏菌合成2,3-丁二醇有重要功能或调控作用的新基因10个以上，完成对6个基因功能的解析。

利用新型发酵调控策略，在5000L发酵罐中成功实现放大，在5000L罐上获得2,3-丁二醇最终产量130.5g/L，生产能力为3.215g/(L·h)。针对实际产业化过程可能面临的具体问题，对菌种和培养基成分作了进一步优化改造探索，并作试产型放大验证，使2,3-丁二醇发酵终浓度达到140g/L，得率达到0.645g/g蔗糖，生产能力为3.5g/(L·h)。

在产物分离纯化方面确立了集成化的2,3-丁二醇分离技术，总收率达到75%以上，产品符合质量要求。

3.3 大连理工大学

大连理工大学的江波等采用克雷伯氏菌(Klebsiellapneumoniae CICC 10011)发酵生产2,3-丁二醇，并对2,3-丁二醇的盐析分离工艺进行了考察[2]。通过实验确定了以葡萄糖为底物微氧批式流加发酵的条件，发酵液中2,3-丁二醇和3-羟基丁酮的质量浓度分别为90.98L和12.40L，2,3-丁二醇的摩尔转化率为82.7%，生产强度达到2.1g/(L·h)。对发酵液中2,3-丁二醇的盐析分离研究表明，K_2HPO_4和K_3PO_4对2,3-丁二醇的盐析效果优于K_2CO_3。当发酵液浓缩70%后，加入质量分数为45%的K_2HPO_4，2,3-丁二醇的分配系数达到9.10，回收率为79.37%；上相中2,3-丁二醇的质量浓度达到420g/L；此时3-羟基丁酮的分配系数和回收率分别为11.9和83.48%。

4 结语

目前，北美和欧洲都在积极开发生物基丁二烯技术，预计未来几年内该技术将实现工业化，生物基丁二烯产品作为可再生和有成本竞争性的丁二烯替代产品，将在不远的未来开辟新的市场。与国外相比，国内的生物基丁二烯技术研发和国外差距较大，大多是集中于生物基发酵制 2,3-丁二醇阶段，还没有直接制取生物基丁二烯的研发报道。

参 考 文 献

[1] 曹畅，闵伟红．丁醇生物发酵的研究进展与前景[J]．农产食品科技，2011，5(3)：93-97.
[2] 马成伟，杜彤，孙亚琴，等．生物转化法生产 2,3-丁二醇的研究[J]．精细与专用化学品，2006，14(15)：15-18.

镇海乙烯装置黄油抑制与处置方式探究

吴　剑

(中国石化镇海炼化分公司，浙江宁波　315207)

摘　要：镇海炼化自2012年开始，为保乙烯装置长周期运行，专门成立乙烯废碱黄油技术攻关组，开展多方调研和实验研究，对黄油的处置进行了多路线尝试，从黄油的抑制、优化操作、废碱黄油的预处理萃取、WAO装置的运行、黄油的环保处置及炼油装置的回炼等总结经验教训，摸索出适应本装置特点的处置方案。

关键词：乙烯；裂解；废碱；黄油；环保

1　引言

在蒸汽裂解制乙烯过程中，由于裂解炉为防止炉管结焦会添加少量硫化剂(如二甲基二硫、丁基硫)，因此裂解气中含有大量的H_2S、CO_2等酸性气体，通常采用在裂解气压缩机段间设置碱洗塔来脱除裂解气中的酸性气体。在实际工业生产中发现，裂解气在碱洗过程中会产生液相聚合物，因与空气接触呈现黄色故命名为黄油。这些黄色聚合物极易造成塔盘堵塞，影响装置长周期运行。

镇海炼化乙烯装置采用Lummus顺序分离工艺，裂解气压缩机采用五段式，三段出口设置有碱洗塔。碱洗塔系统由三段碱洗、一段水洗和黄油萃取三部分组成。裂解气进入碱洗塔底，从下往上分别经过弱碱段、中碱段、强碱段和水洗段逆流接触，完全脱除裂解气中的酸性气体，并经水洗段脱除裂解气中可能夹带的碱液。碱洗塔底液上层排出的黄油与塔底废碱液先后经油洗和水洗两级萃取分离，最终得到油相黄油和水相废碱。其中废碱送至下游的湿式氧化分离处理废碱，在此过程中也会沉降分离出少部分的黄油。

2　黄油生成与抑制

2.1　物性考察

通过对废碱黄油萃取单元黄油取样，进行了相关物性的考察分析，实样样品1、2、3是同一样品在不同时间的分析，结果如表1所示。

表1　黄油物性考察数据表

考察项目	样品1(0h)	样品2(+24h)	样品3(+48h)
凝固点/℃	≤-10	≤-10	≤-10
灰分/%	0.036	0.042	0.045
密度/(kg/m³)	966.8	975.4	981.3
初馏点/℃	44.5	49.3	65.2
10%/℃	67.2	73	84
50%/℃	90.2	91.1	96.4
90%/℃	251.7	252.7	249.8
终馏点/℃	273.3	273.6	273.7
热值/(MJ/kg)	35.582	25.979	22.64
水含量/%	0.19	0.13	0.52
钠含量/(mg/kg)	24.15	23.34	32.01

注：以上数据仅供参考，黄油受装置原料的组成影响，不同装置黄油性质略有差异。

2.2 生成机理

乙烯行业内普遍认为碱洗塔底生成的黄油主要是聚合产物，聚合产物主要来自于两种聚合反应：一种是醛酮缩合反应，另一种是自由基聚合反应。

蒸汽裂解制乙烯的过程中，因为原料中含有一定量的氧化物，在高温裂解过程中，含氧化合物比较稳定，只能以碳氧双键羰基化合物的形式存在。这些化合物中包含乙醛、丙酮、芳醛等，这些醛酮含量与原料的含氧量有关系，所以初步估计在100~1000mg/kg。此外，醛酮聚合物形成高聚物后具有强烈的乳化能力，在废碱液中会形成水包油的乳化物。

原料中含有微量的氧化物，随着裂解反应生成的二烯烃，进入碱洗塔后会发生自由基聚合反应，但碱洗塔操作温度一般在40℃左右，裂解气中不饱和烃在此温度下聚合反应程度不会太剧烈，但总会有一些聚合物生成。

2.3 抑制手段

（1）加注黄油抑制剂。

通过查阅文献和抑制剂厂家交流发现，在黄油抑制上在碱洗塔中抗氧阻聚较难，多采用从抑制醛酮聚合作为出发点开展研究工作。

目前了解到的黄油抑制剂主要分为四类，其一为络合型，与裂解气中的醛酮化合物形成稳定的络合物使其不能在碱洗过程中提供活泼氢原子；其二为氧化型，通过氧化反应使醛转化为有机酸，酮歧化生成酸，在与碱进行中和反应；其三为还原型，把醛酮还原为醇；其四为分散型，通过分散增溶剂，对醛酮聚合物进行破乳。

（2）碱洗塔操作温度。

碱洗塔操作温度不仅影响碱洗效果，而且是黄油聚合反应的关键因素。

温度的高低将直接决定在碱洗过程中汽油组分冷凝量，一般在碱洗塔入口温度与水洗段间设置温差控制进料加热器急冷水用量，以保证水洗段较高的温度操作，减少裂解汽油冷凝。在碱液方面，温度过低会提高碱液的黏度，塔内易造成雾沫夹带鼓泡等问题。此外碳酸钠的溶解度也会随温度的降低而下降，直至析出结晶堵塞管线。

碱洗塔操作温度不能过高，到温度>50℃时将加速碱液对设备的腐蚀，造成设备年限缩短。在聚合反应方面，温度高可加快聚合反应速率常数，使重烃的自由基聚合及醛酮的缩合反应加剧导致黄油生成量加大。

为此在碱洗塔的温度控制上采用进料与塔顶水洗段温度温差控制，即利用进料加热器前与水洗段温度差控制进料加热器热源急冷水的流量，从而保证碱洗塔操作温度控制在合理范围。一般控制温差在6℃，塔顶水洗段温度43℃为佳。

（3）控制原料氧含量。

黄油中的主要聚合物来自与醛酮的缩聚反应，如何控制醛酮的生成是重中之重，那么就要控制氧的来源。对于碱洗塔来讲氧的来源主要从两个方面开展工作：裂解气和碱液。

乙烯裂解原料的氧含量控制是个难点，石脑油的氧化物很难进行控制，可以控制的只有对炼厂的干气氧含量做工作，经过努力镇海炼化供乙烯裂解装置炼厂干气已控制在10mL/m^{3}以内。

碱液的氧带入主要来自储存环节，碱液罐多数采用的为常压储罐与空气直接接触，需增设氮封设施。

2.4 危害影响

（1）裂解气中的醛酮化合物在碱性环境中进行缩合反应生成聚合物，该聚合物会在塔盘或填料中进行沉积，导致碱洗塔压降上升，从而影响装置长周期运行。

（2）醛酮聚合物有很强的乳化能力，当积累到一定含量会造成废碱中油含量和*COD*超标，导致下游湿式氧化分离装置的反应器温升变大，严重则造成反应器结焦床层压降上升。

(3) 醛酮聚合物生成量升至5%以上则会造成塔内发泡，会使塔顶气相带液，碱液带入压缩机损坏叶轮。

3 黄油处置方法

3.1 乙烯装置回炼

目前新建的乙烯装置多采用的是碱洗塔底废碱黄油经油洗-聚结-水洗-聚结的两级萃取工艺将废碱和黄油进行油水分离，从而即保证湿式氧化分离进料废碱中的油含量，又保证了回炼黄油中碱含量。

黄油回炼位置多为急冷油塔或急冷水塔，目前行业能黄油回炼位置多选择为急冷油塔。黄油进入急冷油塔底部后可以适当稀释，因塔内液相流速较高不易造成塔盘堵塞的问题。

黄油具有很强的乳化能力，送至急冷水塔回炼极易造成急冷水的乳化问题。大部分黄油也会随急冷油塔回流汽油进入急冷油塔的汽油分馏段，因此段液相量相对较小，苯乙烯及茚类浓度较高，会与之一同堵塞塔盘，影响装置长周期运行。

3.2 外送环保处置

外送环保处置主要是用作垃圾焚烧炉的燃料，黄油具有一部分热值可以当作燃烧使用，但其含有很多硫化钠直接燃烧的烟气中硫化物含量不能达到环保排放标准，所以需要烟气净化设施处理后排放。

但此种处置方法成本较高，需向环保处置单位支付较高的费用，虽可以保障装置的长周期运行，但并不是最经济的选择。此外环保处置审批较为繁琐，环保处置临近单位不多，使此种处置方式存在不稳定性。

3.3 其他装置回炼

通过调研还有一些企业充分发挥炼化一体化的优势，将黄油送至其他装置进行回炼。据报道扬子石化曾经将黄油掺炼至蜡油中进催化裂化装置进行回炼增产汽油并得到了显著的经济效果，因钠离子对催化剂是致命毒物，掺炼时需严控黄油中钠离子含量。

还有企业尝试将黄油送至裂解汽油加氢装置进行掺炼，但也因钠离子的控制问题未进行长期实施，仅靠水洗无法达到加氢催化剂要求入口钠含量小于10mg/kg的要求。为此我们也开展了黄油的水洗实验，并对钠含量进行了测定。

实验试样采用急冷水塔回炼黄油，该黄油在装置内已经水洗和油洗萃取，黄油原液的钠含量为32.75mg/kg，经过两次水洗实验后，钠含量可以降至4.07mg/kg，具体如表2所示。据了解也有的装置将黄油送至轻污油系统进焦化进行加工的尝试。

表2 黄油水洗实验钠离子测定结果

样品名称	称重/g	钠含量/(mg/kg)	样品名称	称重/g	钠含量/(mg/kg)
黄油原液	8.22	32.75	一洗水	—	9.67
一洗黄油	8.72	12.32	二洗水	—	5.20
二洗黄油	8.92	4.07			

3.4 镇海乙烯处置方式

镇海炼化乙烯装置原设计黄油是进急冷油塔或急冷水塔进行回炼的，原始开工2010年至2013年黄油进急冷水塔进行回炼，但在2013年年初急冷油塔汽油分馏段压差异常升高，随后将黄油改出进行环保处置。2014年大修后将黄油送至急冷油塔进行回炼，目前运行正常。下游湿式氧化分离(WAO)进料沉降产生的黄油考虑到沉降过程中可能废碱(沉降)罐顶氮封不足，存在与氧接触可能聚合物浓度较高，未进乙烯装置回炼，采用环保处置并探索进清污油罐焦化装置回炼，具体流程如图1所示。

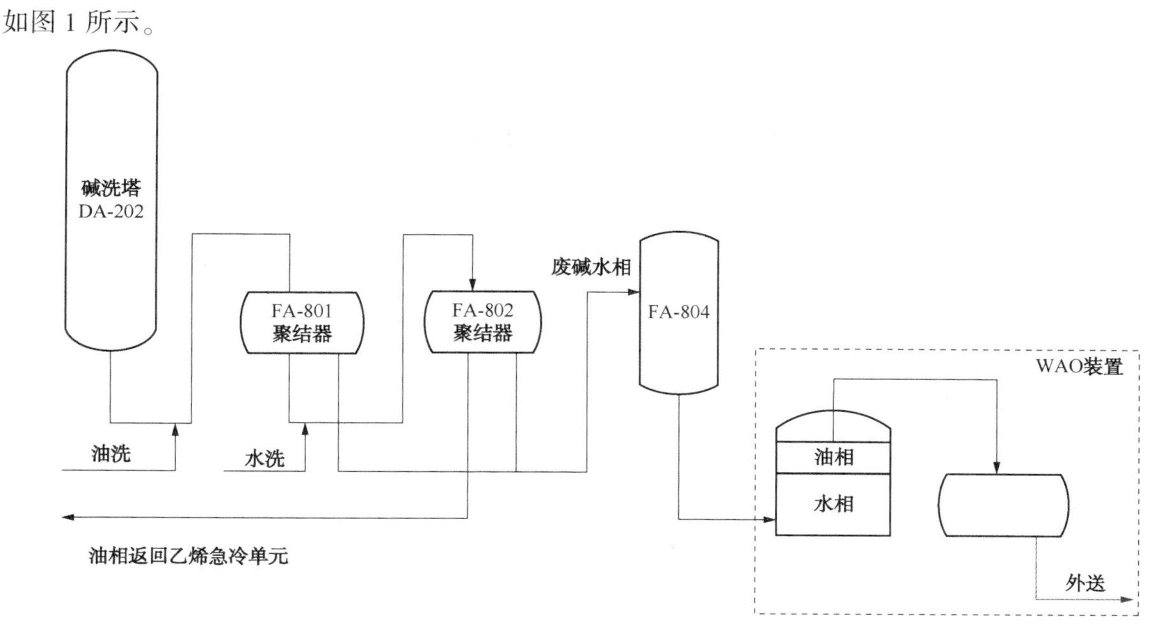

图1　废碱黄油处置流程

4　黄油处置经济效益

废碱黄油自碱洗塔底部出来后，经裂解汽油洗涤萃取和除盐水洗涤萃取并进行了两级聚结分离，分离出的油相黄油大部分为裂解汽油组份，其价值可按裂解汽油进行估算。

环保处置费用约2000元/t，回炼产生效益约3000元/t。

工况一，全部黄油进行环保处置，根据经验当废碱预处理停运不进行油洗水洗工艺萃取黄油，产生的黄油约150t/月，即1800t/a，环保处置费用约为360万元/a。

工况二，废碱预处理运行，乙烯装置产生黄油约1800吨/年回炼，WAO装置沉降分离黄油进行环保处置。黄油产生的效益为1500×3000=540万元/a，黄油环保处置费用为300×2000=60万元/a，整体效益为540-60=480万元/a。

5　结语

乙烯装置产黄油因内含聚合物对装置长周期运行有不利影响，需要在装置运行过程中利用黄油抑制剂及优化操作减少聚合物生成从而减少黄油的危害。黄油生成后因WAO装置对废碱中油含量有要求，需要对废碱预处理中油洗水洗二级聚结萃取的操作进行优化，保证黄油与废碱的高度分离，另一方面也为黄油的进一步处理提高条件。各装置可以根据周边条件对黄油回炼或者外送处置进行经济评估，寻找黄油处置的经济平衡点，既减少了对装置长周期的影响，又提升了装置效益。

参　考　文　献

[1] 杨晓一．碱洗塔废碱系统黄油回收探索[J]．乙烯工业，2015，02．
[2] 宋建东．影响黄油生成量因素及黄油的外送方法[J]．石化技术，2015，(07)．

PTA装置共沸剂选择的研究

黄　攀　校增浩

(中国石化仪征化纤有限责任公司，江苏仪征　211900)

摘　要：目前国内大多数PTA装置的氧化溶剂回收都采用共沸精馏系统，从醋酸仲丁酯和醋酸正丙酯两种共沸剂的基础物性数据、三元液液相平衡相图、三元体系剩余曲线及可能带来的经济效益进行比较和分析，并通过Aspen Plus对现有装置萃取-共沸精馏系统进行了稳态分析，为PTA装置共沸剂的选择提供了一个参考。

关键词：PTA；萃取；精馏；共沸剂；醋酸仲丁酯；醋酸正丙酯

1　引言

目前，PTA产能严重过剩，行业盈利水平大幅下降，只有从各方面考虑节能降耗、减少生产成本，PTA企业才能在严酷的竞争中生存下去[1]。现在大部分英威达专利工艺的PTA装置的氧化单元的溶剂回收系统均采用共沸精馏技术，以醋酸正丙酯为共沸剂，进行醋酸和水的分离。国内某套产能为$65×10^4$t的英威达专利工艺的PTA装置新建了一套稀醋酸萃取单元，将装置中的稀醋酸萃取后送入溶剂脱水系统，形成萃取-共沸精馏系统，其萃取剂和共沸剂均为醋酸正丙酯。共沸剂作为精对苯二甲酸(PTA)生产过程中的一种重要辅助材料，它的消耗是PTA装置的一个重要考核指标，故降低共沸剂的消耗和成本也是降低PTA生产成本，提高工厂经济效益的重要手段之一。

共沸精馏是指在两组分共沸液或挥发度相近的物系中加入挟带剂，由于它能与原料中的一个或几个组分形成新的两相恒沸液，增大相对挥发度，因此，原料液能用精馏法进行分离。醋酸脱水共沸精馏的操作过程是：共沸剂和原料液一起进入共沸精馏塔，在塔中水随共沸剂蒸出，经冷却后与共沸剂分层分离，共沸剂返回塔中，水与溶解的共沸剂分离后排放，在塔釜即可得到醋酸产品。由于共沸精馏是选择形成低沸点共沸物的共沸剂，共沸精馏时共沸剂随水从塔顶蒸出，因此其加入量应严格控制，以减少过程中的能耗。因共沸精馏共沸剂的存在，使得醋酸与水的相对挥发度增大，因此分离所需的塔板数和回流比降低，能耗也相应地较普通精馏低。然而，目前常用的几种共沸剂还不甚理想，共沸剂的配比也较难控制。常用的共沸剂有乙酸乙酯、乙酸丙酯、乙酸丁酯、三氯三氟甲烷、环己烷、正戊酸乙酯、乙酸甘油酯、已醚、二异丙醚/苯、乙酸乙酯/苯等[2]。

在稀醋酸萃取单元中，装置中的稀醋酸流股从萃取塔塔顶进入，萃取剂醋酸正丙酯从塔底进入，萃取相从塔顶抽出送至溶剂脱水塔顶作为部分回流液，萃余相从塔底抽出送至共沸剂回收塔，回收其中微量的醋酸正丙酯。萃取过程主要是将稀醋酸中的大部分水通过萃余相带出，从而降低溶剂脱水塔的处理负荷，减少低压蒸汽的消耗量，降低装置能耗[3]。

针对这套产能为$65×10^4$t的PTA装置生产中的萃取-共沸精馏系统，本文主要讨论采用醋酸仲丁酯替代现有工艺中所使用的共沸剂——醋酸正丙酯的优缺点及实际实施的可能性，以期望降低装置的生产成本。

2　两种共沸剂性能比较

2.1　基础物性数据对比

共沸剂醋酸仲丁酯和醋酸正丙酯的部分物性参数如表1所示。可以看出，醋酸正丙酯与水的共沸点相对更低一些；但醋酸仲丁酯的汽化热更小，共沸组成里醋酸仲丁酯含水量更高说明其带水能力更强，同时醋酸仲丁酯在水中的溶解度也比醋酸正丙酯小很多。由于能耗主要损失在汽化潜热上，因此，说明醋酸仲丁酯需要的能耗相对更少；醋酸仲丁酯带水能力更强说明精馏塔操作中脱除同样的水量需要的共沸剂量更少，则需要的能耗更低；在水中溶解度小说明醋酸仲丁酯随氧化废水损失的越小，且能降低氧化废水中的有机物含量，降低装置外排 COD_{Cr} 的量。

表1　共沸剂物性参数

项　目		醋酸正丙酯	醋酸仲丁酯	水
简称		NPA	SBA	H_2O
CAS		109-60-4	105-46-4	7732-18-5
分子式		$C_5H_{10}O_2$	$C_6H_{12}O_2$	H_2O
分子量		102.13	116.16	18.02
沸点/℃		101.5	112	100
黏度/mPa·s		0.55	0.66	0.91
密度/(kg/m³)		882.26	866.4	996.3
汽化热(87.45℃)/(kJ/kg)		344.55	313.58	2264.7
水在酯中溶解度(20℃)		2.90%	1.65%	—
酯在水中溶解度(20℃)		2.30%	0.62%	—
共沸	82.40℃	86.0%	—	14.0%
	87.45℃	—	80.5%	19.5%

2.2 三元液液相平衡比较

图1是醋酸正丙酯(NPA)-水(H_2O)-醋酸(HAc)和醋酸仲丁酯(SBA)-水(H_2O)-醋酸(HAc)两个体系的三元液液相平衡图。萃取剂与水的互溶度会影响溶解度曲线的形状和两相区面积，从图1中可以看出，SBA相比于NPA其两相区面积大，这表明SBA与H_2O的互溶度相对更小，理论上得到的萃取液中醋酸的最高浓度更高，更有利于萃取分离，通过实验对比醋酸正丙酯(NPA)-水(H_2O)-醋酸(HAc)、醋酸仲丁酯(SBA)-水(H_2O)-醋酸(HAc)的三元相图，对于萃取水中的醋酸，萃取剂SBA的萃取能力于比NPA略好，替代NPA作为醋酸脱水的萃取剂理论上是可行的。

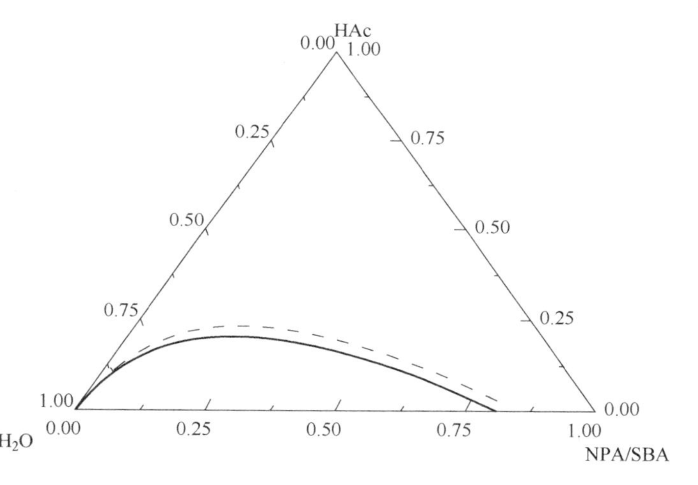

图1　313.15K下三元体系的液液相平衡图
(注：实线为NPA-H_2O-HAc体系；虚线为SBA-H_2O-HAc体系)

2.3 三元体系剩余曲线比较

根据Aspen Plus绘制的HAc-H_2O-SBA三元物系的剩余曲线见图2。剩余曲线的概念最早是由Schreinemakes于1990s提出并使用的，现已成为共沸精馏重要的辅助设计工具。体系在无回流的简单蒸馏下，塔釜液相组成随时间的变化轨迹使用三角相图所绘制出来的线叫做剩余曲线。剩余曲线是对共沸精馏体系定性分析的基础[4]。由图2可见常压下该物系只有一个共沸物，即SBA与H_2O形成最低温度共沸，共沸点为87.45℃。剩余曲线由该点出发，沸点为112℃的纯组分SBA所在的点，以及沸点为100℃的纯组分H_2O所在的点为该剩余曲线的鞍点，剩余曲线在鞍点处发生方向改变，最终结束于该三元体系中沸点最高的纯组分醋酸(117.9℃)所在的点。这说明该体系在溶剂脱水塔塔釜能够得到较高浓度的醋酸，即以SBA为共沸剂可以用于分离回收醋酸溶剂。

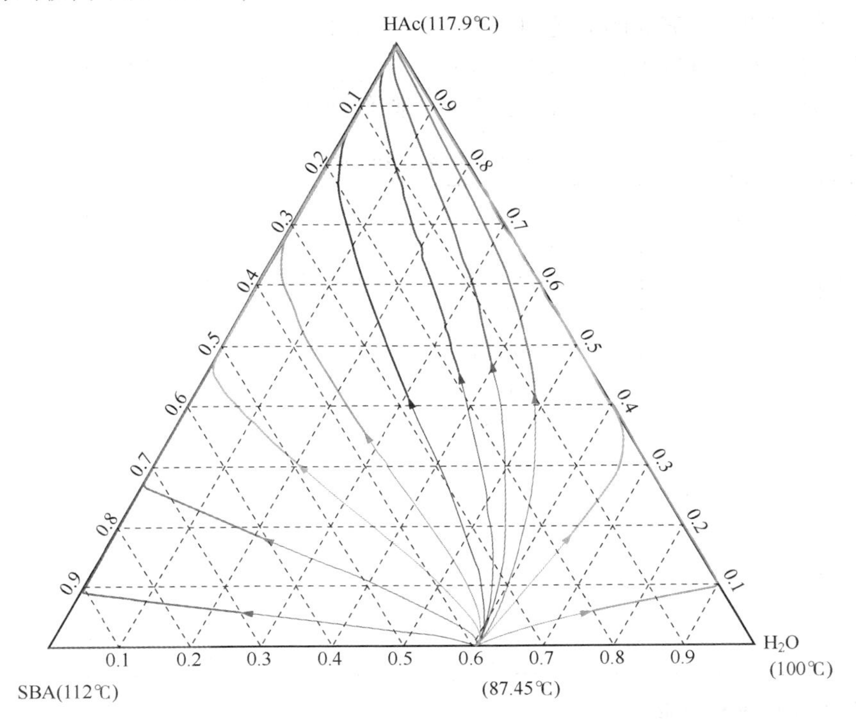

图2 SBA-HAc-H_2O三元体系剩余曲线图

2.4 稳态模拟分析

使用化工流程模拟软件Aspen Plus对醋酸回收单元的部分工艺进行了模拟。醋酸仲丁酯替换现有工艺使用的醋酸正丙酯，通过优化，模拟得到一个新的工艺结果，稳态模拟分析结果表明：当SBA替代NPA作为醋酸脱水过程的共沸剂时，可在现有其他工艺参数保持不变的条件下，将溶剂脱水塔回流比从5.1调整至5.3，就可达到醋酸脱水系统的设计要求，溶剂脱水塔塔釜醋酸含量为95%±3%，水相采出醋酸含量小于1000μg/g。结果表明采用醋酸仲丁酯为共沸剂的新工艺同样能够满足生产和分离的要求。

同时分析醋酸仲丁酯在实际工业应用的可行性，结合Aspen Plus软件，针对醋酸仲丁酯溶剂在醋酸回收单元中的模拟结果，做了工程核算。并对PTA装置二线相应固定设备包括萃取塔、溶剂脱水塔、PX回收塔再沸器和冷凝器等进行核算，结果表明以SBA为溶剂时，固定设备相较于现有工艺设备上可以不用进行改造，直接使用现有的工艺设备即可满足分离要求。

3 醋酸仲丁酯原料情况及经济性分析

醋酸仲丁酯作为良好的溶剂，但工业上却一直没有将其用作醋酸回收装置中的共沸剂应用，其主要原因是由于之前的醋酸仲丁酯生产工艺是以仲丁醇和醋酸为原料，在强酸性催化剂作用下脱水酯化得到，反应时间较长，产品收率较低，设备腐蚀较为严重，生产成本很高。随着羰基合成工艺的改进，醇酯化法工艺丧失了成本优势，市场价格昂贵的醋酸仲丁酯也逐渐被醋酸正丁酯和醋酸正丙酯取代。采用烯烃和醋酸直接酯化生产醋酸仲丁酯的技术研究曾特别引人注目，但由于很长一段时间内无法获得廉价、高纯度的正丁烯原料，该技术未能及时实现工业化。

目前我国已掌握烯/酸酯化合成醋酸仲丁酯技术，并建成了数套工业化装置，年产醋酸仲丁酯已达百万吨级规模。该工艺的生产成本较传统醇酯化法具有明显的经济优势，使得SBA的市场价格也大大低于NPA，目前SBA与NPA的市场差价约为5000元/t，按照目前这套产能为65×10^4t的

PTA 装置的共沸剂消耗量(年消耗约 700t)，将 NPA 更换为 SBA 后，由于 SBA 在水中的溶解度更小，损耗更少，SBA 年消耗将更低；而仅因为共沸剂差价就可以节约出的效益为 350 万元。同时，由于 SBA 汽化热低，带水能力强，能耗将更低，在脱水塔消耗的蒸汽大约少 10%左右，按目前脱水塔运行情况，更换为 SBA 后每年可节约蒸汽 4 万吨左右。若按蒸汽价格 100 元/t 计算，节省能耗的效益为 400 万元。萃取剂 SBA 的萃取能力与 NPA 相差不多，故萃取方面的效益忽略不计。综合以上效益，将 NPA 更换为 SBA 后每年将为这套产能为 65×10^4t 的 PTA 装置带来约 750 万元的经济效益。此外，由于醋酸仲丁酯的水溶性比 NPA 更小，替换后可减少氧化废水中的共沸剂含量，降低废水中的 COD 含量，降低废水处理负荷，具有较好的环保效益。

4 小结

通过上述对醋酸仲丁酯(SBA)替换现有工艺中所使用的共沸剂醋酸正丙酯(NPA)新工艺进行一系列研究探讨，得出以下结论：

(1) 醋酸仲丁酯相比醋酸正丙酯其汽化热更小，带水能力更强，在水中的溶解度更小。若将现有共沸剂替换为醋酸仲丁酯，不仅可节省能耗，降低共沸剂消耗，还可以降低装置外排 COD 的量。

(2) 通过对比醋酸正丙酯(NPA)-水(H_2O)-醋酸(HAc)、醋酸仲丁酯(SBA)-水(H_2O)-醋酸(HAc)的三元相图，对于萃取水中的醋酸，萃取剂 SBA 的萃取能力比 NPA 略好，替代 NPA 作为醋酸脱水的萃取剂理论上是可行的。

(3) 使用 Aspen Plus 对醋酸回收单元进行稳态模拟分析结果表明，当 SBA 替代 NPA 作为醋酸脱水过程的共沸剂时，可在现有其他工艺参数保持不变的条件下，将溶剂脱水塔回流比从 5.1 调整至 5.3，就可达到醋酸脱水系统的设计要求，溶剂脱水塔塔釜醋酸含量为 95%±3%，水相采出醋酸含量小于 1000μg/g。

(4) 通过 Aspen Plus 软件对醋酸仲丁酯溶剂在醋酸回收单元中的模拟结果进行工程核算，发现以 SBA 为溶剂时固定设备包括萃取塔、溶剂脱水塔、PX 汽提塔、油水分离器、再沸器和冷凝器相较于现有工艺设备上可以不用进行改造，直接使用现有的工艺设备即可满足分离要求。同时对操作费用进行核算，以 SBA 为共沸剂时，每年可节约 750 万元，故对于这套产能为 65×10^4t 的 PTA 装置的萃取-共沸精馏系统以 SBA 替代 NPA 作为溶剂在经济上是可行的。此外，还可降低废水中的 COD_{cr} 含量，具有较好的环保效益。

参 考 文 献

[1] PTA 产能过剩步入漫长寻底之路[EB/OL]. 中国行业研究网，2013-10-30.
[2] 王磊 . PTA 生产工艺醋酸回收系统过程模拟与开发研究[D]. 2007. 天津：天津大学，2007：5-6.
[3] 蒋坤军 . 稀醋酸萃取技术在 PTA 生产中的应用[J]. 石油石化节能与减排，2014，4(6)：14-18.
[4] 肖咸江 . PTA 过程关键单元建模与流程模拟[D]. 2006. 浙江：浙江大学，2006：15-17.

对位芳纶热性能分析

朱福和[1,2]　严　岩[1,2]　王　辽[1,2]

(1. 中国石化仪征化纤有限责任公司研究院，江苏仪征　211900；
2. 江苏省高性能纤维重点实验室，江苏仪征　211900)

摘　要：使用热失重分析(TGA)方法对PPTA的耐热性能和热分解动力学行为进行了研究，通过分析得出PPTA热降解起始分解温度、最大分解速率对应温度和热分解动力学参数，对于了解PPTA热稳定性及老化寿命等具有一定指导意义。

关键词：对位芳纶；热失重分析；热降解；降解速率

1　引言

对位芳纶(PPTA)是对位芳香族聚酰胺纤维的简称，与碳纤维、超高分子量聚乙烯纤维并称当今世界三大高性能纤维。PPTA分子结构中至少有85%的酰胺键(—CONH—)直接与两个苯环相连，其分子结构高度对称、规整，大分子链之间形成很强的氢键，属于高度刚性的聚合物。PPTA高度刚性的化学结构决定了PPTA具有优异的耐高温性能。耐高温性能主要体现为热稳定性及其在使用过程中分解快慢的问题，也就是热分解动力学。本文主要通过热失重分析(TGA)对PPTA的耐热性能和热分解动力学行为进行了研究，对于了解PPTA的热稳定性及老化寿命等具有一定指导意义，对于芳纶的应用研究也具有实用价值。

2　试验

2.1　原料

1#：PPTA树脂，重均分子量2.0×10^4；

2#：PPTA树脂，重均分子量1.2×10^4；

3#：PPTA纤维，美国杜邦公司Kevlar纤维。

2.2　主要仪器设备

Perkin Elmer Pyris 1热失重分析仪。

2.3　试验条件

试验氛围为空气或氮气，流率选择为30mL/min；升温速率为20℃/min，测试温度范围为25~800℃。

3　结果分析与讨论

3.1　热稳定性分析

PPTA聚合物及纤维样品在空气或氮气中的热失重数据如表1、图1~图3所示。

表1　热分解特征数据

样品	氛围	主降解起始分解温度/℃	最大分解速率对应温度/℃
1#	N_2	561	607
1#	Air	560	601
2#	N_2	568	607
3#	N_2	555	595
3#	Air	515	535/565

PPTA 样品 1#和 2#在空气(氮气)中，在 560℃之前都有类似的热行为，在 100℃以下都有约 0.4%的失重，这主要是由所吸附的水分蒸发而造成的。在 100~200℃缓慢失重约 1.5%左右，这是由于部分单体和溶剂残留于聚合物中挥发所致。在 200~450℃缓慢失重 3.5%左右，这是由于端羧基的分解所引起。温度超过 560℃时，失重速率明显，在氮气氛围中分解速率在 607℃达到最大值，而在在空气氛围中分解速率在 601℃达到最大值，在 625℃附近，在空气氛围中分解和氮气氛围中的分解出现明显差别，在空气氛围中的分解失重一直进行且速率较快，而在氮气氛围中的则会有样品残留，这种差别是由于分解机理不同所致，具体有待于进一步研究。PPTA1#和 2#在氮气氛围中的差别主要体现在主降解起始温度及样品残留量的多少：从图上可以看出，PPTA1#和 PPTA 2#样品主降解温度的差别主要是由于 200~500℃温度区间 PPTA1#分解较多所致，但从 PPTA1#样品在空气中的分解而言，并没有出现上述现象，因此可以认为主降解温度差别是试验误差(样品颗粒大小等)所引起。对于样品残留，可以看出，PPTA1#残留量明显多于 2#残留量，这说明分子量较高的样品的热稳定性较佳。对于残留样品较多的实验现象，文献已有报道，且报道的残留量差别也较大，但对此未作解释[1~3]。

另外，本实验所合成的 PPTA 的主降解起始分解温度以及最大分解速率对应温度均较 Kevlar 纤维为高，这主要是由于实验过程中对聚合物未采用浓硫酸溶解处理，聚合物的缺陷相对较少，同时试验聚合物粒径可能较大也会引起测量值偏高，当然聚合物结构形态也是造成热性能差异的原因之一。

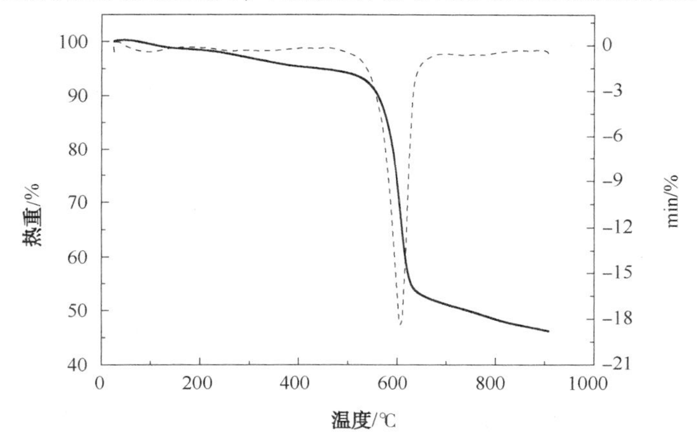

图 1　1#在氮气氛围下的热重(TG)曲线和微商热重(DTG)曲线

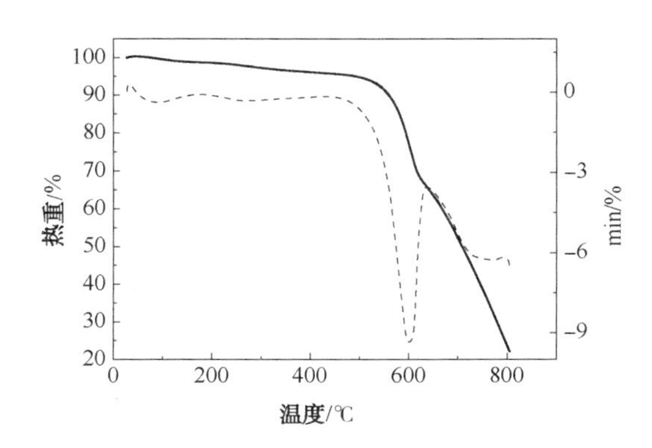

图 2　PPTA1#在空气氛围下的热重(TG)曲线和微商热重(DTG)曲线

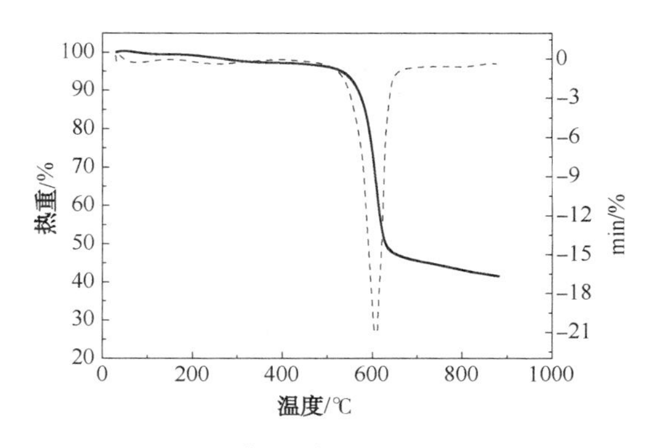

图 3　PPTA2#在氮气氛围下的热重(TG)曲线和微商热重(DTG)曲线

3.2　热分解动力学分析

3.2.1　热分解动力学基础[4]

聚合物分解过程一般可以由如下的方程式表示；

$$A(s) \longrightarrow B(s)+C(g)$$

其中，A 为聚合物 B 为残留物 C 为挥发分。

分解过程任一时刻的分解百分数为 α，则分解速度可以表示为：

$$d\alpha/dt = Kf(\alpha)$$

式中，K 速率常数，根据 Arrhenius 方程，K 可以写为：

$$K = A\exp\left(\frac{-E}{RT}\right)$$

式中，A 为频率因子，E 为活化能，R 为理想气体常数，T 为绝对温度。对于一般高分子的分解反应，$f(\alpha)$ 与温度和时间无关，可以假定：$f(\alpha)=(1-\alpha)n$，从而得到如下的热分解动力学方程

$$d\alpha/dt = A\exp(-E/RT)(1-\alpha)n$$

目前，针对分解动力学的研究主要是基于如上的动力学方程，计算其动力学参数的方法主有 Friedman，Friedman-Carroll，Doyle，Coats-Redfern 以及 Kissinger 等方法。其中 Friedman 由于处理较为简单，成为经常使用的处理方法，它可以通过一条热重曲线确定相关的动力学参数，计算公式如下：

$$\ln(d\alpha/dt) = \ln A - E/RT + n\ln(1-\alpha)$$

本文也采用此方法进行动力学参数的计算。

3.2.2　动力学参数计算

应用 Friedman 方程，对主降解起始温度到最大分解速率对应温度范围内，采用 Friedman 方法分别通过 $\ln(d\alpha/dt)$ 和 $\ln(1-\alpha)$ 对 $1/T$ 作图。如图 4～图 6 所示，求出斜率 $-E/R$ 及 $-E/(Rn)$，后根据下式计算频率因子：

$$\ln A = \ln(d\alpha/dt) + E/RT - n\ln(1-\alpha)$$

由表 2 的计算结果可以看出，PPTA1#和 2#在氮气氛围中的分解动力学参数基本相同，且均较 Kevlar 纤维分解动力学参数为大，由分解活化能和分解级数分析可知，PPTA1#和 2#均比 Kevlar 纤维耐热性好，这也与上述热稳定分析结果一致。对于 PPTA1#在空气氛中的分解动力学参数，E 值比氮气中的小，而 n 值比氮气中的大，说明 PPTA1#在空气中的分解速率在一定温度区间内比氮气中分解速率大，这也与上述的热稳定分析相一致。另外，由于 PPTA 在空气中的分解可以看作分为两个阶段，计算过程主要采用的是最大分解速率温度以上的数据进行的相关计算，因此 PPTA 在空气中的分解动力学参数只能作为 PPTA1#在空气中分解热性能的一种定量的解释，和文献给出的结果不具有可比性。

另外，PPTA 在空气中分解速率在某一温度区间较氮气中分解速为低，可能是由于酰胺键的断裂，分解出的对苯二胺在空气中氧化生成耐高温的产物所致。

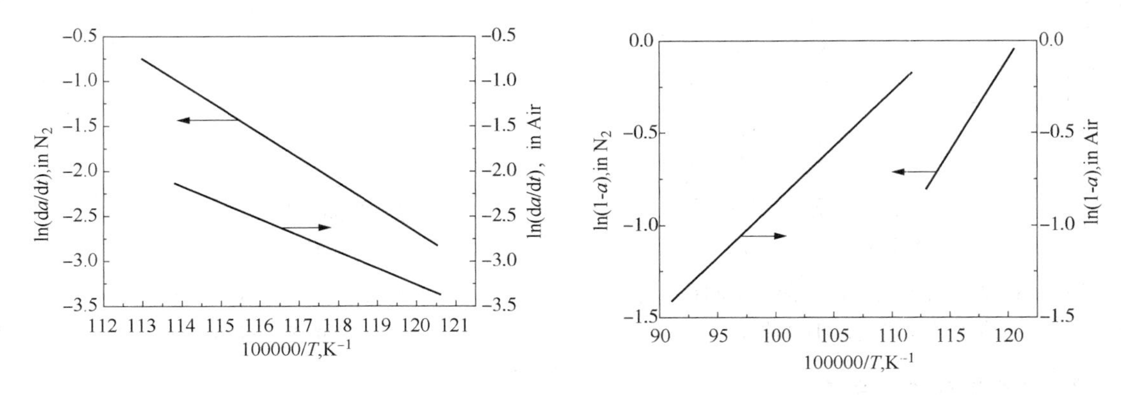

图 4　Friedman 方法计算 PPTA1#动力学参数

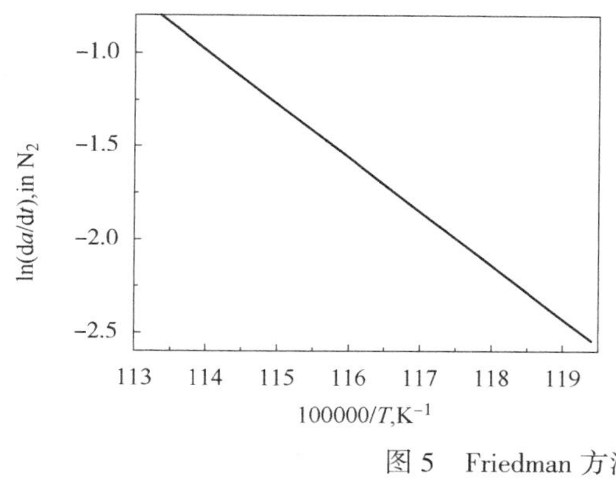

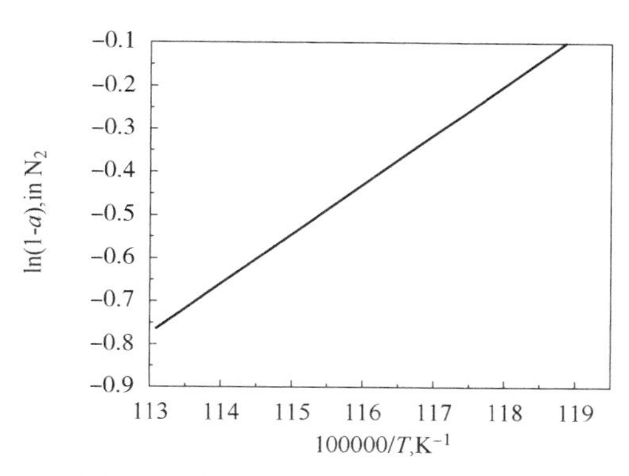

图 5 Friedman 方法计算 PPTA2#动力学参数

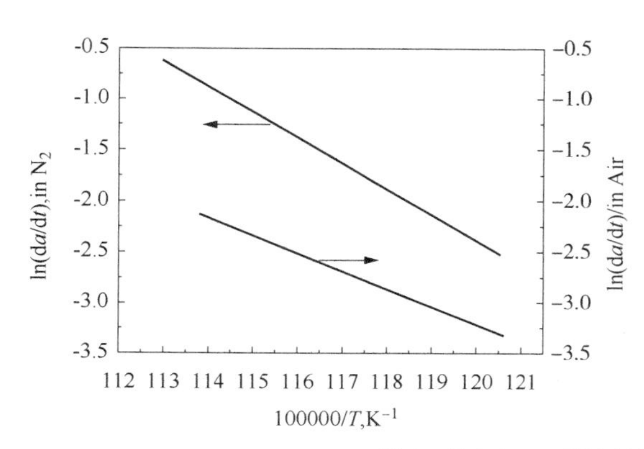

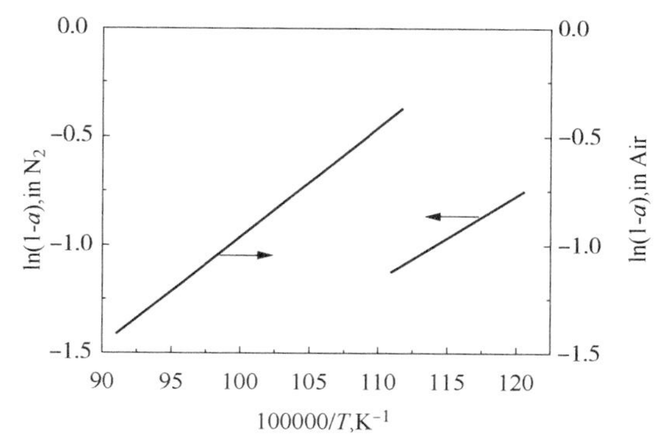

图 6 Friedman 方法计算 PPTA3#动力学参数

表 2 Friedman 方法计算 PPTA 分解动力学参数及 Kevlar 分解动力学参数

样品	氛围	E/(kJ/mol)	n	ln$A$/min
1#	N_2	231	2.6	32.3
1#	Air	152	3.0	29.6
2#	N_2	239	2.5	32.2
3#	N_2	169	1.8	22
3#	Air	150	1.3	20

4 结语

（1）PPTA 具有良好的热性能，500℃以下失重很少，在 550℃时开始迅速分解，600℃分解速率达到最大。

（2）PPTA 在氮气中的热稳定性只有在 600℃以上才优于在空气中的稳定性，在此温度之下，PPTA 在氮气和空气中的热稳定性和分解速率几乎相同。

（3）采用 Friedman 方法计算了热分解温度范围内，PPTA 在氮气和空气中的热分解动力学参数，得到了 PPTA 分解动力学参数，并发现分子量对于动力学参数几乎没有影响。

参 考 文 献

[1] Xingui Li，Meirong Huang. Thermal degradation of Kevlar Fiber byhigh-resolutionthermogravimetry[J]. JApplPoly Sci，1997，71，565-571.

[2] 高家武，周福珍，刘士听，等．高分子材料热分析曲线集[M]．北京：科学出版社，1990，57-76.

[3] A. M. Hindeleh and Sh. M. Abdo. Effects of annealing on the crystallinity and microparacrystallite size of Kevlar 49 fibres[J]. Polymer，1989，30，218-224.

[4] 胡荣祖，史启桢．热分析动力学[M]．北京：科学出版社，2001，19-24.

三　剂

SHP 系列二段加氢催化剂在茂名加氢装置的工业应用

张水明

（中国石化茂名分公司，广东茂名　525000）

摘　要：介绍了 SHP 系列二段加氢催化剂 SHP-02F/02 在茂名石化裂解汽油加氢装置的工业应用情况，经过 5800h 的运行表明，SHP-02F/02 二段加氢催化剂各项分析指标合格，完全满足目前 C_6~C_8 组分工况下的使用要求。分析结果表明，催化剂 SHP-02F/02 具有低温、加氢率高、脱硫彻底、抗结焦性好等优点。

关键词：裂解汽油；加氢催化剂；溴价；脱硫；抗结焦

1　引言

加氢装置的原料裂解汽油来自乙烯装置裂解副产品，因其含有大量的不饱和烃，稳定性差，长时间储存会发生自聚形成胶质，因此不能作为原料进行直接使用[1]。工业上加氢装置主要分为全馏分加氢、中心馏分加氢、碳五加氢碳九不加氢三种生产工况，目前茂名 2#加氢装置根据生产实际采取中心馏分加氢。2#加氢装置采用两段加氢法对裂解汽油进行加氢处理，一段加氢除去链状、环状双烯烃和烯基芳香族，二段加氢除去单烯烃及硫、氮、氧化合物。SHP-02F/02 作为二段反应催化剂已在 2#裂解汽油加氢装置投用连续运行超过 8 个月，运行结果表明该催化剂各项性能指标优良能很好满足当前生产需要。

2　催化剂情况

2.1　催化剂规格

2#加氢装置二段反应催化剂 SHP-02F/02 自 2016 年 8 月投用至 2017 年 4 月，已运行超过 8 个月。

新更换的 SHP-02F/02 催化剂根据实际情况，设置了两种不同型式的催化剂，而更换出来的旧催化剂 ME-1P 以及更早的 LY-9802 都只有一种规格型式。这样的设计有利于反应器上、下床层的反应深度有所区分，提高加氢反应的效果以及延长催化剂的使用寿命等。

新更换的 SHP-02F/02 催化剂与曾用过的 ME-1P 和 LY-9802 催化剂特性比较如表 1 所示[2]。

表 1　SHP-02F/02 催化剂特性及与 ME-1P、LY-9802 对照表

指标项目	SHP-02F	SHP-02	ME-1P	LY-9802
外观	浅豆绿色球型	蓝灰色三叶草型	蓝灰色齿球型	蓝灰色三叶草型
尺寸/mm	ϕ1.5~2.5	ϕ1.1~1.3×3~20	ϕ2.3	ϕ1.3×5
堆积密度/(g/mL)	0.84±0.05	0.65±0.05	0.72	0.70
比表面/(m^2/g)	120±30	230±30	173	182
活性组分	Mo-Ni/Al_2O_3	Co-Ni-Mo/Al_2O_3	Co-Ni-Mo/Al_2O_3	Co-Ni-Mo/Al_2O_3

从表 1 可以看出新催化剂上、下床层有明显的区别，上床层 SHP-02F 为尺寸和密度较大、比表面积较小的球型催化剂，下床层 SHP-02 为尺寸和密度较小、比表面积较大的三叶草型催化剂，体现有 ME-1P 和 LY-9802 两种催化剂部分特征。

设计单位对催化剂的载体进行改性处理，将上床层催化剂外形设计成球型，与齿球型相类似，这样比三叶草型更有利于加氢物料的扩散。由于扩散对于加氢反应的速率影响很大，因此新型的催化剂能够在较低的反应温度下保持较高的活性，也就有利于延长催化剂的使用寿命[3]。

2.2 催化剂装填

2#加氢装置于2016年7月23日停工局部检修，7月26日烧焦完成对旧催化剂ME-1P进行卸除，于7月28日装填新催化剂SHP-02F/02。共装填了128.7桶催化剂，其中SHP-02F装填于反应器上部；SHP-02装填于反应器的下部。催化剂总装填质量17.58t，催化剂总装填体积25.19m^3，即装填密度为0.70g/mL。

催化剂SHP-02F/02上、下床层装填规格有所区别，在装填过程中将数量较少的密度大的SHP-02P催化剂装在上层，数量多的密度小的SHP-02催化剂装在下层，与常规的催化剂装填方式相比这样有利于避免催化剂下床层压差升高过快的问题，从而使整床催化剂都能得到利用可延长使用寿命。

3 催化剂投用

SHP-02F/02催化剂在运行初期，2#加氢装置维持在65~80t/h的较高负荷下运行近2个月，随后由于受物料平衡等生产因素的影响，装置负荷逐渐调整为50~62t/h。

二段反应器RB-760的设计负荷为45t/h，当2#加氢装置负荷为62t/h时，为设计负荷的101%，RB-760的负荷为45t/h，当装置负荷为80t/h时，为设计负荷的129%，RB-760的负荷为58t/h。

3.1 原料指标

SHP-02F/02催化剂运行期间在不同负荷下的原料化验分析结果见表2。

表2 反应器进料指标对照表

项　　目	指标	高负荷期间	低负荷期间
馏分/℃	60~180	72~136	73~139
相对密度/(g/mL)	0.82~0.86	0.8505	0.851
双烯/(gI/100g)	≤1.5	1.39	1.37
溴价/(gBr/100g)	≤45	22.0925	19.7484
硫含量/(mg/kg)	≤600	114.08	115.22
胶质/(mg/100mL)	≤5	2.1	2.39
C_9含量/%	≤1.0	0.24	0.26

从表2对照结果可以看出，催化剂运行期间原料指标均在设计范围内。

3.2 操作指标

SHP-02F/02催化剂投用期间二段反应器的运行操作参数要确保其符合设计指标的要求，具体操作参数见表3。

表3 反应器操作参数对照表

项　　目	标定要求指标	高负荷期间	低负荷期间
操作压力/MPa	2.4~2.8	2.53	2.52
入口温度/℃	230~310	232	235
循环氢流量/(kg/h)	≥7000	7655	7694
反应后氢气尾气排放量/(kg/h)	≥300	345	386
RB-760床层温差/℃	≤60	57	38
RB-760上床层压差/kPa	≤50	4.5	4.3
RB-760下床层压差/kPa	≤50	19.6	15.9
空速/h^{-1}	1.2~2.2	2.02	1.85

从表3对照结果可以看出，催化剂运行期间操作指标均在设计范围内。期间2016年12月份因切换一段反应器，二段反应温升不足，入口温度控制较高以使产品合格，但总体上二段反应入口温度稳定维持在230~235℃的较低水平。

经过8个多月的运行，二段反应器上床层压差维持4~5kPa，下床层压差也保持在16~20kPa，基本不变，说明其抗结焦能力较强。

3.3 催化剂分析

二段加氢反应出口产品质量指标主要是产品的溴价、硫含量及组成的变化情况，这也是衡量催化剂优良的重要指标[4]。

3.3.1 加氢性能分析

二段反应器进料、出料的溴价变化情况，反映了该催化剂的加氢性能。根据技术协议，该催化剂能保证加氢后物料的溴价不超过0.5gBr/100g油。催化剂运行期间产品质量均能满足溴价低于0.5gBr/100g油的设计要求。另外，二段反应器催化剂运行期间的产品加氢转化率如图1所示。其中，二段反应加氢转化率的计算公式如下：

$$加氢转化率=(进料溴价-出料溴价)/进料溴价\times100\%$$

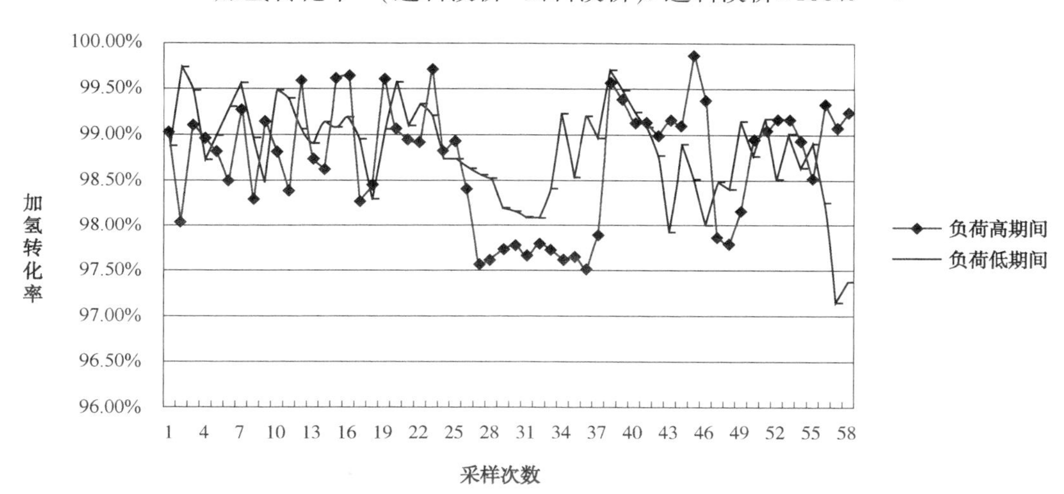

图1 运行期间二段加氢转化率对比图

从图1中可以看出，该催化剂的加氢性能较好，运行期间加氢转化率均在97%以上。催化剂初始时的加氢转化率会比之后稍高，但是相差不大，说明了催化剂在一段时间运行后还能保持较高活性。催化剂初期活性高，加氢转化率会较高，但是在不考虑催化剂使用寿命情况下可以用温度进行补偿也可以达到相同的转化深度[5]。

3.3.2 压差分析

二段反应器上下床层的压差反映了反应器床层结焦情况，随着运行时间的延长反应器床层压差会出现逐渐升高的情况。催化剂结焦一般是附着在催化剂表面，这样就会覆盖催化剂的活性组分使其不参与加氢反应，随着结焦的增加压差逐渐增大使得产品溴价不合格，这时只能通过提高入口温度来提高催化剂的反应活性来确保产品质量合格[6]。图2、图3是催化剂运行期间的上下床层压差变化情况。

从图2、图3中可以看出床层压差在运行8个多月期间并没有明显的上升，上床层一直处于4kPa左右，下床层最高到23kPa左右，说明催化剂在抗结焦方面的表现良好。

3.3.3 硫脱除率分析

二段反应器进料、出料的硫含量变化情况，反应了该催化剂的加氢脱硫性能。根据技术协议，

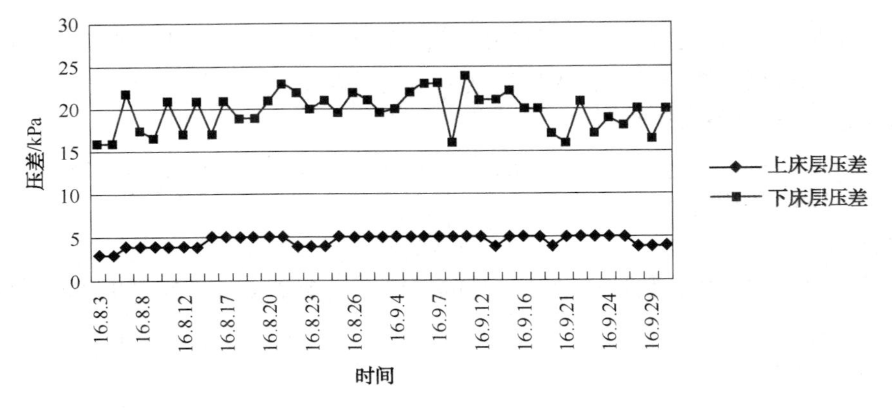

图 2　高负荷运行期间上、下床层压差变化图

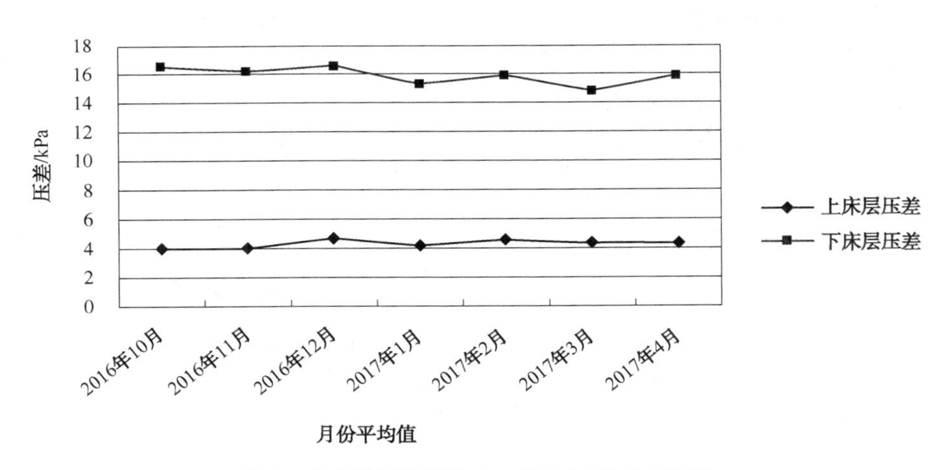

图 3　低负荷运行期间上、下床层压差变化图

该催化剂能保证加氢后物料的硫含量≤1.0mg/kg。二段反应器运行期间，几次采样分析反应前后物料的硫含量情况如表 4 所示。

表 4　二段反应前后物料硫含量　　mg/kg

项　　目	高负荷期间					低负荷期间				
	样 1	样 2	样 3	样 4	样 5	样 1	样 2	样 3	样 4	样 5
进料硫含量	110.9	116.7	114.2	118.2	110.4	113.9	115.6	117.2	114.3	115.1
出料硫含量	<1	<1	<1	<1	<1	<1	<1	<1	<1	<1

从表 4 中可以看到，该催化剂的加氢脱硫性能较好，运行期间反应后物料的硫含量都小于 1.0mg/kg，达到技术协议的要求。

4　结论

(1) 中国石油化工股份有限公司上海石油化工研究院的新型 SHP 系列裂解汽油二段加氢催化剂 SHP-02F/02 替代催化剂 ME-1P，在茂名石化 2#加氢装置进行工业应用，结果表明其能够满足装置各种负荷条件下运行需要，能够保证产品质量指标溴价小于 0.5gBr/100g 油，硫含量小于 1mg/kg。

(2) 催化剂 SHP-02F/02 具有初始反应温度较低、活性高、加氢转化率高、脱硫彻底、抗结焦性能好等优点。

(3) 催化剂 SHP-02F/02 经过 8 个月的运行，入口温度能够一直维持 233℃左右，距离控制指标 310℃上限还有很大空间；上床层压差保持在 4kPa 左右，下床层从 16kPa 上升至 20kPa，远低于控制指标 250kPa。总体来看该催化剂能够满足技术协议保证的 3 年运行周期，能够满足长周期运行需要。

参 考 文 献

[1] 吴杰等．裂解汽油二段加氢催化剂 LY-9802 的工业应用[J]．化工进展．2012，31(11)：56-58.
[2] 吕龙刚．裂解汽油二段加氢催化剂 LY-9802 性能评价及应用[J]．石化技术与应用，2009，27(2)：135-138.
[3] 马好文．裂解汽油加氢催化剂及工艺研究[J]．现代化工，2013，33(8)：87-90.
[4] 赵野等．影响裂解汽油二段加氢催化剂长周期运转因素及解决措施[J]．乙烯工业，2005，17(3)：78-81.
[5] 赵伟杰．裂解汽油加氢催化剂性能研究[J]．化工管理，2014，24(3)：37-40.
[6] 蒋帮勇．裂解汽油加氢二段反应器催化剂运行条件优化[J]．乙烯工业，2005，17(3)：56-59.

DN-3636催化剂在柴油加氢装置上的工业应用

王建伟

(中国石化镇海炼化分公司，浙江宁波 315207)

摘 要：镇海炼化分公司通过引进标准催化剂公司最新研发的DN-3636催化剂，并在300×10^4t/a柴油加氢装置进行工业应用，以满足公司生产国Ⅴ柴油的目的。介绍了DN-3636催化剂开工过程及性能标定结果，总结了该催化剂22个月使用周期的工业应用情况。

关键词：DN-3636催化剂国Ⅴ柴油；工业应用

1 引言

中国石化镇海炼化分公司300×10^4t/a柴油加氢精制装置(简称Ⅳ加氢装置)由中石化洛阳工程有限公司设计，设计加工原料包括直馏柴油、催化裂化柴油、焦化柴油，装置操作压力6.0MPa，采用单台反应器，体积空速2.0h^{-1}。为满足在2015年底前达到国Ⅴ车用柴油排放标准的要求，镇海炼化通过对四家国外催化剂公司进行交流、比选，最终选用了壳牌标准催化剂公司最新研发的柴油超深度加氢脱硫催化剂DN-3636[1~3]。Ⅳ加氢装置成为中国石化系统内首套使用国外催化剂和反应器内构件的装置，并在装置上进行了成功的工业应用。

2 催化剂装填及开工情况

2.1 催化剂物化性质

CENTERA技术是标准催化剂公司于2009年引入市场的最新催化剂技术，CENTERA催化剂也比其他二类活性相同的催化剂有更高的稳定性，并对不同的装置和操作有更好的适应性。CENTERA® DN-3636是标准催化剂公司采用CENTERA技术于2013年开发的镍钼型催化剂，代表了原CENTINEL GOLD和ASCENT技术平台最佳元素的结合，以及研发的最新突破，使得催化剂活性金属中心的形态得到更好的控制，具有更高的金属分散度，从而提高了催化剂的脱硫、脱氮活性[4,5]。DN-3636催化剂的物化性质：化学组成Mo/Ni，尺寸大小1.3mm，形状三叶草，压碎强度250N/cm，磨损指数>96%，装填密度1.323t/m^3。

2.2 催化剂装填

Ⅳ加氢装置反应器R2101直径4.6m，分为上、下两个床层，床层间设冷氢箱。本次升级改造中，R2101的预分配器、再分配器、冷氢箱等全部更换为壳牌的专利内构件。该内构件由多块组件组成，各组件全部采用楔形配件连接，便于设备拆卸。冷氢箱采用超平急冷盘，并装有独特的混合器，以达到气液两相在混合器中充分碰撞混合[6~8]。同时，该冷氢箱使用后，下床层顶部无需装填瓷球等惰性填料，使装置尽可能多装主催化剂，提高反应器利用空间。

Ⅳ加氢装置于2014年6月开始进行催化剂装填，装填工作由专业装剂公司完成。反应器顶部级配系统采用多种保护剂级配装填，包括OptiTrap[Medallion]、OptiTrap[MacroRing]和OptiTrap[Ring]催化剂。这些保护剂能够对主精制剂起到很好的保护作用，防止一床层顶部结焦，达到容垢、脱金属的目的。因装置掺炼焦化柴油比例较大，反应器一床层上部装填具有高加氢性能和容硅能力的三叶草型DN-140催化剂，活性金属为镍和钼，脱除原料中的硅和简单硫化物。本次催化剂总计装填 DN-3636 催化剂 303 吨，平均装填密度为 1.32t/m³，与标准催化剂公司提供的理论装填密度仅差 0.2%，开工后最大径向温差≯3℃，说明装填效果较为理想。催化剂装填情况详见表 1。

表 1 催化剂装填情况

位置	装填物料	高度/mm	体积/m³	质量/t	装填密度/(t/m)
上床层	OptiTrap[Medallion]	100	1.66	0.96	0.578
	OptiTrap[MacroRing]	200	3.32	4.0	1.205
	OptiTrap[Ring]	330	5.48	2.8	0.511
	*DN*140	690	11.46	7.82	0.682
	*DN*3636(密相)	5080	84.38	112	1.327
	Φ3 瓷球	80	1.33	1.75	1.316
	Φ6 瓷球	100	1.66	1.25	0.753
下床层	DN3636(普相)	720	11.96	15	1.254
	*DN*3636(密相)	8010	133.05	176	1.323
	Φ3 瓷球	130	—	—	—
	Φ6 瓷球	160	—	—	—
	Φ13 瓷球	160	—	—	—

2.3 催化剂硫化

所采用主催化剂 DN-3636、脱硅剂 DN-140 以及保护剂均为氧化态，因 DN3636 催化剂为Ⅱ类活性中心型催化剂，在开工进行硫化前无需高温干燥。

本次催化剂硫化方法采用湿法硫化。反应系统氢气置换、气密合格后，将反应系统压力降至 4.0MPa，催化剂床层最高温度控制小于 150℃，以 270t/h 引入直馏柴油，确保催化剂充分润湿，然后逐步提高反应温度至 205℃，开始引入硫化剂，按照硫化曲线进行升温，见图 1。期间调整硫化剂注入量，维持循环氢中硫化氢浓度在要求范围内，催化剂床层温度最终维持在 315 °C 恒温，至循环氢中硫化氢浓度保持稳定，高分水位不再变化或变化不明显，硫化结束。

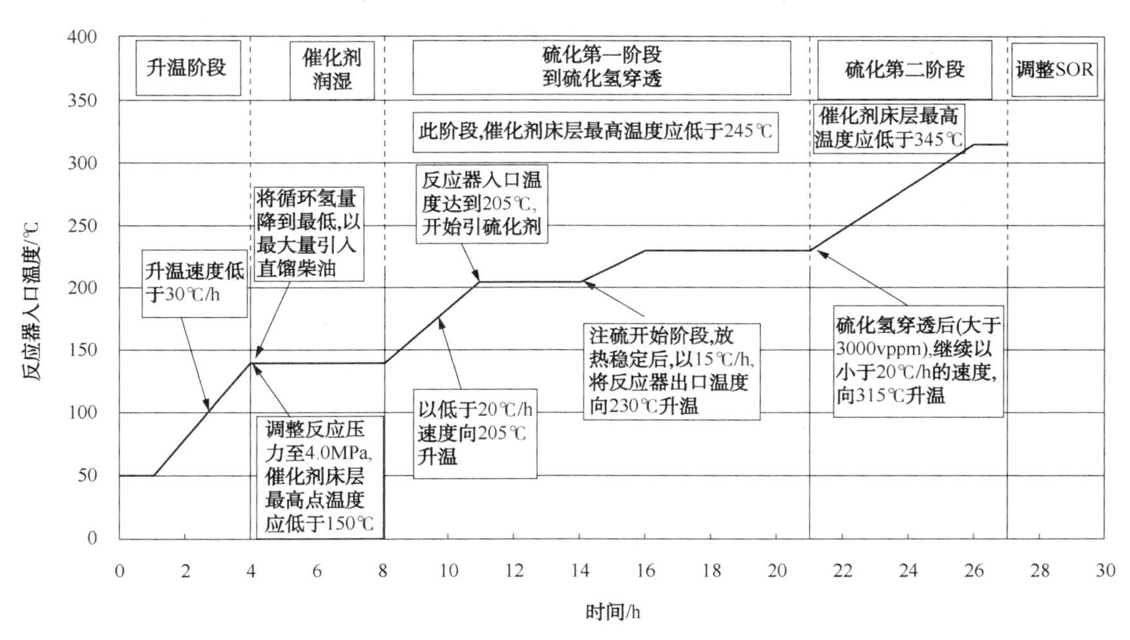

图 1 催化剂硫化曲线

硫化过程中产生大量CO_2，CO_2体积含量占循环氢组成的10%，导致循环氢纯度大幅下降，装置需大量排放废氢以满足循环氢纯度要求。整个硫化过程反应器的最高点温度控制不高于345℃。从开始注入硫化剂至硫化结束，共计耗时16h，消耗硫化剂(SZ-54)66.1t。硫化过程用时短，升温、恒温以及硫化氢浓度控制平稳。硫化结束后，进行了加工直馏柴油的72h初活稳定，然后转入正常生产，装置开工一次成功。

3 催化剂性能标定

2014年9月18~22日，Ⅳ加氢装置进行满负荷标定。操作调整在17日进行，18、19日标定的目标产品为硫含量小于50mg/kg的精制柴油，21日标定的目标产品为硫含量小于10mg/kg的精制柴油，20日为两种目标产品间的过渡调整时间。

3.1 原料性质

标定期间，常减压装置加工伊轻：巴士拉(2∶1)混合原油，掺炼荣卡多110t/h，常二线、常三线、减一线直供Ⅳ加氢装置，直馏柴油平均流量为241t/h，比例为70%，其中常二线80t/h，常三线121t/h，减一线40t/h；催化柴油直供Ⅳ加氢装置，平均流量为44t/h，比例为12.8%；掺炼罐区焦化柴油60t/h，比例为17.4%，加工负荷为345t/h。

标定原料的主要性质见表2。标定原料与设计原料相比，混合原料中二次加工油比例均在设计原料要求的比例之内。混合原料硫含量最高值1.17%，小于设计指标1.2%；密度最高值864.0kg/m^3，小于设计值865.0kg/m^3；95%馏点最高值363℃，小于设计值365℃。混合原料十六烷值平均值为46.6，总氮含量493mg/kg，溴价平均值为16.67gBr/100g。新氢各项指标均在设计值范围之内。

表2 标定期间混合原料分析数据

项目		混合原料	催化柴油	焦化柴油
密度(20℃)/(kg/m^3)		861.8	940.6	877.4
馏程/℃	初馏点/50%	205/292	198/283	189/296
	90%/95%	349/363	353/372	347/360
总硫/%		1.08	0.802	2.25
总氮/(mg/kg)		493	545	857
酸度(KOH)/(mg/100mL)		21	0.9	2.8
溴价(Br)/(g/100g)		16.12	28.98	44.64
凝点/℃		-13	-18	-8
十六烷值		46.6	27.9	44.9
Cl含量/(mg/kg)		1	0.8	1
比色		4	1.5	5.5
多环芳烃/%		18.6	53.8	18.6
总芳烃/%		36.3	79.4	39.9

3.2 主要操作参数

标定期间的主要操作参数见表3。生产国Ⅳ柴油时，装置耗氢率1.02%，国Ⅴ柴油时，新氢补充量增加明显，耗氢率达1.12%。两种工况下，化学耗氢分别为0.87%和0.97%，高于标准催化剂公司提供的0.77%和0.81%的理论值。

表 3　主要操作参数

项　　目	国Ⅳ柴油	国Ⅴ柴油
循环氢流量/(m^3/h)	116221	123879
新氢补入量/(m^3/h)	27480	29948
体积空速/h^{-1}	1. 74	1. 74
氢油体积比	300	300
反应器入口压力/MPa	6. 06	6. 09
反应器入口氢分压/MPa	5. 30	5. 36
反应器床层压降/MPa	0. 52	0. 51
反应器入口温度/℃	331	340
反应器床层平均温度/℃	358	367
反应器总温升/℃	42	40
反应器出口温度/℃	373	380

3.3　柴油产品性质

标定期间的主要产品性质见表 4。

表 4　精制柴油分析数据

分析项目	国Ⅳ柴油	国Ⅴ柴油
密度/(kg/m^3)	844. 4	841. 2
馏程(初馏点/50%/95%)/℃	205/285/360	201/282/358
硫含量/(mg/kg)	37	6. 3
总氮/(mg/kg)	5. 4	2. 0
比色	1. 0	1. 0
十六烷值	50. 1	50. 4
多环芳烃	10	9. 3
总芳烃	33. 1	29. 7
胶质/(mg/100mL)	56	48

3.4　标定小结

Ⅳ加氢装置标定负荷 345t/h，其中催化柴油比例为 12. 8%，焦化柴油比例为 17. 4%，原料硫含量 1. 08%左右，反应入口温度在 331℃，出口温度 373℃，平均床层温度在 358℃，氢油比为 300，体积空速 1. 74h^{-1}，反应入口压力 6. 0MPa 的条件下，能够生产出硫含量 37mg/kg 的精制柴油，密度降低值在 17. 4kg/m^3，十六烷值提高值 3. 5，多环芳烃降低值在 8. 6%，催化剂的温升达到 42℃。

在原料组成不变的情况下，提高反应器入口温度至 340℃，出口温度 380℃，反应器床层平均温度 367℃，床层温升 40℃(冷氢量增加)，氢油比 300，体积空速 1. 75h^{-1}的条件下，能够生产出硫含量 6. 3mg/kg 的精制柴油，柴油密度降低值 17. 7kg/m^3，十六烷值提高值 3. 8，多环芳烃降低值 9. 3%。

从本次标定的情况看，上床层和下床层的第一根热偶最大径向温差<2℃，说明入口分配器、冷氢箱等内构件性能较好。

4　催化剂本周期运行小结

4.1　原料加工量及原料组成

本周期装置连续运行 22 个月，其中生产国Ⅴ柴油 7 个月，其余时间全部生产国Ⅳ柴油。共加工原料 446. 9×10^4t，其中直柴 353. 1×10^4t，占总加工量 79%；催柴 5. 8×10^4t，占总加工量 1. 3%；

焦柴 87.9×10^4t，占总加工量 19.7%；氢气耗量 4.83×10^4t，占总加工量 1.08%。平均加工负荷 280t/h，仅有设计负荷的 78.4%，平均体积空速 1.42h^{-1}。原料硫含量 1.2%，氮含量 430mg/kg，原料密度约 852.5kg/m^3，95%馏出温度 365℃。原料性质控制良好，原料硫含量、氮含量、密度、95%馏出温度等多数时间均在设计值范围内。

4.2 主要操作条件

装置氢油比平均值 350(体积比)，均在设计指标范围内。反应器床层温度逐渐上升，床层温升呈下降趋势，尤其二床层温升下降明显。催化剂上床层压降 0.3MPa 左右，且基本维持恒定，说明原料管理到位，未出现压降大幅上升的情况。但反应器总压降在开工初期即达到 0.49MPa，接近反应器 0.5MPa 的设计压降，为避免反应器压降超设计值，在操作过程中只能降低装置加工量和循环氢流量。

4.3 柴油产品性质

本周期精制柴油硫含量控制分为两个阶段，第一阶段以生产国Ⅳ柴油为主，硫含量平均值 30mg/kg，密度 838.4kg/m^3，密度降低值 14.1kg/m^3；第二阶段生产国Ⅴ柴油，硫含量平均值 5.9mg/kg，密度 833.8kg/m^3，密度降低值 18.7kg/m^3。两个阶段硫含量实际值偏低，对催化剂长周期不利。

4.4 催化剂床层温度及失活速度

催化剂初期活性较好，反应器平均温度仅 350℃，装置运行至中期时，反应温度未出现明显上升，说明催化剂稳定性较好。当装置开始生产国Ⅴ柴油时，精制柴油硫含量实际平均值 5.9mg/kg，反应器入口温度上升明显，催化剂失活速度明显加快。本周期生产国Ⅳ柴油期间催化剂失活速度 1.2℃/月，国Ⅴ柴油期间催化剂失活速度 2.07℃/月。催化剂运行至末期时，反应器最高温度达到 401℃，反应器入口温度最高 377℃，精制柴油质量合格，未出现颜色不合格等现象。2015 年 9 月 24 日开始，装置生产国Ⅴ柴油，精制柴油硫含量由≯48mg/kg 降至≯8mg/kg。国Ⅳ升级至国Ⅴ柴油过程中，反应器平均床层温度提高了 8.5℃。

分析国Ⅴ柴油生产工况下催化剂失活速度加快的原因，主要为：

（1）装置已连续生产国Ⅳ柴油 15 个月，反应器床层平均温度已达到 368℃，床层最高温度 376℃，说明催化剂寿命已处于中后期，在此基础上开始生产国Ⅴ柴油需要提温，提温后催化剂失活相应加快；

（2）精制柴油硫含量实际控制值偏低，平均值为 5.9mg/kg。在精制柴油脱硫到 10mg/kg 以下时，剩余硫化物均为难以加氢脱除的多取代基二苯并噻吩，脱除到 6mg/kg 与 10mg/kg 相比，反应温度需要提高 5~6℃，且催化剂失活速度加快。

5 结论

（1）标准催化剂公司 DN3636 催化剂标定结果显示，在反应器入口压力 6.00MPa、氢油体积比 300，体积空速 1.74h^{-1}，催化柴油 12.8%，焦化柴油 17.4%工况下，以生产硫含量<48mg/kg 的精制柴油时，密度降低值 17.4kg/m^3，十六烷值提高值 3.5，多环芳烃降低值 8.6%。相同工况下，以生产硫含量<8mg/kg 的精制柴油时，柴油密度降低值 17.7kg/m^3，十六烷值提高值 3.8，多环芳烃降低值 9.3%。

（2）本周期反应器上床层和下床层第一根热偶最大径向温差均<2℃，说明各床层入口物料分配均匀，反应器入口分配器、冷氢箱等内构件性能较好。同时，下床层催化剂装填取消了最上层的瓷球，增加了主催化剂的装填量。

（3）本周期加工二次油以焦化柴油为主，整个周期装置平均体积空速 1.42h^{-1}，通过对催化剂失活速度分析，在生产国Ⅳ柴油时，催化剂处于运行初期，催化剂活性高，失活速度 1.2℃/月。生产国Ⅴ柴油时，装置已连续生产国Ⅳ柴油 15 个月，反应器床层平均温度已达 368℃，床层最高温度376℃，说明催化剂活性已处于中后期。相比生产国Ⅳ柴油反应工况，反应器平均床层温度提高了8.5℃。国Ⅴ柴油生产期间，催化剂失活速度高达2.07℃/月。

（4）本周期生产国Ⅳ和国Ⅴ柴油时，精制柴油硫含量分别为30mg/kg和5.9mg/kg，两个阶段硫含量控制值偏低，硫含量富裕度较大，造成催化剂失活速度加快，对催化剂长周期不利。

（5）装置开工初期，反应器床层最高压降达到0.49MPa，已接近反应器0.5MPa的设计压降，影响了装置的正常生产。建议下周期采用大直径催化剂，提高催化剂床层空隙率。

（6）生产国Ⅳ柴油时，装置耗氢率1.02%。生产国Ⅴ柴油时，新氢补充量增加明显，耗氢率达1.12%。两种工况下，化学耗氢分别为0.87%和0.97%，高于标准催化剂公司提供的0.77%和0.81%的理论值。

参 考 文 献

[1] Pang W, Kuramae M, Kinoshita Y. Plugging problems observed in severe hydrocracking of vacuum residue[J]. Fuel, 2009, 88(4): 663-669.

[2] 吴惊涛，石友良．国外馏分油加氢裂化技术新进展[J]．当代化工，2008，37(2)：161-165.

[3] 郭淑芝，王甫村，刘彦峰．国外馏分油加氢裂化工艺和催化剂的最新进展[J]．炼油与化工，2007，18(4)：7-10.

[4] 刘海燕，于建宁，鲍晓军．世界石油炼制技术现状及未来发展趋势[J]．过程工程学报，2007，7(1)：176-185.

[5] Jeannie Stell. 2004 Worldwide refining survey[J]. Oil & Gas Journal, 2004, 10: 15-39.

[6] 乔明，石华信．世界原油供应和炼油工业中长期发展预测[J]．国际石油经济，2009，17(5)：20-27.

[7] 张德义．进一步加快我国加氢工艺技术的发展[J]．炼油技术与工程，2008，38(5)：1-5.

[8] 李大东．加氢处理工艺与工程[M]．北京：中国石化出版社，2004：25-40.

利用三效助剂降低催化裂化烟气污染物排放

颜军文

(中国石化镇海炼化分公司，浙江宁波 315207)

摘 要：分析了蓝色烟羽和硫酸铵盐产生的原因及应对措施，认为湿法烟气脱硫工艺的采用和烟气中较高的SO_3含量是烟羽产生的主要原因。介绍了TUD-DNS3三效助剂(以下简称TUD三效剂)在镇海炼化催化裂化联合装置上的应用情况。结果表明，三效助剂能有效降低锅炉出口烟气中的SO_3、NO_x和外排烟气中硫酸雾含量，分别从加剂前72.0~83.3mg/m^3、103.8~127.1mg/m^3，下降到优化期的3.0~15.3mg/m^3、4.6~38.2mg/m^3。三效助剂加入后，烟气下沉现象基本消失，蓝色烟羽明显变淡；助剂助燃性能较好，对产品分布无不利影响。

关键词：催化裂化；三效助剂；脱硝；三氧化硫；硫酸雾定向削减；烟气

1 引言

催化裂化是炼厂重要的重油转化手段之一，也是炼厂主要的SO_x和NO_x排放源，随着新的《石油炼制工业污染物排放标准》的实施，其烟气污染物排放问题备受关注。镇海炼化催化裂化联合装置处理能力为3.4Mt/a，原料油为罐区蜡油、精制蜡油和渣油混合原料；系统催化剂藏量约300t；采用完全再生工艺。烟气处理采用SCR+湿法烟气洗涤工艺，烟气中的SO_x和NO_x含量基本可以满足排放标准的要求，但在运行过程中也暴露了一些新的问题，如烟气经湿法洗涤脱硫后排放有时呈蓝色或黄色烟羽，SCR脱硝单元后部设施因硫酸铵盐结垢造成烟气压降上升，影响烟气热量回收，造成排烟温度高，甚至可能引起省煤器传热管腐蚀泄漏等。

2 蓝色烟羽、硫酸铵生成机理分析及解决措施

2.1 烟气中SO_x和NO_x的生成与转化

催化裂化烟气中SO_x和NO_x主要源于原料中的硫化物和氮化物。在催化裂化再生过程中，待生剂中的硫化物几乎全部转化成SO_2和SO_3。一般认为再生烟气中SO_3是由SO_2进一步氧化产生的，烟气中SO_2：SO_3为9：1[1]。而待生剂中的氮化物在催化裂化再生过程中首先转化成NH_3和HCN等中间物种，然后再在氧气作用下进一步转化成NO_x，由于存在CO与NO_x的还原反应，催化剂中的氮化物只有3%~25%转化成NO和NO_2，绝大多数转化成N_2，其中NO占到95%以上。

2.2 蓝色烟羽及硫酸铵盐生成原因

研究认为造成蓝烟/黄烟烟羽产生主要原因：一是烟气中SO_3的浓度过高，二是采用了湿法烟气脱硫工艺。在湿法烟气脱硫过程中，烟气中的SO_3会快速形成难于捕集的亚微米级的H_2SO_4酸雾[2]，而烟气中的亚微米催化剂粉尘，会强化H_2SO_4酸雾气溶胶的形成过程。现有的脱硫吸收塔对亚微米级的雾滴吸收能力较低，排放到空气中的亚微米雾滴会对光线产生瑞利散射，最终使得烟囱在阳光照射侧烟气的烟羽呈蓝色，而在烟羽的另一侧(透射侧)呈黄褐色。当烟气中硫酸气溶胶的浓度为5~10μg/g时，就有出现可见蓝烟/黄烟烟羽的可能，当浓度在10~20μg/g时，蓝烟/黄烟烟羽就会经常出现。

国内催化裂化烟气脱硝大多采用 SCR 技术，该工艺所用的催化剂为 $V_2O_5-TiO_2$，催化剂具有丰富的微孔结构和较大的比表面积，为脱硝反应提供了较多催化反应活性位，具有较高的 NO_x 脱除率。但由于存在：①脱硝烟气流场不均匀，造成注入氨流量分布不均；② NO_x 浓度变化频繁，设定的 NH_3/NO_x 摩尔比有滞后性；③反应温度与理想值存在偏差；④催化剂堵塞；⑤催化剂老化；⑥喷氨喷嘴堵塞，引起局部喷按量过大等原因，氨逃逸难以避免。而催化烟气中较高的 SO_3 含量与逃逸的氨反应，使得硫酸铵盐的产生更容易进行，生成硫酸铵盐包括硫酸铵和硫酸氢铵，尽管硫酸铵在 450℃以下呈干燥状粉末，没有腐蚀性，但其排放到大气中与硫酸氢铵一样被认为是雾霾的重要组成；而硫酸氢铵的熔点为 147℃，具有吸湿性、腐蚀性和黏附性，在常规的 SCR 运行温度下，以液滴形式分散于烟气中，在物质表面上聚集呈液体状，可以粘附烟气中的颗粒物，沉积在 SCR 催化剂微孔和省煤器上，造成催化剂堵塞、传热翅片管结垢，脱硝效率下降、烟气系统压降上升，影响省煤器的传热性能，进而造成烟气排放温度高，甚至可能造成省煤器传热管腐蚀泄漏。

2.3 蓝色烟羽及硫酸铵盐问题主要解决措施

对于催化烟气中 SO_x 和 NO_x 含量较高，尤其是 SO_3 含量高的装置，可以通过以下措施进行解决：①原料油加氢深度预处理；②优化催化裂化再生条件，控制合适的再生烟气过剩氧含量、再生温度和催化剂上的重金属含量，尤其是 V_2O_5、Fe_2O_3 含量；③使用低氧化性 SCR 催化剂或采用低温 SCR 工艺措施；④使用合适的多功能助剂；⑤采用湿式静电除雾器。

由于处理费用和技术可靠性的差异，可实际采用的技术并不多，而三效助剂技术由于其能同时脱除烟气中的 NO_x、SO_x 和 CO 助燃，被认为是一种简单、经济、有效的催化裂化再生烟气污染物脱除措施。根据催化裂化联合装置脱硫脱硝单元的运行状况，决定试用 TUD 三效助剂，以削减烟气中的 SO_3 排放量、抑制外排烟气蓝色烟羽的生成，降低烟气中的 NO_x 含量，减少 SCR 脱硝单元喷氨量，减少硫酸氢铵结垢沉积，实现烟气余热锅炉的长周期运行。

3 助剂作用机理分析

TUD 三效助剂是一种多活性组分和载体合理配置、经有效金属改性、具有钙钛矿结构、融脱硫、脱硝和 CO 助燃为一体的固体颗粒助剂。其脱硝组分在催化裂化催化剂再生过程中既能有效抑制 NH_3、HCN 等中间物种向 NO_x 的转化，减少烟气中 NO_x 的生成，又能将烟气中的 CO 与 NO_x 反应转化成 N_2；其中特有的脱硫组分在保证适度的 SO_2 脱除性能的同时，主要起到定向脱除烟气中 SO_3 的作用，定向的意义在于削减 SO_3 的同时“斩断”SO_2 向 SO_3 的氧化反应，使其具有更高的 SO_3 脱除率；通常的脱硫组分在机理上包含氧化中心和吸附中心，氧化中心使 SO_2 在再生器的氧化作用下经催化氧化转化成 SO_3，吸附中心使 SO_3 被助剂吸附并形成金属硫酸盐，进入提升管，在有 H_2 的还原环境作用下，硫酸盐被还原成 H_2S 释放出来，进入干气、液化石油气等产品中，最后经胺洗脱硫成为酸性气到硫磺装置回收；助剂自身也被还原再生，随生焦失活的催化剂循环进入再生器重新发挥捕获 SO_x 的作用。

4 TUD 三效剂的工业应用

4.1 应用过程

TUD 三效剂自 2015 年 9 月 24 日开始使用，初期采用快速加入，平均每天加入 230kg；10 月 16 日至 10 月 23 日通过新鲜催化剂配比 1.8%的三效助剂加入再生器，三效助剂在再生器比例达到 1.3%；10 月 27 日至 11 月 6 日，在按新鲜催化剂的 1.8%加入三效助剂的同时，每天再加入 150kg，11 月 6 日，三效助剂在再生器比例达到 1.8%。11 月 23 日开始，在按新鲜催化剂的 2.5%加入三效助剂的同时，每天再加入 60kg，至 12 月 15 日，三效助剂在再生器比例达到 2.3%。

为使三效助剂试用前后产品分布具有可比性，特选用三效助剂试用前原料蜡油、渣油油性相近的运行时段(2014 年 10 月 1 日 8：00~2014 年 10 月 4 日 8：00)作为空白标定数据。12 月 14 日至 16 日进行加剂后标定。两次标定期间原料油主要性质、装置主要条件和平衡剂主要性质分别见表 1~表 3。

表 1　原料油主要性质

项　目	空白标定	加剂后标定
罐区蜡油	尼罗河、卡宾达、达混、Ⅰ加氢精制油	卡宾达、达混、Ⅰ加氢精制蜡油、Ⅱ加氢尾油，韦杜里
精制蜡油	伊轻、伊重、巴士拉、荣卡多、凝析油、Ⅰ焦蜡	伊轻、伊重、索鲁士、荣卡多、南帕斯、Ⅲ焦蜡
渣油	卡宾达、达混	卡宾达、达混、辛塔
密度/(kg/m^3)	912.9	914.6
硫含量/%	0.259	0.250
氮含量/%	0.18	0.17

表 2　主要操作条件

项　目	空白标定	加剂后标定
提升管出口温度/℃	506.4	505.0
原料预热温度/℃	224.1	224.5
再生稀相温度/℃	702.4	703.8
反应压力/kPa	214.3	224.1
再生压力/kPa	240.0	248.1
主风量/(Nm^3/h)	226782	235119
原料处理量/(t/h)	375.0	369.3
烟气中 O_2 含量/%	1.87	3.05
烟气中 CO 含量/%	0.03	0.01

表 3　平衡剂主要性质

项　目		空白标定	加剂后标定
沉降密度/(kg/m^3)		0.85	0.84
充气密度/(kg/m^3)		0.84	0.83
真实密度/(kg/m^3)		0.94	0.93
微反活性		56.1	54.9
比表面积/(m^2/g)		86	80
孔容/(mL/g)		0.25	0.26
粒度分布/%	0~40μm	10.72	8.67
	40~80μm	54.89	55.75
	80~110μm	22.69	23.83
	110~140μm	9.37	9.30
	>140μm	2.32	2.45

由表 1~表 3 可知，两次标定原料油组成、性质基本相近。三效助剂加入后提升管出口温度、再生稀相温度，反应压力、再生压力、主风量、原料处理量、烟气中 O_2 含量和烟气中 CO 含量都有所变化。反应压力和再生压力变化主要是为了节能，再生压力上调，为维持两器压差稳定，反应压力相应上调；原料处理量降低是因为装置回炼汽油，导致 S Zorb 装置负荷超标，催化裂化装置只有降量运行；主风量和烟气中 O_2 含量升高，主要是冬季主风机受反飞动控制安全值限制，无法降

低主风量。两次标定期间平衡剂基本稳定。

4.2 应用效果及分析

4.2.1 助剂的脱SO_3和硫酸雾性能

表4为加剂前后锅炉出口烟气NO_x、SO_2、SO_3和外排烟气硫酸雾的含量变化。加剂后锅炉出口烟气NO_x、SO_2、SO_3和外排烟气硫酸雾的脱除率分别为58.6%，33.2%、78.8%和50.7%。

表4 加剂前后烟气中主要污染物含量

项　　目	加剂前标定	加剂后标定	脱除率,%
锅炉出口NO_x/(mg/m^3)	376.1	155.7	58.6
锅炉出口SO_2/(mg/m^3)	388.1	259.3	33.2
锅炉出口SO_3/(mg/m^3)	78.3	16.6	78.8
外排烟气硫酸雾/(mg/m^3)	90.1	44.4	50.7

表5为助剂加入量与外排烟气硫酸雾含量之间的关系。随着助剂在系统催化剂藏量中含量的增加，外排烟气中硫酸雾含量降低。

表5 助剂加入量与外排烟气硫酸雾的关系

助剂含量/%	硫酸雾浓度/(mg/m^3)	助剂含量/%	硫酸雾浓度/(mg/m^3)
0.00	103.8	1.77	64.3
0.54	90.1	1.81	54.0
1.18	75.5	1.98	50.2
1.30	82.0	2.30	44.4

表6 加剂前后烟气中SO_3、硫酸雾含量变化

助剂应用阶段	余锅出口SO_3/(mg/m^3)	外排烟气硫酸雾/(mg/m^3)
加剂前	83.2	127.1
	73.4	112.1
	72.0	110.5
	75.2	103.8
快加期	83.2	98.7
	78.3	90.0
	49.1	75.5
稳定期	42.1	64.3
	32.6	54.0
	30.6	50.2
	26.8	44.4
	18.2	42.2
优化期	15.3	38.2
	13.5	23.4
	12.0	18.2
	3.0	4.6

表6列出了三效助剂使用6个月时间锅炉出口SO_3和外排烟气硫酸雾含量的变化情况，助剂使用经历了快加期、稳定期和优化期三个阶段，期间助剂配方也进行了进一步优化。由表7可以看出，锅炉出口烟气SO_3和外排烟气硫酸雾含量，分别从加剂前72.0~83.3mg/m^3、103.8~127.1mg/m^3，下

降到优化期的3.0~15.3mg/m³、4.6~38.2mg/m³。加剂前外排烟气存在明显的下沉现象，并伴有明显的蓝色烟羽；三效助剂加入后，烟气下沉现象基本消失，蓝色烟羽明显变淡。

4.2.2　助剂的脱 NO_x 性能

图1为三效助剂使用期间锅炉出口烟气中 NO_x 含量的变化。由图1可以看出，随着助剂的加入，锅炉出口烟气中的 NO_x 含量由加剂前的425mg/m³左右，下降到加剂后的180mg/m³左右，NO_x 脱除率为57.6%。SCR喷氨量相应有所降低(氨逃逸量由1.46mg/L下降至0.7mg/L)，有效缓解了硫酸铵盐的生成，降低催化剂堵塞和省煤器传热管结垢的风险，余锅出口烟气温度总体保持在较低水平。

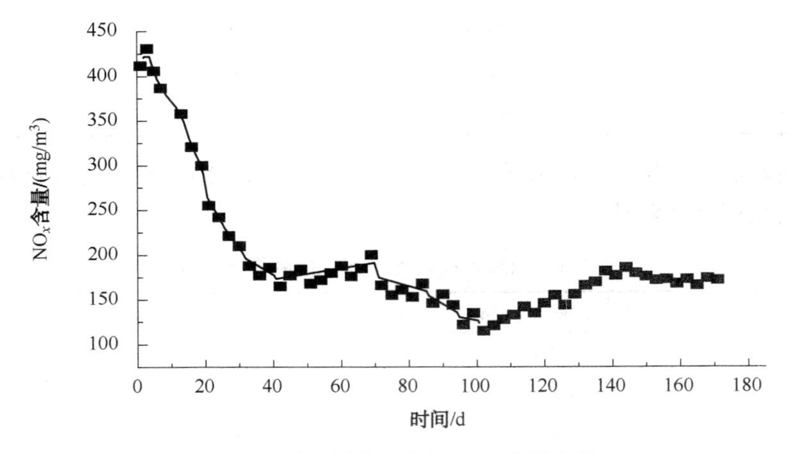

图1　三效助剂使用期间 NO_x 含量变化

4.2.3　助剂的脱 SO_2 性能

图2为三效助剂使用期间锅炉出口烟气中 SO_2 含量的变化。由图2可以看出，随着助剂的加入，锅炉出口烟气中的 SO_2 含量由加剂前的450mg/m³左右，下降到加剂后的280mg/m³左右，SO_2 脱除率为37.8%，助剂的 SO_2 脱除率相对较低的原因是，在助剂配方优化时强化了助剂定向脱除 SO_3 的功能性作用，适当平衡、弱化 SO_2 的脱除功能。

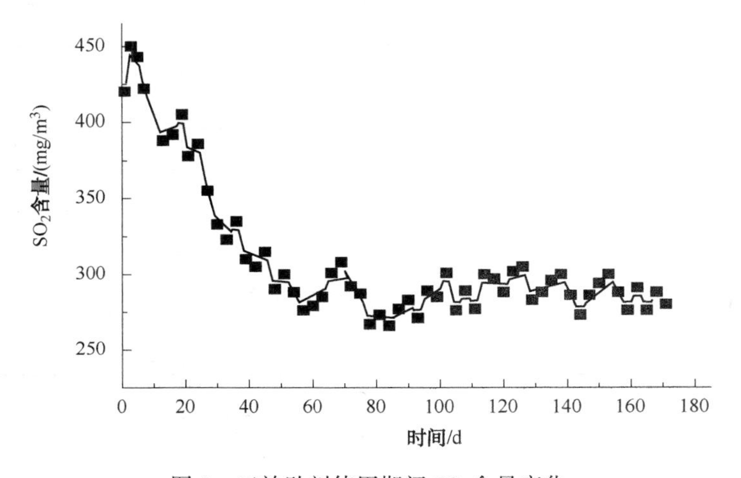

图2　三效助剂使用期间 SO_2 含量变化

4.2.4　助剂的助燃性能

稀密相温差：空白标定9.1℃，加剂后标定8.8℃，加剂前后稀密相温差变化不大。该三效助剂可有效替代铂基CO助燃剂的功能性作用。

4.2.5 助剂对产品分布的影响

表 7 助剂对产品分布的影响

项　　目		空白标定	加剂后标定	变化值
原料油组成	罐区蜡油	28.53	36.79	+8.29
	精制蜡油	54.77	51.41	-3.36
	渣油	16.70	11.80	-4.9
产品分布/%	干气	3.45	3.20	-0.25
	液化石油气	19.75	19.58	-0.17
	汽油	41.52	43.88	+2.36
	柴油	24.30	21.67	-2.63
	油浆	5.46	6.23	+0.77
	焦炭	5.44	5.35	-0.09
	损失	0.09	0.09	0

由表 7 可知，三效助剂加入后，汽油产率上升 2.36 个百分点，柴油产率下降 2.63 个百分点，油浆产率上升 0.77 个百分点。这主要是由于在助剂标定期间，装置回炼了 6t/h 汽油，同时裂化性能较好的罐区蜡油也比空白标定时高出 8.29 个百分点，导致汽油产率上升明显；由于柴油质量一直较差，为提高柴油质量，公司统一将柴油 95%点的切割温度降低了 17℃，因而导致三效助剂标定柴油产率下降明显，同时由于部分柴油馏分被压到油浆馏分中去，导致油浆产率上升。除去这些因素，总体来讲，三效助剂对装置产品分布无明显影响。

5 结论

(1) 湿法烟气脱硫工艺和烟气中较高的 SO_3 含量是蓝色/黄色烟羽产生的主要原因，采用 TUD 三效助剂可有效降低烟气中污染物 SO_3 和 NO_x 含量，消除烟气下沉现象，蓝色烟羽明显变淡。

(2) 长期运行数据表明，使用三效助剂，锅炉出口烟气 SO_3 和外排烟气硫酸雾含量，分别从加剂前 72.0~83.3mg/m^3、103.8~127.1mg/m^3，下降到优化期的 3.0~15.3mg/m^3、4.6~38.2mg/m^3。

(3) 硫酸铵盐是 SCR 技术逃逸的 NH_3 和烟气中 SO_3 的反应产物，是造成催化剂堵塞、省煤器传热管结垢换热效率下降的主要原因，利用助剂降低烟气中的 NO_x 和 SO_3 含量，进而降低 SCR 的喷氨量，可有效缓解硫酸铵盐的生成。

(4) 标定表明助剂加入前后装置产品分布无明显变化，稀密相温差变化不大，助燃性能较好，对操作无不利影响。

参 考 文 献

[1] 齐文义．FCC 再生烟气 SO_3 的生成及应对措施[J]. 炼油技术与工程，2011，41(1)：6-8.

[2] 胡敏，郭宏昶，刘宗余．催化裂化烟气蓝色烟羽形成原因分析与对策[J]. 炼油技术与工程，2015，45(11)：7-11.

FCC 汽油加氢精制催化剂失活与再生研究进展

闫小康[1,2]　吕忠武[1]　钟海军[1]　胡维军[3]　宋绍彤[1]　杨子浩[2]　兰　玲[1]

(1. 中国石油石油化工研究院，北京　102206；2. 中国石油大学(北京)，北京　102249；
3. 中国石油抚顺石化公司催化剂厂，辽宁抚顺　113001)

摘　要：综述了 FCC 汽油加氢精制催化剂因积炭结焦和砷、硫、氯等化合物中毒造成的失活，以及失活催化剂利用烧焦再生法、烧焦-化学处理法、烧焦-活性金属再负载法以及水洗等其他再生方法研究进展情况，并给予炼油厂 FCC 汽油加氢精制催化剂的工业应用一些建议。

关键词：FCC 汽油；加氢精制催化剂；失活；再生

1　引言

随着环保法规日趋严格，我国汽油质量升级步伐显著加快。我国成品汽油中 70%以上组分是催化裂化(FCC)汽油，汽油质量升级的关键在于 FCC 汽油的清洁化，目前 FCC 汽油清洁化的主流技术是选择性加氢脱硫技术，具有优良活性、选择性及稳定性的加氢精制催化剂是该技术的核心。目前加氢精制催化剂主要采用过渡金属及其化合物作为活性组分，如ⅥB 的 Mo、W 和和Ⅷ族的 Co、Ni 等，根据不同生产工艺要求，工业中加氢精制催化剂可选择单金属作为活性组分，也可以选择双金属或多金属组合作为活性组分[1,2]。为了保证加氢装置长周期稳定运行，需降低催化剂失活速率。除了催化剂本身因素外，由于各炼厂原料油性质、选择生产工艺及操作条件的差异，导致 FCC 汽油加氢精制催化剂失活的方式和机理各有不同，因积炭、重金属沉积或烧结等一种或多种原因都可能造成催化剂的失活。

汽油加氢催化剂中毒失活根据能否再生可划分为暂时性失活和永久性失活两类。暂时性失活主要是由于原料油品中含有的杂环烃、稠环芳烃和烯烃等经热解、缩合反应后形成积炭堵塞催化剂孔道或覆盖催化剂活性中心，造成催化剂活性的降低。暂时性失活的催化剂通过水热等方法处理后可对催化剂进行再生，能够恢复其活性。永久性失活包括有毒物质吸附、催化剂活性相晶态变化与聚集、催化剂及其载体孔道结构的坍塌破碎等引起的失活，其活性无法通过再生恢复。其中汽油加氢催化剂永久性失活主要由于催化剂中毒引起，即毒物通过化学键吸附在催化剂活性中心，造成催化剂活性或选择性降低。

2　FCC 汽油加氢精制催化剂失活研究

2.1　结焦失活

汽油加氢脱硫过程中，原料中含碳物质和其他物质在催化剂孔中沉积，形成的积炭可堵塞催化剂孔径或孔口，覆盖催化剂活性位点，从而造成催化剂活性降低。催化剂表面上的含碳沉积物称为结焦，造成催化剂活性降低称为结焦失活。一般来说，原料油品的性质、工艺操作条件、催化剂孔道结构性质及其酸碱性质等都是造成催化剂积炭失活的重要影响因素。负载在催化剂表面的积炭可通过烧焦过程脱除，因此结焦失活是可逆过程。

FCC 汽油加氢脱硫积炭主要是由脂肪族烃类和芳香族烃类组成，且在反应初期阶段积炭主要是脂肪族烃类，随着反应进行，芳香烃类及其衍生物类积炭也会逐渐生成。罗国华等[3]研究发现

FCC 汽油中的二烯烃杂质在固体酸催化剂作用下发生聚合反应结焦，覆盖在催化剂表面，堵塞孔道，从而导致加氢脱硫催化剂失活。杨光福等[4]研究发现大部分积炭在催化剂和反应物接触的很短的时间内生成。初始积炭的生成量占总焦炭产率的很大比例，且积炭生成速率比整个反应过程积炭平均生成速率高出 2 个数量级。同时，积炭的生成随着反应温度、催化剂活性和反应物活性的增加而加快，降低反应温度可以减少初始焦炭的沉积。

2.2 砷中毒失活

在石油炼制过程中，砷化物对多数催化剂都有毒化作用。砷的最外层电子结构为 $4s^2 4p^3$，石油中存在一定量的有机砷化物，有机砷主要以三个 δ 键的 AsR_3形式存在，而 AsR_3中的 As 在最外层有一对孤对 4s 电子，能够和第Ⅷ族金属元素的 d 轨道结合，形成配位键。在汽油加氢操作过程中，催化剂一般使用的是 Ni、Mo、Pd 等第Ⅷ族金属元素作为催化剂活性组分，而砷化物则易与此类催化剂形成配位键，造成催化剂永久性失活。

刘瑞成[5]通过利用三苯基砷模拟原料中砷化物使得预加氢催化剂 Pd/Al_2O_3产生中毒。同时，砷化物也会对石油清洁化生产过程中加氢类 CoMo 系催化剂、镍系催化剂产生毒化作用[6]。并且有文献[7,8]指出砷化物和催化剂活性组分结合能力强，可使加氢精制 CoMo 催化剂、预加氢 NiMo 催化剂等产生永久性中毒。砷化物对加氢镍系催化剂的毒化作用相当明显，当抗砷中毒性能较低的催化剂中砷的沉积质量分数达到 0.1%时，可能催化剂 50%的活性损失，当高抗砷中毒性能的催化剂中砷的沉积质量分数为 0.5%时，可能造成催化剂 30%的活性损失[9]。当砷在催化剂上沉积量达到 500~1000μg/g 时，即使对催化剂进行再生处理，再生后的催化剂也无法继续满足工业生产要求[10]。

在汽油加氢清洁化生产过程中，为限制砷化物对催化剂活性的不利影响，不少操作单元都会对进料进行严格的砷化物含量限制，有大量文献[11,12]研究了砷含量较高的油品原料，需要先通过脱砷剂进行脱砷后才能进行加氢脱硫、脱二烯烃等操作。晁会霞等[13]提到在催化汽油预加氢工艺过程中，当催化剂采用贵金属时，原料油中砷的含量需要得到严格控制，其质量分数要小于 10ng/g。

2.3 硫中毒失活

在 NiO/Al_2O_3选择性加氢催化剂中，硫化物可以使催化剂中对积炭很活泼的金属活性位失活，主要是同活性金属镍发生作用，一部分不可逆地吸附于活性中心上，使催化剂的化学吸附能力下降，进而使催化剂的活性下降。童宗文等[14]通过研究不同温度下 NiO/Al_2O_3催化剂的失活情况，发现在较高温度反应时催化剂失活主要由于结焦、硫中毒等因素。张燕等[15]研究了 Ni 基催化剂在 FCC 轻汽油加氢反应的硫中毒再生研究，研究以二甲基二硫醚作为毒化物对 Ni 催化剂进行处理后，选择性双烯烃加氢饱和活性降低明显，对中毒后催化剂通过不同再生温度进行再生，在实验再生温度范围内再生温度越高催化剂活性恢复越好。研究者用同样方法研究了 1-丁硫醇作为毒化物对 Ni 催化剂中毒处理，其选择性双烯烃加氢活性几乎完全消失，在毒化过程中 1-丁硫醇会发生分解，S-C 键断裂后在催化剂表面形成 S-Ni 键，而经不同温度再生处理后催化剂活性无法恢复。

2.4 氯中毒失活

氯具有未成键孤对电子，并有很大的电子亲和力，易与金属离子反应，氯离子还具有很高的迁移性，常随工艺气向下游迁移，形成催化剂中毒往往是全床层性的。实际生产中氯虽然不高，但“累积效应”却常造成各种催化剂中毒。

氯可堵塞催化剂孔道及覆盖表面活性，与活性组分生成一种新的非化学计量物质，造成永久中毒，堵塞孔道速度比永久性中毒速度快，严重影响催化剂内表面的利用率，从而使催化剂活性急剧下降。FCC 汽油脱硫 S-Zorb 技术、Prime-G^+技术均把氯列为其吸附剂、催化剂的毒物，对原料中氯含量有严格的规定，例如 Prime-G^+技术要求预加氢催化剂处理的 FCC 汽油原料中有机氯化物、无机氯化物均小于 100×10^{-9}，要求加氢脱硫催化剂处理原料中有机氯化物、无机氯化物均小于 50×10^{-9}。

西北某公司采用中国石油石油化工研究院开发的DSO技术对催化汽油进行加氢清洁化生产，经运行一段时间后发现催化剂失活较快，通过对原料杂质和催化剂组成分析得出氯含量较高，初步认定为催化剂氯中毒。在原料完全脱除氯杂质后，催化剂脱硫反应温度可以降低7~10℃，且装置运行平稳，由此得出原料油中少量氯杂质可造成加氢催化剂中毒失活[16]。

3 FCC汽油加氢催化剂再生方法研究

FCC汽油加氢催化剂经长期使用，由于积炭、金属沉积等原因造成催化剂的活性降低，使其无法满足工业生产要求，故需通过对失活催化剂进行再生处理，恢复催化剂活性，延长使用寿命，降低使用成本。工业中加氢催化剂再生方法一般分为器内再生和器外再生两种方式，器内再生常用介质为氮气加空气，也有采用水蒸气加空气，器外再生是将催化剂卸出后运送至专门的催化剂再生处理公司进行再生。器内再生过程存在设备易受含硫气体腐蚀，装置停工时间长等缺点。相比较于器内再生，器外再生方式还具有不易出现局部过热，可精确控制再生条件，催化剂活性恢复较好等优点，因此目前大型催化剂装置再生多采用器外再生方法[17]。在具体再生方法中一般采用烧焦再生进行脱硫脱炭处理，将催化剂积炭和硫在高温下氧化为气体后挥发脱除，然后在催化剂烧焦基础上选择是否进行进一步再生处理，当然也有其他不采用烧焦脱硫脱炭的再生方法的研究报道。

3.1 烧焦再生

FCC汽油加氢催化剂在使用一定时间后，催化剂表面都会形成一定量的积炭，降低催化剂活性，通过一定温度和含氧介质下进行烧焦可脱除催化剂表面形成的积炭。烧焦再生条件对催化剂活性恢复影响较大。加氢催化剂烧焦再生需要含氧混合气作为介质，当介质中氧气浓度过高，反应过程快速放热，使得温度难以控制。当氧气浓度过低，则再生时间长，经济效益差。烧焦再生温度过高则易致使催化剂烧结或催化剂物性结构破坏，再生温度过低则易生成硫酸盐。孙晶明等[18]研究报道了一种Si-Al为载体，Zn作为活性组分的FCC汽油加氢脱硫催化剂，在实验室中最优再生条件是混合气O_2浓度为4%，温度为550℃，催化剂可经多次脱硫/再生实验，脱硫性能恢复较好。

宁守姣等[19]研究报道了南阳石蜡精细化工厂催化汽油加氢装置卸出加氢脱硫和芳构化改质联用催化剂进行器外再生操作，停工过程经先过停泵、氢气吹扫，再进行氮气吹扫保护，最后卸出催化剂。卸出的催化剂通过筛分后，在再生炉中经过预加热、脱油、烧硫、烧炭四个温度区段完成烧焦的过程。两类催化剂回收率都达到98%以上，且再生后加氢催化剂积炭含量、硫含量以及比表面积、孔体积、强度等恢复良好。有文献[20]报道NiMo、CoMo类FCC汽油加氢脱硫催化剂工业失活后，经过器外烧炭后预硫化重生，催化剂活性恢复良好。

宋文模等[21]发表器外烧焦再生具体方法：将加氢催化剂加入立式薄层移动床再生器，并靠自身重力由上向下移动，依次经过预热段、烧硫段、烧炭段和冷却段，分别进行预热脱油、脱硫、脱炭和冷却，冷却后的再生催化剂由再生器排出，活性恢复率在96%以上。

3.2 烧焦-化学处理法

李洪禄等[22]发表将烧焦再生-化学处理(浸渍-活化-干燥)活化相结合的器外再生方法。先对加氢催化剂进行器外有限度的烧焦处理，进行脱硫脱炭，再采用有机酸、有机胺、醇基化合物、有机络合物中的一种或几种组合作为活性金属再分散剂，对烧焦后催化剂进行浸渍后再烘干处理，使部分聚集的活性金属得以分散。针对NiMoP和CoMoP等不同催化剂应选用最佳有机化合物配置的浸渍液处理。

3.3 烧焦-活性金属再负载法

王记莲等[23]报道了FCC汽油加氢催化剂经过烧炭再生后可以较好地恢复其芳构化降烯烃性能，但由于L酸量降低，使得烧炭后不能使其脱硫能力得到完全恢复。在烧炭再生催化剂上负载一定量的硫酸镍可以提供烧炭后失去的L酸，使催化剂全面恢复催化剂的催化性能。杨占林等[24]发表对活性组分为Co、Mo、Ni、W等ⅥB和Ⅷ族的金属组分的加氢催化剂的再生方法，先对失活催化剂进行190~350℃进行焙烧后再进行450℃~700℃焙烧处理，烧焦后催化剂再与含活性组分化合物溶液、含P化合物溶液和有机添加剂进行浸渍再烘干，催化剂再生后活性得到大幅提高。另外，S·J·麦卡锡等[25]同样发表类似加氢催化剂再生方法。

3.4 其他再生方法

抚顺石油化工研究院[26]发表了酸洗-烧焦再生方法，先对失活加氢脱硫催化剂在葡萄糖酸铵和金属助剂的混合溶液中进行酸洗、干燥，然后在260~320℃恒温下焙烧3~5h脱硫，再经过380~450℃恒温焙烧4~7h脱炭的再生方法。罗国华等[27]将因积炭失活的FCC加氢脱硫催化剂先用无水乙醇进行溶胀，并洗涤三次，在固定床中于115℃用氮气吹扫活化后其催化噻吩类硫化物脱除率达到98.5%以上。日本三菱油化[28]提出了一种新的CoMo脱硫催化剂再生方法，其利用水洗法进行再生。利用缓慢流动搅拌方式减少活性组分流失，水洗后催化剂经过36h阳光干燥，再填充至反应器中在N_2保护下缓慢升温干燥催化剂。

4 总结与展望

由于我国各炼油厂在原料油品性质、生产工艺和操作条件等方面存在一定差异，加氢催化剂失活方式和失活机理也不尽相同。根据各炼油厂催化剂不同失活情况，可选择不同的催化剂再生方法进行再生处理，若催化剂因积炭等造成活性损失可利用简单的烧焦再生方法进行再生处理，若催化剂活性金属组分发生聚集则需要利用有机液浸渍进行活性相再分散，若催化剂活性金属组分损失严重则需要利用活性金属液进行再负载来更好恢复催化剂活性。但对于因毒物负载、催化剂烧结等原因造成的催化剂失活则无法通过再生处理恢复催化剂活性。因此，各炼油厂需实时监测FCC汽油原料和产品组成性质，避免催化剂中毒，对于砷含量较高的FCC汽油原料可以采用脱砷技术进行预处理，对于工业应用中失活的催化剂需在准确判断失活原因基础上选择合适的催化剂再生方案。

参 考 文 献

[1] 郑宇印，刘百军．加氢精制催化剂研究新进展[J]．工业催化，2003，11(7)：1-6.
[2] 李国良．FCC原料加氢脱硫催化剂的研究[D]．中国石油大学，2011.
[3] 罗国华，徐新，单希林，等．催化噻吩类硫化物与烯烃烷基化硫转移反应的固体酸催化剂的失活机理[J]．催化学报，2004，25(8)：648-652.
[4] 杨光福，徐春明，高金森．催化裂化汽油改质过程中积炭历程及其对烯烃转化的影响[J]．石油学报石油加工，2008，24(1)：15-21.
[5] 刘瑞成．胂中毒催化剂的在线处理方法[J]．乙烯工业，1994(3)：54-60.
[6] 冯续．国产脱砷剂及其应用[J]．化学工业与工程技术，2002，23(6)：17-20.
[7] 瞿宾业．新型脱砷剂的研制及应用[D]．天津大学，2005.
[8] Yang S, Adjaye J, Mccaffrey W C, et al. Density-functional theory (DFT) study of arsenic poisoning of NiMoS [J]. Journal of Molecular Catalysis A Chemical, 2010, 321(1-2): 83-91.
[9] 李大东．加氢处理工艺与工程[M]．中国石化出版社，2004. p662.
[10] Furimsky E, Massoth F. Catal Today, 1993, 17(4): 537.
[11] 佚名．脱砷/重整预加氢技术投用[J]．石油化工应用，2014(11)：124-125.
[12] 夏国富，李坚．RIPP重整原料预加氢技术的开发和应用[J]．催化重整通讯，2001(4)：47-53.
[13] 晁会霞，廖斌，方义．催化裂化汽油吸附脱砷性能评价[J]．炼油技术与工程，2011，41(07)：36-38.
[14] 童宗文，黄星亮．FCC全馏分汽油选择性加氢催化剂的研究[J]．石油化工，2004(z1)：1501-1502.
[15] 张燕，黄星亮，周志远，等．选择性加氢镍催化剂硫中毒再生研究[C]．全国青年催化学术会议．2007.
[16] 曹松，宋绍富，郭秀萍，等．加氢脱硫催化剂活性下降原因分析[J]．石化技术，2015，22(11).
[17] 李扬，单江锋，郇维方．加氢催化剂的器外再生[J]．工业催化，2002，10(3)：16-17.
[18] 孙晶明，刘培植，王新星．催化裂化汽油吸附脱硫催化剂再生性能研究[J]．山东化工，2016，45(14)：22-25.

[19] 宁守姣，白瑛华，贾红军．Hydro-GAP 汽油加氢催化剂的再生及应用[J]．河南化工，2014，31(6)：52-53.
[20] 刘连岭，张成磊，李洪斗，等．加氢催化剂 RSDS-21/RSDS-22 的器外再生和重生及应用[J]．炼油技术与工程，2016，46(9)：44-47.
[21] 宋文模，朱豫飞，赵晓青，等．External regeneration process of hydrogenating catalyst：CN，CN 1098338 C[P]．2003.
[22] 李洪禄，顾齐欣．一种加氢催化剂的再生方法：CN 201110027356.0[P]．2011.
[23] 王记莲．FCC 汽油脱硫降烯烃催化剂的烧炭再生研究[J]．工业催化，2009，17(1)：14-18.
[24] 杨占林，唐兆吉，姜虹．一种催化剂再生活化方法，CN 102463127 B[P]．2014.
[25] S·J·麦卡锡，C·柏，W·G·博格哈德，等．负载型加氢工艺催化剂的再生和复原，CN 102056664 B[P]．2014.
[26] 孙进，郭蓉，周勇，等．一种失活加氢脱硫催化剂的再生方法，CN 105642312 A[P]．2016.
[27] 罗国华，徐新，单希林，等．催化噻吩类硫化物与烯烃烷基化硫转移反应的固体酸催化剂的失活机理[J]．催化学报，2004，25(8)：648-652.
[28] 付良．Co-Mo 催化剂再生方法的改进[J]．石油化工，1982(8)：65.

劣质汽柴油混合加氢催化剂的制备及加氢性能评价

张铁珍　贾云刚　夏恩冬　李瑞峰

（中国石油石油化工研究院大庆化工研究中心，黑龙江大庆　163714）

摘　要： 制备了一系列不同 ZrO_2 含量的 $NiMo/ZrO_2-Al_2O_3$ 催化剂。这些催化剂对劣质汽柴油的加氢性能在 15mL 小型加氢装置上进行评价。结果表明，在载体中引入适量的 ZrO_2 的 $NiMo/ZrO_2-Al_2O_3$ 催化剂比单独 Al_2O_3 负载的催化剂显示了更高的催化活性。当 ZrO_2 的含量为 12%和 4%时，$NiMo/ZrO_2-Al_2O_3$ 催化剂分别显示了更高的加氢脱硫和加氢脱氮性能。

关键词： $ZrO_2-Al_2O_3$ 复合氧化物载体；加氢脱硫；加氢脱氮；劣质汽柴油

1　引言

随着环保法规的日益严格制订了更加严格的运输燃料的质量规定。美国环保署要求 2006 年 6 月以后道路车用柴油的硫含量降低到 15μg/g。欧盟规定 2005 年柴油的硫含量降至 50μg/g，到 2010 年，柴油的硫含量要小于 10μg/g[1,2]。传统的加氢处理是脱除硫、氮等杂原子化合物以生产清洁燃料的重要技术，然而，常规的加氢处理技术难以达到深度或超深度脱硫的效果。生产超低硫柴油的挑战推动了包括催化剂、加氢工艺及反应器等新技术的研发。而更高活性的加氢处理催化剂的研发与应用在所有这些技术中无疑是提高产品质量最有效的途径。

常规的加氢处理催化剂是以 Al_2O_3 为载体，Mo 或 W 的硫化物为活性组分，Ni 或 Co 为助剂。作为加氢催化剂的重要组成部分，催化剂载体对活性组分及催化剂的表面性能具有重要的影响[3]。好的载体应当能够提供适宜的孔道结构和适宜的物理-化学性能。复合载体也许是一个好的选择，因为复合载体也许能够为每一组分提供最适应的性质[4]。例如，作为典型的氧化物，TiO_2 和 ZrO_2 具有好的氧化还原性质并且能提高 HDS 活性，但是，它们的热稳定性差和比表面积低阻碍了它们作为工业 HDS 催化剂独立载体的广泛应用[5]。

本文制备了一系列不同 ZrO_2 含量的 $ZrO_2-Al_2O_3$ 复合氧化物载体，合成的 $ZrO_2-Al_2O_3$ 样品用于 NiMo 加氢脱硫（HDS）和加氢脱氮（HDN）催化剂的载体。考察了不同 ZrO_2 含量的 $ZrO_2-Al_2O_3$ 复合氧化物载体的系列 $NiMo/ZrO_2-Al_2O_3$ 催化剂对柴油原料的 HDS 和 HDN 性能。

2　实验部分

2.1　$ZrO_2-Al_2O_3$ 复合载体的制备

一系列 $ZrO_2-Al_2O_3$ 复合载体被定义为 AZx，其中，x 代表 $ZrO_2-Al_2O_3$ 中的 ZrO_2 重量百分含量。AZx 复合载体的制备采用下列程序：Al_2O_3 粉末和去离子水混合并强烈搅拌打浆，将 $ZrOCl_2 \cdot 8H_2O$ 的水溶液以 5mL/min 的速度滴加到 Al_2O_3 浆液中，当液态系统混合均匀时，向所得的混合液中缓慢滴加氨水，直到最后的 pH 值为 7～8。混合物在室温下老化 4h 后，得到的固体用去离子水洗涤，直到滤液中用 $AgNO_3$ 溶液检测不到 Cl 离子，然后所得的固体放入烘箱，在空气氛围下 120℃ 干燥 8h，最后在空气氛围下 550℃ 焙烧 4h。

2.2　催化剂的制备

相应的 $NiMo/ZrO_2-Al_2O_3$ 催化剂使用钼酸铵和硝酸镍的混合共浸液通过等量浸渍法制得。浸渍后，样品在110℃干燥8h，在550℃焙烧4h。制备的所有样品均含有等量的Mo和Ni(相应的MoO_3为18.5%，NiO为5.4%)。

2.3 催化剂的表征

采用美国Quanta公司AS-1C-VP型比表面-孔径分布测定仪表征催化剂的比表面、孔径及孔径分布，结果如表1所示。

表1 催化剂的物化性质

样品	比表面积/(m^2/g)	孔体积/(mL/g)	平均孔径/nm	强度/(N/mm)
NiMo/Al_2O_3	227.3	0.55	12.5	16.8
NiMo/AZ4	204.2	0.53	12.2	16.5
NiMo/AZ8	194.8	0.50	12.1	16.4
NiMo/AZ12	187.6	0.48	11.8	16.5
NiMo/AZ16	166.7	0.45	11.5	16.3
NiMo/AZ20	159.2	0.43	11.1	15.9

2.4 催化剂的活性评价

以大庆石化公司焦化汽油、催化柴油与焦化柴油质量比18%：40%：42%的混合油为原料，原料的性质见表2，在15mL小型加氢评价装置上，采用原料、氢气一次通过的工艺流程，对研制的催化剂进行活性评价。评价的工艺条件为：氢分压6.4MPa，体积空速2.0h^{-1}，氢油体积比500：1，反应温度330℃。装置流程示意图如图1所示，催化活性通过HDS和HDN率来进行评估，评价结果见表3。

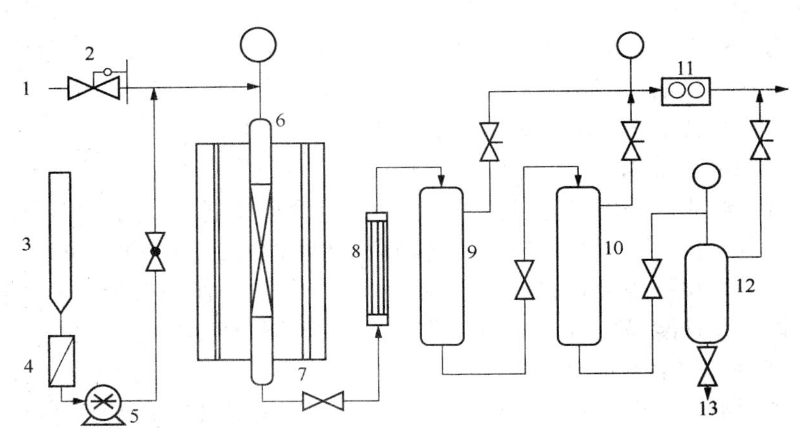

图1 15mL加氢评价装置流程示意图

1—氢气；2—压力调节阀；3—原料罐；4—过滤器；5—原料泵；6—反应器；7—加热炉；8—冷却器；9—高压分离罐；10—低压分离罐；11—流量计；12—产品罐；13—样品

表2 混合柴油原料性质

性　质	数　据	性　质	数　据
硫含量/(μg/g)	1020.6	70%	288.0
氮含量/(μg/g)	881.8	90%	332.0
密度(20℃)/(g/cm^3)	0.8351	终馏点	354.5
馏程/℃		族组成/%(体)	
初馏点	59.5	饱和烃	40.5
10%	143.5	芳烃	59.1
30%	218.5	烯烃	0.4
50%	253.0		

表 3　不同 ZrO_2 含量的 NiMo/AZx 催化剂的加氢评价结果

催化剂	生成油硫含量/(μg/g)	生成油氮含量/(μg/g)	脱硫率/%	脱氮率/%
NiMo/Al_2O_3	52.6	130.4	94.8	85.2
NiMo/AZ4	41.7	103.2	95.9	88.3
NiMo/AZ8	32.4	111.7	96.8	87.3
NiMo/AZ12	18.8	117.6	98.2	86.7
NiMo/AZ16	35.2	126.2	96.6	85.7
NiMo/AZ20	39.7	135.4	96.1	84.6

从表 3 的数据可以看出混合柴油在系列 NiMo/AZ*x* 催化剂上的 HDS 转化率随着 ZrO_2 含量的增加开始呈现增加趋势，但随着 ZrO_2 含量的进一步增加 HDS 转化率降低。NiMo/AZ12 具有最高的催化活性。另外，NiMo/AZ4、NiMo/AZ8、NiMo/AZ12 和 NiMo/AZ16 催化剂都显示了比 NiMo/Al_2O_3 催化剂更高的催化活性。这表明向载体中引入适量的 ZrO_2，能够提高 NiMo 催化剂的 HDS 性能。从表中的数据还可以看出，HDN 率显示了与 HDS 结果相似的趋势，但最高的 HDN 转化率是在 NiMo/AZ4 催化剂上取得的，此催化剂具有较小的比表面积和孔容。

3　结论

（1）ZrO_2 引入到 Al_2O_3 载体中，能够调整载体与活性金属间的相互作用，从而改变活性组分的分散状态及活性相结构，使催化剂具有更好的 HDS 和 HDN 性能。

（2）与 NiMo/ Al_2O_3 催化剂相比，含有 ZrO_2 的催化剂的 HDS 效率增加并保持较高的水平，且在 $ZrO_2/(ZrO_2+Al_2O_3)$ 为 12%时达到最大，最大的 HDN 率在 ZrO_2 含量为 4%的 NiMo/ZrO_2-Al_2O_3 催化剂上取得。

参　考　文　献

[1] D. D. Whitehurst, T. Isoda, I. Mohida, Adv, Catal. 42(1998)345.

[2] C. song, in: C. Song, C. S. Hsu, I. Moxhida(Eds.), Chemistry of Diesel Fuels, Taylor&Francis, London, Chapter I, 2001: 1.

[3] Y. Okamoto, M. Breysse, G. Murali Dher, C. Song, Catal. today 86(2003)45.

[4] Y. Saih, M. Nagata, T. Funamoto, Y. Masuyama, K. Segawa, Appl. Catal. A: Gen. 295(2005)11.

[5] S. Damyanova, L. Petrov, M. A. Centeno, P. Grange, Appl, Catal. A: Gen. 244(2002)271.

环氧乙烷 YS 系列银催化剂的研制及工业应用

李　琳

(中石化催化剂(北京)有限公司，北京　102400)

摘　要：环氧乙烷是用途广泛的有机中间体，银催化剂是乙烯直接氧化生产环氧乙烷的唯一催化剂。本文介绍了在乙烯环氧化反应中的作用机理、YS 系列银催化剂研究进展及中等选择性 YS-8520 型银催化剂和高选择性 YS-8810 银催化剂的工业应用情况。中国石化北京化工研究院燕山分院研制的 YS 系列银催化剂已在国内外 15 套环氧乙烷/乙二醇生产装置上成功应用 55 次。工业应用结果表明，中等选择性 YS-8520 型银催化剂和高选择性 YS-8810/9010 银催化剂反应性能都达到国际水平。

关键词：环氧乙烷；乙二醇；银催化剂；工业应用

1　引言

环氧乙烷是用途广泛的有机中间体，目前世界上环氧乙烷的产量达到 2×10^7t/a，在乙烯工业中的地位仅次于聚乙烯。主要用于生产乙二醇、聚酯、减水剂和表面活性剂，多数环氧乙烷生产装置联产乙二醇，称为“环氧乙烷/乙二醇装置”(简称“EO/EG 装置”)。

1931 年世界上首次公开了乙烯在银催化剂上直接氧化制环氧乙烷的专利，1938 年 UCC 建成了首套空气法环氧乙烷生产装置，环氧乙烷的生产工艺从污染严重的氯醇法逐渐转变成乙烯直接氧化法。

乙烯和氧在银催化剂的作用下直接环氧化生成环氧乙烷的同时，还生成副产物二氧化碳和水，主要反应式如下：

$$\text{主反应}\ C_2H_4+\tfrac{1}{2}O_2 = EO \qquad \Delta H=-105.5\text{kJ/mol} \tag{1}$$

$$\text{副反应}\ C_2H_4+3O_2 = 2CO_2+2H_2O \qquad \Delta H=-1323.0\text{kJ/mol} \tag{2}$$

乙烯生成 EO 的摩尔数与转化掉的摩尔数之比就是催化剂的选择性。在石油价格高企的年代，催化反应的选择性对 EO/EG 生产过程的经济效益起着决定性作用。

20 世纪 90 年代以来，使用了铼助剂的银催化剂[1]开始出现，经过不断改进选择性提高到 88%以上，并实现了工业应用。与此同时，UCC 公司公开了在催化剂上、或者在反应体系中加入氧化还原半反应对的催化反应工艺专利[2]，选择性高达 90%，目前只有陶氏化学公司能够提供这一工艺、及其配套的银催化剂[3,4]。美国科学设计公司和中国石化也加强了研究工作，研制出选择性在 90%上下的环氧乙烷银催化剂，并实现了工业应用。

由于选择性在 90%上下的银催化剂稳定性较差，对这种银催化剂、以及环氧乙烷生产工艺的改进研究成为近 20 年来研究开发的重点。

2　银催化剂在乙烯环氧化反应中的作用机理

环氧乙烷银催化剂是一种负载型催化剂，其载体是比表面积较低的 α-氧化铝，活性组分是银，载体中的添加剂和催化剂上的助剂对改善催化剂的性能起着非常重要的作用。

乙烯和氧的混合气进入催化剂床层后，氧吸附在银表面上，部分发生解离，所以在催化剂表面上存在分子氧和原子氧，早期的研究者认为，发生氧化反应的是分子氧。按照这种假设：催化反应选择性的极限值是 85.7%[5]。Grant[6] 等进一步研究发现，乙烯不能吸附在还原态的银催化剂上，吸附态原子氧产生乙烯吸附位，吸附态原子氧是乙烯环氧化和深度氧化的活性物种。Takeshi Jomoto[7] 等研究表明在吸附态氧原子上生成反应中间体，再异构化成环氧乙烷或乙醛。Stegelman[8] 认为反应经过一个共同的中间体——金属氧环，见图 1。Waugh[9,10] 等认为，金属氧环中，Ag-O 键越弱，越可能生成环氧乙烷，催化剂的选择性就越高。Ozbek[11] 认为，催化剂的选择性取决于金属氧环上 C-Ag 和 O-Ag 键结合力的差异。Kazushi Yokozaki[12] 等提出了乙烯在银催化剂上环氧化的三环模型，见图 2。

图 1　催化反应的中间体

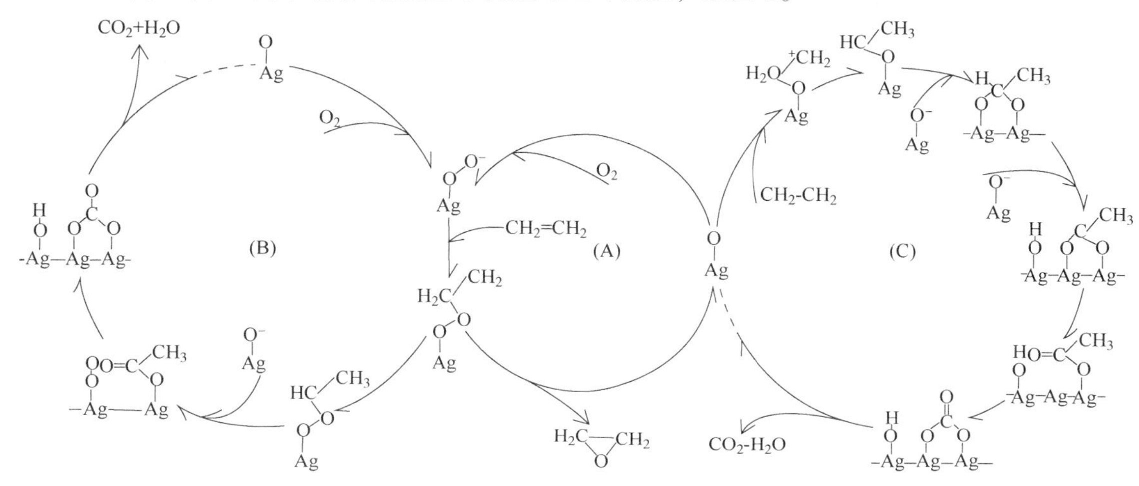

图 2　乙烯催化环氧化反应的三环模型

在环氧乙烷装置的尾气中乙醛的含量很少[13]。代武军[14] 等在微反评价装置上研究了环氧乙烷的氧化反应，发现环氧乙烷在一定温度下即可生成乙醛；环氧乙烷和氧的混合气通过银催化剂床层后，尾气中的乙炔含量显著减少，说明银催化剂对乙醛的氧化也具有催化作用，副反应是不是都是经过乙醛进一步氧化生成的还缺乏足够的证据。

3　银催化剂载体的研究

载体对催化剂性能起着非常重要的作用，为活性组分和助剂提供分散场所，并为催化剂提供良好的机械强度、耐磨性、适于反应的形和尺寸、有利于传质传热的孔结构等。

Shell 公司的专利[15] 声称，良好的载体宜采用双孔分布，小孔平均孔直径应在 0.1~20μm，应占总孔容的 60% 以上，大孔直径在 20~500μm，其孔容不易超过总孔容的 30%。该公司另一项专利提出高吸水率的载体对催化剂性能有益[16]。

赵红[17] 等研究了孔对银颗粒团聚的影响，发现随着孔尺寸的增大，银颗粒的团聚受到了限制。

雷志祥[18] 等用原位红外技术研究银催化剂及其载体 α-氧化铝的表面酸性，发现载体表面酸性中心会造成环氧乙烷的异构化，对催化剂的选择性有不利影响。

Akimi[19] 等研究发现载体的平均孔径在 0.2~1.2μm 对催化剂性能有利。

为了得到理想性能的载体，银催化剂研究工作者从载体主要原料的选用、造孔剂、粘结剂、添加剂、制备工艺、后处理和形状等方面开展了大量研究工作。

4　YS 银催化剂概述

中国石化北京化工研究院燕山分院(以下简称燕山分院)于 1973 年开始研究银催化剂，自 1989

年首次在燕山石化乙二醇生产装置上工业化以来，先后推出高活性催化剂(YS-4，5，6，7)、中等选择性催化剂(YS-8510、YS-8520、YS-8520G、YS-8520H)和高选择性催化剂(YS-8810，YS-9010)，催化剂总销售量达2800t，国内市场占有率最高达85%。拥有专有技术22件，申请专利达150件，在中国、美国、印度、日本、欧洲、荷兰和中东获得了专利授权。

5　YS银催化剂的类型及牌号

按照EO/EG装置的时空产率和反应器入口的CO_2浓度，YS银催化剂可以分为三大类型五个牌号，第一类是高选择性YS-9010、YS-8810和低银含量高选择性银催化剂。这类催化剂最高选择性可以达到90%，适用于时空产率不大于200kgEO/h/m^3、且CO_2浓度不大于1.0%的EO/EG生产装置；第二类是高效YS银催化剂，包括适用于高时空产率的YS-8820和YS-8830型银催化剂。这类催化剂最高选择性可以达到88%，适用于时空产率200~260kgEO/(h·m^3cat)、且CO_2浓度不大于3.0%的EO/EG生产装置；第三类是中等选择性银催化剂，主要指YS-8520系列银催化剂。这类催化剂最高选择性可以达到86%，适用于时空产率200~260kgEO/(h·m^3cat)、且CO_2浓度不大于5.0%的EO/EG生产装置；第四类是高活性YS-7型银催化剂。这类催化剂最高选择性可以达到82%，适用于时空产率不大于300kgEO/(h·m^3cat)、CO_2浓度在5.0%~10%的EO/EG生产装置，见图3。

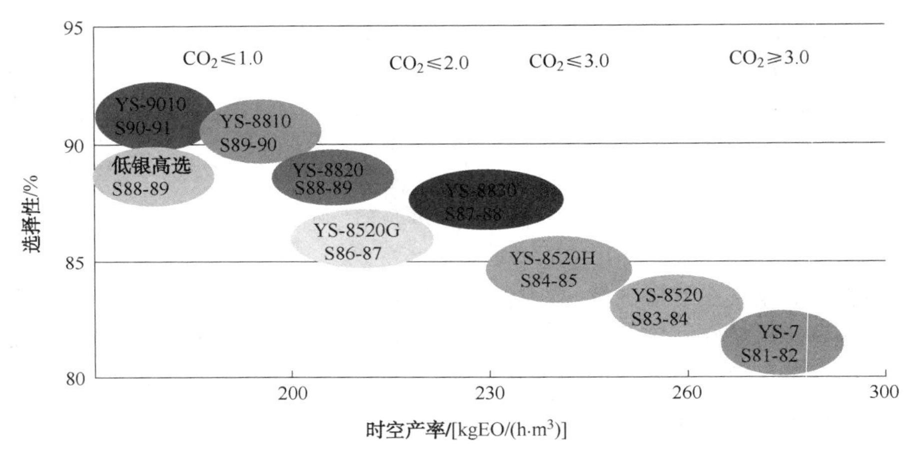

图3　YS银催化剂类型及牌号

6　YS银催化剂的研制及工业应用

国内正在运行的EO/EG生产装置共43套，在建和即将建设的21套。产能(以当量环氧乙烷计算)将由2013年的470×10^4t增加到2015年的700×10^4t，催化剂总装填量由2013年的3500m^3增加到2016年的5500m^3。如催化剂寿命按两年半计，到2016年，大陆EO/EG装置银催化剂年需求量约1850t/a；二是新建EO/EG装置多采用高选择性银催化剂，早期建造的EO/EG装置为降低生产成本，大多通过对CO_2脱除单元进行改造，使用中等或高选择性银催化剂。因此高选择性银催化剂将成为市场的主要需求，高选择性银催化剂将占市场的98%以上，传统的高活性银催化剂已退出市场。

6.1　YS-8520型银催化剂的工业应用

YS-8520型银催化剂于2008年研制开发后，2009年在中国石化天津分公司7.5×10^4t乙二醇装置上首次工业应用并平稳运行了42个月，汽包温度从初期的216℃上升至末期的236℃，平均温度上升速率为0.48℃/月；选择性从最高的83.8%下降至82.1%左右，42个月平均选择性为82.8%，表现出良好的反应性能。

2012 年 9 月，中国石化天津分公司 7.5×10^4t 乙二醇装置更换 YS-8520H 催化剂。自 2012 年 9 月至 2016 年 8 月，已经运行 47 个月，选择性比 YS-8520 催化剂高约 0.3 个百分点，装置于 2016 年 9 月更换高效 YS-8830 银催化剂，见图 4。

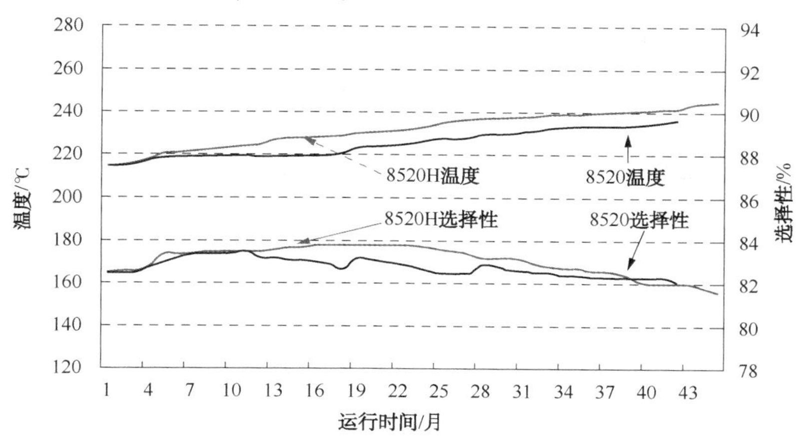

图 4　YS-8520 与 YS-8520H 银催化剂运行曲线

6.2　YS-8520 银催化剂的改进

2010 年研制出改进型 YS-8520G 银催化剂，可用于反应器入口 CO_2 含量不大于 2.0%(v，体积百分比，以下相同)、时空产率不大于 235kgEO/h/m^3[指每立方米催化剂每小时生成的环氧乙烷的量(单位是 kg)，以下相同]的 EO/EG 装置，最高选择性 86%~87%，3 年平均选择性约 84.5%。

2011 年 6 月 YS-8520G 型银催化剂在中国石油独山子石化公司乙二醇装置满负荷运行，从 2011 年 6 月到 2014 年 10 月，YS-8520G 银催化剂平稳运行了 39 个月，汽包温度从初期的 220℃上升至 258℃，选择性最高达到约 87%，末期稳定在约 85%，表现出良好的反应性能。

2010 年，研制出 YS-8520H 银催化剂，与 YS-8520 银催化剂相比，其稳定性相当、选择性高约0.5 个百分点，可用于反应器入口 CO_2 含量不大于 3.0%(体积分数)，时空产率不大于 268kgEO/h/m^3 的 EO/EG 装置，YS-8520H 银催化剂于 2012 年 9 月应用于天津石化乙二醇装置，至 2016 年 8 月平稳运行了 47 个月，最高选择性约 84.5%，3 年平均选择性约 83%。

6.3　高选择性 YS-8810 银催化剂的研制

2015 年研制出适用于“高 CO_2、高时空产率、高效 YS-8830 银催化剂”，目前已经完成中试研究工作，具备了开展工业应用试验的条件。2016 年 6 月 14 日通过中石化科技部组织的评议。

高效 YS-8830 银催化剂在反应器入口 CO_2浓度约 2.0%、时空产率 230kgEO/(h·m^3)的工艺条件下，最高选择性约 88%，使用寿命约是 YS-8810 银催化剂的 1.5 倍，可达 3 年；今年 8 月在天津石化乙二醇装置商业化应用。

6.4　高选择性 YS-8810 银催化剂的研制及工业应用

高选择性 YS-8810 银催化剂于 2010 年初研制出并在 5 月通过中国石化科技开发部组织的评议。

2011 年 10 月，YS-8810 型银催化剂在中国石化上海石油化工股份有限公司产能为 38×10^4t/a 的 2#乙二醇装置上成功应用。从 2011 年 10 月到 2014 年 10 月，YS-8810 银催化剂平稳运行 36 个月，催化剂的选择性达到 89.5%，末期稳定在 87.5%左右，表现出良好的反应性能。

2013 年 6 月至 2016 年 6 月，上海石化产能为 30×10^4t/a 的 1#乙二醇装置使用 YS-8810 型银催化剂，催化剂的选择性达到 89.5%，末期稳定在 88.0%左右，表现出良好的反应性能。

2014 年 12 月至今，上海石化产能为 38×10^4t/a 的 $2^{\#}$乙二醇装置再次使用 YS-8810 型银催化剂，至今年 4 月，已经平稳运行了 29 个月，目前催化剂的选择性稳定在 89.5%左右，表现出良好的反应性能，见图 5。

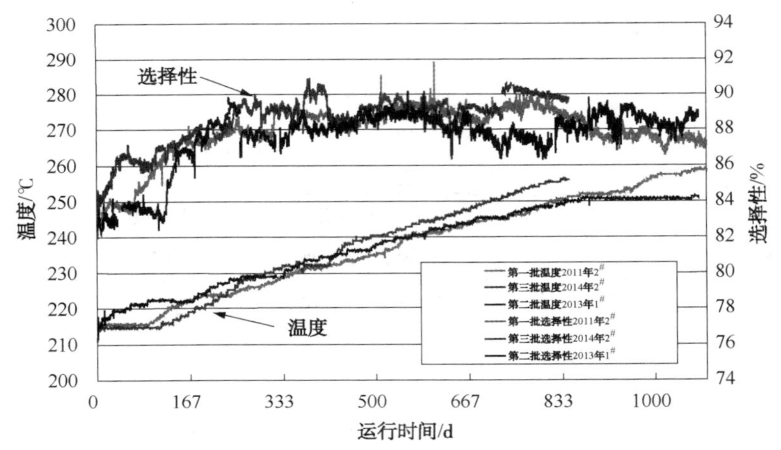

图 5　YS-8810 银催化剂在上海石化运行曲线

高选择性 YS-8810 银催化剂在上海石化两套乙二醇装置上已经成功使用了三次，都表现出活性高、选择性高、稳定性好的特点；与国外同类产品相比，YS-8810 催化剂初期反应温度低约 20℃，避免了催化剂在使用过程中因反应温度高引起副产物醛含量增加从而影响产品质量的问题。乙二醇产品质量稳定，工艺循环水水质明显优于国外同类催化剂，综合性能达到世界先进水平，见图 6。

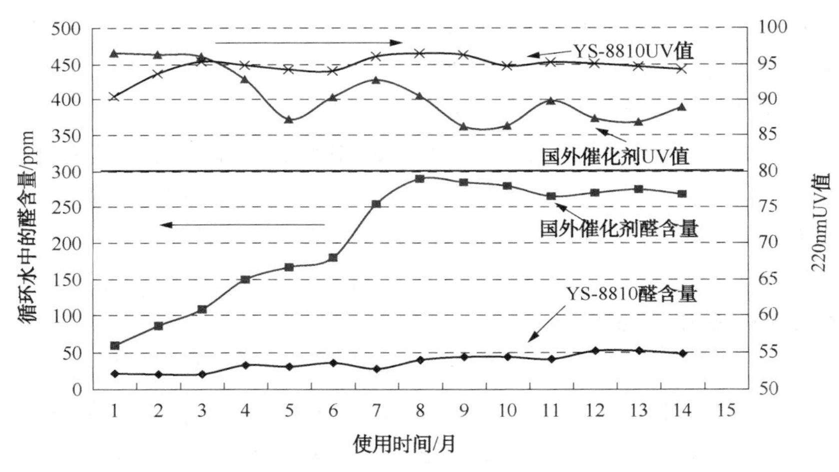

图 6　YS-8810 银催化剂醛含量对比

高选择性 YS-8810 银催化剂工业应用成功标志着我国拥有开发和生产具有自主知识产权的高选择性银催化剂能力，实现了高选择性银催化剂的国产化，打破了国外高选择性银催化剂在国内市场的垄断。

6.5　高选择性 YS-9010 银催化剂的研制

燕山分院从 2011 年开始研制初期选择性达到 91%的 YS-9010 高选择性银催化剂。在 C_2H_4浓度约 30%(v)，O_2 浓度约 7.5%(v)，N_2 致稳，空速 6000h^{-1}，出口 EO1.8%(v)，时空产率为 212kgEO/(h·m^3)的工艺条件下，YS-9010 银催化剂最高选择性达 91%，累计评价达 1009 天，EO 累计产量超过 5100t/m^3，满足工业应用要求，平均选择性约 88%，见图 7。

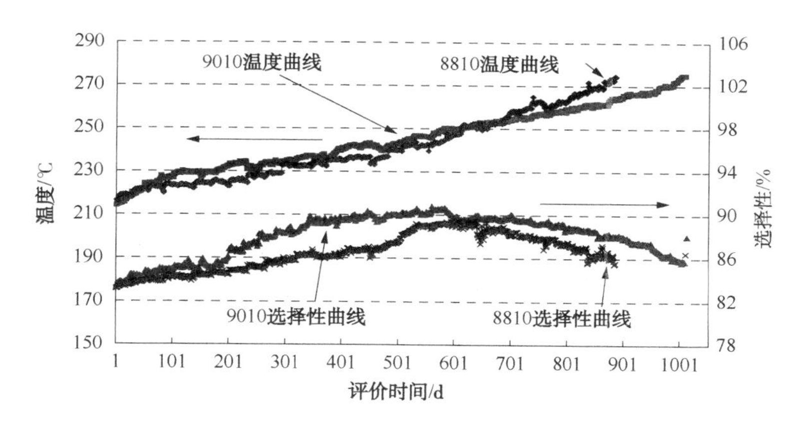

图7 YS-8810与YS-9010银催化剂温度、选择性对比

YS-9010银催化剂于2016年9月用于上海石化1#乙二醇装置，2017年5月和6月将用于扬子石化2#和茂名石化2#环氧乙烷装置。

6.6 适用于高时空产率的高选择性YS-8820银催化剂的研制

2015年研制出适用于“高时空产率、高选择性YS-8820银催化剂”，目前已经完成中试研究工作，具备了开展工业应用试验的条件。2016年6月14日通过中石化科技部组织的评议。

YS-8820银催化剂在$C_2H_4$30%，$O_2$7.5%，CO_2≤1.0%，空速5000h^{-1}，EO2.5%，即时空产率245kgEO/(h·m^3)的条件下，最高选择性超过88.5%，使用寿命约是YS-8810银催化剂的1.5倍，可达3年，2017~2018年推出，见图8。

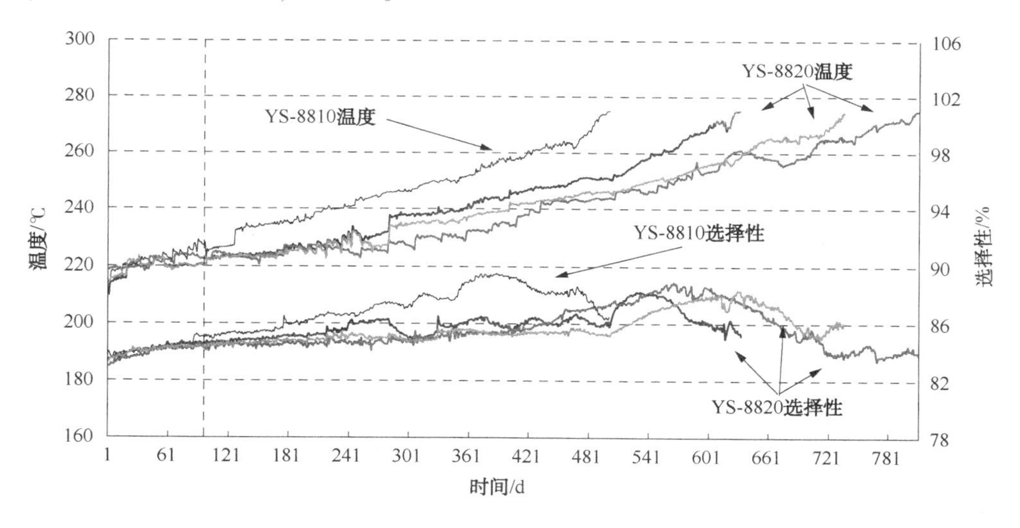

图8 YS-8810与YS-8820银催化剂温度、选择性对比

6.7 低银含量高选择性银催化剂的研制

2014年开始研制“低银含量、高选择性YS银催化剂”，目前已经完成研究开发工作：低银含量、高选择性银催化剂(银含量约18%)在在$C_2H_4$30%，$O_2$7.5%，$CO_2$2.0%，空速6000h^{-1}，EO2.5%，即时空产率时空产率约294kgEO/(h·m^3)工艺条件下，与YS-8810银催化剂对比评价试验见图9，低银含量、高选择性银催化剂最高选择性达到89%，使用寿命不低于YS-8810银催化剂，可达3~4年；选择性比8810催化剂低约0.5个百分点，银含量低约10个百分点，已经完成中试试验研究，具备了开展工业应用试验的条件。计划2017年首次商业化应用。

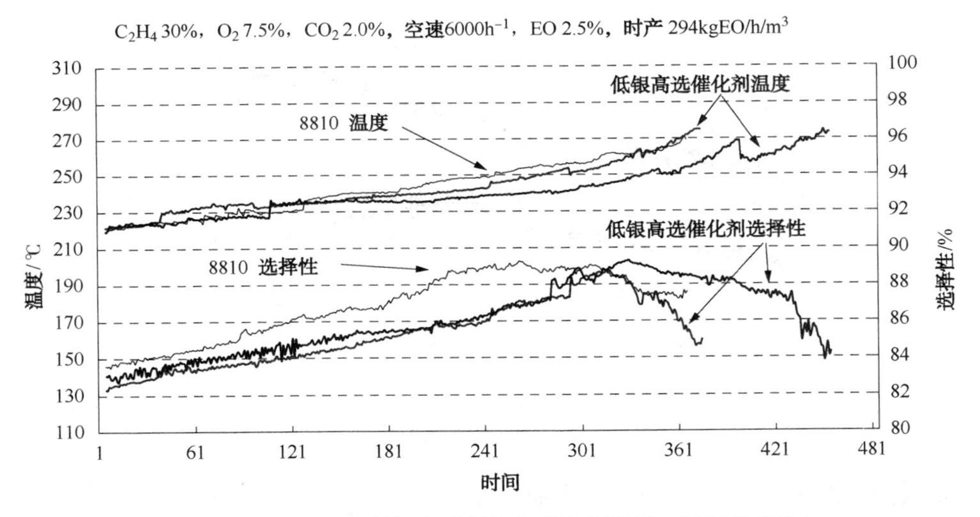

图 9　YS-8810 与低银高选择性银催化剂温度、选择性对比

7　应用技术的改进

环氧乙烷银催化剂的性能与评价和工业应用的条件密切相关，在机理型动力学模型中可以清楚看到，反应产物 CO_2、H_2O 和 EO 抑制剂对催化剂的活性有抑制作用，对选择性也有不同程度的影响。另一方面，致稳气和抑制剂对催化剂的性能也有很大影响。

梁汝军[20]等研究了 C_2H_4、O_2、CO_2、抑制剂(二氯乙烷、氯乙烷)含量对催化剂性能的影响，发现随 C_2H_4和 O_2含量的升高，反应温度降低，选择性略有上升；随 CO_2含量升高，反应温度升高，选择性无明显变化；随原料气中氯乙烷或二氯乙烷含量的增加，反应温度升高，选择性先升高，达到最高值后略有下降，选择性达到最佳值的氯乙烷用量约是二氯乙烷用量的 4 倍。

张志祥[21]等研究了抑制剂二氯乙烷的作用机理，发现二氯乙烷在 200℃时完全催化分解，生成吸附态氯，改变了银催化剂的表面吸附性能，提高了目的产物的选择性；在反应条件下，二氯乙烷的分解是可逆过程。

Shell 公司专利[22]声称在开车过程中，氯代烃抑制剂的加入量不断增加可以提高含铼银催化剂的选择性。

杨春亮[23]的论文提到抑制剂在催化剂反应过程中发生催化分解，对于 Dow 化学公司的 Meteor 200 银催化剂还需要加入促进剂 NH_3，NH_3和抑制剂共同作用可以提高催化剂的选择性。

崔宝林[24]等研究了反应器入口水含量对催化剂性能的影响，分析水含量对主、副反应都有抑制作用，对主反应的抑制作用要大于副反应，对稳定性也有不良影响。

贾世敏[25]等研究了 YS-8520 银催化剂的驯化过程，发现催化剂在运行起始阶段活性很高、EO 选择性略低，之后活性逐渐下降、EO 选择性提高，需要在较低汽包温度、较高的 Cl 因子条件下缓慢调节工艺条件，使装置实现平稳运行。在驯化阶段，Cl 因子应控制在 0. 15~0. 20；装置运行稳定时 Cl 因子应控制在 0. 07~0. 15。

选择性较高的银催化剂(选择性≥83. 0%)对环氧乙烷生产过程的经济效益有好处，但由于稳定性较差，通常需要反应器入口 CO_2的浓度维持在较低水平。Shell 公司专利[26]提出低 CO_2浓度进料增强了高选择性银催化剂的性能，另一项专利[27]提出将 30%~100%的气态产物送到二氧化碳去除系统、为反应器进料提供低 CO_2浓度。

8 结论

环氧乙烷银催化剂的研究是近年来非常活跃的研究领域，通过对催化剂作用机理的研究，提高了认识；通过载体配方和处理技术的研究，研制出杂质更少、孔结构更合理、含有改进催化剂性能元素的新型载体；工业应用方面，燕山分院研制的 YS 系列银催化剂已在国内外 15 套环氧乙烷/乙二醇生产装置上成功应用 55 次。工业应用结果表明，中等选择性 YS-8520 型银催化剂和高选择性 YS-8810/9010 银催化剂反应性能都达到国际水平。高选择性银催化剂工业应用的成功标志着我国拥有开发和生产具有自主产权的高选择性银催化剂能力，实现了高选择性银催化剂的国产化，打破了国高选择性外银催化剂在国内市场的垄断。

参 考 文 献

[1] Lauritzen AM. US Patent，4761394，1986-10-31.

[2] Notermann TM，Thorsteinson EM. US Patent，4994587，1989-9-8.

[3] 王丽娟．主要石油化工催化剂的研发进展[J]．石油化工，2012，41(6)：719-727.

[4] 李胜利，曹志涛，张晓琳．乙烯氧化制环氧乙烷催化剂的技术进展[J]．化学工业与工程技术，2013，34(3)：7-9.

[5] Kilty PA，Sachtler WMH. The mechanism of the selective oxidation of ethylene to ethylene oxide[J]. Catal Rev Sci Eng，1974，10：1-16.

[6] Grant RB，Lanmbert RM. An interpretation of the kinetics of ethylene oxidation over silver based on separate studies of kinetics of the reaction steps[J]. J Catal，1985，92：364-375.

[7] Takeshi Jomoto，Jianjun Lin，Tsuyoshi Nakajima. An AM1-d study of epoxidation of ethylene on Ag surfaces[J]. J Mol Struc-Theochem，2002，577：143-151.

[8] Stegelmann C，Stoltze P. Microkinetic analysis of transient ethylene oxidation experiments on silver[J]. *J Catal*，2004，226：129-137.

[9] Oyama ST. *Mechanisms in Homogeneous and Heterogeneous Epoxidation Catalysis*[M]. Oxford：Wiley，2008.

[10] Waugh KC，Hague M. The detailed kinetics and mechanism of ethylene epoxidation on an oxidised Ag/α-Al_2O_3 catalyst[J]. *Catal Today*，2010，157：44-48.

[11] Ozbek MO，Onal I，Van Santen RA. Why silver is the unique catalyst for ethylene epoxidation[J]. *J Catal*，2011，284：230 – 235.

[12] KazushiYokozaki，Hiroyuki Ono，Akimi Ayame. Kinetic hydrogen isotope effects in ethylene oxidation on silver catalysts[J]. *Appl Catal A-Gen*，2008，335：121-136.

[13] 安永明，许春建．EO/EG 装置生产过程中有机酸的生成原因分析[J]．石化技术，2007，14(2)：33-55.

[14] 代武军，金积铨，高政．乙烯氧化制环氧乙烷反应中酸、醛生成过程探讨[J]．石油化工，2003，32(增刊)：362-364.

[15] Buffum，John E，Kowaleski，Ruth M，Gerdes，William H. US Patent，5145824，1992-9-8.

[16] Matusz M，Richard MA，Lockemeyer JR，Bos ANR，Rekers DM，Reinalda D，Yeates RC，McAllister PC. US Patent，7547795，2009：1-16.

[17] 赵红，姜志全，张镇，等．利用多孔阳极氧化铝研究载体孔洞尺寸对负载银粒子团聚的影响[J]．催化学报，2006，27(5)：381-385.

[18] 雷志祥，饶国英，张志祥．原位红外技术研究银催化剂及其载体 α-氧化铝的表面酸性[J]．石油与天然气化工，2004，33(2)：78-80.

[19] Akimi Ayame，Yoshio Uchida，Hiroyuki Ono，Masaaki Miyamoto，Tomoyuki Sato，Hirofumi Hayasaka. Epoxidation of ethylene over silver catalysts supported on α-alumina crystal carriers[J]. *Applied Catalysis A：General*，2003，244：59-70.

[20] 梁汝军，蒋文贞，金积铨，等．乙烯环氧化反应中各组分含量对催化剂性能的影响[J]. 石油化工，2003，32(增刊)：365-367.

[21] 张志祥，张来荣．1，2-二氯乙烷在乙烯环氧化反应中的作用机理[J]. 石油化工，2003，32(1)：14-16.

[22] 安·玛丽·劳瑞岑．中国专利，CN89106106.1，1989-7-25.

[23] 杨春亮．循环气各组分对乙烯环氧化反应的影响[J]. 化工时刊，2011，25(8)：60-64.

[24] 崔宝林，代武军，谷彦丽，金积铨．反应气中水量对银催化剂反应性能的影响[J]. 石化技术，2003，10(1)：19-23.

[25] 贾世敏，陈建设，安俊军，程林发．YS-8520银催化剂的工业应用[J]. 石油化工，2013，42(2)：204-209.

[26] W·E·埃文斯，M·马图兹，A·特拉．中国专利，CN200480005391.0，2004-02-26.

[27] W·E·埃文斯，M·马图兹，A·特拉．中国专利，CN200480005393.X，2004-02-26.

热拌用沥青再生剂的适宜生产原料考察

顾秀红　于海明　张百军

（中国石油化工股份有限公司济南分公司，山东济南　250101）

摘　要：介绍了济南分公司与环保橡胶填充油生产相关的产物性能考察情况。试验结果表明减三线、减四线稠油能满足热拌用沥青再生剂技术要求，并已生产 RA25 及 RA75 热拌用沥青再生剂产品。

关键词：抽出油脱蜡油；稠油；热拌用；沥青再生剂；工业生产

1　引言

受交通荷载及自然因素影响，公路表层会出现不同程度的损坏。因此，路政部门定期对其进行养护及改造。在进行道路维护过程中，会产生沥青混合料废弃物，这些废弃物量大、占用场地，且对环境造成污染。为此，道路沥青的再生利用技术越来越受到重视。该技术是将废弃料和新集料、沥青再生剂适当配比和拌和，形成具有一定路用性能的再生沥青混合料，主要用于路面坑槽修补、铺筑路面面层。沥青废弃料的再生利用不仅减少新沥青材料的用量，降低施工成本，而且减少环境污染，具有显著的经济效益和社会效益。目前，国外沥青再生剂大多由富含芳烃的溶剂油和树脂混合而成；国内多以富芳烃油或其复合产物作为沥青再生剂。

济南分公司的糠醛抽出油为富芳烃产物，部分用于自产道路沥青原料或用作环保橡胶填充油原料。为拓展富芳烃产物的应用，提高其附加值，依据环保橡胶填充油的生产情况，对富芳烃物料进行一些性能考察，其中环保橡胶填充油生产过程中的副产物-稠油可以直接满足热拌用沥青再生剂技术要求。

2　热拌用沥青再生剂标准

热拌用沥青再生剂技术要求见表1。

表1　热拌用沥青再生剂技术要求

项　　目		RA1	RA5	RA25	RA75	RA250	RA500	试验方法
运动黏度/(mm^2/s)		50~175	176~900	901~4500	4501~12500	12501~37500	37501~60000	SH/T 0654
闪点/℃	≥	220	220	220	220	220	220	GB/T 267
饱和分/%	≤	30	30	30	30	30	30	SH/T 0509
密度(25℃)/(kg/m^3)		报告						GB/T 8928 固态 GB/T 1884 液态
外观		表观均匀无分层现象						观察
薄膜烘箱试验								
黏度比	≤	3	3	3	3	3	3	
质量变化/%	≤	3	4	4	3	3	3	

3　热拌用沥青再生剂的研制试验

目前，济南分公司采用“溶剂精制→润滑油加氢改质→溶剂脱蜡→白土补充精制”正序组合工艺生产润滑油基础油，生产的副产品抽出油凝点高，不能满足下游环保型芳烃橡胶填充油装置对原料倾点的要求。为保证环保型芳烃橡胶填充油生产，又新建 10×10^4t/a 正序抽出油酮苯脱蜡装置。鉴于“饱和分”为热拌用沥青再生剂的一项关键指标，它表征产物的内在组成(与蜡组分有一定关联性)并设定其上限值。因此，实验室直接采选各线抽出油脱蜡油及各线稠油进行试验考察。

3.1 各线抽出油脱蜡油的性能

对酮苯脱蜡装置减三线、减四线抽出油脱蜡油进行组成及基本性能检测，有关数据见表 2 和表 3。

由表 2 可知，减三线抽出油脱蜡油各样品除饱和烃(大于 30%)外，其他几项相关性能指标可满足热拌用沥青再生剂技术要求。由表 3 可知，减四线抽出油脱蜡油各样品除饱和烃(大于 30%)外，其他几项相关性能指标可满足热拌用沥青再生剂技术要求。

表 2 减三线抽出油脱蜡油性质

项 目	样品 1	样品 2	样品 3	样品 4	样品 5
运动黏度(100℃)/(mm^2/s)	30.4	28.9	26.3	28.2	29.1
运动粘度(60℃)/(mm^2/s)	420.1	409.7	—	—	—
闪点/℃	228	236	238	240	236
饱和分/%	33.3	34.2	41.90	39.71	31.14
薄膜烘箱试验					
黏度比	1.50	1.66	—	—	—
质量变化/%	-0.65	-0.58	—	—	—

表 3 减四线抽出油脱蜡油性质

项 目	样品 1	样品 2	样品 3	样品 4
运动黏度(100℃)/(mm^2/s)	43.0	44.4	45.5	47.2
运动黏度(60℃)/(mm^2/s)	1189	1325	—	—
闪点/℃	248	256	250	250
饱和分/%	34.89	35.14	35.84	40.06
薄膜烘箱试验				
黏度比	1.86	1.76	—	—
质量变化/%	-0.55	-0.63	—	—

3.2 减三线、减四线稠油性能考察

与正序抽出油酮苯脱蜡装置脱蜡油相比，减三线及减四线稠油的蜡组分较低，为富“多环芳烃”产物。通过对各线稠油进行有关性能考察，减三线稠油各样品“饱和烃”含量较低，其他性能较好(数据见表 4)，可达到热拌用沥青再生剂 RA25 技术要求；减四线稠油“饱和烃”含量很低，其他性能较好(数据见表 4)，可达到热拌用沥青再生剂 RA75 技术要求。

表 4 各线稠油基本性质

项 目	减三线稠油			减四线稠油		
	样品 1	样品 2	样品 3	样品 1	样品 2	样品 3
运动黏度(100℃)/(mm^2/s)	43.7	41.86	42.7	101.0	104.3	101.6
运动黏度(60℃)/(mm^2/s)	1028			4861		
闪点/℃	228	230	238	248	256	252
饱和分/%	16.35	21.22	28.79	20.75	13.32	14.50
密度(25℃)/(kg/m)	1046.0	1075.6	1073.2	1049.2	1053.7	1084.9
薄膜烘箱试验						
黏度比	1.74			1.95		
质量变化/%	-0.84			-0.18		

4 热拌用沥青再生剂产品性能

在加工生产环保橡胶填充油的同时，利用该装置副产物减三线稠油直接生产出 RA25 热拌用沥青再生剂；利用减四线稠油直接生产出 RA75 热拌用沥青再生剂。两种产品性质见表 5。

表 5 产品性质

项　目	RA25			RA75		
	样品 1	样品 2	样品 3	样品 1	样品 2	样品 3
运动黏度(60℃)/(mm^2/s)	956	1235	1230	4786	4527	4591
闪点/℃	262	252	258	261	270	251
饱和分/%	28.15	24.06	24.25	21.84	21.86	21.88
外观	表观均匀无分层现象					
密度(25℃)/(kg/m^3)	1045.9	1046.0	1040.0	1053.7	1056.8	1057.5
薄膜烘箱试验						
黏度比	1.63	2.02	2.00	1.94	1.92	1.91
质量变化/%	-0.57	-0.53	-0.22	-0.44	-0.48	-0.18

5 结论

济南分公司正序抽出油酮苯脱蜡装置减三线、减四线抽出油脱蜡油其“饱和烃”含量超标，不能满足热拌用沥青再生剂技术要求；而环保橡胶填充油装置副产物减三线、减四线稠油性能较好，已直接生产 RA25、RA75 热拌用沥青再生剂产品。

在环保橡胶填充油生产之际，有效利用该装置副产物开发并生产出一种新产品——热拌用沥青再生剂。该产品为免税产品，且价格优于 AH-90 重交通道路沥青，它对调整企业产品结构、提高企业经济效益具有重要意义。

CoMoNi/Al_2O_3-SiO_2催化剂用于掺炼焦化汽油扩大重整原料来源的研究

张铁珍　贾云刚　孙发民　王　刚　吴显军

(中国石油大庆化工研究中心，黑龙江大庆　163714)

摘　要：通过对传统Al_2O_3载体加以改进，研制出一种适用于掺炼劣质加氢焦化汽油的重整预加氢催化剂CoMoNi/Al_2O_3-SiO_2。该剂具有较高的加氢脱硫、脱氮及烯烃饱和性能，本文在反应压力2.5MPa，体积空速4.0h^{-1}，氢油体积比200∶1的工艺条件下，进行了掺炼不同比例(0%、20%、50%)加氢焦化汽油原料的加氢性能评价，加氢产品均能达到重整原料的要求，并进行了催化剂1500h活性稳定性试验，试验结果表明催化剂具有良好的活性稳定性。

关键词：CoMoNi/Al_2O_3-SiO_2；重整；预加氢；FCC汽油；加氢脱硫；催化剂

1　引言

催化重整以石脑油馏分为原料，生产“无硫”、低烯烃含量的高辛烷值汽油调合组分和/或高附加值的轻质芳烃，同时副产氢气，因而是生产清洁汽油不可缺少的重要手段之一。近几年来，我国的催化重整技术和装置能力获得了长足的发展，但与发达国家相比仍有很大差距，制约我国催化重整装置能力提高的因素很多，其中一个很重要的原因就是我国大部分原油的石脑油馏分少，使得重整原料严重不足，甚至使现有装置只能低负荷运转，因此把加氢裂化重石脑油、催化汽油、焦化汽油等作为催化重整装置原料[1~4]，是解决我国催化重整原料油不足的重要途径。

焦化汽油是延迟焦化的馏分油，属于劣质二次加工产品，与直馏汽油相比，硫、氮、烯烃含量高，其氮含量约为直馏汽油的100倍，且型态更为复杂。在现有的重整预加氢工艺条件下，难以制备合格的重整原料。为此，焦化汽油经重整预加氢之前，必须先进行加氢精制，以满足重整预加氢对原料的要求[5,6]。

直馏汽油掺炼加氢焦化汽油，可以在一定程度上缓解原料不足的问题。与直馏石脑油相比，加氢焦化汽油具有芳烃潜含量低，氮含量高的特点，将其用作催化重整装置的原料，造成产品的辛烷值、反应器温降、氢气产率等与设计值偏差较大等问题，对于加氢焦化汽油氮含量高的问题，黄永章[7]等采取了将预加氢反应温度提高到300℃，提高了预加氢装置的脱氮率，确保掺炼加氢焦化汽油原料满足重整进料指标要求。

中国石油大港石化公司为了缓解催化重整装置原料不足的矛盾，同时解决焦化汽油的出路，将加氢精制后的焦化汽油掺入直馏汽油中作为重整原料。且掺入比例应该控制在35%以下，在此比例下生产的高标号汽油不会受到影响[8]。

为寻求焦化汽油出路和缓解催化重整装置原料不足的矛盾，安庆石化对焦化汽油深度加氢精制后以不同比例调入直馏汽油作重整原料进行工业试验。重整预加氢采用FDS-4A催化剂，在直馏汽油中掺入不超过35%的加氢焦化汽油，在高压分离罐压力2.05~2.10MPa、反应器入口温度293~309℃、体积空速2.78~2.92h^{-1}、氢油比207~263的条件下，预加氢精制油能够满足重整进料的指标要求[3]。

荆门石油化工总厂催化重整装置在处理能力提高1.5倍时，原料的预加氢选用了RS-1催化剂，在氢分压1.8MPa，反应温度285℃，氢油体积比180~200及体积空速3.8~3.9h^{-1}的工艺条件下，采用RS-1催化剂对掺炼5%~35%加氢焦化汽油的重整料进行预加氢，可确保精制油的硫、氮含量均小于0.5μg/g，满足重整进料的指标要求[9]。

本研究的重点是通过对传统加氢脱硫催化剂加以改进，研制出一种适用于掺炼劣质催化汽油的重整预加氢催化剂$CoMoNi/Al_2O_3-SiO_2$。试验结果表明，本研究所开发的催化剂，具有较高的脱硫、脱氮及烯烃饱和性能。1500h活性稳定性运转试验表明，催化剂具有良好的活性稳定性。

2 试验部分

2.1 催化剂的制备

将具有适宜孔结构及比表面的氧化铝破碎到一定目数，加入适量硅溶胶、田菁粉、硝酸、柠檬酸、去离子水等均匀混合，挤条成三叶草形。载体成型后经120℃干燥4h，500℃焙烧4h，制备成复合载体。

将钼酸铵、碱式碳酸钴和硝酸镍按一定比例配制成金属共浸液，通过饱和浸渍方式对载体进行一次共浸，浸渍后养生1h，120℃干燥4h，500℃焙烧4h，制备成催化剂。

2.2 催化剂的表征

采用美国Quanta公司AS-1C-VP型比表面-孔径分布测定仪表征催化剂的比表面、孔径及孔径分布，采用荷兰Philips公司Magix601型X射线荧光光谱仪测定催化剂的组成，结果如表1所示。

表1 催化剂的物化性质

项目	催化剂	项目	催化剂
Al_2O_3/%	65.44	P_2O_5/%	0.12
MoO_3/%	20.18	孔体积/(mL/g)	0.43
Co_2O_3/%	2.89	比表面积/(m^2/g)	230.8
NiO/%	1.64	形状	三叶草
SiO_2/%	9.73	强度/(N/mm)	15.2

2.3 催化剂的性能评价

以大庆石化重整预加氢原料与加氢焦化汽油(80~150℃)馏分的混合油为原料，在100mL固定床加氢装置上，采用原料、氢气一次通过的工艺流程，对研制的$CoMoNi/Al_2O_3-SiO_2$催化剂进行活性评价。在反应压力2.5MPa，体积空速4.0h^{-1}，氢油体积比200∶1的工艺条件下。考察了掺炼不同比例(0%、20%、50%)加氢焦化汽油原料达到重整原料要求所需的反应温度。装置流程示意图如图1所示，重整预加氢原料与加氢焦化汽油混合油的性质见表2。

表2 重整预加氢原料与加氢焦化汽油混合油的性质

项目	含焦汽0%	含焦汽20%	含焦汽50%
密度(20℃)/(g/cm^3)	0.7266	0.7253	0.7234
馏程/℃			
初馏点	76.0	76.5	76.0
10%	92.0	92.5	93.0
30%	98.0	99.0	99.5
50%	105.0	106.0	107.0
70%	114.0	115.5	116.5

续表

项　　目	含焦汽 0%	含焦汽 20%	含焦汽 50%
90%	127.0	128.5	129.0
终馏点	148.5	149.0	149.0
溴值/(gBr/100g)	1.53	1.68	1.88
硫含量/(μg/g)	375.40	328.86	262.34
氮含量/(μg/g)	12.89	13.51	14.26
金属含量/(μg/kg)			
Cu	135.15	108.94	69.56
Pb	2.17	2.08	1.93
As	25.95	42.85	68.13
族组成/%			
正构烷烃	40.43	40.27	40.02
异构烷烃	20.40	23.09	27.12
烯烃	0.17	0.22	0.28
环烷烃	36.43	33.65	29.49
芳烃	2.57	2.77	3.09
氯含量/(μg/g)	4.62	3.82	2.64

由表2可知，随着加氢焦化汽油掺入比例的增加，原料油中的不饱和烃、氮含量以及金属砷含量都随之增加，而硫含量及金属铜、铅含量略有下降。由于焦化汽油是加氢精制后的，其馏程分布和杂质含量等性质与直馏汽油比较相近。

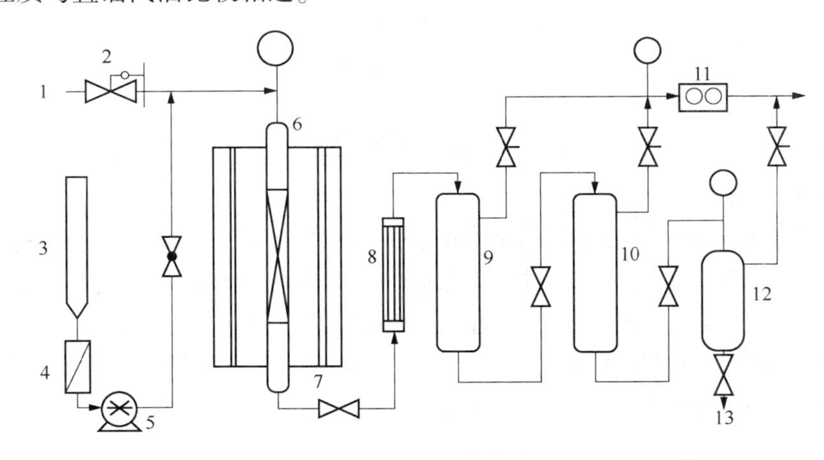

图1　100mL加氢评价装置流程示意图

1—氢气；2—压力调节阀；3—原料罐；4—过滤器；5—原料泵；6—反应器；
7—加热炉；8—冷却器；9—高压分离罐；10—低压分离罐；11—流量计；12—产品罐；13—样品

由表3可以看出，所研制的催化剂具有较好的加氢脱硫、脱氮及烯烃饱和性能。可见，在反应压力2.5MPa，体积空速4.0h^{-1}，氢油体积比200∶1相同的工艺条件下，不含加氢焦化汽油的重整预加氢原料在260℃下的加氢产品就能够满足重整进料的要求，含加氢焦化汽油20%的原料在268℃下的加氢产品能够满足重整进料的要求，而含加氢焦化汽油50%的原料在275℃下的加氢产品能够满足重整进料的要求。试验证明掺入严格控制干点的加氢焦化汽油，并强化预加氢操作条件，扩大重整原料来源是可行的。

表 3　催化剂加氢评价结果

原料	加氢生成油分析数据								
	反应温度/℃	密度(20℃)/(g/cm^3)	硫含量/(μg/g)	氮含量/(μg/g)	Cu/(ng/g)	Pb/(ng/g)	As/(ng/g)	溴值/(gBr/100g)	氯含量/(μg/g)
含焦汽 0%	260	0.7260	0.43	0.17	0.347	0.197	0.389	0.004	0.46
含焦汽 20%	268	0.7249	0.45	0.21	0.214	0.103	0.415	0.004	0.45
含焦汽 50%	275	0.7230	0.44	0.38	0.126	0.081	0.438	0.005	0.41

2.4　催化剂的活性稳定性试验

以掺炼20%加氢焦化汽油为原料，在温度268℃、压力2.5MPa、氢油比200∶1、空速4.0h^{-1}的条件下，进行催化剂活性稳定性试验，试验结果见表4。

表 4　1500h 稳定性试验结果

运转时间/h	硫含量/(μg/g)	氮含量/(μg/g)	溴值/(gBr/100g)	氯含量/(μg/g)
200	0.44	0.41	0.005	0.45
400	0.42	0.42	0.005	0.44
600	0.45	0.42	0.006	0.46
800	0.43	0.43	0.005	0.45
1000	0.46	0.43	0.005	0.45
1200	0.44	0.44	0.006	0.46
1400	0.43	0.43	0.007	0.46
1500	0.45	0.45	0.006	0.46

由表4结果可以看出，在1500h活性稳定性试验过程中未提温的情况下，生成油硫含量小于0.5μg/g，氮含量小于0.5μg/g，溴值小于0.01gBr/100g油。活性几乎没有变化，加氢产物的性质在稳定性试验期间变化不大，催化剂性能稳定。

3　结论

(1) 成功研制出一种适用于掺炼劣质催化汽油的重整预加氢催化剂$Mo-Co-Ni/Al_2O_3-SiO_2$，载体选用适宜孔结构及比表面的Al_2O_3，并采用硅溶胶进行改性处理，外形为三叶草形；

(2) 重整预加氢催化剂$Mo-Co-Ni/Al_2O_3-SiO_2$具有较高的加氢脱硫、脱氮及烯烃饱和性能，在压力2.5MPa、氢油体积比200∶1、体积空速4.0h^{-1}、反应温度268~275℃，能够加工掺炼加氢汽油20%~50%的重整预加氢原料，生成油可满足重整进料的要求；

(3) 1500h活性稳定性试验结果表明，研制的催化剂具有良好的活性稳定性。

参　考　文　献

[1] 郭群，董建伟，石玉林．直馏汽油掺炼催化裂化汽油加氢作重整原料的研究[J]．石油炼制与工，2003，34(6)：10-13.

[2] 戴立顺，屈锦华，董建伟，等．催化裂化汽油加氢生产重整原料油技术路线研究[J]．石化技术与应用，2005，23(4)：267-270.

[3] 王晓璐．加氢焦化汽油作重整原料的工业试验[J]．石油炼制与化工，2000，31(2)：13-16.

[4] 蒋福山，崔强，黄学军．焦化汽油加氢生产重整原料的技术分析．石油炼制与化工，2003，34(1)：61-63.

[5] 秦建．焦化汽油加氢精制作催化重整原料[J]．安庆石化，1999，21(2)：4-6.

[6] 李永安，黄国弘，单青松．连续重整掺炼精制焦化汽油[J]．石油炼制与化工，2000，31(11)：15-17.

[7] 黄永章，赵玉军，苏建伟，等．掺炼高比例加氢焦化汽油对连续重整装置的影响[J]．炼油技术与工程，2007，37(10)：17-19.

[8] 王琳．直馏汽油掺炼焦化加氢汽油作为重整原料[J]．内蒙古石油化工，2007，9：147-148.

[9] 邱继军，林运祥，梁成安．RS-1催化剂用于掺炼焦化汽油的重整原料预加氢[J]．石油炼制与化工，2001，32(8)：43-45.

ZSM-35 分子筛催化剂的开发及在正丁烯正戊烯骨架异构中的工业应用

徐　泉　陈志伟　周红军　吴全贵

(中国石油大学(北京)新能源研究院，北京　102249)

摘　要：介绍了国产 SC518 型异构催化剂的开发和工业应用情况，并于国外同类催化剂进行对比。工业应用表明：工业催化剂 SC518 在重时空速 $6h^{-1}$，异丁烯收率不低于 30%的工况下的工业装置运行中单程运行周期不小于 50 天，副产物少于 1%。在 1-戊烯骨架异构中，异构化率达 50%以上，该催化剂在正丁烯正戊烯的骨架异构反应中均表现出高活性、高选择性和良好的稳定性，且再生性能优异。

关键词：ZSM-35 分子筛；正丁烯；正戊烯；骨架异构；工业应用

1　引言

异丁烯是一种重要的有机化工原料，正丁烯骨架异构是增产异丁烯的有效途径。近年来该领域的开发已成为研究热点[1]。研究表明，ZSM-35 分子筛是正丁烯骨架异构最佳催化剂[2~7]，其骨架基本结构单元为 5 元环，5 元环通过 10 元环和 6 元环连结起来，属镁碱沸石类(FER)。沸石骨架中沿[001]或[100]方向的 10 元环直孔道(0.42nm×0.54nm)和沿[010]方向的 8 元环直孔道(0.35nm×0.48nm)交叉呈二维孔道体系，且形成了球状镁碱沸石笼，该结构对正丁烯骨架异构反应具有良好的选择性。

据统计国内已投产的正丁烯骨架异构装置有数十套，其中 7 套采用国外商业分子筛催化剂，但反应诱导期长，副产重组分多；其余采用国内同类分子筛的装置，与国外商业催化剂相比普遍存在运行空速低、重组分多及稳定性差等问题。直接导致生产装置的经济性差，因此迫切需要开发活性高、选择性好而且性能稳定的 ZSM-35 分子筛催化剂。

在此基础上，中国石油大学(北京)与东营科尔特新材料有限公司合作开发了牌号为 SC518 系列正丁烯骨架异构催化剂，该催化剂具有高活性、优异的选择性并可适应高空速高丁烯含量的工况，已在山东石大胜华等多家企业推广应用。

2　实验部分

2.1　ZSM-35 分子筛合成及催化剂制备

按比例取去离子水、碱源、铝源、硅源及模板剂均匀成胶后，分别于 5L、0.5m^3和 8m^3的高压釜中进行小试、中试和工业合成。晶化结束后过滤、洗涤、120℃干燥，550℃焙烧，得到 Na-ZSM-35 分子筛，经常规离子交换后得到 H-ZSM-35 分子筛。

按比例称取 H-ZSM-35 分子筛原粉挤压成型，条状催化剂于 120℃下干燥 3~5h，于 500~550℃下焙烧催化剂 3h，得到催化剂成品。

2.2　催化剂表征

X 射线衍射(XRD)表征在德国 Bruker 公司的 D8 anvance 型 X 射线衍射仪上进行。扫描电镜采用英国剑桥 S-360 型号扫描式电子显微镜进行检测，在美国 Quantachrome 公司的 ASIQ-C 型全自动气体吸附分析仪进行比表面及孔径分析，NH_3-TPD 程序升温脱附在美国 MICROMERITICS 公司生产的 AutoChem II 2920 上进行。

2.3　正丁烯正戊烯骨架异构反应的性能评价

小试和中试评价在如图 1 和图 2 的固定床反应器上进行。

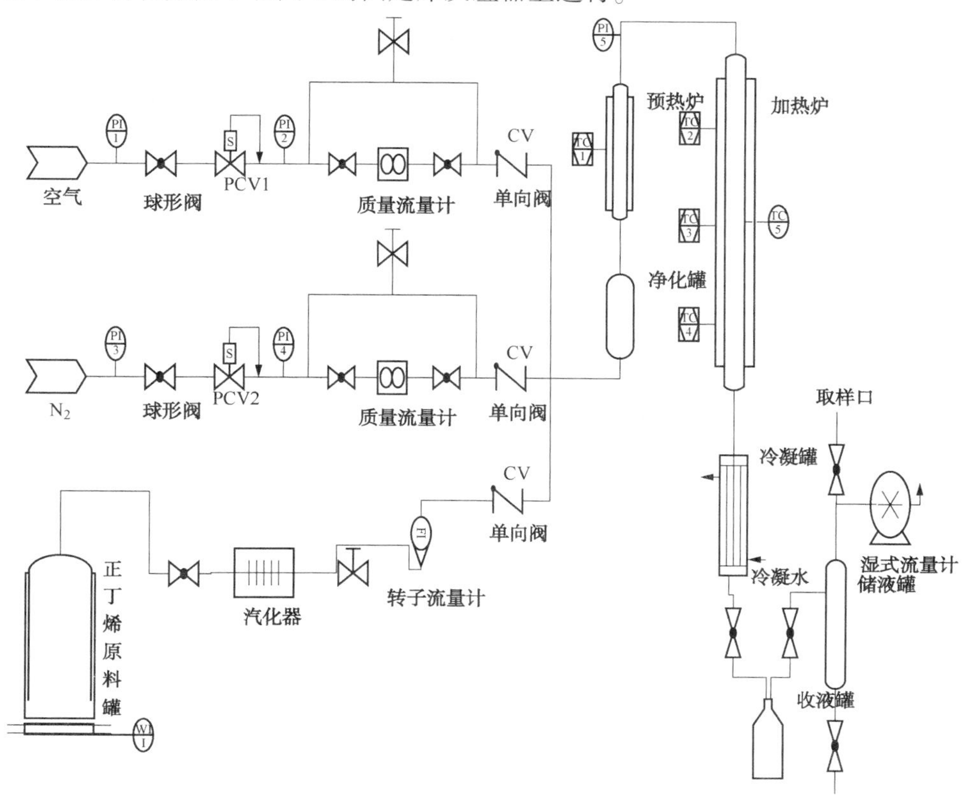

图 1　实验室评价装置图

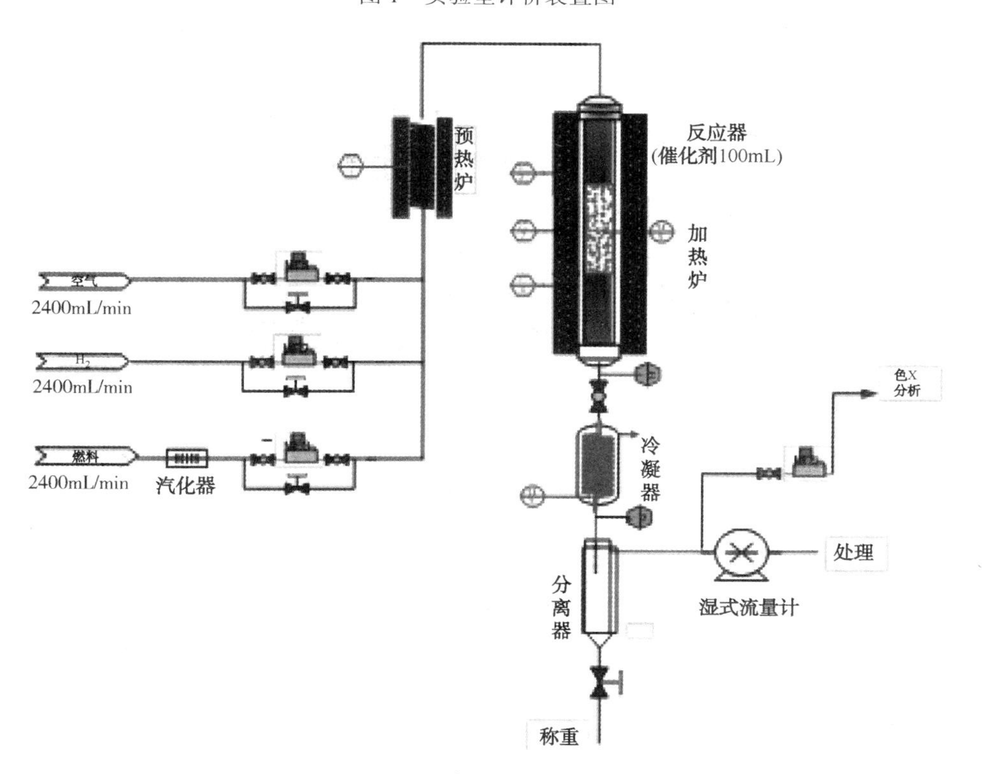

图 2　中试评价装置

3 结果与讨论

3.1 分子筛合成及与表征

商业分子筛催化剂(石大胜华)和实验室的小试和放大样品及工业产品 SC518 分子筛催化剂的 XRD 谱图见图 3。由图 3 可见，这几种均为纯 ZSM-35 分子筛，相对于商业分子筛催化剂本产品对应的[001]/[100]晶面的衍射峰窄而高，相对结晶度要高于商业分子筛催化剂。

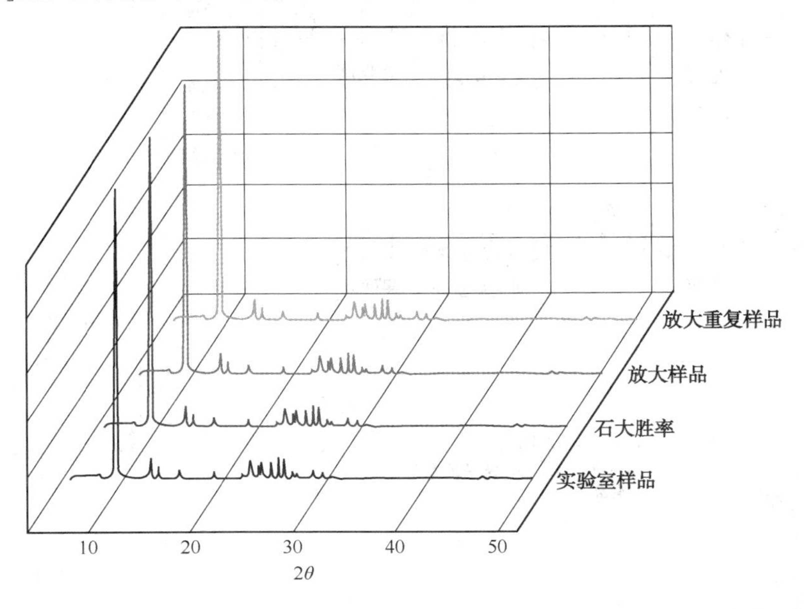

图 3 商业分子筛及实验室小试、中试分子筛的 XRD 谱图

几种分子筛催化剂的扫描电镜(SEM)如图 4 所示。由图 4 可见，SC518 分子筛催化剂晶粒较为均匀，晶粒尺寸在 3~4μm，大于商业分子筛催化剂。该结果与扫描电镜 SEM 结果相吻合，即分子筛晶粒度较大且 SC518 分子筛无定形物较少。

图 4 商业分子筛催化剂及 SC-518 催化剂 SEM 图

分子筛形貌和晶粒尺寸是影响反应性能的重要因素，通常认为晶粒度越小、比表面积越大越有利于催化反应[8]，晶粒度大小也可平衡催化反应的活性和选择性[9]。因此选择合适的分子筛晶粒是兼顾正丁烯骨架异构中活性和选择性的关键因素之一。因为不同形貌和粒度尺寸决定了某些特定孔道/孔口的数量或比例，而这些区域可能有利于某些特定反应的发生。如在 ZSM-35 分子筛中，[001]/[100]晶面孔道即为骨架异构的主反应区，该孔道既适合于产物异丁烯的扩散又能很好的抑制副反应二聚的发生[1]，那么增加主反应区能有效提高分子筛的反应稳定性，与 XRD 图中既窄又高的[001]/[100]晶面衍射峰所反映出对应于该晶面的孔道比例较高，至于其关联度有待于进一步研究。窄长条状分子筛的另一个特点是增加了增加了八元环的孔口数量，虽然八元环孔道不是正丁

烯骨架异构的反应区域，但有利于扩散[10]。

分子筛的酸性是影响反应性能的另一个重要因素。由图 5 可见，小试、中试及工业生产所合成的分子筛脱附峰位置无明显变化，酸强度的变化也不大，但实验室样品代表强酸和弱酸的 NH_3-TPD 脱附峰面积均略少，说明总酸量减少，而在 450℃的高温脱附峰面积减小幅度大于 150℃脱附峰面积减小幅度。这可能与分子筛晶化体系在合成放大过程中受搅拌强度、受热的均匀性等因素的影响造成分子筛粒度大小及均匀性、相对结晶度不同所致。

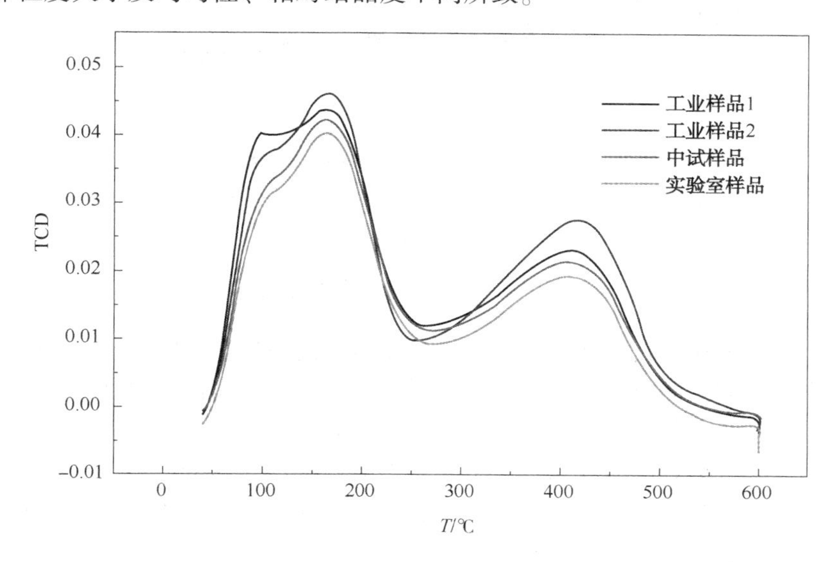

图 5　实验室、中试放大和工业生产分子筛的 NH_3-TPD

3.2　正丁烯正戊烯骨架异构反应性能评价

图 6 和图 7 分别为实验室小试、中试和工业放大分子筛催化正丁烯骨架异构的反应评价结果。由图 6 可见，实验室的样品在重时空速 $6h^{-1}$，微正压的条件下，正丁烯转化率高于 32%，异丁烯选择性则在 24h 后即高于 90%，副产的重组分 C_5^+ 和丙烯低于 1%。在此基础上的 500 升高压釜中试放大样品在相同评价条件下运行达 360h 后转化率高于 35%，当反应 600h 时，正丁烯转化率仍高于 30%，异丁烯选择性在反应 48h 即达到 90%以上。

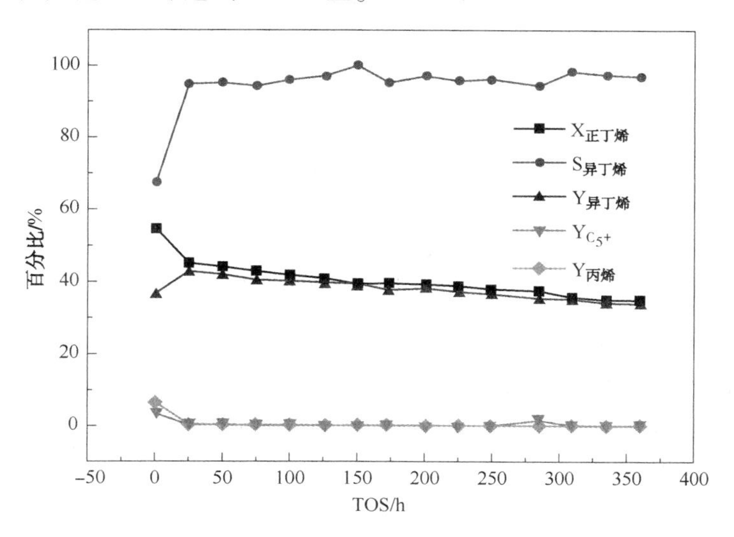

图 6　实验室小试样品反应评价趋势图

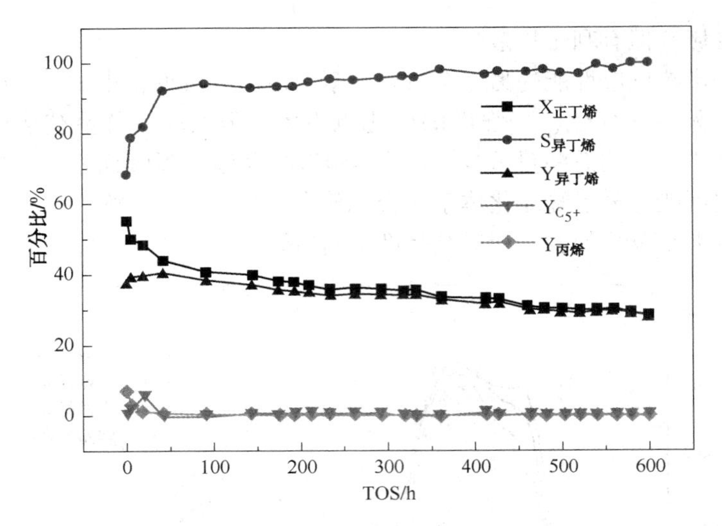

图 7　中试放大样品反应评价趋势图

正戊烯主要来源于催化裂化汽油，目前主要是作为汽油的高辛烷值组分。但碳五烯烃含量过高导致汽油的烯烃含量偏高，同时蒸汽压也较高。国外许多公司采用轻汽油醚化技术，将碳五异构烯烃转化为 TAME，这样不仅可以提高轻汽油的辛烷值，而且还有效降低了汽油蒸汽压，不失为一条利用催化裂化汽油中碳五烯烃的有效途径。本文对工业产品 SC518 进行了 1-戊烯的骨架异构实验评价，在 380℃、重时空速 $6h^{-1}$、1-戊烯 98%的条件下其转化率达 60%以上，选择性 90%，表明该催化剂对低碳直链烯烃具有良好的骨架异构性能，如图 8 所示。

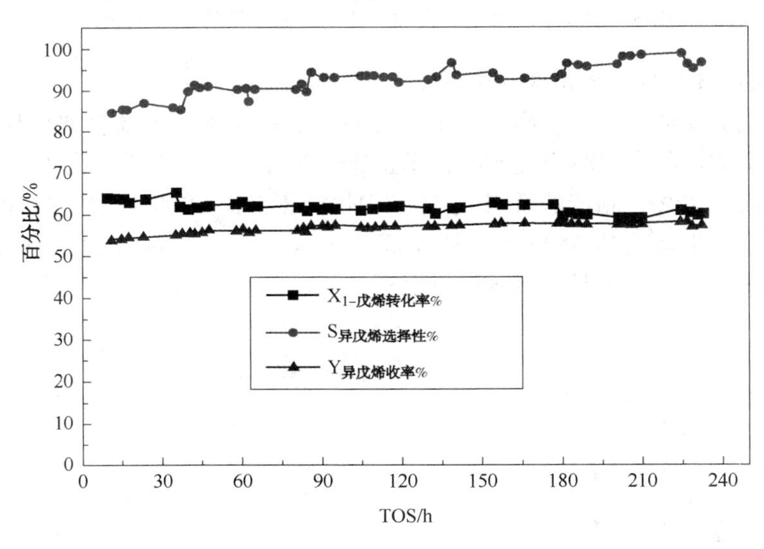

图 8　工业样品 SC518 对 1-戊烯骨架异构反应评价趋势图

3.3　SC518 催化剂的工业应用

在山东石大胜华化工集团公司丁烯骨架异构化车间一反应器内装填催化剂 7.2t，经氮气吹扫和干燥脱水后，进料为每小时含正丁烯 60%以上的 C_4 馏分 $83m^3$，反应温度为 300~410℃。同时另一台装填国外商业催化剂的反应器作为比较，待再生时切换使用。反应运行温度范围为 310~410℃，异丁烯收率低于 30%后切换再生。

图 9 和图 10 分别为使用 SC518 和国外商业催化剂日产 MTBE 产量(t)及重组分产量(t)的对比。由图 9 和图 10 可见 SC518 催化剂的 MTBE 日产量较国外商业催化剂可提高 10%以上，而重组分则降低 50%以上。

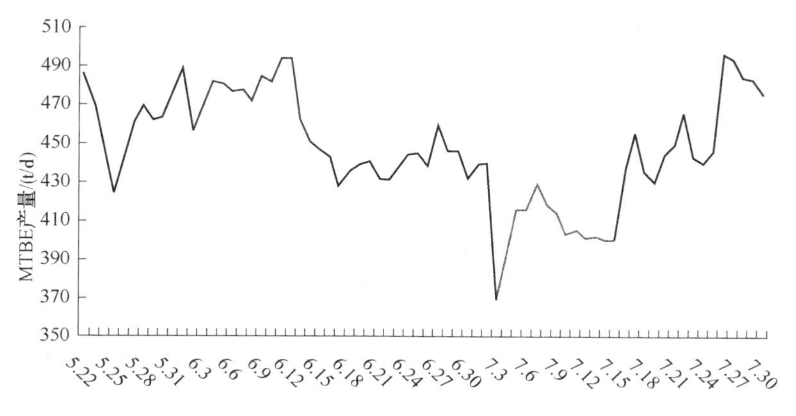

图9　MTBE产量对比

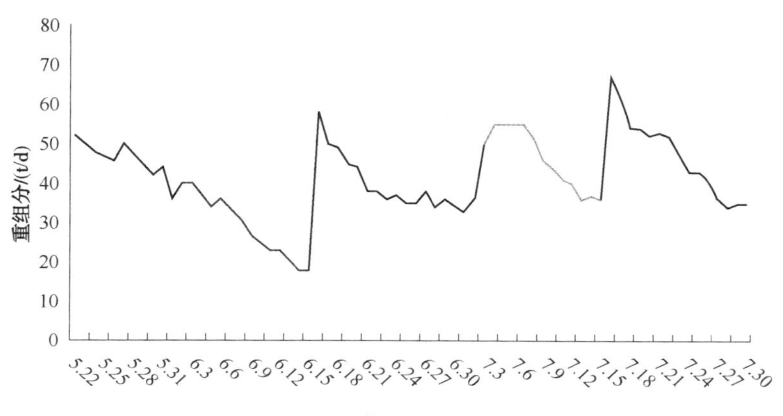

图10　外甩重组分量

表1分别为工业生产的SC518新鲜分子筛催化剂、再生后催化剂在工业装置上应用的结果，第二次再生后运行良好。

表1　SC518催化剂工业运行结果

项　　目	新鲜催化剂	第一次再生后催化剂	第二次再生后催化剂
累计运行时间/d	43	52	60
切换前正丁烯转化率/%	30.38	34.2	33.09
切换前异丁烯选择性/%	>99	>99	>99
副产重组分和丙烯/%	<1	<1	<1

从表1可见，工业运行的催化剂产品的所表现出的催化性能优于实验室小试和中试放大的样品；且再生后催化剂单程使用寿命由43天增加到60天，表明催化剂再生性能良好。

4　结论及展望

（1）合成了结晶度高、晶粒尺寸均匀的长条状大晶粒的ZSM-35分子筛，在正丁烯骨架异构反应中具有良好的反应性能。

（2）工业装置的长周期应用表明，该分子筛催化剂具有优异的正丁烯骨架异构性能，具有活性高、选择性好、运行稳定，且再生性能良好。

（3）该分子筛催化剂可推广应用至正戊烯骨架异构联产TAME。

参考文献

[1] Duangkamol Gleeson. The skeletal isomerization in ferrierite：A theoretical assessment of the bi-molecular conversion of

cis-butene to iso-butene[J]. Journal of Molecular Catalysis A: Chemical, 2013, 368-369: 107-111.

[2] S. Van Donk, J. H. Bitter, K. P. de Jong. Deactivation of solid acid catalysts for butene skeletal isomerisation: on the beneficial and harmful effects of carbonaceous deposits [J]. Applied Catalysis A: General, 2001, 212 (1-2): 97-116.

[3] Barri, S. D. Walker, R. Tahir. 1987, EP Patent247802.

[4] K. P. de Jong, H. H. Mooiweer, J. G. Buglass. Activation and Deactivation of the Zeolite Ferrierite for olefin conversions [J]. Studies in Surface Science and Catalysis, 1997, 111: 127-138.

[5] Seo, G., Hwan Seok Jeong. Skeletal isomerization of 1-butene over ferrierite and ZSM-5 zeolites: influence of zeolite acidity [J]. Catalysis letters, 1996, 36(3): 249-253.

[6] Byggningsbacka, R. N. Kumar, L. E. Lindfors. Comparison of the catalytic properties of Al-ZSM-22 and Fe-ZSM-22 in the skeletal isomerization of 1-butene [J]. Catalysis letters, 1999, 58(4): 231-234.

[7] Xu W. Q., Y. G. Yin, S. L. Suib. Selective conversion of n-butene to isobutylene at extremely high space velocities on ZSM-23 zeolites [J]. Journal of Catalysis, 1994, 150(1): 34-45.

[8] 赵岚，杨怀军，雷鸣，等. 正丁烯骨架异构制异丁烯的ZSM-35分子筛催化剂的研究[J]. 石油化工，2001，30(增刊)：210-212.

[9] 李文渊，徐文旸，杨桂娟. 不同合成条件下ZSM-35沸石晶粒大小的研究[J]. 太原工业大学学报，1989，20(3)：77-80.

[10] 姜杰，宋春敏，许本静，等. 轻质直链烯烃异构化催化剂研究进展[J]. 分子催化，2007，21(6)：605-611.

装备技术与信息化

大数据分析优化技术在催化裂化装置中的应用

覃伟中　陈齐全　徐盛虎　王　军　侯晓宇

（中国石化九江分公司，江西九江　332004）

摘　要：催化裂化装置是炼厂生产汽柴油的核心生产装置，是炼厂效益的重要来源。由于工艺复杂，原料重质化，催化裂化装置大多受报警频繁、结焦多等因素的干扰，影响长周期运行水平。随着信息化及智能工厂的建设，工业大数据基础逐渐奠定。九江石化尝试运用大数据分析优化技术，以中国石化炼油技术分析及远程诊断系统及九江石化中央数据库积累的海量数据为基础，进行数据分析、算法研究、可视化应用，对催化裂化装置报警、结焦、产品收率等问题进行探索研究。

关键词：大数据；催化裂化；预警；结焦量化；汽油收率；分析；优化

1　引言

随着互联网、物联网和云计算技术的迅猛发展，数据充斥着整个世界并逐渐成为一种新的自然资源，大数据技术的研究发展受到了世界范围的广泛关注，其发展势不可挡，对于提升企业综合竞争力和政府的管制能力具有深远影响[1,2]。

将大数据技术应用于石油化工领域，国外已进行试验性探索，如 BP 公司对海量管道传感数据进行分析，发现管道压力数据与管道腐蚀程度的关联关系，可作为管道腐蚀程度的表征，从而更好地安排原油输运，降低腐蚀风险。但国内石化行业对于大数据技术的应用却鲜有所闻[3]。

催化裂化装置加工工艺复杂，是炼油厂生产汽柴油的核心装置，也是经济效益的主要来源。近年来，九江石化两套催化装置经过持续优化，产品分布不断改善，汽油收率大幅上升，在中国石化集团公司同类装置竞赛中排名不断上升，2013 年两套催化双双进入前十，2014 年 1#催化排名第一。两套催化在为企业创造大量经济效益的同时，如何实现“安稳长满优”运行特别是防止沉降器结焦一直是项难题。使用传统工艺技术分析手段进行分析研究，获得了一定的成果，但无法定量地对结焦等问题发生的原因进行跟踪，更谈不上预警与预防，只能被动的事后分析。

2008 年 3 月，中国石化开始炼油工艺远程诊断平台建设[4]，截至 2015 年中国石化 315 套炼油主生产装置全部实现上线运行，系统三分钟采集一次的数据点数达到 160000 个，目前存储历史数据约 91TB，且每年以 18TB 左右的速度增长，为催化裂化装置大数据平台的建设提供了数据基础。九江石化智能工厂的中央数据库建设将散落在企业各信息系统中的数据按业务主题梳理，并按照智能工厂模型进行集成，可按需提供工业数据作为大数据研究的基础。

基于积累的大量数据和丰富的实践经验，再加上信息科技的日新月异，有条件使研究者与时俱进，采用大数据技术直接利用工业数据建立模型来指导过程的优化，实现装置安全长周期生产及经济效益的提高。本文利用大数据分析优化技术为解决工业问题提供了新思路和新方法。

在中国石化科技部及信息化管理部的大力支持下，作为国家工信部智能制造试点示范企业的九江石化先试先行，率先以“减少可避免的装置报警、预测装置结焦趋势、提高汽油产品收率”为目标开展了大数据技术在催化裂化装置中的应用研究，并进行了工业验证，收效甚佳。研究成果集成到了九江石化数字化炼厂平台，主要功能界面（预警、结焦状况评估、收率寻优）参见图 1～图 3。

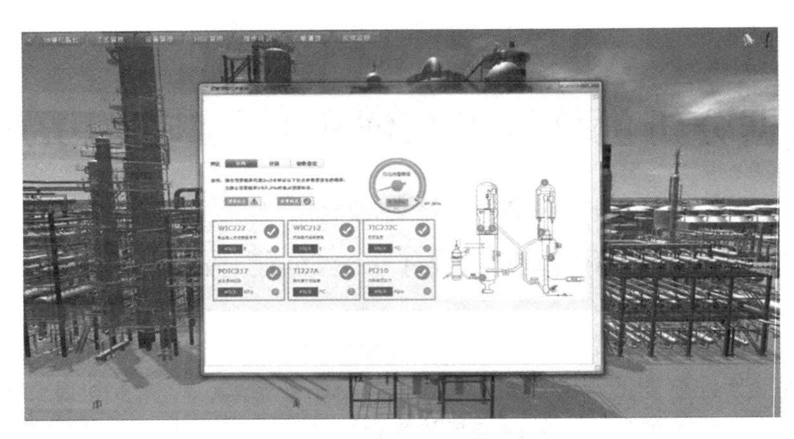

图 1　九江石化数字化炼厂平台中关键位点预警界面

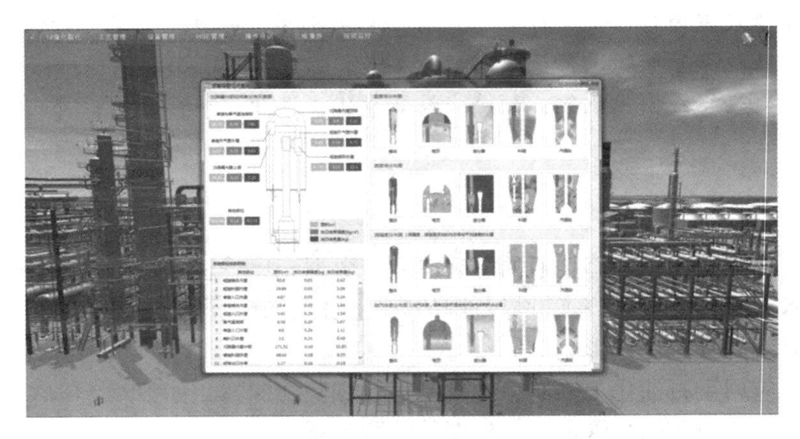

图 2　九江石化数字化炼厂平台中结焦状况评估界面

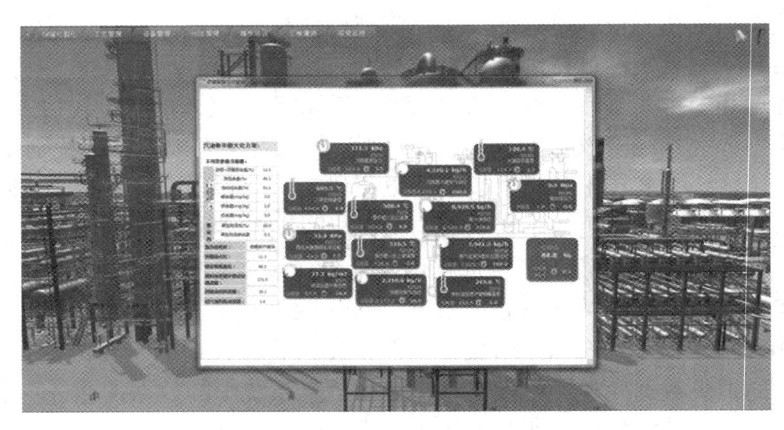

图 3　九江石化数字化炼厂平台中收率寻优界面

2　催化裂化大数据分析优化技术概述

针对报警问题，本文采用报警管理方法、报警根原因判断技术及预警技术，为企业提供针对不合理报警的判断依据及整改措施，对重要报警提供根原因分析及消除报警的操作建议，并从源头监控，对某些异常工况和关键位点异常波动进行提前判断和预警。

针对结焦问题，本文采用结焦量化技术及预测技术，为企业提供沉降器内部流场分布情况，帮助技术人员掌握沉降器内各部位结焦强度、累计结焦量及装置总体结焦量。

针对收率问题，本文采用参数约减技术、优化技术及降维技术，为企业推送汽油收率的优化方案及操作窗口，帮助技术人员掌握汽油收率的操作空间及优化空间。

在多项技术应用上，本文进行了开创性的研究探索。表 1 总结了各业务模块所应用的方法、技术及具体采用的算法。

表 1　催化裂化大数据分析优化技术

业务模块	应用方法与技术	算　　法
报警模块	报警管理方法	—
	报警根原因判断技术	传递熵算法
	预警技术	动态人工免疫系统算法
结焦模块	结焦量化技术	—
	结焦量预测技术	GRNN 人工神经网络 时间序列
收率模块	参数约减技术	粗糙集算法
	优化技术	遗传算法
	降维技术	
通用模块	数据处理技术	稳态监测算法
	数据降噪技术	数据滤波理论
	关联分析技术	Apriori 算法
	聚类分析技术	K-Means 聚类
		无监督自组织映射神经网络
	可视分析技术	Processing

下面针对几项关键技术分别展开介绍。

2.1　报警根原因判断技术

化工变量之间的根原因分析可以分为基于经验知识、基于模型和基于数据的三类方法。最早的根原因分析是基于经验知识进行分析，但会受到个人经验知识的局限。由于化工过程比较复杂，很难以单一的理论模型进行因果判断，往往是通过数据对模型进行修正。20 世纪 90 年代，由于 DCS 装置的普及，化工过程中安置有大量传感器，随着计算机引入到每一个工业过程中，从数以百计的变量中采集到大量的数据。数据驱动的根原因分析的研究与应用逐渐兴起，从这些数据中分析出有用的信息，服务于生产安全控制，提高系统的安全性。2000 年，Schreiber 提出传递熵的概念，用来描述变量之间的信息传递量，根据信息流向来判断变量之间的因果关系。2007 年，Bauer 等人提出了利用传递熵构建因果图，从而分析扰动传递方向的方法。他们加入了对时滞的考虑，从而符合工业实际。2013 年清华大学的舒逸聃博士对 Bauer 的传递熵表达式进行改进，更加准确表达了变量之间的直接因果和间接因果关系，在过程控制和故障诊断的标准案例——Tennessee Eastman 模型上取得了较好的效果，结果证明比传统的 Bayes、RBF、SVM 方法具有更高的准确率[5~7]。本文即采用传递熵算法进行报警原因判断，图 4 展示了位点 PT204 的某次报警的原因链路图。

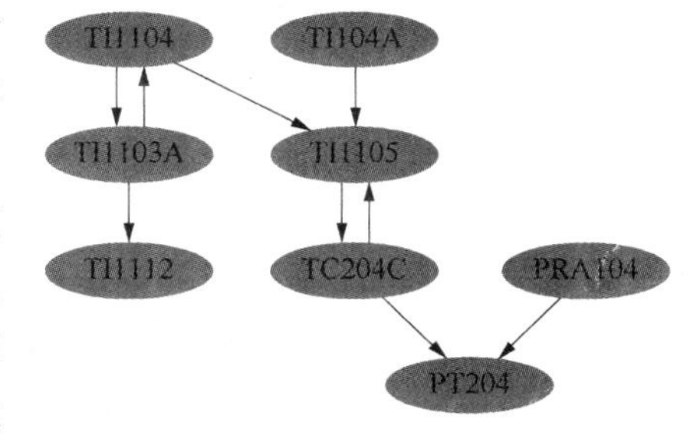

图 4　报警原因链路图

2.2　预警技术

为了保证装置生产的平稳和安全运行，预警模型旨在辅助技术员提前找到可能引发故障的根原因，将其消灭在萌芽中，从而减少报警次数，避免重大的安全事故。关于故障诊断的研究虽然已有四十几年的历史，但由于自学习能力和适应性不足、诊断对象比较理想、鲁棒性差等原因，研究多基于仿真模型，而成功用于实际化工过程的在线故障诊断系统还很少报道。为了解决这些不足，越来越多的研究人员尝试将日益兴起的计算机技术、信号处理、人工智能、大数据技术与故障诊断相结合。清华大学的戴一阳博士将改进的动态人工免疫系统用于化工流程的故障诊断，并利用TE模型验证了算法的可行性。动态人工免疫系统是一种基于过程历史数据的人工智能技术，具有较强的自学习能力和适应性，更新过程相对简单，对数据样本要求较低，符合中国石化催化裂化的工艺特点和数据特点，用于故障诊断并在线预警十分有优势[8]。人工免疫系统故障诊断流程见图5。

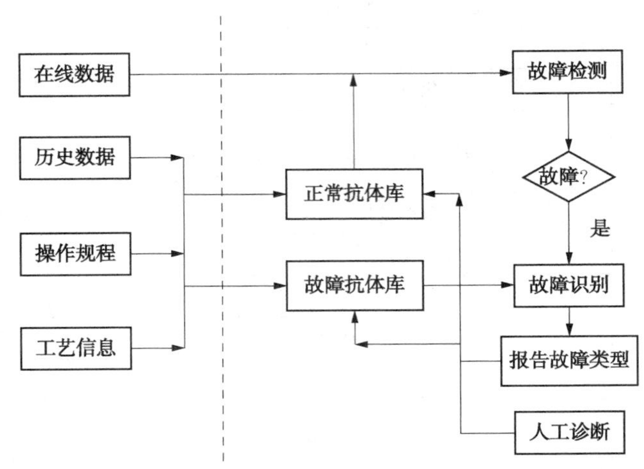

图5　人工免疫系统故障诊断流程图

2.3　结焦量化及预测技术

在结焦问题上，由于国外催化裂化装置掺渣率较低，且原料多经过加氢处理，沉降器结焦矛盾不大，故对这一问题研究甚少。国内沉降器结焦问题相当普遍而且十分严重，近些年来从工艺、催化剂、工程设计、设备开发及操作管理等方面进行了积极的探索，但是未见将沉降器内各部位焦块进行量化表征的研究报道，而这正是本文的创新之处。本文在沉降器结焦机理的研究基础上，将结焦量化表征，即分解为油浆冷凝率、重油液滴捕获率、重油液滴生焦率[9~11]，根据九江石化催化裂化装置内沉降器结构构建流场模拟，并对实际焦块样品进行采样分析。基于研究前期采集到的多家炼厂的大量实验数据及流场模拟结果数据，结合催化装置结焦前后实际操作数据形成样本数据，搭建GRNN神经网络及时间序列模型，进行未来时间段内沉降器内结焦量的预测。

2.4　参数约减技术

催化裂化装置涉及的数据采集位点上千个，大部分位点之间存在或高或低的关联性，冗余度非常高，需筛选出对汽油收率影响显著且相互较为独立的位点进行建模。本项目采用粗糙集算法进行参数约减。粗糙集算法是一种处理不精确与不完全数据的新的数学理论[11]，目前应用颇为广泛，比较适合炼油企业生产数据的处理。它能客观的寻找到数据的本质信息，去除关系小的无用信息，减小数据的信息量，从而减轻人们处理数据的难度，降低工作量，增大处理效率。在本文研究中利用粗糙集算法将参数减少到24个之后进行收率预测建模。

2.5　优化技术

本项目采用遗传算法进行汽油收率的优化及降维参数的优化。遗传算法(Genetic Algorithm，GA)是模拟自然界生物进化机制的一种算法，即遵循适者生存，优胜劣汰的法则。它的特点是对参数进行编码运算，不需要任何先验知识，可以沿着多种路径进行平行搜索，不会陷入局部较优，能够找到全局最优点。利用优化技术能够在历史样本库中不断找寻优化操作方案[12,13]。

2.6 数据降噪技术

由于化工过程的复杂性，数据有很大的噪声，不进行降噪处理会严重影响系统工作。在 Mallat 多尺度消噪方法的基础上，Donoho 等人提出了一整套基于小波变换的数据滤波理论，被广泛应用于各个领域。该数据滤波理论认为数据噪声为独立同分布的高斯白噪声，并且经过变化之后的白噪声仍然还是白噪声。这种方法的思路，是将原始信号经过小波变换，通过限幅降噪处理之后，然后进行信号的重构，得到降噪之后的数据。以沉降器集气室压力 PI210 的测量数据为例，图 6 及图 7 展示了降噪处理前后对比效果。

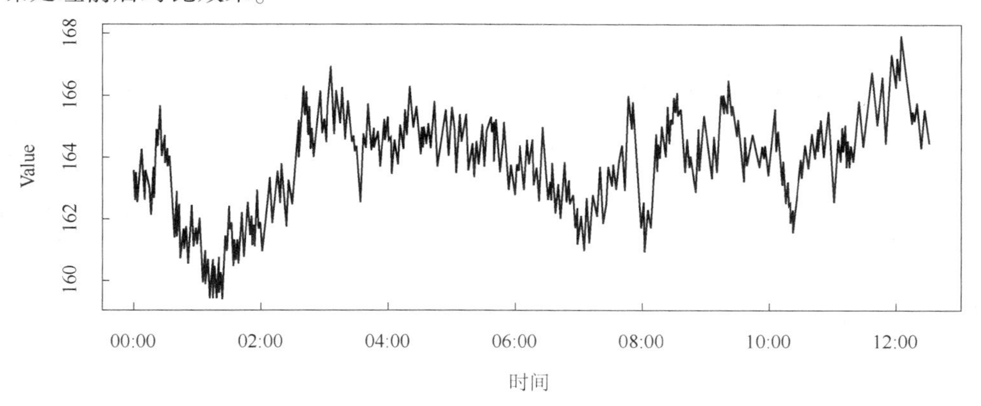

图 6　PI210 降噪前的原始信号

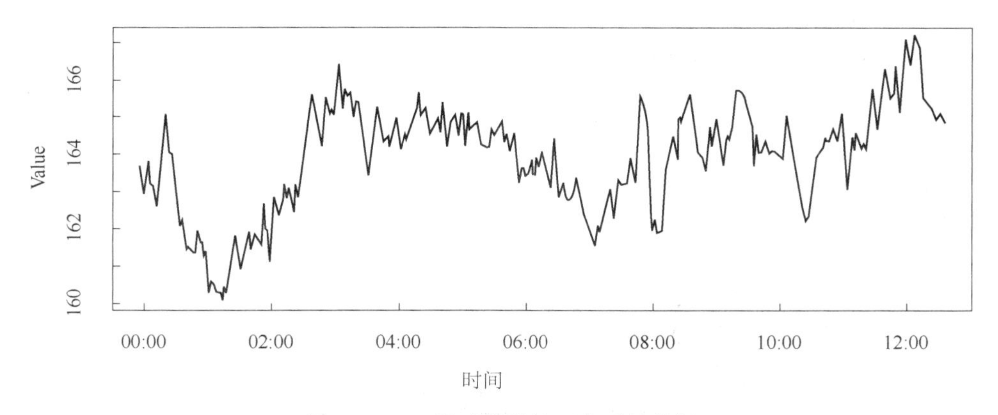

图 7　PI210 经过降噪处理之后的数据

2.7 可视化技术

近十年来，可视分析(Visual Analytics)逐渐兴起，成为大数据分析的重要方法。大数据可视分析旨在利用计算机自动化分析能力的同时，充分挖掘人对于可视化信息的认知能力优势，将人、机的各自强项进行有机融合，借助人机交互式分析方法和交互技术，辅助人们更为直观和高效地洞悉大数据背后的信息、知识与智慧。面向大数据主流应用的信息可视化技术，包括文本可视化、网络数据可视化、时空数据可视化、多维数据可视化技术等[14]。图 8 展示了利用 Chernoff 脸谱图绘制的催化装置汽油收率与原料性质间的关系图，可直观形象地了解历史操作工况分布。

3 催化裂化大数据分析优化技术应用路线

将大数据分析优化技术应用于催化裂化装置，解决实际生产中的报警、结焦、收率等问题，需经历一系列的研究和开发工作，包括：数据采集与整定、算法引擎建立、离线数据分析挖掘、可视分析、各专题技术研究、在线算法开发、可视化开发、在线应用开发、工业验证等诸多环节。下面就主要环节展开介绍。

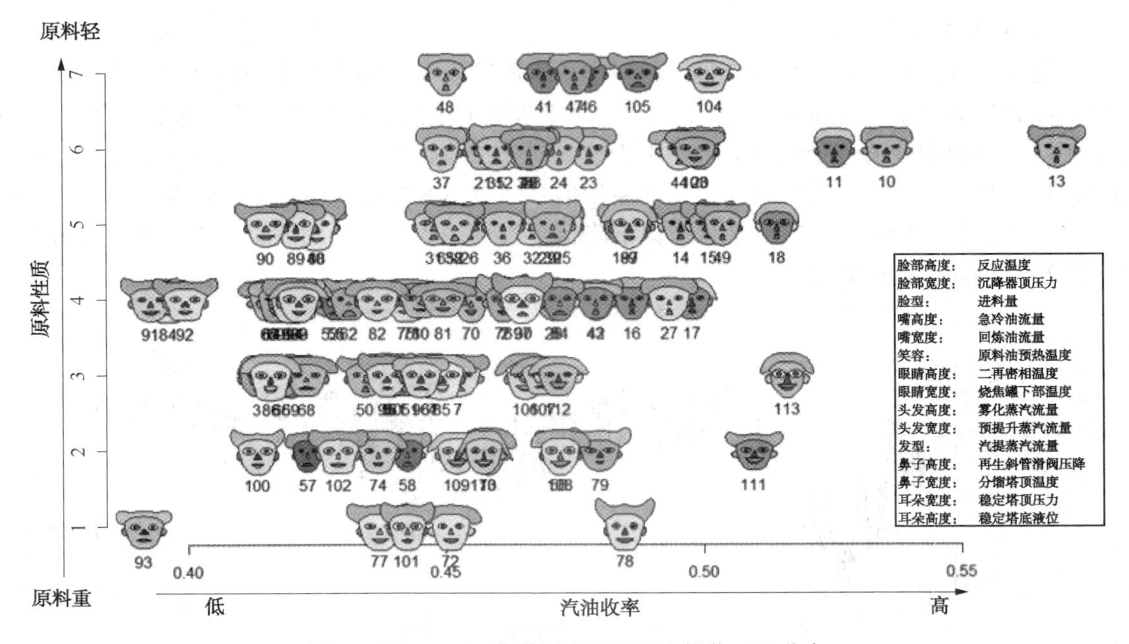

图8 用Chernoff脸谱图表示的历史操作工况分布

3.1 数据采集

基于九江石化中央数据库的实时数据，采集大数据分析所需的原料性质、催化剂性质、工艺操作、报警等数据。利用ETL和CEP的方式进行采集。采集到的数据需要经过以下方法进行处理：野值去除、断点数据去除、疑似数据去除等。

3.2 建立大数据算法引擎

通过大数据算法引擎，对采集到的数据进行数据存储、数据传输、数据预处理、稳态监测、样本抽取、算法运算、定时调度等任务，是支持功能应用的计算引擎，起到承上启下的作用。技术架构见图9。

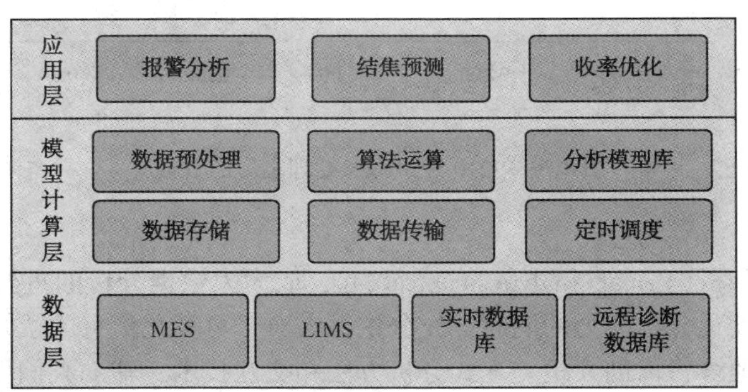

图9 催化装置大数据算法引擎技术架构

3.3 数据整定

通过数据清洗后，还需要做数据整定。数据整定是根据所定义的具体分析问题，对研究所需的数据进行整定形成样本。整定的依据是企业中央数据库的催化装置、罐区和关联生产设施的多层数据模型。样本库包括基础样本库和专题样本库两个层面。基础样本库开发工作是将采集到的基础数据以时间为统一维度串联各业务主体的数据，形成基础样本库，包括生产物料、质量、计量、操作、工艺等业务主题数据；专题样本库是在基础样本库基础上，利用领域专家的经验选取解决专题问题所需的业务主题数据，形成进行专题分析的专题问题样本库，包括催化报警问题分析样本库、催化结焦问题分析样本库及催化提高汽油(目的产品)收率研究样本库三个部分。

3.4 技术研究及算法开发

3.4.1 报警分析

首先，通过报警管理对报警系统性能进行统计分析，给出报警关键性能指标结果，并通过报警合理化来消除无效报警。接着，结合报警合理化后的报警统计结果、专家和操作人员意见以及生产工艺等因素，筛选出关键报警位点。之后，针对关键报警位点进行基于传递熵的因果链路分析，一方面在故障发生时为操作人员提供指导，另一方面为预警模型的建立提供依据。最后，建立基于动态人工免疫系统的预警模型，对关键报警位点的故障进行提前判断，提高装置的平稳运行。

3.4.2 结焦诊断分析

首先，根据结焦机理研究总结，形成油浆冷凝率、重油液滴捕获率、重油液滴生焦率的计算方法。之后，结合多家炼厂原料油实验数据及九江石化结焦前后工业数据，形成油浆冷凝率及重油液滴生焦率样本数据，并根据九江沉降器结构构建流场模拟，总结和观察流场分布(包括温度场分布、压力场分布、速度场分布、油气浓度分布、涡强度分布等)，研究重油液滴运动轨迹，根据流场分布数据测算各部位结焦强度，并根据不同边界条件总结形成重油液滴捕获率样本数据。针对停工检修两器打开时的焦块样品，进行采样分析(包括外形、密度、催化剂含量等)。继而，利用总结出的样本数据建立 GRNN 人工神经网络模型，形成沉降器内各部位及总体结焦量的测算模型，并且利用时间序列算法搭建预测模型，预测未来时间段内结焦量。最后，结合实际应用需求形成结焦恶化原因分析算法并提供结焦量模拟计算模型。

3.4.3 汽油收率寻优

首先，基于大数据平台的样本数据(包括各类原料/催化剂性质、操作参数、物料移动等数据)，在机理研究和经验总结基础上，利用粗糙集算法结合关联分析得到独立变量 24 个；其次利用独立变量搭建神经网络模型进行目的产物(汽油)收率的预测[10]；之后利用遗传算法提出优化方案，并寻找逼近最佳收率的最优/最短路径；最后，利用降维技术形成可视化操作窗口图，在最优收率区间内确定操作参数组合，辅助技术人员了解提高收率的途径和关键参数的操作区间。图 10 展示了一个简易的具有两层隐藏层的神经网络结构图。

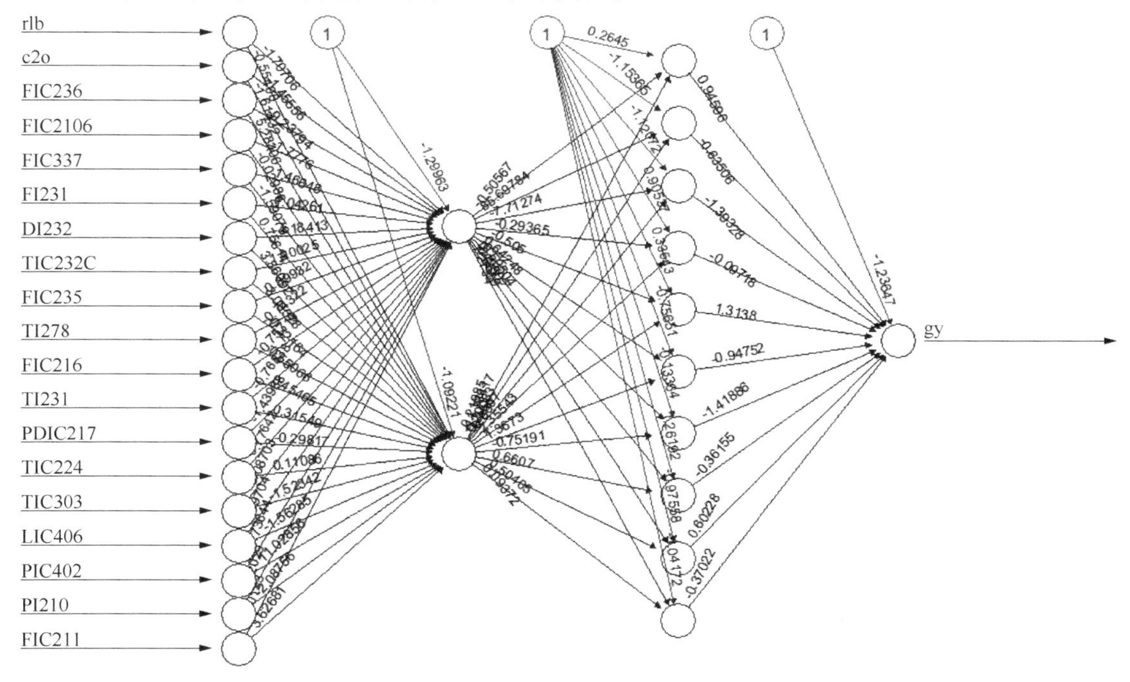

图 10 汽油收率测算神经网络结构图

3.5 应用功能开发

应用功能开发是将研究成果可视化，支持关键用户进行在线的操作。基于样本数据模型进行在线的模型调用分析，利用大数据分析算法引擎进行分析计算，最终将结果进行可视化展示。

3.6 企业实施及工业验证

九江石化成立了专门的工作组，跟踪项目研发及实施进展，包括技术工作组、项目管理组、信息化支持组。技术工作组负责技术管理及工艺支持，如组织技术讨论、资料收集、工艺对接、提供操作经验知识等工作；项目管理组负责组织协调、推进项目进度；信息化支持组提供实时数据及与其他系统对接等工作。

为了验证研究结果的准确性，在研究过程中九江石化特针对报警原因分析结果、结焦量预测结果、收率寻优结果分别组织了工业验证，及时把握研究方向并对研究算法的准确性给予肯定。比如，完成九江两套催化的结焦量工业验证，预测结果与实际称重较为相符。一套催化装置停工检修时清焦 102t，大数据预测纯焦量 60t，以焦块中催化剂占比 25%~45%计算，沉降器总焦量为 80~110t，两相比较偏差小于 20%。二套催化装置短停消缺时清焦 60t，大数据预测纯焦量 39. 8t，根据焦块性质分析结果，以焦块中催化剂占比 35%~39%计算，沉降器总焦量为 61~66t，两相比较偏差小于 10%。

4 应用效果

本文研究成果已形成完整应用系统，包括报警原因链路展示、关键位点预警、沉降器结焦量预测、汽油收率寻优等功能模块，系统经 6 个月的在线试运行后，运行效果良好，收到关键用户正面反馈。

预警功能能够做到提前 2min(最长提前 30min)成功预警，为技术人员及时采取措施，规避生产风险争取到宝贵时间。例如，2015 年 12 月 19 日 7：27，系统提示对催化装置烧焦罐下部温度低报预警。经观察床温的确在下降。技术员判断是由于原料性质变化导致烧焦效果变差，于是在 7：29采取关小外取热滑阀 15%(60%→45%)的措施，降低了进料量，之后床温逐渐恢复正常，避免了进一步波动。预警前后对比趋势图见图 11。

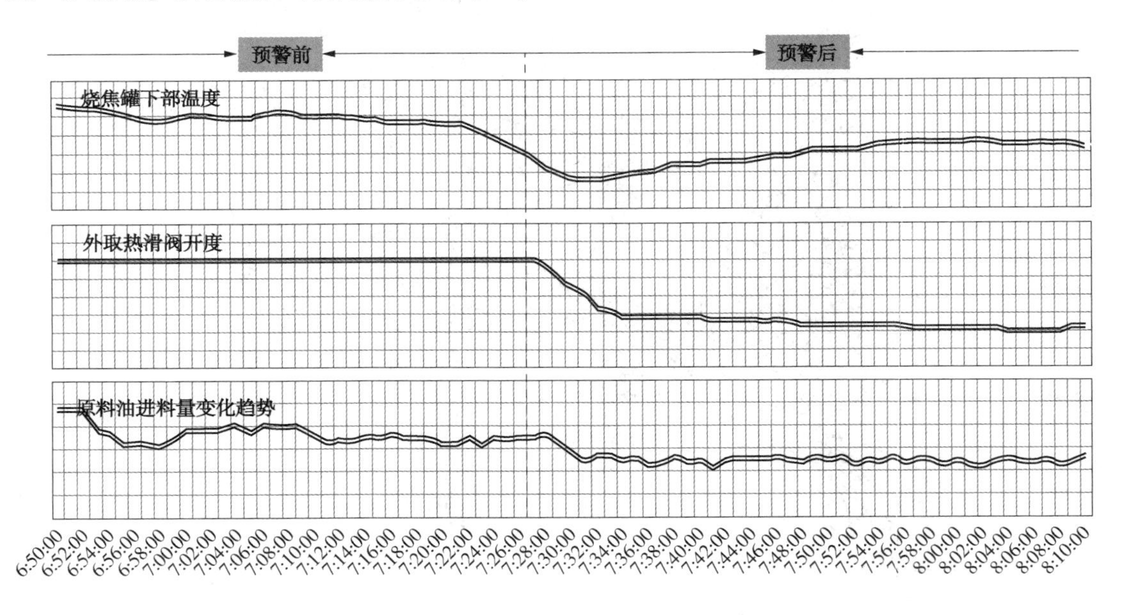

图 11 烧焦罐下部温度低报预警

通过综合利用报警合理化手段、报警根原因分析及报警预测，两套催化装置报警数分别降低41.6%及48.8%，提高了装置平稳运行水平，如图12所示。

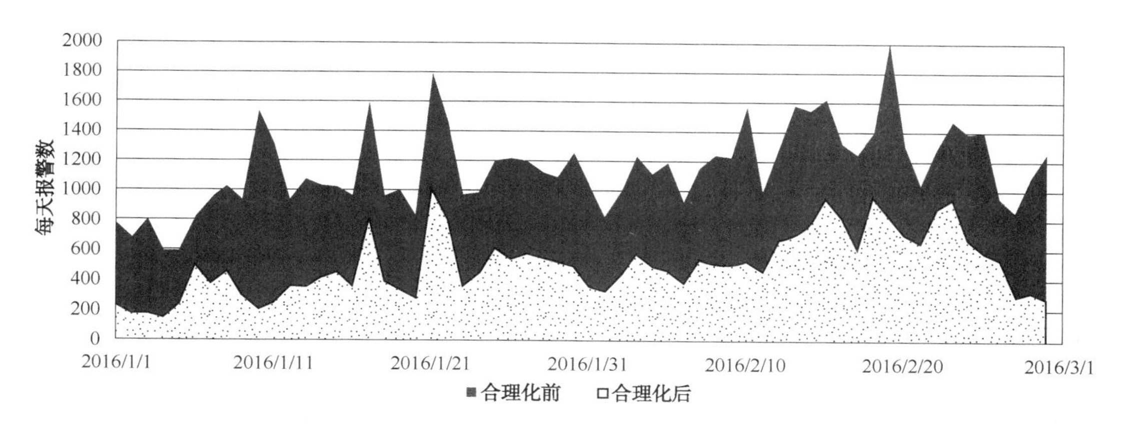

图12　催化装置报警合理化效果统计结果图

结焦量化预测及结焦原因的分析结果帮助技术人员了解沉降器内结焦状况及应对措施。例如，2015年10月27日及30日系统提示沉降器结焦量出现快速增长并给出主要原因。30日技术员查看结焦恶化原因发现：原料残炭含量升高了1%，沉降器反应油气温度降低了1.83℃，而且回炼油流量增加2.42t/h，同时计算出油浆分压略有增加。随后技术员根据提示结合实际生产需要进行了操作调节：提高反应温度、降低回炼油量，结焦计算量自31日逐步降低。结焦量状况评估及结焦风险趋势图见图13。

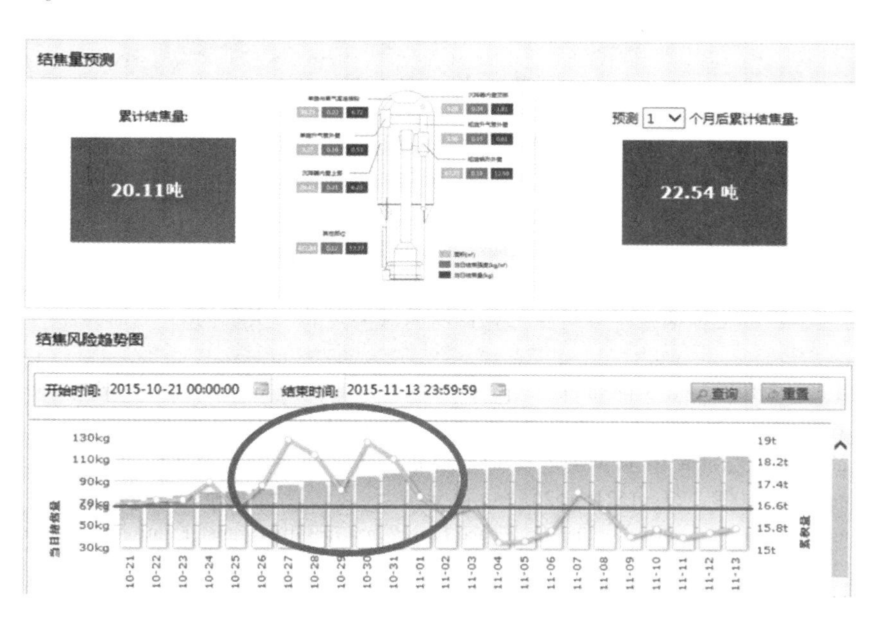

图13　结焦量状况评估及结焦风险趋势图

九江石化两套催化装置在2015年期间保持高负荷前提下实现了正常平稳运行，未发生非计划停工。

汽油收率寻优功能提供优化调整方案，并提供操作窗口，成功助推九江石化两套催化装置的汽油产率稳步上升，变化趋势见图14。据保守估计，大数据技术对汽油收率提升的贡献度可达50bps。

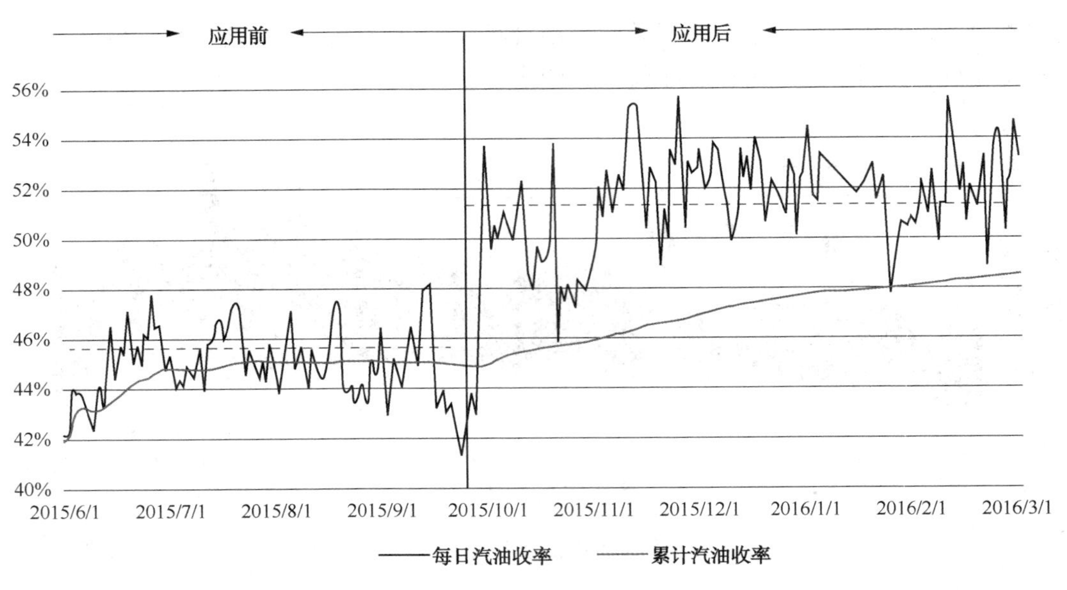

图 14 催化装置汽油收率变化趋势图

5 结论

本文探讨了将大数据分析优化技术应用于炼油工业中催化裂化装置的报警、结焦、收率三方面问题。由于催化裂化过程的复杂性，大数据分析优化技术在上述三个问题方面较传统的基于经验和过程知识的解决思路体现出独特的优势。大数据分析优化技术的工业化应用取得了良好的经济效益和社会效益，并将进一步促进大数据技术在石化行业的推广应用。

参 考 文 献

[1] 严霄凤，张德馨．大数据研究[J]．计算机技术与发展，2013，23(4)：168-172.

[2] 王静远，李超，熊章，等．以数据为中心的智慧城市研究综述[J]．计算机研究与进展，2014，51(2)：239-259.

[3] 李鹏，郑晓军，明梁，赵劲松，高金森．大数据技术在催化裂化装置运行分析中的应用[J]．化工进展，2016(3)：665-670.

[4] 李鹏，郑晓军．中国石化炼油技术分析及远程诊断系统的开发与实践[J]．炼油技术与工程，2012(10)：49-53.

[5] Nishiguchi J，Takai T. IPL2 and 3 performance improvement method for process safety using event correlation analysis. Computers & Chemical Engineering，2010，34(12)：2007-2013.

[6] Higuchi F，Yamamoto I，Takai T，et al. Use of event correlation analysis to reduce number of alarms. Computer Aided Chemical Engineering，2009，27：1521-1526.

[7] Yidan Shu，Jinsong Zhao. Data-driven causal inference based on a modified transfer entropy. Computers & Chemical Engineering，2013，57：173-180.

[8] 赵劲松，陈丙珍，戴一阳．一种基于 PCA 和人工免疫系统的流程工业混合故障诊断方法和系统：中国，200910244066. 4(专利号)200910244066. 4 (专利申请号).

[9] 高岱巍．催化裂化沉降器结焦历程研究[D]，中国石油大学，北京：2004.

[10] 才轶．神经网络技术在石油化工过程中的应用[D]．北京：北京化工大学，2009.

[11] 苗夺谦，李道国．粗糙集理论、算法与应用[M]．北京：清华大学出版社，2008.

[12] 艾丽蓉，何华灿．遗传算法综述[J]．计算机应用研究，1997(04)：18-23.

[13] Mehran Heydari，Habib A. Ebrahim，Bahram Dabir. Modeling of an Industrial Riser in the Fluid Catalytic Cracking Unit[J]. American Journal of Applied Sciences，2013，7(2).

[14] 任磊，杜一，马帅，等．大数据可视分析综述[J]．软件学报，2014，25(9)：1909-1936.

基于 RSIM 模型的柴油液相加氢装置脱硫分析

王 伟

（中国石化九江分公司，江西九江 332004）

摘 要：RSIM 优化软件可以将恩氏蒸馏馏程转化为实沸点馏程，并可按 10℃为梯度得到每个虚拟组分的摩尔分数。通过比较相同恩氏蒸馏 95%点的不同混合柴油的实沸点馏程，发现实沸点馏程 360℃以上的馏分摩尔分数大的混合原料加氢脱硫难度大，这一现象得到了装置运行数据的验证。因而，可以运用 RSIM 软件评估原料的脱硫难度，同时对装置的工艺参数调整方向进行指导。

关键词：RSIM；SRH；柴油加氢；硫

1 引言

随着柴油质量标准的升级，柴油的硫含量逐步降低，车用柴油硫含量需降低到 10μg/g，这对柴油加氢装置的原料、操作条件等方面的管理提出了更高要求[1]。我公司 SRH 柴油液相循环加氢装置应用柴油加氢精制的新工艺，在生产国Ⅳ柴油领域已获得理想的效果。运用炼油全流程优化软件 RSIM 细致分析装置原料构成，并对柴油液相加氢装置脱硫能力进行分析和核算，有利于优化装置原料与操作参数，指导装置生产清洁柴油。

2 SRH 柴油液相循环加氢装置概况

九江分公司 1.5Mt/a 柴油液相循环加氢装置，采用上进料的柴油液相循环加氢技术（SRH）。装置进料主要为直馏柴油和焦化柴油，生产的精制柴油现可达到国Ⅴ车用柴油标准。

3 RSIM 优化软件实现原料油拟合

该模型建立在流程模拟软件 Hysys 平台上，融合了炼油反应动力学包 Profimatic 以及大量的经验公式，从而实现全炼厂物料和能量平衡测算物流组份性质预测传递和调合。且带有功能强大的原油合成功能，相当于在软件中嵌入一个 HCAM/S 相似的原油切割工具。RSIM 模型针对炼油厂的各炼油过程单元，根据真实的物流上下游关系在装置原料和工艺操作参数、产品质量指标的约束下，模拟计算炼厂当前操作和生产经营情况。模型应用过程中，结合市场价格体系测算和评估炼厂决策层、执行层和操作层提出的优化方案，达到精细化、精确化生产管理的目的，为炼厂降本增效服务。[2]

在炼厂中，柴油馏分的馏程分析方法一般采用恩氏蒸馏。恩氏蒸馏分析方式的适用范围为 0~400℃，但该分析方法在测量柴油馏分的重馏分段时存在较大误差。而 RSIM 的原料油合成功能，可将恩氏蒸馏馏程转换为实沸点馏程。如表 1 所示，将原料柴油恩氏蒸馏馏程和密度输入 RSIM 软件，RSIM 软件根据概率密度函数和经验因子对其重新校正，拟合得到实沸点馏程。同时，RSIM 软件可输出以 10℃为梯度得到每个虚拟组分的摩尔分数、体积分数和质量分数，见图 1。

表 1 恩氏蒸馏与模拟数据的比较

油品性质	恩氏蒸馏	软件模拟数据
	混合原料	
密度(20℃)/(g/cm³)	0.843	0.843
馏程(ASTM D86)/℃		
IBP/10%	180/213	183/214.8
30%/50%	251/276	251.4/276.6
70%/90%	301/339	303.5/342.3
95%/EBP	351/365	355/377.2
硫含量/(μg/g)	6225	6225
氮含量/(μg/g)	160	160

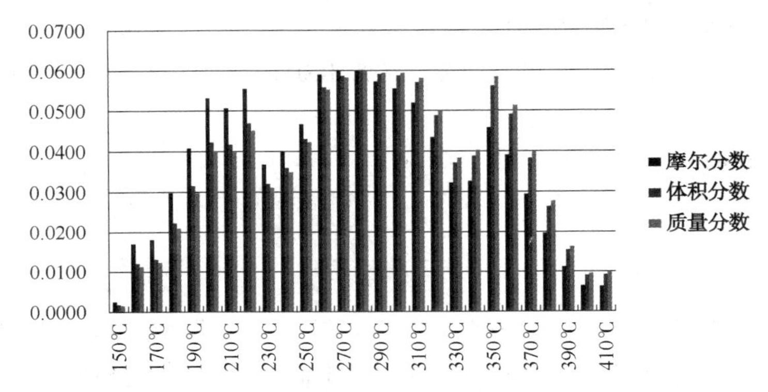

图 1 混合原料模拟后的各虚拟组分摩尔分数、体积分数和质量分数

4 拟合组分在装置的应用

对于加氢装置，原料油的馏程范围对加氢精制结果影响较大。原料油干点越高，加氢脱硫、加氢脱氮反应越困难。原料油干点升高，将引起脱硫率的下降，必须提高反应温度或提高反应压力才能达到所要求的加氢精制反应深度。

4.1 脱硫因素分析

柴油中的含硫化合物主要有脂肪族硫化物、硫醚、二苯并噻吩(DBT)、烷基苯并噻吩和烷基二苯并噻吩等。其中较难脱除的是二苯并噻吩、烷基苯并噻吩和烷基二苯并噻吩等噻吩类化合物。对于超深度脱硫加氢反应而言，尤其以有位阻的4,6-二甲基二苯并噻吩(4,6-DMDBT)最难脱除。经分析精制柴油的硫化物形态，精制柴油残存的硫化物全部为4,6-二甲基二苯并噻吩(4,6-DMDBT)芳环加氢后的中间衍生物。4,6-二甲基二苯并噻吩沸点364℃，存在于柴油360℃以上馏分段，恩氏蒸馏对该馏分段的分析误差较大。引入RSIM模型将恩氏蒸馏数据转化为实沸点数据后，能够很好地校正360℃以上重组成馏分段，得到精确的重组成摩尔分数。恩氏蒸馏分析馏程95%相同的混合柴油，由于混合成分不同，校正后的实沸点馏程存在明显差异，如表2所示，常柴加催柴的混合原料比常柴加焦柴的混合原料的干点明显上升，这与催柴脱硫难度大相一致。

表 2 两种原料油模拟组成对比

项　目	混合原料(常柴+焦柴)	混合原料(常柴+催柴)
密度(20℃)/(g/cm³)	0.845	0.865
馏程(ASTM D86)/℃		
IBP/10%	179/235	183/222
50%/90%	280/333	268/339
95%	355	355

续表

项　　目	混合原料(常柴+焦柴)	混合原料(常柴+催柴)
模拟数据		
馏程 95%	358	367
360℃以上馏程摩尔分数/%	4.68	5.71

汇总自 2014 年 1 月 1 日至 2014 年 3 月 31 日装置生产数据，利用虚拟组分计算稳定生产三个月工况的原料油物性。利用该段时间内装置主要工艺控制参数较为稳定的情况进行比较分析。根据模拟的混合原料的终馏点，将包含 4，6-二甲基二苯并噻吩的 360℃以上的馏分定位为重组成单独计算，得到以下关系图 2 和图 3。

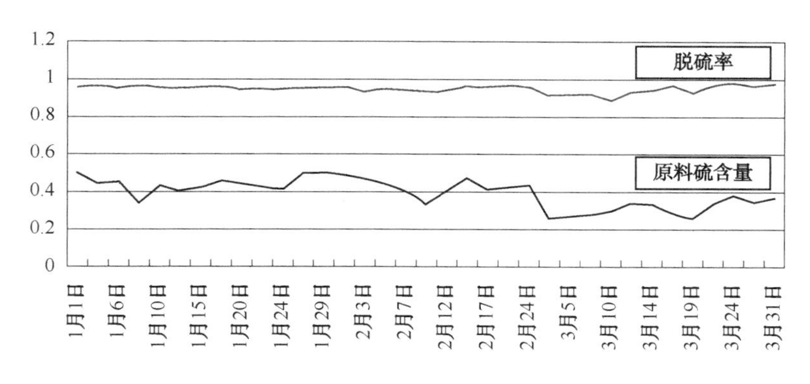

图 2　原料硫含量与脱硫率关系图

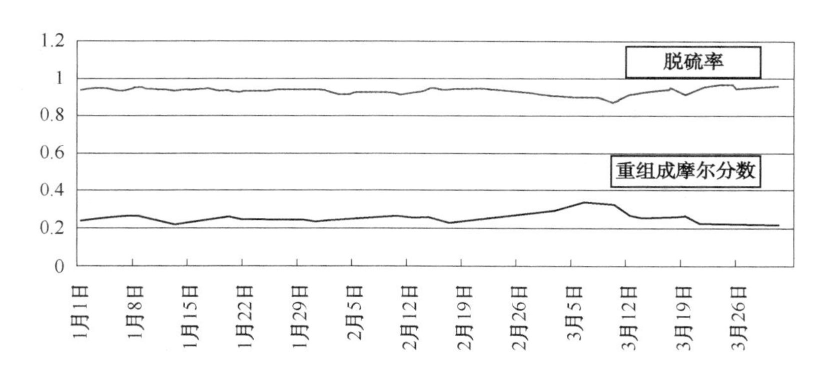

图 3　重组成摩尔分数与脱硫率关系图

从图中可以看出，原料的硫含量在设计值以下，精制柴油脱硫率与原料硫含量关联度较低。另一方面，精制柴油脱硫率随包含 4,6-二甲基二苯并噻吩馏分段的摩尔分数升高而降低，与其摩尔分数呈相反规律变化，呈现出高关联度。即在装置进行深度脱硫时，4,6-二甲基二苯并噻吩含量与原料硫含量的相比，更影响最终精制柴油产品的硫含量。综合图 4 和图 5，4,6-二甲基二苯并噻吩含量与原料中 360℃以上的馏分所占的比例呈比例关系，与原料油基础硫含量的对应关系无显著对应规则。

4.2　实际工况对比

将 RSIM 的拟合馏程功能用于解析此问题，将柴油液相加氢装置的两种常见工况进行对比，如表 3 所示。

表 3　两种原料油加工工况对比

项　　目	工况 1	工况 2
	混合原料(常柴+焦柴)	混合原料(常柴+催柴)
密度(20℃)/(g/cm³)	0.853	0.8726
二次柴油比例/%	11	26
馏程(ASTM D86)/℃		
初馏点/10%	205/245	219/253
50%/90%	283/343	309/351
95%	356	363
硫含量/(μg/g)	4100	4600
反应温度/℃	360	375
纯氢耗量/(Nm³/h)	7100	6800

运用 RSIM 将工况 1 和工况 2 的原料和产品切割为虚拟组分(图 4 和图 5)，可以观察到馏程变化情况的不同。工况 1 原料模拟得到的重组成摩尔分数约为 10.6%，工况 2 原料模拟得到的重组成摩尔分数约为 17.5%。即可发现从原料的馏程轻重比较，工况 2 的重组成是工况 1 的 165%，脱硫难度大幅度提高。可以判断出，虽然两种工况原料硫含量相近，但工况 2 的产品硫含量将大幅度高于工况 1。

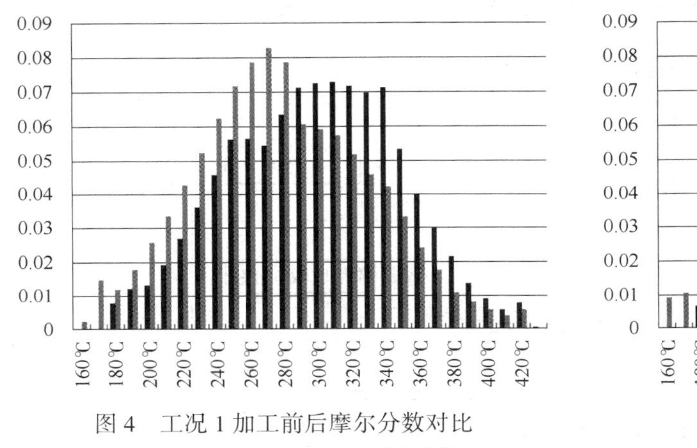

图 4　工况 1 加工前后摩尔分数对比

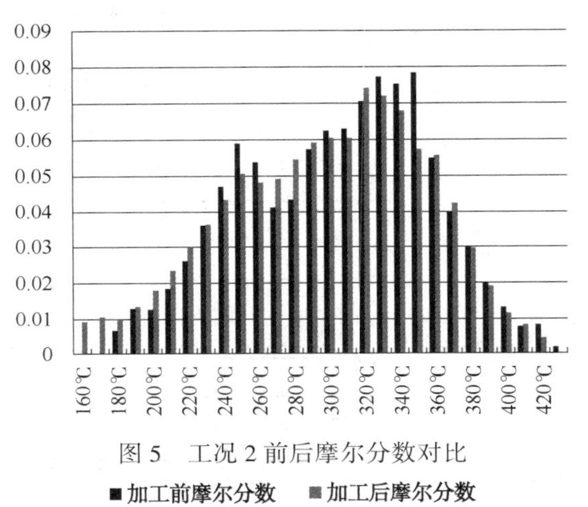

图 5　工况 2 前后摩尔分数对比

在实际生产中，工况 2 的反应温度比工况 1 提高 15℃，精制柴油产品的硫含量仅降至 260μg/g，而工况 1 最终产品硫含量为 120μg/g。工况 1 产品模拟得到的重组成摩尔分数约为 7.5%，工况 2 产品模拟得到的重组成摩尔分数约为 17%。通过原料和产品的重组成摩尔分数变化可以判断出：工况 1 通过反应温度或注氢量等工艺条件的调整，精制产品的硫含量可以近一步降低，生产更高标号柴油；工况 2 在大幅度提高反应温度的条件下，重组成摩尔分数变化极小，即加氢反应和脱硫反应对该类油品性质影响过小，如要生产高标号柴油，需要对重组成占原料的比例进行调整，同时提高反应压力加深反应深度，实现硫化物的转化。

通过工况 1 和工况 2 的加工情况比较，反映包含 4,6-二甲基二苯并噻吩的 360℃以上馏分的重组成摩尔分数对加氢反应深度的重要影响。运用 RSIM 软件测算可以评估原料的脱硫难度，根据其权重的变化，及时对装置进行调整。同时可以比较原料馏程和产品馏程变化情况，对装置的工艺参数调整方向进行指导。

5 结论

应用 RSIM 软件的原料油合成功能，可以将柴油组分的恩氏蒸馏馏程转化为实沸点馏程。通过比较实沸点馏程的 360℃以上馏分的摩尔分数，可以及时判断柴油组分加氢脱硫精制的难易。这一做法，已应用于根据原料性质和柴油产品标准的需求，及时调整柴油加氢装置操作苛刻度。

参 考 文 献

[1] 牛世坤 . SRH 液相循环加氢技术的开发及工业应用[J]. 煤柴油加氢，2011(7)：141-146.
[2] 简建超，黄丽 . RSIM 模型在炼油企业增产汽油方面的应用[J]. 石油工业计算机应用，2014(1)：33-37.

应用 RSIM 技术优化喷气燃料产品质量调控方法

张志良

(中国石化九江分公司，江西九江　332004)

摘　要：喷气燃料产品质量控制的重点和难点在于闪点和腐蚀，九江石化喷气燃料闪点 38~48℃的内控指标使得两者的控制存在着一定的制约。为此，装置人员运用 RSIM 技术优化了闪点的调整方法，并尽量卡边控制闪点在 45~48℃以保证腐蚀合格。优化方案实施后，喷气燃料产品质量合格率和产量提高明显，全厂经济效益得到一定的增加。

关键词：喷气燃料；闪点；腐蚀；全流程；优化技术；RSIM

1　引言

中国石油化工股份有限公司九江分公司(以下简称九江石化)喷气燃料加氢装置由原 0.3Mt/a 半再生重整装置的预加氢部分改造而来，采用石科院研发的 RHSS 低压临氢脱硫醇工艺。装置开工投产以来，喷气燃料的硫含量、冰点、烟点等性质比较稳定，都能满足 3#喷气燃料的质量要求，见表 1。但闪点和腐蚀较难控制合格，导致装置多次改大循环，严重影响到喷气燃料产量的提高。为此，装置人员尝试运用全流程优化软件(以下简称 RSIM 软件)模拟装置生产，改进调节方法，提高质量合格率，增产喷气燃料。

表 1　3#喷气燃料质量要求

项　　目	国标军用油要求(军用油)	国标民用油要求(民用油)	九江石化内控要求(军用油和民用相同)
闪点/℃	≮38	≮38	38~48
铜片腐蚀(100℃，2h)	≯1a 级	≯1a 级	≯1a 级
银片腐蚀(50℃，4h)	≯1 级	不作要求	≯0 级

2　质量控制分析

2.1　九江石化内控要求

九江石化对民航和军航采用相同的内控标准，闪点按 38~48℃控制，铜片腐蚀按≯1a 级控制，银片腐蚀按≯0 级控制，闪点和银片腐蚀的内控要求均较国标严格许多。且闪点 48℃上限的设定，又增加了很多的质量调控难度。

2.2　闪点及腐蚀不合格原因

引起喷气燃料腐蚀不合格的主要原因是硫化氢和元素硫。含 1μg/g 硫化氢或 0.5μg/g 元素硫时，银片腐蚀试验就不合格。正常生产时油品接触不到空气，元素硫较难产生[1]。因此，H_2S 是造成喷气燃料腐蚀不合格的主要因素。

闪点是指燃料在规定的试验条件下，液体表面上能发生闪燃的最低温度。一般而言，闪点与油品蒸发性有关，与油品初馏点~10%馏分段温度关联极好。喷气燃料加氢装置原料为常减压装置常一线馏分油。公司调整加工方案时，常一线油馏程会有一定的变化，易造成喷气燃料闪点波动。

汽提塔的操作是控制喷气燃料初馏点~10%馏分段温度和 H_2S 含量的关键：降低 H_2S 含量可通过提高汽提塔操作温度，进而提高塔底轻组分拔出率实现，但提高操作温度后闪点易超出 48℃控制范围。因此如何卡边控制闪点在 45~48℃成为装置优化方向。

未运用 RSIM 软件测算优化前，装置人员认为提高汽提塔塔底温度与塔顶温度都能提高喷气燃料闪点，但两参数影响程度不清，调整时不能直接有效地将闪点调节到位，造成闪点波动，严重影响到闪点合格率。

3 优化方案

为更好地控制闪点，找出塔底温度和塔顶温度对闪点控制的优先级，装置人员利用 RSIM 软件采用单一变量法测算了两参数对闪点的不同影响。以下为方案测算数据。

测算方案 1：加工量不变、塔顶温度不变时，塔底温度对闪点的影响，见表 2。

表 2 方案 1 测算结果

项　　目	操作参数和分析数据										
装置加工量/(t/h)	36.5	36.5	36.5	36.5	36.5	36.5	36.5	36.5	36.5	36.5	36.5
回流量/(t/h)	5.8	2.7	1.9	1.54	1.36	1.27	1.2	1.14	1.09	1.04	1.02
塔底温度/℃	213	212	211	210	209	208	207	206	205	204	203
精航闪点/℃	47.3	45.3	44.2	43.3	42.9	42.6	42.3	38.3	37.6	37.1	36.8
塔顶温度/℃	110	110	110	110	110	110	110	110	110	110	110
粗汽油流量/(t/h)	0.95	0.66	0.55	0.46	0.41	0.39	0.36	0.33	0.32	0.30	0.30
精航流量/(t/h)	35.2	35.5	35.6	35.7	35.7	35.7	35.8	35.8	35.8	35.8	35.8

由方案 1 测算结果可知，塔底温度对闪点的调整呈较好的线性关系，平均提高 1℃ 塔底温度，闪点也跟着提高 1℃。塔底温度对闪点有较好的调节效果，见图 1。

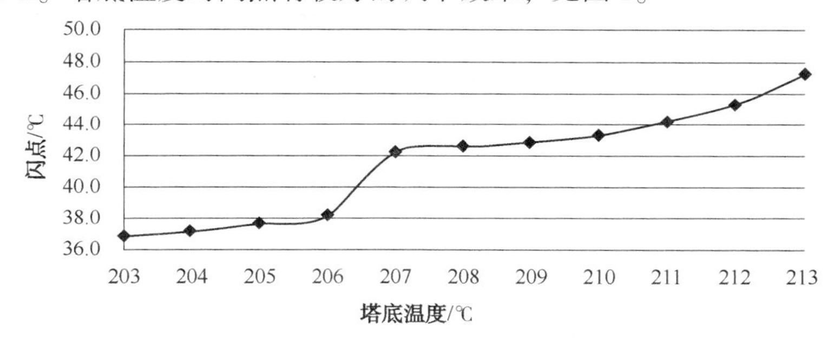

图 1 闪点与塔底温度关系

测算方案 2：加工量不变、塔底温度不变时，塔顶温度对闪点的影响，见表 3。

表 3 方案 2 测算结果

项　　目	操作参数和分析数据								
装置加工量/(t/h)	36.5	36.5	36.5	36.5	36.5	36.5	36.5	36.5	36.5
回流量/(t/h)	1.86	1.68	1.64	1.42	1.27	1.12	0.98	0.81	0.61
塔底温度/℃	207	207	207	207	207	207	207	207	207
精航闪点/℃	38.59	38.66	41.92	42.11	42.23	42.30	42.34	42.37	42.39
塔顶温度/℃	80	84	85	95	105	116	125	135	145
粗汽油流量/(t/h)	0.14	0.17	0.18	0.25	0.32	0.41	0.50	0.62	0.76
精航流量/(t/h)	35.96	35.94	35.93	35.89	35.84	35.77	35.69	35.59	35.47

由方案 2 测算结果可知，塔顶温度对闪点的控制效果与预期不符，在顶温由 85℃ 提至 145℃ 的过程中，闪点基本没有变化，喷气燃料产量还降低 0.46t/h。只有当温度低于 85℃ 后，闪点才会出现较大的变化，见图 2。实际生产中为保证腐蚀合格，顶温都控制在 100℃ 以上，因此顶温对闪点

的影响几乎可以忽略。

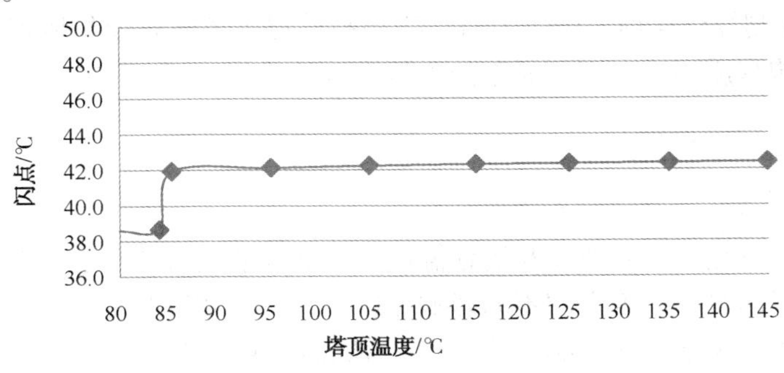

图 2　闪点与塔顶温度关系

综合方案 1 和方案 2 数据：塔底温度对闪点的控制效果好于塔顶温度。实际生产中，装置人员可稳定塔顶温度在 105～115℃(略高于水的汽化温度 100℃)的较低范围来提高喷气燃料收率，单独通过调节塔底温度来控制闪点在 45～48℃，以保证腐蚀合格。

4　优化方案的应用及效果

优化思路提出后，运行部紧接着于 2015 年 7 月 2 日 8：00～7 月 4 日 8：00 采用单一单变量法对装置进行试验。表 4 为试验期间装置数据，从顶温和底温对闪点调节趋势上看，装置实际情况与 RSIM 模拟情况吻合，方案结论得到了验证。

表 4　试验期间装置数据

时间	塔底温度/℃	塔顶温度/℃	闪点/℃	时间	塔底温度/℃	塔顶温度/℃	闪点/℃
2015/7/2 8：00	205	110	44	2015/7/3 12：00	206	120	45
2015/7/2 12：00	206	110	44.5	2015/7/3 15：00	206	130	45
2015/7/2 15：00	207	110	46	2015/7/3 20：00	206	140	45
2015/7/2 20：00	208	110	47	2015/7/4 0：00	206	150	45
2015/7/3 0：00	207	110	46.5	2015/7/4 8：00	206	110	45
2015/7/3 8：00	206	110	45				

方案结论得到验证后，运行部要求各班组统一调整方法：将塔顶温度控制在 105～115℃，按照 1℃塔底温度影响 1℃闪点的方法，及时根据 LIMS 上闪点数据调整塔底温度，保证闪点卡边控制在 45～48℃。

经过半年学习和消化后，2015 年年底方案思路得到了各班组的认可和运用，喷气燃料合格率和产量也得到了很大的提高。转变调整思路后的 2016 年上半年，闪点不合格数同比减少 10 个，铜片腐蚀不合格数同比减少 4 个，银片腐蚀不合格数同比减少 6 个(见表 5)，总合格率由 2015 年上半年 97.23%提升至 99.72%，喷气燃料因此增产 8700t。按喷气燃料平均 340 元/t 的效益计算，喷气燃料加氢装置 2016 年上半年同比增效 296 万元。

表 5　2015 年、2016 年上半年喷气燃料产品不合格情况统计表

年份	2015 年						2016 年					
月份	1 月	2 月	3 月	4 月	5 月	6 月	1 月	2 月	3 月	4 月	5 月	6 月
闪点不合格数	5	4	1	2	0	1	0	1	0	1	1	0
铜片腐蚀不合格数	2	1	0	1	0	0	0	0	0	0	0	0
银片腐蚀不合格数	3	2	0	1	0	0	0	0	0	0	0	0

5 结论

喷气燃料质量控制的难点在于闪点和腐蚀，其中腐蚀的控制要求汽提塔有较高的操作温度。为保证提高操作温度后闪点合格，装置人员利用 RSIM 软件优化了闪点的调整方法。提出了稳定塔顶温度在较低范围(提高喷气燃料收率)，按照 1℃塔底温度影响 1℃闪点的方法，及时根据 LIMS 上闪点数据调整塔底温度，保证闪点卡边控制的优化思路。

优化思路运用后，2016 年上半年喷气燃料产品合格率同比提高了 2.49 个百分点，增产喷气燃料 0.87×10^4t，直接经济效益增加达 296 万元。

参 考 文 献

[1] 胡泽祥，杨官汉，娄方，等．活性硫化物银片腐蚀性能的研究[J]．石油炼制与化工，2002，33(2)：62-64.

应用 RSIM 软件提高 C_5 轻烃产率

郝　妍

(中国石化九江分公司，江西九江　332004)

摘　要：中国石化九江分公司以连续重整装置 C_5 轻烃为原料开发了戊烷油发泡剂新产品。为提高 C_5 轻烃产量，采用 RSIM 软件对装置进行模拟核算，以核算结果调整预加氢分馏单元、重整分馏单元相关操作参数，实现了 C_5 纯度稳定在 96% 以上，产量由 180t/d 提高至 210t/d，创造了可观的经济效益。

关键词：连续重整；戊烷油；增效

1　引言

中国石化九江分公司(简称九江石化)1.2Mt/a 连续重整装置采用国产超低压连续重整成套工艺技术和国产重整催化剂 PS-Ⅵ，其生产的 C_5 轻烃大部分作为汽油调和组分进入汽油池。连续重整装置 C_5 轻烃 RON 仅在 65~70，属于低辛烷值汽油调和组分。且常温下 C_5 轻烃蒸汽压高，在油品转运储存的过程中易挥发损失，用于汽油调和效益极低。在当前市场环境下，戊烷油发泡剂价格持续处于高位，达到 3076 元/t 以上，比石脑油价格高 1153 元/t，九江石化以连续重整装置 C_5 轻烃为原料开发了戊烷油发泡剂新产品，增加 C_5 轻烃产量可提高公司经济效益。

2　装置现状分析

2.1　工艺流程

由装置外来的混合石脑油进入预加氢单元，经加氢反应，反应流出物进入石脑油分馏塔，分离出 C_4/C_5 馏分和精制石脑油。精制石脑油经重整反应，反应流出物进入脱戊烷塔，分离出 C_4/C_5 馏分和重整生成油，脱戊烷塔顶的 C_4/C_5 馏分与石脑油分馏塔顶的 C_4/C_5 馏分汇合后进入 C_4/C_5 塔，分离出 C_4 馏分和 C_5 馏分。具体流程见图 1。

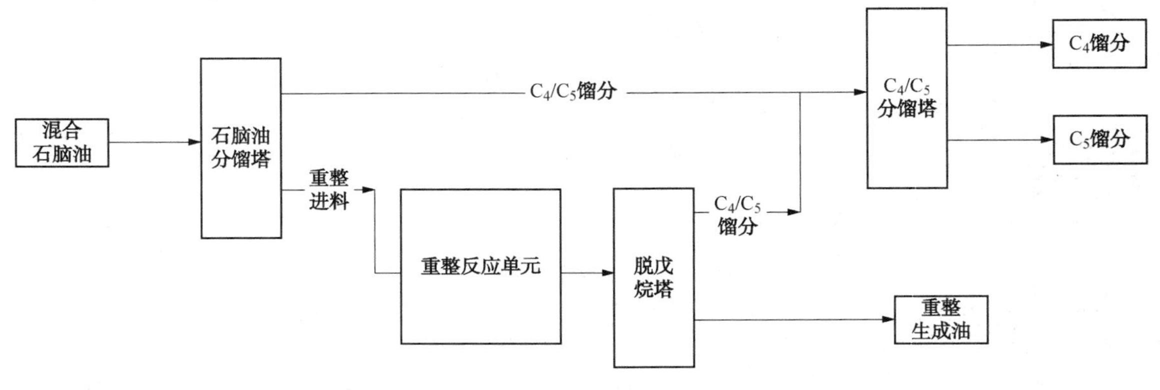

图 1　C_5 馏分加工流程

2.2　原料组成

由表 1 可知，预加氢原料中的 C_4~C_5 组成总和超过 10%。其中 C_5 组分占新鲜进料的 6.9%，基本为饱和烷烃，性质稳定，因辛烷值低，蒸汽压高，不是理想的汽油调合组分。

表 1 预加氢进料中 $C_4 \sim C_5$ 族组成分布 %

C_4 族组成	质量比	C_5 族组成	质量比
异丁烷	0.605	异戊烷	2.719
异丁烯	0.005	异戊烯	0.01
正丁烷	2.389	正戊烷	4.194
		环戊烷	0.018

2.3 C_5 轻烃产品现况

对 C_5 轻烃产品质量的现状进行调查，调查结果见图 2。

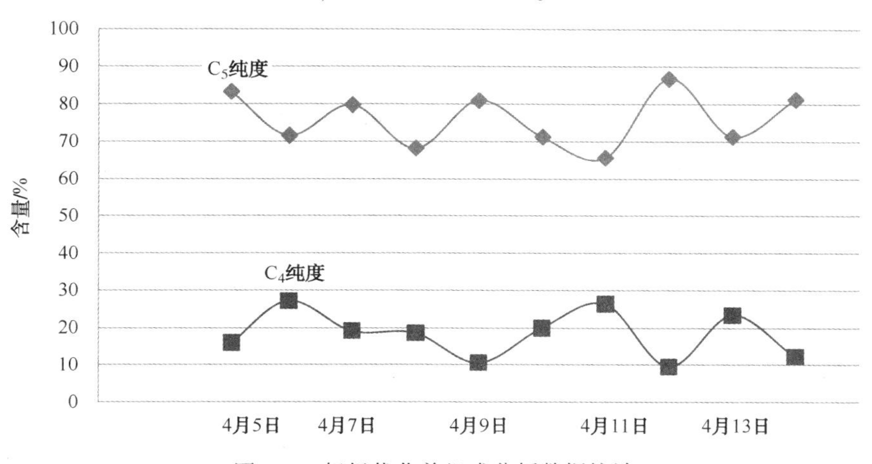

图 2 C_5 轻烃优化前组成分析数据统计

根据图 2 曲线可以得知，C_5 轻烃产品在优化实施前，质量波动很大。其中 C_5 纯度最高为 86.79%，最低只有 68.19%，离发泡剂原料要求 C_5 含量达到 96%以上相差较远。

2.4 操作参数

通过表 2，拟测算出来还有部分 C_5 未回收，进入了重整汽油组分，存在优化空间。下一步是结合现场利用优化模拟软件，寻找最佳工况多产 C_5 组分。

表 2 T102/T201/T202 操作工况

装置单元	石脑油分馏塔 T102		脱戊烷塔 T201		C_4/C_5 分馏塔 T202	
操作条件	现状	设计指标	现状	设计指标	现状	设计指标
顶温/℃	75	73	85	86	71	69
底温/℃	156	180	195	222	128	132
塔顶回流/(t/h)	22	32	21	25.8	16	18.2
塔压/MPa	0.3	0.35	0.85	0.95	1.15	1.15
轻石脑油产量/(t/h)	6.9	7.3	7.9	10.9		

3 优化核算

运用模型优化软件，以效益最大化为目标，选择最合适的馏程范围。寻找石脑油分馏塔和脱戊烷塔及 C_4/C_5 分馏塔最优操作条件，多产 C_5 组分。

3.1 石脑油分馏塔工况分析

通过 RSIM 模型测算，结合上下游装置情况，得出石脑油分馏塔 T102 最佳工况点，相关曲线如图 3。根据曲线可以观察到在石脑油分馏塔 T102 稳定塔压不变的情况下，调整温度和回流等工艺参数，在重整进料于初馏点 63~64℃时，找到最佳工况点。T102 优化前后操作条件变化见表 3。

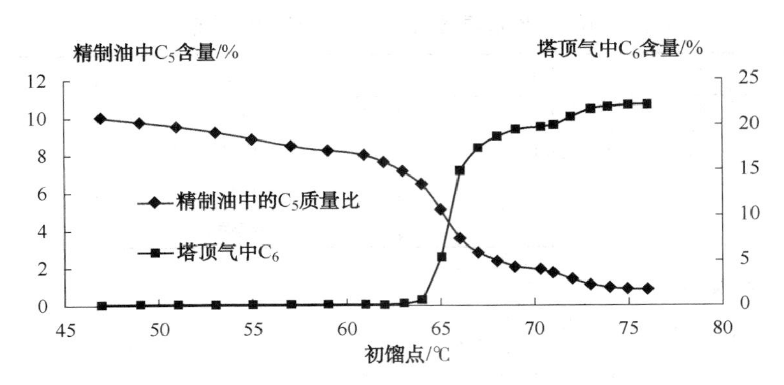

图3 重整原料中 C_5组分与初馏点关系

表3 T102优化前后操作条件变化

项 目	优化前	优化后	项 目	优化前	优化后
T102顶温/℃	65	69	重整进料初馏点/℃	57	64
T102回流/(t/h)	17	25	T102底温/℃	156	171

3.2 脱戊烷塔工况分析

通过RSIM模型测算，结合上下游装置情况，得出脱戊烷塔T201最佳工况点，相关曲线如图4所示。根据曲线可以观察到在脱戊烷塔T201稳定塔压不变的情况下，调整温度和回流等工艺参数，重整生成油于初馏点64~65℃时，找到最佳工况点。T201优化前后操作条件变化见表4。

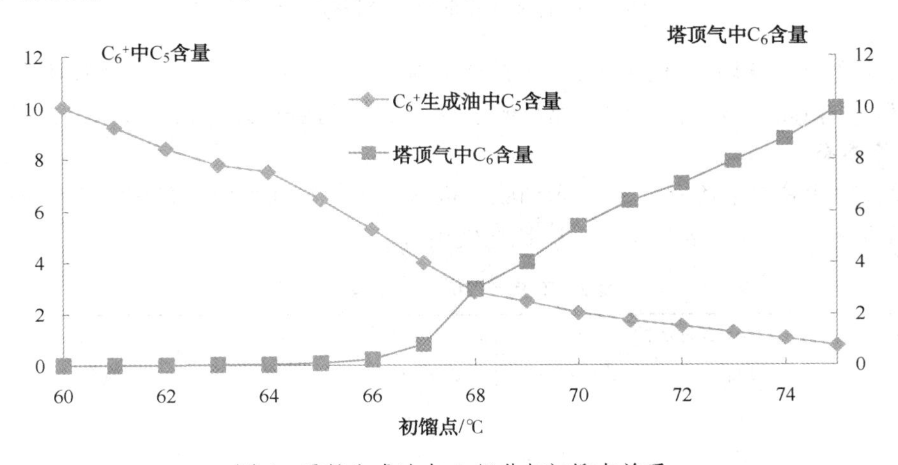

图4 重整生成油中 C_5组分与初馏点关系

表4 T201优化前后操作条件变化

项 目	优化前	优化后	项 目	优化前	优化后
T201顶温/℃	77	78	重整生成油初馏点/℃	54	63
T201回流/(t/h)	22	29	T201底温/℃	195	210

3.3 C_4/C_5塔工况分析

在现有运行工况下，T202分馏塔既要保证液化气中 C_5组成小于2.5%，同时使得 C_5轻烃中 C_5纯度大于96%，操作难度较大。借助软件进行优化，测算出各项工艺参数调整对T202分馏塔的影响。通过降低塔顶压力，适当提高塔底温度和塔顶温度等措施，C_5轻烃产量增加明显。T202优化前后操作条件变化见表5。

表 5　T202 优化前后操作条件变化

项　　目	优化前	优化后	项　　目	优化前	优化后
T202 塔顶压力/MPa	1.15	1.08	T202 塔底温度/℃	132	135
T202 塔顶温度/℃	69	75			

4　实施效果

通过对重整装置的石脑油分馏塔和脱戊烷塔及 C_4/C_5 分馏塔 3 个塔的优化，有效提高了 C_5 轻烃产品的产量与质量，C_5 轻烃产量由 180t/d 提升至 210t/d。

C_5 纯度最高为 99.58%，最低为 96.19%，并且从分析数据曲线图 5 也可以看出，C_5 轻烃中 C_5 纯度平稳。优化效果明显，满足发泡剂产品的需求。

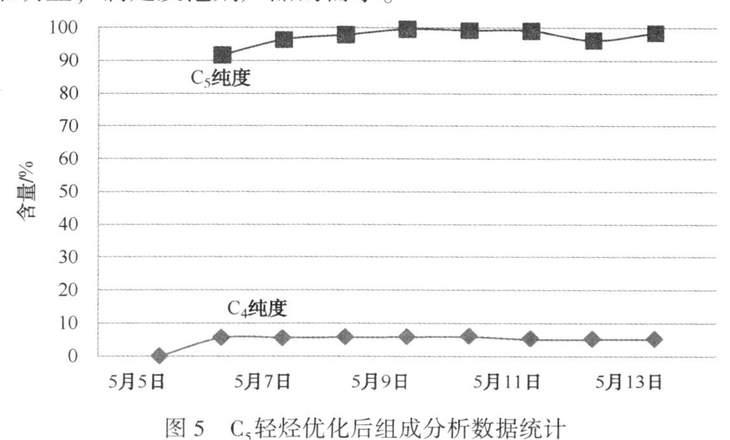

图 5　C_5 轻烃优化后组成分析数据统计

5　效益分析

优化前后对比效果明显。增加 C_5 轻烃产量 30t/d，生成的戊烷组分油用做发泡剂生产，降低了 C_5 轻烃调合汽油造成的辛烷值亏损。综上所述，优化后可以增加经济效益 1262×10^4 元/年。

6　结论

根据装置原料分析，运用 RSIM 优化模拟软件核算石脑油分馏塔、脱戊烷塔、C_4/C_5 塔，并以核算结果调整石脑油分馏塔、脱戊烷塔、C_4/C_5 塔的操作参数，C_5 轻烃产量从 180t/d 提升至 210t/d，增加经济效益 1262×10^4 元/a。

参　考　文　献

[1] 简建超，黄丽．RSIM 模型在炼油企业增产汽油方面的应用[J]．石油工业计算机应用，2014(1)：33-37.

[2] 刘艳伟，赵书娟，李彬．用“分子炼油理念”指导石脑油加工优化[J]．炼油技术与工程，2014，44(8).

炼化企业设备管理智能化建设探索

邹志斌

(中国石化九江分公司，江西九江　332004)

摘　要：信息技术的飞速发展已成为企业战略择优、提高效益效率无可替代的支撑，企业争相采用新兴信息技术和与之相伴而生的现代管理技术手段和方法来提升自身竞争力。炼化企业作为国民经济重要基础产业，也应当抓住机遇强化信息技术创新，通过两化深度融合实现产业升级。本文在我国两化融合和智能制造战略发展的背景下，对炼化企业设备管理智能化建设的内涵进行了探讨，并结合 CPS 技术体系，提出了设备管理智能化建设的基本架构和建设思路，以期对炼化企业设备管理提升起到一定的参考和借鉴意义。

关键词：两化融合；炼化企业；设备管理；智能化；CPS

1　引言

当今世界，信息化浪潮席卷全球，互联网、云计算、大数据等信息技术蓬勃发展，兴起了以智能制造为代表的新一轮产业变革，正在引发世界产业竞争格局的重大调整。发达国家纷纷制定以重振制造业为核心的再工业化战略，加快制造业数字化、网络化、智能化进程，重塑制造业竞争新优势[1]。我国也相继出台了《中国制造 2025》、“互联网+”行动计划、“促进大数据发展行动纲要”等文件，把信息化作为创新驱动的重要力量，全力推进“两化”融合发展，着力打造产业竞争新优势，为打赢转方式调结构、提质增效升级攻坚战注入强劲动力。

炼化行业作为典型的资本、技术密集型行业，石油加工品种类型众多，且高温高压高腐蚀，对设备可靠性有严格要求，因此对设备的自动化和智能化依赖程度很高。炼化企业现代设备管理已向预知维修及寿命周期经济运行管理模式转变，而传统的设备管理信息系统已经不适合现代管理要求。借助新兴信息技术，抓住机会强化信息技术创新设备管理新模式，提升设备管理水平，保障生产的“安、稳、长、满、优”运行，已是顺应时代发展、提升企业竞争优势的迫切需求。

2　炼化企业设备管理智能化建设现状

近年来，国内大型石油石化公司十分重视信息化与工业化的融合，下属各炼化企业根据自身实际需要，应用和开发了很多设备管理系统，例如在综合管理上建有 ERP(企业资源计划系统)、EAM(企业资产管理系统)、EM(设备管理系统)等系统；在专业管理上建有针对静设备的 RBI(基于风险的检验)评估软件，针对特种设备的安全管理系统，针对地下管网的 GIS(地理信息系统)等系统；在实时数据分析上建有大机组状态监测、机泵群状态监测、在线腐蚀监测等系统。但是，从实际应用情况以及与国外先进企业对比来看，设备管理智能化建设还停留在信息化层面，尚未达到智能化水平，主要突出表现以下三个方面：

(1) 系统各自为战、管理不规范、标准不统一，形成了数据壁垒和信息孤岛；

(2) 系统应用多数是事务性帐、表、单功能，专业化深度开发不够，缺乏重点专业技术人员的分析诊断和知识积累；

(3) 信息化建设落后于设备的管理，关键性的数据收集不完整，导致引进国外先进专业评估软件时水土不服。

3 炼化企业设备管理智能化的涵义

智能化是信息化的新动向，也是信息化发展的必然趋势。智能化的定义是“指使对象具备灵敏准确的感知功能、正确的思维与判断功能以及行之有效的执行功能而进行的工作”[2]。设备管理智能化目前没有标准的定义，在《智能制造能力成熟度模型白皮书(1.0版)》中提到“设备管理是通过对设备的数字化改造以及全生命周期的管理，使物理实体能够融入到信息世界，并能够达到对设备远程在线管理、预警等”[3]。那么，结合当期信息发展水平，设备管理智能化可以理解为以设备寿命周期费用最经济和设备效能最高为目标，充分利用云计算、物联网、移动互联网、虚拟现实、大数据等新兴信息技术，全面提升设备感知、预测、协同和分析优化能力，是在数字化的基础上充分显示设备基本参数，在信息化的过程中充分展示设备运行状况和性能，结合设备运行揭示设备管理基本规律，制定行之有效的设备管理策略，实现管理的智能化。

4 炼化企业设备管理智能化建设思路

无论德国的工业4.0，还是中国的智能制造2025，其核心技术都是CPS。CPS(Cyber Physical-System)，即“信息物理系统”，亦译为“网络实体系统”、“虚拟实体系统”等，提供了一套完整的智能技术体系，能够实现对数据进行收集、汇总、解析、排序、分析、预测、决策、分发的整个处理流程，能够对工业数据进行流水线式的实时分析，并在分析过程中充分考虑机理逻辑、流程关系、活动目标、商业活动等特征和要求[4]。本文以CPS的5C构架(感知层、信息转换层、网络层、认知层和执行层)为基础，从设备管理实际业务出发，提出了炼化企业设备管理智能化的总体架构和建设思路。

炼化企业设备管理智能化总体架构见图1。

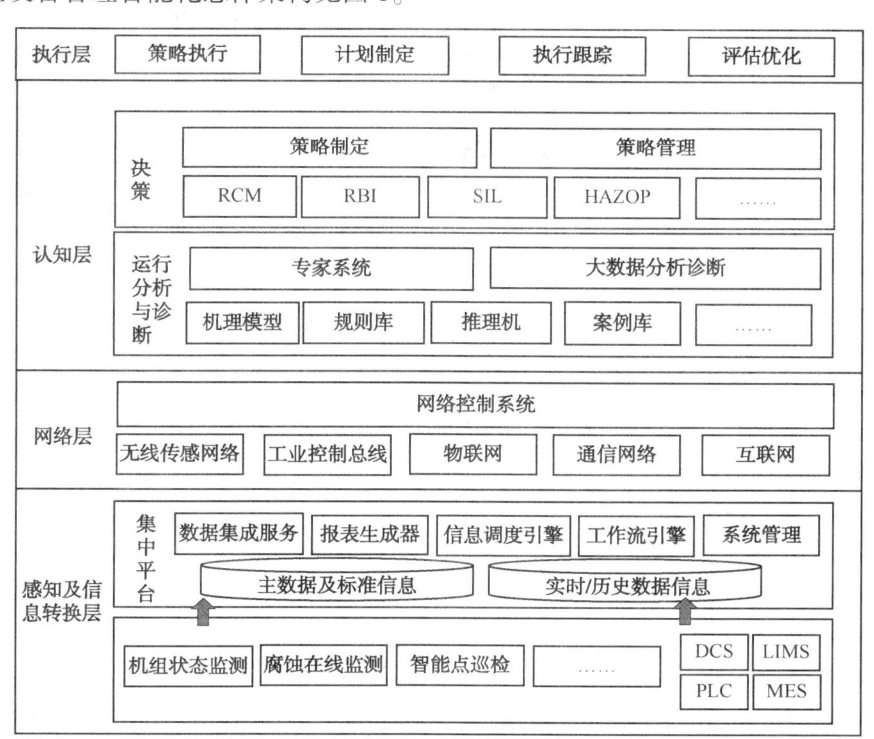

图1 炼化企业设备管理智能化总体架构

4.1 感知层

数据是 CPS 上层建筑的基础，炼化企业设备管理智能化建设首先要从数据来源、采集方式和管理方式上保证数据的质量和全面性。

设备运行状态的数据采集一直是炼化企业的薄弱点。先进的传感器技术、通信技术、物联网技术使得大量原始数据的采集变得十分便捷，同时避免了传统人工采集带来的各种弊端。例如：机泵群在线监测系统是在泵体上安装小型传感器，将振动、温度等监测数据通过工业无线网络实时发送回来；智能巡检系统是利用移动终端进行巡检导航和振动、温度等监测数据的采集，并通过 WIFI 或 4G 等无线网络实现数据的实时传输；红外热像仪检测可以不接触、远距离、快速、直观地感知电气设备的热状态分布，掌握设备运行状态。随着企业部署范围的扩大，在线状态监测和离线状态监测相结合的方式将基本满足企业对设备运行状态感知的需求。

设备状态监测感知技术见图 2。

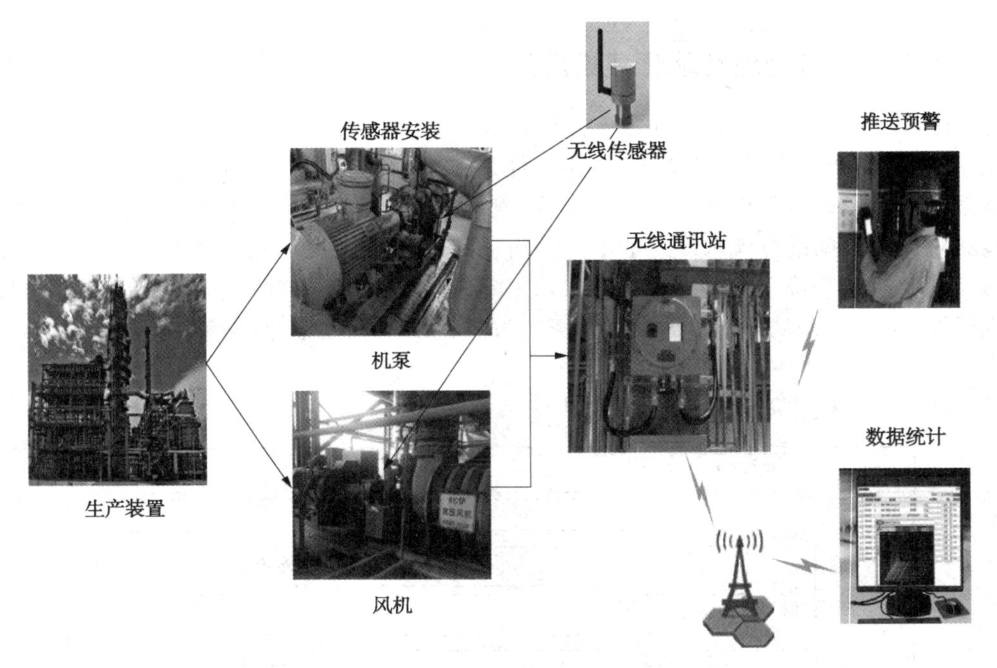

图 2　炼化企业设备状态监测感知技术

另外，数据采集还可以通过生产工艺等设备运行环境来间接感知设备的运行状态，作为那些尚未应用状态监测或目前技术无法监测的设备的数据源。再者，借助于网络的融合，数据的采集将摆脱所在装置或企业的束缚，同行业乃至跨行业同类设备的数据也将作为其有益的补充。

4.2 信息转换层

数据采集后，要对其进行特征提取、筛选、分类和优先级排列，保证了数据的可解读性。例如：离心机组的状态监测，是对采集的振动信号进行加工处理，抽取与设备运行状态有关的特征信号，转换成可读懂的时域频谱图、频域频谱图等。

三维数字化技术对设备管理智能化意义重大，它能够全面展示生产装置的反应器、塔、罐、泵、阀、管线等设备的空间位置、具体形状及详细信息，并集成设备管理专业系统，将数据转换成图像展现在屏幕上，能够清晰、快捷有效地传达和沟通信息，提升关键设备的安全运行水平。

三维数字化及集成示例见图 3 及图 4。

图3　三维数字化技术示例

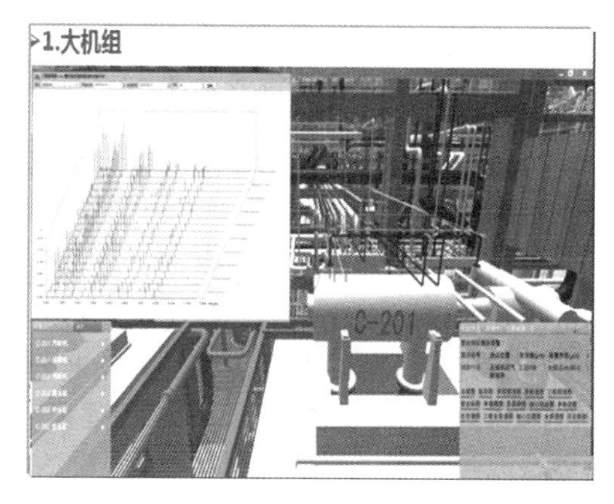

图4　三维数字化集成专业系统技术示例

这里需要强调的是，很多炼化企业存储了大量的设备使用数据，但是数据的利用率不高，只关注异常数据或只用于处理当下的事务，造成了数据浪费。建立企业范围内统一的、标准化的数据集成平台，整合设备专业系统（如机组监测系统、机泵监测系统、点巡检系统、腐蚀监测系统等）和外部相关系统（如 HSE、LIMS、能源管理、智能管网、LDAR、工业电视等）分析和预测数据的关联，既可以有效避免数据的浪费，又可以挖掘更多有用的信息。例如，对设备运行和机械状态参数相关分析，可将相关的参数组合在一起，评估各项参数相关性，进而调整优化相关生产操作和维修计划。

炼化企业数据集成平台架构见图5。

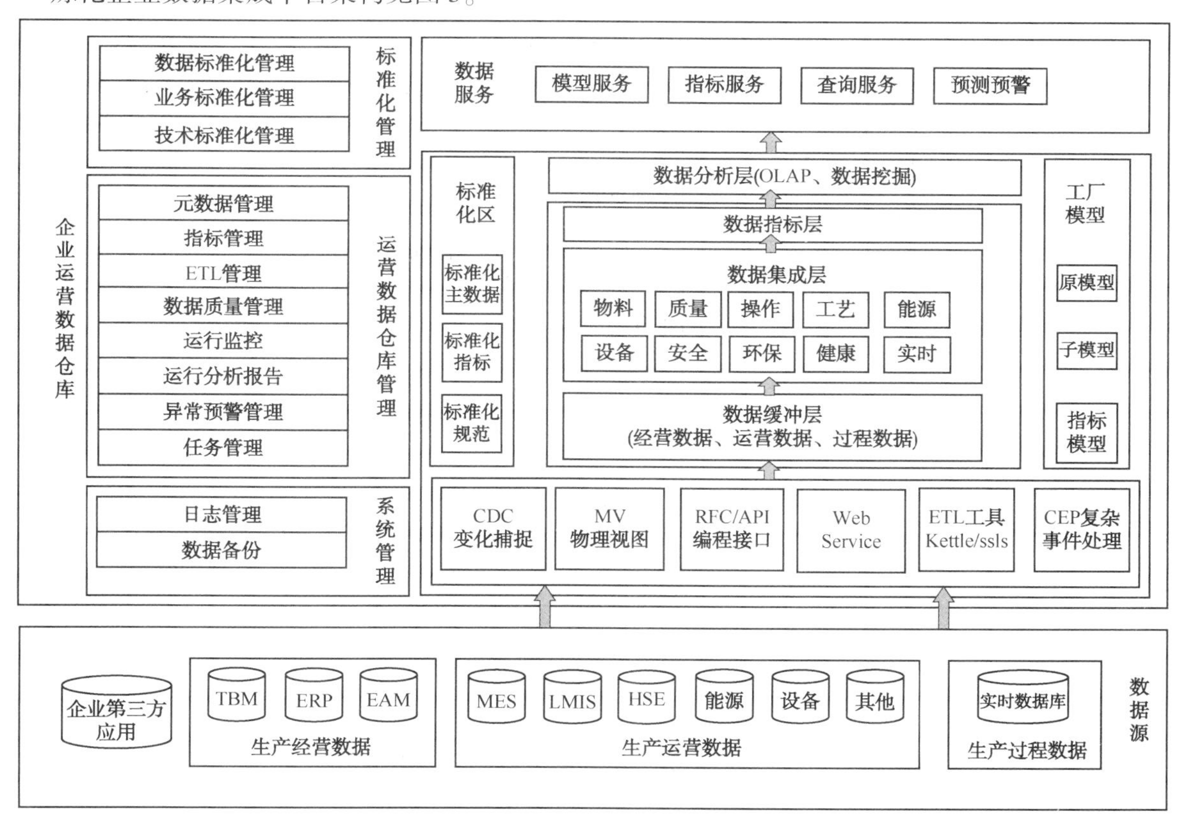

图5　炼化企业数据集成平台架构

4.3　网络层

网络层是 CPS 实现资源共享的基础，通过网络将各种远程资源有效的连接，不仅仅是物理实体的互联，也包括人与人的互联。网络的互联互通与资源共享将更好地提升设备管理智能化水平，例如：它能够与同类型设备或处在不同生命周期阶段的设备进行比较，更深入地了解设备的运行状态和发展趋势；它将设备供应商和行业专家通过网络与企业现场联动，对设备和产品的性能状态进行异地远程的全天候监测、预测和评估，形成了全员监测管理新模式，形成共享共赢的生态圈。

4.4 认知层

认知层将实体抽象成数据模型，保证数据的解读符合客观的物理规律，并结合数据可视化工具和决策优化算法工具为用户提供决策支持。

基于规则的故障诊断利用了经典诊断分析技术和专家系统理论，通过对所获取的数据进行故障征兆提取，再依据“设备-征兆-故障-建议”匹配规则，对测得参数进行分析、判断，做出是否发生故障以及故障类型、故障程度的评价，推测设备状态的发展趋势，及时维修。部件寿命周期管理，根据部件更换记录自动计算部件的平均寿命，根据运行时间、采购周期、制造周期等参数自动计算部件剩余寿命和物资需求时间，实现剩余寿命报警，指导设备及部件的维修和更换工作。RBI(基于风险的检验)、RCM(以可靠性为中心的维修)、SIL(安全完整性等级)等基于风险的信息化评估技术，能够对设备管理流程进行优化，合理安排检验检修计划，保证生产安全经济运行。

大数据技术是处理多维海量数据的有效工具，在金融、通讯、电子商务等行业均取得了显著的应用效果，也为炼化行业产业升级提供了新途径。每年炼化企业从现场设备状态监测系统、实时数据库等系统中，可以获取设备的轴承振动、温度、压力、流量等海量数据，通过“分类统计及规律挖掘—相关性分析—设备风险评估及故障预测分析”，可以建立基于案例的设备大数据诊断与预测，为操作和维修提供指导，全面支持预知维修。

基于案例的设备大数据分析技术架构见图6。

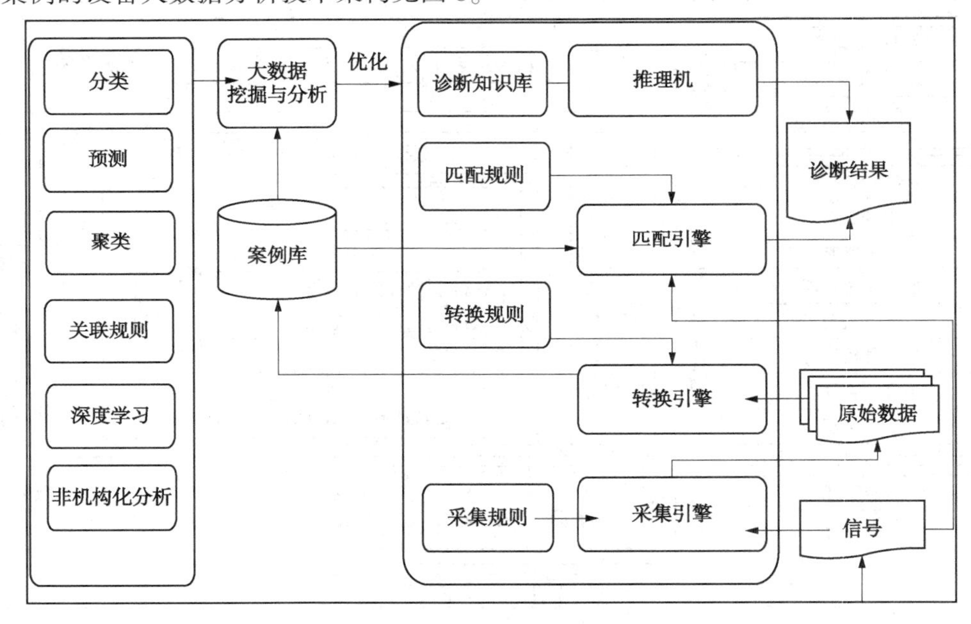

图6　基于案例的设备大数据分析技术架构

4.5 执行层

执行层根据制定的策略进行执行、跟踪，并根据执行结果优化策略。

CPS的目标是通过先进的分析和灵活的配置，最终实现管理系统的自我配置、自我调整和自我优化。对于设备管理智能化建设，首要是形成策略开发、管理、执行、评估和优化的闭环管理，打通业务流程。

以设备维修策略优化闭环管理为例，首先应在设备、系统、装置的层面查看并分析整体风险以及不同措施建议对整体风险以及相应成本的影响，选择最佳的措施并进行审批管理，形成维修策略；维修策略所包含的各项措施根据时间间隔、所需资源、机具等进行打包并分送到不同维修执行系统中执行，如 ERP 系统、操作巡检系统、检验管理系统、校验管理系统、壁厚测量系统等；收集设备故障事件数据、维修历史数据、状态监测数据及与故障相关的生产损失数据，通过核心分析、绩效管理、健康指标管理监测设备状态及绩效，并应用根原因分析及可靠性工具探索故障发生规律及其根本原因，针对根本原因提出改进建议，改进和优化原有维修策略。

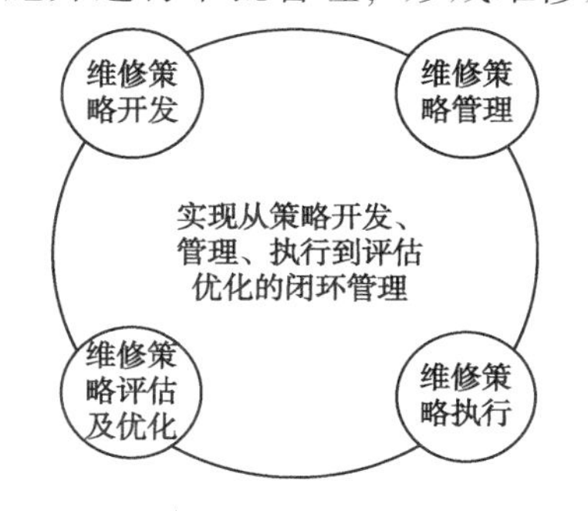

图 7　维修策略优化闭环管理流程

维修策略优化闭环管理流程见图 7。

5　炼化企业设备管理智能化建设路线

炼化企业设备管理智能化建设是一个渐进深入的过程，应当遵循"总体规划、分步实施"的原则，按照"完善感知系统、建设专家系统、建立基于预知预防的维护维修体系"的"三步走"路线图，开展设备域智能化建设。首先完善基础数据，打牢基础，要从完善感知系统、开展数据标准化工作、基础设施全面实现数字化等方面分步实施；其次建立机理模型、专家系统等进行知识积累，考虑结合自主开发、远程技术服务及外聘专家等方式实现。最后，设备管理智能化建设的核心还在于人，应当建设策划团队和专业团队，培养既懂信息化、又懂业务的复合型人才。

6　结语

炼化企业将持续加强绿色低碳、节能减排，强化资源协同，优化产业价值链条中的各个环节，努力使企业利益达到最大化。信息技术为企业战略择优、提质增效升级提供了无可替代的支撑。设备管理作为企业经营管理的重要组成部分，其智能化建设应当紧跟时代的步伐。随着信息化和工业化在炼化行业的深度融合，设备管理智能化也将获得更多的关注和应用深化。

参　考　文　献

[1] 罗敏明．流程企业智能制造实践与探讨[J]．石油化工建设，2016，1.
[2] 王宇．信息资源管理[M]．北京：清华大学出版社，2012.
[3] 赵波，郭楠．智能制造能力成熟度模型白皮书[EB]．中国电子技术标准化研究院，2016.
[4] 李杰．工业大数据：工业 4.0 时代的工业转型与价值创造[M]．北京：机械工业出版社，2015.

炼化企业ODS系统数据集成方式的研究与实现

龚　剑

(中国石化九江分公司，江西九江　332004)

摘　要：经过多年信息化建设，传统炼化企业积累了大量反映生产经营活动的数据。然而，由于早期信息化建设缺乏统一的规划和信息标准，导致大多数信息系统相对独立、没有建立统一的数据源、形成数据孤岛、数据质量低和安全性差等问题。

从国内外信息化趋势和先进实践经验来看，集成平台建设已经是大势所趋。本文在充分理解数据仓库理论的基础上以九江石化ODS项目为背景，对数据仓库的体系架构和关键技术进行研究。基于SOA架构思想，通过ODS系统的构建，对已有分散的系统进行数据集成整合，新建系统按照统一标准规范进行模块化构建，解决多个大系统之间数据共享问题，支撑企业级的分析应用，最终打造大平台的信息化格局。

关键词：石油化工；数据仓库；操作型数据存储；ODS；CDC；ETL

1　引言

ODS是运营数据仓库(Operational Data Store)的英文缩写。对于炼化企业，以物料管理为核心的MES系统以及相关系统的连接关系较为复杂，其中物料移动、物料平衡、能源管理、绩效管理、操作管理目前部署在同一个数据库中。其他系统，如运营监控、设备管理、计量管理、HSE、PIMS、ORION、LIMS等都部署在外围，并且与MES数据库有很多交互。这些交互是业务上的需要，但在完成这些交互的过程中，由于系统整合不到位导致很高的资源开销，表现是系统在数据ETL交互过程中持续的大流量I/O、CPU高负荷、内存的持续分配占用，从用户端的感受是系统处理业务速度变慢，随着多系统之间数据相互抽取的增加，主要系统付出的代价越来越高，从数据库技术角度看，这种并发负荷会导致数据库整体性能的粘连性急剧下降，这在很多炼化企业MES数据库上表现尤其明显，负载峰值时期数据库处理普通业务的时间大幅度增加，难以用优化的办法解决。另一方面，由于跨业务系统的抽取逻辑混乱，数据质量难以保证，由此导致一些应用系统的可用性下降，沦为僵尸应用。再者，从大系统应用角度看，每一个模块单独建立系统，应用的集中整合也有很大难度，表现在不同的模块相对独立，要从底层数据交互层面解决业务交互的问题，这样的业务应用场景十分普遍。

从国内外信息化趋势和先进实践经验来看，集成平台的建设已是大势所趋，是信息化发展过程中的一个必经阶段，通过ODS系统的构建，打造一个统一的集中集成平台，对已有分散的系统和数据进行集成整合，同时新建系统按照统一的标准规范进行模块化构建，最终打造大平台的信息化格局，需要分别从以SOA架构构建应用系统的集成，以及数据集成来解决多个大系统之间数据共享的问题，同时ODS系统还要支撑企业级的分析应用。

2　系统分析

2.1　基本思路

构建炼化企业统一工厂模型，把在线交易系统的数据，按照统一模型和主数据标准化转换后再存储和使用，在ODS中建立标准化指标数据层，支持企业自定义指标计算，为分系统提供构建数据集市的能力，同时在设计中为后期的数据分析功能预留设计弹性，ODS 整体将作为企业的数据和分析平台。ODS 集成的系统包括 MES(能源、操作、物料等)、LIMS、HSE、环境监控、设备管理、计划优化、实时数据库等系统。

2.2 数据集成关键技术

数据集成是信息系统集成的基础和关键，让某个系统的数据能为其他系统使用。数据通过集成，以一致的方式在数据库间可靠地传递，使得企业的各种数据库中的数据一致和同步，从而建立企业范围的统一视图。数据集成的核心任务是要将互相关联的分布式异构数据源集成到一起，使用户能够以透明的方式访问这些数据源。

数据集成既要考虑数据技术类型，也要考虑数据集成类型。

如图 1 所示，数据技术类型主要包括批量传送、以消息为基础的传送、复制/同步、联邦视图、数据管理和质量、以及数据流处理。数据集成类型主要包括数据仓库和商务智能、应用系统的数据一致性、数据迁移和合并、主数据管理和企业间的数据共享。数据集成应基于业务对数据的需求，根据不同的数据种类和数据传输方式，采用相应的集成架构与技术(见图 2)，以满足多种业务的动态需求。下面将对项目中的四个关键技术进行概述。

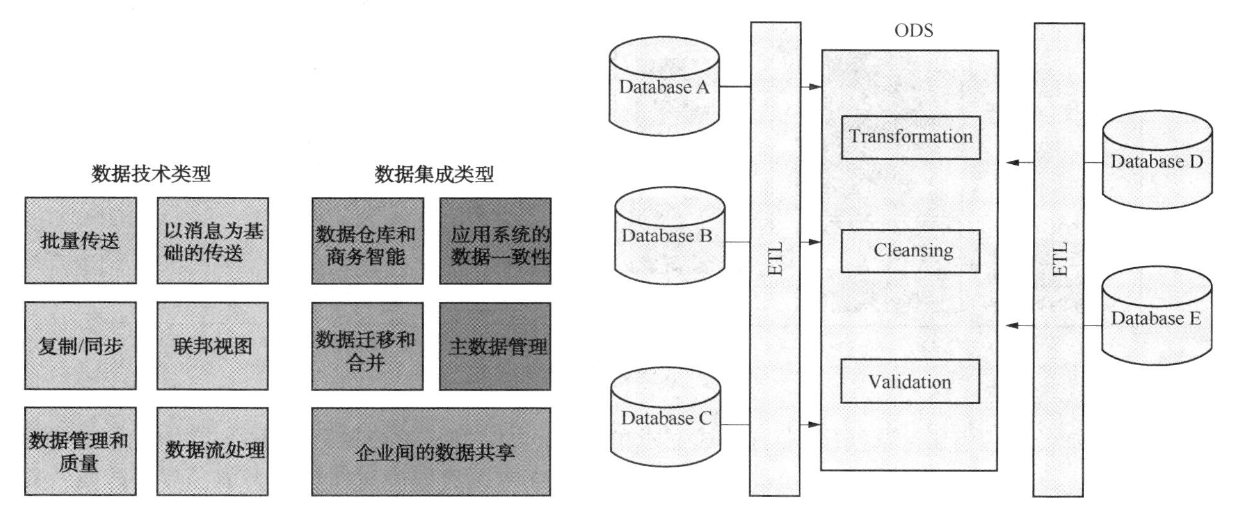

图 1 数据集成考虑因素

图 2 ODS Hub and Spoke 集成架构

(1) 数据集成服务。

数据集成服务实现常用的数据抽取、转换和加载(ETL)功能。数据集成服务提供的主要服务包括：抽取数据、验证数据、清洁数据、删除重复数据、加载数据等。

(2) 运营数据仓库(ODS)。

运营数据仓库主要用于当前、历史以及其他细节查询，同时也可为决策支持提供当前细节数据。ODS 数据尽量不做转换，原封不动地与业务数据库保持一致。即 ODS 一般只是业务数据库的一个备份或者映像，因此可以对生产源数据库起到隔离作用，减少对源数据库的影响，降低业务系统的查询压力。

(3) 数据分析服务。

数据分析服务提供多维 OLAP 和数据挖掘功能。成熟的数据分析工具可以简化设计、创建、维护流程和查询汇聚表的流程，同时由于数据分析服务创建战略性汇聚，可以避免数据爆炸问题。数据分析服务能够快速响应查询，即使数据源包含上亿行数据。分析服务 Cube 是一个具有丰富元数据的环境，可以将数据转为信息，能够创造强大的分析查询，能够创建复杂的公式，用于分析企业的大量数据。

(4) 报告展示服务。

报告展示服务在展示层面提供企业报表功能。可以用来设计报表，安排报表执行任务，以不同的格式展示报表。数据分析服务常是报告展示服务的数据源。报告展示服务也常被管理员用作标准管理工具。软件开发人员可以通过程序扩展和控制报告展示服务，创建定制化报告，以及开发应用。

3 系统设计

3.1 总体技术架构

根据中国石化智能工厂对数据集成的需求，智能工厂数据集成总体架构见图3。

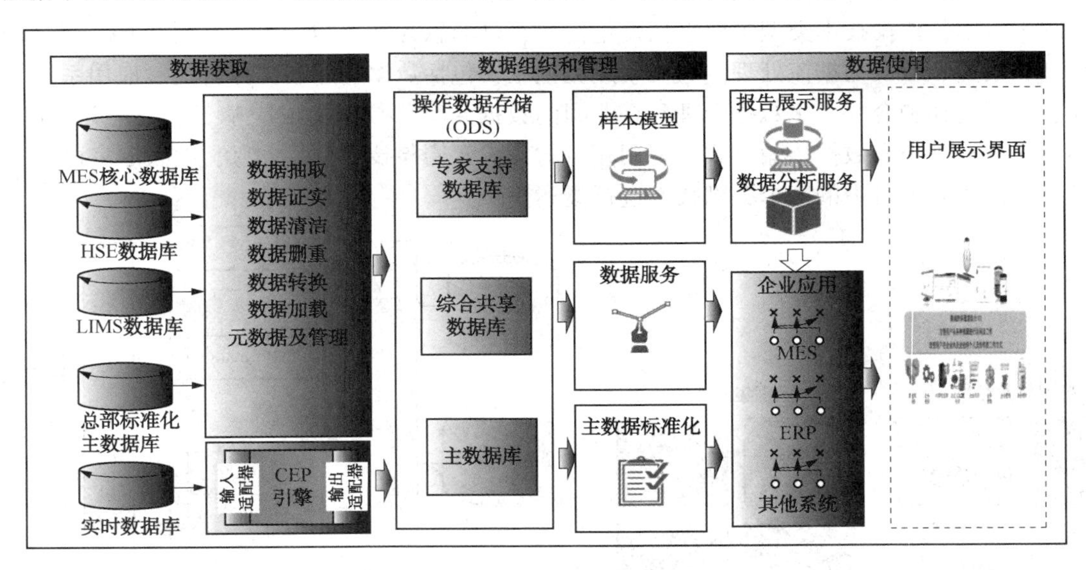

图3 数据集成总体架构

数据源来自企业生产执行层各类有集成需求的数据，如MES生产执行系统数据库、HSE管理数据库等；通过数据集成服务层提供的数据抽取、数据证实、数据清洁、数据去重、数据转换、数据加载、元数据管理等服务，将集成的数据送到生产综合数据层；实时数据应通过复杂事件处理(CEP)引擎对实时数据进行预处理，过滤抽取相关信息送到目标系统。当CEP发现异常，可以将告警发送给相关人员；操作数据存储(ODS)包括工业分析建模数据库、综合共享数据库和主数据库。工业分析建模数据库为专家提供统一有效的数据支持，综合共享数据库为企业及合作伙伴提供一致的数据信息，同时减少直接访问生产元数据库带来的风险。企业主数据用于整个企业跨所有系统、应用和流程的基本业务，作为数据的单一数据源，主数据在标准与规范上应与中国石化总部保持一致。

3.2 功能架构

数据集成功能体系结构(图4)主要从四个大的方面完成数据集成的功能应用：

(1) 接口文件处理。

按照数据集成规定的源数据接口标准，对源业务系统生成的接口文件进行监控、采集、校验等工作，完成源业务数据到接口文件装载的预处理过程。

(2) 数据应用整合。

根据设计好的指标模型，实现接口文件到数据缓冲区，数据缓冲区到数据集成区、数据集成区到数据指标区、数据指标区到业务应用数据接口区的装载、转换、抽取等一系列整合过程，完成业务需求工作。

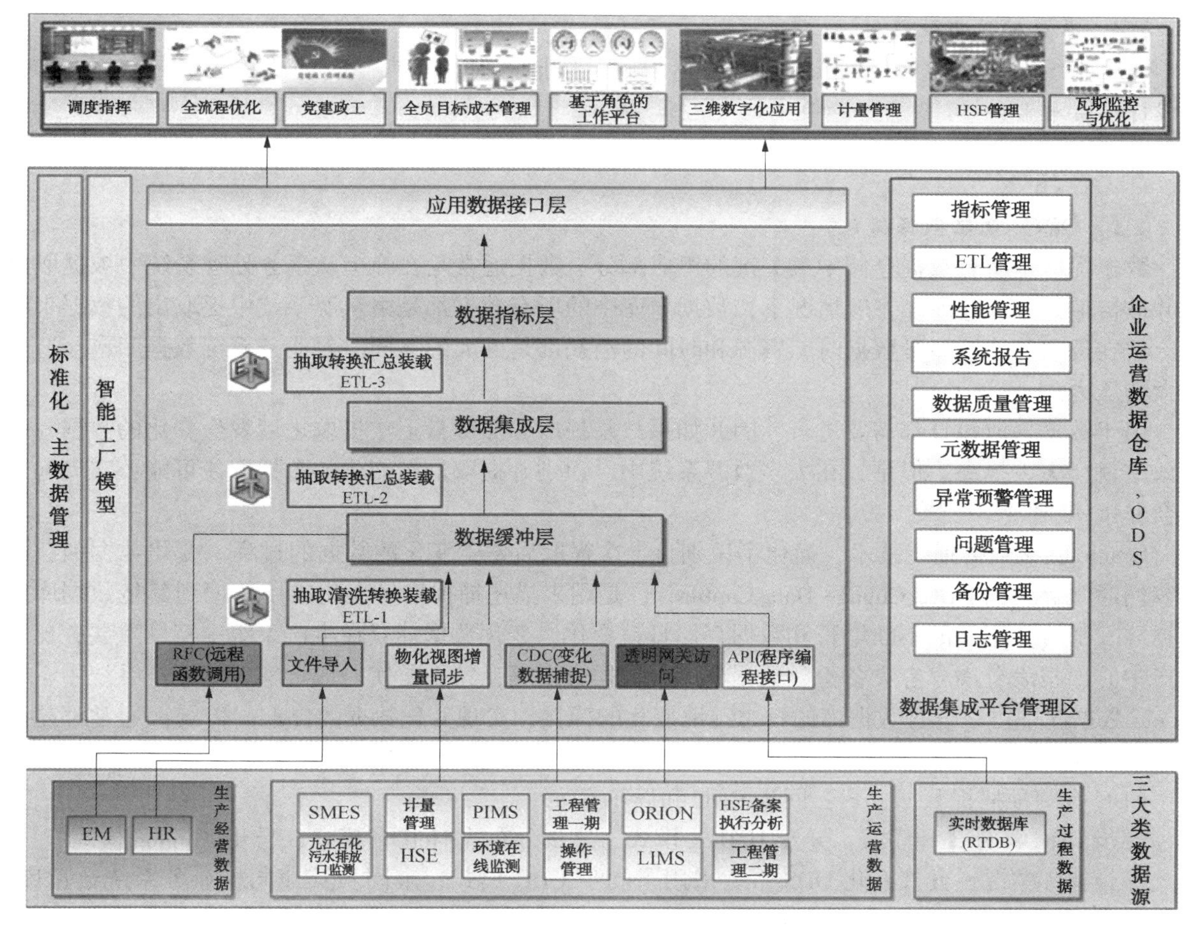

图 4　功能架构图

（3）数据应用接口。

为满足业务应用需求，设计提供统一业务数据视图或者数据应用接口等服务。

（4）系统集成平台管理。

为保证数据集成平台的稳定、高效的运行，使数据集成平台的维护、管理更为方便，系统管理区提供一系列的管理、维护功能，如系统监控、安全管理、ETL 管理、数据质量管理、元数据管理等。

3.3　软硬件架构

ODS 系统一共使用 4 台服务器，其中数据库服务器两台，采用 RHCS 双机热备模式。一台 Windows Server 2012 云平台服务器支撑 WEB 管理平台、同步实时数据库服务和运行透明网关程序，还有一台服务器用于 ETL 数据抽取。

服务器名称	服务器配置	操作系统	数据库/中间件
Oracle 服务器 1	CPU：4 * Xeon E7 RAM/HDD：128G/10TB	Oracle Linux 6.3	Oracle 11g r2 Enterprise
Oracle 服务器 2	CPU：4 * Xeon E7 RAM/HDD：128G/10TB	Oracle Linux 6.3	Oracle 11g r2 Enterprise
WEB 管理平台	企业云平台资源	Windows Server 2012 Enterprise	IIS 8.0
ETL 工作流服务器	CPU：2 * Xeon E5 RAM/HDD：32G/1TB	Windows Server 2012 Enterprise	

3.4 系统功能模块设计

ODS 系统功能划分为以下几类：缓冲区设计、集成区设计、指标区设计、日志程序、用户权限设计、管理平台设计。

4 技术实现

4.1 CDC(变化数据捕捉)

数据提取是所有数据仓储中最关键的组成部分。数据通常是在晚上从事务处理系统中被提取出来并被传输到数据仓库。一般情况下，数据仓库中的所有数据都是由从源系统中提取出的数据来更新。但在提取和传输海量数据时，资源和时间的消耗都是巨大的，同时对业务系统数据库也会造成很大的压力。

由于数据提取每日都需要进行，因此如果只是提取和加载自上次提取之后发生变化的数据，那么效率就会大大提高。但是，在大多数源系统中，识别并提取最新变化的数据即使可能，实现起来也会非常困难。

Oracle 变化数据捕捉技术，简化了识别自上次提取后发生变化的数据的过程。变化数据捕获就是我们通常提到的 CDC(Change Data Capture)，是用来描述捕捉增量变化应用数据到其他数据库或数据源。随着数据量的不断增长和数据存储日益变化，变化数据捕获在生产系统中特别重要，比如生产中心、报表分离、容灾备份、数据仓库、数据分发等，特别是实时或近实时的生产系统中。在 Oracle 数据库中可以通过数据库的日志提取变化的捕捉，实现变化数据的提取。传统上通常都是通过修改应用源代码，在一些表上增加日期列来捕获增量变化数据。

CDC 有两种捕捉数据方式：同步 CDC 和异步 CDC。

异步 CDC 又分 3 种模式：异步 HotLog 模式、异步分布式 HotLog 模式、异步 Autolog 模式。

综合实际情况，九江石化 ODS 系统采用了同步 CDC 模式，来同步其他同构业务系统数据库。同步 CDC 模式通常是在源数据库上通过配置触发器 trigger 进行变化数据捕捉。它没有任何延迟，因此可以做到实时抽取增量数据。因为数据是连续、实时地在源系统进行捕捉。当源数据库中的 DML 事务执行时，变化数据开始被捕捉。同步 CDC 利用变化表和用户视图来实现。数据变化写入变化表为使用 CDC 提供了一个可扩展的基础架构。用户针对变化表的数据可以获得一致数据变化集的视图。用户可以扩展和清除订阅窗户，通过数据库视图，隐式地改变数据集。如果没有任何用户订阅变化数据，变化表中的数据可以被清除。同步 CDC 通过 PL/SQL 包进行调用。同步 CDC 的优势在于配置简单，不需要配置提取、传输、复制等功能，见图 5。

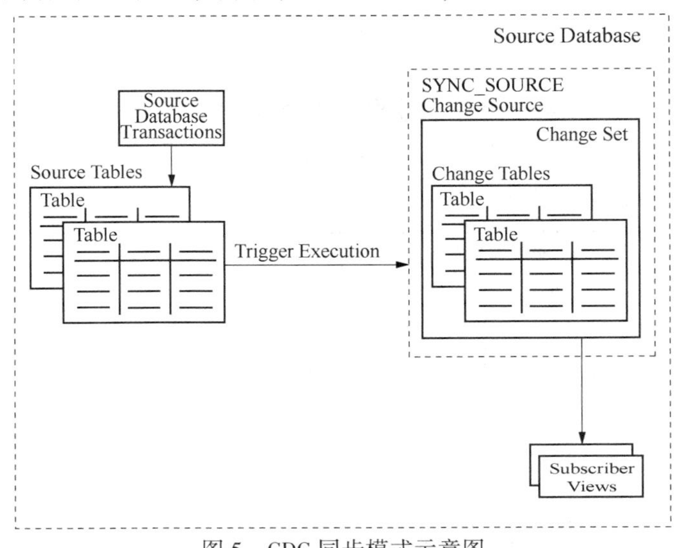

图 5 CDC 同步模式示意图

CDC实施步骤：

（1）修改源库Java池大小。

```
—查询Java池大小
select pool,sum(bytes)/1024/1024 from v $ sgastat group by pool;
SHOW PARAMETER JAVA_POOL;
—更改JAVA池大小
ALTER SYSTEM SET JAVA_POOL_SIZE=5000000;
```

（2）创建CDC表空间。

```
Create Tablespace TS_CDCPUB DATAFILE
'E:\\APP\\ADMINISTRATOR\\ORADATA\\ORCL\\CDCPUBDATA. DBF' SIZE 4000M;
—注意数据文件路径位置,正式库建议4G以上大小
```

（3）创建查询用户。

```
CREATE USER cdcpub IDENTIFIED BY cdcpub DEFAULT TABLESPACE ts_cdcpub
QUOTA UNLIMITED ON SYSTEM  —对system表空间无配额限制
QUOTA UNLIMITED ON SYSAUX;
GRANT CREATE SESSION TO cdcpub;—创建session的权限
GRANT CREATE TABLE TO cdcpub;
GRANT CREATE TABLESPACE TO cdcpub;
GRANT UNLIMITED TABLESPACE TO cdcpub;
GRANT SELECT_CATALOG_ROLE TO cdcpub;
GRANT EXECUTE_CATALOG_ROLE TO cdcpub;
GRANT DBA TO cdcpub;—所有变化表创建完成后可移除DBA权限
GRANT EXECUTE ON DBMS_CDC_PUBLISH TO cdcpub;
```

（4）创建变更集。

```
begin
    dbms_cdc_publish. create_change_set(
      change_set_name=>'SET_TEST_CHANGES',   --变更集名称
      description=>'Change Set for TEST table',   --描述
      change_source_name=>'SYNC_SOURCE');
end;
```

（5）创建变更表。

```
begin
  dbms_cdc_publish. create_change_table(
owner                =>'cdcpub',
change_table_name=>'emp',   —变更表名
  change_set_name    =>'SET_EMP_CHANGES',—变更集名称
  source_schema      =>'SCOTT',—源表的用户
  source_table      =>'EMP',—源表名
  column_type_list=>'EMPNO NUMBER',—需要同步的列
  capture_values      =>'BOTH',
  RS_ID=>'Y',
  ROW_ID=>'Y',
  USER_ID=>'Y',
  TIMESTAMP=>'N',
  OBJECT_ID=>'N',
  DDL_MARKERS       =>'N',—对于11G/12C需要此参数
  SOURCE_COLMAP=>'Y',
```

```
TARGET_COLMAP=>'Y',
OPTIONS_STRING=>' TABLESPACE TS_CDCPUB pctfree 5 pctused 95' );
  end;
```

(6) 创建缓冲区表。

使用 CodeSmith 软件抓取源库表结构生成建表 SQL，在缓冲区内创建与源库表结构一致的表。

(7) 创建 CDC 同步程序包。

参考调用 Oracle DBMS_CDC 程序集。

4.2 ETL(抽取转换加载)

ETL(Extract-Transform-Load)，用来描述将数据从来源端经过抽取(extract)、转换(transform)、加载(load)至目的端的过程。ETL 是构建数据仓库的重要一环，用户从数据源抽取出所需的数据，经过数据清洗，最终按照预先定义好的数据仓库模型，将数据加载到数据仓库中去。

九江石化 ODS 系统采用 ETL 工具 Kettle 来对异构数据库(Microsoft SQL Server，MySQL，IBM DB2，Sybase 等)进行数据抽取。

Kettle 是一款开源 ETL 工具集，纯 Java 编写，可以在 Windows、Linux 上运行，数据抽取高效稳定。它允许用户管理来自不同数据库的数据，通过软件提供的图形化用户环境来描述想做什么，而不用考虑怎么做。Kettle 中有两种脚本文件，transformation 和 job，transformation(转换)完成针对数据的基础转换，job(工作)则完成整个工作流的控制，一个 job 可以包含很多 transformation，见图 6。

针对异构数据库，可以采用以下方法来进行数据集成：

确定要同步的数据库表，在 ODS 端建立用户和与源表相同结构的表。使用 kettle 为每张表的 ETL 过程创建 transformation，根据源表数据量的多少选择全量抽取或仅抽取变化数据，编写 SQL。创建 job 将该数据库所有表的 transformation 打包在一起。调试成功后，就可以创建计划任务定时执行该 job 完成 ETL 工作了。

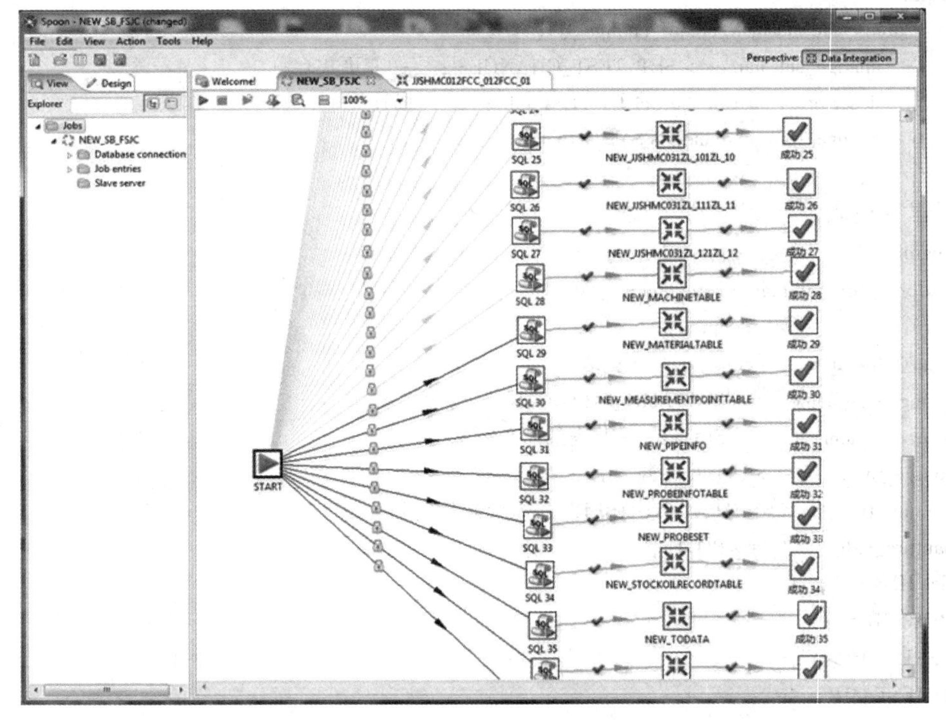

图 6 一个 job 示例(抽取异构数据库数据至 ODS)

5 结语

随着炼化企业信息化建设的迅速发展，ODS 作为企业运营数据共享平台，从企业的需求和利益出发，运用最新技术和概念，收敛企业各业务系统中的运营数据，按照企业数据模型和标准化进行数据整合，提供运营数据共享，支撑跨系统数据的应用，提升数据质量。本文介绍的 CDC 和 ETL 作为 ODS 数据集成核心技术，能够实时或准实时地从各业务系统中抽取企业运营数据，进行转换、加载、映射等工作，形成 ODS 的核心数据，为用户提供企业级的统一数据视图。所以，这些技术是炼化企业 ODS 运营数据仓库系统和数据分析成败的关键。

目前九江石化 ODS 系统已集成 20 余个外部系统数据源，整合 8 个主题域(物料、操作、能源、环保、安全、质量、设备、实时)，数据服务支撑了 15 个应用系统，并完成标准化贯标，落实中石化总部标准化管控思想，规范了企业的数据流转及数据集成技术路线。

LIMS在智能化化验室建设方面的应用

雷卫红　陈灵文

(中国石化洛阳分公司，河南洛阳　471012)

摘　要：本文主要介绍了SampleManager 11.1在洛阳石化实验室实施的硬件和在智能化化验室建设方面的应用，以及对化验人员素质和质量管理方面的促进作用。

关键词：LIMS；智能化化验室；标准；质量管理

1　引言

LIMS的发展已经有最初的试验室数据传输功能发展到以实验室为中心，将实验室的业务流程、环境、人员、仪器设备、标物标液、化学试剂、标准方法、文件记录、科研管理、项目管理、客户管理等影响分析数据的因素有机结合起来，采用先进的计算机网络技术、数据库技术和标准化的实验室管理思想，组成一个全面、规范的管理体系，为实现分析数据网上调度、分析数据自动采集、快速发布、信息共享、分析报告无纸化、质量保证体系顺利实施、成本严格控制、人员量化考核、实验室管理水平整体提高等各方面提供技术支持，是连接实验室、生产车间、质管部门及客户的信息平台，协助职能部门发现和控制影响产品质量的关键因素。

2　实施现状

洛阳石化LIMS系统共包括Sample Manager系统、TL LAB2000 LIMS系统、EQMS系统。Sample Manager系统2008年开始在我公司正式投用，主要应用在炼油部分化验分析业务及聚丙烯厂化验分析业务；TLLAB2000 LIMS系统由泰立化公司开发设计，2006年开始在我公司正式投用，主要应用在化纤业务的实验室信息化管理；EQMS系统全称为环境质量管理系统，2001年开始在我公司投入运行，主要应用在环保监测站采集(填报)装置排污口水质、废气、环境空气、职业卫生分析数据、在线监测仪表实时数据等化验分析业务。

2011年根据总部有关要求对三套系统进行了整合，统一使用Sample Manager9.2系统。2016年9月洛阳石化开始SampleManager 11.1升级工作，1月开始试运行，3月6日正式上线运行。

3　系统介绍

Thermo ScientificSampleManager 11.1系统，是目前世界上最新、可适用系统范围最广泛的一套实验室信息管理系统(LIMS)。SampleManager 11.1采用了最先进的工具，并对用户界面进行了改进，有助于提高实验室流程的分析能力、管理水平和自动化水平。

3.1　系统结构

炼化企业提升项目包含总部LIMS和企业LIMS的建设，两者相辅相成，统一建设管理。分析方法相关的基础数据在总部服务器(10.246.101.17)上管理，企业从总部服务器下载分析方法数据，企业的试验数据通过总部的上传规则上传到总部服务器。

SampleManager为三层结构的客户/服务器软件系统。

SampleManager客户端安装在用户电脑上，并向服务器发出信息请求，进行日常业务处理。

SampleManager服务器保存了SampleManager程序、数据文件和所有客户使用的程序，并处理客户端和数据库之间的连接。

3.2 数据结构

Sample Manager 数据库允许用户使用储存在数据库表里的信息定义化验室模型。每个数据库由很多数据项组成，称为记录；一条记录由多个字段组成，标识符或 ID 字段是唯一用来标识表中的每条记录；表中的所有记录具有相同的结构，包含相同的字段，这些数据结构贯穿整个 Sample Manager 系统的应用。

3.3 安全机制

SampleManager 的安全机制是通过操作者、用户、组、角色的配置来实现系统安全控制的。

SampleManager 认可两类实验室中可交互的人员。它保存这些人员的信息，并使用这些信息来跟踪数据的来源和操作。

3.4 系统配置

Sample Manager 系统安装后，可直接根据用户需要进行配置，根据实际需要对特定用户进行功能设置和个性化角色配置，通过组合角色控制每个用户的使用功能。Sample Manager 系统采用一系列的配置选项，其中很多选项设置为布尔型，配置选项可以在许多等级上进行设置。

4 智能化方面的实施效果

4.1 实现实验室数据自动化，提高数据准确度

实施 LIMS 系统前，实验室的手动项目要用计算器处理数据。每次计算都要重复性计算才能保证数据不出错，且计算过程中有效数字的取舍也直接影响数据的准确性。实现 LIMS 系统后，由于在分析测试中制定了公式，系统按照修约规则进行修约，较好地避免了中间修约带来的误差。分析者只需将原始数据正确输入计算机，系统便会自动计算结果。该系统还具有与 RS-232 接口仪器数据串行导入功能，通过 DCU(Data Capture Units)从检测仪器指定的目录下查阅收集数据并形成文本文件，经过处理的分析结存入数据库，既提高了工作效率，又可减少数据录入错误。LIMS 系统遵循 21 CFR Part 11 电子文档电子签字的规范，DCU 中新的 StarDOC 模块可采集符合上述规范的数据，采用光谱、图表及文件等形式保存原始记录，保证数据的可追溯性。它可避免数据的修约错误，例如液化气的组成分析，用经典的方法每个组成要报 15 个数据，分析人员首先要对数据进行手动修约，修约后加和到百分百，抄录在原始记录本上，交班长审批，通过自动采集可有效避免修约不准确或抄错数据等人为差错发生。

4.2 分析任务自动下达

对于分析频率固定的样品，可以通过定制采样计划，设置分析项目和样品信息按照固定的分析频次登陆出样品。对于分析频率不固定的样品可分为“通知类任务申请”、“非通知类任务申请”两中种流程。通过这两种了流程可满足分析需求，如图 1 所示。

4.3 仪器设备和计量器具到期提醒功能

该功能规范了仪器设备和计量器具的管理。根据 ISO/IEC17025 的要求，所有检测设备、校准工具和计量器具，在投入使用前应进行校准，LIMS 系统具有提示仪器和计量器具定期校准和检定的功能，并可建立仪器/设备档案和计量器具检定文档，文档内容包括仪器名称、生产厂家、型号、出厂编号、企业编号、购买日期、检定日期、投入使用日期、检定周期、归属部门、岗位等信息，LIMS 按照校验周期，自动提示该仪器的校准信息，如果超过了校验周期，该仪器的分析数据则不能通过二级审核，即分析数据无效，只有对仪器重新校验确认后才能恢复正常分析，可避免由于仪器本身精度误差原因产生错误数据。该系统还可对仪器/设备档案中的相关项目及仪器使用频次进行统计，生成仪器使用情况统计汇总表，并可从中发现易产生故障的仪器和故障原因，便于对仪器供应商进行评估，也可及时做好主备件的库存准备。

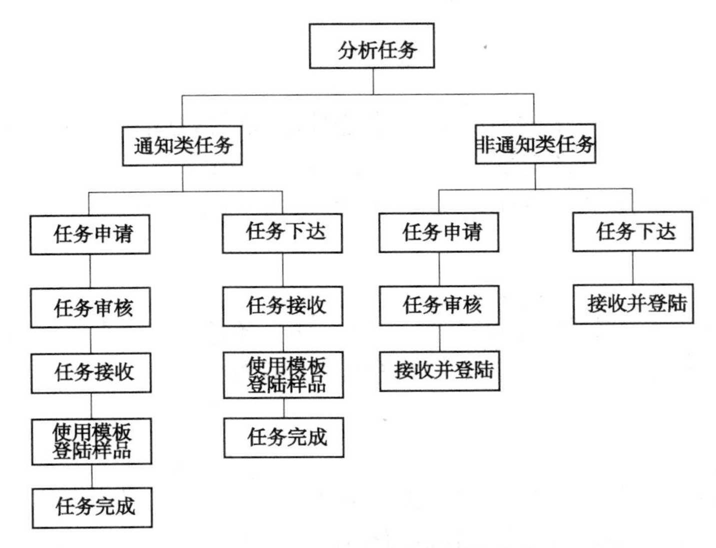

图 1　分析频率不固定的样品流程

5　质量提升方面的应用

5.1　采样点和物料编码标准化

本次总部对各分公司每个装置的采样点，按统一要求进行编码，这样中国石化企业间可以进行横向比对，便于查询各个采样点上质量控制。

物料基于中国石化标准化物料编码，包含各分公司的物料信息，用于总部对各分公司物料的统一管理。各单位物料必须统一下载使用中石化统一编码。

如果增加新的采样点和物料必须统一申请，并从总部 LIMS 下载，便于中石化统一管理，及时掌握各分公司生产经营情况。

采样点和物料标准化，充分发挥 LIMS 的作用，方便总部统一对各个分公司建立档案，将各分公司的的从原料到产品的数据进行汇总和比对，利用互联网大数据系统对各个分公司的生产经营情况进行分析，将质量数据按照用户要求进行管理和分析，提高各分公司的产品质量，找出各分公司盈利和亏损的原因，协助分公司扭亏为赢。

5.2　分析方法的统一建在总部服务器

（1）分析方法统一建立在总部服务器上，各分公司用户无需再一一建立分析方法，各分公司根据需要下载使用，分公司企业标准方法首先建立在总部服务器，然后再下载。便于企业之间统一方法，互相学习和借鉴。

对分析项目和外报组分进行统一管理，相同的项目由于使用单位和通俗用法，会出现差异，通过方法下载模块管理达到分析项目和外报组分统一一致。

总部服务器设有分析方法查新模块，可以保证企业标准及时更新。

（2）在分析方法中设置应用了平行样超差功能，当化验人员在进行样品输入时，如果平行样品不符合误差要求 LIMS 自动提醒样品超差，化验人员必须进行复测，平行样符合误差要求才能输入结果，保证了化验数据异常时人员必须复测，否则无法发布。

分析方法的统一模块，便于总部掌握各分公司的分析情况，因为相同分析方法的分析结果才能比对，利用大数据系统进行分析，对各分公司化验室质量进行提升，优化分析方法，淘汰落后和伤害分析人员身体的分析方法，建立质量信得过绿色环保的自动化实验室。各分公司实验室之间可以资源共享，互相为对方提供分析服务，开展实验室分析方法比对，提高实验室分析水平，分享先进的分析方法和仪器。

5.3 标准溶液和标准曲线统一管理

对试验室的标准溶液、曲线进行统一管理，避免曲线到期不及时更换和标准溶液失效。

实现标准溶液的全过程管理和应用。标准化分析班组(岗位)负责配置相应的标准溶液，配置完成后必须按时间、浓度、配置人、试剂有效期等信息及时录入 LIMS 到审核生成标准溶液记录；分析班组领用标液使用必须填写领用台账。标准溶液到期前 3 天(可以根据情况设置)，系统泛红提醒用户及时配置新的标准溶液，也避免一次配置过多试剂失效，标准溶液到期后无法使用必须在系统对新的标准溶液进行更新后才能应用，如图 2 所示。

常规 | 配制记录 | 领用记录

	HCLZJ004
标液名称	盐酸（4）
标准浓度	1
实际浓度	1.022
校正类型	标定法
配置日期	2017-3-8 10:06
配制量(mL)	
浓度单位	mol/L
失效日期	2017-5-7 23:59
配置人	刘蔚
剩余量(mL)	
状态	有效
组	化工站试剂组

配置日期	配置人	实际浓度	有效期至	剩余量(mL)	配置量(mL)	提醒(天)	样品ID
2016-9-23 15:17	刘蔚	1.002	2016-11-22 23:59	4,500	4,500		81793
2016-11-15 17:55	刘蔚	1.014	2017-1-14 23:59	4,500	4,500		9127
2016-11-16 17:16	闫晓辉	1.014	2017-1-15 23:59	3,500	4,500		9623
2016-12-2 14:19	底孟君	1.012	2017-1-31 23:59	4,500	4,500		17123
2017-1-23 16:12	刘蔚	1.024	2017-3-24 23:59	3,500	4,500		40022
2017-3-8 10:06	刘蔚	1.022	2017-5-7 23:59	5,000	5,000		3841

图 2　标准溶液全过程管理和应用

标准曲线实现了全业务流的管理。从标准曲线的制作过程，自动拟合曲线，计算斜率、截距、相关系数，到审核生成曲线检定记录，以及期间核查管理。在样品分析时，调用仪器的曲线参数，自动计算分析结果。如果曲线到期系统提前一个月泛蓝提醒，提前三天系统泛红(系统可以根据需要设置)提醒技术人员配置标准曲线，到期后曲线无法使用必须更换，如图 3 所示。

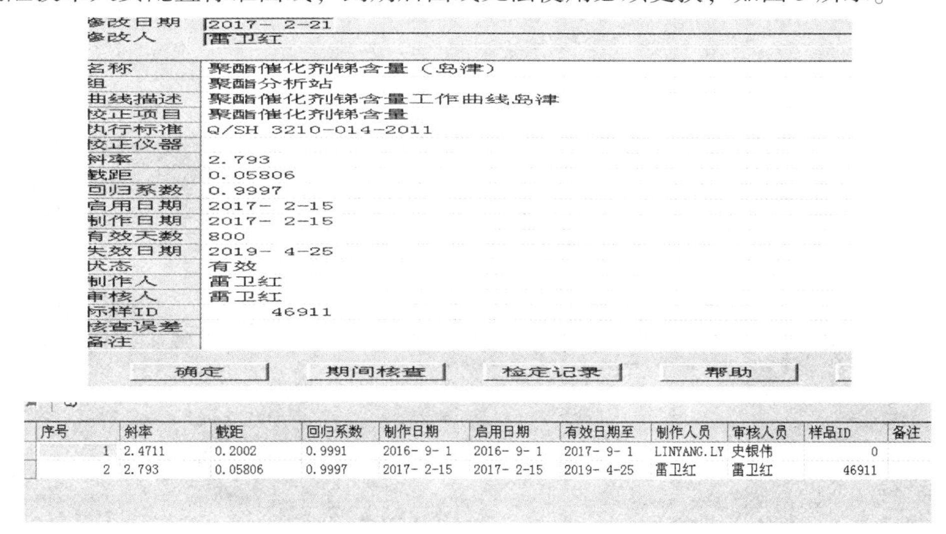

修改日期	2017- 2-21
修改人	雷卫红
名称	聚酯催化剂锑含量（岛津）
组	聚酯分析站
曲线描述	聚酯催化剂锑含量工作曲线岛津
校正项目	聚酯催化剂锑含量
执行标准	Q/SH 3210-014-2011
校正仪器	
斜率	2.793
截距	0.05806
回归系数	0.9997
启用日期	2017- 2-15
制作日期	2017- 2-15
有效天数	800
失效日期	2019- 4-25
状态	有效
制作人	雷卫红
审核人	雷卫红
标样ID	46911
核查误差	
备注	

确定　期间核查　检定记录　帮助

序号	斜率	截距	回归系数	制作日期	启用日期	有效日期至	制作人员	审核人员	样品ID	备注
1	2.4711	0.2002	0.9991	2016- 9- 1	2016- 9- 1	2017- 9- 1	LINYANG.LY	史银伟	0	
2	2.793	0.05806	0.9997	2017- 2-15	2017- 2-15	2019- 4-25	雷卫红	雷卫红	46911	

图 3　标准曲线全业务流管理

标准溶液和标准曲线统一管理，避免了曲线和标准溶液到期不更换的事件发生，为化验室质量管理不可缺少部分，便于上级部门的管理和检查，规范了实验室标准物的管理。

5.4 方便快捷的流程图数据查询功能

装置流程图是对生产数据查询的另一种方式，可以通过装置平面图查看任意一个采样点的生产数据，通过此功能使系统能够快速的进入数据查询界面。

升级后的 LIMS 流程图采用 VISI0 界面方便直观，如果产品不合格采样点立即变红闪动，提醒装置人员查看原因，双击立即显示该采样点 7 天数据，便于技术人员对降等原因进行分析，十五天没数据黄色闪动，如图 4 所示。

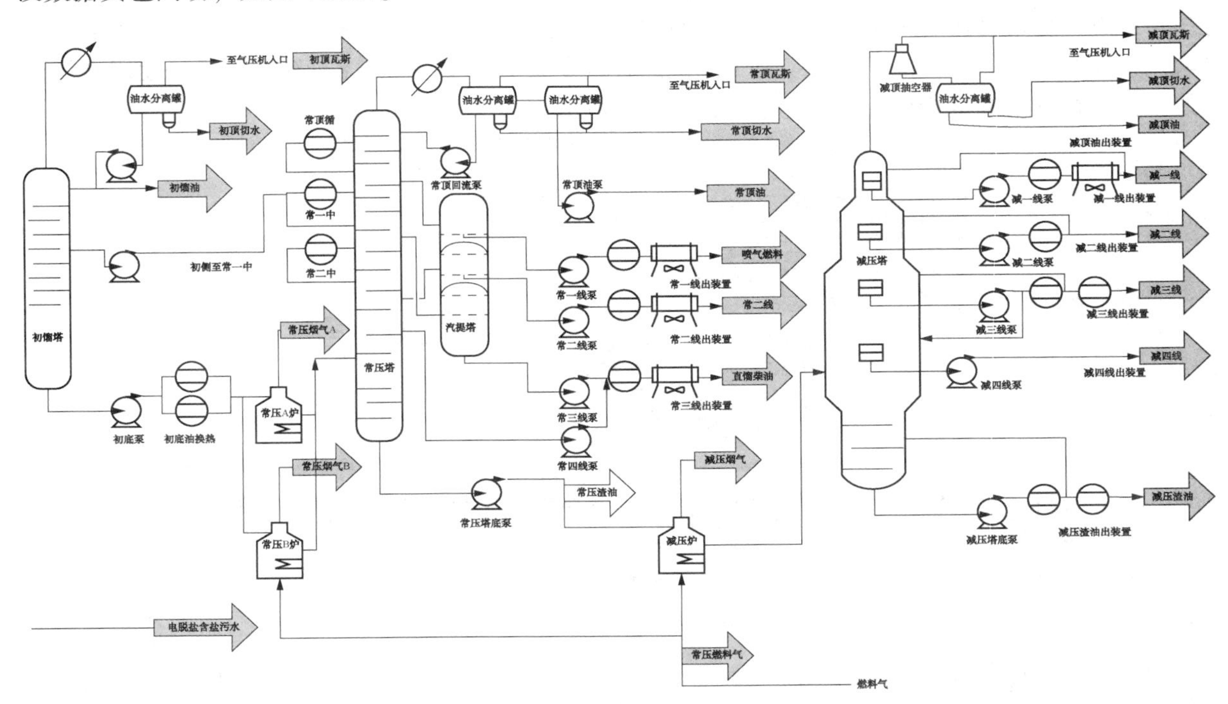

图 4　流程图 VISIO 界面

5.5　集成 MES 进行罐区监控

和 MES 联用，采用 MES 中相关数据(如罐高、罐量等)，与 LIMS 中的关键项目一同显示在一个界面上，检查员或管理人员可以根据生产及罐量情况，安排采样。罐区质量企控一目了然，如图 5 所示。

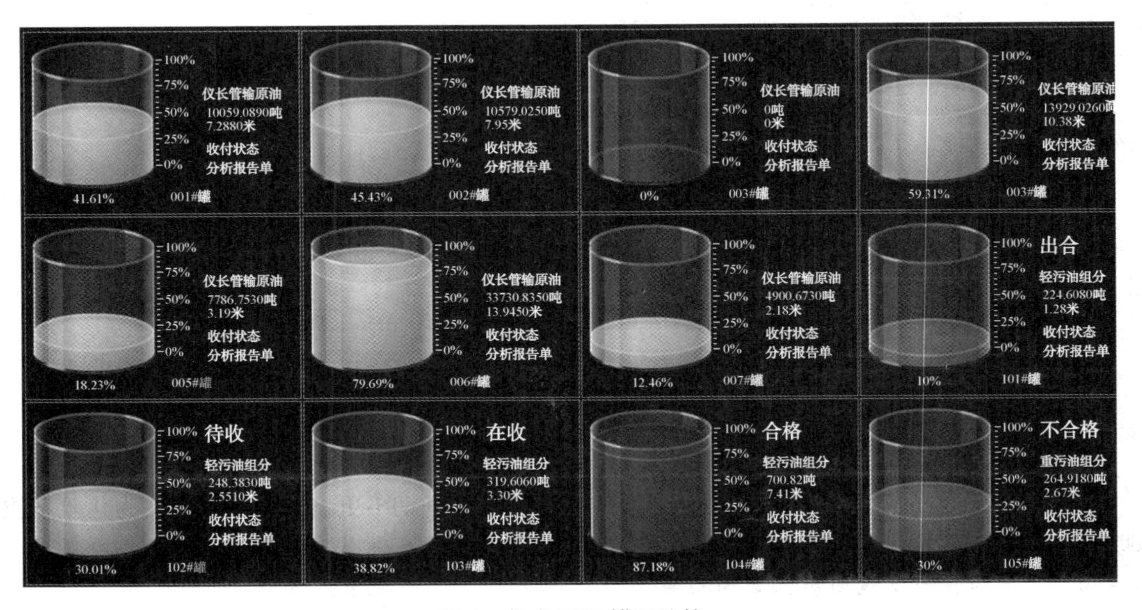

图 5　集成 EMS 罐区监控

在生产过程中，装置或罐出现不合格时，是什么原因造成的？立即追踪：化验问题？立即采样分析，上游进料问题？立即查询上游样品数据；操作问题？立即查阅工艺调整。并且可以通过馏出口的上下游关系来追溯问题；或罐的进料来源追溯到样品的源头。

5.6 人员的提升和实验室水平提升

通过 LIMS 系统的搭建，系统管理员完成了从采样点、物料编码，分析方法，测试表、规格指标、样品模板，标准溶液，标准曲线的生成，合格证、原材料评定等工作，完成了 SampleManager 11 客户端和 WEB 安装，使自己的专业知识水平和电脑水平都得到了提升，系统推广时，每个系统管理员对自己负责区域的化验人员要进行培训，让所有化验人员的熟练的掌握 LIMS 的录入，下样、二审、三审生产合格证和原材料评定单等工作，通过培训，使基层化验人员的业务能力和计算机操作能力得到了提升。

总部对下属分公司 LIMS 使用每个月进行考核，系统管理员为了保证化验人员正确使用 LIMS，首先熟练掌握操作要领，熟悉业务，研究总部考核规则，编制 LIMS 操作要点和使用注意事项，定期对化验工进行培训，提升化验工的操作水平和使用计算机的水平。

LIMS 技术是网络时代提高实验室整体水平的一个重要工具，是实现全部数据分析业务整合集成的有效载体。如果没有 LIMS 当技术部门急需某些临时采样点的质量数据时，就需要花费大量时间对数据进行统计，大大降低了数据的利用率。LIMS 系统实施后，该问题得到了有效解决，既可准确地掌握各装置的质量信息，又可随时查询各临时采样点的数据，查询方式方便灵活，也可达到信息共享，当上游装置发生波动时，早发现、早预防、早解决。实现网上传递数据，减少了差错率和工作量，节省了劳动力，提高了数据的准确性，同时还可通过统计控制图排除一些潜在的不良因素，提高产品的合格率。

LIMS 系统不仅使得质量控制指标在质量管理控制环节自行发生作用，还起到了对质量数据长期沉淀的作用，通过对大量质量信息的深度挖掘提炼，能够形成对后期产品质量的预估和判断，达到了对质量事故起到提前预警的作用，统一对大客户建立服务档案，将质量数据按照用户要求进行管理和分析，从而使 LIMS 发挥更大的作用。

6 结论

LIMS 是提升化验室数据系统和质量管理的重要工具，新版的 LIMS 实现了采样点和物料编码标准化，分析方法统一，标准曲线和标准溶液的管理，和 EMS 联用使罐区动态化管理的功能，但在质量提升方面还有很多工作，是否引入更多的数理统计技术，如方差分析、相关和回归分析、显著性检验、累积和控制图、抽样检验等，协助职能部门发现和控制影响产品质量的关键因素，改进质量管理手段。

挖掘大数据的作用，利用大数据对分析方法进行精密度和不确定度分析改进分析方法；对化验人员的分析水平进行评估，建立智能化化验室；对各生产装置的生产能力和操作水平进行评估，从而帮助企业提高效益。

PIMS模型用于乙烯原料结构调整潜力分析

唐未庆

(中国石化天津分公司，天津 300271)

摘 要：经过多年适应性改造，某企业乙烯原料可供资源量、裂解炉投料结构等有了较大变化。原有PIMS模型优化结果与实际相比偏差较大。在深入分析乙烯装置工艺流程基础上，对PIMS模型进行了分炉型裂解、按各关键设备设置能力、乙丙烷循环裂解等结构设计。用新开发的PIMS模型进行了企业裂解原料轻质化、原料结构优化、装置流程瓶颈分析等研究。该模型开发与应用有助于企业开展优化乙烯原料结构、消除瓶颈改造等工作，从而提高整体经济效益。

关键词：乙烯；原料；结构；调整；PIMS；模型

1 引言

乙烯装置是炼化一体化企业的关键装置，是化工板块的龙头。乙烯原料优化对提高企业整体经济效益至关重要，一直是资源优化的重点工作。

目前中国石化已经广泛应用各种优化软件，其中日常生产经营排产与优化分析广泛采用Aspen PIMS软件，取得了明显的经济效益，有成熟的使用经验。PIMS软件作为整体优化分析工具，主要用于生产厂级或分公司级装置负荷、原料结构及产品结构等的优化模拟。

原来开发的PIMS模型中，乙烯装置PIMS模型是将乙烯装置按一套联合装置设计的架构，不同裂解原料按最终收率而非单程收率进入子模型，同时将乙烯产能作为整套联合装置唯一标识能力。随着裂解原料品种结构的大幅变化，乙烯装置瓶颈发生变化。尤其是不同轻烃品种性质相差较大，占用乙烯装置设备的能力差异也较大，如果采用原来的PIMS模型开展优化工作，其计算结果与实际边际贡献偏差较大，这就迫切需要重新开发PIMS模型中乙烯装置的模型架构，满足企业裂解原料结构日常优化需要，并为乙烯装置瓶颈消除改造提供参考。

2 某企业乙烯装置及PIMS模型情况

2.1 乙烯装置情况

某企业乙烯装置于1992年12月开工建设，1995年11月投产，原设计乙烯年产量14×10^4t/a(以8000h计)，采用美国鲁姆斯公司顺序深冷分离专利技术，有5台SR-IV型裂解炉。当时设计原料以石脑油、轻柴油为主。2001年4月完成整体扩能改造，乙烯产能提高至20×10^4t/a。裂解炉由5台增加至6台，新建6#裂解炉为CBL型裂解炉，可裂解加氢裂化柴油、尾油及全馏程石脑油。后分离设备扩能改造仍参照石脑油和轻柴油性质。

该乙烯装置的流程是，各种原料进入裂解炉进行蒸汽裂解，然后按顺序进行后续分离与精制。该乙烯装置根据工艺流程及管理需要，将乙烯装置划分为裂解单元(含裂解炉、急冷、汽油分馏等)、压缩单元(含GB201裂解气压缩机、碱洗及干燥等设备)、分离单元1(含冷箱、甲烷化、脱甲烷等塔系设备)、分离单元2(含脱乙烷、乙炔加氢、乙烯精馏等塔系设备)、分离单元3(含脱丙烷、丙二烯转化、丙烯精馏、脱丁烷等塔系设备)、丙烯制冷及乙烯制冷单元等，见图1。

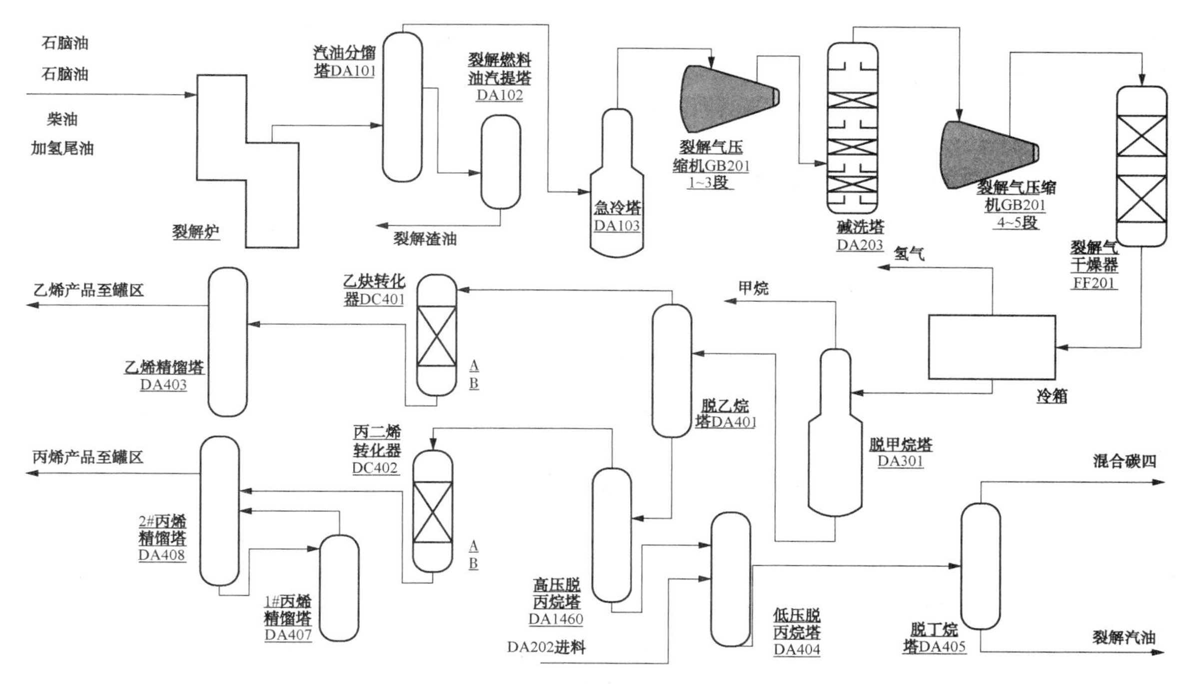

图 1　乙烯装置流程图

近十几年来，随着上游炼油装置改造及周边企业可供原料资源量的不断变化，企业对裂解炉及投料流程也进行了一系列适应性改造，包括裂解炉更换新型炉管(目前全部改为 CBL 型炉)、轻重石脑油分储分裂流程、多加工加氢裂化尾油/柴油流程、加工芳烃歧化尾气流程、加工炼油板块富乙烯气(直接进压缩单元)及富乙烷气流程等，具体见表 1。裂解炉投料品种调整及各种资源供应能力的变化尤其是原料结构轻质化，虽然给企业根据各原料资源供应及其边际贡献，充分挖掘装置潜力、优化选择原料、降低吨乙烯原料成本等创造了更大的优化空间，但对乙烯装置后分离系统部分设备负荷影响较大。

表 1　裂解炉原设计及当前原料结构适应性对比

原　料	1#炉	2#炉	3#炉	4#炉	5#炉	6#炉	其他原料
设计原料							
C_2、C_3轻烃	√	1#炉烧焦时√					
C_5~C_9全石脑油	√	√	√	√	√		
轻柴油			√	√	√		
当前原料							
C_2、C_3轻烃	√	√					
C_5、C_6轻石脑油	√	√		√	√	√	
C_5~C_9全石脑油	√	√	√	√	√	√	
裂化柴油尾油			√		√	√	
富乙烯气							√

注：√表示裂解炉可裂解该原料品种，其中“其他原料”表示该原料不需裂解即不进任何裂解炉而是直接进入到压缩单元。

随着企业 C_2、C_3轻烃、C_5、C_6轻石脑油作裂解料比例的提高，后分离流程各设备能力之间不再匹配，装置瓶颈发生变化。各类轻烃品种与重质裂解料对乙烯装置不同设备能力占用差异问题进一步突出，制约模拟分析及优化准确性。

2.2　PIMS 模型及应用现状

企业原来开发的乙烯装置 PIMS 模型是将乙烯装置按一套联合装置设计的架构，不同裂解原料按最终收率而非单程收率进入子模型，同时将乙烯产能作为整套联合装置唯一标识能力。随着裂解原料品种结构的大幅变化，乙烯装置瓶颈发生变化。尤其是不同轻烃品种性质相差较大，其占用乙烯装置设备的能力差异也较大，如果采用原PIMS模型开展优化工作，其计算结果与实际边际贡献偏差较大，这就迫切需要重新开发PIMS模型中乙烯装置的模型架构，满足企业裂解原料结构日常优化需要，并为乙烯装置瓶颈消除改造提供参考。

3 新PIMS模型结构的设计

模型架构中按照分炉裂解建模，各原料裂解收率用单程裂解收率而不是最终裂解收率，即循环乙烷、循环丙烷返回到裂解炉进行循环再裂解。对标定数据、历史数据、模拟单程裂解收率、LIMS数据等进行统筹分析，编制子模型[1]。

主要原料性质是：C_5、C_6轻石脑油，主要含C_5、C_6饱和烃类，链烷烃含量80%~87%；C_5~C_9全馏程石脑油，是企业上游炼油装置自产的加氢石脑油，或是系统内互供来的混合石脑油，链烷烃含量68%左右。

裂化柴油尾油组分：为本企业炼油装置生产的加氢裂化柴油尾油馏分段，一般BMCI为15~18(BMCI指相关指数，是与相对密度和沸点相关联指标，可标示原料裂解性能)。

C_2、C_3轻烃包括丙烷、歧化尾气、富乙烷气等三种，其中：丙烷也称气分丙烷，为炼油板块液化石油气气体分离装置生产的工业丙烷，纯度约95%(体积分数)。歧化尾气为芳烃联合装置歧化单元反应释放气，一般含乙烷45%、丙烷30%(体积分数)。富乙烷气为炼油饱和干气吸附分离精制后轻烃，一般含乙烷60%、丙烷16%(体积分数)。

富乙烯气：为炼油不饱和干气吸附分离精制后的轻烃产品，一般含乙烯43%、乙烷39%(体积分数)等。富乙烯气为不饱和C_2干气，不能直接进裂解炉可直接进GB201裂解气压缩系统，不作为裂解炉进料统计但作为乙烯装置原料总量统计。

各单元设备高限能力/低限能力是装置最重要的参数，与PIMS模拟优化结果有直接关系。设备高限能力以标定值、历史高值及设计数据中的最大者为准。各裂解炉按不同原料，有不同投料高限能力；各裂解炉投料能力低限通常按0取值(因裂解炉投料能力远大于后续分离精制设备能力)。其他设备能力以其历史低值或按高限能力的65%取值。装置产氢能力涉及冷箱及甲烷单元，按产氢量标识，不能分离出来的裂解氢气并入甲烷燃料气中。丙烯制冷单元、乙烯制冷单元等其能力不影响本装置原料轻质化，PIMS模型中仍不作考虑[2]。部分进入PIMS模型CAPS表的设备高低限能力如表2所示。

表2 乙烯装置后分离精制流程关键设备标识能力

项　　目	低限能力	高限能力	备注
裂解段液态组分量	√	√	按平衡量计
GB201/干燥器能力	√	√	以单元出口计
裂解氢气产能	√	√	
脱甲烷塔进料	√	√	
脱乙烷塔进料	√	√	
乙烯精馏塔乙烯产能	√	√	
脱丙烷塔进料	√	√	
丙烯精馏塔丙烯产能	√	√	
脱丁烷塔进料	√	√	

注：√表示模型设计时需要考虑该设备的低限、高限处理能力。

4 PIMS模型用于现实条件下的原料结构模拟优化

考虑市场价格后，优化模拟过程中因不同原料的采购成本或生产成本不同，边际贡献也不同，PIMS模型将会选择经济效益最大的原料组合方案，其中考虑了不同结构的原料成本、产出价值及其对装置能力的占用等。所谓原料轻质化潜力是指多加工 C_2、C_3轻烃及 C_5、C_6轻石脑油的能力。这两类原料一般乙烯、丙烯高附加值产品收率贡献最大，裂解边际经济贡献也较高。全馏分石脑油、裂化尾油柴油等相对重些的裂解原料边际贡献相对较差，但两种原料占用装置瓶颈能力少，也是原料结构中的有益补充。

4.1 CASE 设置

对各种可能方案都进行了模拟，其中对两种典型轻质化方案作为示例列出。设置 CASE，对四类原料投裂解炉子情况进行模拟，方案如下：

2201 方案：2 台轻烃炉-2 台 C_5、C_6轻石炉-0 台全石炉-1 台裂化尾油柴油炉。

1211 方案：1 台轻烃炉-2 台 C_5、C_6轻石炉-1 台全石炉-1 台裂化尾油柴油炉。

相对而言，2201 方案比 1211 方案，裂解原料结构更加轻质化。

原料最大可供资源量：轻烃足够 2 台裂解炉使用，C_5、C_6轻石脑油足够 2 台裂解炉使用，C_5～C_9全馏程石脑油足够 2 台裂解炉使用，裂化柴油尾油足够 1 台裂解炉使用。

市场价格条件：各种原料成本不同、裂解收率不同，各种原料之间的优化匹配无疑受到市场价格的影响。原料含税价格：C_5～C_9全馏程石脑油 3410 元/t，C_5、C_6轻石脑油 3069 元/t，裂化柴油尾油 3342 元/t，工业用天然气 2760 元/t，液化石油气 3776 元/t。C_2、C_3轻烃类参照天然气、液化石油气价格等因素定价。裂解产品价格见表 3。

表 3　主要裂解产品价格　　元/t

产　品	含税价格	备注	产　品	含税价格	备注
乙烯	10300		石油苯	8250	
丙烯	7460		混合苯其他	6000	细项产品略
裂解 C_5	4410		C_9/C_{10}	3220	
丁二烯	20000		裂解渣油	2270	
其他 C_4	4650	细项产品略	裂解氢气	7338	

4.2 优化运算结果

针对不同 CASE 运行 PIMS 模型，分别得到该特定条件下的模拟结果，具体数据见表 4～表 7。

表 4　两套典型原料轻质化方案原料投入量对比　　t/d

项　　目	2201 方案	1211 方案	差异
	投料量/投炉数	投料量/投炉数	投料量差
各轻烃投料量	375.1/2 炉	114.7/1 炉	-260.5
轻石脑油投料量	694.1/2 炉	836.8/2 炉	142.7
全馏程石脑油投料量	0/0 炉	312.0/1 炉	312.0
尾油柴油投料量	468.0/1 炉	468.0/1 炉	0
富乙烯气量	46.0	46.0	0
总计原料	1583.2/5 炉	1777.4/5 炉	194.2

表 5　两套典型原料轻质化方案关键设备负荷率对比　　%

项　　目	2201 方案	1211 方案	差异
裂解液态组分	65.3	82.7	17.4
GB201/干燥器出口	94.5	99.0	4.5
脱甲烷塔进料	86.6	89.8	3.2
脱乙烷塔进料	89.3	92.6	3.3
乙烯精馏单乙烯	100.0	100.0	0
脱丙烷塔进料	68.5	88.0	19.4
丙烯精馏产丙烯	70.7	93.1	22.3
脱丁烷塔进料	64.8	82.6	17.8

表 6　两套典型原料轻质化方案乙烯装置产量对比　　t/d

裂解产物	2201 方案	1211 方案	差异
裂解氢	13.6	13.6	0.0
甲烷	276.4	288.5	12.0
乙烯	648.6	648.6	0.0
丙烯	205.1	269.9	64.8
丁二烯	77.7	94.7	17.0
其他 C_4	69.0	93.5	24.5
粗混合苯含 C_5	53.7	61.1	7.4
粗混合苯含抽余油	75.8	90.2	14.4
粗混合苯含石油苯	49.5	66.5	17.0
粗混合苯含甲苯	21.6	26.6	5.0
粗混合 C_8 芳烃	16.3	24.5	8.2
粗混合苯含 C_9、C_{10}	24.4	36.6	12.2
裂解渣油	42.8	54.2	11.4
合计	1574.4	1768.5	194.1

表 7　两套典型原料轻质化方案经济指标对比　　万元/d

经济指标	2201 方案	1211 方案	差异
产品销售	2351.0	2463.0	112.0
原料成本	1177.0	1229.2	52.2
燃动辅料	293.1	298.3	5.3
边际贡献	881.0	935.5	54.6

4.3　PIMS 模型运行结果分析

4.3.1　关于装置负荷率及装置瓶颈

达到或接近设备上限能力、下限能力的因素视作流程系统瓶颈。从两方案运行结果可看到，2201 方案仅乙烯产量达设备能力上限，1211 方案乙烯精馏塔乙烯负荷率、裂解气压缩机负荷率分别达到或接近设备能力上限；2201 方案裂解段液相产物量、脱丁烷塔进料等两个部位负荷率在 65%左右，再低影响设备平稳操作或蒸汽系统平衡，可以认为达到或接近设备能力下限，而 1211 方案没有出现低限问题。可以说 1211 方案设备总体能力利用率更高。另外冷箱及甲烷化单元能力尽管不影响原料结构轻质化，但影响氢气产出及经济效益，也是装置瓶颈。这些部位瓶颈，在有条件时可以适当投资进行脱瓶颈改造予以消除。

4.3.2　关于轻质化潜力及优化方案

上述特定条件下 1211 方案相对 2201 方案，多投原料 194.2t、多产出产品 194.1t，整体设备负荷利用率及经济效益更高。尽管 2201 方案比 1211 方案原料更轻质化，乙烯收率更高，但因装置出现多个瓶颈，原料过度轻质化限制了原料总投料量。可以说 2201 方案是本乙烯装置轻质化最大潜力，但不是装置最优化原料结构，1211 方案是本条件下效益最佳原料结构方案。

5　结论

（1）改造前的乙烯装置 PIMS 模型架构不能满足乙烯原料结构大幅变化时的优化需要，如果实际原料与原设计原料性质差异较大时会出现较大偏差误差，影响优化准确性。新构建的精细化 PIMS 模型结构能够用于乙烯装置原料结构调整模拟，包括模拟轻质化潜力、乙烯原料结构最优方案，从而实现炼化企业整体效益最大化，使 PIMS 软件的应用潜力也得到了发挥。

（2）本文所述乙烯装置设计原料主体是全馏程石脑油，其稳定运行原料轻质化潜力是投 2 台轻烃炉、2 台 C_5、C_6轻石脑油炉、1 台重裂解料炉（2201 方案）。但因设备能力瓶颈，该轻质化结构制约了装置总投料量和设备能力的发挥，整体效益相对更大方案不是最轻质化方案，而是 1211 方案。

（3）装置运行状况发生变化，装置瓶颈也会变化，对投料结构及轻质化优化程度有影响。同时原料资源结构及市场价格变化，效益最大化的原料结构方案可能也会发生变化，需要及时利用 PIMS 模型进行优化测算分析，为企业增效提供参考。

参 考 文 献

[1] 瞿国华．乙烯工业原料优化[M]．北京：中国石化出版社，2003：4-8.

[2] 唐末庆．催化干气提纯后作乙烯原料技术经济分析[J]．石油化工技术与经济，2013，21(10)：22-26.

Web数据库互连技术在计量监控系统中的应用

秦　卿

（中国石化仪征化纤有限责任公司，江苏仪征　211900）

摘　要： 介绍了计量监控系统的建立以及Web数据库互连技术在该系统的应用。

关键词： 计量监控；Web发布；IDC

1　引言

计量监控管理系统对于计量器具管理和能源消耗统计具有重要的意义。该应用实现了计量表计数据的集中采集，可提供实时数据、历史数据、报表数据的查询，为能源计量管理提供有力的依据，在工业生产领域具有广阔的应用前景。

2　系统需求分析

（1）传统的能源计量表计管理难、数据处理效率低。传统的计量管理由人工抄表、统计数据，很多故障问题不能及时发现，在供用不平衡时甚至不能准确判断是哪个表计故障，管理落后、局面混乱无序难以控制。计量表计分散，要耗费大量的人力分区域分时段抄表，抄表后再进行数据统计、分析，不仅误差大而且效率低。

（2）国家号召节能减排，计量监控系统可实时监测计量数据，实现对物料、能源、产品各环节的监控，及时调整设备运行状态、调节生产用料，从而实现生产过程物料平衡，完成公司节能降耗的各项指标。

（3）计量监控系统集远程数据通讯、计算机网络、Web数据库互联技术、数据库管理等先进技术于一体，可以实现能源计量系统的供出、使用、输配、损耗的全过程监控和管理调度，实现生产信息、管网状况的自动化收集、分类、传送、整理、分析、存储以及能源管理、财务结算、生产节能、市场信息自动传递和共享。

3　总体设计思想

3.1　总体方案

集成管理系统由仪表计量层与信息管理层这两级网络组成。仪表计量层每个计量点都配备一套简易采集设备，信息管理层由数据服务器、Web服务器组成信息管理服务系统。仪表计量层与信息管理层的设备通过公司内部的以太网局域网连接，从而将各个在地理位置上分散的采集站连接成为一个整体网络。

整个系统以调度室为核心，调度控制中心用于集中数据、遥测遥讯各种能源介质的计量情况，各个管线能源数据的供用平衡和各远程站点的运行。调度控制中心通过适当的通讯系统，利用安装在各场站的远程终端单元（简称RTU）采集各类不同的工艺数据，及时分析、处理，并对管网进行远程的监视，保证各类能源介质的安全、稳定、连续的输送。同时向管网与运行相关的管理部门传递和交换信息。数据交互示意图如图1所示。

3.2　网络结构

该系统采用B/S（即浏览器/服务器结构）架构，主要包括串口服务器、数采网关机、数据库服务器、Web 服务器和客户端 5 个部分。

3.2.1　串口服务器

串口服务器提供串口转网络功能，串口服务器能够将 RS-232/485/422 串口转换成 TCP/IP 网络接口，实现 RS-232/485/422 串口与 TCP/IP 网络接口的数据双向透明传输。

3.2.2　数采网关机

负责从各个串口服务中采集计量表计数据(一台数据采集网关机最多可以虚拟 254 个串口，连接 254 台串口服务器)，送到实时数据库中；同时充当管理网络与控制网络之间的网关。采集器与实时数据库之间的网络出现问题时，数据会先保存在网关机上，当故障网络恢复正常时，保存在网关机上的数据会自动上传到实时数据库服务器上，保证所采集数据的完整性。

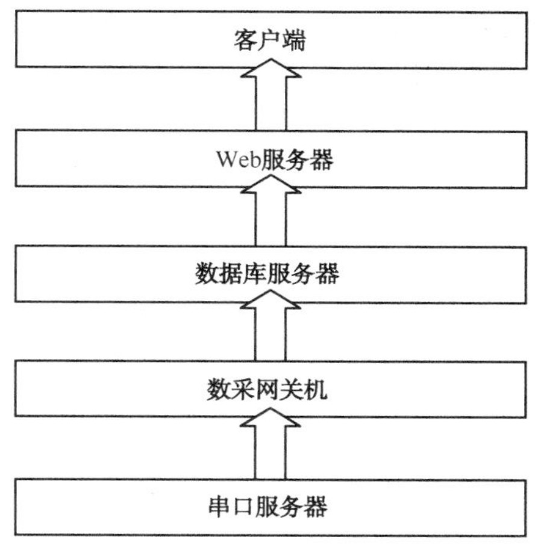

图 1　数据交互示意图

3.2.3　数据库服务器

负责采集各个子系统(各分公司)的实时生产数据，用于数据展示。在实时数据库容量允许的情况下，可以很方便的将新的控制系统、PLC、智能仪表等添加到实时数据库中，并对数据进行初步处理。

3.2.4　WEB 服务器

通过计量监控信息的 WEB 发布，系统可以涵盖多种网络类型，本系统主要用于公司内部的局域网。客户端通过浏览器的方式对能源计量管理系统进行访问，包括了解实时生产运行数据、各种相关计量、能源报表等。

3.2.5　客户端

通过浏览器的方式访问能源计量管理系统，客户端包括局域网中能够与 WEB 服务器连接的所有 PC 端用户。

3.3　Web 与数据库的互连

本系统主要采用 IDC 的 Web 与数据库互连技术，它的执行效率高，占用系统资源少，并能充分利用 Web 服务器性能。IDC(Internet Database Connector)是 Microsoft 公司基于 API 提供的高级接口，以解决复杂与高效之间的矛盾。IDC 是 Web 服务器 IIS(Internet Information Server)的一个动态连接库——Httpodbc.dll，它是建立在 ISAPI 基础之上，通过开放数据库互连 ODBC 接口访问各种数据库。IDC 通过编写 IDC 脚本(.idc)文件和 HTML 模板(.htx)文件两类文件实现动态 Web 数据库的应用。IDC 文件用来控制访问数据库，它包含 ODBC 数据源名、用户名及口令和 SQL 语句等数据库连接参数，还包含相应的 HTML 模板文件的名称和位置。对于任何一个 Web 数据库的应用都需要一堆 IDC 脚本文件和 HTML 模板文件。而且 IDC 脚本文件必须放在 Web 服务器上，而 HTX 文件则可放到任何 Web 服务器能够访问到的地方，见图 2。

IDC 运行流程如下：

(1) 客户端浏览器通过 HTTP 发出请求，Web 服务器 IIS 接收到请求后，分析文件的扩展名，如为 .idc，则交与 IDC 接口模块处理。

(2) IIS 装载 Httpodbc.dll，分析 URL 后带的参数并提供给 Httpodbc.dll。

(3) Httpodbc.dll 读取 IDC 脚本文件提供的信息，并将 SQLStatement 中需由 Form 表单替换的信息进行代替，拼接成一个完整的 SQL 语句。

(4) Httpodbc.dll 装载数据库的 ODBC 驱动程序，并与数据库建立连接，连接成功后就把完整的 SQL 语句提交给数据库驱动程序供其生成查询结果。

(5) 执行完SQL语句之后，Httpodbc. dll读取IDC脚本文件中指定的HTX文件，然后用HTML模板文件中的标志控制生成由数据库结果组成的HTML文件。

(6) Httpodbc. dll将生成的主页发回IIS，再由IIS返回给客户端浏览器。

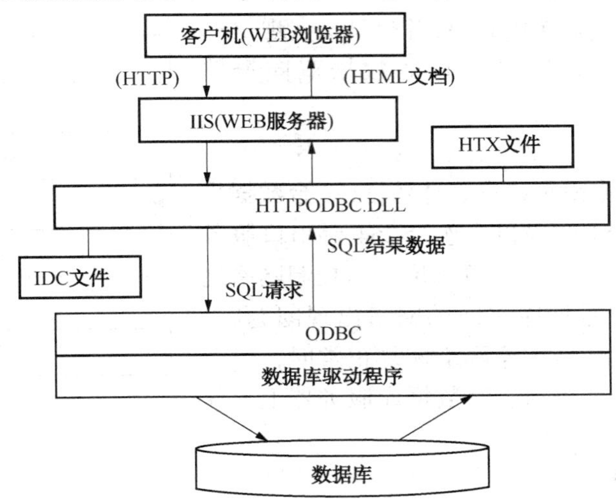

图2　IDC实现Web与数据库互连

3.4　Web发布的实现

3.4.1　Web发布准备工作

第一，在WebServer上建立一文件夹(如：D:\\ServerWeb)，用于存放Web发布的文件。

第二，在WebServer上安装IIS(即Internet信息服务)组件。

第三，对于本地发布(本机安装IIS提供Web服务)，开发系统拥有自动配置IIS虚拟目录的功能，对于独立的远程Web服务器，则手动建立IIS虚拟路径。

第四，建立Web服务器，可以将WebServer设置为本地计算机，也可以设置为远程计算机，采用通讯模式选择TCP/IP模式。

3.4.2　Web发布

建立完WebServer后，就可以进行Web发布了，Web发布主要是指画面发布，画面可以按组进行发布，可以将画面按照不同的需要分成多个组进行发布，每个发布组对应一个或多个Web-Server，即发布组发布后的信息文件可以保存到一个或多个WebServer上去。

4　系统在实际应用中的优点

4.1　分布式引入

根据就近接入、就近观看的原则，将一定范围内的设备接入一个数采网关机。数采网关机之间互不干扰，即当设备故障时不会出现大面积异常，降低了数采故障率。

4.2　支持WEB发布

通过WEB发布访问，可查询实时数据、历史数据、报表数据，各生产管理部门可以根据实时值与报表掌握生产的实时能耗，及时调节生产用量，为公司降低能耗、实现节约型生产提供数据依据。

4.3　便于表计管理

仪表技术管理人员可通过对仪表数据的实时监测，实现对计量仪表的状态监测，可重点分析管路计量表计的实时趋势，更快速的解决仪表问题，提高了解决仪表故障的效率，提高了计量数据的准确性，实现对计量仪表运行状态的判断和监测，提高了计量仪表的管理水平。

5 结语

本文主要以计量监控系统为例，陈述了 Web 数据库互连技术在能源计量管理上的应用。系统具有接入方式多样、组网灵活的功能，稳定、可靠、实用，符合信息化管理要求，并且有效的解决了计量管理技术落后、效率低下的状态，为公司管理部门实现生产过程物料平衡、能源消耗统计和计量器具网络化管理提供了全面支持。

参 考 文 献

[1] 武苍林，朱建民．Web 数据库互连技术[J]．计算机应用研究，1999(8)：51.

红外成像技术在变电站检测中的干扰识别及应用实例

顾达炜

(中国石化仪征化纤有限责任公司，江苏仪征 211900)

摘　要：介绍红外成像技术在变电站检测中的原理，设备检测过程中如何发现问题，如何判断干扰、排除干扰，并通过红外成像发现制氢1#变压器低压桩头发热和15B2变压器B相低压连接瓷瓶发热的事例，分析干扰识别对于红外成像技术在变电站检测中的重要性。

关键词：红外成像；变电站；干扰

1　引言

红外成像技术是一种检缺功能的带电检测技术，通过故障引起的红外幅射热量，检测和判断变电站设备的运行状态，从而使变电站技术人员能够按时获取设备运行情况，及时消除设备缺陷，迅速处置设备异常隐患，确保变电站长周期安全稳定运行。

2　红外成像技术的工作原理

电气设备中大部分故障是由于温度的升高引起，变电站设备在运行中辐射出的红外线能量能够被红外成像仪检测到，再通过仪器的信号系统分析转化，便能够判断电气设备的温度情况和运行状况。通过分析红外成像获得的图像、原始数据等信息，可以诊断设备故障的具体位置或缺陷隐患的严重程度，使得多数事故检修成了预期检修，是一项能够提前发现缺陷隐患的先进技术。

3　红外成像诊断的干扰因素

变电站电气设备的实际检测工作中，测温的结果有时与实际结果有很大偏差，对判断成像结果产生极大影响，针对这一现象，需要关注以下几方面影响红外诊断的因素，提高红外诊断工作成效。

3.1　环境温度

红外热成像仪主要是接收辐射能来直接反应温度，而它在除了接受被测物表面所发射的辐射能，还能接受周围环境物体产生的辐射能，从而导致其接收器接受的不仅仅是被测物体的辐射能，最终直接影响测温准确度。因此，当被测物体表面发射率低，背景温度高，而被测温度和背景温度相关不大时，会引起很大测温误差。

3.2　测量距离

红外成像仪通过接收设备自身辐射的红外线来生成成像图，距离越远，红外辐射衰减越多，这也会造成测得温度偏低。红外成像仪测温所得设备温度会随测量距离加大而变低，偏低的程度跟被测物材料有关。由于测量距离越近时测量越准确，所以在测量时，应尽量靠近被测设备，若确实条件不足需远距离测量，则应考虑给予一定量的温度补偿。

3.3　辐射率

电气设备相对于黑体发射能力高低称为辐射率。红外成像仪能够将被测设备表面的辐射吸收，但是表面温度不是设备辐射能量的唯一因素，它与设备的形状、凹凸度、粗糙情况有关，另外，还与检测人员检测方向相关，普通金属表面的拍摄角度应不超过垂直方向45°。检测人员在实际检测中应该考虑不同设备与成像仪对应的辐射率，要准确选定辐射率，减小检测误差。

现象：以下是某10kV变电站运行人员特巡成像，发现变压器C相低压桩头软连接处右下方一颗螺丝疑似发热，如图1所示，测温达80.8℃。正常螺丝温度为32℃，相对温差很大，在经技术人员分析后，诊断辐射率为干扰因素。

干扰原因分析：运行人员在检测过程中没有注意测温角度影响，实际检测中与设备垂直方向角度约为60°，超过45°。因为变压器为干式变压器，铁芯温度为100℃，铁芯光亮表面反射干扰能量，产生检测误差。技术人员在改变拍摄角度后，如图2所示，从垂直方向检测相同部位温度为32.7℃，问题消除。

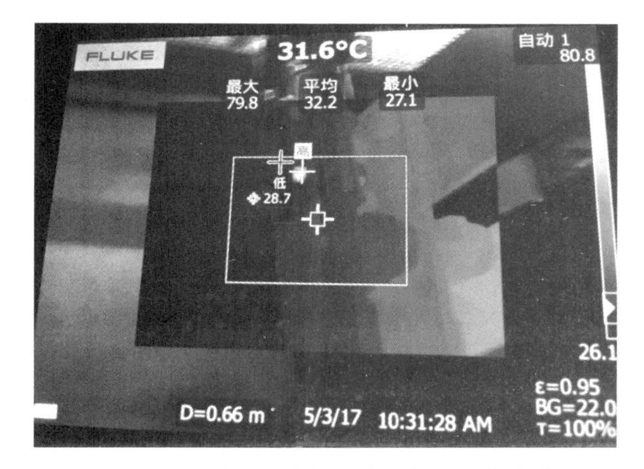

图1 C相低压桩头软连接处螺丝疑似发热

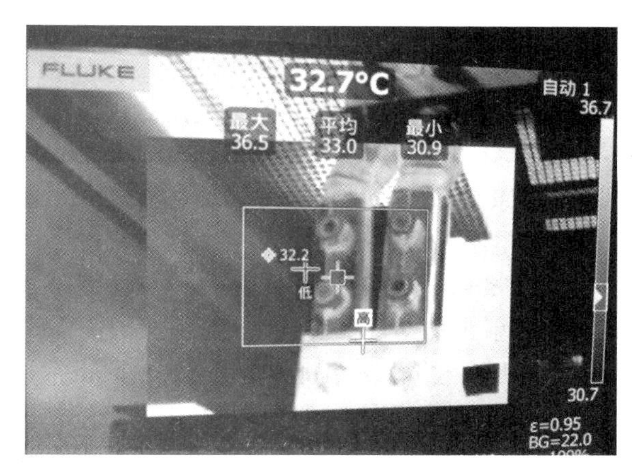

图2 C相低压桩头软连接的垂直方向实测温度

4 设备缺陷检测实例

4.1 10kV化工公用一变制氢1#变压器低压桩头发热

2016年5月3日，装置检测人员在对变电站内设备进行正常红外检测时，发现化工公用一变制氢1#变压器(以下简称1#制氢变)B相低压桩头发热，如图3所示，最高温度为98.3℃，而正常相同部位处温度仅为53℃，环境温度为32℃。此时，1#制氢变压器负荷为53A，负荷率较高。

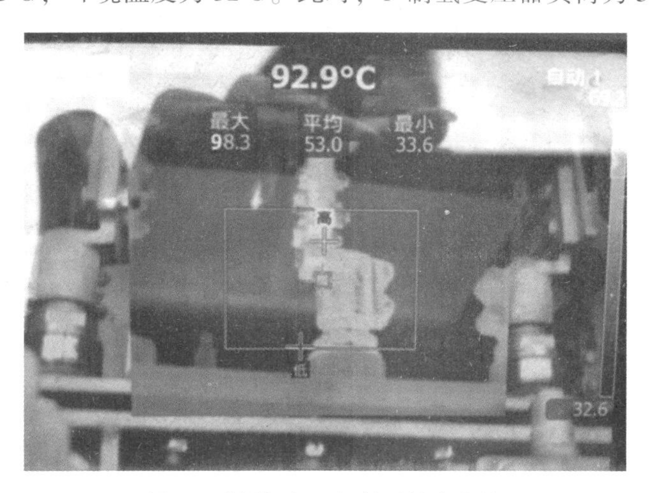

图3 1#制氢变B相低压桩头发热

分析红外成像数据，存在以下导致桩头发热原因。

(1) 由于1#制氢变低压电流达3975A左右，且为整流变，负荷电流不平稳，存在发生低压电流不平衡，容易造成变压器二次桩头发热。低配室没有配置三相电流表，无法查看三相电流，给监测工作带来难度。

(2) 1#制氢变压器投运于 1995 年，设备缺陷与故障率较高。2010 年由于低压侧短路造成高压过流保护动作，造成相间绝缘降低，容易使得接触电阻增大，造成发热的情况。此前该变压器于 2016 年 3 月检修，检修情况正常。

根据 DLT664—2008《带电设备红外诊断应用规范》及 GB 763—1990《交流高压电器在长期工作时的发热》的相关规定，金属部件连接温度达到 98. 3℃已属严重缺陷，虽暂时尚能坚持运行但需进行处理。于是利用钳形电能表测量低压负荷，发现 B 相低压负荷(由右向左第二个桩头)电流较其他相高 10%，存在电流不平衡情况，立刻通知生产部门调整低压负荷，检测到三相电流已平衡。

调整运行 8h 后，重新对变压器低压桩头处进行红外检测，B 相温度仍高达 93℃，正常相同部位处温度为 52℃，存在发热情况。判断变压器存在设备缺陷，考虑 B 相接触电阻较大。立即安排停电检修，检修人员发现软连接表面氧化形成一层氧化膜，检修人员将氧化膜清除彻底处理发热缺陷。投运后三相温度分别为 51℃、50℃和 50℃，运行正常。

发热原因分析：由于检修人员在拆装变压器桩头时未对基础面的氧化物进行清理，使得表面电阻和接触电阻增加而发热。

4.2 生化一变低压室 111B 段出线电缆发热

2017 年 5 月 5 日，在日常巡检过程中，发现生化一变低压室 111B 段出线电缆发热，如图 4 所示。A 段出线电缆最高温度为 41. 7℃，而正常相同部位处温度仅为 24℃，环境温度为 19℃，此时，15B2 变压器负荷仅有 50A，负荷很低。

发热原因分析：111B 段是 15B2 变压器所带低压负荷，该出线于 2017 年 4 月 27 日检修，检修正常。从红外成像图像上看，发热位置位于 A 段电缆连接套管处，应为连接套管松动导致发热。

现场处理：立刻通知检修单位处理问题，经检修人员现场确认 A 段连接套管确已松动。连接套管拧紧，重新投运 4h 后，用红外成像仪检测问题解决。

后期改进措施：检修质量是设备运行质量的关键，本次缺陷正是由于检修质量不过关引起。本次问题后，要求检修单位必须要提高检修质量，另外，运行单位也要提高监护质量与验收质量，切实保证设备的安全稳定。

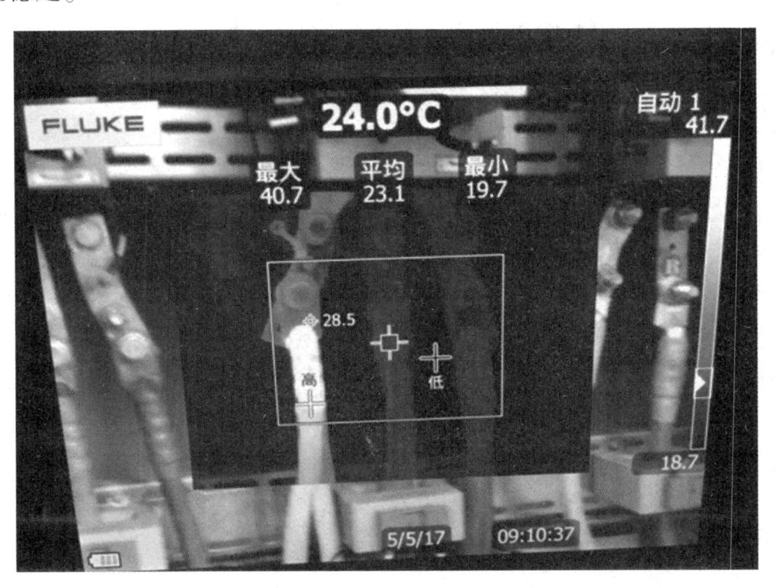

图 4　生化一变低压室 111B 段出线电缆发热

5 结论

利用红外成像技术能够较快发现变电站电气设备故障并及时得到消缺，尤其是对重负荷运行的电气设备，能够严密监控运行状态，可以很好的降低设备故障率。检测人员在红外成像仪的使用中，需要排除干扰因素，多积累现场检测经验，以提高检测的故障率与精准率。另外，设备缺陷与检修质量的优劣密不可分，需要检修单位和运行单位配合确保高质量检修。

参 考 文 献

[1] DL/T 664—2008. 中华人民共和国电力行业标准：带电设备红外诊断技术应用导则[S]. 2008.
[2] Q/GDW 168—2008. 国家电网公司企业标准：输变电设备状态检修试验规程[S]. 2008.
[3] 杨立，等 . 红外热成像测温原理与技术[M]. 北京：科学出版社，2012.
[4] 孙丽 . 距离对红外热像仪测温精度的影响研究[D]. 长春理工大学，2008.

GROMS 软件在炼厂发展规划方面应用

李子涛　　梁　峰

(中国石化青岛炼油化工有限责任公司，山东青岛　266500)

摘　要：以国内某大型炼厂(以下简称Q炼厂)为例，介绍GROMS软件在炼厂规划方面的应用情况，为相关应用提供参考。

关键词：PIM；GROMS；发展规划；质量升级

1　炼厂现有加工流程及发展规划情况

Q炼厂原油综合配套加工能力1200×10⁴t/a，蜡油采用蜡油加氢处理+催化裂化、渣油采用延迟焦化+循环流化床锅炉加工路线，配套建设了常减压、催化裂化、延迟焦化、蜡油加氢处理、柴油加氢等21套工艺装置及相应的油品储运设施，装置名称和加工规模见表1。

表1　Q炼厂现有加工装置

<table>
<tr><th>序号</th><th>装置名称</th><th>原有规模/×10⁴t/a</th><th>现有规模/×10⁴t/a</th></tr>
<tr><td>1</td><td>常减压</td><td>1000</td><td>1200</td></tr>
<tr><td>2</td><td>延迟焦化</td><td>250</td><td>290</td></tr>
<tr><td>3</td><td>连续重整</td><td>150</td><td>180</td></tr>
<tr><td>4</td><td>加氢裂化</td><td colspan="2">200</td></tr>
<tr><td>5</td><td>催化裂化</td><td colspan="2">290</td></tr>
<tr><td>6</td><td>加氢处理</td><td colspan="2">320</td></tr>
<tr><td>7</td><td>柴油加氢</td><td colspan="2">410</td></tr>
<tr><td>8</td><td>煤油加氢</td><td>60</td><td>100</td></tr>
<tr><td>9</td><td>气体分馏</td><td colspan="2">60</td></tr>
<tr><td>10</td><td>MTBE</td><td colspan="2">12</td></tr>
<tr><td>11</td><td>轻石脑油改质</td><td colspan="2">35</td></tr>
<tr><td>12</td><td>聚丙烯</td><td colspan="2">20</td></tr>
<tr><td>13</td><td>苯乙烯</td><td colspan="2">8.5</td></tr>
<tr><td>14</td><td>硫磺回收</td><td>22</td><td>32</td></tr>
<tr><td>15</td><td>1#制氢</td><td colspan="2">2.25(30000Nm³/h)</td></tr>
<tr><td>16</td><td>2#制氢</td><td colspan="2">3(40000Nm³/h)</td></tr>
<tr><td>17</td><td>脱硫脱硫醇</td><td colspan="2">干气脱硫32；液化气脱硫88；
液化气脱硫醇86；汽油脱硫醇133</td></tr>
<tr><td>18</td><td>酸性水汽提</td><td colspan="2">230t/h</td></tr>
<tr><td>19</td><td>溶剂再生</td><td colspan="2">953t/h</td></tr>
<tr><td>20</td><td>S-Zorb</td><td colspan="2">150</td></tr>
</table>

根据油品质量升级和结构调整提质升级要求，需新建部分二次加工装置和对现有重油加工路线

进行优化，借助流程规划软件对不同发展方案进行优化测算比选。

为了做好规划优化工作，采用 PIMS(Process Industry Modeling System，过程工业模型系统)和 GROMS(Global Resource Optimization Modeling System，全局资源优化模型系统)进行工艺流程优化设计，并对两者的优化结果进行对比分析。

2 全局资源优化模型系统 GROMS 简介

GROMS 是完全自有知识产权的中文系统，用户以菜单方式按照物流或业务关系建模，无需人工编写变量和方程，可建立超大规模“多周期、多企业、多业务、多目标”资源计划和物流调度模型。GROMS 根据业务模型自动生成标准的 MPS 文件，调用通用解题器求解，全部物流和物性的约束数据及优解结果均可直接浏览和导出到 EXCEL，用户能够自定义报表和生成工艺流程图。

GROMS 采用独特的三次元分布递归方法解决汇流所产生的非线性问题，递归收敛精度达到 1.0e-6 或更高，在计算较复杂模型时，通常能够避免二次元分布递归算法陷入局部优解的问题。

3 优化测算情况

3.1 模型准备

(1) 采用 Q 炼厂 PIMS 年度计划模型，根据测算需要，将原油种类修改为五种原油(沙中、沙重、伊重、科威特、巴士拉轻油)，并设置原油加工总量 1150×10^4t。

(2) PIMS 计划模型完善：将多方案装置细化为每个逻辑装置只有一个方案，以避免模型应用的三类问题：①Delta_Base 导致物流组份【收率】为负；②多方案同名组份【物性】传递限制和错误；③多方案组份直接合计，缺少应有的【汇流】过程。

(3) PIMS 规划模型建立：在 PIMS 计划模型增加规划装置(石脑油加氢、连续重整、PSA 氢气提纯、异构化)。

(4) PIMS 原油采购模型建立：在 PIMS 规划模型取消各油种采购量限制，总量 1150×10^4t 不变。

(5) GROMS 模型生成：利用软件工具迁移 PIMS 模型，生成相应的 GROMS 计划、规划、采购模型。

(6) 方案设置：计划、规划、采购共三套模型，均有【可产 E92】和【不产 E92】两套方案。

3.2 模型列表(表 2)

表 2 Q 炼厂测算模型列表

<table>
<tr><th rowspan="2">模型分类</th><th colspan="2">模型名称</th><th rowspan="2">备注</th></tr>
<tr><th>不产 E92 方案
(简称 X92)</th><th>可产 E92 方案
(简称 E92)</th></tr>
<tr><td rowspan="3">计划模型</td><td>M1_X92_计划_Q</td><td>T1_E92_计划_Q</td><td rowspan="9">Q—— 全部物性为【质量调合】
QV—— 硫、SPG 为【质量调合】
其他物性为【体积调合】
QVD——QV 基础上含【DELTA_BASE】
E92——92#出口汽油
注：以下描述中，数量单位为×10⁴t，目标值单位为万元</td></tr>
<tr><td>M2_X92_计划_QV</td><td>T2_E92_计划_QV</td></tr>
<tr><td>M3_X92_计划_QVD</td><td>T3_E92_计划_QVD</td></tr>
<tr><td rowspan="3">规划模型</td><td>M4_X92_规划_Q</td><td>T4_E92_规划_Q</td></tr>
<tr><td>M5_X92_规划_QV</td><td>T5_E92_规划_QV</td></tr>
<tr><td>M6_X92_规划_QVD</td><td>T6_E92_规划_QVD</td></tr>
<tr><td rowspan="3">采购模型</td><td>M7_X92_采购_Q</td><td>T7_E92_采购_Q</td></tr>
<tr><td>M8_X92_采购_QV</td><td>T8_E92_采购_QV</td></tr>
<tr><td>M9_X92_采购_QVD</td><td>T9_E92_采购_QVD</td></tr>
</table>

3.3 X92计划和规划模型测算(计算精度1.0E-3)

3.3.1 测算结果列表(表3)

表3 X92计划和规划测算结果表

模型分类	模型	PIMS	GROMS	△OBJ(G-P)
计划模型	M1_X92_计划_Q	479770.83	479772.28	1.45
	M2_X92_计划_QV	470804.51	486006.76	15202.25
	M3_X92_计划_QVD	469440.47	483544.12	14103.65
规划模型	M4_X92_规划_Q	503476.31	503476.90	0.59
	M5_X92_规划_QV	497728.31	511510.95	13782.63
	M6_X92_规划_QVD	496325.47	509380.08	13054.61

3.3.2 结果直观对比

(1) M3、M6的△OBJ(G-P)分别约1.4亿、1.3亿，说明GROMS获得了比PIMS更好的优解目标。

(2) M1、M4对比：△OBJ(G-P)非常小，说明PIMS和GROMS全部【质量调合】时高度一致。

(3) M2、M5对比：△OBJ(G-P)比较大，说明PIMS【体积调合】陷入局部优解。

(4) M3、M6对比：△OBJ(G-P)比较大，说明PIMS在【体积调合】+【D_B】陷入局部优解。

3.3.3 M3工艺对比

M3模型，GROMS与PIMS相比，主要差别如下：

(1) 沙特中质油，GROMS加工量多0.52；外购蜡油，加工量多2.45。

(2) 加氢裂化，加工量多3.44；加氢处理，加工量少2.60。

(3) 95#车用汽油(Ⅴ)，多产11.05；石脑油，少产9.83。

3.3.4 M6工艺对比

M6模型，GROMS与PIMS相比，主要差别如下：

(1) 异构化(规划)，GROMS=9.52，PIMS=4.75；加氢裂化，多3.44；柴油加氢，少2.60。

(2) 95#车用汽油(Ⅴ)，多产10.69；石脑油，少产9.97；0#普通柴油，少产2.12。

该测算中，GROMS规划模型汽油量比PIMS规划模型汽油量多，主要原因为GROMS模型异构化和加氢裂化装置负荷高，增产部分汽油调和组分。

3.4 E93计划和规划模型测算(计算精度1.0E-3)

3.4.1 E92方案结果(表4)

表4 E92计划和规划测算结果表

模型分类	模型	PIMS	GROMS	△OBJ(G-P)
计划模型	T1_E92_计划_Q	482713.78	482712.90	-0.88
	T2_E92_计划_QV	473214.63	488150.21	14935.58
	T3_E92_计划_QVD	471963.10	485982.17	14019.07
规划模型	T4_E92_规划_Q	503475.72	503476.90	1.18
	T5_E92_规划_QV	497728.31	511379.79	13651.48
	T6_E92_规划_QVD	496326.75	509251.46	12924.71

3.4.2 结果直观对比

(1) T3、T6的△OBJ(G-P)分别约1.4亿、1.3亿，说明GROMS获得了比PIMS更好的优解目标。

(2) T1、T4对比：△OBJ(G-P)非常小，说明PIMS和GROMS全部【质量调合】时高度一致。

（3）T2、T5 对比：△OBJ（G−P）比较大，说明 PIMS【体积调合】陷入局部优解。

（4）T3、T6 对比：△OBJ（G−P）比较大，说明 PIMS【体积调合】+【D_B】陷入局部优解。

3.4.3　T3 工艺对比

M3 模型，GROMS 与 PIMS 相比，主要差别如下：

（1）轻石脑油改质，GROMS＝0.5，PIMS＝0。

（3）95#车用汽油（Ⅴ），多产 10.94；石脑油，少产 10.75。

3.4.4　T6 工艺对比

M6 模型，GROMS 与 PIMS 相比，两者都不生产 E92，主要差别如下：

（1）异构化（规划），GROMS＝9.48，PIMS＝4.75；加氢裂化，多 3.92；柴油加氢，少 3.57。

（2）95#车用汽油（Ⅴ），多产 10.60；石脑油，少产 9.86；0#普通柴油，少产 2.13。

该测算中，GROMS 规划模型汽油量比 PIMS 规划模型汽油量多，主要原因为 GROMS 模型异构化和加氢裂化装置负荷高，增产部分汽油调和组分。

3.5　GROMS 采购模型 M9、T9 测算（计算精度 1.0E−3、1.0E−6）

由于采购优化模型（M9、T9）是在规划模型（M6、T6）基础上放开各油种采购量的限制，本质上仍然是规划模型，且 M6、T6 是基本一致的（均不生产 E92），因此，无论是 PIMS 还是 GROMS，M9 和 T9 的测算结果都应该是一致的。

3.5.1　GROMS 测算结果（表 5）

表 5　采购模型 GROMS 测算结果表

方案	模型名称	采购模型 A		原规划模型 B	△OBJ（A−B）
		E−3（精度）	E−6	E−6	E−6
X92	M7_X92_采购_Q	524571	524571	M4＝503477	21094
	M8_X92_采购_QV	535307	535003	M5＝510345	24658
	M9_X92_采购_QVD	539559	539478	M6＝508867	30611
E92	T7_E92_采购_Q	524571	524571	T4＝503477	21094
	T8_E92_采购_QV	535847	535003	T5＝510345	24658
	T9_E92_采购_QVD	539587	539478	T6＝508867	30611
对比	△OBJ（M9−T9）	−28	−0	+0	−0

3.5.2　结果直观对比

（1）精度 E−6 时，GROMS 规划和采购模型都正常收敛且效果一致。说明：GROMS 适合高精度模型应用。

（2）原规划模型 B（M6−T6）＝+0，相对误差小于 E−6。说明：规划装置开工后，X92 和 E92 优化结果高度一致。GROMS 原规划模型 B 的测算，符合规划目标预期。

（3）当精度为 E−6 时，采购优化模型 A（M9−T9）＝−0，相对误差小于 E−6。说明：采购模型中，X92 和 E92 优化结果高度一致。GROMS 采购模型 A 的测算，符合采购优化预期。

（4）当 E−6 时，采购模型 A 和规划模型 B 的 X92 和 E92 方案 DBs 目标值增量均高度一致，符合预期。

3.5.3　工艺对比

GROMS 的 M9 与 T9 模型的目标值相同，在原料采购、装置加工量及产品结构上也完全一致。

承前可知，X92 和 E92 在原规划模型 B 和采购模型 A 的测算结果本应该高度一致，上述高精度实际测算结果，严格验证了该预期结论及 GROMS 的正确性。

3.6 PIMS 采购模型 M9、T9 测算(计算精度 1.0E-3、1.0E-6)

3.6.1 PIMS 测算结果(表 6)

表 6 采购模型 PIMS 测算结果表

方案	模型名称	采购模型 A		原规划模型 B	△OBJ(A-B)
		E-3(精度)	E-6	E-3	E-3
X92	M7_X92_采购_Q	524569	不可行	M4=503476	21093
	M8_X92_采购_QV	520224	不可行	M5=497728	22496
	M9_X92_采购_QVD	526529	不可行	M6=496326	30203
E92	T7_E92_采购_Q	524569	不可行	T4=503476	21093
	T8_E92_采购_QV	520224	不可行	T5=497728	22496
	T9_E92_采购_QVD	524368	不可行	T6=496327	28041
对比	△OBJ(M9-T9)	2161		-1	2162

3.6.2 结果直观对比

(1) 精度为 E-6 时，采购模型 A 变为【不可行】。说明：PIMS 不适合高精度模型。

(2) 原规划模型 B(M6-T6)= -1，相对误差小于 E-5。说明：规划装置开工后，X92 和 E92 优化结果高度一致。PIMS 原规划模型 B 测算，符合规划目标预期。

(3) 采购优化模型 A(M9-T9)= 2161，相对误差大于 E-3。说明：采购模型中，X92 和 E92 优化结果不一致。PIMS 采购模型测算，与规划模型 M6、T6 的一致性相违背，不符合采购优化预期。

(4) 当 E-3 时，采购模型 A 的 X92 和 E92 方案 DBs 目标增量不一致，相差 2161，不符合预期。

3.6.3 工艺对比

PIMS 的 M9 与 T9 模型的测算结果，存在以下主要差别：

(1) 原油加工量(表 7)。

表 7 M9、T9 原油加工量对比表

序号	品种	数量		
		M9	T9	T9-M9
1	沙特重油		10.6966	10.697
2	伊朗重油	967.7608	1139.3033	171.543
3	科威特	182.2392		-182.239

(2) 装置加工量(表 8)。

表 8 M9、T9 装置加工量对比表

序号	装置	加工量		
		M9	T9	T9-M9
1	减压塔	643.5522	648.5067	4.954
2	CDU 加氢轻烃回收	20.1288	16.0711	-4.058
3	石脑油加氢	139.0840	229.6836	90.600
4	连续重整	112.4668	185.7140	73.247
5	石脑油加氢(规划)	92.3319		-92.332

续表

序号	装置	加工量		
		M9	T9	T9-M9
6	连续重整(规划)	95.1602	19.9949	-75.165
7	异构化(规划)	4.3179		-4.318
8	催化裂化	315.8909	314.3897	-1.501
9	催化分馏回收	9.5562	11.2190	1.663
10	加氢裂化	98.8633	106.5121	7.649
11	加裂回收装置	0.9351	11.8030	10.868
12	加氢处理	307.4721	304.1537	-3.318
13	柴油加氢	352.6460	347.6470	-4.999

承前可知，PIMS的M9模型基本正常，但T9模型有两套新规划装置不开工。主要原因是：放开原油采购限制后，PIMS模型侧重按采购成本最低为原则，采购原油全部为伊朗重油，且规划装置(预加氢和异构化)不开工，这与M9和T9本质上的一致性相违背，也不符合生产工艺的实际情况。

(3)产品产量(表9)。

表9 M9、T9产品产量对比表

序号	产品名称	产量		
		M9	T9	T9-M9
1	95#车用汽油(V)	282.3831	279.6204	-2.763
2	喷气燃料	79.8152	81.7493	1.934
3	0#普通柴油	176.2144	173.7512	-2.463
4	二甲苯	42.3930	37.3418	-5.051
5	石脑油	45.4569	51.8010	6.344
6	商品液化气	72.5477	77.2751	4.727
7	自用燃料气	46.7723	45.0182	-1.754

技术分析：M9与T9模型的唯一区别是T9模型存在一个允许生产E92(LO=0.0，UP=34.8)的非强制性约束。在PIMS规划模型M6、T6均已不生产E92的前提下，该约束已无实质意义。所以，PIMS采购模型M9和T9应该得到完全一致的结果。但实际测算情况大相径庭。并且，由于受E92(0.0，34.8)非强制性约束的影响，T9比M9目标值小2161万元，PIMS再次陷入了非常明显的局部优解。

4 综合分析

4.1 计划、规划模型测算分析

4.1.1 质量调合模型的一致性

在修改PIMS模型存在的相关问题后，PIMS和GROMS纯质量调合模型，具有高度的一致性。这证明了两套模型本身在数学上的等价性。

4.1.2 体积调合模型的不一致性

在加工阶段，PIMS物流变量是重量变量，体积物性按重量传递；在产品调合阶段，物性按体积传递，并假定调合时体积守恒；这两个阶段中，体积物性与SPG(密度)都没有直接关联性。因此，基于汇流体积并不守恒，物性传递前后矛盾且不关联SPG，可以断言：PIMS体积调合的正确性值得商榷。

GROMS 模型物流变量是重量变量，汇流时重量守恒，物性始终按重量传递，汇流时按重量物性进行调和，重量物性=体积物性/SPG，并对物流、物性、SPG 进行统一的三次元分布递归优化。

4.1.3 GROMS 规划投资分析

不产 E92 方案(X92)：规划模型有约 25300 万元的效益增量，投资回收期 4.51~4.50 年。

可产 E92 方案(E92)：规划模型有约 22900 万元的效益增量，投资回收期 4.97~4.98 年。

GROMS 优化结论：Q 炼厂实际采用【可产 E92 方案】，投资 114000 万元，回收期约 5 年。

4.2 原油采购模型测算

4.2.1 采购模型 X92 和 E92 方案的一致性

由于规划模型 X92 和 E92 方案已经没有区别，且采购模型只是规划模型加工总量 1150 不变的情况下不约束各油种的加工量，因此，采购模型 X92 和 E92 方案的测算结果应该是高度一致的。

4.2.2 GROMS 采购模型测算结果符合预期

(1) E-6 精度时正常收敛。

(2) X92 和 E92 的 Delta_Base 效果一致。

(3) X92 和 E92 的优解结果一致，原油加工量、装置加工量、产品结构等均完全一致。

4.2.3 PIMS 采购模型测算结果不符合预期

(1) E-6 精度时【不可行】。

(2) X92 和 E92 的 Delta_Base 效果不一致。

(3) X92 和 E92 的优解结果不一致，原油加工量、装置加工量、产品结构等均不一致。

(4) T9 有两套新规划装置不开工，不符合常理，值得商榷；

(5) 由于受 E92(0.0，34.8)非强制性约束的影响，T9 模型陷入了非常明显的局部优解。

4.3 测算结果综述

4.3.1 GROMS 与 PIMS 的部分一致性

(1) 纯质量调合模型的测算结果高度一致。

(2) Delta_Base 结构测算表现基本一致。

4.3.2 GROMS 优化技术的先进性

(1) 物性传递、调合模型、SPG 模型的改进，减少了 NLP 模型陷入局部优解的可能性。

(2) 三次元分布递归算法，提高了计算精度和收敛性，并带来更好的收敛目标值(效益)。

4.3.3 GROMS 与 PIMS 优化效果对比

原油加工总量 1150×10^4t，GROMS 计划模型增效约 1.4 亿元、规划模型增效约 1.3 亿元、采购模型增效约 1.5 亿元。

简言之，与 PIMS 相比，GROMS 三次元优化为每吨原油带来 10 元以上的效益增加。

5 结束语

以 Q 炼厂年度 PIMS 模型为基础，原油加工总量 1150×10^4t，进行：计划、规划、采购共三套模型(各两套方案)的测算和对比分析，GROMS 优化结果(与 PIMS 比较)：(1)计划模型效益增量约 1.4 亿元；(2)规划模型效益增量约 1.3 亿元；(3)采购模型效益增量约 1.5 亿元。经多方研讨确认：GROMS 在流程方面的优化效果，符合工艺原理。GROMS 相对 PIMS 的效益增加是由于 PIMS 模型陷入了局部优解。

PIMS 模型陷入局部优解的主要原因是其体积调合模型的局限性：(1)物性传递前后不一致；(2)体积平衡方程与重量平衡方程相互制约；(3)不能处理【物流×体积物性/密度】的三次元问题。并且，PIMS 模型的该局限性，可以在数学上予以严格证明。

该研究说明：GROMS 三次元分布递归算法，在 PIMS 优化基础上平均每 1 吨原油增效约 10 元以上，能够显著提升企业经济效益。GROMS 已在本企业在新建装置规划业务中实际应用，对规划投资决策的指导性效果明显。

参 考 文 献

[1] 赵建炜，郭宏新 . PIMS 软件在炼油厂总加工流程优化中的应用[J]. 石油炼制与化工，2009，39(4)：50-53.

[2] 易军 . GROMS 显著提升计划优化应用水平和经济效益[C]//炼油与石化工业技术进展(2016)[M]. 北京：中国石化出版社，2016.

装置运行与管理

催化裂解(DCC)装置操作参数的优化调整

赵长斌　贺胜如　王葆华　张旭亮　杨果

(中海石油宁波大榭石化有限公司，浙江宁波　315812)

摘　要：中海石油宁波大榭石化有限公司 220×10^4t/aDCC 装置投料开工以来，其高附加值产品乙烯、丙烯收率分别为 3.27%，16.55%，远低于设计值(4.5%)，(19.5%)。在对影响乙烯、丙烯产率的主要因素进行分析的基础上，通过采取优化原料配比、工艺操作参数，催化剂配方等措施，使乙烯、丙烯收率分别达到了 4.53%、19.52%，全面达到设计条件，后续乙苯-苯乙烯等化工装置达到了满负荷操作，也创造了目前国内 DCC 装置乙烯、丙烯产率的最好水平。

关键词：DCC；乙烯丙烯；操作参数；优化

1　引言

中海石油宁波大榭石化有限公司 220×10^4t/aDCC 装置由中国石化工程建设有限公司(SEI)设计，是目前国内规模最大的 DCC 装置，采用石油化工科学研究院(RIPP)的 DCC-plus 技术，以重油为原料，乙烯、丙烯等低碳烯烃为目的产品，副产轻芳烃，是大榭石化三期馏分油项目实现“炼化一体化”的核心装置。

自 2016 年 6 月 9 日第一次投料开工以来，装置运行平稳，但其高附加值产品乙烯、丙烯收率较低。乙烯收率为 3.27%，远低于设计值(4.5%)；丙烯收率为 16.55%，远低于设计值(19.5%)。特别是乙烯产率，严重制约了后续乙苯-苯乙烯等化工装置的负荷，为进一步挖潜 DCC 工艺优势，增加高附加值产品乙烯、丙烯收率，提高经济效益，是该厂亟待解决的难题。

2　DCC-plus 工艺技术特点

DCC-plus 工艺技术是在 DCC 工艺技术基础上开发的增强型催化裂解新技术。该技术与传统 DCC 工艺不同的是：将来自再生器的另外一股高温、高活性的再生催化剂引入流化床反应器床层，通过改变反应器系统轴向的温度和催化剂的活性梯度，增强了反应系统内不同反应器的可控性，使得重油原料的一次转化和丙烯前身物二次裂解分别在适应的反应条件下发生，最终缓解了增产丙烯与降低干气和焦炭产率之间的矛盾[1]。

DCC-plus 技术由于优化了反应器的温度分布和催化剂的活性分布，和 DCC 工艺相比，加工掺混渣油(石蜡基)的原料时，改善产品分布和产品选择性更加明显[2]。

DCC-plus 技术采用了双提升管+流化床的反应器型式，根据中型试验结果，采用纯提升管反应器有利于多产乙烯，采用提升管+床层反应器有利于多产丙烯。因此，该技术在增产丙烯产率的同时，也兼顾了副产品乙烯的产率[3]。

3　丙烯、乙烯的生成机理

催化裂化过程中的重质原料经过一次裂化后，生成的汽油中间馏分，汽油中的 $C_5\sim C_8$ 烯烃在 ZSM-5 分子筛上可进一步转化为丙烯和乙烯。因此，汽油组分是生成丙烯和乙烯的主要前身物。

袁起民等[4]研究认为，催化裂解重油生成丙烯的路径主要有两种：一种是原料中烃类大分子经单分子或双分子裂化反应生成的活性中间体一步裂化生成丙烯；另一种是由活性中间体裂化生成的汽油中烯烃等活泼中间产物二次裂解生成丙烯。丙烯生成是二者共同作用的结果。

石油烃类在酸性分子筛上的裂解反应按正碳离子反应机理进行，而在正碳离子反应生成的气体烯烃中丙烯和丁烯的含量较高。

4 装置运行情况分析

2016 年 6 月 9 日 DCC 装置一次开车成功后，在 RIPP 和 SEI 的指导下，逐步将一反温度提至 550~560℃、二反温度提至 620~630℃、三反藏量提至 30t、二反投用气分碳四、轻汽油回炼。进入 8 月份后，DCC 装置进行全面的优化操作。

从表 1、表 2 的产品分布情况来看，2016 年 6 月 9 日第一次投料开车以来，6~9 月份实际干气产率为 10.14%，液化气产率偏低，低于设计值 6.44%；裂解汽油产率偏高，高出设计值 11.92%；乙烯、丙烯产率分别为 3.27%、16.55%(对新鲜进料)远低于设计指标，装置急需进行优化调整，改善产品分布。

经过分析，造成产品分布与设计偏差较大的主要原因是：

(1) DCC 混合原料密度为 0.9023g/cm^3，明显高于设计值 0.889g/cm^3，常压渣油密度为 0.94g/cm^{3}左右，远高于设计值的 0.902g/cm^3；由于原料配比不合理，石蜡基常渣质量和比例与设计偏差较大，这些都是对增产乙烯、丙烯的不利因素，亟待优化调整。

(2) 装置开工平衡剂比例大，系统藏量高(1000t)，且含有较大比例的重油催化裂化剂，专用催化剂只占 DCC 装置系统藏量的 30%左右，且系统各处藏量分配比例尚处于优化阶段，催化剂选择性差、活性高，氢转移反应加剧，造成干气和裂解汽油产率偏高。

(3) 裂解汽油中乙烯、丙烯的重要前身物 C_5 烯烃含量偏低，根据图 1 看出，C_5 烯烃含量长期在 35%~40%，且烷烃含量高，造成轻汽油回炼对增产丙烯的作用不大，这些因素都是导致乙烯、丙烯产率低的主要原因。

(4) 反-再系统的操作参数还是处在摸索阶段，与设计值有一定偏差，需进一步优化调整。

表 1 开工初期裂解装置设计与实际物料平衡数据对比

项目	设计值	实际值
进料/(t/h)		
常压渣油	142.56	78.75
加氢尾油	119.85	128.21
气分 C_4 回炼	26.24	9.63
富丙烯干气	1.04	1.22
出料/%		
干气	8.95	10.14
液化气	45.04	38.60
裂解汽油	22.73	34.65
柴油	13.15	6.64
油浆	2.17	1.84
焦炭	7.96	8.13
合计/%	100	100

注：干气中不含非烃，各物料中均不含饱和水，富丙烯干气来自乙苯装置。

表 2　乙烯、丙烯产率(对新鲜进料)

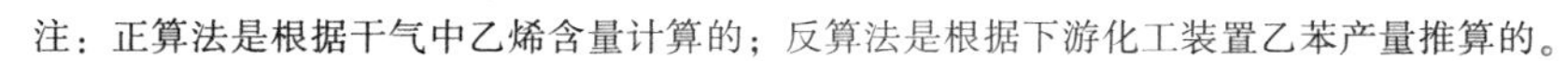

项目	设计值	6 月	7 月	8 月	9 月	平均
新鲜进料量/(t/h)	262					
乙烯(反算法)收率/%	4.5	3.30	3.34	3.34	3.11	3.27
乙烯(正算法)收率/%	—	3.56	3.31	3.58	3.35	3.41
丙烯收率/%	19.5	16.76	16.57	16.68	16.37	16.55

注：正算法是根据干气中乙烯含量计算的；反算法是根据下游化工装置乙苯产量推算的。

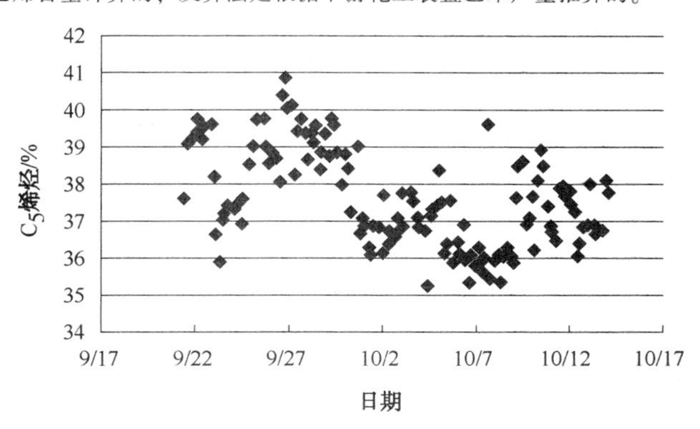

图 1　裂解汽油中 C_5 烯烃含量变化趋势

5　影响乙烯、丙烯产率的主要因素分析

在综合分析影响乙烯、丙烯产率的各种因素基础上，考虑到实际操作中剂油比、注水量、反应压力等指标与工艺包及设计值接近，总结出原料性质、催化剂裂解活性、操作参数(反应温度、空速、)C_4及轻汽油回炼是影响乙烯、丙烯产率的主要因素。

5.1　原料性质的影响

装置设计原料为石蜡基的常渣和加氢尾油，开工时原料性质及原料配比与设计值偏差较大，导致产品分布与设计值有很大变化。开工时三种原料的性质详见表 3。

表 3　三种原料的性质

项目	加氢尾油	常压渣油	混合蜡油
碳氢含量/%			
碳含量	86.22	86.7	86.82
氢含量	13.68	12.85	12.16
氢碳原子比	1.90	1.78	1.68
20℃密度/(kg/m^3)	879.9	902.6	938.2
残炭/%	<0.1	5.25	0.15
碱性氮/(mg/kg)	<1	456	440
四组分/%			
饱和烃	96.8	64.8	71.2
芳烃	3	19.7	22.3
胶质	0.2	14	6.4
沥青质	<0.1	1.5	0.1
金属含量/(mg/kg)			
Fe	0.1	1.7	1.3

续表

项目	加氢尾油	常压渣油	混合蜡油
Ni	<0.1	5.9	<0.1
V	<0.1	5.9	<0.1
Na	0.3	0.5	2.3
Ca	0.2	0.6	0.3

表 4　单个原料油和混合原料油的产物分布

催化剂	DMMC-2(专用剂)			
原料油	加氢尾油	常压渣油	加氢尾油：常压渣油(1:1)	加氢尾油：常压渣油(2:1)
转化率/%	93.72	93.01	92.50	93.52
二烯产率/%				掺炼比增大
乙烯	4.13	4.50	4.45	4.33 ↓
丙烯	18.96	19.82	20.27	19.35 ↓
乙烯+丙烯	23.09	24.32	24.72	23.68 ↓

从表3、表4可以看出：常压渣油的乙烯和丙烯的产率最大，其次为加氢尾油，混合蜡油的乙烯和丙烯产率较小；加氢尾油的 C_5 产率最大，且烯烃度较大，因此可以通过回炼进一步转化为乙烯和丙烯；加氢尾油中虽然饱和烃含量很高，但绝大多数为环烷烃，且多为二环及以上环烷烃，在反应过程中很难裂化成乙烯、丙烯等小分子烯烃，不利于多产乙烯和丙烯。加氢尾油和常压渣油掺炼后乙烯、丙烯产率没有发生明显变化；随着加氢尾油和常压渣油掺炼比的增大，乙烯和丙烯的产率均有所减小，$C_6 \sim C_8$ 芳烃产率增大。

在原料油掺炼时，应优化好常渣与加氢尾油的比例，在实际操作中，在满足两器热平衡的前提下，应当尽量减小加氢尾油的掺炼比。

5.2　催化剂裂解活性的影响

DCC-I的反应机理为正碳离子反应，丙烯的产率取决于重油的一次裂化能力及汽油、中间馏分的二次裂化能力，即取决于催化剂的裂解活性[5]。在催化剂方面，通常采用具有高活性基质和酸密度低而酸强度高的择型分子筛催化剂，从而使其具有高裂化性、低氢转移活性[6]。

开工初期，DCC专用剂比例较低，混有一部分RFCC裂化剂，系统内平衡催化剂活性较高，MAT达到了72，氢转移活性较高，导致生成的一部分丙烯被饱和，使得低碳烯烃选择性下降，造成丙烯产率下降。从图2近3个月趋势分析，氢转移指数一直偏高持续在1.6~2.2左右，远远高于DCC工艺要求的氢转移指数1.5以下的水平。

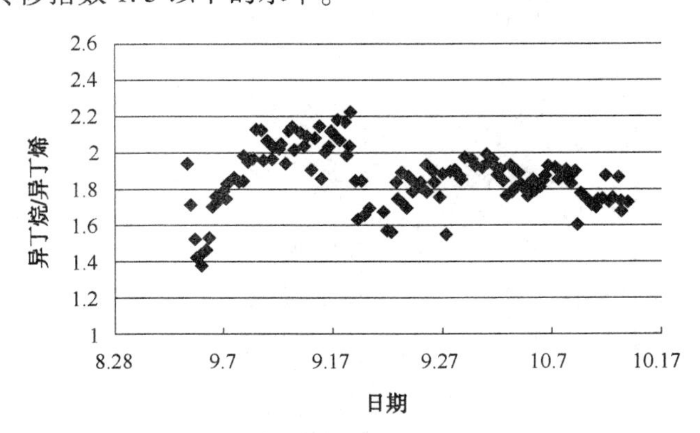

图2　氢转移系数的变化趋势(2016.8.28~10.17)

为了控制氢转移反应，必须适当降低平衡剂的活性，争取控制在65~70。在多次协调石科院(RIPP)、催化剂厂优化调整催化剂配方的基础上，同时也调整了系统新鲜剂的补充速度。

5.3 操作参数的影响

5.3.1 提升管及床层反应温度

试验表明，温度对乙烯产率影响最明显，随着反应温度的提高，乙烯、丙烯产率都相应增加，550℃以下乙烯产率增加不明显，550~620℃乙烯产率增加明显，620℃以上，乙烷产率增加比乙烯更明显，出现一个明显的拐点。

因此，为了兼顾丙烯和乙烯产率，在实际操作中，第一提升管温度确定为560℃，二反温度确定为625℃，三反床层温度确定为560~570℃。

5.3.2 三反藏量的影响

在实际操作中，通过调整三反藏量的高低来改变床层空速，可以改变产品分布。由于轻汽油(馏程30~85℃)组分中烃类分子链短，难以裂化，不仅需要较高的反应温度，还需要较高的催化剂密度，因此轻汽油组分的催化裂解需要采用提升管+床层反应器或床层反应器。床层操作主要控制参数为床层空速和油气空塔线速。

空速的变化不仅引起油气停留时间发生变化，而且床层的催化剂密度也会发生变化。当空速为$2h^{-1}$时，甲烷产率增加剧烈，表明催化裂解轻汽油产低碳烯烃时，空速不能太低，应维持床层油气空塔线速在0.6~1.0m/s，在注水量为30%时，空速基本控制在4~$6h^{-1}$比较合适[7]。

5.4 C_4及轻汽油回炼量的影响

王素燕[8]等经过试验研究得出：在催化热裂解条件下，C_4组分在650℃，停留时间3.6s时，转化率达到63.83%；生成乙烯与丙烯的产率分别为10.96%和24.44%；温度高达680℃时，热裂解反应加剧，转化率达到40%；气分C_4回炼量对丙烯产率影响最大，其中C_4回炼时，丙烯：乙烯产率≈2：1。

DCC-plus工艺采用双提升管加流化床层反应器的形式，其中汽油组分进入单独的提升管回炼是增产丙烯的主要手段。而反应器的结构改进本质上都是在调整反应过程的剂油比和空速[9]。

朱根权[7]认为：催化裂解轻汽油组分中烃分子链短，需要较高的反应温度，而反应温度升高，对热反应的促进作用大于催化反应。因此选择合适的反应温度，既能选择性地得到C_2~C_4烯烃，又能抑制甲烷的生成。试验结果表明，以丙烯为主要目的产物时，反应温度在620℃比较合适。以乙烯+丙烯为主要目的产物时，反应温度在650℃比较合适。

6 措施的制定及应用效果

在对影响乙烯、丙烯产率的主要因素进行分析的基础上，通过采取以下措施使乙烯、丙烯产率达到了设计保证值。

6.1 优化装置原料品种和配比，且保持原料性质相对稳定

根据石科院(RIPP)对装置原料(常压渣油、加氢尾油、蜡油)的分析结果及按不同比例在实验装置上获得的产物分布数据，筛选出最优的原料配比。从图3、图4可看出随着渣油比例的提高乙烯及丙烯收率均呈上升趋势，乙烯产率，由3.5%上升至3.95%，丙烯产率由17.2%上升至19.4%，由此确定提高原料中渣油比例有利于提高乙烯、丙烯产品收率。

6.2 优化专用催化剂的加入量，控制合理的平衡催化剂活性

从开工后采取了各种措施来降低系统平衡催化剂活性，以降低不利于乙烯、丙烯生成的氢转移反应活性，通过不断调整专用催化剂补充量，加快催化剂置换速度，同时协调石科院(RIPP)和催化剂厂调整配方。从10月份开始大幅度调整专用催化剂补充量，单耗由0.793kg/t原料调整至1.0~1.1kg/t原料，经过近3个月的控制，系统平衡催化剂活性从72下降到68。

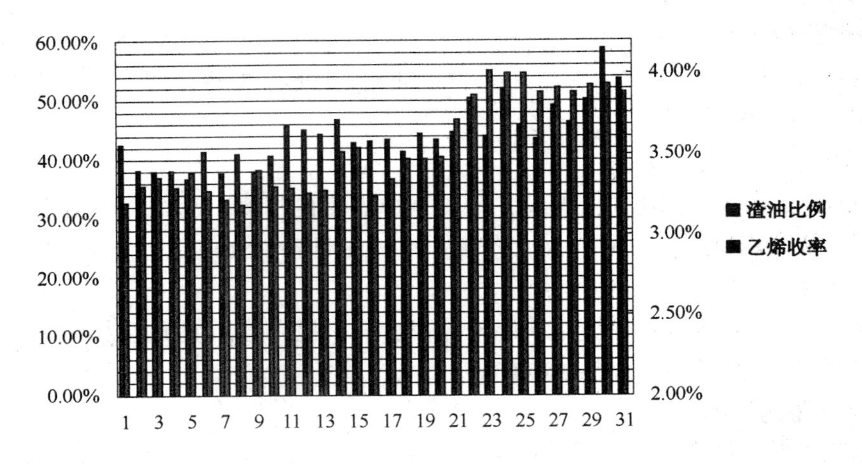

图3 乙烯产率随掺渣比例的变化趋势

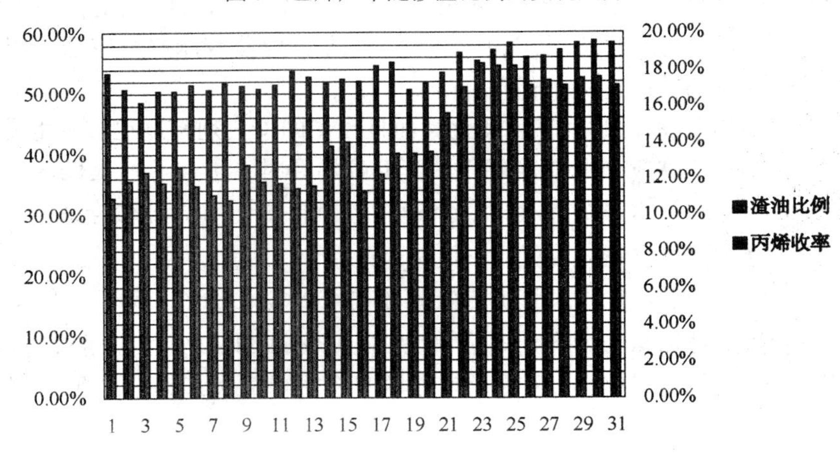

图4 丙烯产率随掺渣比例的变化趋势

6.3 优化主要工艺操作参数

主要对原料预热温度、一反出口温度、二反出口温度、三反藏量、C_4回炼量、汽油回炼量等主要工艺参数进行优化操作。在保证其他操作条件不变的情况下，以三反藏量调整、C_4回炼量调整为主。

11月11日对三反床层藏量进行调整，由40t提至50t；12月1日将三反床层藏量提至60t，12月13日提至70t，12月20日提至80t。调整前后主要操作条件见表5。

表5 调整前后主要操作条件

项目	设计	调整前	调整后
处理量/(t/h)	262	202	245
一反反应温度/℃	560	544	560
二反反应温度/℃	610	621	625
再生温度/℃	700	699	698
三反藏量/t	150	30	50~80
三反床层空速/h^{-1}	3.0	8	4~6
气分回炼 C_4/(t/h)	26.2	10.1	25
二反轻汽油量/(t/h)	13	19.1	13
原料油预热温度/℃	260	215	245
主风量/(Nm^3/min)	5035	4081	5195
反应压力/MPa(g)	0.14	0.13	0.14

续表

项目	设计	调整前	调整后
再生压力/MPa(g)	0.17	0.15	0.16
催化剂活性	65	72	68
再生剂含碳/%	<0.15	0.01	0.01
沉降器第一级旋分线速/(m/s)	18.4	18.7	18.5
沉降器第二级旋分线速/(m/s)	19.76	20.5	20.6
第一提升管剂油比(对新鲜进料)	11.8	8.7	8.6
再生器第一级旋分线速/(m/s)	19.52	17.8	18.4
再生器第二级旋分线速/(m/s)	22.99	20.6	21.6
第二提升管剂油比	25.2	20.56	25.0
烧焦量/(kg/h)	23092	17710	20064

11月11日开始，对三反床层藏量进行调整，由40t提至50t(对应的空速约为6h^{-1}、5h^{-1})，11月26日将C_4回炼量由22t/h提至25t/h。乙烯收率有所上升，丙烯收率先降后升，C_4回炼对乙烯、丙烯产率的影响见图5。

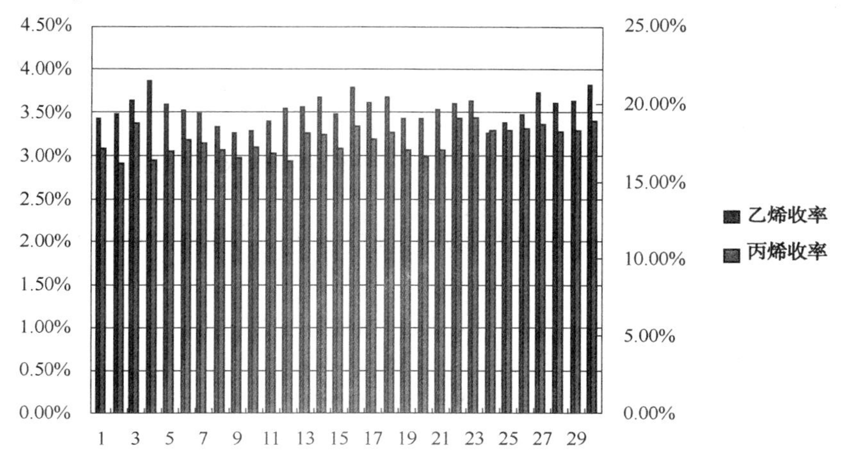

图5　C_4回炼对乙烯、丙烯产率影响的趋势

12月1~20日开始三反床层藏量由60t提至80t(对应的空速约为4h^{-1}、3h^{-1})，在原料性质稳定及其他操作参数不变的情况下从图6看出，提高三反床层藏量有利于提高乙烯、丙烯产率，其中乙烯产率提高更加明显。

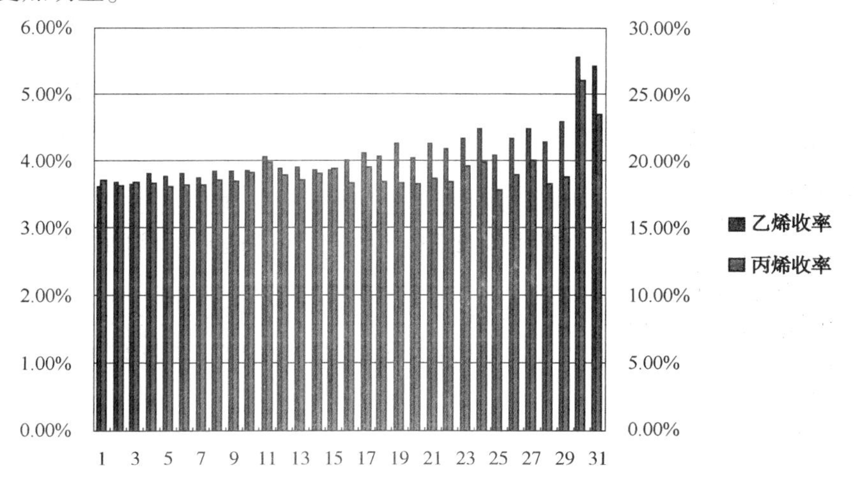

图6　三反藏量对乙烯、丙烯产率影响的趋势

经过采取以上措施，10~12月乙烯及丙烯收率变化如图7所示，从整体趋势看出乙烯及丙烯收率呈稳步上涨趋势，12月乙烯、丙烯产率(对新鲜原料)分别达到了4.53%和19.52%，创造了目前国内同类装置的最好水平。

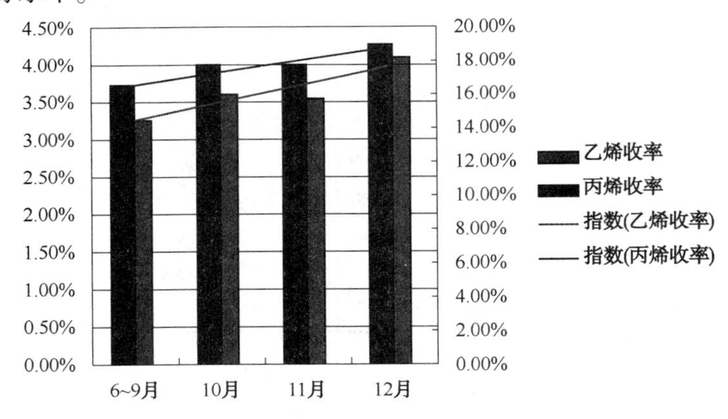

图7　2016年10~12月乙烯及丙烯收率变化趋势

7　结论

(1) 通过采取优化原料配比、工艺操作参数，催化剂配方等措施，乙烯、丙烯对新鲜进料的收率分别达到了4.53%、19.52%，达到了设计保证值。

(2) 石蜡基的常渣性质和比例，对丙烯和乙烯的产率影响较大，在原料油掺炼时，在满足两器热平衡的前提下，应当尽量减小加氢尾油的掺炼比。

(3) 对DCC-plus工艺，控制适当的氢转移活性和裂化活性，使系统催化剂活性保持在65~70，对增产乙烯和丙烯是十分有利的。

(4) 通过改变三反藏量来调整空速是增产乙烯、丙烯的重要手段，实践证明，空速控制在4~6h^{-1}比较合适，也是比较灵活的调节手段。

(5) 在优化提升管反应温度、原料预热温度、注水量等操作参数的基础上，为最大限度增产乙烯、丙烯，灵活调整C_4及轻汽油回炼量是十分有效的措施。

(6) DCC装置增产乙烯、丙烯的措施灵活多样，实际生产上，要结合装置的自身特点和目的需求，采取针对性措施，才能取得事半功倍的效果，获得较好的经济效益。

参考文献

[1, 2] 张执刚，谢朝刚，朱根权．增强型催化裂解技术(DCC-PLUS)试验研究[J]．石油炼制与化工．2010，41(6)：39-43.

[3] 张执刚，谢朝刚，施至诚等．催化热裂解制取乙烯和丙烯的工艺研究[J]．石油炼制与化工，2001，32(5)：21

[4] 袁起民，龙军，谢朝刚．重油催化裂解过程中丙烯和干气的生成[J]．石油学报(石油加工)．2014，30(Ⅰ)：1-6.

[5] 宫超．影响催化裂解工艺丙烯产率的因素[C]//催化裂化协作组第六届年会论文集[J]．1997：150-154.

[6] 袁起民，李正，谢朝刚，等．催化裂化多产丙烯过程中的反应化学控制[J]．石油炼制与化工，2009，40(9)：27-30.

[7] 朱根权．工艺条件对催化裂解汽油裂化制低碳烯烃反应的影响[J]．石油炼制与化工，2015，46(6)：7-10.

[8] 王素燕．陈新国．徐春明．C_4混合物催化热裂解性能的研究[C]//催化裂化新技术[M]．北京：中国石化出版社，2004.6：389.

[9] 沙有鑫，龙军，谢朝刚，等．操作参数对汽油催化裂化生成丙烯的影响极其原因探究[J]．石油学报(石油加工)(增刊)，2010.10：21-22.

蜡加原料泵平衡管频繁开裂的原因及处理

施瑞丰

（中国石化上海高桥石油化工有限公司，上海　200137）

摘　要：分析了蜡油加氢装置原料油泵 P601B 平衡管频繁开裂的原因，主要有泵体振动大而产生的疲劳载荷、平衡管本身结构不合理而造成的焊缝处的应力集中和平衡管刚度不足、泵盖的焊接性差使焊缝的冷裂倾向大。针对这些原因制定了具体措施，对泵进行解体大修、减少工艺操作对泵运行的不利影响、改进平衡管与泵盖的连接方式以及合理选择焊接材料以增加焊缝的塑性等。通过采取这些措施后，该泵振动值明显变小，平衡管的运行寿命得到了大大地增加，取得了理想的效果。

关键词：振动；平衡管；裂纹；焊接性；应力集中；焊材

1　引言

蜡油加氢原料油泵 P601AB 是该装置的关键设备(型号：GSG100-1280/12)，详细参数如表 1 所示。

表 1　P601AB 基本参数表

型号	GSG100-1280/12	系列号	97026
输送介质	蜡油	入口压力/MPa	0.201
出口压力/MPa	10.5	流量/(m^3/h)	165
扬程/m	1000	转速/(r/min)	2970
电机功率/kW	720	叶轮直径/mm	271

泵的整体结构为：垂直剖分卧式离心泵，转子共有 6 级叶轮(每级叶轮的入口都朝向电机侧)，另外有 6 个导叶盘、叶轮隔套、平衡鼓、平衡鼓套、筒体(包括进出口部分)、轴承箱等，泵轴端两侧装配有机械密封，该泵由苏尔寿公司制造，于 1998 年 6 月安装投用。该泵原属于 100×10^4t/a 汽柴油加氢装置，2007 年 12 月原油适应性改造为蜡油加氢装置，该泵为满足新工况，转子抽去一级叶轮。泵的原动机是由德国西门子公司生产的高压电机，型号为：1MA1-502-2LF60-Z，电机两端是滑动轴承。

2　故障简述及分析

2015 年 3 月 27 日，原料油泵 P601B 平衡管焊口开裂，紧急抢修。直至 2015 年 10 月，平衡管焊口先后发生了 4 次开裂。故障基体情况见表 2。

表 2　原料油泵 P601B 平衡管开裂故障记录

修理日期(年/月/日)	修理类别(大、中、小修)	设备更换主要零配件
2015.3.27	小	平衡管焊口漏，3.28 补焊后投用
2015.4.1	小	平衡管焊口漏，4.2 补焊后投用
2015.4.6	小	平衡管焊口漏，4.7 补焊后并校中心 4.8 投用

续表

修理日期(年/月/日)	修理类别(大、中、小修)	设备更换主要零配件
2015. 5. 12	小	前轴承 L 值大修理，当日投用
2015. 10. 1	小	泵后平衡管焊口漏补焊

3　平衡管设置的原理

平衡管是由泵体内转子末级叶轮后部的平衡鼓的低压腔引出，并连接到泵的进口管，主要作用是起平衡多级泵轴向力的作用。平衡鼓的原理如图 1 所示。

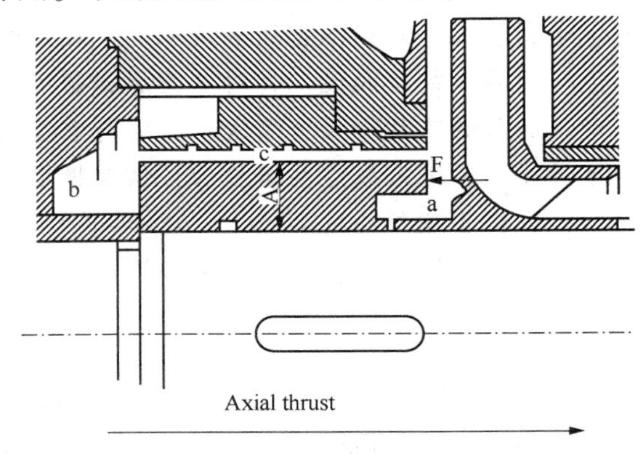

图 1　原料油泵平衡鼓图

多级泵在运行过程中由于叶轮的轮盖侧和轮背面受力面积不同而形成了一个朝向进口的轴向力。平衡装置主要由随轴旋转的平衡鼓和在出口箱体的平衡衬套组成。a 腔(出口压力)和 b 腔(进口压力+平衡管的磨擦阻力)形成了一个作用在平衡鼓上轴向力 F，F 和泵的轴向力方向相反。F 的大小主要依靠平衡鼓的面积 A，它被专门设计以在操作点处几乎完成补偿了泵的轴向力，剩余的轴向力由推力轴承受。a 腔和 b 腔的压力差形成一个通过节流间隙 C 的流动而进入到平衡腔中。如果在平衡腔中没有压力积聚的话，平衡流将被限制，就能获得一个完美的平衡，而消除压力积聚主要依靠平衡管将压力导入到进口中。

4　开裂原因分析

4.1　振动是引起开裂的外因

P601 运行时振动一直偏大，其中以 P601B 最为严重，如表 3 所示。根据 GB/T 6075. 7—2015《机械振动在非旋转部件上测量评价机器的振动第 7 部分：工业应用的旋转动力泵(包括旋转轴测量)》中指出，蜡加原料油泵属于要求较高的 I 组设备，由于其功率大于 200kW，所以实际测得的振速值已经到达 C 区甚至是 D 区，C 区表示该泵该区内不适宜于连续长期运行，D 区代表振动剧烈程度足以导致泵损坏。该标准中指出，P601AB 振动报警值是 6. 3mm/s，停机值是 9. 5mm/s，可见振动已达到需要采取措施的程度。

表 3　P601B 振动数据

日期	2014. 1. 30	2014. 2. 17	2015. 3. 27	2015. 5. 12	2015. 7. 28
电机前轴承温度/℃	50	46	42. 2	53	63. 2
电机前轴承振动/(mm/s)	2. 1	3	2. 6	3. 6	5
泵前轴承温度/℃	37	32	25	39	54
泵前轴承振动/(mm/s)	6. 3	9	3. 4	4. 9	7. 6

续表

日期	2014. 1. 30	2014. 2. 17	2015. 3. 27	2015. 5. 12	2015. 7. 28
泵后轴承温度/℃	46	51	45	46. 2	55
泵后轴承振动/(mm/s)	2. 8	5. 3	2. 3	5. 1	6. 1
修理记录	泵大修后又校过两次中心，检查联轴器		大修校动平衡后	前轴承 L 值大更新	

2015 年 3 月 23 日，P601B 平衡管高压端引出焊口漏，装置紧急切泵抢修，以后又连续开裂过 3 次。开裂的直接原因是由于泵前后轴承振动过大，它形成了平衡管振动的外界干扰力，经查平衡管本身是普通壁厚的碳钢管，刚度并不大，当干扰力频率与平衡管固有频率接近时，形成了共振现象而导致平衡管振动过大。而开裂部位又位于平衡管和泵盖之间的角焊缝处，该处正是焊接应力集中处，在长期疲劳载荷的作用下，最终平衡管发生开裂故障，表 4 是 2015 年 4 月 8 日现场测得的平衡管振动值。

表 4　P601B 平衡管振动值

项目	高压出口根部接管	根部出来 150mm 处	泵进口管处
振幅/mm	0. 016	0. 138	0. 045
振速/(mm/s)	2. 1	13. 7	10. 4

由表 4 可见，振动值从高压段到低压段是逐渐增加的，但每次开裂的部位却位于振动最小的泵出口高压段处。根据 1984 年加拿大梅特提出的管道和机器的振动速度现场判断标准，当管道振动速度值 v_{rms} 值小于 15. 3mm/s 时是属于可以接受范围的，这说明泵振动是一个诱因，但不是根本原因。任何事物的发生都是由外因和内因共同作用而造成的，振动是导致开裂的外因，但起决定作用的是泵本身的结构材质。

4. 2　接管结构的不合理

在平衡管焊缝最后一次开裂后，钳工将出口泵盖拆下，将平衡管整体割下，并磨平原来的角焊缝，这时发现在泵盖的平衡口内还有一段残留的接管，该接管和泵体这间以螺纹相连接，如图 2 所示。原来，当泵出厂时平衡管和泵体之间是丝扣连接的，在丝扣的根部存在着较多的应力集中点。在泵体振动疲劳应力的累积下，平衡管丝扣处发生了断裂。在修复的过程中，维修人员将新平衡管直接和泵盖外表面相焊，这样使所有的外力都让平衡管根部焊缝来承受，而失去了整个泵盖的支撑紧固作用，造成平衡管刚度严重不足，也是造成平衡管开裂的重要原因。

图 2　P601B 平衡管根部图

4. 3　母材的焊接性差

由于每次都是焊缝开裂，所以有必要与焊缝相关的部件材质进行分析。经查说明书，平衡管的材质是普通的20#钢，由于P601B是蜡油加氢装置的关键机泵，每次开裂后都要立刻修复，所以就选用适合于平衡管的J422焊条进行施焊，结果导致焊缝频繁开裂。因此，必须要明确泵盖的材质。经查说明书，P601B泵盖的材质是1.4057，这是一种德国牌号的不锈钢，材料标准号是DIN 17400，相当于我国的1Cr17Ni2，是一种马氏体—铁素体型不锈钢。为了验证说明书的真伪，装置委托了专业机构对泵盖进行了打光谱材质测试，如表5所示。

表5　泵盖光谱测试结果　%

数据来源	材料牌号	Cr	Ni	Mn	Fe	Co	V	Cu
打光谱测试	1.4057	16	1.72	1	80.43	0.19	0.13	0.03
GB 1220	1Cr17Ni2	16~18	1.5~2.5	—	—	—	—	—

对照GB 1220可见，泵盖材料相当于国内的1Cr17Ni2材料。根据国际焊接学会推荐的碳当量C_{eq}计算公式：

$$C_{eq}=C+Mn/6+(Cr+Mo+V)/5+(Ni+Cu)/15=C+1/6+(16+Mo+0.13)/5+(1.72+0.03)/15$$

根据标准，C的含量在0.11~0.17，C含量越低，可焊性越好，所以以最低的0.11%代入，Mo打光谱未测试出来，可以认为是0，将上述数据代入可得$C_{eq}=3.619\%$。一般情况下，当$C_{eq}>0.4\%$就会出现淬硬倾向大，易出现冷裂纹，因此，1Cr17Ni2焊接更易出现冷裂纹现象。

根据焊接热过程，1Cr17Ni2焊接时焊接温度向外围(热影响区)传导，必定有一区域在400~580℃的温度范围内，当焊接结束后该区域在空气中冷却，相当于对钢材进行回火，形成低温热影响区；而离焊缝较近的区域(包括焊缝)形成1000℃左右的高温热影响区；高温热影响区的焊后状态组织为硬脆的马氏体组织+δ-铁素体+残余奥氏体，形成较大的焊接残余应力。两者中间的地带则形成局部高温回火软化带。焊接后空冷到室温过程中，在高温热影响区会出现空淬现象，造成常温塑性降低，加上在常温下残余奥氏体将继续转变为马氏体组织，使焊接接头变得又脆又硬，组织应力也随之增大；若再加上扩散氢的聚集，焊接接头就可能产生冷裂纹。因此，焊接时在高温热影响区域容易形成冷裂纹；在低温热影响区材料的冲击韧性变差；在局部高温回火软化带综合性能下降。因此，对于1Cr17Ni2这种材料，焊接工艺上应增加焊接前调质处理及预热工序，使整个焊接接头有均匀的力学性能，焊后采用高温回火来消除焊接中产生的残余应力。而实际情况是碳钢材质的平衡管和1Cr17Ni2的泵盖之间的异种钢焊接，20#钢属于珠光体钢，它和铁素体的1Cr17Ni2钢焊接时，同样也会出现过渡层问题。铁素体钢中大量的Cr可能会大量过渡到珠光体钢的一侧，形成一个过渡区域，该区域内可能产生马氏体等淬硬组织，并可能导致焊接裂纹出现。而在每次平衡管开裂的抢修过程中，使用的都是普通的J422碳钢焊条，而且并未进行焊接预热和焊后热处理过程，仅稍微在开裂处打磨一下再将新焊缝进行覆盖，裂纹根源并未消除，加上角焊缝的残余应力原来就很大，所以在振动疲劳载荷的作用下，焊缝开裂的敏感性就很大。

5　处理方案

5.1　加强泵运行及维修管理，降低泵的振动速度

这主要是通过降低泵体的振动来从减小导致平衡管开裂的外部疲劳应力幅值。从工艺上来说主要措施有适当增加热进料的比例，提高泵进口温度，降低泵负荷；加强和上级装置沟通，防止进料中杂质突增；装置内要加强泵上游反冲洗过滤器的运行管理，严禁其开副线，以防原料中的杂质堆积在转子上而影响整体的动平衡。

对泵进行解体大修，更换平衡鼓，严格控制平衡鼓外侧的节流间隙C。提高安装质量，特别需关注泵转子各零件间的同轴度；充分重视动平衡工作，对每个转动部件要分别做动平衡；提高泵对中的精度，端面对中允许值最好在0.03mm以内，外圆径向对中允许值在0.05mm以内。

5.2 增加平衡管本体的刚度

通过增加平衡管刚度使外部干扰力频率与本体自身的固有频率错开，以降低平衡管的振动值，这主要是能通过三个措施来进行的。

(1)将平衡管与泵盖的连接方式由原来的非插入式改为插入式，并参照 HGT 20583—2011 钢制化工容器结构设计规定中的接管与壳体连接焊缝中 G1 接头对泵盖进行处理，主要是将原来残留的管段挖除，并按图样重新开焊接坡口，以彻底清除原制造中的丝扣处的残余应力，并增加平衡管根部的刚度，如图 3 所示。

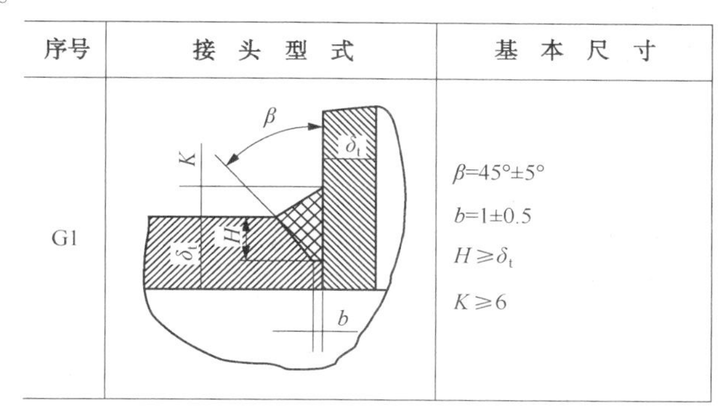

序号	接头型式	基本尺寸
G1	(图)	β=45°±5° b=1±0.5 $H \geqslant \delta_t$ $K \geqslant 6$

图 3　平衡管根部坡口结点图

(2) 增加平衡管本身的固有频率。将平衡管由原来的薄壁管改进为壁厚等级为 SCH160 的厚壁管。

(3) 改变平衡管的具体走向，将最靠近高压段的弯头由 90°变成 45°，以减小流体对管道本身的冲击，降低外部干扰力的影响，如图 4 所示。

图 4　改进后平衡管走向图

5.3 选用合适的焊接材料，降低焊缝冷裂纹倾向。

由于原泵制造形式是碳钢平衡管与泵盖间是丝扣连接，当带丝扣的短管断裂时就改用焊接形式，由于 20#和 1Cr17Ni2 的材料化学成分差异过大，造成焊接时问题过多，而市场上如果买一小段 1Cr17Ni2 材质是短管又不具有可行性，所以本次决定采用与 1Cr17Ni2 成分比较相近又容易获得的 304 不锈钢来代替，这样问题就转化为奥氏体钢与铁素体钢的异种钢焊接问题。这种情况下即可以选用铁素体焊条又可选用奥氏体焊条。但如用铁素体焊条的话则需要对焊缝进行焊前预热和焊后热处理，以防止产生裂纹和改善接头的性能，而用普通奥氏体焊条的话，即要防止奥氏体焊缝中出现焊接热裂纹又要防止铁素体一侧热影响区出现焊接冷裂纹，同样也需要预热和焊后热处理，而现场实际施工条件很难满足这些要求。而且泵并不是在高温下工作，最终从焊接材料上寻找途径，选用镍基焊条 Inconel 112 焊条，它的成分如表 6 所示。

表 6 因康镍 112 的主要成分

焊条牌号	Ni	C	Mn	Fe	S	Si	Cu	Cr	Al	Ti	Nb	Mo
因康镍 112/%	61	0.05	0.3	4	0.01	0.4	—	21.5	—	—	3.6	9

由于合金含量远大于两侧的母材，所以远离了合金成分的稀释问题，特别是奥氏体形成元素 Ni 达到了 61%。这样，可以获得单一的奥氏体组织，以松弛焊接应力，降低冷裂倾向，提高接头的塑性，在实际操作中可以不进行预热和焊后热处理。

6 处理结果

2016 年 3 月 14 日，原料油泵 P601B 拆回大修，校动平衡，更换平衡鼓，平衡管整体更新。对平衡管根部进行焊接后，经过 PT 处理，未发现任何缺陷。

3 月 29 日泵回装后试车投用正常。测试数据如表 7 所示。

表 7 P601B 大修后试车数据

日期	2016.3.29	位号	P601B
电机前轴承温度/℃	68.5	电机前轴承振动/(mm/s)	2
泵前轴承温度/℃	40	泵前轴承振动/(mm/s)	5.3
泵后轴承温度/℃	60.6	泵后轴承振动/(mm/s)	4.5
平衡管根部振动/(mm/s)	1.5	平衡管本体振动/(mm/s)	8.4
进口介质温度/℃	90.3		

由表 7 可见，泵投用后，平衡管根部振动下降到 1.5mm/s，根部出来 150mm 处平衡管本体振动降到 8.4mm/s，该泵一直运行到现在，平衡管再未发生过开裂故障。

7 结论

(1) 泵体振动值高既有检修安装方面的原因，也有运行中介质造成转子不平衡的因素，需要针对具体问题进行具体分析。

(2) 要解决泵体平衡管频繁开裂问题，首先应设法尽量降低泵体振动值，然后再从平衡管本身结构刚度着手，通过一系列技术措施将干扰力频率和平衡管固有频率错开以防止共振发生，再配以合适的焊接材料，才能较好地解决平衡管频繁开裂问题。

参 考 文 献

[1] 白桦等编 . 石油化工设备维护检修规程[M]. 2 版 . 北京：中国石化出版社，2004：143-153.
[2] 李忠全 . 1Cr17Ni2 耐酸不锈钢的焊接性能分析[J]. 河南新乡：河南机电高等专科学校学报，2006(5)114：8-9.
[3] 于洪涛，李迪 . 多级泵操作与管理方面[J]. 黑龙江：工业设计 2011(4)：108.

论永久滤饼重新建立的可行性

刘　松

（中国石化上海高桥石油化工有限公司，上海　200137）

摘　要：对应用于上海高桥 S Zorb 装置反吹过滤器的工作原理及过滤方式进行了介绍。通过针对反吹过滤器压差高的两次"在线处理"方案进行对比，试图找到失败的原因，总结成功的经验，摸索出一条烧结金属粉末滤芯在运行中后期重新建立永久滤饼的可行之道。

关键词：过滤器；滤饼；S Zorb；烧结金属粉末

1　引言

高桥 1.2Mt/a 催化汽油吸附脱硫装置（S Zorb）拥有全自动在线吹扫过滤器两台，分别为反应过滤器 ME-101 和再生过滤器 ME-103，其滤芯皆为烧结金属粉末滤芯。过滤器压差一直是制约装置各大系统高负荷、长周期运行的关键参数，特别是反应过滤器 ME-101，其压差高一度成为装置非计划停工检修的指针。

上海高桥 S Zorb 装置在近三年中，针对过滤器压差高的问题，实施"在线处理"两次，分别为 2014 年 5 月 17 日处理反应过滤器 ME-101 和 2016 年 7 月 27 日处理再生过滤器 ME-103。装置通过创造一个"特殊工况"，对过滤器进行在线反吹，试图重新建立永久滤饼来达到恢复过滤器正常使用的目的。上述两次"在线处理"方案，第一次针对反应过滤器 ME-101 的措施以失败告终，装置被迫于 2014 年 6 月 3 日进行临停消缺，更换反应过滤器 ME-101。第二次针对再生过滤器 ME-103 的措施成效显著，压差从 87.7kPa 瞬间下降至 19.6kPa，措施实施后的一个月内，ME-103 压差一直稳定在 26kPa 左右，且随着反吹的进行，反吹前后压差相减的差值基本恒定在 3~4kPa，新永久滤饼建立成功[1]。

2　过滤器的工作原理及过滤方式

2.1　过滤器的工作原理

S Zorb 装置反应器、再生器均采用流化床反应技术。为实现气-固分离，分别设有反应过滤器 ME-101 和再生过滤器 ME-103。ME-101 内置于反应器顶部，主要用来过滤反应油气中携带的吸附剂；而 ME-103 外置于再生器烟气出口，主要用来过滤再生烟气中所携带的吸附剂粉尘。含尘气体（油气/烟气）从滤芯表面穿过滤芯的微孔排出，而气体中所携带的吸附剂细粉则被截留在滤芯表面形成滤饼。滤饼对过滤器具有重要影响，适宜厚度的滤饼能够增加滤芯的过滤精度[2]，但随着滤芯表面截留下来的吸附剂颗粒增加，滤饼增厚，过滤器前后压差会逐渐上升，当到达触发压差或设定时间时，过滤器自动

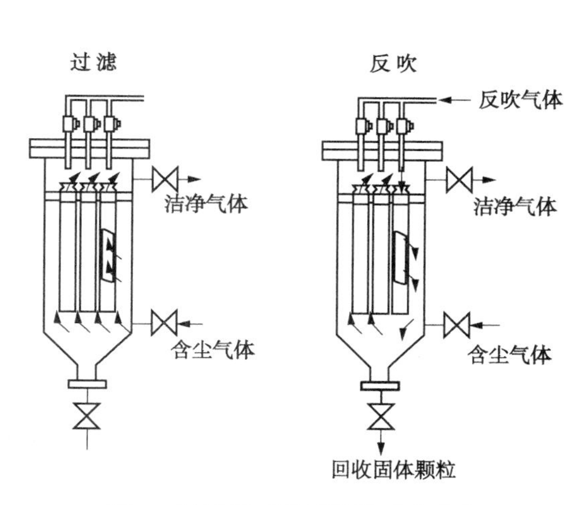

图 1　过滤器正常过滤及反吹示意

进行分区脉冲式反吹。正常情况下，经过反吹后不稳定滤饼(非永久滤饼)会被吹散而从滤芯表面剥离出来，较大细粉颗粒会沉降下去，故反吹过后，过滤器压差会出现一定程度的下降。过滤器正常过滤过程及反吹过程的示意如图1所示，滤饼形成与剥离的示意如图2所示。在图2中，黑色部分为多孔金属过滤介质，附着在上边的细小颗粒层为永久滤饼，外围较大颗粒层为非永久滤饼，滤饼的形成取决于过滤介质的组成及结构、气体的过孔速度和固体颗粒的物性。粒径较小的颗粒黏附性较大，因此，在过滤的过程中这些颗粒会黏附在过滤介质表面，当后续一些运动速度较大的小颗粒接近过滤器时，便会穿透黏附层，更加牢固的附着在过滤介质表面，形成永久滤饼，由此可增强过滤效果，将更加细小的颗粒过滤下来，而黏附性小的大颗粒则形成了结构较松散的非永久滤饼。

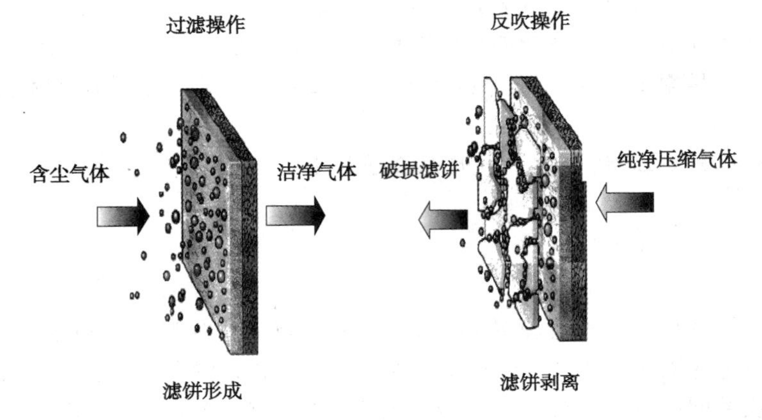

图2 滤饼的形成与剥离示意

2.2 过滤器的过滤方式

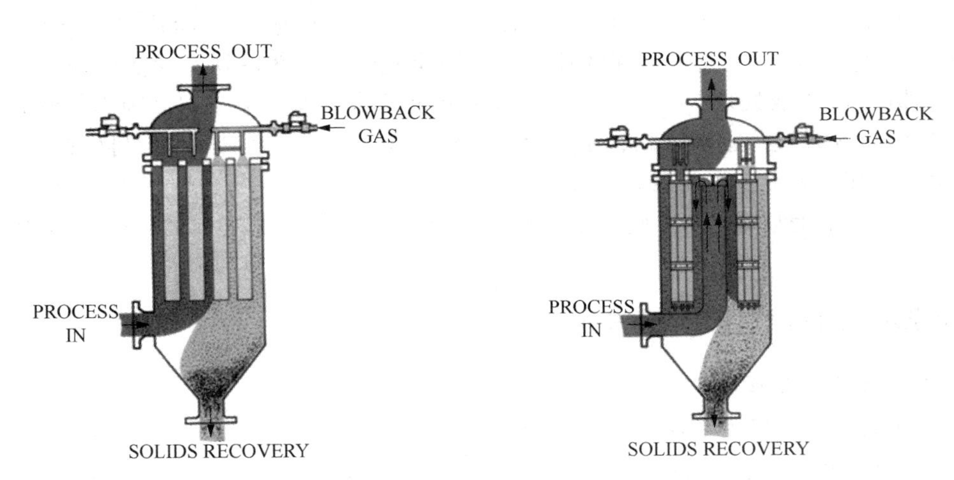

图3 上行式脉冲反吹过滤器示意　　　　图4 下行式脉冲反吹过滤器示意

过滤器的过滤方式分为上行式和下行式。图3为上行式过滤器，气体携带吸附剂从过滤器底部进入后，由下至上一次经过滤芯，上行式过滤器一般用于颗粒粒径较大，堆积密度大于640kg/m^{3}且床层内固体颗粒浓度较高的场合，S Zorb装置反应器内即为上行式过滤器。图4为下行式过滤器，该过滤器的物料进口有向上的内伸管，携带吸附剂的气体通过内伸管先到达过滤器顶部，然后折流向下经过滤芯进行过滤，这时气流流动方向与从过滤器上反吹下来的颗粒运动方向均向下，更利于细小颗粒的沉降，因此这种过滤方式主要用于颗粒粒径较小、堆积密度小于640kg/m^{3}且床层内固体颗粒浓度较低的场合，S Zorb装置的再生烟气为经过两级旋风器后的气体，所以烟气过滤器采用了下行式过滤器[3]。

3 过滤器压差高的“在线处理”对策

3.1 ME-101 压差升高

ME-101 主要用于反应产物与吸附剂的分离，其原则流程见图 5。

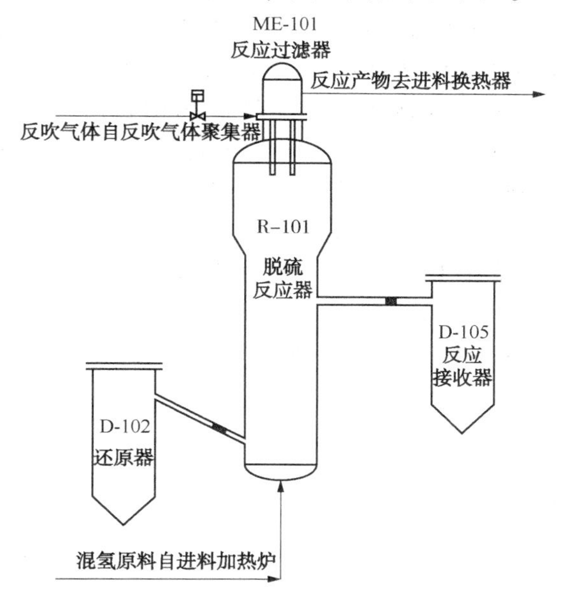

图 5 ME-101 流程示意

3.1.1 事故现象

ME-101 自 2012 年 4 月 8 日开工运行以来，随着生产的进行，装置运行时间的延长加之上游催化装置供料量和汽油性质的波动，反应过滤器压差不断增加。2014 年 5 月 6 日 13：00，反应过滤器压差达到 195kPa，并加速上涨，装置降低处理量后，效果不佳，5h 后(即 18 时)，过滤器压差已达到 228kPa，装置处理量已由最初的 126t/h 降至 106t/h，同时操作上提高了系统压力和反吹压力，反应过滤器压差才首次出现下降，并最终稳定在 165kPa。之后装置按生产调度处要求，缓慢提高处理量至 115t/h 后，恒量操作，但反应过滤器差压仍在以每天 2~3kPa 的涨幅上涨。16 日 16：00，过滤器情况恶化，压差上涨加快，装置降量、提压等操作手段用过后，均不见效果，至 17 日早上 8：00，装置处理量仅为 80t/h，而此时反应过滤器压差已超过 250kPa。ME-101 压差及处理量变化情况见图 6。

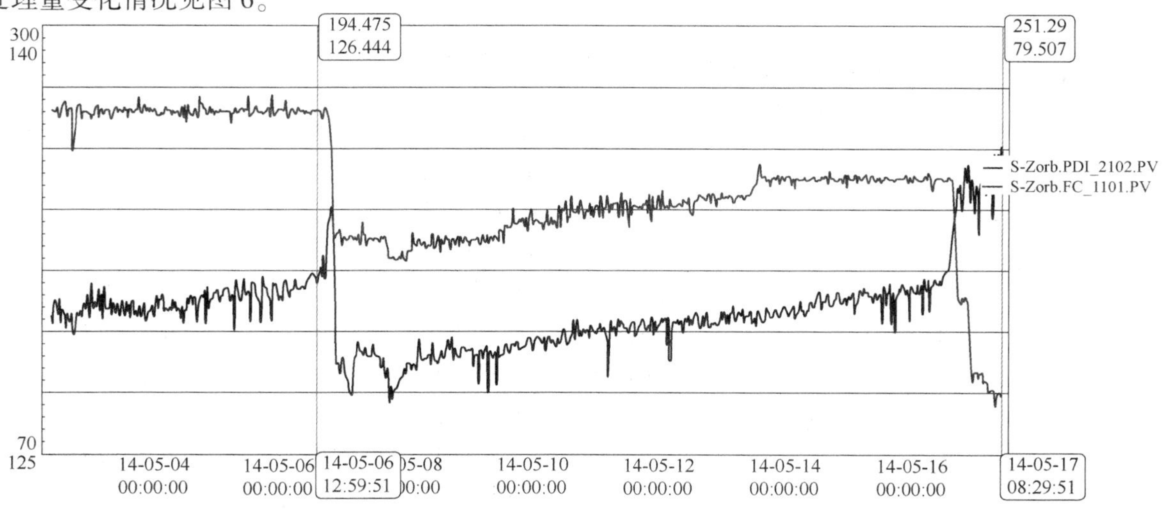

图 6 ME-101 压差及处理量变化

3.1.2 “在线处理”经过

为保证在“亚信峰会”期间不进行临停消缺，装置制定了一个“在线处理”方案，通过切断进料，创造一个极端的反吹环境进行高压反吹，试图重新建立滤饼来达到恢复过滤器正常使用的目的。

17 日 8:15，装置逐步降低处理量，到 9:40，处理量已降至 40t/h，随即切断进料。反应器不卸剂，内有吸附剂 21t，循环氢先提量至 10000Nm^3/h，“热氢带油”结束后，降量至 2000Nm^3/h 左右以防止吸附剂死床，加热炉出口温度控制在 360℃左右，主火嘴根据需要熄灭，最终仅保留 4 个长明灯，反应系统压力维持在 1.80MPa，反吹压力控制 5.40MPa(反吹压力为反应系统压力的 3 倍)，过滤器按设定的时间进行自动反吹，间隔时间为 2.0min。经过近 4 个小时的反吹，至 14：00，反应过滤器压差基本恒定在 20kPa 左右，14：40，装置恢复进料，反应过滤器压差随进料量的增加而逐渐加大，至 20：00，产品质量合格，处理量达到 95t/h 时，反应过滤器压差维持在 143kPa。装置后续 100t/h 恒量操作，反应过滤器压差仍以每天 1.5~2.0kPa 的速率增长，故过滤器 ME-101 重新建立滤饼计划失败，装置于 6 月 3 日临停消缺，更换反应过滤器 ME-101。“在线处理”期间，过滤器 ME-101 压差与进料量、循环氢量的变化情况见图 7。

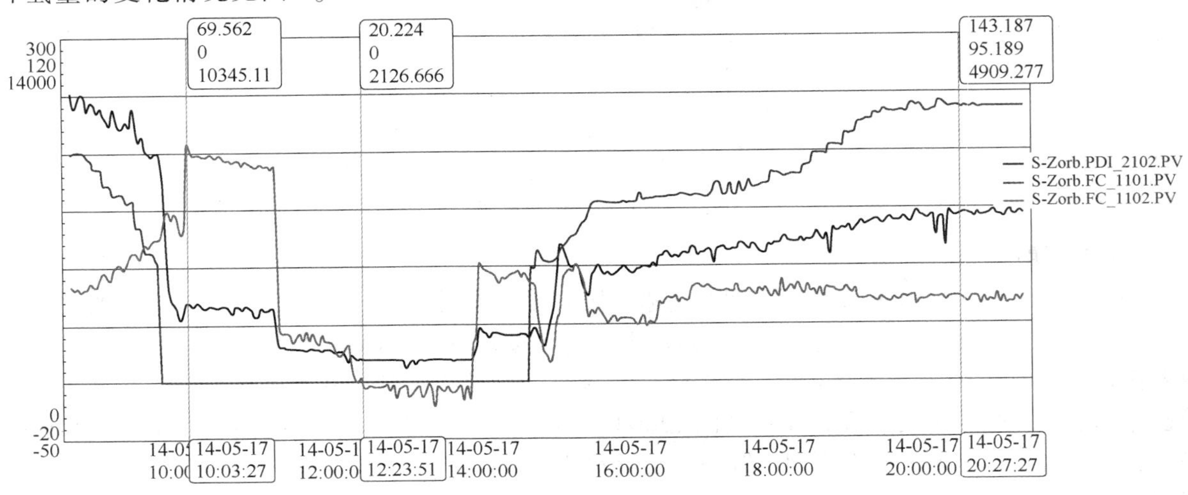

图 7 ME-101 压差与处理量、循环氢量变化(“在线处理”期间)

3.2 ME-103 压差升高

ME-103 的主要作用是过滤再生烟气中携带的吸附剂粉尘，其原则流程见图 8。

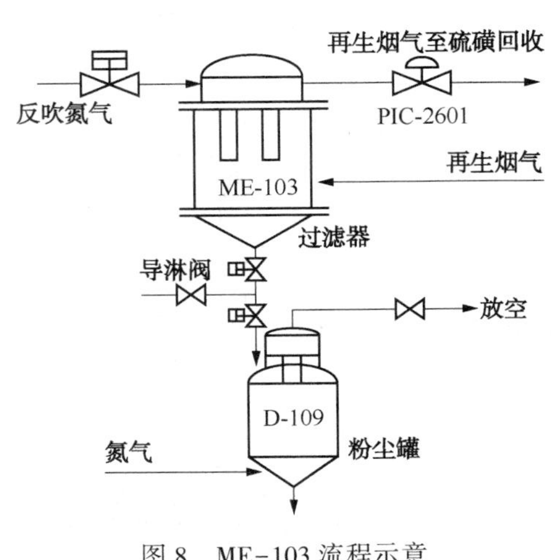

图 8 ME-103 流程示意

3.2.1 事故现象

2016 年 5 月 4 日 8 时左右，ME-103 压差开始出现加速上升的趋势，压差由之前的 29kPa 上升到 33kPa，装置增加反吹频次，反吹等待时间由之前的 5400S 缩短到 1800S。调整之后，压差上升速率有所减缓，但到 5 月 13 日 7：13，压差还是突破了 50kPa。装置将再生风量由之前的 400Nm^3/h 降至 300Nm^3/h，同时启动再生过滤器 ME-103 的快速反吹，压差瞬间降至 15kPa。之后装置根据生产的需要，再生风量控制在 300~400Nm^3/h，ME-103 压差基本恒定在 30kPa 以内。6 月 20 日凌晨 2 点，ME-103 压差再度出现加速上升的趋势，装置通过开关过滤器 ME-103 至粉尘罐 D-109 之间的切断阀、导淋阀，排除 ME-103 至 D-109 之间管线不畅的原因，认为系滤芯之间吸附剂“架桥”所致。为了提高反吹效果，装置加大了反吹推动力。具体步骤为：首先将再生风量由 450Nm³/h 降至 350Nm³/h，通过降低再生风量来降低过滤器的负荷；然后，从 D-109 顶部进行泄压，这样不仅能够在一定程度上降低过滤器的负荷，还能降低过滤器的入口压力；最后，手动启动过滤器 ME-103 的快速反吹系统，对过滤器进行快速反吹。

经过上述处置步骤后，ME-103 压差由 36kPa 下降至 24kPa，在此过程中，D-109 料位由 32.64%上升至 38.52%，上升了 5.88%。但过滤器 ME-103 压差的增长势头并未就此止步，在后续生产过程中，每隔 2~3d，ME-103 压差都会出现快速增长的现象。装置只得按照上述处置步骤如法炮制地去应对。ME-103 压差及再生风量的变化情况见图 9。

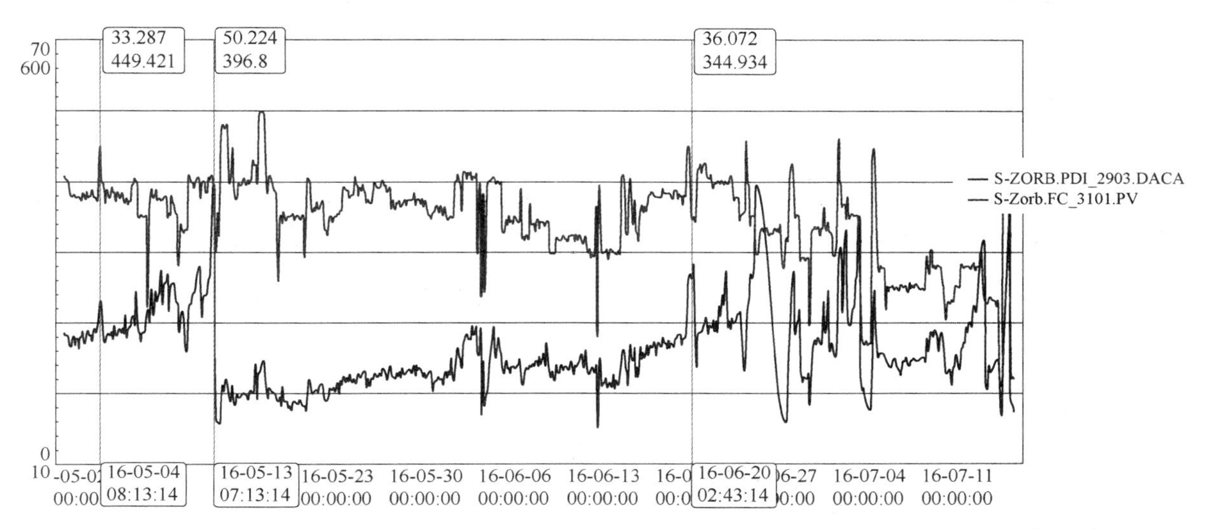

图 9　ME-103 压差及再生风量变化

3.2.2　“在线处理”经过

7 月 27 日，由于原料汽油性质变化，原料硫含量由之前的 230mg/kg 跃升为 350mg/kg。平时装置为了降低产品汽油辛烷值损失，再生吸附剂硫容都控制得较小，面对原料的如此“突变”，反应系统内吸附剂的活性明显偏低，产品汽油硫含量超标。

应对原料硫含量跃升的问题，最直接有效的方法就是提高再生风量，增加再生烧焦强度，进而提高再生吸附剂的活性。当时再生风量为 400Nm³/h，ME-103 压差已达 40kPa，装置尝试着将再生风量降至 150Nm³/h，然后启动快速反吹，反吹过后，ME-103 压差降至 19kPa，但随着再生风量的提高，ME-103 压差也同步增长，当再生风量达到 450Nm³/h 时，ME-103 压差又恢复到 40kPa(再生烟气过滤器压差高高联锁值为 60kPa)，故 ME-103 压差高制约着再生风量的继续提升。

装置通过联系过滤器厂家技术人员，询问 ME-103 滤芯的耐受压强，得知 ME103 滤芯的耐受压差不低于 120kPa，故装置一方面着手准备变更再生烟气过滤器压差高高联锁，一方面办理联锁临停手续，将再生烟气过滤器压差高高联锁打旁路，对再生风量的提高进行“解绑”。伴随着再生风量的提高，ME-103 压差也达到了新的高度，在短短 5h 之后，压差便从 40kPa 跃升到 85kPa。

在保证产品质量合格之后，装置再次将再生风量降至 150Nm³/h，然后连续启动快速反吹，直至 ME-103 压差不再下降为止，此过程持续进行了 1h 之久，最大程度地将 ME-103 滤芯外部的非永久滤饼进行吹散，而后装置分阶段对再生风量进行逐级提升。在此次提高再生风量的过程中，相比之前，ME-103 压差只稍稍有所提高，并未出现与再生风量同步增长的情况，当再生风量达到 500Nm³/h 时，ME-103 压差仅为 20kPa。“在线处理”期间，过滤器 ME-103 压差与再生风量的变化情况见图 10。

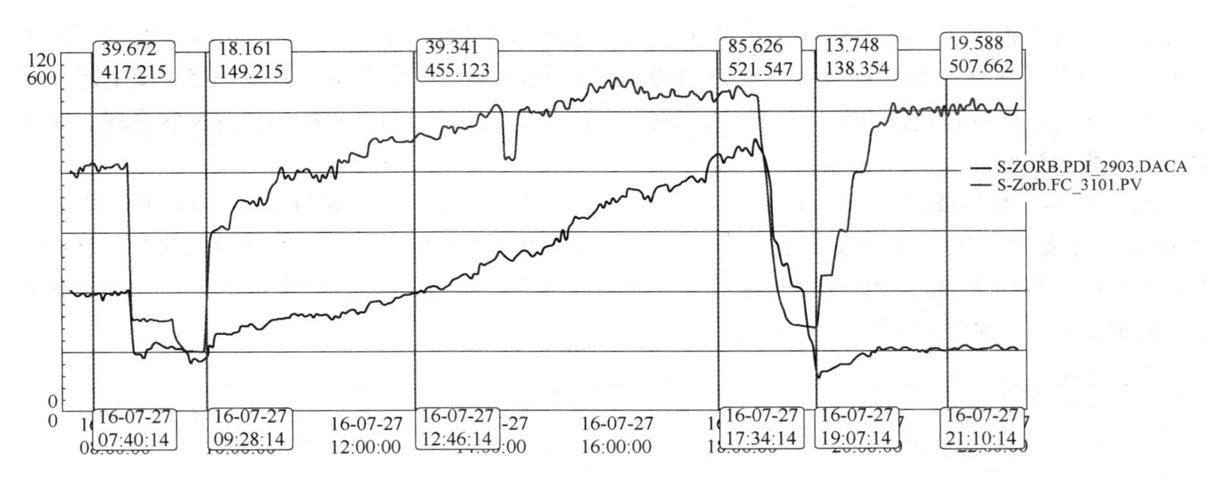

图 10　ME-103 压差与再生风量变化(“在线处理”期间)

“在线处理”结束后的一个月内，ME-103 压差一直稳定在 28kPa 以内(见图 11)，且随着反吹的进行，反吹前后压差相减的差值基本恒定在 3~4kPa(见图 12)，新永久滤饼建立成功。

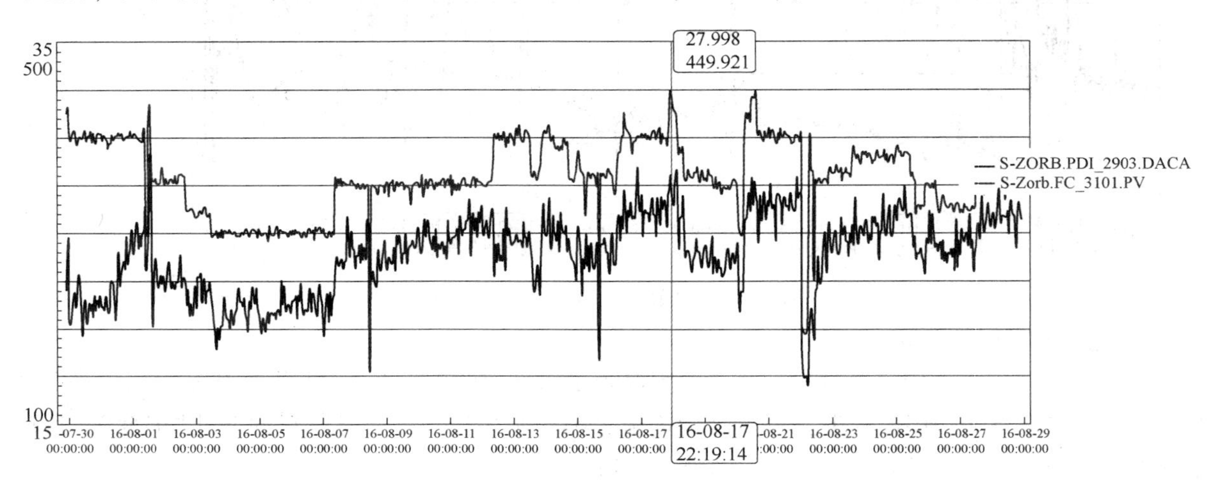

图 11　ME-103 压差与再生风量变化(“在线处理”后一个月内)

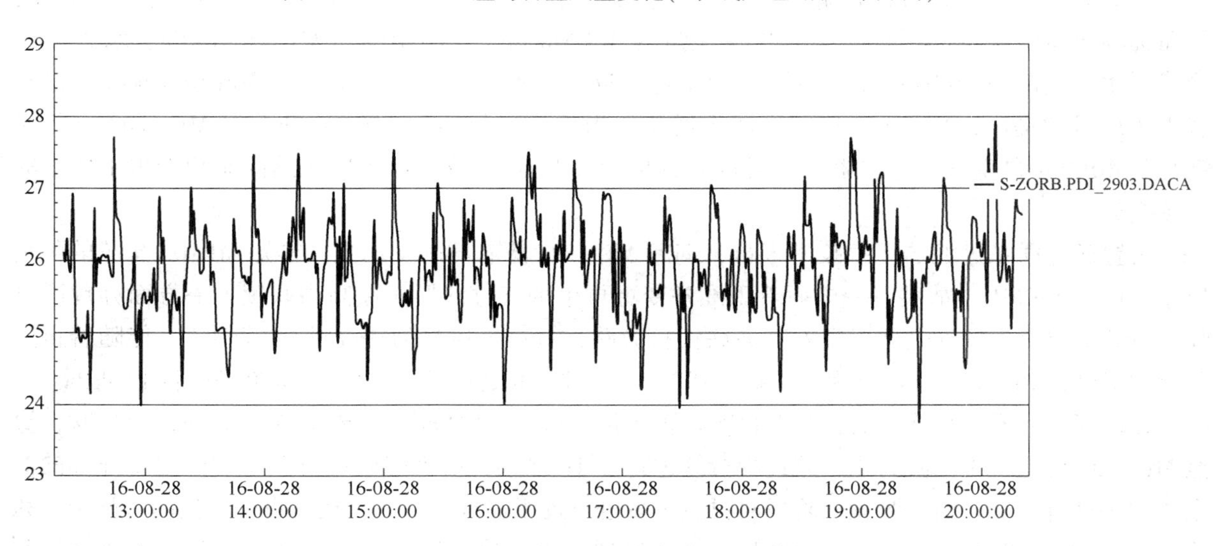

图 12　ME-103 反吹前后压差变化

4 “在线处理”对策比较

4.1 滤芯间距对比

表 1 过滤器设备参数

过滤器名称	反应过滤器 ME-101	再生过滤器 ME-103
过滤器尺寸	Φ1371	Φ700
滤芯类型	烧结金属粉末滤芯	烧结金属粉末滤芯
滤芯尺寸/mm	Φ60×3000(有效长度)	Φ60×3000(有效长度)
滤芯数量/支	102	24
内伸管尺寸	无	DN200

过滤器两滤芯间的距离 L:

$$L = 2 \times \left(\sqrt{\frac{S_a - S_b}{n}/\pi} - r_a\right) \text{ (mm)}$$

式中 S_a——过滤器的截面积，mm^2;

S_b——内伸管的截面积，mm^2;

n——滤芯数量，支;

r_a——滤芯的半径，mm;

π——圆周率，3.14。

(1) ME-101 滤芯间的距离 L_1:

$$\begin{aligned} L_1 &= 2 \times \left(\sqrt{\frac{S_a - S_b}{n}/\pi} - r_a\right) \\ &= 2 \times \left[\sqrt{\frac{3.14 \times (1371/2)^2 - 0}{102}/3.14} - (60/2)\right] \\ &= 75.74\text{(mm)} \end{aligned}$$

(2) ME-103 滤芯间的距离 L_2:

$$\begin{aligned} L_2 &= 2 \times \left(\sqrt{\frac{S_a - S_b}{n}/\pi} - r_a\right) \\ &= 2 \times \left[\sqrt{\frac{3.14 \times (700/2)^2 - 3.14 \times (200/2)^2}{24}/3.14} - (60/2)\right] \\ &= 76.94\text{(mm)} \end{aligned}$$

通过以上计算，尽管反应过滤器 ME-101 与再生过滤器 ME-103 的尺寸大小(见表 1)和结构形式(见图 3 和图 4)存在较大差距，但两台过滤器的滤芯间距基本一致，皆在 7.6cm 左右。

4.2 实际气体流率对比

下面就“在线处理”过程中两过滤器的实际气体流率进行对比。

4.2.1 ME-101

通过过滤器的实际气体流量 Q_a:

$$Q_a = \frac{n_m \times 1000 \times R \times (T + 273.15)}{(P \times 1 \times 10^6 + 101325)} \text{ (m}^3\text{/s)}$$

式中 Q_a——实际气体流量，m^3/s;

P——反应器操作压力，MPa;

T——反应器操作温度,℃;

R——常数,$R=8.314$,Pa · $m^3/(mol \cdot K)$;

n_m——摩尔气体流量,kmol/s;

$$n_m = n_{m1} + n_{m2} + n_{m3} + n_{m4}\text{ , kmol/s;}$$

其中　n_{m1}——汽油摩尔流量,$n_{m1} = \dfrac{Q_1}{3600 \times M_1}$,kmol/s;

Q_1——汽油进料量,kg/h;

M_1——汽油分子量;

由于“在线处理”过程中,汽油进料切断,即 $Q_1=0$,故 $n_{m1}=0$

n_{m2},n_{m3},n_{m3}氢气的摩尔流量:

$$n_{mi} = \frac{Q_i}{3600 \times 22.4}\text{ , kmol/s;}$$

式中　Q_2——循环氢量,Nm^3/h;

Q_3——D-102 流化、还原氢气量,Nm^3/h;

Q_4——D-105 松动、流化氢气量,Nm^3/h;

即　$n_{m2} = \dfrac{Q_2}{3600 \times 22.4} = \dfrac{2126}{3600 \times 22.4} = 0.0264\text{kmol/s}$

$n_{m3} = \dfrac{Q_3}{3600 \times 22.4} = \dfrac{538}{3600 \times 22.4} = 0.0067\text{kmol/s}$

$n_{m4} = \dfrac{Q_4}{3600 \times 22.4} = \dfrac{652}{3600 \times 22.4} = 0.0081\text{kmol/s}$

故　$n_m = n_{m1} + n_{m2} + n_{m3} + n_{m4}$

$=0+0.0264+0.0067+0.0081$

$=0.0412\text{kmol/s}$

$$Q_a = \frac{n_m \times 1000 \times R \times (T + 273.15)}{P \times 1 \times 10^6 + 101325}$$

$$= \frac{0.0412 \times 1000 \times 8.314 \times (320 + 273.15)}{1.80 \times 1 \times 10^6 + 101325}$$

$$=0.1069(m^3/s)$$

过滤器的实际气体流率:$v_p = \dfrac{Q_a}{S_p}$

式中　v_p——过滤器的实际气体流率,m/s;

S_p——过滤器流通面积,m^2。

由表 1 可知,$S_p = 102 \times \pi \times 60 \times 10 - 3 \times 3000 \times 10 - 3 = 57.65(m^2)$;

故过滤器 ME-101 的实际气体流率:$v_p = \dfrac{Q_a}{S_p} = \dfrac{0.1069}{57.65} = 0.0019\ (m/s)$。

4.2.2　ME-103

通过过滤器的实际气体流量 Q_β:

$$Q_\beta = \frac{n_k \times 1000 \times R \times (T_1 + 273.15)}{P_1 \times 1 \times 10^6 + 101325}\ (m^3/s)$$

式中　Q_β——实际气体流量,m^3/s;

P_1——再生器操作压力,MPa;

T_1 ——再生器操作温度，℃；

R ——常数，$R=8.314$，$Pa \cdot m^3/(mol \cdot K)$；

n_k ——摩尔气体流量，kmol/s；

$n_k = n_{k1} + n_{k2}$，kmol/s；

n_{k1}，n_{k2} 分别为再生风和流化氮气的摩尔流量：

$$n_{ki} = \frac{Q_i}{3600 \times 22.4}，kmol/s；$$

Q_1 ——再生风量，Nm^3/h；

Q_2 ——再生器流化氮气量，Nm^3/h；

即 $$n_{k1} = \frac{Q_1}{3600 \times 22.4} = \frac{150}{3600 \times 22.4} = 0.0019kmol/s$$

$$n_{k2} = \frac{Q_2}{3600 \times 22.4} = \frac{250}{3600 \times 22.4} = 0.0031kmol/s$$

故 $$n_k = n_{k1} + n_{k2} = 0.0019+0.0031 = 0.005(kmol/s)$$

$$Q_\beta = \frac{n_k \times 1000 \times R \times (T_1 + 273.15)}{P_1 \times 1 \times 10^6 + 101325} = \frac{0.005 \times 1000 \times 8.314 \times (346 + 273.15)}{0.075 \times 1 \times 10^6 + 101325} = 0.1460(m^3/s)$$

过滤器的实际气体流率：

$$v_q = \frac{Q_\beta}{S_q}$$

式中 v_q ——过滤器的实际气体流率，m/s；

S_q ——过滤器流通面积，m^2。

由表 1 可知，$S_q = 24 \times \pi \times 60 \times 10 - 3 \times 3000 \times 10 - 3 = 13.56(m^2)$，

故过滤器 ME-103 的实际气体流率：$v_q = \frac{Q_\beta}{S_q} = \frac{0.1460}{13.56} = 0.0108(m/s)$。

综上可以看出，两次“在线处理”过程中，再生过滤器 ME-103 的实际气体流率要远高于反应过滤器 ME-101。

在流化床层中，根据 Tasirins 所做试验[4]，气体线速在 0.2~0.8m/s 时，吸附剂(催化剂)带出总量与气体线速的关系呈指数关系：$G_{SO} \propto u_f^n$。但由于两过滤器在工艺流程(见图 5 和图 8)以及过滤方式(见图 3 和图 4)上的较大差异，两者的气体线速并不具备可比性。而两者的实际气体流率在一定程度上反映的就是过滤器的负荷，假定两过滤器的孔隙率一致的话，两者的实际气体流率之比即为过孔气速的比值。

4.3 综合评价

“在线处理”过程是在一个“特殊工况”下完成的，所谓“特殊工况”是指过滤器“微负荷”状态。故过滤器负荷越低，越有利于永久滤饼的重新建立。“在线处理”的实质就是尽最大可能去增加反吹推动力，将在正常工况下反吹吹不掉的滤饼除去，在后续的生产过程中，新附着的小颗粒吸附剂在过滤介质表面，形成新的永久滤饼。

在 7 月 27 日 19：00 时，处理于再生过滤器 ME-103 过程中，再生系统压力维持在 75kPa，反

吹压力控制在580kPa，反吹压力为再生系统压力的7.7倍；而7月27日上午9：00时，再生风量同样降至150Nm^3/h，再生过滤器ME-103同样处于低负荷状态，但由于当时再生系统压力控制在88kPa，反吹压力维持在580kPa，反吹压力仅为再生系统压力的6.6倍，这或许就是ME-103当天前后两次处置中，结局不同的原因，其症结在于反吹推动力不够强大。反观反应过滤器ME-101的“在线处理”过程，在处理反应过滤器ME-101过程中，反应系统压力维持在1.80MPa，反吹压力控制5.40MPa，反吹压力为反应系统压力的3倍，尽管相比之下，当时反应过滤器ME-101的负荷要远低于再生过滤器ME-103(见4.2实际气体流率对比)。

ME-101“在线处理”失败的原因很有可能也是反吹推动力不够强大，还不足以将滤芯表面黏附力强的滤饼吹掉。

5 结语

反应过滤器ME-101与再生过滤器ME-103在滤芯类型(见表1)、滤芯间距(见4.1滤芯间距对比)、反吹及过滤原理(见图1~图4)上完成一致，ME-103在运行中后期，永久滤饼重建成功对反应过滤器ME-101有很大的借鉴意义。ME-101和ME-103首次“在线处理”失败，其原因很大部分在于反吹推动力不够强大，下次建议在处理反应过滤器ME-101时，将反应系统压力降至0.80MPa，反吹压力提至6.40MPa，反吹压力达到反应系统压力的8倍来增加反吹推动力。不建议在切断进料的同时将循环氢完全中断，因为从上述计算中可以看出，在循环氢量维持2000Nm^3/h左右时，过滤器ME-101的负荷已经够低。完全中断循环氢不光存在流化床“死床”的风险，倘若反应器进料单向阀卡塞，吸附剂倒入加热炉炉管还存在引起装置非计划停工的安全隐患。

烧结金属粉末过滤器在装置建设投资和运行维护成本中占相当大的比重，所以如何延长过滤器的使用寿命，确保S Zorb装置长周期运行是一项具有重要意义的工作，本文对比分析针对反吹过滤器压差高的两次“在线处理”方案，旨在达到抛砖引玉的作用，至于反应过滤器ME-101在运行中后期，永久滤饼能否重建成功还与当时滤芯表面的滤饼厚度、固体颗粒的物性、过滤介质的微孔堵塞状况等等内容相关，高桥S Zorb装置暂无成功案例。

参 考 文 献

[1] 冯小艳，徐西娥，魏涛．S Zorb装置反应器过滤器滤饼的建立[J]．炼油技术与工程，2015，45(8)：33-35.

[2] 胡跃梁，孙启明．S Zorb吸附脱硫装置运行过程中存在问题分析及应对措施[J]．石油炼制与化工，2013，44(7)：69-72.

[3] Conoco Phillips billings blowback manual. Pall Scientific & Laboratory Services Department. 2007，1：5-7.

[4] 陈俊武．催化裂化工艺和工程(中册)[M]．北京：中国石化出版社，2005：582-585.

柴油液相加氢循环油泵密封应用分析

陆 飞

（中国石化九江分公司，江西九江 332004）

摘 要：中国石油化工股份有限公司九江分公司 1.5MT/a 柴油液相加氢装置是 SINOPEC 开发的 SRH 液相循环加氢工艺的首次大型工业化应用，属于中石化“十条龙”攻关项目之一。该装置的高压循环油泵密封压力高达 10.5MPa，温度高达 410℃，综合工况已超过现有的石化设备机械密封的上限。文章通过机械密封辅助系统方案分析，机械密封相关参数的计算，密封主要部件选材三方面对高压循环油泵密封应用状态进行分析。

关键词：密封；高温高压；循环油泵；柴油液相循环加氢

1 引言

中国石油化工股份有限公司九江分公司 1.5Mt/a 柴油液相循环加氢装置于 2012 年 8 月 27 日投产。该装置是 SINOPEC 开发的 SRH 液相循环加氢工艺的首次大型工业化应用，属于中石化“十条龙”攻关项目之一。装置主要特点为反应部分不设置氢气循环系统，依靠一台高压循环油泵，代替循环氢压缩机，将热高压分离器下部的未充分反应的柴油，循环泵入精制反应器，同时将热高压分离器分离出来的以氢气为主要成分的气体，饱和溶入柴油中，和高压柴油一起循环地进入精制反应器中反应。因此，该高压循环油泵承担了极其重要的作用，为柴油液相循环加氢装置的核心设备。柴油液相加氢循环油泵属于工况极端的高温高压泵，密封压力高达 10.5MPa，温度高达 410℃，已超过目前机械密封能达到的上限，故解决高温高压密封问题是柴油加氢精制新工艺成败的关键。

2 循环油泵密封的简介

2.1 九江石化循环油泵的参数

九江石化的 1.5Mt/a 柴油液相加氢循环油泵的参数是：

介质：柴油（含硫化氢 8000μg/g，含氢量 0.15%~0.18%质量比）；

泵流量：约 1 260m^3/h；

泵入口压力：9.8MPa，最大 10.5MPa（入口压力接近密封腔压力）；

泵送温度：350~410℃；

轴径：ϕ125mm；

柴油液相加氢循环油泵结构，如图 1 所示。

2.2 机械密封辅助系统方案

对于密封辅助系统：循环油泵选定 API PLAN13+32+54+62 方案，主要选取 PLAN13 的降压措施，PLAN32 的高效可靠的外部冲洗系统，PLAN54 外冲洗及仪器仪表配置方案。

2.3 密封型式

循环油泵密封采用串联式机械密封，介质侧选用静止式波纹管机械密封，大气侧选用旋转式多弹簧平衡型机械密封，如图 2 所示。

3 国外相关技术现状及技术难点分析

由于柴油加氢装置采用高压循环油泵溶氢，去掉循环氢压缩机，在国际上也是一种新工艺。美

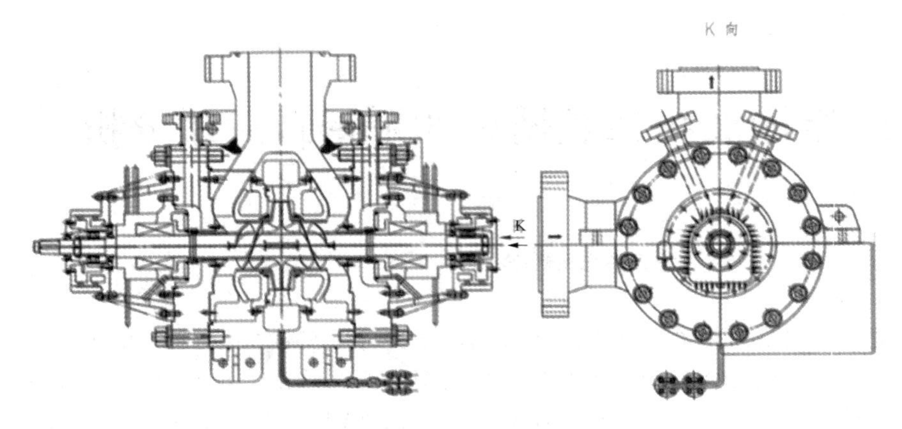

图1　柴油液相加氢循环油泵结构图

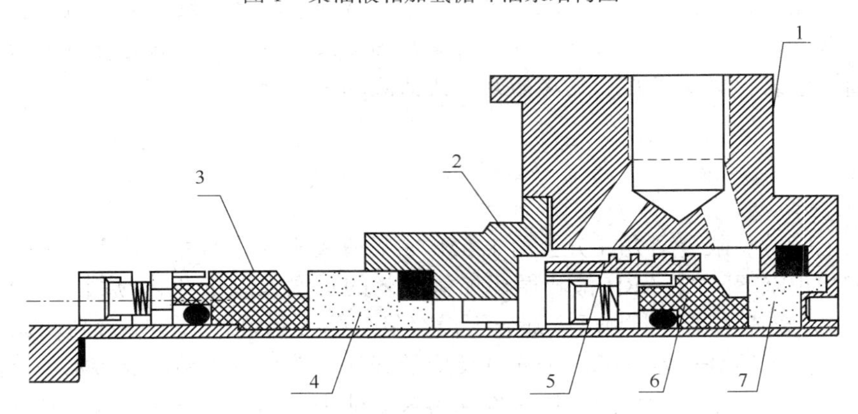

图2　柴油液相加氢循环油泵密封图

1—外压盖；2—内压盖；3—弹簧组件Ⅰ；4—静环Ⅰ；
5—泵送环；6—弹簧组件Ⅱ；7—静环Ⅱ

国过程动力学公司经过六年开发成功，2007年该技术被杜邦公司购买，目前只在弗吉尼亚州炼油厂1.2万桶/日柴油加氢装置等少量厂应用。由于液相加氢循环油泵机械密封的综合工况已超过现有的其他石化设备机械密封的参数，因此在国外也是一个新课题。虽然在单一参数密封的研发上国外具备研究基础好、试验能力强、试验数据全、产品种类多的优势，但针对这种多参数的循环油泵机械密封的研发，国内和国外还停留在同一个层次。

目前，国内在高温高压机械密封方面，密封直接承压可达15MPa，直接承受温度300℃(油介质)，如加密封辅助系统，温度可达450℃。但既是高温又是高压且比较典型的是石化各装置的热水循环泵，其典型工况是：压力4~6MPa，温度250~270℃，超过这个参数的极少。在高温的情况下，密封液膜很难形成，端面润滑性差，如果同时有高压，端面贴合力大，由于力变形和热变形，贴合也很不好，端面很难实现密封。更有传动机构传递的扭矩大、高温下材料变脆、强度变低、弹性元件失弹等问题。因此，柴油液相加氢循环油泵的机械密封问题关键是：通过各种措施对密封工况进行减温减压，使密封处在相对安全参数下运行，同时密封部件选择合理的材料，保证柴油液相加氢循环油泵密封长周期正常安全运行。

4　机械密封辅助系统方案分析

循环油泵腔压力正常工作时在9.9~10MPa，是常温时弹簧式机械密封承受压力的上限值。在高温时，只能采用金属波纹管密封，而金属波纹管密封承受的上限值是5MPa，对于密封轴径达170mm，承压能力更低，大约为3MPa。因此，要保证柴油液相加氢循环油泵密封长周期正常安全运行，对密封腔降压是最可靠的措施。该循环油泵选定API PLAN13+32+54+62的机械密封辅助系统方案。

PLAN13 为管路降压装置，主要将高压介质通过梳齿节流引入密封腔，再通过引流管和调压阀引至低压区，使密封腔压力降到 1.6MPa，目前流量为 30t/h 左右，有较大的可利用空间，如图 3 所示。

Plan32 是在一级密封的密封腔处注入压力为 2MPa，温度为 140 度的柴油，流量 16L/min，大大降低介质侧主密封的温度，如图 4 所示。

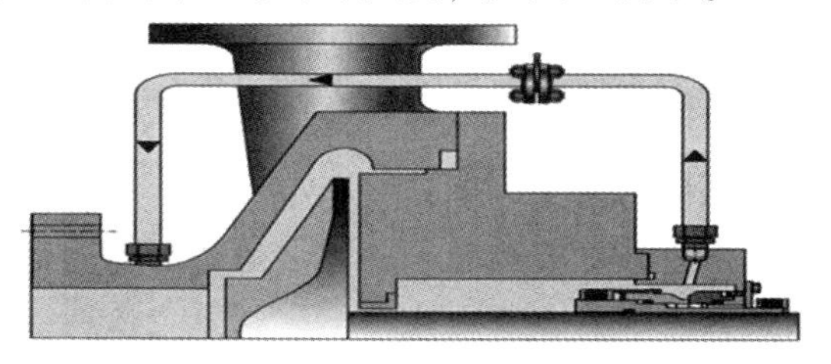

图 3　PLAN13

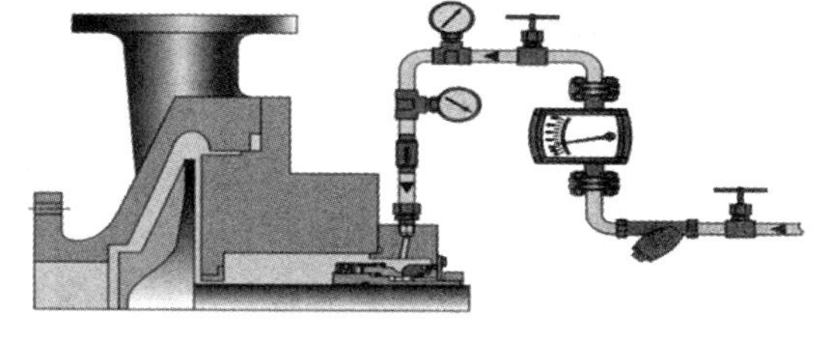

图 4　PLAN32

Plan54 是将取自原料油升压泵出口温度 100℃、压力 1.5MPa 的柴油经过节流降压到 0.8MPa 后注入到安全密封的密封腔，然后再流回到原料油泵的入口，流量 30L/min，如图 5 所示。

Plan62 采用 0.2MPa 的脱盐水急冷，温度常温，可减小密封大气侧与外界温度差和压力差，如图 6 所示。

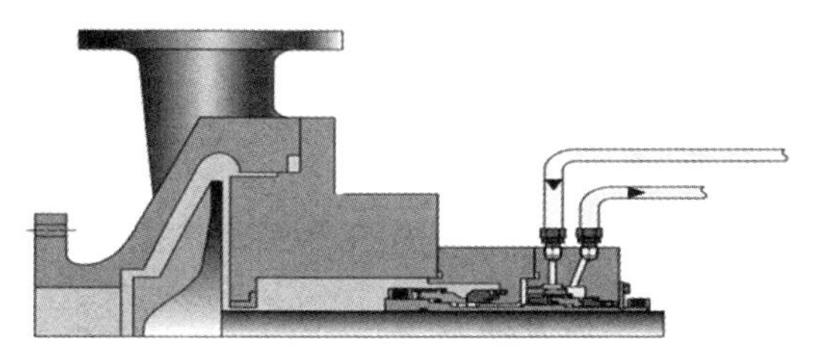

图 5　PLAN54

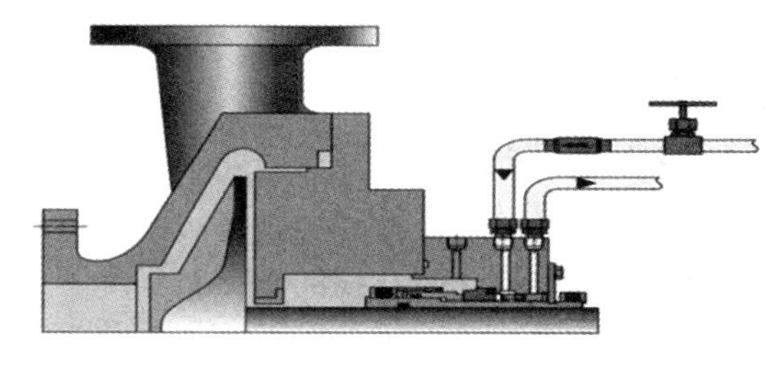

图 6　PLAN62

通过以上辅助系统可以实现密封的逐级降温降压，实现对密封运行状态监测和控制，使密封处在相对安全的参数下运行，在紧急事故下提供安全保证，保证柴油液相加氢循环油泵密封长周期正常安全运行。

5　机械密封相关参数的计算

循环油泵密封采用串联式机械密封，介质侧选用静止式波纹管机械密封，大气侧选用旋转式多弹簧平衡型机械密封。

5.1　主密封参数确定

密封参数经试验验证确定如下：

$d_1 = 175.8\text{mm}$　$d_2 = 186.8\text{mm}$

d_1为密封窄环的内径，d_2为密封窄环的外径。

平衡直径：

$$d_e = \sqrt{\frac{1}{3}(d_w^2 + d_n^2 + d_w d_n)} = 178.99\text{mm}$$

式中　d_w、d_n——波纹管内径、外径，还有一种算法为近似算法，为波纹管内、外径的平均值。

载荷系数：$K = \dfrac{d_2^2 - d_e^2}{d_2^2 - d_1^2} = 0.715$

端面面积：$S = \dfrac{\pi}{4}(d_2^2 - d_1^2) = 3132.64\text{mm}^2$

端面线速度：$v=\omega\frac{d_1+d_2}{2}=14.05\text{m/s}$

其中，ω 为 1 480r/min，端面线速度即端面中径处的线速度。

弹力 $F=572.2\text{N}$；

弹簧比压：$P_t=F/S=0.183\text{MPa}$；

端面比压：$P_c=P_t+(K-\lambda)p=0.743\text{MPa}$；

式中：p 为介质压力，λ 为液膜反压系数，取 0.7；

PV 值：$PV=P_cV=10.44\text{MPa}\cdot\text{m/s}$。

油介质的建议 PV 值要求小于 15，可见密封设计参数符合要求。

5.2 安全密封参数确定

安全密封为多弹簧平衡型密封，密封参数为：

$d_2=163\text{mm}$，$d_1=152\text{mm}$。

参照主密封公式计算可得：

平衡直径：$d_e=155\text{mm}$；

载荷系数：$k=0.73$；

弹力 $F=554.4\text{N}$；

弹簧比压：$P_t=0.204\text{MPa}$；

端面比压：$P_c=0.388\text{MPa}$。

5.3 主密封搅拌热计算

$N_2=2.5839\times10^{-11}\gamma\pi n^3D^5$

$=2.5839\times10^{-11}\times700\times1480^3\times0.218^5$

$=0.02887(\text{kW})$。

5.4 主密封端面发热

$P_c=0.743\text{MPa}$，$d_2=186.8\text{mm}$，$d_1=175.8\text{mm}$，$d_e=179$；

$N_1=1.439\times P_c\times n(d_2-d_1)(d_2+d_1)^2\times10^{-6}$

$=1.439\times0.743\times1480\times(186.8-175.8)\times(186.8+175.8)^2\times10^{-6}$

$=2.29\text{kW}$。

5.5 喉套处吸收热

$N_3=0.25\times d_e(t_2-t_1)$

$=0.25\times179\times(400-200)$

$=8.95\text{kW}$。

其中，t_2为介质温度，t_1为冲洗温度。

综合 5.3~5.5 可知，核算出主密封在设定 PLAN32 冲洗量为 16L/min 温升正常。

6 密封主要部件选材

温度为 400℃，压力为 10MPa，壳体的设计压力折算成冷态为 19.7MPa。根据 API682 的相关要求循环油泵密封采用串联式机械密封，介质侧选用静止式波纹管机械密封，大气侧选用旋转式多弹簧平衡型机械密封。介质侧主密封摩擦副采用 WC/MY10K，密封圈 304 缠绕石墨，金属波纹管及基体材料 INCONEL718；大气侧安全密封摩擦副采用 M120D/WC，哈氏合金弹簧，杜邦公司全氟醚橡胶。据多方探讨，机械密封结构件与高温介质接触的金属零件采用沉淀硬化不锈钢 17-4PH，其他金属零件采用铬不锈钢。

7　结论

循环油泵密封自2012年投用以来密封运行安全可靠，满足了现场的需求，保证了循环油泵的安稳长满优运行。因此可得出以下结论：

（1）该循环油泵密封辅助系统可以实现密封的逐级降温降压，使密封处在相对安全的参数下运行；

（2）该循环油泵机械密封参数符合相关技术规范的要求；

（3）该循环油泵机械密封材料选择符合实际工况的要求；

（4）柴油液相加氢高温高压循环油泵机械密封及密封系统的研制成功，可使各个行业类似高压高温泵机械密封问题得到解决，使我国在高温高压泵的机械密封方面可完全依靠我国自有的技术，规模化生产来满足需求。

参　考　文　献

[1] 胡国桢．化工密封技术[M]．北京：化学工业出版社，1990.

[2] 顾永泉．流体动密封[M]．北京：烃加工出版社，1990.

[3] 顾永泉．流体密封技术[M]．北京：烃加工出版社，1990.

[4] 顾永泉．机械密封实用技术[M]．北京：机械工业出版社．2001.

[5] 海因茨 K. 米勒(德) 伯纳德 S. 纳乌(英)．程传庆，等译．流体密封技术—原理与应用[M]．北京：机械工业出版社，2002.

1.7Mt/a 渣油加氢装置运行总结

彭　军　秦　龙

(中国石化九江分公司，江西九江　332004)

摘　要：介绍了中国石油化工股份有限公司九江分公司1.7Mt/a渣油加氢装置的主要技术特点和催化剂装填情况，结合第一周期生产运行期间的主要操作参数、原料油及产品性质、物料平衡及装置能耗等情况，对装置运行情况进行总结。总体而言，本次装填的第三代RHT渣油加氢催化剂级配及活性良好，能够满足生产需要，为催化裂化提供优质原料，装置运行情况良好。

关键词：渣油加氢；总结；催化剂；能耗

1　引言

1.7Mt/a渣油加氢装置以减压渣油、直馏重蜡油、焦化蜡油和催化循环油为混合原料，经过催化加氢反应，脱除硫、氮、金属等杂质，降低残炭含量，为催化裂化装置提供优质原料，同时生产部分柴油，并副产少量石脑油和干气。本装置采用LPEC成熟的固定床渣油加氢技术，采用RIPP开发的第三代RHT系列催化剂，设计掺渣比66.84%，空速0.205，氢分压15.5MPa，氢油比700，装置于2015年9月27日一次投料试车成功并分别于2015年12月、2016年6月进行初、中期标定，2016年12月11日至12月13日进行了末期分析，于2017年2月停工换剂检修，第一周期共运行17个半月，通过全年运行情况分析，该催化剂级配良好、活性较强，能够为下游催化裂化提供优质原料。

2　概况

2.1　主要技术特点

(1) 反应器为单床层设置，易于催化剂装卸，缩短开停工时间。

(2) 增设一反跨线，提高操作灵活性并延长装置运行周期。

(3) 采用联合供氢工艺，加氢裂化装置来高压新氢注入循环氢压缩机入口。

(4) 分馏部分采用单塔流程，流程简单易操作，增设酸性气压缩机将分馏塔顶气升压后外送至轻烃回收装置。

2.2　催化剂装填

反应器共装填RHT系列渣油加氢催化剂655.85t，瓷球10.125t。反应器具体装填情况见表1。

表1　反应器催化剂装填数据

催化剂型号	装填质量/kg			
	R101	R102	R103	R104
RG20	8 800	4 400		
RG-30E	11 700	3 900		
RG-30A	15 600	5 850		
RG-30B	18 850	6 500		

续表

催化剂型号	装填质量/kg			
	R101	R102	R103	R104
RDM-33B			46 200	
RMS-30			69 700	
RCS-30			43 350	41 650
RCS-31	206 550			
RDM-35-3.0	9 100	5 850		
RDM-35-1.8	11 000	5 500	1 500	1 500
RDM-32-1.3	20 800	100 750		
RDM-35-1.8	1 500	1 500		
RDM-32-3b	1 500	1 500	1 500	1 500
RDM-32-5b	1 800	1 800	1 800	2 400
ϕ10mm 鸟巢支撑剂	2 375	2 375	2 375	2 375
ϕ10mm 瓷球	2 500	2 500	2 500	2 625
合计	100 650	137 550	164 050	253 600

3 工业运行情况

为了检验新装置在高负荷下的运行情况、考察催化剂加氢脱硫、脱金属、脱残炭等各项主要性能指标，以及各大型动设备、换热器及其他动静设备的运行瓶颈，为后续安全、平稳生产提供整改意见，装置于2015年12月9日至12月12进行了初期标定，2016年6月6日至6月8日进行了中期标定，2016年12月11日至12月13日进行了末期分析。

3.1 原料及产品性质

装置标定均在超负荷工况下进行，设计加工原料为减压渣油、1#常减四线、催化循环油和焦化蜡油，配比为66.84∶12.17∶7.08∶13.91，催化循环油由于固体含量较高一直未掺炼，但一直掺炼部分催化柴油，同时还掺炼了低金属含量的溶脱蜡油，掺渣比也由初期的54%提高至中期的64.65%，后期掺炼比为69.3%，高于设计值66.84%（按照540℃/mL）。从原料性质上看，硫、氮、残炭以及金属含量均低于设计值，尤其是原料金属含量低有利于减缓一反压降上升速率延长装置运行周期，此外原料黏度低、残炭低，反应苛刻度低，可以降低反应提温速率延长装置运行周期；设计新氢纯度为98.11%，标定时新氢的纯度为99%以上，末期为98.90%，可以看出整个运行过程中新氢纯度均高于设计值，这样有利于提高循环氢氢气纯度，提高一反入口氢分压，减缓一反压降升高速率，为长周期运行创造了良好的条件。设计的原料油性质及初、中、末期原料油性质见表2。

表2 原料油性质

项目	原料油				
	设计值	初期标定	中期标定	末期分析	设计限制值
加工量/(t/h)	212.5	225.4	221.53	213.78	
密度(20℃)/(g/cm^3)	0.9857	0.96765	0.9608	0.9680	
黏度(100℃)/(mm^2/s)	255.5	56.65	60.16	72.6	
残炭/%	13.8	9.915	8.725	10.052	$\ngtr$14
S/%	2.08	1.2115	1.451	1.553	$\ngtr$2.5
N/(μg/g)	4853	3537.48	3515.3	3614.53	$\ngtr$5500

续表

项目	原料油				
	设计值	初期标定	中期标定	末期分析	设计限制值
C/%	86.27	86.455	86.99	85.826	
H/%	11.03	12.125	11.59	12.234	
金属含量/(μg/g)					
Ni	43.5	27.75	23.4	19.25	Ni+V≯80
V	13.8	14.1	19.3	19.25	
Fe	6.6	10.75	3.9	4.1	≯8
Ca	10.4	3.5	2.2	1.5	≯12
Na	2.3	1	0.7	0.65	≯3
四组分/%					
饱和烃	24.7	31.46	21.51	26.91	
芳烃	37.1	47.71	56.51	52.12	
胶质	35.7	15.085	17.43	15.58	
沥青质(C_7 不溶物)	2.5	5.745	4.57	5.41	
馏程(ASTM D1160)/℃					
初馏点	318	293	250.5	273.8	
10%	405	415	428.5	445.8	
540℃/mL		46	45.35	30.7	

3.2 主要操作条件

由于原料性质好、反应苛刻度低，因此各实际操作参数与设计值存在较大差距，具体而言，初期标定时反应温度明显较设计值低，反应流出物温度比设计值低导致分馏部分整体温度均低于设计值。由于反应条件缓和，生成物中轻组分较少，且分馏部分进料温度低、汽化率不足，各产品馏程重叠度大，所以采用增大汽提蒸汽，降低塔压的方式提高分馏精度、确保产品质量合格；中期标定时虽然反应温度仍然较低，但由于高压换热器 E102 结垢，反应热量无法充分回收，大量热量向热高分及后续系统转移，分馏进料温度已经高达 358℃，分馏塔进料气化率较高，所以逐步下调汽提蒸汽至 2.5t/h 并增大中段回流多产 0.45MPa 蒸汽以减小能耗，见表 3。中期标定时按全厂要求压减柴油，将柴油 95%点由 346℃降低至 321.5℃，由于组分变轻，柴油汽提塔 T202 操作温度也随之下降，末期分析时高压换热器 E102 结垢现象更加明显，换热后温差平均只有 25℃，加热炉 F101 入口温度较低，F101 已经达到最大负荷，但是 F101 出口温度也只有 355℃，所以末期反应器床层 CAT 只有 380℃，提温非常困难，反应热量无法充分回收，造成分馏操作难度较大。

表 3 主要操作条件

项目	设计值		初期标定	中期标定	末期分析
	SOR	EOR			
进料流率/(t/h)	212.5		225.4	221.53	213.78
催化剂总质量/t	644.402		655.85	655.85	655.85
一反入口氢分压/MPa	15.5		16.5	15.7	13.65
一反入口氢油体积比	700		773.7	725	729
总体积空速/h^{-1}	0.205		0.226	0.224	0.219
反应器					

续表

项目	设计值		初期标定	中期标定	末期分析
	SOR	EOR			
CAT(平均)/℃	385	404	359.6	368.5	377.94
R-1(入口/出口)/℃	368/376	385/390	340.8/352.6	350.01/358.68	354.35/364.62
R-2(入口/出口)/℃	375/388	390/401	348/360.8	356.46/364.59	360.54/372.95
R-3(入口/出口)/℃	380/395	400/408	355/371.4	361.70/378.99	368.07/393.33
R-4(入口/出口)/℃	384/396	405/421	358.7/370.5	369.49/385.00	381.89/406.98
总温升/℃	48	50	52.8	49.6	58.869
差压/MPa	1.6	1.9	1.059	1.05	1.18

表4 反应器床层径向温差

日期	R101			R102			R103			R104		
	上层	中层	下层	上层	中层	下层	上层	中层	下层	上层	中层	下层
2015/12/9	1.69	4.75	7.95	1.42	6.24	6.93	0.75	6.85	18.13	2.46	11.65	6.55
2015/12/10	1.7	4.5	7.25	1.45	5.05	6.85	0.9	6.75	17.5	2.54	11.25	6.1
2016/6/6	1.67	4.85	8.31	1.45	4.36	5.76	0.86	6.05	16.95	2.54	11.49	6.00
2016/6/7	1.45	4.9	8.81	1.5	4.36	5.91	0.95	5.87	17.28	2.26	11.05	6.05
2016/12/12	1.7	16.15	13.35	1.55	5.2	6.35	1.05	5.9	17.4	2.7	8.8	5.25
2016/12/13	1.8	16.65	11.5	1.62	5.0	6.65	1.15	5.8	16.9	2.75	9.9	5.4

操作中按需提温，由于原料性质较好，所以提温速度相对较慢，各反应器入口温度梯度与设计值基本一致，除初期一反温升与设计值比高4℃外，其他各反应器与设计温升相近，初期一反温升高是因为加工原料较轻且催化柴油中不饱和烃含量高与催化剂接触后即发生剧烈反应放出大量热量，随着催化剂相对活性逐渐下降以及原料变重，一反温升也逐步下降。初期运行CAT仅359.6℃，中期CAT 368.5℃，末期378.5℃。由于末期E102的换热温差越来越低，所以提温很困难，所以与末期CAT 400℃的设计相比相差很多，R101的压降只有0.45MPa，催化剂的使用空间依然还有，见表4。停工检修过程中抽出E102管束查看，发现管束中堵塞严重，所以如何解决E102的换热问题，是确保长周期的一个重要难题。

各反应器顶部床层径向温差1~3℃，分配盘分配效果良好，床层最大径向温差出现在三反第三床层，2015年10月初温差为3.2℃，掺渣比提至50%后上升至10℃，后来逐渐上升至18℃，这主要是其中出现了一个温度极低点，由于高点温度不高，所以相对而言此温差对催化剂活性影响不大。此外由于E102结垢后加热炉负荷不足，为了实现反应提温将反应进料由217t/h降低至195~200t/h，反应器内物料分配均匀性变差，同时反应CAT较低，所以一反中、下部床层径向温差开始增大，停工过程中卸催化剂时发现，一反中、下部有结焦现象，卸剂时比较困难，这点是下一个周期要注意的问题。

实际运行中反应器总压降一直稳定在1.2MPa以下，低于设计初期操作值1.6MPa，由于各反应器差压计引压管取点位置不当，正常运行时各反应器差压无法测量，但从总压降及径向温差看，催化剂级配效果良好。

3.3 主要产品性质

表5 主要产品性质

项目	设计数据			中期标定			末期分析		
	石脑油	柴油	加氢重油	石脑油	柴油	加氢重油	石脑油	柴油	加氢重油
密度(20℃)/(g/cm^3)	0.75	0.86	0.94	0.762	0.88	0.9372	0.765	0.871	0.933
黏度(100℃)/(mm^2/s)			50.00			36.3			40.1
残炭值/%			5.80			4.545			4.64
S/(μg/g)	<50	<150	2400.00	247.3	46.5	1850		119	1860
N/(μg/g)		<300	2450.00		475	1724.5		216.4	2440.2
C/%			87.37			87.73			87.02
H/%			12.10			12.77			12.81
金属含量/(μg/g)									
Ni			10.00			7.5			3.8
V			2.00			4.6			2.3
四组分/%									
饱和烃			49.50			44.475			41.93
芳　烃			31.60			38.85			47.23
沥青质(C_7不溶物)		—	0.90			4.71			3.88
1%/5%	-/82	183/204	-/350	54.5	191.5		51.1/	200.3/	328.0
10%/30%	95/115	213/250	385/460	99/-	217.5	411/498	92.5/-	226/	431/
50%/70%	127/138	277/297	530/630	128/-	254	560/615.5	127.8/-	270.9/	554/
90%/95%	149/155	321/331	850/950	154/-	308/321.5	688	156.2/-	330/345.1	673/
98%/终馏点	160/-	341/-	-/1 080	166		740	170.8		716/

从表5的产品各项指标上看，石脑油、柴油的密度均比设计值高，主要是加工催化柴油后产品中芳烃含量较设计高，加氢重油的标定值与设计值相近，各产品质量均达到设计要求。从整个周期的原料产品性质看，催化剂脱硫率大于88%、脱金属率大于80%，均与设计值相当，脱残炭率大于50%，脱氮率低于设计值，主要是由于原料中的氮含量较低，同时E102结垢和F101超负荷的原因，反应后期CAT提不上去，仅为380℃左右，所以脱氮率一直达不到设计值，不过加氢重油中的氮含量已经远远满足要求。

3.4 物料平衡

装置物料平衡如表6数据所示。

表6 装置物料平衡

项目	收率/%			
	设计值	初期标定值	中期标定值	末期分析值
混合进料	97.99	98.8	98.88	98.97
1#常直馏重蜡油(减四线)	11.92	4.47	9.20	8.55
溶脱蜡油	0	0	12.16	11.31

续表

项目	收率/%			
	设计值	初期标定值	中期标定值	末期分析值
混合蜡油(减二、减三线)	0	20.81	11.25	3.98
焦化蜡油	13.63	15.67	9.40	13.79
催化循环油	6.94	0	0.00	0
2#常热渣	65.5	55.09	51.49	56.60
催化柴油	0	2.76	5.38	3.77
新氢	2.01	1.2	1.12	1.03
入方合计	100	100	100.00	100
低分气	0.88	0.46	0.49	0.53
酸性气	0.94	0.59	0.79	1.19
不稳定石脑油	1.36	0.89	1.23	1.24
柴油	7.6	5.93	9.08	11.71
加氢重油	89.23	91.25	86.58	84.16
轻污油		0.88	1.84	1.01
出方合计	100	100	100	100

3.5 装置能耗

如表7所示，装置末期能耗为14.26kgEO/t，比设计值18.73kgEO/t低4.47个单位，具体情况如下：

表7 装置运行末期能耗

项　目	消耗量		单位能耗/(kgEO/t)	
	设计值	分析数值	设计值	分析数值
电/kW	8 331.72	6672.22	10.19	6.698
循环水/(t/h)	571.26	933.95	0.27	0.378
除氧水/(t/h)	33.7	47.35	1.46	2.10
净化水/(t/h)	20		0.1	
除盐水/(t/h)	22	0.03	0.24	0
3.5MPa蒸汽/(t/h)	34.5	29.58	12.63	12.62
1.0MPa蒸汽/(t/h)	-28.33	-28.62	-10.13	-10.55
0.5MPa蒸汽/(t/h)	-3.6	-6.05	-1.12	-1.936
净化压缩空气/(Nm^3/h)	300		0.05	
燃料气/(t/h)	1.117	0.661	5.75	4.905
氮气/(Nm^3/h)	166.42		0.12	
透平/kW	-594		-0.73	
凝结水/(t/h)	-5		-0.18	
含硫污水/(t/h)	47.5		0.25	
含油污水/(t/h)	26.5		0.14	
热供料/kW	323.3		0.59	
低温热回收/kW	-2316.5		-0.9	
合计			18.73	14.26

注：装置运行末期透平正常运行，其节省电量未单独计算。

(1) 装置运行末期及整个周期过程中电耗较设计值小，主要因为原料性质较好，化学氢耗仅0.98%，低于设计值1.85%，所以新氢总耗量28915Nm³/h，低于设计值43500Nm³/h，新氢机耗电量少。

(2) 除氧水耗量较大，主要因为设计高压空冷注水采用20t/h的净化水加20t/h除氧水的模式，目前全量采用除氧水。

(3) 3.5MPa蒸汽实际值品质(390℃、压力3.2MPa)比设计值(430℃、3.5MPa)差，此外，三反径向温差较大达18℃，氢油比维持750左右(设计值700)以提高反应器内油气分配效果，V501产汽并入1.0MPa管网(设计为并入3.5MPa管网)所以3.5MPa蒸汽耗量较设计值32.5t/h大3.23t/h。

(4) 目前T201入口温度358℃，高于设计值353℃，进料气化率较高，因此将T201汽提蒸汽由5.5t/h降至2.5t/h。

(5) 循环水耗量较设计值高，主要由于这是装置运行第一周期，设备处于磨合期，为了便于故障状态下快速紧急切换机组，备用机泵冷却水未停。

3.6 装置运行存在问题及改进建议

3.6.1 E102(反应流出物/混氢原料油换热器)结垢

表8 E102运行参数

时间	管程物料		管壳程出入口温差			
			壳程		管程	
	循环氢/(kNm³/h)	原料油/(t/h)	入口/℃	出口/℃	入口/℃	出口/℃
2015/10/15	178.7	217.5	338.1	275.5	222.7	307.0
2015/12/15	173.2	216.0	379.2	324.6	276.3	335.8
2016/2/15	179.0	216.5	390.1	345.6	292.8	337.7
2016/4/15	170.8	217.9	391.6	357.7	300.1	333.5
2016/6/15	168.0	216.4	392.5	369.1	307.8	331.5
2016/8/15	163.8	207.0	394.8	374.7	308.8	329.6
2016/10/15	171.2	215.2	344.87	321	266.4	287.04
2016/12/15	169.6	212.4	407.06	381.82	298.2	323.32
2017/2/13	167.2	200.1	406.74	381.84	295.10	319.40

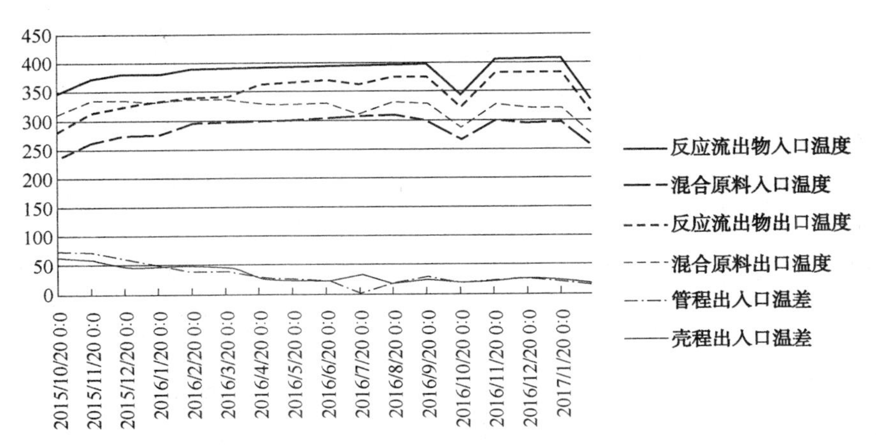

图1 渣油加氢装置第一周期高换E102相关数据

随着开工周期延长，E102换热效果明显变差，反应热量无法充分回收，导致装置运行后期热高分温度已高达382℃，高压空冷负荷大，气温高时冷后温度高达59℃，此外部分换热器已逼近设计温度操作，安全运行风险增大，见表 8 和图 1。停工检修抽芯发现，E102 结垢主要集中在原料油侧。

由于热量回收少，加热炉负荷上升，加热炉炉管壁温已经高达 550℃，R101 入口仅 350℃，进一步提温时加热炉负荷瓶颈将更加明显，炉管壁温高也增大了炉管结焦风险，一旦结焦物脱落并随物料进入反应器必将造成反应器压降快速上升，影响装置长周期运行。受炉管壁温限制加热炉负荷无法提高，R101 入口温度提高困难，R101 温升较小，二反冷氢阀全关，二反无法提温。

3.6.2 高压换热器换热效率下降带来的影响

(1) 反应炉 F101 负荷。由于装置设计反应炉加热负荷偏小，原料换热温度上不来，影响了催化剂的活性，从而影响整个装置的生产。由于装置长期超负荷运行，换热后的反应产物温度较高，造成热高分 V103 温度超指标 360℃；同时换热后的原料油温度偏低，E-102 换热已基本达到满负荷，装置运行末期时，将大大增加 F-101 的负荷，影响装置的经济运行，增加能耗。

(2) 热高分 V103 温度。高换结垢使热高分 V103 温度提高，装置末期 V103 入口温度呈现逐渐上升的趋势，在 2016 年 3 月底(运行 6 个月) V103 温度超过 360℃，运行部开始进行 V103 工艺指标修改工作，修改 V103 温度至 385℃，11 月底(运行 14 个月) V103 入口温度达到 380℃，为了保证 V103 不超过限制值，装置在运行末期不能在提高反应器 CAT。

(3) 液力透平 HT101 运行温度。高换结垢使液力透平 HT101 温度提高，2016 年 11 月份 HT101 入口温度超过 380℃，加大透平运行风险。

(4) CAT 无法进一步提高。随开工周期延长，E102 换热效果明显变差，原料油换热前后温差远低于设计值，混氢原料油进反应炉前温度低于设计值，热高分离器超操作温度较多，制约反应床层提温，给装置的正常运行、加工负荷、能耗、长周期带来较大影响。

E-102(原料油、氢气混合物与反应流出物换热)换热效率较低(壳层侧反应流出物温降仅为 24℃)，导致热高分温度较高，造成 R-101 入口温度提温困难，R-104 出口温度又不敢提高。九江渣油加氢装置第一周期床层平均反应温度 CAT 仍处于低位运行，E102 的换热效果差给装置加工负荷和正常提温带来非常不利的影响。

3.6.3 3.5MPa 蒸汽品质差

渣油加氢装置处于系统管网末端，3.5MPa 蒸汽实际值品质(390℃、压力 3.2MPa) 比设计值 (430℃、3.5MPa) 差，蒸汽品质差导致汽轮机汽阀开度超过 90%，汽轮机轮室压力高，威胁汽轮机运行安全，运行过程中被迫降低汽轮机负荷，进而导致氢油比低，不利于装置的长周期满负荷运行。

4 结论

(1) 催化剂失活速率 1.27℃/月，床层压降较小且稳定，各产品质量均满足要求，通过对整个周期数据的分析结果表明本次装填的第三代 RHT 系列渣油加氢催化剂活性及稳定性良好，优于技术协议要求。

(2) 通过优化换热系统、分馏操作，降低能耗，装置运行末期装置能耗 14.26kgEO/t，处于同类装置中游水平，虽优于设计值，但是还有比较大的节能空间，下一步需制定详细的节能优化措施。

(3) E102 结垢导致加热炉负荷不足、炉管壁温度高，部分换热器超温，成为影响装置长周期运行的瓶颈，下一周期通过更换换热器芯子，将适度加快反应提温探寻 E102 结垢原理。同时 3.5MPa 蒸汽品质差威胁汽轮机运行，大检修期间对蒸汽管网保温进行完善。

240×10^4 t/a 加氢裂化装置运行分析

彭　军　史长友

(中国石油化工股份有限公司九江分公司，江西九江　332004)

摘　要： 介绍了中国石油化工股份有限公司九江分公司 240×10^4t/a 加氢裂化装置的主要技术特点和催化剂装填情况，结合第一周期生产运行期间的主要操作参数、原料油及产品性质、物料平衡及装置能耗等情况，对装置运行情况进行总结。结果表明，加氢精制催化剂 FF-56 和加氢裂化催化剂 FC-50 活性及稳定性较好，产品均满足生产要求。装置工艺流程技术先进，可以通过调整反应温度灵活地调整产品质量，装置的能耗略优于设计值。

关键词： 加氢裂化；催化剂；能耗；运行

1　引言

中国石油化工股份有限公司九江分公司在 800×10^4t/a 油品质量升级改造项目中新建一套 240×10^4t/a加氢裂化装置。该装置设计主工况为一段串联全循环流程，以直馏轻蜡油为原料，生产重石脑油、航煤和柴油，副产干气、低分气、液化气和轻石脑油，兼顾一次通过流程。装置采用抚顺石油化工研究院(FRIPP)开发的 FZC 系列保护剂和 FF-56、FC-50 催化剂，由中石化洛阳工程有限公司设计。装置设计处理量为 285t/h，操作弹性 60%～110%，总投资 94474 万元，装置于 2013 年 12 月 13 日土建开工，2015 年 6 月 26 日建成中交。10 月 18 日 20 时生产出合格产品，装置开车一次成功，为了配合全厂停工大检修，装置于 2017 年 2 月同步停工检修，第一周期共运行 16 个月。

2　概况

2.1　主要技术特点

(1) 为获得低固体含量的进料，防止因系统压降过大而造成的非正常停工，原料油在进装置前应滤去直径大于 50μm 的固体颗粒，进装置后再经过装置内设置的自动反冲洗过滤器滤去直径大于 25μm 的固体颗粒。

(2) 采用热高分工艺流程，提高反应流出物热能利用率，降低能耗，节省操作费用，同时避免稠环芳烃在空冷器管束中的沉积和堵塞。

(3) 为充分回收能量，在热高压分离器和热低压分离器之间设置液力透平，用于驱动加氢进料泵。

(4) 新氢压缩机与 1.7Mt/a 渣油加氢装置合并配置，采用 4 台往复式压缩机，3 台操作 1 台备用。循环氢压缩机采用离心式，由背压式蒸汽轮机驱动，不设备机。

(5) 设分馏塔进料分液罐，分离出的气相不经分馏塔进料加热炉加热直接进分馏塔，降低加热炉负荷。

(6) 油品分馏采用常压塔方案，由常压塔侧线抽出航煤及柴油，塔底为尾油。为降低塔底温度防止油品热裂解，常压塔采用进料加热炉加塔底水蒸气汽提方式。不设减压塔，在常压塔完成柴油与蜡油的分割，流程简单，节省投资和占地。

2.2 催化剂装填

反应器共装填各类催化剂(含瓷球)565.805t，其中 FF-56 加氢精制催化剂 316.19t；FC-50 加氢裂化催化剂 190t；FBN-02B01 鸟巢保护剂 1.6t；FBN-03B01 鸟巢保护剂 6.6t；FZC-105 保护剂 3.2t；FZC-106 保护剂 6.6t；各类瓷球 41.615t。反应器具体装填情况见表 1。

表 1 反应器催化剂装填数据

反应器床层	装填物	装填高度/mm	装填重量/t	装填密度/(t/m^3)
精制反应器				
一床层	FBN-02B01	190	1.6	0.55
	FBN-03B01	470	6.6	0.92
	FZC-105	485	3.2	0.43
	FZC-106	870	6.6	0.5
	FF-56(普通)	5 200	67.32	0.85
二床层	BN-03A04(ϕ13)	70	0.925	
	FF-56(密相)	6 910	99.95	0.95
三床层	FF-56(密相)	9 170	128.52	0.92
裂化反应器				
一床层	FF-56(普通)	70	1.02	0.96
	FC-50(普通)	3 470	48.32	0.93
二床层	FC-50(普通)	3 490	46.72	0.88
三床层	FC-50(普通)	3 480	46.96	0.89
四床层	FC-50(普通)	3 680	48	0.86
	FF-56(普通)	1 510	19.38	0.84

3 第一周期基本情况

装置于 2015 年 10 月 18 日投产以来，装置运行平稳，产品达到设计要求，至 2017 年 2 月15 日根据公司统一安排，跟随上游装置同步进行装置大检修，装置消缺及催化剂再生，第一周期共运行 16 个月，装置在保证产品质量前提下，优化操作，灵活生产重石、航煤、车柴、尾油等高价值产品，在集团公司 21 套同类装置累计排名第 3，掺炼催柴 11.09%，全年累计液收 98.18，能耗由开工初期的 32.16 千克标油/吨降至 24.12kgEO/t，加工损失 0.15%。

3.1 原料及产品性质

第一周期运行时间为 16 个月，2015 年 10 月 18 日开工投产后，2015 年年底为开工调整期，2016 年为生产稳定期，原料与产品的性质采用的数据为 2016 年全年均值，2016 年全年共计加工原料 203.63×10^4t，其中原料油中轻蜡油和催化柴油质量比为 88.5∶11.5，与设计掺炼相比，增加掺炼了 20t/h 催化柴油。设计新氢纯度为 98.11%，全年新氢的纯度均值为 99.15%，设计的原料油性质及 2016 年原料油以及精制油性质见表 2。

表 2 原料油和精制油性质

项目	原料油		精制油均值
	设计原料	2016 年原料(均值)	
密度(20℃)/(kg/m^3)	902.8	908.67	870.3
运动黏度(80℃)/(mm^2/s)	35.42	30.45	9.46

续表

项目	原料油		精制油均值
	设计原料	2016年原料(均值)	
馏程/℃			
初馏点/5%	-/366	217.97/-	195/-
10%/30%	376/425	358.68/-	296/-
50%/70%	458/484	440.97/-	381/-
90%/95%	522/544	511/-	445/-
95%/终馏点	566/-	557.69	490
凝点/℃	35	28.54	22
残炭/%	0.1	0.19	0.01
Ni/(μg/g)	≯1.0	0.16	<0.1
V/(μg/g)	≯1.0	0.29	<0.1
Na/(μg/g)	≯1.0	0.2	0.1
Fe/(μg/g)	0.2	0.56	0.5
Ca/(μg/g)	0.1	0.36	<0.1
S/%	1.0674	0.92	0.013
N/(μg/g)	1 723	1235.97	7
C/%	86.32	86.7	
H/%	12.54	13.08	
四组分/%			
饱和烃	81.34	57.33	
芳烃	15.86	39.23	
胶质	2.81	3.47	
沥青质(C_7不溶物)	0.1	0	

从表2可以看出，与设计原料相比，实际运行原料大部分性质指标要优于设计值。主要表现为原料馏程低于设计值；原料的硫含量、氮含量、沥青质、饱和烃都低于设计值；混合原料油四组分分析得出，原料的胶质高于设计指标，饱和烃远低于设计值，芳烃含量高于设计值，主要是原料中掺炼了催化柴油，催化柴油中芳烃含量高。

3.2 主要操作条件

装置设置有加氢精制反应器和加氢裂化反应器各1台，反应器的操作参数见表3。从表3可以看出：精制催化剂、裂化催化剂和后精制催化剂各床层空速与设计值基本吻合(换算成满负荷进行对比)，说明催化剂装填效果较好、装填数量合格。由于原料性质较好，所以反应温度远低于设计操作条件，就能够达到要求的转化率和产品质量，反应压力略低于设计操作压力，但是由于新氢纯度高于设计值以及循环氢纯度较高，因此精制反应器入口氢分压(14.6)较设计值高，加氢精制平均反应温度在362℃时，精制油氮含量<10μg/g，精制反应的脱氮率高达99.1%；加氢精制反应器和加氢裂化反应器平均反应温度都较设计值低，特别是加氢精制催化剂表现出较高的催化剂活性，相应的加氢裂化反应器平均反应温度会略低于设计值，但是整体来说，加氢裂化催化剂活性也是优于设计工况。

表 3 反应器主要操作条件

项目	加氢精制反应器		加氢裂化反应器	
	设计值	第一周期均值	设计值	第一周期均值
催化剂	FF-56		FC-50/FF-56	
主催化剂体积空速/h^{-1}	1.01	0.83	1.52	1.25
后精制剂体积空速/h^{-1}			15.2	11.1
反应器入口氢油体积比	750	858		
反应器入口氢分压/MPa	14.5	14.6		
冷高分压力/MPa	14.2	14.3		
反应器床层温度/℃				
第一床层入口	353	340.5	384	385
第一床层出口	374	367	391	392
第二床层入口	368	363	383	385
第二床层出口	386	375	391	394
第三床层入口	374	370	383	385
第三床层出口	391	388	392	396
第四床层入口			383	385
第四床层出口			392	398.5
总温升/℃	53	57.5	33	40.5

3.3 主要产品性质

装置运行第一周期产品具体性质见表 4。从表 4 可以看出，轻石脑油作为高附加值的 C_5 发泡剂(C_5>95%)，各项操作参数与设计偏差较大。重石脑油硫质量分数为 0.3μg/g，低于设计指标，氮质量分数为 1.6μg/g，高于设计指标，但满足生产要求。航煤冰点-80℃，烟点>26mm，硫质量分数为<1.0μg/g，低于设计指标，氮质量分数为 1.83μg/g，高于设计指标，但满足生产要求。柴油十六烷值为 58，低于设计值，主要是装置掺炼部分催化柴油的缘故。其他各项指标均优于设计值。尾油的 *BMCI* 值为 11.2，与设计值相当，但是尾油中硫氮含量均高于设计值。

表 4 主要产品性质

产品	轻石脑油		重石脑油		航煤		柴油		加氢尾油	
	设计	2016 年	设计	2016 年	设计	2016 年	设计	2016 年	设计	2016 年
密度(20℃)/(kg/m^3)	645	616	751	730	801	803	832	825	841	830
馏程/℃										
初馏点	26		68	60	169	154	238	203	379	265
10%	29		97	85	178	171	261	248	403	381
50%	35		117	108	194	195	307	288	443	409
90%	54		142	135	212	220	357	337	509	461
终馏点	65		165	147	228	254	370	348	540	495

续表

产品	轻石脑油		重石脑油		航煤		柴油		加氢尾油	
	设计	2016年	设计	2016年	设计	2016年	设计	2016年	设计	2016年
硫含量/(μg/g)	<0.5		<0.5	0.3	<1.0	<1.0	<1.0	0.1	<2.0	50
氮含量/(μg/g)	<0.5		<0.5	1.6	<1.0	1.83	<2.0	1	<2.0	9.3
闪点/℃					38-50	41-48	≥57	83		
烟点/mm					≥25	26-27.5				
冰点/℃					<-60	-80				
凝点/℃							-6	-8	39	33
十六烷值							≥65	58		
BMCI 值									10.3	11.2

3.4 物料平衡

2016年装置物料平衡见表5，从表5可以看出，重石脑油、液化气收率与设计相当，喷气燃料收率偏低，为14.74%，柴油收率较高，达36.86%，原因是按照公司安排，本周期多生产柴油，尾油收率为22.14%，损失为0.15%。由于本周期加工负荷较低，为设计负荷的80%左右，各物料分布有一定偏差，但是对于反应器的控制达到了设计的要求。同时，本周期新氢耗量远低于设计值，主要是原料油性质较好，以及实际转化率略低于设计。

表5 装置物料平衡

项目	相对原料油比例/%		
	设计值(一次通过)	2016年(部分循环)	
入方		加工量/t	
减压蜡油	100	1750016.4	86.1
催化柴油	0	228150.4	11.2
新氢	3.92	53506.3	2.6
渣加来低分气	0.77	690.7	0.04
合计	104.69	1750016.4	100
出方		产品收率	
塔顶干气	1.76	15471.0	0.76
脱硫低分气	2.08	12154.2	0.6
粗液化气	2.7	42313.8	2.08
轻石脑油	4.69	33994.4	1.67
重石脑油	20	400821.1	19.72
喷气燃料	17.29	299519.5	14.74
柴油	34.17	749129	36.86
尾油	22	449932.	22.14
污油	-	25967.1	1.27
损失	-	3060.5	0.15
合计	104.69	2036363.8	100

3.5 装置能耗

如表6所示，装置设计能耗29.83kgEO/t，2016年装置能耗为24.12kgEO/t，较设计值低5.71kgEO/t，主要原因：(1)电耗：一是设计新氢机为三开一备，实际运行过程中为两开两备；二是在确保安全前提下，优先运行带无极调量系统的新氢压缩机，运行部大型机组均属用电大户，以“能开一台绝不开两台、能开变频绝不用工频”的总体原则，摸索设备的最佳运行工况，累计每天省电21600kW·h左右；三是确保装置P101A液力透平稳定运行。(2)燃料气：燃料气单耗为9.26kgEO/t低于设计值，原因是加热炉效率较高，充分利用换热流程，提高反应热的利用率，利用副火嘴燃烧低压瓦斯。

表6 装置能耗

项　目	2016年	
	实物量	单耗
处理量/t	2036363.84	—
综合能耗/(kgEO/t)	24.12	—
新鲜水/t	—	0.00152
循环水/t	—	14.91485
除氧水/t	—	0.128727
除盐水/t	—	0.000224
电/kW·h	—	45.9623
3.5MPa蒸汽/kW·h	—	0.16316
1.0MPa蒸汽/t	—	0
1.0MPa蒸汽(-)/t	—	-0.1501
0.45MPa蒸汽/t	—	0
0.45MPa蒸汽(-)/t	—	-0.0117
燃料气/kg	—	9.264935
热输出/kgEO	—	0.28997

降低装置能耗瓶颈：一是3.5MPa蒸汽品质偏低(3.32MPa/400℃)，而设计是按照3.6MPa/440℃核算，导致C101耗汽量比设计值偏大，3.5MPa蒸汽单耗较设计值高；二是由于配套低温热回收装置未正常投入运行，未计算入装置能耗。

4 存在的问题及应对措施

4.1 轻石脑油 C_5 纯度不稳定

装置设计轻石脑油作为汽油调和组分，为了实现经济效益最大化，公司要求轻石脑油作为 C_5 发泡剂来生产，C_5纯度高于设计值(94.0%~95.0%)。自开工以来，轻石脑油作为C_5发泡剂多次出现不合格现象，经过摸索，判断轻石脑油不合格主要原因为：一是脱硫化氢汽提塔T201回流罐油水分离不及时，造成脱丁烷塔T205进料带水较多，影响T205分离精度；二是T201底带C_4进入V202，与T205底液混合后进入石脑油分馏塔T206。

应对措施：

一是将T201回流罐水包界位控制由40%降至30%，同时在P201入口间断排水，确保T205的正常操作；

二是将T201进料温度由240℃提高至245℃，T201操作压力由0.95MPa降低至0.86MPa，确保T201底液基本不含C_4组分。通过上述措施，加裂轻石脑油C_5纯度稳定在97.5%左右，最高达到

99.46%，达到了生产需求。

三是2017年2月大检修进行进灌检查，发现回流泵入口与回流罐水包入口持平，部分水进入回流泵，导致回流泵入口带水；针对此类情况，大检修时抬高泵入口，实际解决方式见图1、图2。

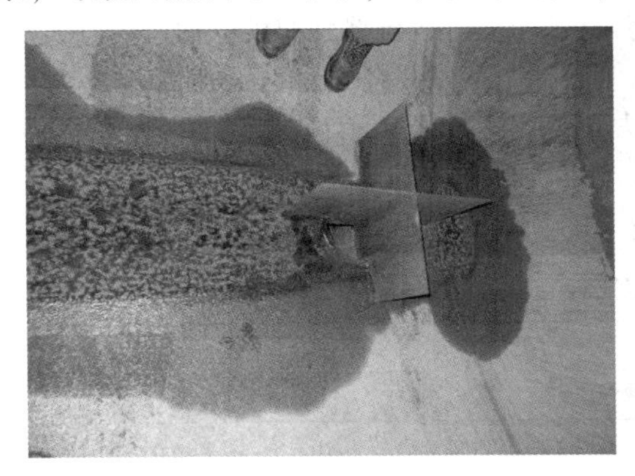

图1　进料管线改造前图

图2　进料管线改造后图

4.2　高放系统长期微量排放

装置设计高压部分有微量的排放量，高压火炬系统时常出现被点燃现象，为此应对措施：装置高压放空主管线末端利用现有DN50连通线(蒸汽吹扫用)，将高压放空与低压放空主管线连通在一起，并通过多次调整连通线闸阀开度进行试验，最终满足了高压系统紧急放空时氢气走原流程泄压的设计要求，同时又实现了高压系统微漏气体通过低压系统得到及时回收的目标，高压火炬系统实现了零排放。

4.3　原料油过滤器反冲洗频繁

装置原料油相对稳定的前提下，原料油过滤器SR101反冲洗频繁，压差一直维持在0.2MPa以上，不得不紧急降低反应进料负荷20%左右，才能缓慢解决SR101反冲洗频繁问题，这样对装置的平稳操作极为不利，并影响所有产品质量合格。应对措施：通过现场检查及开盖检查滤芯状况，发现滤芯再生效果较差，过滤器设计入口压力为0.6MPa，而现场滤后油储罐的压力为0.35MPa，而且污油储罐离地大于3m，反冲能量不足。目前，通过现场手阀卡量，滤后油的压力调整到0.7MPa，在装置处理量相对较高的情况下反冲洗频次为1个半小时左右，较为稳定。针对过滤器在反冲过程中出现排污管道振动较大，采取在过滤器的过滤反冲阀的电磁阀排气孔上加装可调节的延时关阀设施，将关阀时间由原来的0.5s延迟到2~3s，安装可调节的消声器后管线振动问题基本上得以改善。

4.4　供氢不稳定

自开工以来，加氢裂化装置由于新氢中断多次被迫停工，每一次在紧急停工的1h内反应系统压降达6.0MPa，远远超过了高压设备材质允许的≯2.5MPa的要求，对高压设备带来隐患，同时高换内漏的可能性增大。

5　结论

(1)装置运行第一周期，负荷在80%下进行，大机组、反应器、换热器及塔器表现良好，没有明显限制装置目前生产的瓶颈问题。

(2)从第一周期运行情况看，加氢精制催化剂FF-56和加氢裂化催化剂FC-50活性及稳定性较好，产品均满足生产要求。运行负荷与设计不同，各物料分布有一定偏差。

(3)装置工艺流程技术先进，可以通过调整反应温度灵活地调整产品质量，第一周期能耗24.12kgEO/t，虽优于设计值，但是还有比较大的节能空间，下一步需制定详细的节能优化措施。

污泥干化送烧装置出力不足的原因及处理措施

印胜伟

（中国石化仪征化纤有限责任公司，江苏仪征 211900）

摘 要：针对中国石化某自备电厂Ⅰ套污泥干化送烧装置出力不足的情况，本文分析了造成装置出力不足的原因，介绍了针对装置出力不足所采取的一系列措施，这些措施实施后，Ⅰ套污泥干化送烧装置出力达到了设计值，其经验对国内污泥干化焚烧系统处理此类问题具有一定的指导意义。

关键词：污泥干化；锅炉烟气；焚烧；处理

1 引言

中国石化某自备电厂有6台自然循环、四角切圆燃烧、门型露天布置的固态排渣的高温高压煤粉炉，其中1#～5#炉为HG220/100-10型，6#炉为HG220/100-YM型。每台锅炉额定工况排烟量约为290000Nm^3/h，锅炉炉膛温度约1100～1500℃，排烟温度约110～130℃。Ⅰ套污泥干化系统设计最大日处理量为60t，2010年10月完成安装工程施工，2010年11月完成了72h运行考核，然后开始正式投入生产运行。

Ⅰ套污泥干化送烧装置[1]由污泥加料机、污泥干燥机、飞灰旋风分离器、污泥旋风分离器、污泥布袋除尘器、污泥吸风机和气力输送系统等设备及系统组成。其工艺流程如图1所示。

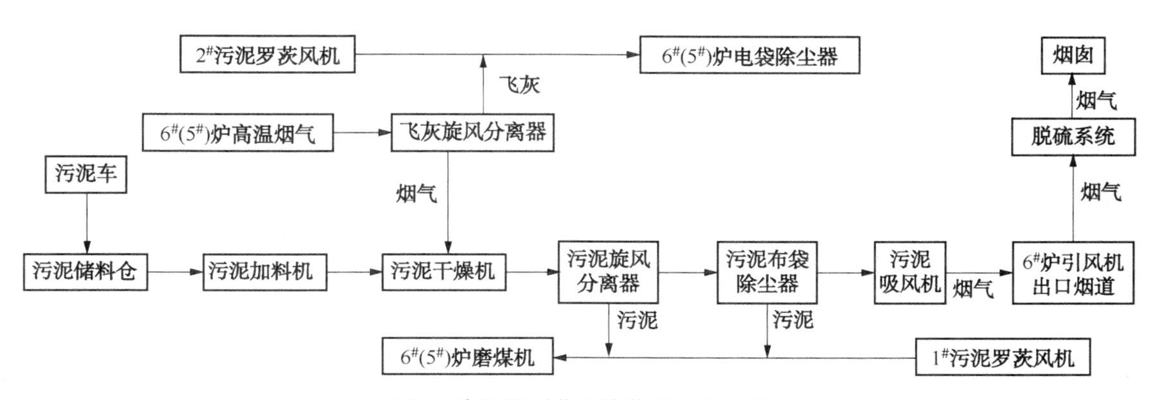

图1 套污泥干化送烧装置工艺流程

Ⅰ套污泥干化送烧装置从2010年11月开始投运以来，系统经常发生的故障[2]有：①污泥系统堵塞；②排灰阀和罗茨风机故障；③布袋除尘器掉袋、掉笼或布袋烧毁；④污泥吸风机和旋流器磨损。故障发生后不得不停车检修处理，这样就造成了污泥干化送烧装置实际日处理量只有40t左右，达不到日处理60t的设计要求。

2 原因分析

2.1 污泥堵塞的原因

（1）1#、2#螺旋加料机之间以及叶轮与两侧钢板间隙大，当湿污泥仓料位较高时，污泥会因自重影响自流进入干燥机内造成系统堵塞。

(2) 干燥机是卧式结构，搅拌器转速高，污泥在未被干燥充分的情况下已被搅拌器推至干燥机出口，然后被热风带走，造成干污泥颗粒大、水份高[3]，容易在污泥旋风除尘器小料筒上下部位、污泥布袋除尘器螺旋输送机至小料筒上下部位和送干污泥管的两个引射吹送的三通处发生堵塞。

(3) 系统温度在150~170℃状态下运行时，存留在系统内的干污泥易发生自燃、焦化结块，造成在干燥机本体、污泥旋风分离器和布袋除尘器等处堵塞。

(4) 布袋除尘器、飞灰旋风分离器和污泥旋风分离器顶部未设置雨棚，每次下大雨后都会有雨水进入系统，造成污泥受潮结块堵塞。

2.2 排灰阀和罗茨风机故障的原因

(1) 排灰阀主要设置在飞灰旋风分离器、污泥旋风除尘器和布袋除尘器底部，用于排粉煤灰和污泥，其常见故障主要是排灰阀卡涩，造成排灰阀卡涩的原因是污泥堵塞。

(2) 罗茨风机共2台：一台用于粉煤灰输送用，另一台用于干污泥输送用，常见故障主要是输送气压偏低，其原因主要是漏灰及粉尘堵塞过滤网，造成吸风量不足。

2.3 布袋除尘器掉袋、掉笼或布袋烧毁的原因

(1) 布袋除尘器有116只Φ200×3000的袋笼，由于布袋除尘器采用间隔式反吹除尘，当污泥旋风分离器效果差时造成大量污泥进入布袋除尘器内，污泥过重就造成了掉袋、掉笼故障的发生，同时引起排灰阀堵塞。

(2) 污泥干化系统烟气在启动和运行中，干燥机出口温度不易控制，系统经常发生超温现象，从而引起系统超温，造成污泥布袋除尘器布袋(极限使用温度180℃)被烧毁，如表1所示。

表1　系统控制温度的差异　℃

热烟气温度		干燥机内温度		干燥机出口温度	
设计值	实际值	设计值	实际值	设计值	实际值
375	300~350	120~180	160~200	120	150~170

2.4 污泥吸风机和旋流器及管道磨损的原因

(1) 污泥吸风机磨损部位主要有叶片、蜗壳，造成磨损的原因是通过的烟气中含污泥颗粒偏多且硬度较高，风机在高速运行中受粉尘冲击而造成严重磨损，如图2所示。

(2) 干燥机出口的旋流器磨损主要是由于干污泥粉末颗粒对旋流器叶片冲击引起，如图3所示。

(3) 干污泥粉末颗粒在输送过程中对管道冲刷，是造成输送管道磨损的主要原因。

图2　风机叶片、蜗壳磨损状况

图3　旋流器磨损状况

3 处理措施

3.1 解决污泥堵塞的措施

（1）为了解决1#、2#螺旋加料机之间以及叶轮与两侧钢板间隙大，污泥自流的问题，在螺旋加料机出口端加装了圆形盖板来减小间隙，同时在螺旋加料机下口加装了插板，防止污泥自流发生。

（2）为了解决搅拌器转速过高，污泥在未干燥充分情况下被热风带走的问题，组织运行技术人员进行了调试试验，最终将干燥机搅拌器频率从30Hz调整到25Hz，从而避免了污泥未干燥充分而被热风带走。

（3）为了解决运行系统内温度过高的问题，对烟气系统加热系统进行了改造，将污泥吸风机出口至6#炉甲侧引风机出口烟道的$\Phi920\times5$管道从污泥吸风机出口处断开，从5#炉乙侧引风机出口烟道引出一根$\Phi620\times5$管道与$\Phi920\times5$管道连接并在碰管前各自安装1个碟阀，这样可以从6#炉甲侧引风机或5#炉乙侧引风机抽经除尘后约110~120℃的低温烟气，低温烟气与高温烟气混合后使干燥机进口温度降低到了150℃左右，出口温度降低到了120℃左右，从而了整个系统设计的温度要求，其工艺流程如图4所示。

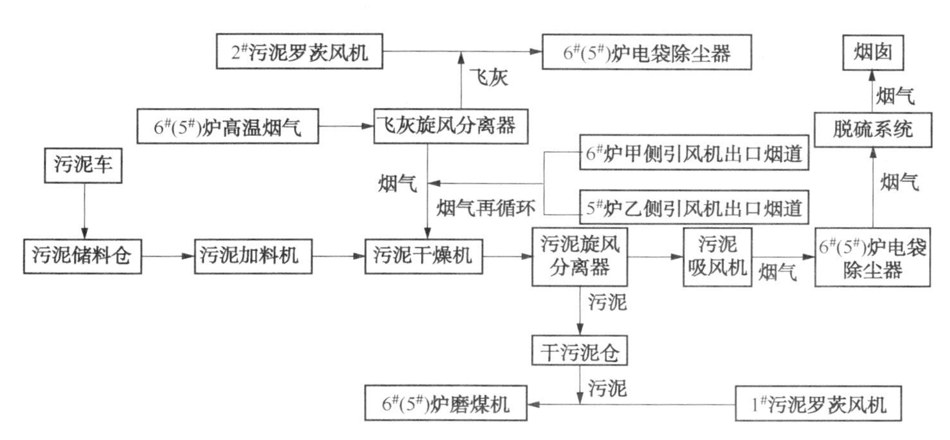

图4 Ⅰ套污泥干化送烧装置改造后工艺流程

（4）为了解决污泥受潮结块系统堵塞的问题，对飞灰旋风分离器和污泥旋风分离器等设备重新进行了保温，同时在其顶部增设了彩钢瓦雨棚，如图5所示。

3.2 解决排灰阀和罗茨风机故障的措施

（1）为了解决排灰阀卡涩问题，该厂在排灰阀上部增加了空气炮，同时在排灰阀下部管道上安装了玻璃视盅，并在该处增设了摄像头，这样可以及时发现卡涩和防止排灰阀电机烧毁，一旦发生卡涩时，可以首先利用空气炮疏通，人员到现场检查并采取手工疏通。

（2）为了解决罗茨风机过滤网灰及粉尘堵塞问题，该厂将风机滤网清理作为运行人员日常定期工作，要求每个白班清理一次。

图5 管道保温及增设彩钢瓦雨棚

3.3 解决布袋除尘器故障的措施

为了解决布袋除尘器掉袋、掉笼或布袋烧毁的问题，该厂对Ⅰ套污泥干化送烧装置进行了改造，将布袋除法器内部袋笼、钢结构等拆除，保留箱体并将其改造成了一个容积约25m^{3}的干污泥仓，同时保护性拆除污泥旋风分离器，将其安装至干污泥仓顶部，同时将污泥吸风机出口管道接至6#炉电袋除尘器和5#炉电袋除尘器进口烟道。

3.4 解决磨损的措施

(1) 为了解决污泥吸风机和旋流器叶片磨损的问题，该厂重新制作了叶轮和旋流器并对其进行了防磨处理。对整体叶片迎风面及背部嵌贴燕尾瓷块，在后盘与叶片正面及背面接合焊缝处沿叶片型线嵌贴L型瓷块，叶片进风口轮毂采用U型陶瓷，所有陶瓷采用增韧配方；燕尾陶瓷全部采用4mm厚，均带燕尾槽，并用钢条加强固定；其中有效防磨面厚度为2.5mm，叶轮盘面采用1.5mm超薄陶瓷；燕尾条采用特制钢材，在不降低强度的基础上，尽可能减轻重量，燕尾条内部焊孔增大，增大可焊接面积，确保燕尾条焊接更牢固，风机壳体及进风口内衬陶瓷。

(2) 为了解决管道磨损的问题，该厂对部分磨损厉害的管道和弯头进行了更换，选用了内衬涂层耐磨损的弯头。

4 结语

中国石化某自备电厂针对Ⅰ套污泥干化送烧装置出力不足的问题，采取一系列改造措施，这些措施实施后，设备系统故障率大幅度降低，污泥干化送烧装置出力基本达到了60t/d的设计值，其经验对国内污泥干化焚烧系统处理此类问题具有一定的指导意义。

参 考 文 献

[1] 徐剑林．一种生化污泥干燥及利用新工艺[J]．江苏电机工程．2009，28(Z1)：79-82.
[2] 王进，申敏，凌碧．污泥焚烧项目改造及运行效果分析[J]．中国给水排水，2012，28(15)：106-108.
[3] 黄志强．干化污泥在循环流化床锅炉掺烧的可行性分析[J]．能源工程．2013，(6)：32，34.

探讨汽水混合器运行中的问题及改进措施

丁　猛

（中国石化仪征化纤有限责任公司，江苏仪征　211900）

摘　要：针对某公司热电厂制水车间投运生产水蒸气加热系统出现的问题，进行了原因分析，提出改进和完善的几点建议。

关键词：热电厂；蒸汽；汽水混合；加热

1　引言

某公司热电厂的水处理系统是二级除盐水系统，即一级复床+混床。水源是经过混凝、沉淀和过滤的生产水。由于生产水温度随着季节变化波动较大，夏季温度可以达到25℃左右，但冬季水温只有5℃左右，温度对阳离子交换器的工作交换容量影响较大，导致阳离子交换器的周期制水量也程季节性变化，冬季周期制水量达到全年最低点。

针对这种情况，前期回用了公司某一生产装置的生产饱和蒸汽凝水，回收改造完成后，冬季可将生产水水温由10℃提高到22℃，但该装置凝水回收方式为间断性回收，生产水温度程间断性变化。

为彻底解决冬季水温低问题，决定采用蒸汽直接加热生产水即生产水蒸气加热系统。实现对生产水持续加热，并且进一步提高水温，降低冬季水温对树脂周期制水量的影响。

2　汽水混合器运行中的问题

2.1　汽水混合器原理及特点

汽水混合器是汽水混合加热器的简称。它是一种新型的蒸汽直接加热装置，利用汽水混合器对流串口管路实现蒸汽与液体双向通入，从而实现蒸汽直接对液体进行加热。具有少量噪声及振动，热效率高等特点。本次采用为DLT串流式管道汽水混合器。

2.2　汽水混合器参数及安装简图

蒸汽：压力控制在0.8~1.2MPa，流量0~30t/h（可调整）。

生产水：压力控制0.4~0.6MPa，最大流量为900t/h，加热后水温控制≤30℃。

汽水混合器型号：QS350-2.5-1500与QS300-2.5-1300，为不锈钢材质。

安装简图如图1所示。

2.3　运行中出现的问题

设备在投运后，蒸汽母管、汽水混合器振动非常强烈，经常导致管道法兰连接处漏水，由于汽水混合器直接安装在生产水管道中，检修时必须停运生产水，对生产存在一定的安全隐患。针对出现的问题汇总如下：

① 运行期间，蒸汽母管振动，易造成管道连接处松脱及仪表失真。

② 运行期间，汽水混合器系统振动强烈，易造成法兰处滴漏。

③ 运行期间，蒸汽流量调整不便。

④ 停运期间，管道内存在疏水，引起内部腐蚀严重。

⑤ 停运期间，汽水混合器容易结垢。

⑥ 运行期间，阳床内部黏泥等物质增加，阳床中排检修频次增加。

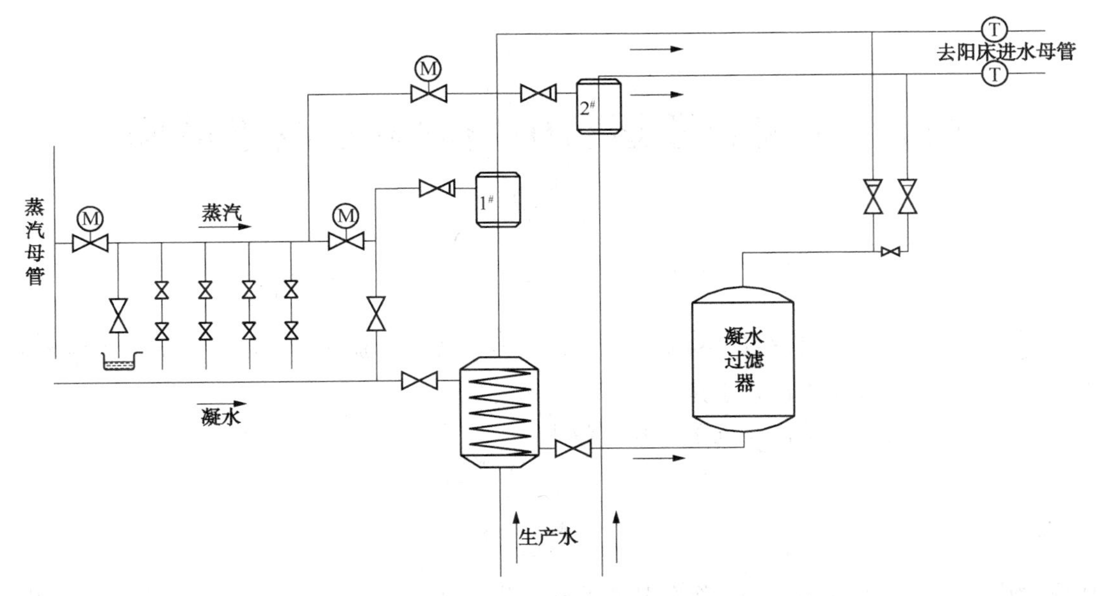

图1　汽水混合器安装简图

2.4　原因分析

(1) 出现蒸汽母管振动主要原因有：

① 由于蒸汽母管粗且蒸汽母管疏水管位置安装不合理，在蒸汽母管在暖管时，暖管时间不够，疏水排放不完全。

② 进行暖管操作时，蒸汽进汽门不能打开，导致蒸汽进汽门与逆止门之间管道未能进行暖管。当结束暖管，开蒸汽进气门时，此段管道将产生一定的凝结水，由于此管道呈Z型。当逆止门蒸汽侧的压力逐渐到达水侧压力时，逆止门逐渐开启，此时也将有定量的生产水倒流至蒸汽母管。

以上两种原因，均可导致运行期间管道内的疏水再次与蒸汽产生热交换，导致蒸汽母管振动。

(2) 汽水混合器在运行过程中产生强烈振动的主要原因有：

① 蒸汽和生产水进行接触的过程中，存在相变过程，由气相变成液相，蒸汽的体积瞬间变小，行成低压区，导致生产水流速在低压区瞬间增大，形成水锤。

② 在生产过程中，由于生产水流量不断变化，也增加了汽水混合器的振动。例如：蒸汽压力稳定，但生产水压力上升，导致混合器蒸汽进气量降低，甚至发生水向汽方向倒流，导致逆止门来回动作，增加振动。

③ 汽水混合器安装在两根竖直的生水母管上，容易与悬挂在空中的两根母管形成共振，增强振动效果。

(3) 由于蒸汽进汽门只有一个电动阀门，且电动阀门开度不易调控，导致蒸汽流量不易控制，主要原因是管道过粗，导致阀门开度小但是流量却很大。

(4) 停运期间，由于蒸汽管道疏水管安装位置不合理，导致管道内的疏水排不净，管道长期在水及空气的作用下引起腐蚀，导致管道内部腐蚀严重。虽然投运前进行冲洗管道，但由于管道粗，水流应切力不足以完全带出腐蚀物，在后期投运时将或多或少的将一部分铁锈带入到阳床，污染树脂，导致阳交换器周期制水量下降。

(5) 停运期间，汽水混合器容易结垢的主要原因是混合器直接安装在生产水管道上，当停运时，生产水依然在混合器内部流过，导致水垢在混合器内部的孔道边缘行成并累积，导致蒸汽孔道变窄，影响蒸汽进气量及混合效果。

(6) 在汽水混合器投运一段时间后，发现阳床内部黏泥、铁锈等物质增多，而且中排检修频次增加，主要原因如下：

①生产水管在安装汽水混合器前已经运行三十多年，内部具有一定的水垢、黏泥等物质，在汽

水混合器投运时，由于振动，导致管道内部原有的物质被振脱下来，随水一起进入阳离子交换器。

②蒸汽管道内部由于腐蚀产生一定的腐蚀物，在后期投运中进入阳离子交换器。

③由于混合器运行中，有水锤的存在，导致进入交换器中的水流量忽大忽小，作用在中排装置的力也忽大忽小，中排装置损坏频次增加。

2.5 解决措施

（1）为避免蒸汽母管振动，需重新设定疏水管的位置，确保每段管路的最低点都有一个疏水管并增加暖管时间。将汽水混合器进汽管平行或高于混合器设置，并缩短蒸汽进汽门与逆止门的距离，降低无法暖管的管道距离。由于进汽管为竖直方向，需要在进汽门的上方增加疏水管道，便于排空管道内的疏水。

（2）汽水混合器利用的是蒸汽由气相变为液相时释放的巨大潜热，存在相变，水锤就无法消除，振动也就无法避免，但可以降低。

① 采用混合效果好的汽水混合器。

② 再运行过程中，尽量确保蒸汽压力及生产水压力稳定，使他们处于一个平衡状态。但实际运行中，由于阳床正洗、阳床投运、阳床停运、生产需水量均影响生产用水量的稳定，因此增加了汽水混合器振动的不稳定性。增设蒸汽自动进气旁路门，根据生产水水温自动调整蒸汽进气量。

③ 将混合器下放并加固，将振动产生的能量有效的传递给大地。

（3）为了便于调节蒸汽量，将蒸汽进汽门电动门改为手动阀门且增加旁路管道及旁路门，便于根据生产水的波动调节蒸汽进气量，为了节省费用，蒸汽管道暂维持原状。

（4）降低管道内部腐蚀，可以采用以下办法：

① 重新安装疏水管的位置，将管道内的疏水排净，使管道内部只存在空气。

② 蒸汽管道温度降到室温后，对管道进行充水，使管道内部无空气进入。

（5）为了避免在停运期间生产水依然走混合器，避免汽水混合器在停运后结垢，堵塞进气孔道，可增设管路旁路系统，将汽水混合器安装在管路旁路上，当设备停运时，切换水路。

（6）为了延长中排装置使用寿命，最主要的就是通过一系列措施，降低水锤的作用。

3 设备及管道的整改措施

汽水混合器进行升级改造，其型号：XDSQS350-2.5-1500S 与 XDSQS300-2.5-1500S，为不锈钢材质。安装简图如图 2 所示。

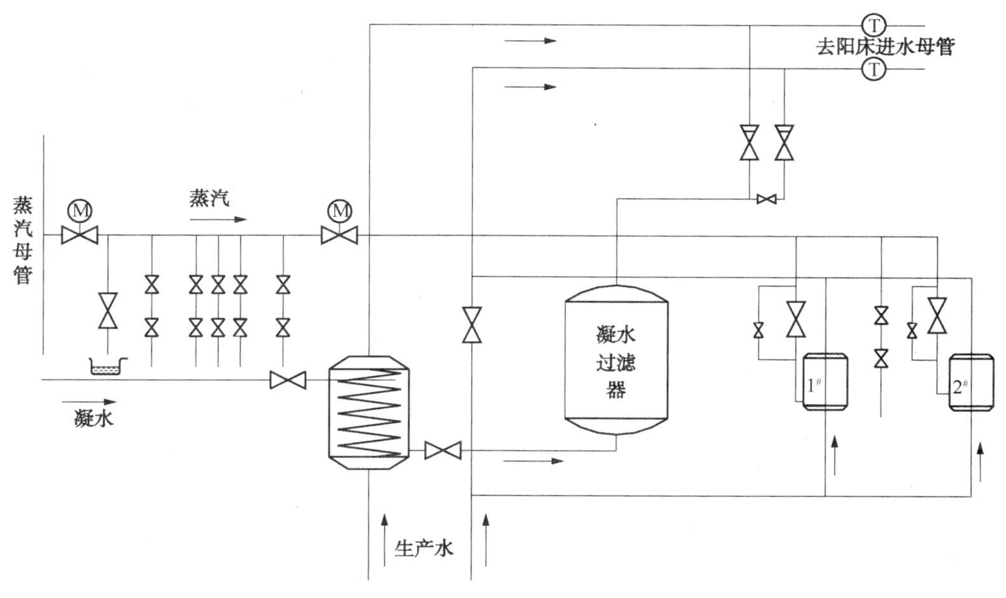

图 2 升级改造后的汽水混合器安装简图

具体变动：从 2#生产水母管上引出一旁路，将两台混合器安装在由水泥制造的基础上，蒸汽进汽门距离混合器更近并安装了旁路进汽管道，在蒸汽进汽门前及其他部位安装了疏水管道。

操作注意事项；① 在后期投运过程中增加暖管时间，充分将蒸汽管道内的疏水排空。② 凝水回收系统只进 1#生产水母管，便于 2#生产水母管水温单独调控。③ 生产流量变动时，及时通过蒸汽旁路门调整。

4 结论

在设备升级、管路改造完成后，设备振动明显降低，设备因振动停运的次数降低至零次；加热后的生产水水温上升至 25℃左右，设备运行稳定，阳、阴离子交换器周期制水量均上升；阳离子交换器中排损坏次数降低，更换周期延长。

参 考 文 献

[1] 印胜伟 . PTA 装置蒸汽凝水回收出现的问题及建议[J]. 中国设备工程，2007. 01：37-38.
[2] 印胜伟 . 提高热电厂离子交换器周期制水量的措施[J]. 中国设备工程，2007. 09：55-57.
[3] 王正烈，周亚平 . 物理化学[M]. 北京：高等教育出版社，2001.
[4] 李培元 . 火力发电厂水处理及水质控制[M]. 北京：中国电力出版社，2000.
[5] 周柏青，陈志和 . 热力发电厂水处理[M]. 北京：中国电力出版社，2009.
[6] 王跃军 . 蒸汽凝结水回收节能技术[J]. 江苏机电工程，2004. 5：47-49.

离心风机增速齿轮箱国产化攻关改进

赵隆基

（中国石化仪征化纤有限责任公司，江苏仪征　211900）

摘　要：S1 固相缩聚生产线 V41 等 3 台离心风机增速箱一直存在温度过高、使用周期短的问题，并且采取了多种主动散热措施，增加了能源消耗。针对上述问题。先从齿轮箱内部结构方面，扩大箱体，调整齿形结构，从根源解决齿轮箱温度及使用周期短的问题。再从润滑油黏度等级的角度，通过相关的经验公式计算出黏度等级是否合适。最后完成现场 72h 运转试机，发现问题，为下次改进做好数据准备工作。

关键词：增速齿轮箱；黏度指数计算；国产化

1　概述

1.1　工艺介绍

瓶片聚合装置 S1 固相缩聚反应器单元采用的是串联离心风机循环加热，如图 1 所示。串联离心风机组由 V41 及 V42 组成，氮气经氮气净化系统干燥冷却后。在进入反应器之前，利用切片冷却环节产生的余热，加热氮气，提高了能源的利用率，降低运行成本。经加热的氮气从反应器筒体底部鼓风，进入反应器内部，将低分子量预聚体加热到熔点和玻璃化温度之间，使切片内部缩聚反应持续进行，分子量不断提高，乙二醇、水等副产物借助真空或惰性气体带出反应器，再回到风机入口，形成一套完整的循环系统。

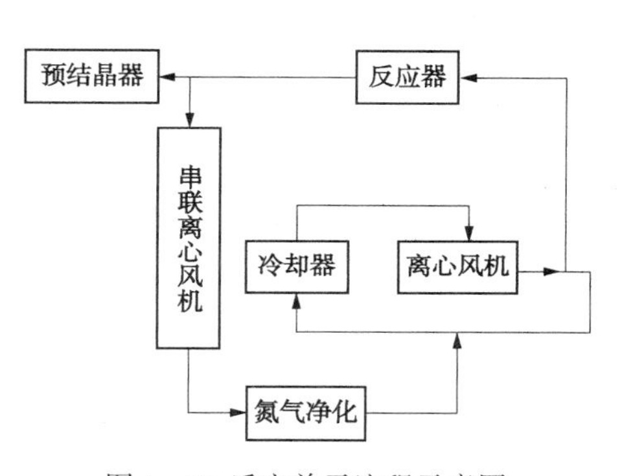

图 1　S1 反应单元流程示意图

1.2　风机增速齿轮箱运行存在问题

S1 固相缩聚系统主风机采用的是德国 FIMA 产的离心风机，两台同型号风机串联使用(位号是 V41、V42)。设计流量 2877m^3/h，压差 21kPa，入口氮气温度 177℃。电机功率 30kW，转速 2900r/min，通过一个 1∶2 的增速箱，额定功率为 23kW，把风机转速增加到 5800r/min。由于输出转速高达 5800r/min，加之齿轮副及轴承未采用油泵强制润滑，而采用普通甩油飞溅润滑。虽然有油温冷却装置，但是齿轮箱仍发热明显，夏季最高温度可达到 90℃。为了保证油润滑效果、延长齿轮箱传动件的使用寿命，现场采用压缩空气对表面冷却，用轴流风机增强空气对流循环，加强散热。但是齿轮箱使用周期依然很短，一般 1.5～2 年，就会出现轴向窜动量增大的情况，此时就需更换轴承及调整齿轮箱间隙。但是维修后齿轮箱使用周期明显不如初始状态，大概 8～10 个月即需更换备台。大大增加了能耗以及人工维护。

2　改进内容

2.1　内部结构调整

2.1.1　齿轮箱箱体及散热铜管变更

比较图 2 和图 3，国产齿轮箱箱体沿着轴的径向方向延长，相当于增加了润滑油与外界空气的换热面积，并且内部容积的变化可以提高润滑油的流动性，更有利于散热。

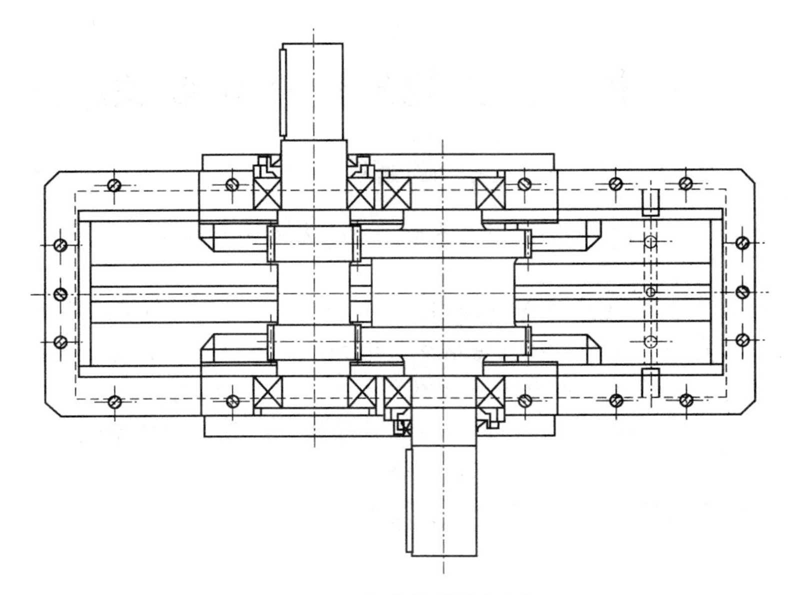

图 2　国产齿轮箱俯视图

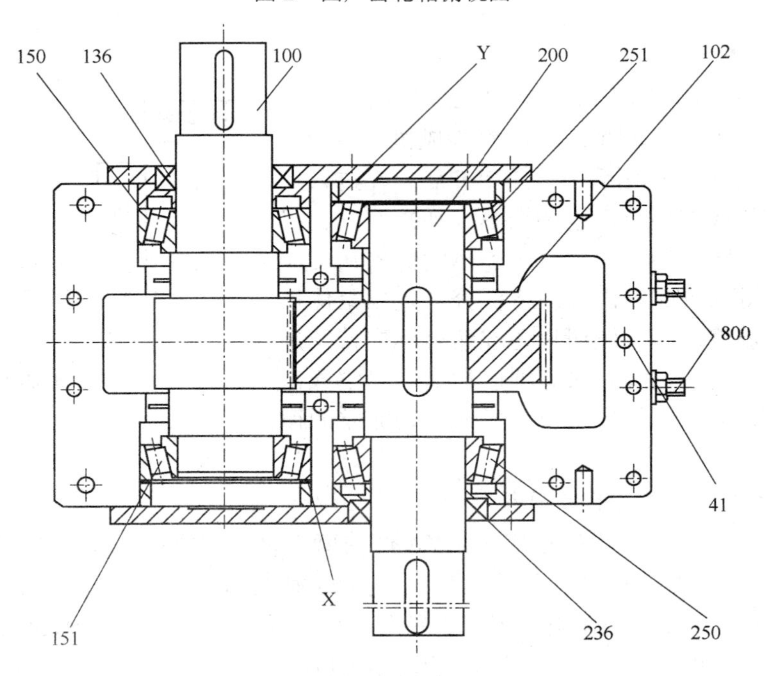

图 3　原装齿轮箱俯视图

增加冷却盘管数量，原齿轮箱采用翅片式散热铜管散热，受限于空间因素，只布置了一根散热铜管，散热效果并不理想；齿轮箱国产化之后，如图 4 所示，将散热铜管增加至 4 根，铜管外径为 12mm，增大换热面积，有利于齿轮箱温度下降。

2. 1. 2　齿轮齿形的设计，轴承形式的改变

平行两轴的传动有直齿轮、斜齿轮、人字齿轮三种。直齿轮、斜齿轮是最常见的，但人字齿并不常见。

直齿轮在啮合中，齿轮啮合与退出时沿着齿宽同时进行，容易产生冲击，振动和噪声。由于渐开线轮齿在制造中的制造误差、安装误差等因素，将会凸显这些特性，特别是在高速运行时会更加严重。

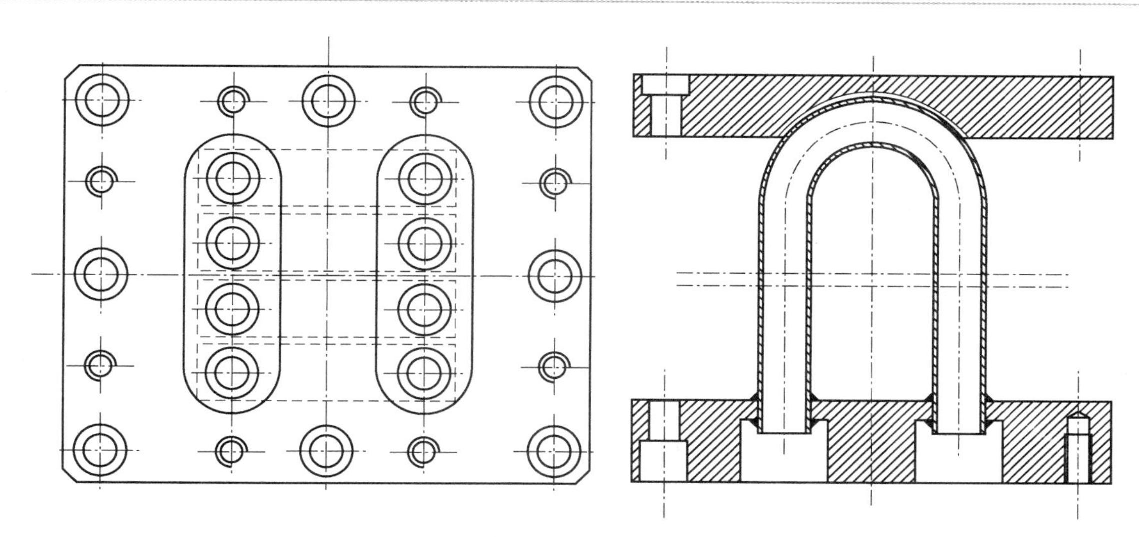

图4　国产齿轮箱内部水管示意图

斜齿轮相比直齿轮具有啮合性能好、重合度大、结构紧凑等特点。带来的好处就是斜齿轮承载能力大运转平稳、噪声小并且可以得到更为紧凑的机构。但是由于螺旋角的存在，传动时会产生轴向 $F_a = F_t \tan\beta$，且随螺旋角的增大而增大。为了不使轴向推力过大，一般推荐 $\beta = 8° \sim 20°$。

而人字齿轮又称双斜齿(double-helicalgear)是一种圆柱齿轮在某一部分齿宽上为右旋齿而在另一部分齿宽上为左旋齿。相当于两个斜齿轮合并而成不但具备斜齿轮的优点还克服了斜齿轮会产生较大的轴向力这一缺点，因此可采用较大的螺旋角，保证传动的平稳、低噪。

本次改造采用的是螺旋角 $\beta = 28.955°$ 的双斜齿传动，克服了斜齿轮传动轴向力大的缺点，齿轮轴两端轴承均采用了 FAG 22209E1 调心滚子轴承。原来采用的圆锥滚子轴承，主要存在间隙调整不易，长时间运行后，如不及时调整轴承间隙，会造成齿轮偏载，影响使用周期。但是双斜齿制造困难，成本较高。

2.2　调整润滑油黏度

液体润滑剂中应用最广泛的是润滑油，它包括：有机油、矿物油和合成油。评判它们的优劣，主要有黏度等级、运动黏度(40℃)、黏度指数、闪点(开口)、倾点、水分(质量分数)等指标。其中运动黏度(40℃)和黏度指数是选择润滑剂的基础指标。

运动黏度(40℃)是指润滑剂在40℃时测得动力黏度 η 与同温度下该液体密度 ρ 的比值。《GB/T3141—1994 工业液体润滑剂 IOS 黏度等级分类》规定每个黏度等级是用最接近于40℃时中间点运动黏度的 mm^2/s 正数值表示，每个黏度等级的运动黏度范围允许为中间点运动黏度的±10%[1]。运动黏度(40℃)具有重要的参考意义。

黏度指数是衡量润滑油黏度随着温度变化程度的一个指标。一般希望黏度指数大一些，即在温度升高或降低时黏度的变化比较小，黏度—温度特性较好，能保证摩擦表面之间具有稳定的润滑状态。

《GB/T 7631.1—2008 润滑剂、工业用油和有关产品(L类)的分类》按应用场合分为齿轮油(C)，压缩机油(D)，内燃机油(E)，液压油(H)，主轴、轴承和离合器油(F)等17组[2]。第7部分：C组(齿轮)《GB/T 7631.7—1995 润滑剂和有关产品(L类)的分类第7部分：C组(齿轮)》将工业齿轮润滑剂分为闭式齿轮润滑剂和装有安全挡板的开式齿轮润滑剂，其中工业闭式齿轮油分为L-CKB、L-CKC、L-CKD、L-CKE、L-CKS和L-CKT6个品种[3]。

长城牌4408合成重负荷工业齿轮油(PAO型)是以合成油为基础油，并加入极压、抗磨等多种添加剂精制而成，产品符合 ISO 12925-1(L-CKT)技术规格，属于L-CKT类别。L-CKS和L-CKT齿轮油均是由精制矿物油或合成油，且多为合成油作基础油，再加添加剂配制得的工业闭式齿轮油。其中 L-CKS 为“R&O”型油，“R”表示防锈，“O”表示抗氧，是可在极低和极高温高条件下工作并有抗氧防腐、抗磨性能和齿轮油，现叫合格烃齿轮油。适用于更低(<-34℃)或更高(>120℃)温度下运转的轻负载工业闭式齿轮的润滑，而 L-CKT 为 EP(极压)型油。由于加入极压抗磨添加剂，使具有较好的极压抗磨性能，较低温中载荷工业齿轮油，同样适用于更低或更高温度条件，但是中、重负荷运转的工业闭式齿轮的润滑。

黏性流体润滑油膜因流动而产生黏性耗散，将机械能通过摩擦功耗而转变为热能，使润滑剂质点的温度升高，在润滑膜中形成不均匀的温度场。油膜中的热量，除了油质点通过对流带走一部分外，还直接将热量传给轴颈和轴承，再经齿轮轴和箱体传给周围介质。当发热量和散热量相等时，温度场稳定并达到热平衡[4]。

暂定使用长城牌 4408(220)合成重负荷工业齿轮油，黏度等级相对原美孚格高 HE320，降低了一个黏度等级，可以减少热量损耗，并进行计算，结果如下：

2.2.1　计算长城 4408 润滑油在 100℃时的运动黏度

参考了美孚 220 号黏度润滑油 100℃的运动黏度 25.1mm²/s，在 100℃运动黏度 $12.4\text{mm}^2/\text{s} \leq Y \leq 70\text{mm}^2/\text{s}$ 范围内，且黏度指数 $VI=149$，符合黏度指数 $VI \geq 100\text{mm}^2/\text{s}$ 的条件。可以使用以下经验公式[5]

$$H = 1795.2Y^{-2} + 0.1818Y^2 + 10.357Y - 54.547 \tag{a}$$

$$VI = \frac{(\text{antilog}N) - 1}{0.00715} + 100 \tag{b}$$

$$N = \frac{\log H - \log U}{\log Y} \tag{c}$$

VI——黏度指数；

H——与试样 100℃运动黏度相同，黏度指数为 100 的油品在 40℃时的运动黏度，mm²/s；

Y——试样 100℃时运动黏度，mm²/s；

U——试样 40℃时运动黏度，mm²/s。

注：antilog$N$ 表示反 log$N$。

根据公式(b)可推导出：

$N=\log\{[(VI-100)\times0.00715]+1\}$

已知 $U=218.5\text{mm}^2/\text{s}$；$VI=149$。求 Y 运动黏度。

利用 Mathematica 数学软件输入如下命令：

```
VI = 149;
U = 218.5;
FindRoot[{Log[10, ((VI-100) * 0.00715)+1]==(Log[10, (1795.2 * (y^-2)+0.1818 * (y^2)+10.357 * y-54.547)]-Log[10, 218.5])/(Log[10, y])}, {y, 12.4, 70}]
```

结果为：

```
{y→25.66}
```

即 4408(220)润滑油在 100℃时运动黏度约为 25.66mm²/s。

2.2.2　计算两种润滑油在各自工作温度情况下的运动黏度

根据《GB 8023-1987 液体石油产品黏度温度计算图》给出的经验公式[6]，当 $\upsilon \geq 2\text{mm}^2/\text{s}$ 且 $\upsilon \leq 2\times10^7\text{mm}^2/\text{s}$ 时：

$$\log\log(\upsilon + 0.65) = b + m\log T \tag{d}$$

式中　υ——液体石油产品在 T 温度时的运动黏度，mm²/s；

T——温度，K；

b 和 m——常数。

（1）计算长城 4408(220) 润滑油工作黏度。

已知 $T_1=40$℃，$\upsilon_1=218.5\text{mm}^2/\text{s}$；$T_2=100$℃，$\upsilon_2=25.66\text{mm}^2/\text{s}$；$T_3=57$℃。求 υ_3 运动黏度。

利用 Mathematica 数学软件输入如下命令：

```
T1 = 40 + 273.15;
T2 = 100 + 273.15;
V1 = 218.5;
V2 = 25.66;
NSolve[{Log[10, Log[10, (V1+0.65)]]==b+(m*Log[10, T1]), Log[10, Log[10, (V2+0.65)]]==b+(m*Log[10, T2])}, {b, m}, Reals]
```

计算得出：

```
{{b→7.48404, m→-2.85072}}
```

将 b 和 m 的值带回到公式中，并输入以下命令：

```
b = 7.48404;
m = -2.85072;
T3 = 58+273.15;
NSolve[{Log[10, Log[10, (V3+0.65)]]==b+(m*Log[10, T3])}, {V3}, Reals]
```

得到结果如下：

```
{{V3→98.4274}}
```

即在 58℃时 4408(220) 润滑油的运动黏度约为 $98.4274\text{mm}^2/\text{s}$。

（2）计算美孚格高 HE320 润滑油工作黏度。

已知 $T_1=40$℃，$\upsilon_1=320\text{mm}^2/\text{s}$；$T_2=100$℃，$\upsilon_2=54.6\text{mm}^2/\text{s}$；$T_3=79$℃。求 υ_3 运动黏度。

利用 Mathematica 数学软件输入如下命令：

```
T1 = 40 + 273.15;
T2 = 100 + 273.15;
V1 = 320;
V2 = 54.6;
NSolve[{Log[10, Log[10, (V1+0.65)]]==b+(m*Log[10, T1]), Log[10, Log[10, (V2+0.65)]]==b+(m*Log[10, T2])}, {b, m}, Reals]
```

计算得出：

```
{{b→5.57386, m→-2.07347}}
```

将 b 和 m 的值带回到公式中，并输入以下命令：

```
b = 5.57386;
m = -2.07347;
T3 = 79+273.15;
NSolve[{Log[10, Log[10, (V3+0.65)]]==b+(m*Log[10, T3])}, {V3}, Reals]
```

得到结果如下：

```
{{V3→91.5437}}
```

即在 79℃时 HE320 润滑油的运动黏度约为 $91.5437\text{mm}^2/\text{s}$。

比较上述两种结果，4408(220) 润滑油能够满足齿轮箱的正常运行。

3 国产化攻关改造齿轮箱投用运行效果

3.1 运行过程

齿轮箱投运后，对齿轮箱进行了 72h 状态监测，监测数据如表 1 所示。

表1　齿轮箱监测数据表

参数	V42齿轮箱(国产化)						V41齿轮箱(原进口)					
位置	低速轴			高速轴			低速轴			高速轴		
时间	24h	48h	72h	24h	48h	72h	24h	48h	72h	24h	48h	72h
水平	3.9	3.6	3.7	5.2	5.3	5.1	1.5	1.5	1.7	1.7	1.8	2.0
垂直	1.6	1.6	1.6	1.9	2.2	2.2	0.9	1.1	0.9	1.4	1.3	1.3
轴向	2.9	2.9	2.8	2.9	3.2	3.3	1.8	1.8	2.0	2.1	2.1	2.3
温度	50	51	51.5	57	57	58	68	67	69	75	79	78
备注	压空关	压空关	压空关	压空关	压空关	压空关	压空开	压空开	压空开	压空开	压空开	压空开

从表1可以看出，齿轮箱运行温度明显下降，温差在20℃左右，并且关闭了压缩空气，节约了能源；同时齿轮箱振动情况明显增加，与厂家沟通后，目前可能的原因是输出轴为处于自由状态，存在一定的轴向间隙，允许高速轴沿着轴向进行自动对中。同时在找正过程中，并没有将高速轴调整到中间状态，齿轮箱运行后，双斜齿自动对中，但是联轴器限制了轴向窜动的余量，导致双斜齿运行中存在一定的偏载。可能会影响齿轮齿面寿命，以及振动异常的情况。

目前的解决方案为：在高速轴找正完成后，松开膜片式联轴器短接，测量出高速轴的轴向窜动量，再将高速轴恢复到极限状态，取已测量窜动量的1/2值，调整高速轴进入中间值，再根据联轴器长度调整风机侧联轴器的配合位置，直到满足要求。

3.2　进一步优化改进

因受限于齿轮箱箱体的尺寸，部分位置在安装时出现了干涉现象，主要有以下几点：

(1) 高速侧地脚螺栓地脚孔和箱体干涉，较长的螺栓无法安装，采用双头螺栓后，问题顺利解决；

(2) 带油尺刻度的温度计不能正常显示油位。因为油尺抽出的过程中，与配合孔的间隙过小，黏附在油尺的上润滑油无法通过固定孔，会被切削抹除。可以通过拆除固定底座的方法抽出油尺，测量油位；

(3) 低速端箱体压盖过高，与防护罩安装产生了干涉，之间没有间隙，无法直接检查轴封是否漏油，需通过观察防护罩下方地面是否有油污；

4　总结

本次齿轮箱国产化，主要解决了齿轮箱运行温度过高的问题，降低了能源消耗。按照每台风机用6bar吹压缩空气冷却，管径为DN15，每小时用压缩空气160m^3/h，一台风机一年按三个季度用压空冷却，那么一年要耗压缩空气160m^3/h×24×30×9=1036800(m^3)，价格按照80元/1000m^{3}计算，合计1036.8×80=82944(元)。关闭压缩空气后，每年可节约近8.3万的费用。

在本次改造中，因为采用了新型齿形设计，导致振动及找正情况并不受控，严重影响了齿轮箱以后的运行寿命，没有达到振动控制在2.5mm/s的预期。需在后期国产化改造中进一步优化改进。

参考文献

[1] GB/T 3141—1994. 工业液体润滑剂IOS黏度等级分类[S].
[2] GB/T 7631.1—2008. 润滑剂、工业用油和有关产品(L类)的分类[S].
[3] GB/T 7631.7—1995. 润滑剂和有关产品(L类)的分类第7部分：C组(齿轮)[S].
[4] 马文琦，姜继海，赵克定．变黏度条件下静压止推轴承温升的研究[J]. 中国机械工程，2001(8)：953-955.
[5] 王士新，刘慧青．黏度指数计算新方法[J]. 润滑油，1994(3)：50-52.
[6] GB 8023—1987. 液体石油产品黏度温度计算图[S].

聚合管线材质对顺丁橡胶装置运行的影响

陆合承　雷振胜

（中国石化茂名分公司，广东茂名　525000）

摘　要：聚合单元是顺丁橡胶装置的核心区域，聚合单元的正常运行是装置产量、质量的根本保障。本文以茂名 10×10^4t/a 顺丁橡胶装置生产为例，讨论研究了聚合出胶管线使用抛光处理的不锈钢管后，不易挂胶，降低聚合胶液的流动阻力，使得釜间压差缩小，有效延长了聚合单元的运行周期；同时减少了冲洗油的用量，有利于节能降耗；并且缩短聚合清胶检修的工期，减少检修费用。

关键词：顺丁橡胶；材质；挂胶；运行周期

1　引言

聚合单元是顺丁橡胶装置的核心区域。聚合单元的正常运行是装置产量、质量的根本保障。关于制约聚合单元正常运行的因素[1,2]，有原料方面，如丁二烯、溶剂杂质含量高，消耗催化剂或“杀死”活性种，影响聚合反应；有工艺方面，如催化剂配方失调，反应温度、压力控制不合理等，使得聚合反应参数偏离控制指标；有生产方面，如丁二烯进料负荷频繁大幅度调整，引起聚合反应的频繁波动；也有设备方面，如搅拌维护不到位[5]，设备、管道材质等缺陷的制约。实际生产中往往忽略了管道材质方面的影响，而聚合单元的常规检修却基本上是因为设备及管线挂胶严重，而需停车清胶检修，聚合生产线的运行周期一般为 10~12 个月。

2　茂名顺丁橡胶装置概况

茂名顺丁橡胶装置，设计产能 10×10^4t/a，有 2 条聚合生产线，于 2013 年 2 月 23 日正式投产[3~4]。在过去的近 3 年半时间内，顺丁橡胶装置聚合单元经历了一次大修，三次常规检修，每次检修的主线都是聚合釜及其相连管线清胶项目。

其中，聚合一线于 2014 年 10 月检修期间进行改造，将聚合 1#、2#釜及聚合 2#、3#釜之间的釜间管，由原来的普通碳钢管线更换为内抛光的不锈钢管线。聚合二线未进行改造，保持原来的碳钢管线。

3　不同材质管线的运行情况对比

茂名顺丁橡胶装置聚合一线自 2014 年 10 月起使用内抛光的不锈钢釜间管线，运行至 2015 年 11 月装置大修期间，与未改造的聚合二线运行情况进行对比发现：使用抛光处理不锈钢材质的聚合一线，不易挂胶，聚合胶液的流动阻力低，釜间压差小，有效延长了聚合单元的运行周期；同时减少了冲洗油的用量，有利于节能降耗；并且缩短聚合清胶检修的工期，减少检修费用。

本文将分别从管线挂胶情况、釜间压差及冲油量、检修情况、产品产量和质量等方面展开对比，从而对聚合一线更换抛光处理的不锈钢材质改造项目进行全面的评估。

3.1　管线挂胶情况对比

3.1.1　挂胶的形成

凝胶是指聚丁二烯分子发生歧化、交联反应，生成的网状不溶物。如图 1 所示，凝胶的生成有以下几个原因：

(1) 催化剂分散不均，造成局部浓度过高，导致链增长的同时引起支化、交联反应；

(2) AL-Ni 陈化沉淀物、AL-B 陈化产物促进凝胶的生成；

(3) 原料中的炔烃或其他不饱和烃引起；

(4) 1，2-聚丁二烯结构中活泼 H 易被取代，或与单体发生歧化，甚至交联形成网状大分子。

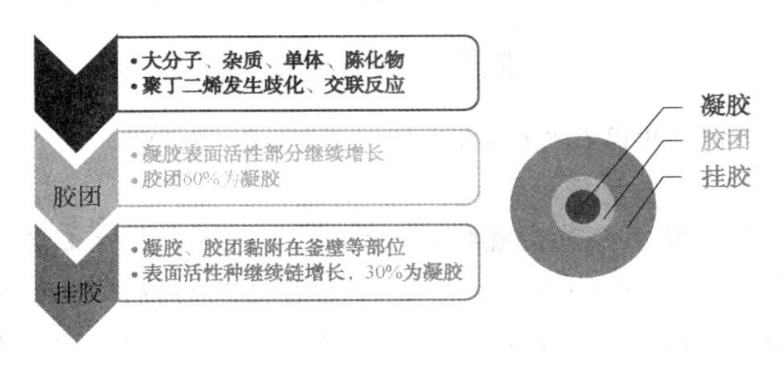

图 1　挂胶形成示意图

随着生产的进行，凝胶表面活性部分在聚合釜及管线的死角或内壁不光滑的部位继续增长为胶团，而当这些凝胶及胶团黏附在釜壁或管线内壁时，其表面活性部分继续增长，最终形成挂胶。聚合釜及其出料管线挂胶，出胶通道缩小，造成釜间压差增大，冲洗油用量增加。严重时，原本 *DN*200 的管线只剩下 *DN*50 左右的口径。

3.1.2　不同材质管线挂胶情况对比

图 2、图 3 分别为聚合一线与聚合二线大修时的管线挂胶现场图片，可见聚合一线管线内壁光滑，不易挂胶；聚合二线管线内壁粗糙，尤其是管线焊缝凸起部分、铁锈或其他杂质颗粒都极易黏附凝胶，进而增长为挂胶，使得系统出胶不畅，严重影响正常的生产活动。

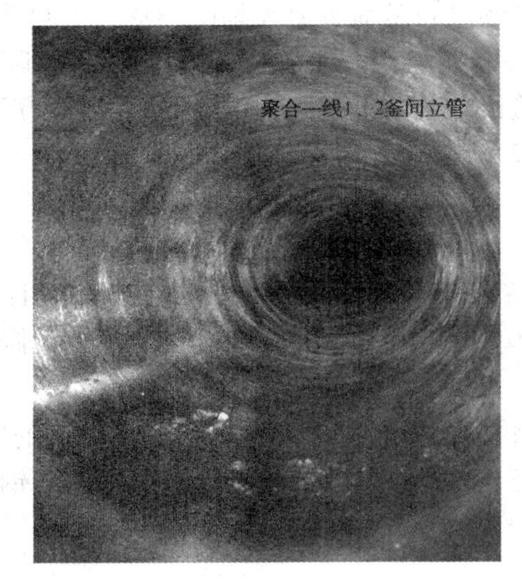

图 2　聚合一线釜间管线挂胶现场图片

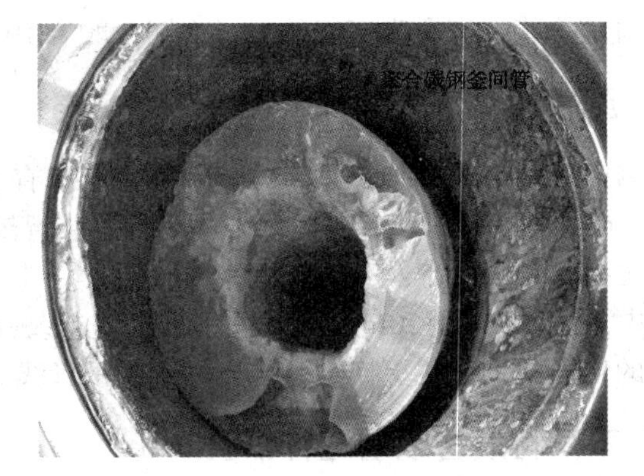

图 3　聚合二线釜间管线挂胶现场图片

3.2　聚合釜间压差对比

根据茂名顺丁橡胶装置 2016 年的实际运行情况，不同生产线的聚合 1#、2#釜之间压差(ΔP_1)对比如表 1 所示。

表 1　不同生产线的压差(ΔP_1)对比

压差/MPa		0.01	0.1	0.15
时间/d	一线	130	180	240
	二线	90	145	160

注：聚合一线 1、2 釜间管为内抛光的不锈钢管；聚合二线 1、2 釜间管为碳钢管。

另外，聚合一线2、3釜之间压差(ΔP_2)变化情况如表2所示。

表2 一线的ΔP_1和ΔP_2对比

压差/MPa		0.01	0.02	0.03	0.04	0.1	…
时间/d	1、2釜	130	140	150	160	180	…
	2、3釜	10	30	45	70	100	…

注：聚合一线1、2釜间管为内抛光的不锈钢管；2、3釜间管为碳钢管。

通过对比可知，使用内抛光的不锈钢管，不易挂胶，降低胶液流动阻力，缩小釜间压差ΔP_1和ΔP_2，可延长聚合生产线运行周期3个月以上。

3.3 冲洗油用量对比

按照经验，当釜间压差超过0.05MPa时，在不降低生产负荷的前提下，一般通过加入冲洗油，来缩小釜间压差维持生产。釜间压差0.1MPa时，冲洗油流量控制在1~3m^3/h；压差0.15MPa时，冲洗油流量控制在3~5m^3/h或以上。加入冲洗油，使得胶液固含量降低，溶剂单耗增加(1~2kg/t)，同时凝聚系统蒸汽消耗量也随之增加(0.1~0.2t/t)，对于装置的经济指标控制是非常不利的。

另外，为控制降低(ΔP_1)，在聚合1#、2#釜之间管线加入冲洗油，大量常温的冲洗油直接进入2#釜，吸收部分反应热，使得2#釜反应不完全，不仅转化率低下，还影响到最终产品的物性。

所以，实际生产中要尽可能地降低冲洗油用量，而使用抛光处理的不锈钢釜间管是比较有效的方法。

3.4 检修情况对比

聚合生产线的常规检修作业，最主要的项目是清胶。设备、管线的挂胶情况一定程度上决定了检修的工作量、工期和费用。以最近一次的聚合一、二线的检修情况，不同生产线清出的废胶量、检修工期及费用等情况对比如表3所示。

表3 不同生产线的检修情况对比

项目	废胶量	检修工期	检修费用
一线	2.5t	10d	8万元
二线	4.0t	12d	10万元

注：聚合一线1、2釜间管为内抛光的不锈钢管；聚合二线1、2釜间管为碳钢管。

相比聚合二线，一线检修所耗工期及费用均大幅下降，根本原因是聚合一线使用了抛光处理的不锈钢釜间管，使得设备及管线挂胶情况得到改善，废胶量减少。

3.5 产品产量及质量对比

当聚合体系挂胶情况恶化后，聚合系统压力会随之剧增，此时整个聚合反应的正常工况都会受到波及。以茂名顺丁橡胶装置为例，2016年6、7月份聚合二线受系统压力高的影响，原设计生产能力为7.5t/h，仅能维持6.0t/h的生产负荷。一个月减产约1000t，按照顺丁橡胶目前15000元/t的价格，单月减少收益1500万元。

不仅是产量减少，产品质量也随之降低。根据统计数据，2016年6、7月份的产品优级品率比平时下降了至少2个百分点。造成优级品率下降的主要原因是产品门尼波动，造成降等产品增加；根本原因是聚合二线体系压力超高，反应体系失衡，门尼失控。

表4 不同生产线的产品产量及质量对比

项目	丁二烯进料	门尼合格率	产品优级品率
一线	7.5t/h	99%	92%
二线	6.0t/h	95%	89%

注：聚合一线1、2釜间管为内抛光的不锈钢管；聚合二线1、2釜间管为碳钢管。

由表 4 可知，使用抛光处理的不锈钢管，可以减少挂胶，降低胶液流动阻力，缩小釜间压差 ΔP_1 和 ΔP_2，平稳聚合反应操作，提高产品产量及质量。

4 结论

顺丁橡胶装置聚合单元使用内抛光的不锈钢管线，可以延长装置运行周期，缩短聚合单元检修工期，减少检修费用，降低装置的能源、物耗，提高产品产量和质量。

参 考 文 献

[1] 黄健，何连生．镍系顺丁橡胶生产技术[M]．北京：化学工业出版社，2008.
[2] 关国民．顺丁橡胶聚合生产过程的控制[J]．炼油与化工，2003，3(14).
[3] 赵美玉．浅析顺丁橡胶生产技术新进展[C]//2016 年丁二烯/异戊二烯和溶聚橡胶技术交流及市场分析会议论文集，2016.

分离机变频电机启动异常故障分析及处理

潘海全

（中国石化仪征化纤股份有限公司，江苏仪征　211900）

摘　要：针对顺酐装置中富马酸分离机变频器控制回路复杂，连锁控制条件比较多的特点，本文针对分离机启动异常故障，通过分析富马酸分离机电气原理图及仪表 DCS 连锁逻辑，归纳出处理此类故障的一般思路及经验。

关键词：顺酐；分离机；变频；调速；启动

1　引言

化工原料顺酐的生产工艺一般包括正丁烷氧化法和苯氧化法。正丁烷氧化法一般包括反应系统、吸收系统、汽提系统、富马酸分离系统等。富马酸分离系统原理是将非混相液体进行混合再分成两种成分，即将油相和水相进行混合，使得油相中富马酸等杂质溶于水，再分离油相和水相，达到清洗油相中富马酸的目的。

富马酸分离机系统一般使用变频器进行调速控制，变频调速技术调速平滑、效率高、结构简单、机械特性硬、保护功能齐全、运行平稳安全可靠，在生产过程中是理想的调速方式。分离机变频器的控制回路相对复杂，本文对分离机变频启动异常故障进行分析和处理，总结了处理此类故障的一般思路和方法。

2　富马酸分离机电气回路组成

分离机电机主回路由空开、变频器、变频电机、油泵电机等组成，控制回路由电源模块、保险、转换开关、继电器等组成。变频电机电气回路图如图 1 所示，控制系统回路图如图 2~图 4 组成。

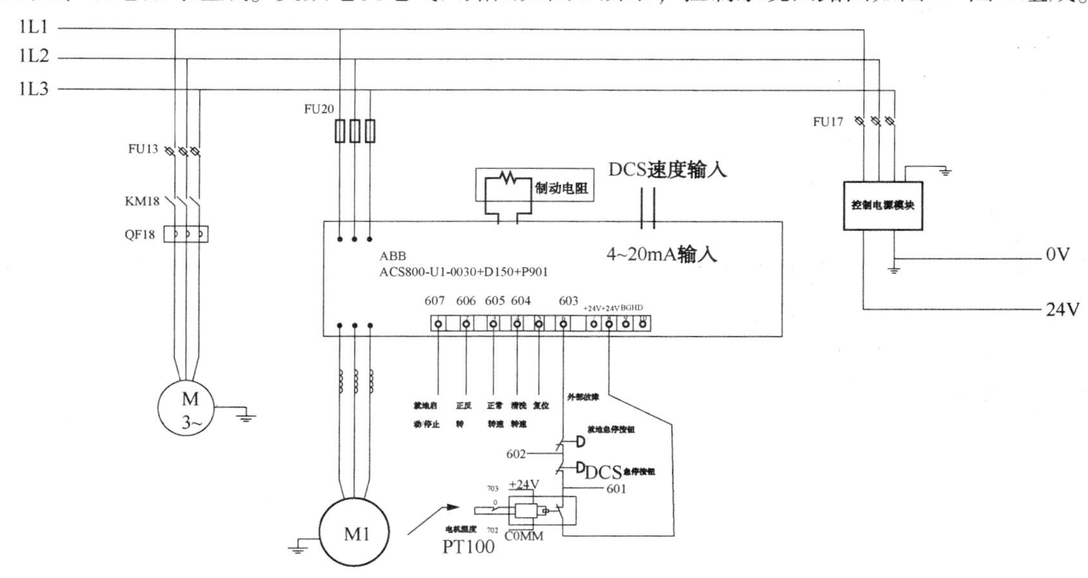

图 1　分离机变频电机电气回路图

FU—保险；QF18—热继电器；KM18—启动继电器

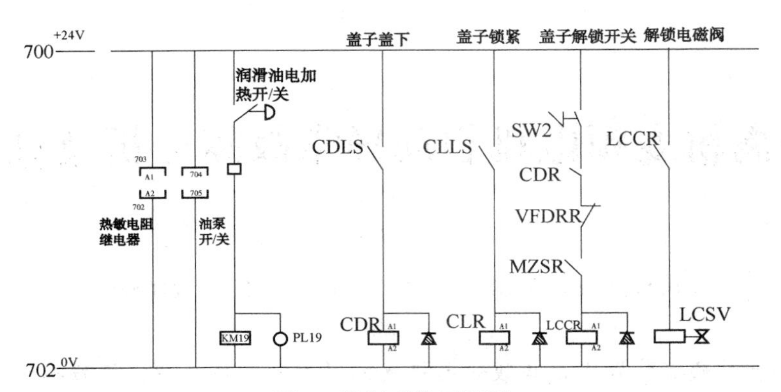

图 2　控制系统回路图

KM19—润滑油电加热继电器；CLLS—盖子锁紧辅助触点；G—指示灯；CLR—盖子锁紧继电器；CDR—盖子盖下继电器；SW2—盖子解锁开关；CDLS—盖子盖子辅助触点；VFDRR—变频器故障连锁常闭；MZSR—电机零转速辅助触点；LCSV—电磁阀

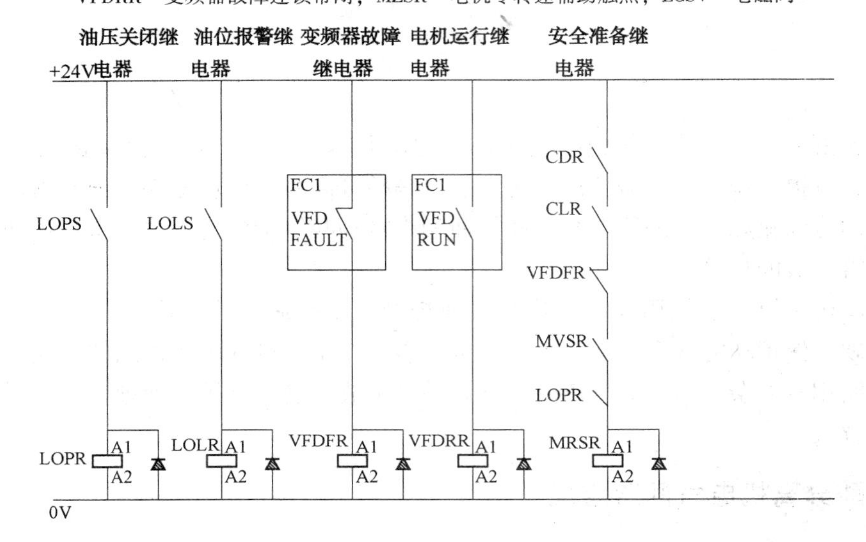

图 3　控制系统回路图

LOPR—润滑油压继电器；LOLR—润滑油液位低继电器；CDR—盖子盖下继电器辅助触点；LOPS—润滑油压辅助触点；LOLS—润滑油液位辅助触点；VFDFR—变频器故障继电器；VFDRR—电机运行继电器；MVSR—分离机振动继电器；MRSR—分离机允许启动继电器

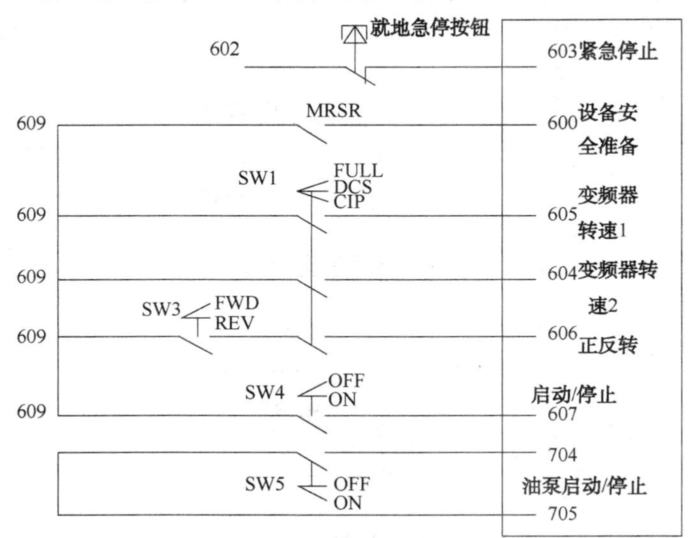

图 4　控制系统回路图

SW1—变频器速度控制开关；SW3—分离机启停开关；SW4—油泵启停开关

3 故障现象描述

分离机系统投入运行前，现场按下富马酸分离机启动按钮，变频电机 Z1571 几秒后未启动运行，中控岗位人员进行复位变频器操作后，现场重新启动分离机，仍不能运行。

4 原因分析和处理

4.1 变频器故障

首先查询变频器控制盘面的报警信息，根据报警信息判断故障类型。

若输入电源缺相或三相不平衡则变频器会报“SUPPLY PHASE”故障，合上电源开关，测量电源三相电压。本次故障变频器未报警，初步判断，电源电压未缺相，应检查其他问题，当然也可以用万用表测量电源电压，经测电源电压为 401V、402V、403V，电压果然正常。

若变频器报“EXTERNAL FLT”故障(外部故障)，则说明变频器接受到来自外部的故障信号输入，变频器停止运行，此时应根据电气回路图一，检查以下原因：① 现场紧急停止按钮是否按下；② DCS 连锁停是否连锁；③ 电机是否超温。

变频器本体的故障大部分可以通过故障或报警信息，通过查询 ACS800 手册中的故障诊断方法进行判断，在此不再详述。

另外，可以对变频器进行空载试验，也是判断变频器是否存在故障的重要方法。在端子排解开变频器至电机的动力电缆后，合上电源开关，在变频器控制盘设置为“local”，即就地启动变频器，按下变频器控制盘启动按钮，对变频器进行空载试验。就地调节频率，若输出电压正常，据此可判定变频器不存在故障。

4.2 电机负载故障

首先，判断电机是否存在转动轴卡涩主故障。通常，电机轴承卡死或分离机轴承卡住后，电机电流会大幅上升，且变频器会报“过流”或“电机堵转”故障。用手盘动分离机转子，无机械卡涩情况，转动正常。

然后，测量电机三相直流电阻和电机绕组对地绝缘(连同电缆)，以此来判断电机是否正常。用 500V 兆欧表测得的电机相间及对地绝缘见表 1，用万用表测得的电机定子绕组三相直流电阻(连同电缆)见表 2。

表 1 电机相间及对地绝缘电阻 MΩ

测量部位	U-PE	V-PE	W-PE	U-V	U-W	V-W
绝缘电阻	≥500	≥500	≥500	≥500	≥500	≥500

表 2 电机定子绕组三相直流电阻 Ω

测量部位	U-V	U-W	V-W
绝缘电阻	30.3	30.1	30.4

由测试结果可知，电机的直流电阻、绝缘电阻正常。

最后，根据分离机变频电机电气回路图 1 可知，分离机电机现场安装热敏电阻用来测量电机温度，当电机超温时停止变频器，并且变频器会报“EXTERNAL FLT”故障(前面提到的)。首先，手感电机温度是否过高，或用点温仪测量电机表面温度；然后判断热敏电阻继电器是否输出故障节点，用万用表测量热敏电阻继电器输出端子 601 的电压是否为 DC+24V，若不是则不通，若是则连通，说明未输出故障节点。

综上，通过检查电机轴承卡涩，电机绕组绝缘、直阻，电机温度检测模块等可查出由电机引起的分离机系统故障。

4.3 仪表DCS连锁故障

仪表DCS连锁停富马酸分离机系统，判断的输入信号有三个：分离机振动XI5102(AI模拟量输入)、分离机盖子开关ZS5101(DI数字量输入)、分离机转速SI5101(AI模拟量输入)，如图5所示。当分离机振动高、分离机盖子开、分离机转速高三个报警有一个触发时，DCS就输出连锁停富马酸分离机信号，由图一可知变频器接收到DCS连锁停后，就会故障停车并报“EXTERNAL FLT”故障。用万用表测量EMS2仪表连锁停节点，检查是否通断，即可排除DCS连锁故障。在故障不止一种的情况下或者需超驰时，可以在DCS系统进行超驰也可以用短接线短接EMS2节点以排查其他故障类型。

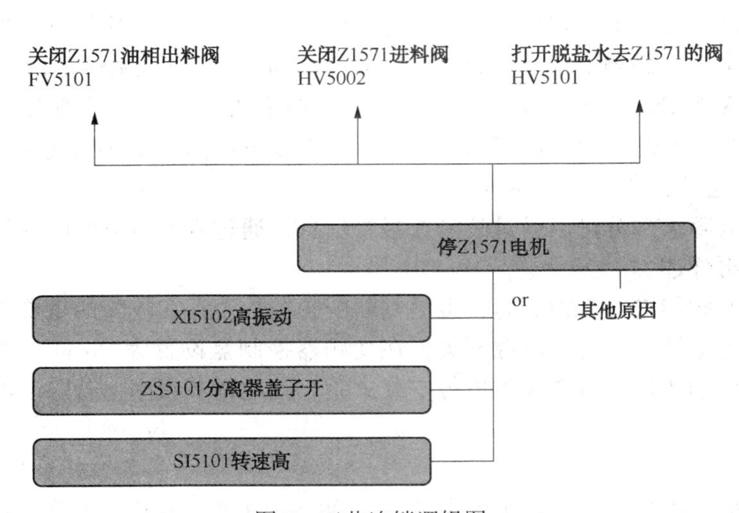

图5　工艺连锁逻辑图

4.4 回路故障

变频器空载回路试验正常，说明变频器无故障，因此主要从现场启动回路来分析故障原因。

如图4所示，启动按钮转换至开状态，607和609导通，如果600和609导通，607得到+24V，变频器启动。首先用万用表测量启动转换开关，转换开关旋至“开”状态，万用表发出持续“滴”声，转换开关旋至“停”状态，万用表不发出声音，说明转换开关未损坏。将万用表切换为直流电压档，测量允许启动继电器MRSR绕组电源A1、A2之间电压，测得+24V，说明允许启动节点未闭合，所以继续检查允许启动回路。

如图4所示，图4中MRSR是允许启动继电器，当继电器得电，则允许启动节点闭合。允许启动判断条件有五个：分离机盖子盖下信号CDR、分离机盖子锁紧CLR、变频器无故障VFDFR、分离机振动正常MVSR、分离机油压正常LOPR。经检查条件都满足时，用万用表测量每个继电器合闸线圈都得电，但是节点未闭合，允许启动回路不通。

综上分析及处理认为，继电器CDR、CLR、VFDFR、MVSR、LOPR及底座可能存在接触不良等问题，更换继电器及底座，重新送电，一切正常，分离机启动无故障现象。

5 结语

本文对富马酸分离机特殊负载设备的低压变频器常规的检查处理提供了思路及经验。

(1)变频器系统发现异常后，首先应及时检查并记录变频器有无故障信息，为分析故障原因、处理故障做好准备。本文案例中，变频器未报故障，排除了很多造成系统故障的原因，便于更快查找原因。

(2)处理故障时，要综合分析各种现象，并做到对实际情况的了解清楚到位。问，运行人员当时的故障现象；看，现场继电器指示灯，故障指示灯，允许启动指示灯等；闻，现场设备有无异味等。

（3）电机控制有远方 DCS 控制时，应综合考虑工艺连锁的关系，一层一层的分析故障原因，有时强制工艺连锁信号来检查电气端问题是一种更快捷的方式。

（4）现场启动回路检查时，若不能启动，则检查启动按钮及启动条件是否都满足，若条件不满足，再逐个条件检查原因。

参 考 文 献

[1] 汪国梁．电机学[M]．北京：机械工业出版社，2004.
[2] 咸庆信．电路维修与故障实例分析[M]．北京：机械工业出版社，2013.
[3] 金绿松，林元喜．离心分离[M]．北京：化学工业出版社，2008.
[4] 杨德印．电动机的控制与变频调速原理[M]．北京：机械工业出版社，2008.

减排节水节能与安全环保

构建本质安全与清洁环保城市炼厂的实践

唐安中

（中国石化九江分公司，江西九江　332004）

摘　要：随着国家对安全生产和环境保护要求日益严格，石化企业尤其是位于城区炼厂面临更为严峻的安全和环保压力，区域位置敏感的九江石化通过建立本质安全和绿色低碳管理体系、机制，运用信息化技术构建有毒有害报警和移动视频监控交互交融的立体网络，强化直接作业环节全过程实时监管，突出事前管理，强化风险防控；从严环保管理，突出源头控制，环保设施装置化操作，高标准推进“碧水蓝天”环保专项和VOC_S综合治理，持续打造绿色低碳核心竞争优势，实现增产减污目标。成功构建本质安全与环境友好循环发展的城市炼厂。

关键词：安全监管；绿色低碳；城市炼厂；构建

1　引言

安全与清洁生产是城市炼厂生存发展的前提和基础条件。“十二五”以来，九江石化牢固树立科学发展理念，把安全生产摆在最重要位置，强化红线意识和底线思维，常抓不懈，确保一方平安。坚持“环保优先、全员参与；自我加压，勇创一流；开门办厂，迎接监督”的理念，倾力打造绿色低碳核心竞争优势，狠抓污染物源头削减、过程管控、末端治理，严格建设项目环保“三同时”，依托智能工厂建设，提升环保监测水平，扎实推进“碧水蓝天”环保治理专项行动，实施VOC_S综合治理，打造无泄漏装置、花园式工厂。2014 年在石化企业中率先发布《环境保护白皮书》，向社会作出庄严承诺。2015 年，公司外排污水 COD 平均值 43. 1mg/L，氨氮平均值 1. 5mg/L，达到行业领先水平，获评中国石化环境保护工作先进单位，荣获江西省及中国石化清洁生产企业；2010~2015 年，连续 6 年获评中国石化安全生产先进单位。九江石化初步实现安全生产、绿色发展城市型炼厂的目标。

2　面临问题

九江石化地处庐山脚下、长江之滨、鄱湖岸边，位于环鄱阳湖生态经济区，距九江市主城区仅 10 公里，地理位置十分特殊，环境保护压力巨大。特别是 2015 年，800×10^4t/a 油品质量升级工程项目投产后，九江石化正式迈入千万吨级炼化企业行列，原油一次加工能力达到 1000×10^4t/a，固定资产将超过 500 亿元，销售收入超过 500 亿元，无论从装置规模、技术，还是销售收入、盈利能力、税收等在九江都是一流。但随着九江石化的快速发展及加工原油劣质化，生产装置安全风险及污染物的排放也可能相应增加，如何做到生产经营、发展建设与实现本质安全、增产减污相互促进，是九江石化面临的主要困难和亟待解决的问题。

3　城市炼厂构建的理念与内涵

随着时代变迁、城市的扩展，许多曾经远离城市的炼厂日益成为城市的“近邻”。石化企业高温高压、易燃易爆的生产特点，注定使每一家石化企业都必须直面对待“如何与周边和谐共存”的重大挑战。与此同时随着实际卫生防护距离不断缩短，安全与环境风险也变得越来越大，这一点，城市型炼厂尤为突出。因此，构建本质安全管理，实施绿色低碳战略，减少排污，改善环境质量，是城市炼厂生存发展的必然选择[1]。

党的十八大提出大力推进生态文明建设，确立建设美丽中国，坚持以人为本、安全生产，节约资源和保护环境，实现永续发展的目标。因此，着力推进安全生产、循环发展、低碳发展，城市炼厂构建是履行社会责任实现安全生产、循环发展的需要。

4 构建本质安全与绿色低碳管理的实践

4.1 健全完善制度体系，落实安全环保责任

构建本质安全和以绿色低碳核心竞争优势为目标的管理制度及考核体系。认真贯彻国家、地方及集团公司相关法律、法规，建立健全安全生产规章制度和监管体系，形成安全生产长效机制。落实安全生产责任制，按照“管业务必须管安全，管生产经营必须管安全”要求，把安全生产责任制落实到生产经营最小单元和每位员工。完善细化重大危险源操作规程和应急预案；加强关键装置、要害(重点)部位管理，通过班组建设和安全教育等形式，不断强化岗位人员安全责任意识。落实安全环保“一岗双责，党政同责”，实行安全与环保目标责任管理，层层分解指标，做到安全环保与生产同规划、同部署、同实施、同考核[2]。

4.2 突出事前管理，强化风险防控

以“识别大风险、消除大隐患、杜绝大事故”为主线，强化风险防控和隐患治理。前移管理重心，突出事前防控，全面开展安全与环保风险辨识，组织全员排查隐患和风险评估，辨识生产工艺、设备设施、作业环境、人员行为、污染物治理与排放等方面存在的风险，并加强风险定量评价，2016年1~9月份，共识别出一般风险4132项，中等风险361项，重大风险10项，所有安全风险和环保隐患分级、分层、分类、分专业进行管理，落实治理措施，直至消除隐患。加强过程监管，发挥安全督查、体系督查等优势，持续强化直接作业现场安全监管。对全厂作业区域、作业过程开展JSA分析，强化作业前风险辨识；推行标准化作业，落实“班前600秒”和“看板管理”，从严规范承包商施工作业。完善安全环保应急预案内容和处置程序，以全覆盖的方式开展分级培训和演练，提高应对安全环保突发事件的处置能力。

4.3 加强危化品管理，治理安全隐患

全面开展危化品采购、生产、使用、存储、转运、处置全过程排查与处理工作，制定《危险化学品储存场所安全专项整治工作方案》，对生产过程中各类添加剂、化工助剂等，识别理化性质，建立台账，制定防范措施和应急预案。强化生产过程安全管理，严格执行操作规程和工艺卡片，规范巡检路线和安全检查内容，开展日常检查和专项检查，消除安全隐患。完善安全保护自控设施，在各关键装置、要害部位、重点罐区装备了自动联锁、紧急切断停车、视频监控、SIS等控制系统，设置安全警示标志，提升装置本质安全水平。精心组织，整体实施厂际管廊隐患整治，彻底消除厂际管廊安全隐患；积极推进原油及成品油罐区安全隐患治理，制定“五定”计划，落实防控措施，高标准实施储罐防雷防静电、增设人孔等隐患整改，确保风险受控。

4.4 深化信息技术应用，提升安全环保水平

运用科技手段构建硫化氢等有毒有害可燃气报警、火灾报警、关键部位视频监控有机结合的一体化监控网络，提升本质安全水平。按照“提质、加密、联动”技术要求，优化、调整、增设现场气体报警和视屏监控的数量和位置，建立地面、高空、周界立体监控体系，装置现场1377台气体报警仪与700余套视频与119接处警系统监控实现集中管理、实时联动。开展“六合一”报警仪研究试点，加强现场作业实时分析数据监控，提高了现场操作和检修人员安全系数。开展安全信息化研究，开展基于4G、RFID等技术的人员定位技术研发，加强人员行为的安全管控。

推行4G智能巡检，加强高风险作业监控。终端巡检以4G无线网络为基础，实现了现场巡检测温、异常情况拍照、巡检记录实时传送和全程视频监控。监督巡检人员按时按点巡检，积极发现

装置泄漏隐患；发挥语音对话功能，为消除隐患赢得时间；开发并投用石化展示厅视频监控系统，对现场高风险作业全程视频监控，有效加强动火、有毒有害或其他高风险作业的风险监控；利用应急指挥平台开展综合演练，应急指挥实现实时化、可视化。

率先在石化行业开发投用“环保地图”在线监测系统(见图1)，对各装置排污情况实时在线监测，强化预警功能，异常数据第一时间发送至公司负责人及相关人员手机，并在1小时内查清原因、排除问题。2015年，公司环境监测站顺利通过了国家实验室认可，初步建立了环境信息实时数据库和关系数据库，通过ERP、SMES、环境在线监测系统，使各管理层级能够及时感知污染物及其相关生产信息的变化，形成整体最优调整指令或决策。废水、废气等5个总排国控监测点数据实时上传省市环保在线平台，正常运转率大于99%、数据有效传输率大于98.8%；积极推进“开门开放办企业”，在石化大厦、发展建设楼等五个公众场所，实时在线向公众展示外排污染物浓度情况。

信息技术的深化应用，全面推进安全环保管理实现由定性管理向定量管理转变，由经验管理向科学管理转变，由事后管理向事前预测、预警，事中控制转变。

图1 九江石化“环保地图”示意图

4.5 践行绿色低碳理念，提升全员环保意识

公司致力于建设千万吨级绿色智能一流炼化企业，倾力打造绿色低碳核心竞争优势。开展系列环保宣传教育，组织全员学习新《环境保护法》《石油炼制工业污染物排放标准》等法律和标准；举办VOC_S治理、固废管理等系列环保管理培训班，制作《践行绿色低碳实现永续发展》专题片作为全员“地毯式”培训的重要内容，使“绿色低碳”理念入脑入心，逐渐外化于行。

4.6 运用先进工艺技术，提升清洁生产水平

采用先进环保型工艺，源头提升清洁生产水平。800×10^4t/a油品质量升级改造工程采用全加氢工艺，从规划设计上确保达到清洁生产先进水平。优化全厂总工艺流程，加热炉原料改为脱硫干气，同时采用低氮燃烧火嘴，烟气NO_x浓度控制在80mg/m^{3}以下；$2\times7\times10^4$t/a硫磺回收装置外排烟气SO_2浓度设计值为187mg/m^3，硫总回收率可达99.9%。

危险废物处置实现“减量化、资源化、无害化”。2016年6月，中国石化首个合同环境管理项目——九江石化污泥干化处理装置投运，油泥及剩余活性污泥产生量仅为原来的15%，每年节约危废处理费用数百万元，环保效益和经济效益显著。

污水处理、烟气治理、噪声防护、土壤防渗等均选用先进技术和一流装备，实现了增产减污清洁发展目标。外排废水及废气总量减排均获得国家环保部认定，其中：含油污水回用装置认定当年削减COD 77.89t，削减氨氮11.18t，CFB锅炉烟气脱硫效率获得75%的认定。两套催化烟气脱硫脱硝及两台CFB锅炉脱硫脱硝装置运行效果优良，SO_2、NO_x、烟尘排放浓度远优于国家标准，达到国内领先水平，详见图2、图3。

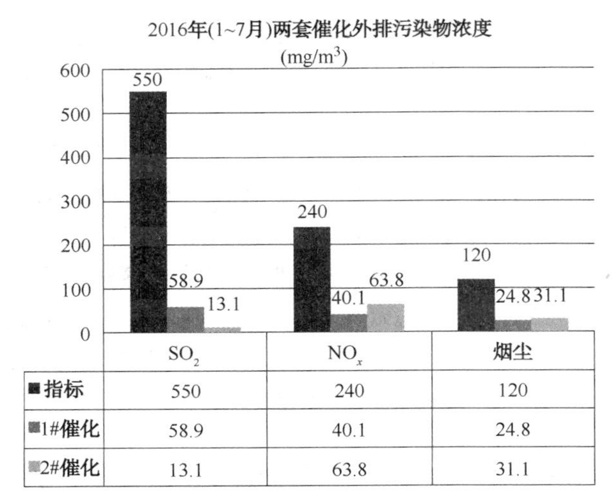

图2 2016(1~7月)两套催外排污染物浓度

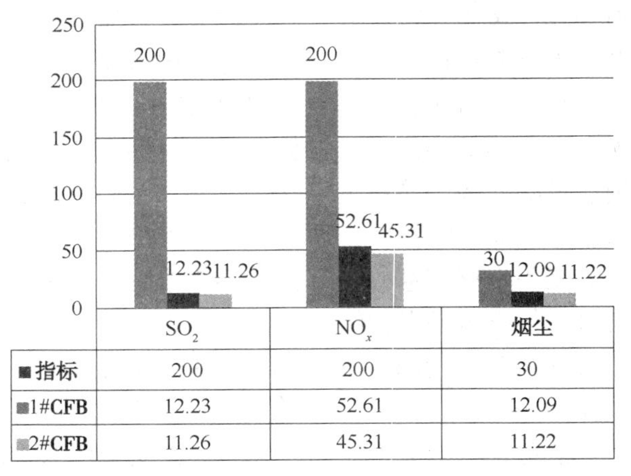

图3 2016年两套CFB装置外排污染物浓度

4.7 推进“碧水蓝天”行动，提升环保治理能力

2013~2015年，以集团公司“碧水蓝天”环保治理专项行动为抓手，投资15亿余元建设环保设施，高标准实施了催化裂化烟气治理等近30个环保隐患治理与提标改造项目，全力打造全国环保最好炼厂。选用先进的“粉末活性炭吸附+湿式氧化炭再生”处理工艺进行污水处理场提标改造，外排达标污水COD稳定控制在40mg/L以下、氨氮控制在1.0mg/L以下；攻克结垢难题，炭泥再生单元创纪录连续运行31天，活性炭单耗达到行业先进水平；采用高温高压湿式氧化技术，攻克和解决了碱渣处理难题；采用两级A/O组合工艺成功处理高氨氮废水，在石化行业取得突破。

开展环保专题攻关，提升环保治理水平。对制约污水处理场总进口水质的重点污染源进行全面排查，开展了38项专题技改攻关。优化注碱工艺，将液态烃碱渣回注污水汽提，每年节约新鲜碱1680吨，减少2100吨碱渣排放；狠抓污污分治，将火炬冷凝液切水等含氨氮较高的废水改进酸性水罐，送汽提装置脱氨处理等。

强化源头管控，实现本质环保。2013年开始，公司将“源头削减”要求落实到生产全过程，制定上游生产装置污染物浓度排放标准，实施分级控制，严控异常排污，污水处理场总进口来水主要污染物含量大幅下降。2015年，污水处理场总进口污水平均含油量103mg/L、COD 688mg/L，氨氮19mg/L，同比分别下降51%、24%、36%。

污水处理场实行装置化管理，从污水进口到外排口进行全流程在线监控，自动调整，过程优化，确保工艺卡片每一个参数都合格。高效运行预处理单元；优化含油、含盐生化单元硝态液回流比及炭泥比，出水氨氮及总氮浓度达到行业领先水平；建立污泥观察镜检分析，实时跟踪污泥活性及生化特性，及时调整投炭量；外排达标污水COD平均33mg/L、氨氮平均0.5mg/L，污水处理场整体达到国内领先水平，详见图4。

4.8 推进VOC_S综合治理，打造无异味工厂

高质量建设LDAR系统，率先在中石化系统内完成炼油装置第一轮设备泄漏检测与修复(LDAR)，LDAR系统录入检测数据231969个，发现并修复泄漏点1397个，减少泄漏89.5t，促进环境空气质量明显改善。实施工艺改进、废水废液废渣系统密闭性改造等措施，有效控制工艺废气排放、废水废液废渣系统逸散等环节及非正常工况排污。与国家环保部合作开展石化行业VOC_S排放量核算九江课题，为我国石化行业VOC_S排放量核算提供示范和参照。自主开发VOC_S管控信息平台，在VOC_S分析、检测、管控与核算方面取得初步成效。

全面治理装置异味，各装置产生的含硫污水均密闭管道输送，污水原料罐采用氮封和水封密闭措施。建成投用两套酸性水罐油气回收及异味治理等设施，油气回收率达90%以上。装置停工采

"十二五"外排废水COD、NH_3-N浓度大幅下降

	COD	NH_3-N
2011年	118.1	18.1
2012年	98.8	10.2
2013年	79.5	6.9
2014年	53.7	2.7
2015年	42.9	1.5
2016年1~7月	32.2	0.5

图 4 "十二五"外排废水浓度

用柴油/除盐水循环清洗后再密闭吹扫的环保型处理方案，实现停工过程烃类等污染物零排放。

5 结语

构筑一流安全管理网络，打造绿色低碳核心竞争优势，构建本质安全与清洁环保城市炼厂，是经济新常态下传统石化企业可持续发展的必然选择。"十三五"期间，九江石化将继续做绿色低碳的引领者、安全可靠生产的推动者、美丽中国的建设者，积极打造本质安全、全国环保最好炼厂，实现建设千万吨级绿色智能一流炼化企业的目标。

参 考 文 献

[1] 唐安中. 绿色低碳实践与城市炼厂构建[J]. 石油化工安全环保技术，2016，32(4)：1-5.
[2] 孙晓宇. 世界一流石油公司 HSE 管理及体系对比分析[J]. 安全、健康和环境，2015，15(7)：1-4.

九江石化 CFB 锅炉烟气治理技术应用分析

孔祥思　庹春梅

(中国石化九江分公司，江西九江　332004)

摘　要：对(SNCR)烟气脱硝与石灰石-石膏湿法脱硫技术在 CFB 锅炉上应用情况进行介绍，分析了 SNCR 脱硝系统及石灰石-石膏湿法脱硫系统的综合运行特点。运行结果表明：SNCR 技术结合石灰石-石膏湿法脱硫技术在 CFB 锅炉上的应用，能够满足目前烟气氮氧化物和二氧化硫的国家排放要求；控制好氨逃逸率后，可以将 SNCR 系统对 CFB 锅炉及脱硫系统运行的影响控制在最低，加强脱硫脱硝系统设备管理可以实现环保装置长周期的稳定运行。

关键词：SNCR；脱硝；AFGD；脱硫；CFB 锅炉；稳定性

1　引言

九江石化动力部拥有 2 台 220t/h 高温高压循环流化床锅炉(简称 CFB 锅炉)，引进美国第 3 代循环流化床锅炉，设计烟气量 $22.65\times10^4 Nm^3/h$(单炉)，设计燃料 50%燃煤+50%石油焦，设计烟气排放指标 $SO_2 \leqslant 315mg/m^3$，$NO_x \leqslant 300mg/m^3$，烟尘$\leqslant 50mg/m^3$。2011 年 9 月国家环保部颁布了 GB1223-2011《火电厂大气污染排放标准》，根据标准要求，2014 年 7 月 1 日起，烟气排放指标要求控制 $SO_2 \leqslant 200mg/m^3$，$NO_x \leqslant 200mg/m^3$，烟尘$\leqslant 30mg/m^3$。因此，必须对 CFB 锅炉排放烟气进行治理，才能满足国家环境保护要求。

2　CFB 锅炉烟气治理技术路线选择

2.1　脱硝技术选择

目前烟气脱硝技术种类很多，但各种技术的效率、投资和运行成本差异较大，根据我国现阶段的情况和不同地区的环保要求，实际改造过程中采用比较多的主要有选择性催化还原技术(简称 SCR 技术)与选择性非催化还原技术(简称 SNCR 技术)。其主要反应如下：

以氨为还原剂的反应式为：

$$NH_3 + NO_x \rightarrow N_2 + H_2O \tag{1}$$

如果温度过高，超过反应温度区域时，氨就又会被氧化成 NO_x，

反应式为：

$$NH_3 + O_2 \rightarrow NO_x + H_2O \tag{2}$$

SCR 与 SNCR 技术脱硝比较见表 1。

表 1　烟气脱硝技术综合比较

项目	SCR 技术	SNCR 技术
反应剂	可使用液氨，氨水和尿素	可使用液氨或尿素
温度窗口/℃	300~400	850~1100
催化剂	成分主要为 TiO_2 V_2O_5 WO_3	不使用催化剂
脱硝效率/%	80~90	25~60

续表

项目	SCR 技术	SNCR 技术
反应剂喷射位置	多选择于省煤器与 SCR 反应器间烟道内	通常在炉膛内喷射
SO_2/SO_3氧化	会导致 SO_2/SO_3氧化	不导致 SO_2/SO_3氧化
NH_3逃逸/(μg/g)	3~5	5~8
系统压力损失	催化剂会造成压力损失	没有压力损失
燃料的影响	碱金属氧化物会使催化剂钝化	无影响
对锅炉的影响	对锅炉影响小	对锅炉影响小
系统的稳定性	运行稳定性好	运行稳定性好

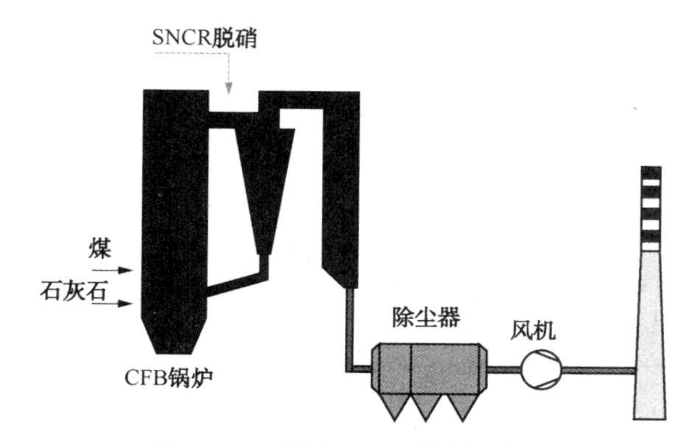

图 1　CFB 锅炉 SNCR 脱硝布置方案

由于九江 CFB 锅炉排放烟气初始 NO_x 排放浓度较低，结合现场实际位置及脱硝效率情况，确定采用 SNCR 法脱硝。在 CFB 锅炉旋风分离器内的适宜烟气温度处喷入氨基还原剂，与烟气中的 NO_x 反应生成 N_2和 H_2O。

CFB 锅炉 SNCR 布置方案见如图 1。

2.2　脱硫技术选择

根据电力行业内锅炉烟气脱硫成熟的技术和运行经验，结合九江 CFB 锅炉炉内已配置脱硫系统的情况，选择技术应用相对成熟的石灰石-石膏湿法脱硫工艺路线。

石灰石—石膏湿法脱硫工艺采用石灰石作为脱硫吸收剂。在吸收塔内，吸收剂与烟气接触混合，烟气中的 SO_2与浆液中的 $CaCO_3$反应生成 $CaSO_3$，在浆液池中鼓入氧化空气进行化学反应，最终反应产物为石膏浆液。脱硫后的烟气经除雾器除去细小液滴，排入烟囱，脱硫石膏浆经脱水装置脱水后回收。该方法脱硫吸收剂利用率很高，适用于任何含硫量煤种的烟气脱硫，脱硫效率可达到95%以上，是目前技术成熟、应用较广、运行可靠的方法，脱硫副产品石膏作为建筑材料能较好利用。

石灰石-石膏气动脱硫塔(以下简称“AFGD”)，是对空气动力学原理的充分利用，原烟气经锅炉引风机增压后进入气动脱硫塔，在塔内旋流器的作用下旋转上升，然后在脱硫单元内与吸收浆液形成一层悬浮的脱硫液，除去绝大部分二氧化硫。由于在脱硫过程中气液接触比表面积大，得以用很少的循环浆液达到较高的脱硫、除尘效率。

AFGD 系统气动脱硫塔自下而上主要由储浆段、烟气入口段、喷淋降温段、气动脱硫段、循环供浆段、除雾段、烟气排放段组成。

AFGD 系统气动脱硫塔结构原理示意见图 2。

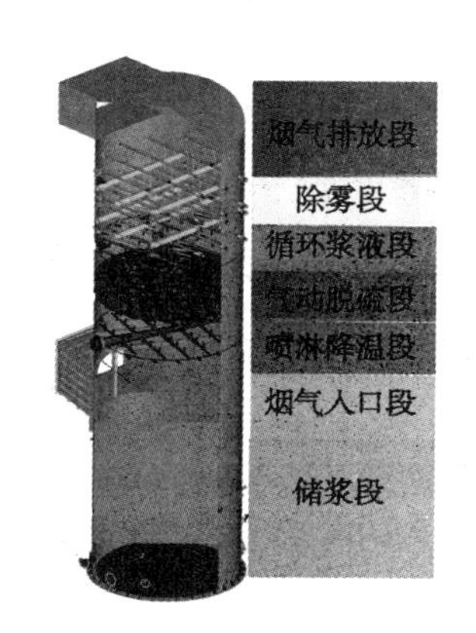

图 2　AFGD 系统气动脱硫塔结构原理示意图

3　工艺流程设计

3.1　SNCR 脱硝工艺

CFB 锅炉应用的 SNCR 装置由氨水制备系统和喷射系统组成，如图 3 所示。脱硝还原剂为氨水，氨水浓度设计为 5%~8%，采用 DCS 控制，设计的出口烟气 NO_x 浓度不高于 $100mg/Nm^3$，氨逃逸率控制 8μg/g 以下。每台锅炉配备 8 根喷枪，喷枪布置于锅炉旋风分离器入口水平段，该区域烟气温度为 850~950℃。SNCR 系统运行中控制的主要参数见表 2 。

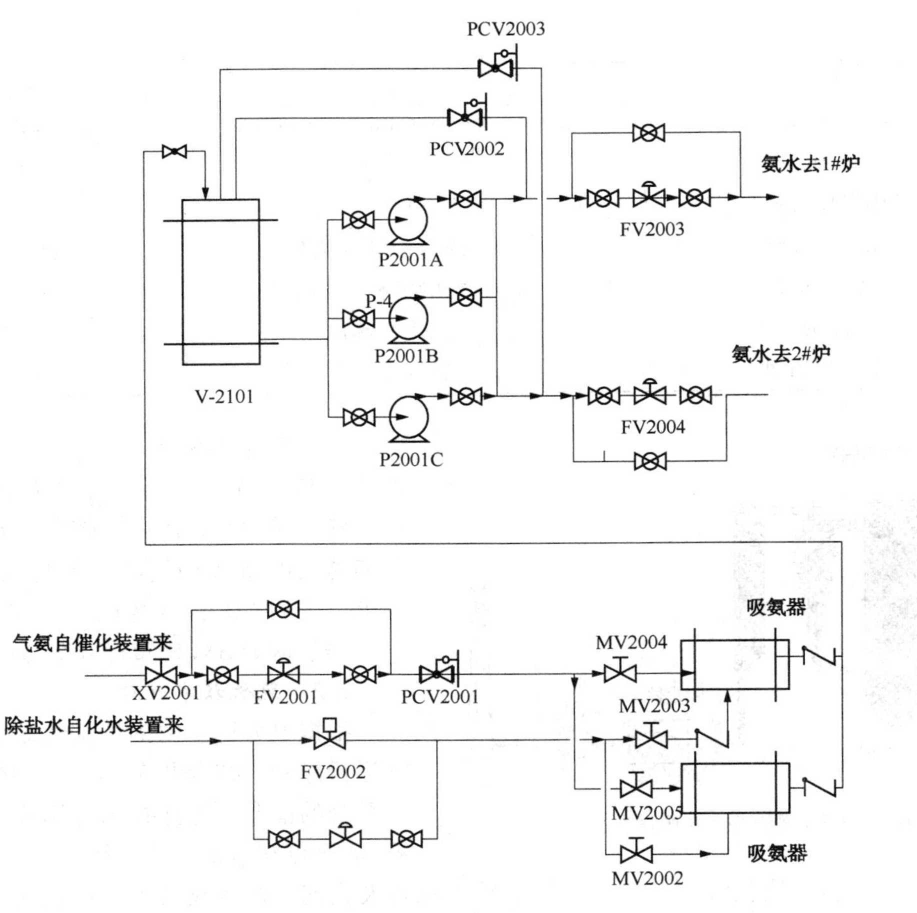

图 3　氨水制备系统

表 2　SNCR 系统运行中控制的主要参数

参数	控制范围	参数	控制范围
NO_x 排放/(mg/Nm^3)	≤100	炉膛出口温度/℃	850~950
氨逃逸/(μg/g)	≤8	混合液压力/MPa	0.6~0.7

3.2　脱硫工艺

CFB 锅炉烟气脱硫系统采用“一炉一塔”配置模式，脱硫塔顶设置烟囱，脱硫系统主要由石灰石储存及浆液制备系统、吸收系统、石膏脱水、浆液排放、废水排放等部分组成，核心是 AFGD 气动脱硫塔。在脱硫塔内，浆液中的碳酸钙与烟气中 SO_2、SO_3 等发生初步快速的化学反应，生成亚硫酸钙和少量的硫酸钙，同时将部分烟尘带入浆液中；脱硫除尘后的约 50℃ 的净烟气通过除雾器除去气流中夹带的雾滴后从脱硫塔塔顶烟囱排入大气。脱硫系统运行中控制的主要参数见表 3。

表 3　脱硫系统运行中控制的主要参数

参数	控制范围	参数	控制范围
SO_2 排放/(mg/Nm^3)	≤100	AFGD 出口粉尘/(mg/Nm^3)	≤30
石膏含水率/%	≤10	石膏纯度/%	≥90

4　SNCR 系统的应用

4.1　SNCR 系统试运行情况

九江石化 SNCR 脱硝装置于 2015 年 4 月 10 日投用后，在 4 月 11 日至 4 月 17 日进行为期 7d 的标定。

标定工况：燃料全煤工况，锅炉负荷 90%~100%，标定时间 3 天；锅炉负荷 80%~90%，标定时间 3 天；锅炉负荷 60%~80%，标定时间半天；另外半天根据锅炉总体负荷情况安排进行 110%标定。标定时间为 2015 年 4 月 11 日 8：00 至 4 月 17 日 8：00。SNCR 系统标定期间运行参数见表 4。

表 4　SNCR 系统标定期间运行参数

时间	锅炉负荷/(t/h)	平均床温/℃	脱硝前氮氧化物/(mg/Nm)	脱硝后氮氧化物/(mg/Nm^3)	氨水流量/(L/h)	氨逃逸/(mg/Nm^3)	氮氧化物脱除率/%
2015-4-11	220	905	305.21	52.23	505	0.525	82.89%
2015-4-12	218	903	300.21	62.75	499	0.48	79.10%
2015-4-13	200	900	265.54	62.12	469	0.658	76.61%
2015-4-14	180	880	250.12	59.58	460	0.578	76.18%
2015-4-15	182	882	267.54	58.63	456	0.604	78.09%
2015-4-16	185	885	278.89	52.34	455	0.566	81.23%
2015-4-17	200	901	280.24	48.89	471	0.56	82.55%
平均	198	894	278.25	56.65	474	0.57	79.52%

从锅炉运行参数看，SNCR 投运后，旋风筒出口温度下降约 5℃，氧量、排烟温度等变化并不明显。对锅炉运行未见明显影响。根据脱硝运行数据进行分析：投用增加风量约 120Nm^3/h，水蒸气增加烟气体积约 1743m^3/h，烟气量增加 0.5%，对引风机运行影响较小，锅炉引风机电流未见明显变化。

4.2　SNCR 装置投运对锅炉热效率的影响

氨水喷入锅炉的烟气中，对锅炉内烟气的辐射和热物理性质有一定影响，增加了烟气的流量，吸收部分热量。由于氨水溶液蒸发后在烟气中的浓度很低，因此一般不会明显影响烟气的辐射传热，亦不会明显改变烟气的热物理性质，从而不会明显影响对流传热。

氨水水溶液的蒸发会吸收一些烟气热量，从而增加锅炉排烟热损失，使锅炉热效率降低。这部分热损失的计算如下：

$$\Delta Q = M_r \times R_r - M_u \times Q_p \tag{3}$$

式(3)中：M_r和 R_r分别为氨水水溶液的质量流量和汽化潜热，M_u为氨水的摩尔流量，Q_p为反应热(氨水与氮氧化物的反应为放热反应。所以，在热损失计算中要减掉这部分热量)。由此造成的锅炉热效率降低值如下：

$$\Delta\eta_b = \Delta Q/\ (M_c \cdot Q_{net})\ \times 100\% \tag{4}$$

式(4)中：M_c为额定负荷时锅炉的燃煤量，Q_{net}为煤的收到基低位发热量。标定期间，平均除盐水消耗量 0.5t/h，除盐水平均温度为 40℃，焓值为 168kJ/kg，锅炉平均排烟温度为 150℃，水被加热到 150℃，焓值为 2776kJ/kg，喷入锅炉除盐水量增加，引起排烟损失增加 2431MJ/h，增加风量 120Nm^3/h，引起排烟损失增加 23.4MJ/h。根据数据计算得出，对锅炉运行效率影响约为 0.27%，满足协议要求 0.5%范围内。

4.3　SNCR 技术对空预器的影响

燃煤锅炉炉膛内烟气中的 SO_2约有 1%被氧化成 SO_3，在空预器中或者低温段换热元件表面，SNCR 系统出口烟气中一定存在未反应的逃逸氨(NH_3)与 SO_3及水蒸气反应生成硫酸氢氨或硫酸氨：

$$NH_3+SO_3+H_2O \rightarrow NH_4HSO_4$$

$$2NH_3+SO_3+H_2O \rightarrow (NH_4)_2SO_4$$

当烟气中的 NH_3含量远高于 SO_3浓度时，主要生成干燥的粉末状硫酸氨，不会对空预器产生黏附结垢。当烟气中的 SO_3浓度高于逃逸氨浓度(通常要求 SNCR 出口不大于 5mg/Nm^3)时，主要生成硫酸氢氨(ABS)，生成规律见图4。

在150~220℃温度区间，ABS是一种高黏性液态物质，极易冷凝沉积在空预器换热元件表面，堵塞换热元件通道，增加空预器阻力并影响换热效果[1]。截止2016年9月，SNCR系统投入运行17个月时间，空预器积灰情况正常，未发生空预器堵塞沉积高黏性物质情况。分析主要原因一方面是运行人员通过氨逃逸表严格控制氨水投加量，减少氨逃逸，另一方面运行期间控制燃煤中硫含量仅为0.35%~0.4%之间，燃用低硫煤后烟气中SO_3浓度极低，所以未造成空预器ABS堵塞情况。

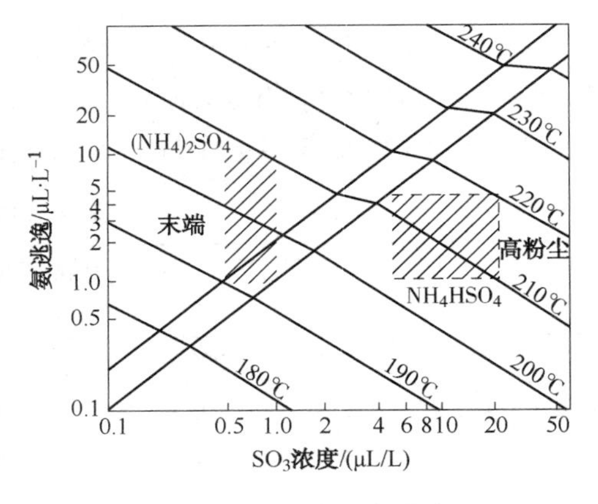

图4　ABS生成温度曲线

5　AFGD脱硫装置的应用

5.1　AFGD系统试运行情况

2016年5月19日，2套AFGD脱硫系统先后引入锅炉烟气，系统稳定运后在环保部门的组织下进行系统性能标定。标定数据如表5、表6。

表5　1#AFGD系统标定期间运行参数

污染源	监测项目	监测时间	监测断面	实测浓度/(mg/m³)			控制排放浓度/(mg/m³)	排放情况
1#CFB锅炉	烟尘	6月21日	进口	196.24	209.97	191.78	—	—
		6月22日		241.29	293.19	285.32		
		6月21日	出口	9.17	12.7	8.67	30	达标
		6月22日		11.7	14.93	14.04		
	二氧化硫	6月21日	进口	535	542	527	—	—
		6月22日		626	618	623	—	—
		6月21日	出口	7	5	9	100	达标
		6月22日		12	14	10		
	氮氧化物	6月21日	出口	68	70	63	100	达标
		6月22日		57	54	51		

表6　2#锅炉AFGD系统标定期间运行参数

污染源	监测项目	监测时间	监测断面	实测浓度/(mg/m³)			控制排放浓度/(mg/m³)	排放情况
2#CFB锅炉	烟尘	6月21日	进口	191.82	223.96	206.90	—	—
		6月22日		189.87	263.74	194.15		
		6月21日	出口	9.29	11.87	11.4	30	达标
		6月22日		9.17	12.74	9.93		
	二氧化硫	6月21日	进口	528	515	519	—	—
		6月22日		600	594	607	—	—
		6月21日	出口	8	11	14	100	达标
		6月22日		9	15	13		
	氮氧化物	6月21日	出口	61	58	65	100	达标
		6月22日		64	61	67		

从标定数据看到，1#CFB 锅炉 AFGD 系统出口烟尘的浓度为 9～15mg/m^3，SO_2的浓度在 5～14mg/m^3，NO_x 的浓度在 50～70mg/m^3；2#CFB 锅炉 AFGD 系统出口烟尘的浓度为 8～13mg/m^3，SO_2的浓度在 8～15mg/m^3，NO_x 的浓度在 50～70mg/m^3，排放浓度均低于《火电厂大气污染物综合排放标准》(GB 13223—2011)中标准限值。AFGD 系统产生的固废石膏 $CaSO_4 \cdot 2H_2O$ 含量为 92%，优于设计要求 90%。

5.2 对锅炉设备的影响

因 AFGD 脱硫装置布置在引风机出口，因此对锅炉的影响主要体现在影响引风机出口压头，同时脱硫系统设备耗电增加了发电厂自用电。从现场运行数据统计显示，AFGD 脱硫塔增大了引风机出口压头约 850Pa，小于设计 900Pa，脱硫系统厂用电每小时 617kW · h，优于设计的 800kW · h。AFGD 系统脱硫效率达到 98%，实现了高效脱硫的目标。

6 结论

九江石化 CFB 锅炉应用 SNCR 脱硝技术和 AFGD 脱硫技术进行烟气治理改造，锅炉烟气中 NO_x 和 SO_2排放浓度均控制在 100mg/Nm^3以下，脱硫效率达到了 98%以上，脱硝效率达到 80%以上，该烟气治理技术应用效果达到并优于《火电厂大气污染物综合排放标准》(GB 13223—2011)中标准限值，同时该技术对 CFB 锅炉运行影响小，操作控制难度低，具有广泛的借鉴价值。

参考文献

[1] 段传河．选择性非催化还原法(SNCR)烟气脱硝[M]．北京：化学工业出版社，2011.
[2] 温志勇．烟气脱硝工程的调试及其分析[J]．广东电力，2007，20(6).

降低FCC再生烟气 SO_x 和 NO_x 排放助剂技术新进展

宋海涛　田辉平　蒋文斌　林　伟

(中国石化石油化工科学研究院，北京　100083)

摘　要：简要分析了催化裂化再生烟气环保助剂开发的必要性和发展趋势，重点介绍了石油化工科学研究院RFS系列烟气硫转移剂技术、$RDNO_x$ 系列降低 NO_x 排放助剂技术的研制开发和工业应用新进展。

关键词：催化裂化；再生烟气；SO_x；NO_x；助剂

1　引言

由国家环保部发布、于2017年7月1日执行的《石油炼制工业污染物排放标准》，使催化裂化(FCC)装置面临着空前的环保压力和挑战。为此，大多数炼厂为催化裂化装置增加了一系列烟气后处理装置，以实现烟气污染物达标排放。经过几年的运行逐渐发现，烟气后处理装置虽然效率较高，但投资和运行成本高、部分装置存在二次污染、设备腐蚀与结垢等问题。因而，近年来烟气环保助剂技术重新受到重视，这是由于环保助剂应用灵活简便，可大幅降低后处理装置的操作负荷，降低运行成本、减少二次污染。例如，硫转移剂不仅可以降低湿法洗涤装置的碱液消耗和废水排放，还可高效脱除 SO_3、缓解烟气拖尾现象；降低 NO_x 排放助剂可降低SCR等脱硝装置的注氨量，减少氨逃逸。使用催化助剂，还可减缓设备腐蚀，有利于装置长周期运行。烟气环保助剂技术与后处理装置优化组合，可以帮助炼厂以更优的经济性实现污染物减排。

在环保与市场等因素推动下，烟气环保助剂技术正在向污染物脱除效率更高、对产品分布影响更小、对装置类型适应性更广、以及同时控制多种污染物等方向发展。本文重点介绍石油化工科学研究院开发的RFS系列 SO_x 转移剂和 $RDNO_x$ 系列降低 NO_x 排放助剂开发与应用新进展。

2　RFS系列 SO_x 转移剂

2.1　RFS系列 SO_x 转移剂研制开发新进展

硫转移剂的催化作用原理已有较多文献报道[1~4]，在再生器内，助剂中含有的氧化活性组分将烟气中的 SO_2 等低价态含硫化合物氧化为 SO_3，SO_3 与MgO等金属反应生成高温稳定的硫酸盐，实现 SO_x 的捕集；金属硫酸盐随再生催化剂循环到提升管反应器中，在 H_2、烃类和水蒸气等还原其体的作用下将硫酸盐还原为 H_2S 去硫磺回收，同时助剂MgO活性中心得以恢复，循环回再生器中可再次发挥捕集 SO_x 的作用。

RFS09是石科院早期开发的高效烟气硫转移助剂技术，主要技术特点是(1)采用了双孔分布载体技术，改善了扩散和还原性能；(2)采用活性组元连续过量浸渍技术，提高了活性组分的分散度，改善了催化性能。RFS09助剂已在中国石化、中国石油、中国化工等公司20余套催化装置上成功应用，具有高效的烟气 SO_x 捕集性能，取得了良好的社会效益，且使用过程中对产品分布无明显不利影响。

近年来，为进一步提高硫转移剂的 SO_x 脱除效率、提高对不同类型装置的适用性、改善耐磨损性能，石科院对RFS09硫转移剂技术进行了优化升级，开发了增强型高MgO硫转移剂。增强型硫转移剂催化作用原理与常规硫转移剂相同，但为了强化对烟气 SO_x 的捕集效率，在常规RFS09的技术基础上，针对性地提高了关键活性组分 MgO 的含量；同时，对储氧组分和还原添加剂组分的含量进行了调整，使其与 MgO 含量的变化相适应，以进一步提高助剂在低过剩氧含量、甚至贫氧不完全再生条件下对 SO_x 的脱除效率。此外，对助剂制备工艺进行了优化，以在 MgO 含量大幅提高的情况下保持较好的耐磨损性能，避免助剂跑损对 SO_x 脱除效率及装置操作造成不利影响。图 1 为 SO_2 吸附捕集性能对比评价结果，可以看出，增强型高 MgO 含量硫转移剂相对常规 RFS09 和对比剂，对 SO_2 的捕集性能明显提高。此外，增强型硫转移剂使用过程中对装置操作无特殊要求，而且不影响主催化剂的性能和裂化产物分布。

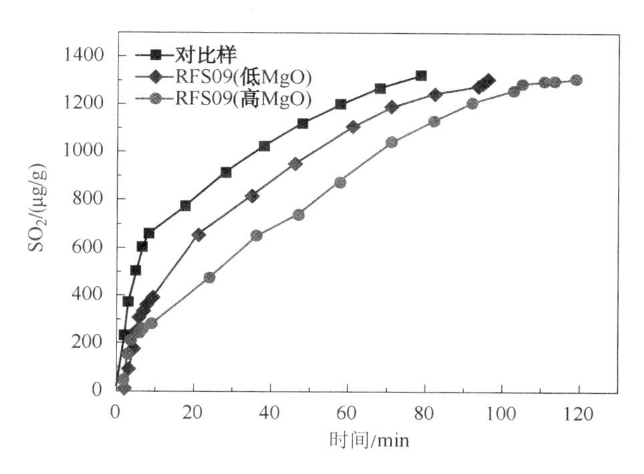

图 1 SO_2 吸附捕集性能对比评价结果

2.2 增强型 RFS 系列 SO_x 转移剂工业应用

图 2 为 2016 年 5 月起，增强型硫转移剂在中国化工济南蓝星分公司催化装置工业应用简况。该装置加工直馏蜡油掺渣油，原料硫含量通常在 0.7%~0.8%，采用完全再生操作，烟气过剩氧含量在 3%~5%。在硫转移剂加注量占新鲜剂~5%的情况下，再生烟气 SO_2 排放由近 500mg/m^3 降低至 100mg/m^3 以下，多数情况下稳定在 50mg/m^3 左右，在未投用湿法洗涤装置的情况下，实现烟气 SO_2 达标排放，烟气 SO_2 脱除率达到 90%以上。助剂应用前后，总液收、油浆收率等基本不变，表明助剂对催化裂化产品分布无明显不利影响；再生烟气粉尘浓度基本在正常范围内波动，油浆固含量基本稳定在 1.8~2g/L 左右，表明助剂有较好的耐磨损性能，对装置运行无不利影响。

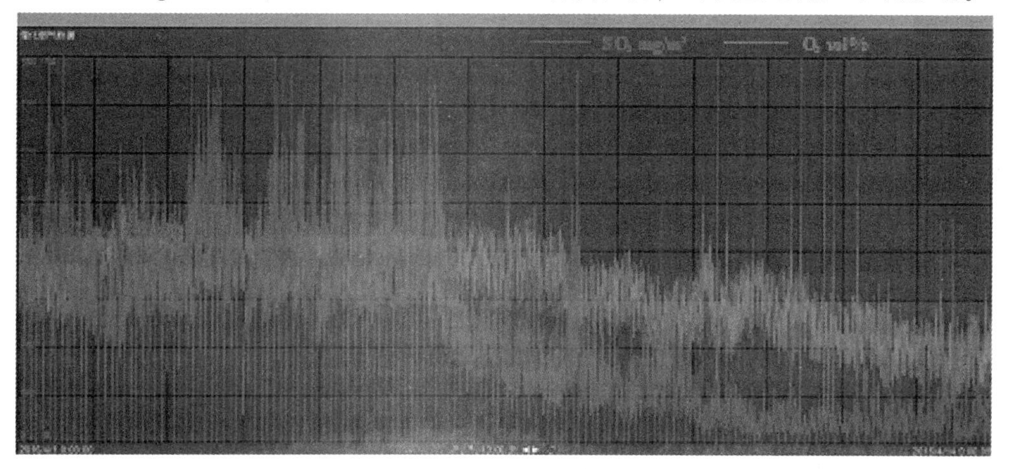

图 2 济南蓝星 FCCU 使用增强型硫转移剂前后烟气 SO_2 浓度变化趋势

中国石油广西石化公司催化裂化装置为 350×10^{4}t/aRFCC 装置，加工硫含量~0.3%的加氢渣油，采用两段再生设计，总体上为不完全再生操作。随着原油硫含量的增大，为解决全厂加工高硫原油以后催化裂化烟气二氧化硫含量升高的问题，确保烟气达标排放，拟于 2015 年初试用石油化工科学研究院开发、中国石化催化剂有限公司生产的增强型硫转移剂。实际于 2015 年 3 月 4 日开始加注，4 月 23~25 日进行应用标定。在原料硫含量平均值 0.338%、增强型硫转移剂接近 5%的情况下，CO 锅炉出口烟气中 $SO_2 \ngtr 850$mg/m^3，达到预订技术指标要求，烟气 SO_2 脱除率可达到 55%，远高于常规 RFS09 在不完全再生装置上的烟气脱硫率。硫转移剂试用期间，再生烟气粉尘浓度基本稳定且略有下降(图 3)，平均在 50mg/m^3 左右，显著低于 150mg/m^3 限值；油浆固含量基本稳定在7g/L左右(图4)，表明助剂的使用未造成催化剂和助剂跑损问题。

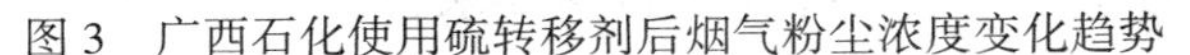

图3　广西石化使用硫转移剂后烟气粉尘浓度变化趋势

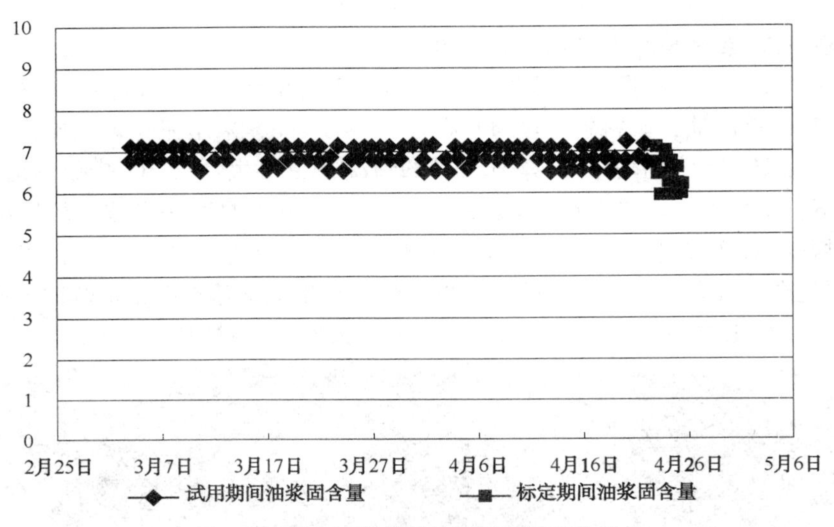

图4　使用硫转移剂后油浆固含量变化趋势

此外，与湿法洗涤装置应用表明，使用增强型硫转移剂后，烟气拖尾现象明显缓解，碱液消耗大幅降低。仅从节约的碱液成本来看，在经济上也是有利的。

3　RDNO$_x$ 系列降低 NO$_x$ 排放助剂

3.1　RDNO$_x$ 系列助剂研制开发新进展

FCC装置进料中的氮约有40%~50%沉积于焦炭中随待生剂进入再生器，在烧焦再生过程中，大部分焦炭中氮化物生成N_2，只有约2%~5%转化为NO_x[3,5~7]。通常认为，焦炭中氮化物是FCC烟气中NO_x的主要来源，空气中的N_2氧化生成NO_x的比例较低(需870℃以上)。

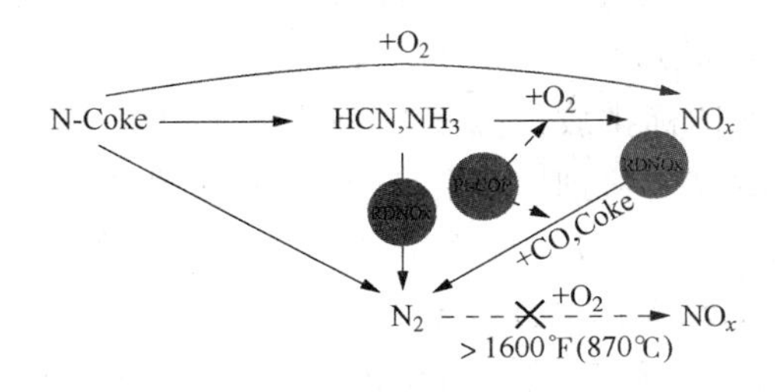

图5　降低NO_x排放助剂的催化作用机理

因而，降低烟气NO_x排放助剂的技术思路通常有两个方面，如图5所示，一方面是促进焦炭中氮化物氧化的中间过渡态物质，如NH_3、HCN的选择性氧化，使其生成无污染的N_2，减少NO_x的生成，此类助剂如上文所述，可兼顾CO助燃功能，用于替代传统的Pt助燃剂，称为低NO_x助燃剂或脱硝助燃剂。此类助剂的技术关键在于开发可选择性氧化还原态氮化物的活性组分；另一方面是催化CO对NO_x的还原反应，将生成的NO_x还原为N_2，从催化机理分析来看，是气相的CO与吸附活化的NO(烟气中NO_x以NO为主)反应，其中NO双分子的吸附活化为反应的速控步骤，因而开发对NO具有较高吸附活化能力的活性组分是促进NO_x还原的关键。

基于上述思路，石科院开发的$RDNO_x$系列助剂分为Ⅰ型与Ⅱ型两种。$RDNO_x$-Ⅰ为非贵金属脱硝助剂，主要催化CO与NO_x之间的还原反应，采用具有氧空位的双金属活性组分，可促进NO分子的吸附活化；$RDNO_x$-Ⅱ为非Pt贵金属助剂，兼顾助燃、脱硝两项功能，通过采用独特的贵金属活性组分结合载体选型、改性及专有浸渍制备技术，提高了贵金属的分散度和稳定性，可在高效助燃CO的同时大幅降低NO_x的生成。这两类助剂可以单独使用也可同时使用，对FCC催化剂的活性和选择性以及产品分布造成均无不利影响。

3.2 $RDNO_x$系列降低NO_x排放助剂的工业应用

中国石化北海炼化催化装置为加工量170×10^4t/a的MIP-CGP装置，原料以直馏蜡油为主，N含量0.15%~0.24%，使用Pt助燃剂时，烟气NO_x浓度~300mg/m³，达不到环保标准要求，曾同时试用某助燃剂和某脱硝助燃剂，但对干气中氢气含量和焦炭产率等有一定负面影响。因而于2015年10~11月进行了$RDNO_x$助剂工业应用试验，因北海炼化催化装置对尾燃尤为敏感，频繁出现再生器稀相超温情况，要求$RDNO_x$助剂兼顾助燃和脱硝两项功能必须同时达标，且更侧重于CO助燃。根据装置特点分析，采用$RDNO_x$-Ⅱ型助剂可满足要求，助剂加入量占新鲜剂补充量的1.5%。图6为使用对比助剂和$RDNO_x$-Ⅱ助剂后再生器稀相温度变化情况，可以看出，$RDNO_x$-Ⅱ助剂具有较高的CO助燃活性和稳定性，可将再生器稀相温度可降低5~10℃，显著缓解“尾燃”。图7表明，应用$RDNO_x$-Ⅱ助剂后，再生烟气浓度基本稳定在30~60mg/m³之间，达到≤100mg/m³的国家标准，相对使用原Pt助燃剂时降低70%以上。此外，采用$RDNO_x$助剂平衡置换原助剂后，产品分布略有改善，干气中氢气含量和H_2/CH_4比均明显降低。根据工业试验数据测算，使用$RDNO_x$助剂期间每天可减少烟气NO_x排放约900kg。

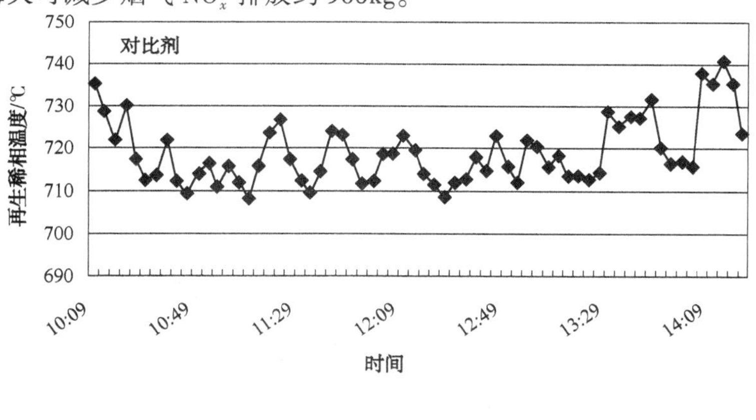

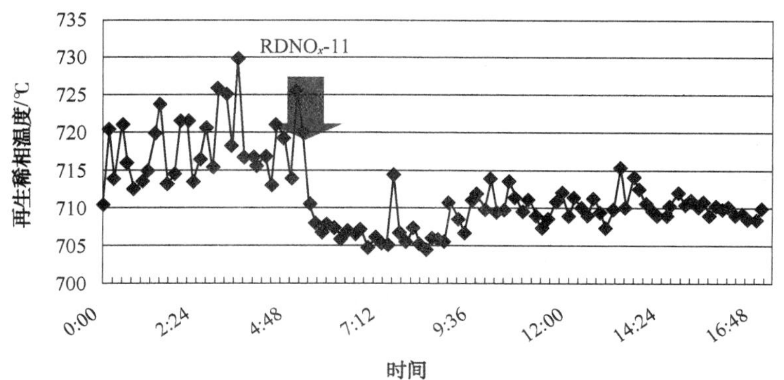

图6 使用助剂后再生器稀相温度变化趋势对比

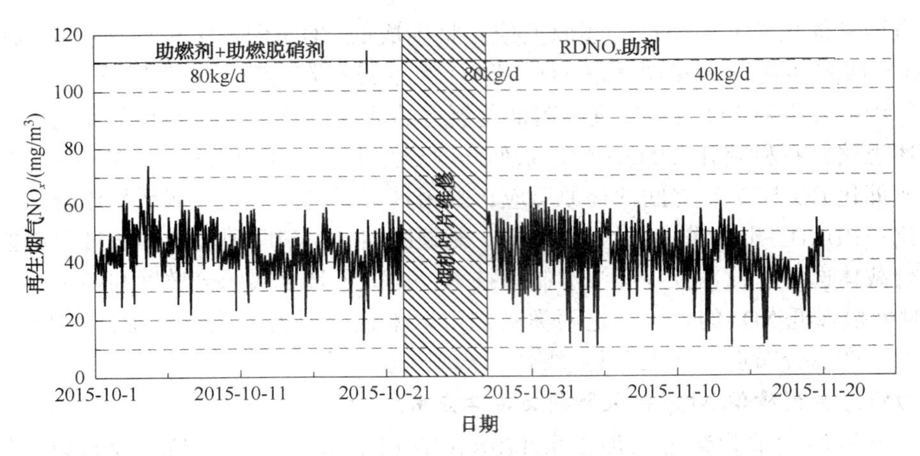

图7　再生烟气 NO_x 浓度统计数据

中国石油大庆炼化催化装置加工量240×10⁴t/a，原料为减三、四线油掺炼渣油，残炭4.6%～4.8%，原料N含量0.3%～0.4%，采用完全再生操作，2014年下半年再生器改造后，再生效果显著，可基本不使用助燃剂，但烟气 NO_x 浓度大幅增加，最高时达1900mg/m³。2014年年底曾试用某脱硝剂，但 H_2 和焦炭产率大幅上升。根据装置特点，RDNO$_x$－Ⅰ型助剂更为适用。2015年4月采用具有降低 NO_x 排放功能的新型CGP催化剂控制烟气 NO_x 排放，新型CGP催化剂中复配RDNO$_x$ 助剂。图8为使用新型催化剂后再生烟气 NO_x 浓度变化趋势，相对中间阶段的1134mg/m³，NO_x 降低幅度约42%；相对较早阶段的1900mg/m³，降幅达到65%以上。新型催化剂应用前后，装置平稳运行，对产品分布无明显影响。再生烟气 NO_x 浓度变化趋势如图8所示。

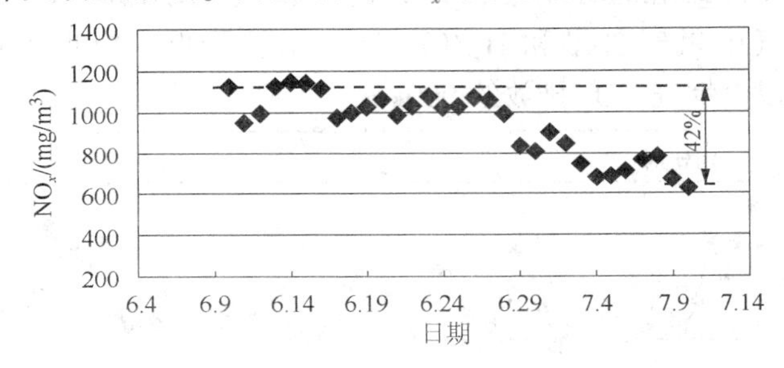

图8　再生烟气 NO_x 浓度变化趋势

采用不完全再生操作的催化裂化装置，再生烟气中 NO_x 浓度通常在100～300mg/m³，显著低于完全再生装置。但随着环保法规的进一步严格，很多不完全再生装置也面临着 NO_x 排放超标问题。石科院已完成适用于不完全再生装置的RDNO$_x$-PC系列助剂研制开发，近期进入工业试验阶段，从模拟评价和工业应用阶段数据来看，烟气 NO_x 排放可降低约40%～50%。

4　结语

（1）降低烟气污染物排放助剂可降低烟气后处理技术的操作负荷和运行成本，减少二次污染，减缓设备腐蚀，未来仍将有广泛的需求。助剂与后处理技术相结合，可以更有的经济性实现污染物减排。

（2）烟气硫转移剂技术原理较为成熟，加注量通常为3%～5%，从RFS系列助剂当前应用情况来看，对于完全装置，烟气 SO_x 脱除率可达到约80%～90%；对于不完全再生装置，SO_x 脱除率可达到约50%～60%。

（3）降低 NO_x 助剂近年来需求持续增加，技术原理也基本明确，加注量通常在2%～4%，从RDNO$_x$ 系列助剂开发和应用情况来看，对于完全再生装置，烟气 NO_x 脱除率可达到约60%～70%；

对于不完全再生装置，NO_x 脱除率可达到约 40%～50%。

（4）提高对 SOx、NO_x 的脱除效率、适用于不同类型催化装置以及综合控制多种烟气污染物、与后处理技术优化匹配是烟气环保助剂技术未来发展的主要趋势。

参 考 文 献

[1] 陈俊武，许友好．催化裂化工艺与工程(第三版)[M]. 北京：中国石化出版社，2015：481-488.

[2] 张德义．面临新的形势，迎接新的挑战，进一步发挥催化裂化在原油加工中的作用[C]//催化裂化协作组第十一届年会报告论文选集，江西九江，2007：13.

[3] Vaarkamp M. Control Strategies for NO_x and SO_x Emissions from FCCUs[C]. NPRA AM-04-21, 2004.

[4] 蒋文斌，冯维成，谭映临，等．RFS-C 硫转移剂的试生产与工业应用[C]. 石油炼制与化工，2003，12：21-25.

[5] 张德义．面临新的形势，迎接新的挑战，进一步发挥催化裂化在原油加工中的作用[C]//催化裂化协作组第十一届年会报告论文选集，江西九江，2007：13.

[6] 许友好．催化裂化化学与工艺[M]. 北京：科学出版社，2013：249.

[7] 焦云，朱建华，齐文义，等．FCC 过程中 NO_x 形成机理及其脱除技术[J]. 石油与天然气化工，2002，31(6)：306-309.

[8] 宋海涛，田辉平，朱玉霞，等．降低 FCC 再生烟气 NO_x 排放助剂的研制开发[C]. 石油炼制与化工，2014，11：7-12.

加氢裂化装置铵盐的腐蚀及防控

赵 耀 钟广文 于焕良

(中国石化天津石化研究院，天津 300271)

摘 要：以某石化加氢裂化装置换热器腐蚀堵塞的问题为研究对象，采用 XRF、XRD、离子色谱等方法对换热器垢物进行详细表征，确定垢物组成、追踪物质来源，有针对性地为装置运行制定防腐优化方案，从注水、脱氯、升级材质等方面着手，以满足设备的长周期安全运行。

关键词：换热器；铵盐结晶；垢下腐蚀

1 引言

近年来，原油的重质化和劣质化日益严重，特别是原油的酸值升高，原油中的氯化物、硫化物、氮化物以及来自采油和原油加工的助剂中的杂原子含量的增加现有资料表明催化、焦化、重整、抽提等各种工艺路线均难以圆满脱除该类有机氯化物，只有通过加氢具有良好的转化率，进而脱除之。加氢装置设备和流程管路首当其冲收到氯腐蚀的影响，受影响最大的就是加氢裂化[1]。

某石化炼油厂 2#加氢裂化装置加工量 180×10^4t/a，由中石化北京设计院设计，中石化十化建承建。2012 年开工，运行四年的时间，在临近装置大检修时，出现反应产物硫含量升高，高压换热器发生结盐堵塞、腐蚀泄漏的问题。2016 年 2 月热高分气与混氢换热器 E-104 管束底部一根管子开裂，因发现及时未出现大量介质外漏。8 月份装置大检修期间，拆卸换热器，发现其内部壳程发生严重堵塞并造成管程腐蚀减薄。近年来，较多学者对垢下腐蚀规律及预测方法开展了大量的研究工作，获得了腐蚀机理、材料耐腐蚀性能等方面的研究成果[2~4]。然而铵盐沉积及腐蚀造成的设备失效一直没有引起足够的重视，由铵盐沉积引发安全事故仍然频繁发生。本文以某石化加氢裂化装置为研究对象，采用 XRF、XRD、离子色谱等方法对换热器垢物进行详细表征，确定垢物组成、追踪物质来源，有针对性地为装置运行制定防腐优化方案，从注水、脱氯、升级材质等方面着手，以满足设备的长周期安全运行。

2 装置概况

2.1 加氢裂化工艺

某石化炼油厂 2#加氢裂化装置加工量 180×10^4t/a，采用炉前混氢、热高分工艺流程，由原料预处理、加氢精制反应器、加氢裂化反应器、反应进料加热炉、新氢压缩机、循氢压缩机、循环氢脱硫等系统组成，如图 1 所示。

原料油是来自蒸馏装置的减压蜡油，经原料升压泵抽出，与分馏塔中回流换热后，经自动反冲洗过滤器，由反应进料泵升压进入反应系统。氢气由制氢装置来，经新氢压缩机升压后与来自循环氢压缩机的循环氢混合，然后在换热器 E-104(见图 1)与热高分气换热，再与原料油混合进入反应系统。原料油通过加氢裂化反应转化为液态烃、轻石脑油、重石脑油、航煤、柴油和尾油等产品。

2.2 E-104 设备技术参数

工作压力 16MPa，工艺介质主要包括循环氢、高分气、油和水。管程物料为热高分气进口温度 245℃，压力 15.9MPa，出口温度 212℃，压力 15.8MPa；壳程物料为混和氢进口温度 88℃，压力

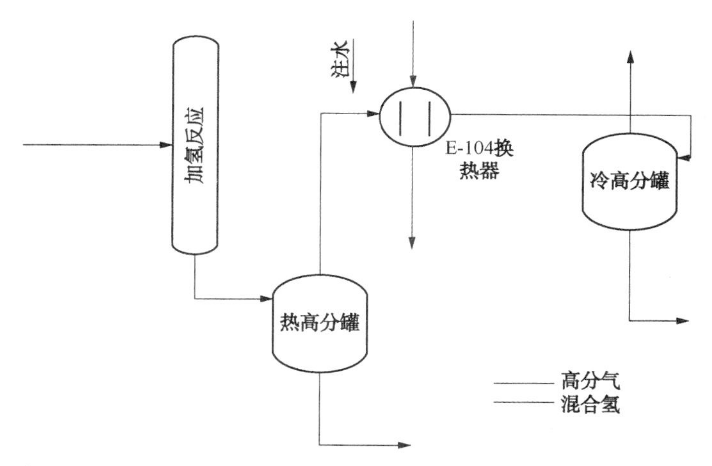

图1 换热流程示意图

17.5MPa，出口温度155℃，压力17.4MPa。设备主要参数见表1，混合氢组成见表2。

表1 换热器主要参数

名称	含量	名称	含量
壳程介质	高分气(内含 H_2S/HCl/NH_3)	管程介质	混合氢
壳程压力	17.5/17.4MPa	管程压力	15.9/15.8MPa
壳程材质	2.25Cr-1Mo+E309L+E307	管束材质	316L
管束管板连接形式	堆焊		

表2 混氢组成

混合氢	H_2S/(μL/L)	HCl/(μL/L)	NH_3/(μL/L)	氯标准/(μL/L)
第一次	800	0.736	30	0
第二次	1000	1.820	31	0
第三次	1200	1.802	35	0
第四次	1000	3.903	34	0

3 设备腐蚀堵塞情况

2016年2月25日检测出E-104本体B2环向焊缝共计13处裂纹，最大裂纹位于第13#焊缝处，长度35mm。2月26日检修时，发现2#裂化P203出口流控阀前、后管道内及本体内部有大量黑色固体堵塞物。3月6日下午，2#加氢裂化E104拆卸后发现壳程堵塞严重，管程已经腐蚀穿透，如图2所示。

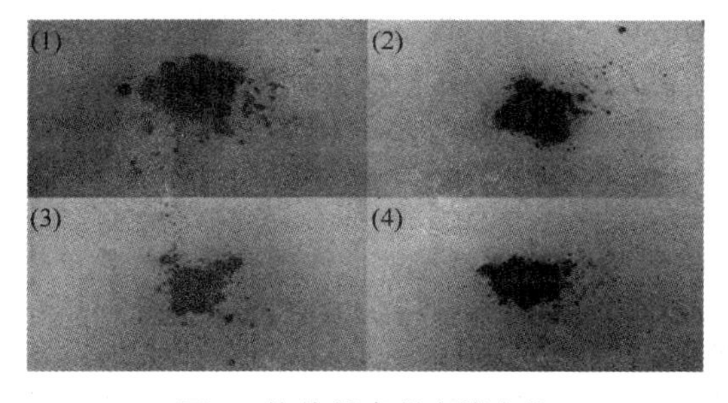

图2 换热器壳程内堵塞物

从E-104壳程和复线采集垢物(见图2)，样品液含量很高、可流动，可闻到明显NH_3类气味。

4　结垢成分分析

4.1　焙烧与溶解

从表3可以看出样品的高温损失率达到86%以上，说明其内含有有机物挥发燃烧或无机物高温分解；样品有大约56.9%的成分溶于水相，说明其内无机盐溶于水。

表3　样品物化性质考察

样品处理	原重/g	减重/g	损失百分比	备注
焙烧(550℃后恒温8h焙烧)	5.0	4.30	86.0%	充分氧化
溶解(5g溶于500ml去离子水)	5.0	2.85	56.9%	充分溶解

4.2　垢物表征

根据仪器进样要求，对垢物进行焙烧处理(550℃，8h)，采用X射线荧光光谱分析(XRF)对垢样中的成分进行分析，样品中各种物质及含量列于表4。

表4　样品焙烧后组成分析

项目	Fe_2O_3	SO_3	Cr_2O_3	MoO_3
含量/%	84.81	0.257	4.146	0.185
项目	NiO	MnO	V2O5	MgO
含量/%	0.189	0.452	0.026	0.040

样品中S和Fe元素含量占主要成分，说明换热器内有腐蚀现象，还含有一定量的Cr元素，推测是由垢下腐蚀壳程材质造成的残留。(注：高压换热器壳程材质为2.25Cr-1Mo)。

对垢物进行低温干燥处理，采用X射线衍射(XRD)日本理学株式会社D/max-2500型全自动旋转靶X射线衍射仪对垢物的晶型进行表征，见图3、图4。

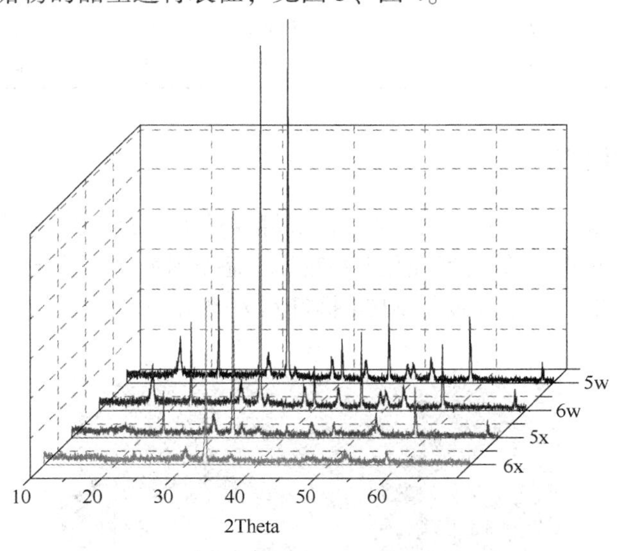

图3　样品XRD表征

平行样品的XRD峰型基本一致，取其中典型结果与PDF卡片对比发现，其主要峰位与NH_4Cl匹配良好，结合样品的水溶性结果，表明垢物主要晶体成分为NH_4Cl。同时。从图4中心形标注峰位即$2\theta=30.0°$和$44.1°$为铁的硫化物的特征峰，表明样品中含有一定量的铁硫化物，与前述焙烧样品的XRF分析结果一致。

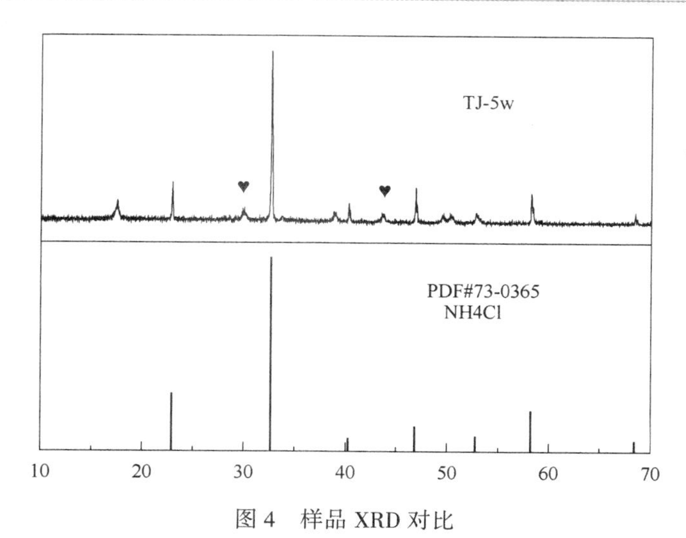

图 4　样品 XRD 对比

将垢物溶于水，溶解的部分采用离子色谱和水质测定分析结果见表 5。

表 5　样品中离子分析结果

样品	NH_3-N/%	Cl^-/%
TJ-6(E104 副线)样品	20.5	40.12

综合以上数据分析，换热器中垢物含硫、铁、氯、氮，推测是壳程内产生铵盐结晶。并且 NH_4Cl 的含量为 61.0%，NH_4HS 的含量为 3.96%，其余为腐蚀产物及油水混合物。

5　结垢腐蚀原因分析及防护措施

5.1　结垢腐蚀原因分析

E-104 换热器壳程和跨线垢样中含有大量的 NH_4Cl、NH_4HS，说明进入换热器壳程中的循环氢含有氨、氯化氢和硫化氢。NH_4Cl 结晶温度为 160～200℃，NH_4HS 结晶温度为 30～60℃，换热器温度处在 NH_4Cl 结晶温度区间。只要有 Cl 离子存在，就很容易造成 NH_4Cl 结晶析出，并日积月累形成垢物。

加氢裂化装置循环氢中通常含有 30～50μg/gNH_3，但正常情况下不会有 Cl 离子存在。加氢裂化装置的 Cl 离子来源有 3 个，分别为原料油、反应注水和新氢带入的 Cl 离子。原料油和反应注水中的 Cl 离子通常都进入到高分外排酸性水中，几乎不会进入循环氢中。因此，循环氢中的 Cl 离子应来自于该装置所用的新氢。该装置所用新氢由重整氢和制氢装置来的高纯氢构成。高纯氢通常不会有 Cl 离子存在。而重整氢通常都含有微量 Cl 离子，一旦重整装置外供氢气吸附脱氯措施失效，很容易导致 Cl 离子超标，进而引起加氢裂化装置循环氢系统出现 NH_4Cl 结晶堵塞并引发垢下腐蚀。只要有 Cl 离子存在，就很容易造成 NH_4Cl 结晶析出，并日积月累形成垢物。

循环氢中通常都带有几百 ppm 的水，铵盐潮解吸收工艺物流中的水蒸气形成高浓度铵盐溶液会对 E-104 换热器壳程材质造成腐蚀，会形成以铵盐为阳极、不锈钢为阴极的腐蚀电池，使焊缝区域受到严重的晶间腐蚀[5]。

此外，氯离子由于其本身的特点也易间接导致器壁腐蚀穿孔，由于氯离子半径小(0.09μm)，且氯有未成键的孤对电子和很强的电子亲和力，极容易与金属离子反应，故它最容易穿透金属氧化膜内极小的孔隙，到达金属表面，并与金属相互作用形成了可溶性化合物，使氧化膜的结构发生变化，金属产生腐蚀[6]。氯离子破坏氧化膜的根本原因是由于氯离子有很强的可被金属吸附的能力，它们优先被金属吸附，并从金属表面把氧排掉。氯离子和氧争夺金属表面上的吸附点，甚至可以取代吸附中的钝化离子与金属形成氯化物，氯化物与金属表面的吸附并不稳定，形成了可溶性物质，导致了腐蚀的加速[7]。

5.2 防护措施

第一，严格氢气管理，保证加氢裂化装置所用新氢中的氯离子含量长期稳定小于0.5ppm。建议请上游催化重整装置严格监测和控制重整氢中氯离子含量，适时更换吸附脱氯剂，保证供氢质量稳定合格。

第二，从工艺条件入手，改善换热器注水，使注水能够起到溶解铵盐的作用，避免死区和沟流的存在。对装置混氢点位置进行改造，在正常生产时，在高温部位引入新氢注入反应系统，避免在低温部位与循环氢混合[8]。

第三，从设备条件入手，合理设计弯头、直管道，对换热器管束内壁喷涂防腐涂层，计算管道尺寸，控制介质流速≤5.5m/s，并在换热器壳程引入腐蚀探针，强化在线监测，做到及时预防并采取措施。

参 考 文 献

[1] 李大东．加氢处理工艺与工程[M]．北京：中国石化出版社，2004.

[2] 王宽心．石化系统铵盐结晶沉积预测及腐蚀规律研究[D]．浙江：浙江理工大学，2014.

[3] 王静，李淑娟．加氢裂化装置高压换热器故障情况及原因分析[J]．石油化工腐蚀与防护，2015，32(5)：52-55.

[4] 余进，蒋金玉，王刚，等．加氢裂化高压空冷系统的腐蚀与完整性管理[J]．石油化工腐蚀与防护，2016，33(2)：36-39.

[5] 齐晓梅．加氢裂化装置换热器结盐原因分析[J]．石油炼制与化工，2015，46(3)：57-60.

[6] L Liu，Y Li，FH Wang. Corrosion behavior of metals or alloys with a solid NaCl deposit in wet oxygen at medium temperature[J]. Science China Technological Sciences，2012，55(2)：369-376.

[7] 向长军，穆澎淘，易强．高压加氢装置热高分换热器管束腐蚀原因分析[J]．炼油技术与工程，2011，41(8)：31-34.

[8] 王国庆．加氢裂化装置高压换热器的腐蚀与防护[J]．石油化工腐蚀与防护，2014，31(3)：38-43.

浸没式超滤膜在庆阳石化污水回用装置上的应用

白宁波　林　菁

（中国石油庆阳石化公司，甘肃庆阳　745002）

摘　要：为进一步提高污水回用率，降低新鲜水单耗，庆阳石化公司于 2016 年对原污水回用装置进行了扩能改造。本次改造中超滤单元采用浸没式超滤膜。本文介绍了浸没式超滤膜在庆阳石化公司污水回用装置上的实际应用情况。

关键词：污水回用；超滤膜；工业应用

1　引言

随着社会经济快速发展，水资源匮乏问题日益突出。中国石油庆阳石化公司地处甘肃省庆阳市董志塬，境内水资源十分紧缺，如果能有效回收利用达标污水，提高水资源利用率，将有效缓解这一矛盾。目前污水回用装置多采用预处理和双膜组合工艺，其中超滤膜主要作用是去除水中的胶体、细菌及以及大分子有机物，多采用普通压力膜过滤。近年来，随着工业技术发展，浸没式超滤膜越来越多地被水处理装置所应用。与传统压力膜过滤相反，浸没式超滤膜是在较低的负压下状态下运行，利用虹吸或泵抽吸方式将水由外向内进行负压抽滤，占地小，投资费用较低，是低压过滤膜技术的发展方向。

2　庆阳石化污水回用装置简介

2.1　基本情况

中国石油庆阳石化公司污水回用装置一期工程于 2010 年 3 月建成投产，分为预处理与双膜系统，预处理系统（气浮氧化、石英砂过滤、活性炭过滤和盘滤）处理能力为 $400m^3/h$，双膜系统（超滤和反渗透）处理能力为 $200m^3/h$，反渗透产水为优质再生水，作为循环水、催化烟气脱硫装置和化学水处理装置的补水。

为进一步提高污水回用率，实施二期改造工程，对原装置进行扩能改造，原装置预处理系统处理规模不变，新建一套处理能力为 $100m^3/h$ 的双膜系统。二期工程于 2016 年 12 月建成投产。由于原双膜系统超滤单元超滤膜采用普通压力膜过滤，存在膜污堵严重，再生清洗频繁，使用寿命较短的问题。本次改造时双膜系统超滤单元采用日本旭化成浸没式超滤膜，处理能力为 $110m^3/h$，膜元件型号为 UHS-640A。

2.2　工艺流程简介

庆阳石化污水处理场达标排放污水自流进入污水回用装置氧化池，除去浮渣后，出水端加入臭氧经强氧化后进入清水池。清水经清水提升泵进入石英砂过滤器过滤，石英砂过滤器出水进入臭氧射流、混合器，经臭氧混合反应后流入臭氧反应池继续反应，反应以后的清水经泵打入多腔生物活性炭滤器；经生物活性炭双级吸附和过滤；水质达到初级再生水规定指标，一部分初级再生水外供，剩余部分进入净水池，经泵提至盘式过滤器，安降低水中浊度，依次进入 UF 处理器和 RO 处理器后的水直接输送至 RO 产水罐，水质达到优质再生水指标。工艺流程如图 1 所示。

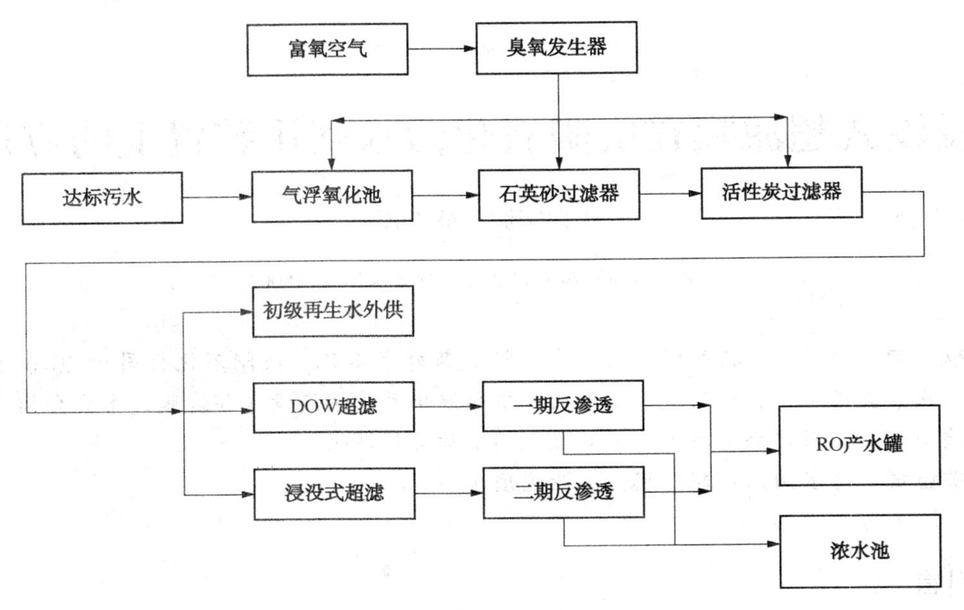

图 1　工艺流程示意图

3　浸没式超滤膜简介

3.1　浸没式超滤膜原理

浸没式超滤膜使用高强度中空纤维膜组件，将膜直接置于充满待处理水的膜池之中，通过自吸泵负压抽吸，使净化水从中空纤维膜内侧抽出，而污染物截留在膜表面，超滤速率衰减到一定程度时通过反洗、排污、在线化学清洗消除膜污染，恢复膜通量。

该系统由膜池、膜组件、反冲洗及化学清洗系统组成，系统自控程度高。材质为聚偏氟乙烯(PVDF)具有抗污染能力强、耐氧化，使用寿命长等特点。该膜孔径为 0.08um，可稳定过滤高浊度原水。

3.2　浸没式超滤膜优缺点

3.2.1　优点

可以直接过滤高浓度悬浮物而不需要复杂预处理(如可高达 200NTU 以上)，抗污堵能力较强，如 MBR 就是浸没式超滤膜的一种特殊应用，直接过滤悬浮物高达 10000mg/L 的污泥；浸没式前一般不需要混凝沉淀和多介质过滤，工艺较简单，系统占地较小，管道设备成本比普通压力式的低。

3.2.2　缺点

膜通量较低，一般膜的通量为 20~50lmh，最大能达到 70~80lmh。但由于跨膜压差很小及有效清洗，旭化成浸没式膜的通量一般为 30~80lmh，最大能达到 120lmh。

3.3　浸没式超滤膜元件设计参数

庆阳石化浸没式超滤膜元件采用日本旭化成原装进口浸没式中空纤维膜。膜元件型号为 UHS-640A，膜孔径为 0.08μm，材质为聚偏氟乙烯(PVDF)具有抗污染能力强、耐氧化，使用寿命长，易化学清洗和反洗，化学清洗与反洗较管式膜彻底等特点如表 1 所示。

表 1　浸没式超滤膜元件设计参数

项　目	参　数	项　目	参　数
形式	浸没式	膜材质	聚偏氟乙烯
膜组件顶端、底座材质	ABS 树脂	黏结剂材质	特殊聚氨树脂
工作水温/℃	0~40	抽吸式最高压力/kPa	-80

续表

项目	参数	项目	参数
膜内外最大压差/kPa	300	pH 范围	1~10
最大进水压力/kPa	300	最大跨膜压差/kPa	300

3.4 浸没式超滤膜系统设计运行参数(表2)

表2 浸没式超滤膜系统设计运行参数

项目	参数	项目	参数
控制方式	全自动	数量	2套设计
处理能力	每组 $110m^3/h$	净水产量	单套不小于 $85m^3/h$
产水水质	正常 SDI≤3，浊度≤0.2NTU	操作温度	20~40℃
设计压力	0.2~0.25MPa	回收率	不小于85%

4 应用效果

为评价污水回用装置二期工程运行经济指标、产品质量、辅材消耗、设备运转工况、工艺技术参数等能否达到设计指标，2017年2月23日至2月26对装置运行情况进行了全面标定，浸没式超滤膜标定结果如表3所示。

表3 水量标定结果

项目	设计值	2月23日	2月24日	2月25日	2月26日	平均值
超滤进水量/(m^3/h)	110	112.15	115.55	111.97	106.5	111.54
超滤出水量/(m^3/h)	93.5	104.23	104.68	105.23	97.8	102.99
超滤产水率/%	≥85%	92.94	90.59	93.98	91.83	92.33

浸没式超滤处理量平均为 $111.54m^3/h$，产水率为92.33%，达到设计指标。

水质标定结果如表4所示。

表4 水质标定结果

项目	设计值	2月23日	2月24日	2月25日	2月26日	平均值
超滤进水浊度/NTU	≤5	2.72	2.61	2.48	2.55	2.59
超滤出水浊度/NTU	≤1	0.37	0.36	0.38	0.29	0.35

超滤产水浊度最大值0.38NTU，最小值0.29NTU，平均值0.35NTU，达到设计指标。

5 结语

浸没式超滤是庆阳石化公司在水处理系统中首次选用的膜处理设备，投用正常后，经过标定，浸没式超滤膜处理量平均为 $111.54m^3/h$，产水率平均为92.33%，出水浊度平均为0.35NTU，均达到设计指标。

同时通过近段时间运行，浸没式超滤膜设备整体运行平稳，产水率稳定在90%以上，出水浊度合格，与管式超滤比较具有占地小、抗污染、清洗彻底、产水率高的特点，达到了预期效果。

参 考 文 献

[1] 罗敏．浸没式超滤膜在污水三级处理中的应用[C]//全国城镇污水处理及污泥处理处置技术高级研讨会论文集，2010.
[2] 徐丽．金章茂．施小林．旭化成超滤膜应用案例简介[C]//2013 年全国冶金节水与废水利用技术研讨会文集，2013.

丁二烯抽提装置第二萃取塔堵塞的原因分析及处理方法

杨洪生

（中国石化茂名石化分公司，广东茂名 525000）

摘 要：DMF法丁二烯抽提装置第二萃取塔的结焦堵挂问题一直是制约装置长周期运行的主要因素，胶状聚合物的生成、焦油状物质的析出等都会造成第二萃取塔堵挂，影响装置的长周期稳定运行，本文从生产实际出发，对导致第二萃取塔堵挂的因素进行剖析，并提出相应的解决措施。

关键词：丁二烯；溶剂；萃取；焦油

1 引言

1#丁二烯抽提装置采用DMF萃取精馏工艺，第二萃取精馏塔（T-103）是第二萃取精馏系统的关键设备，作用是用DMF（二甲基甲酰胺）作萃取剂脱去混合碳四中较丁二烯相对挥发度小的组分（如乙烯基乙炔、部分乙基乙炔、1，2-丁二烯等）。目前装置大修周期为五年一大修，而T-103塔的运行周期约2年左右，T-103塔堵塞的主要表现在：第二萃取系统的过滤器清理频繁，大大增加操作工工作量，同时间接影响职工的职业健康；压差慢慢上升，继而出现塔釜液面、蒸汽量、塔釜温度、塔顶压力和压差出现周期性的波动，轻则塔顶乙烯基乙炔超标，影响丁二烯产品质量，重则泛塔，溶剂串入塔顶，造成溶剂从水洗塔T-106塔逸出，损失溶剂并造成环保污染。在1#丁二烯装置运行过程中就曾经发生过泛塔导致溶剂从塔顶逸出的事件。

2 影响T-103长周期运行的因素探讨及优化

影响T-103塔长周期运行的主要因素是聚合物堵塞塔盘，从历次检修二萃系统打开情况来看，T-103塔及再沸器内有大量块状胶状物，褐色团状，有弹性，其中尤以塔釜碳四进料的塔盘以及塔顶第一层回流的塔盘较为严重。

由于1，3-丁二烯是具有共轭双键的最简单的二烯烃，它的化学性质活泼，在丁二烯生产过程中易生成各种聚合物，橡胶状聚合物是一种丁二烯长链聚合物和支链聚合物的混合物，其中大部分为长链聚合物，主要通过自由基连锁反应进行的。温度越高，压力越大，丁二烯浓度越大，越易聚合。为防止丁二烯在萃取系统生成聚合物，经过国内多家企业的不同摸索，基本形成了亚硝酸钠+糠醛+阻聚剂的复合型阻聚方案。

2.1 氧含量的影响

实验证明[1]，丁二烯在氧的存在下生成过氧化物，并进一步分解产生自由基，从而产生聚合物。2016年4月大修开车期间，装置置换后各系统氧含量均在0.1%以下，开车过程中清理过滤器频繁，如表1所示。

表1 2016年4月开车时系统氧含量

系统名称	T-101塔	T-102塔	T-103塔	T-104塔	T-105塔
氧含量/(mg/kg)	59	53	52	28	26
过滤器清理次数	4	5	6	8	3

2016 年 9 月检修开车期间，装置置换后各系统氧含量以及清理过滤器次数如表 2 所示。

表 2　2016 年 9 月开车时系统氧含量

系统名称	T-101 塔	T-102 塔	T-103 塔	T-104 塔	T-105 塔
氧含量/(mg/kg)	15	10	17	8	8
过滤器清理次数	1	1	2	2	1

从以上两组数据看出，装置氧含量的增加可导致聚合物的生成。装置中氧含量来源主要两个途径，一是原料中夹带氧，特别是当处理外购 C_4时，其夹带的氧会更多。二是装置大检修、设备临时抢修及清理过滤器等，势必进入少量空气。要防止因设备检修将氧带入系统，置换时控制系统氧含量在 0.1%以下。

正常生产中，为防止系统中氧含量过高，通过在循环溶剂系统中定量加入亚硝酸钠，亚硝酸钠与系统中的氧及聚合物的游离基结合，使其失去活性，达到抑制产生过氧化物和弹性聚合体的目的。目前装置亚硝酸钠的添加量为 30~40mg/kg，通过分析第二萃取精馏塔氧含量，如表 3，目前装置氧含量均低于 10mg/kg，过滤器清理周期约 1 次/2 星期，表明亚硝酸钠注入量较为合适。

表 3　正常生产时第二萃取精馏塔氧含量

日期	2016 年 6 月	2016 年 8 月	2016 年 9 月	2016 年 10 月
T-103 塔顶氧含量/(mg/kg)	9	3	8	4

2.2　原料碳五的影响

碳五在常温下是无色油状液体，由于二烯烃含有共轭双键，化学性质极其活泼，易发生均聚和共聚反应，能和很多物质反应生成新的化合物。从原料蒸发罐中我们可以发现，碳五易聚合生成胶状物，堵塞设备，2016 年 4 月大修时发现原料碳四罐再沸器被胶状物堵塞极其严重，如图 1 所示，该胶状物即为碳五自聚生成的聚合物。

图 1　碳四闪蒸罐再沸器 E-101 清理出来的聚合物

为防止碳五与丁二烯在萃取系统中聚合，通过在循环溶剂中加入定量糠醛进行控制。研究表明[2]，碳五中的主要成分环戊二烯与糠醛发生缩合反应，反应生成的焦油可溶解于循环溶剂系统中，并在溶剂再生系统进行脱除。

然而，当原料中碳五含量高时，焦油的生成速度过快，容易在塔内析出沉淀，造成堵塞。如 2016 年 4 月 30 日，由于裂解原料含有大量碳五，装置溶剂焦油含量急剧上升，如表 4 所示，T-103 塔压差 PRA1093 从 4 月 30 日 7：00 前的 40kPa 逐步升高至 11：00 的 42kPa，T-103 塔第 62 层塔板温度 TI-1083 从 75℃升至 81.3℃，如图 2 所示。

表 4　循环溶剂中焦油以及糠醛含量

日期	4 月 24 日	5 月 3 日	5 月 4 日	5 月 6 日	5 月 10 日	5 月 12 日
溶剂中焦油含量/%	2.58	1.68	2.05	3.15	4.2	4.45
溶剂中糠醛含量/%	4.13	0.07	0.05	0.67	0.92	0.98

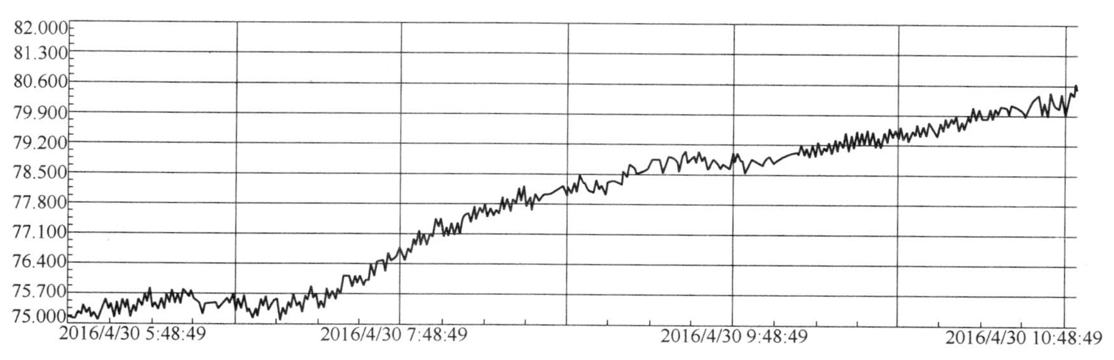

图 2　TI-1083 温度趋势

第二萃取精馏的压差和塔板温度的上升表明了塔板存在结垢。因此，原料中碳五含量大可导致装置焦油含量增加，焦油析出导致仪表、萃取塔盘结垢，例如在 2016 年 6 月份在处理含碳五高的原料时，由于系统的焦油含量一直高达 4%左右，就曾引起了流量计 FI-1022 的堵塞。而且，碳五的增加必然使糠醛的消耗增加，导致溶剂中糠醛含量迅速减少(见表 4)，如不及时增加糠醛注入量，碳五与丁二烯聚合产生的聚合物将进一步堵塞塔盘。

当原料碳四中碳五含量高时，应通过以下几个措施进行操作。

(1) 通过各罐低点进行排放重组分。主要通过三道防线减少碳五的影响，一是从进料蒸发罐底 LD 线排火炬或 V-131；二是从压缩机入口过滤器底 OD 线间歇排放重组分；三是压缩机中间罐 V-106 底 OD 线排放。

(2) 加大糠醛注入量。确保循环溶剂糠醛在 0.7%~1.5%，然后加大再生釜处理量，通过溶剂再生除去焦油，必要时可运行两个再生釜。

(3) 严格控制汽提塔的操作，确保汽提塔灵敏板温度大于 150℃，塔釜温度达到 163℃，使碳五从汽提塔中完全脱除。若碳五不能在汽提塔中完全脱除，则会进入循环溶剂系统，造成各再沸器结垢。

2.3　化学清洗的影响

装置检修过程中，不可避免的产生相当多的铁锈和杂质，而且塔内的细微聚合物也无法保证清除干净，这些物质都可以加快聚合物的生成，为降低系统中铁锈等杂质含量，要在大检修开车前对二萃系统进行化学清洗。即用柠檬酸水溶液在系统中进行循环，脱除检修期间产生的铁锈等杂质，然后用 5%亚硝酸钠水溶液进行钝化，一是脱除系统中的氧含量，二是在设备表面形成一层钝化膜，可以避免设备腐蚀产生的铁锈。为了彻底破坏铁锈等能够形成自聚物的活性种子，在清洗过程中，要防止遗留死角，另外还要控制适当的温度和流速，以保证化学清洗的效果。

图 3 是化学清洗完成半年后亚硝酸钠挂片的效果图片，可以看出，经过钝化后碳钢挂片，表面基本无铁锈生成，而同样材质同等条件下放置的挂片表面铁锈较多，说明化学清洗的效果的比较好的。

2.4　其他因素的影响

除上述因素的影响以外，装置的操作参数控制也影响很大。实际操作中，要控制温度压力的平稳，尽可能避免超温超压引起的聚合，尤其是压缩机出口温度和压力，当压力超过 0.6MPa，温度超过 80℃，丁二烯聚合的速度就大大增加。

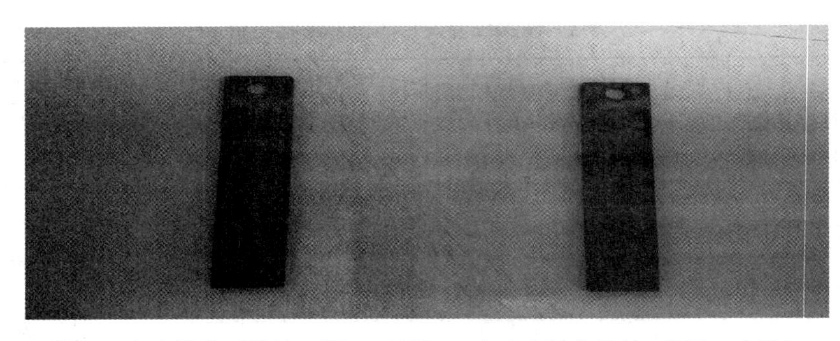

图3 左为钝化后挂片(碳钢，无锈)，右为未钝化挂片(碳钢，生锈)

对于溶剂再生釜，其再生效果不好必然会造成系统中的焦油含量升高。改善 E-132 再生能力，能迅速降低系统中焦油的含量。正常生产中应严格控制再生釜真空度为-0.075~-0.085MPa，当再生釜压力高于-0.075MPa 时，再生釜温度偏高，再生釜处理能力下降；当再生釜压力低于-0.085MPa 时，部分焦油从顶上逸出，无法从再生釜中脱除，导致再生效果不好。焦油含量增加，容易在塔盘中析出，引起结垢。

3 塔盘堵塞后的处理方法

如果 T-103 塔塔盘堵塞，T-103 塔压差波动会明显增大，且塔底换热器加热蒸汽量随着不断波动，严重时会造成塔顶产品中乙烯基乙炔超标，装置被迫改循环。在降负荷生产仍不能解决波动问题的情况下，根据塔波动的特征可以采取在线溶剂热洗的特殊措施进行处理，以争取装置不停车检修解决堵塞问题。

从塔波动的特征来看，如果其波动呈现振荡性，则说明塔盘堵塞应是由于焦油夹带聚合物沉降积累所致。为了在线溶剂热洗的顺利进行，应先将装置负荷降到 11t/h，精馏部分切出系统，装置改为萃取系统大循环，同时将 T-103 塔溶剂进料提至 $26m^3/h$，溶剂温度从 42℃逐步提至 70℃，进行 24 小时清洗，然后在清洗流程及工艺状况不变的情况下，将负荷提至 14.6t/h，如果 T-103 塔未出现明显波动，说明清洗效果较好，达到了清理塔盘的目的。如果 T-103 塔仍有波动，说明焦油混合物量较大，不能在短期内做到彻底清洗下来，还需要继续进行清洗。在此情况下，可将溶剂温度稳定在 53.5℃左右进行调节，在调节过程中，由于溶剂进料温度超过控制值上限，塔的分离效果明显下降，T-101 塔及 T-103 塔塔顶及塔底产品质量不能得到保证，这时可以根据下表的参数对 T-101 和 T-103 塔进行调整，装置既不用停车检修又能实现塔不波动高负荷运行，同时保证各产品质量合格。

项目	控制指标	调整前参数	调整后参数
T-101 溶剂比	8~9	8.2	9.6
T-103 溶剂比	2.0±0.5	2.2	固定为 $22m^3/h$ 左右
溶剂进料温度	42℃±5℃	42℃	53.5℃

两塔系其余各项工艺指标基本保持正常控制。洗塔期间的主要工作，一是保持现有溶剂进料温度对塔内堵塞物进行进一步的清洗，以彻底解决塔盘堵塞的问题，二是在保证产品质量合格的前提下进行两萃取塔溶剂比的优化，降低装置能耗。

在处理 T-103 塔盘堵塞时，有以下几方面的经验：

(1) T-103 塔塔盘堵塞，由于焦油黏度有随温度变化而变化的特性，所以，在塔盘出现因硅油焦油等堵塞时，可采用溶剂热洗的方法来处理。利用较高温度的溶剂，对硅油及焦油的混合沉积物进行软化、扩散溶解，从而带走塔盘上的堵塞物，达到恢复正常运行的目的，可以避免装置停车抢修。

（2）萃取系统塔盘硅油焦油沉积物堵塞采用溶剂热洗处理后，由于溶剂进料温度控制较高，溶剂选择性下降，塔分离效果变差，塔工况发生变化，则部分工艺控制参数要作相应的调整。

4 结语

目前第二萃取精馏塔的运行周期约 2~3 年，运行后期开始出现波动，过滤器清理频繁，产品中炔烃开始出现超标，本文希望从生产实际出发，从各个因素进行分析和优化，通过管理操作上的严格管理，延长第二精馏系统的运行周期，通过在线热溶剂冲洗，使装置不用停车检修又能维持生产。

参 考 文 献

[1] 吴鑫千，李陵岚，王文忠，等．丁二烯系统爆炸原理及防止方法[J]．现代化工，2002(05).

[2] 李海强，姬珂，陈琳．C_5 含量对 DMF 法丁二烯装置影响分析[J]．石化技术，2007(01).

[3] 高波，张学发，兰宁．丁二烯装置的新型清洗工艺[J]．清洗世界，2007(03).

ICP-MS技术在石化污水分析检测中的应用

荣丽丽　刘丽莹　曹婷婷　孙　玲

(中国石油石油化工研究院大庆化工研究中心，黑龙江大庆　163714)

摘　要：介绍了电感耦合等离子质谱(ICP-MS)的发展现状、性能及原理，从样品前处理技术、干扰与消除研究、形态分析技术以及同位素检测技术等方面对ICP-MS在石化污水分析检测中的应用进行了综述。ICP-MS分析速度快、检出限低、干扰少、精度高、可多种元素同时测定，在石化污水中元素微量、痕量分析，同位素比值及形态分析等方面的研究和应用日益加深。

关键词：电感耦合等离子质谱(ICP-MS)；石化污水；发展；应用

1　引言

随着国民经济的飞速发展，我国石油消费量逐年持续增高，在不断扩大石油企业的生产规模的同时，也导致了石化污水处理量日益增多，2016年统计我国工业废水年排放量在2.1×1010t以上，其中石化废水的排放量约占3%~5%，同时，石化废水污染物种类也逐渐增多，水质变得更加复杂，因此对石化污染水质的分析的要求也不断提高，针对污水中的元素分析，无论是测定速度、元素种类和浓度范围的扩展等方面都有着巨大的变化。在目前水质监测方法标准中，测定水或污水中金属及非金属无机元素通常有分光光度法、原子吸收光谱法(AAS)、原子荧光光谱法、电感耦合等离子体发射光谱法(ICP-AES)和电感耦合等离子质谱法(ICP-MS)等，这些方法各有其优点，也各有其局限性。分光光度法前处理复杂，需萃取、浓缩富集或抑制干扰；原子吸收分光光度法、原子荧光光谱法不能进行多组分或多元素分析，费时费力；原子吸收光谱法(AAS)对部分元素的检测限或灵敏度达不到指标要求。而电感耦合等离子体质谱法(ICP-MS)具有灵敏度和精密度高、检出限低、能够进行多元素同时测定和同位素比值测定等优点，近年来成为痕量元素分析的常用分析方法之一[1]。

电感耦合等离子体发射质谱(ICP-MS)技术是20世纪80年代发展起来的较ICP-AES更优化的新型的分析测试技术，随着相关应用领域的科学家对该技术需求的不断拓展和应用基础研究的不断深化，ICP-MS仪器在不断改进和完善，该技术已进入了成熟阶段。ICP-MS是一种微量与超微量多元素同时分析的方法，将ICP高温电离特性与四极杆质谱仪的灵敏快速扫描的优点相结合而形成的一种新型的元素和同位素分析技术[2]，它提供了最低的检出限、最宽的动态线性范围，干扰少，精密度、灵敏度高、分析速度快，可进行多元素同时测定以及提供精确的同位素信息等，将同位素稀释法与多种分离技术及进样方法相结合，适应于各种样品复杂体系的痕量或超痕量元素分析，是目前元素分析最强有力的工具，越来越受到分析工作者们的青睐。

2　ICP-MS发展概述

电感耦合等离子体(ICP)和质谱(MS)技术的联用是20世纪80年代初分析化学领域最成功的创举，也是分析科学家们最富有成果的一次国际性技术合作。早在1975年，英国的Gray博士通过实验证明，在常压下工作的等离子体可以用作质谱仪的离子源；1983年，加拿大Sciex公司和英国VG公司同时推出各自的第一代商品仪器Elan 250和VG PlasmaQuad。从第一台商品仪器问世至今，

ICP-MS 发展相当迅速，从最初在地质学的应用迅速发展到环境、冶金、石油、生物、医学、半导体以及核材料分析等领域。尽管 ICP-MS 技术发展到今天已经比较成熟，但近年来有关仪器分析性能的研究和改进一直没有停歇，比如围绕着解决四极杆 ICP-MS 的多原子离子干扰新途径的研究（如动态碰撞/反应池技术）以及提高同位素比值分析精密度的新途径（如多接收器扇形磁场等离子体质谱仪和时间飞行等离子体质谱仪），以及各种联用技术在形态分析和微区分析中的应用等。近年来，随着人们对四极杆 ICP-MS 技术内在缺陷的研究革新，等离子体质谱的分析性能，尤其是同位素分析能力有了显著的进步，第一代 ICP-MS 对中质量镧系元素单同位素一般能产生 10^7cps/ppm 的计数，而现代仪器可以提高 500 倍以上，甚至可达到大于 2×10^9 cps/ppm[3,4]。尽管 ICP-MS 被认为已经进入了成熟期，但对该技术潜力的挖掘仍在继续。ICP-MS 中检测器的发展对其分析性能的提高起了重要作用，而且仍然有进一步发展的空间，对于微升和纳升级的分析，将样品直接引入等离子体仍是是 21 世纪的研究热点。

3 ICP-MS 性能及原理

ICP-MS 是以电感耦合等离子体为离子源，以质谱计进行检测的无机多元素分析技术。被分析样品通常以水溶液的气溶胶形式引入氩气流中，然后进入由射频能量激发的处于大气压下的氩等离子体中心区，中心通道温度高达约 7000K，等离子体的高温使样品溶剂化、汽化解离和电离。部分等离子体经过不同的压力区进入真空系统，在真空系统内，正离子被拉出并按照其质荷比分离。离子通过样品锥接口和离子传输系统进入高真空的 MS 部分，MS 部分为四极快速扫描质谱仪，检测器将离子转换成电子脉冲，然后由积分测量线路计数。电子脉冲的大小与样品中分析离子的浓度有关。通过与已知的标准或参考物质比较，实现未知样品的痕量元素定量分析。高速顺序扫描分离后测定所有离子，扫描元素质量数范围从 6 到 260，并通过高速双通道分离后的离子进行检测，浓度线性动态范围达 9 个数目级从 1ppt 到 1000ppm 直接测定[5,6]。自然界出现的每种元素都有一个简单的或几个同位素，每个特定同位素离子给出的信号与该元素在样品中的浓度成线性关系。

电感耦合等离子体质谱法可以同时测定样品中多元素的含量。样品溶液由载气带入雾化系统进行雾化后，以气溶胶形式进入等离子体的轴向通道，在高温和惰性气体中被充分蒸发、解离、原子化和电离，转化成的带电荷的正离子经离子采集系统进入质谱仪，质谱仪根据离子的质荷比即元素的质量数进行分离并定性、定量的分析。在一定浓度范围内，元素质量数上的响应值与其浓度成正比，与标准溶液进行比较，通过计算可定量得出样品中各元素含量。

4 应用技术研究

重金属污染是全球备受关注的环境污染问题之一，越来越引起社会的广泛关注。石油化工生产过程中排放的污水存在大量重金属元素，如果化工污水由于某种原因未经处理或处理不当被排入河流、湖泊、海洋，或者进入土壤中，使得生态环境遭受污染，将严重危害人类健康和生命，1998 年 1 月 1 日实施的《污水综合排放标准》（GB 8978—1996）分年限规定了 69 种水污染物最高允许排放浓度及部分行业最高允许排水，其中对铜、铅、锌、镉、镍、锰等 10 种重金属元素（总量）做了规定。GB 8978-1996 污水综合排放标准（mg/L）中规定总汞（≤0.05），总镉（≤0.1），总铬（≤1.5），六价铬（≤0.5），总铅（≤1），总镍（≤1），总铍（≤0.005），总银（≤0.5）等。元素含量的分析要求正逐渐朝着低含量、快速、稳定的方向发展，痕量分析的应用也越来备受关注。美国环境保护局引用水管理部门（SD-WA，NPDES）1995 年颁布的标准 EPA200.8《水和废水中金属及微量元素的测定电感耦合等离子体质谱法》中，对饮用水、地表水及地下水中的溶解态元素，以及可能影响饮用水源的污水、废水等的“酸可溶”总元素含量等测定进行了规范，可以测定 Ag、Al、As、Ba、Be、Cd、Cr、Cu、Hg、Mn、Mo、Ni、Pb、Se、Sb、Tl、Th、U、V、Zn21 种元素。

近几年国内外 ICP-MS 在水分析方面的文献逐渐增多，但在石化污水分析上的应用报道还比较少。Henshaw 等[7]采用 ICP-MS 测定湖水中 49 个元素，其中 21 个元素用标准校正法，28 个元素用代用标准法。Beauchemin 等[8]采用标准校正法、标准加入法和同位素稀释法分析了河水参考物中的 15 个元素(包括主要元素)，如经富集还可多测 5 个元素。Garbarino 等[9]用稳定同位素稀释法测定了含盐量不高的天然水中的 7 个元素。石化污水处理厂通常注重有机物(COD)的去除而投加氮磷等营养元素调整水质，而实际工艺没有营养物去除单元，导致出水营养元素，尤其是磷的含量超标现象较为常见。目前，测定工业废水中总磷的国标方法是《水质总磷的测定钼酸铵分光光度法》(GB11893-89)，该方法存在消解时间长、测定线性范围窄、需浊度-色度补偿等不足。陈纯等[10]提出 ICP-MS 法测定环境水样中的总磷的方法，水样经硝酸消解处理，采用^{45}Sc作内标元素，在线内标加入法测定，方法检测限达 6×10^{-4}mg/L。

4.1 基于前处理分析技术应用

水样的处理主要是指污水和废水的采集、过滤和贮存，如要研究水样中的金属形态，要求收集后尽快过滤，且不要酸化；悬浮物较多的水样建议采用分级过滤，先用一般定量分析用滤纸滤出颗粒物，再用离心法处理悬浮液，在分离沉降物后用 0.45μm 滤膜抽滤，并用适当的方法对滤纸和滤膜上滤出的颗粒物进行相应的处理再进一步测定。通常采集的水样如果不能立即分析，需要进行有效的预处理以免水样中待测元素的浓度或元素存在状态发生变化，可以适当加入盐酸或硝酸进行酸化。将样品转化为与所用测定技术相匹配的形式，将基质破坏和简化，分离和浓缩，以满足仪器的测试条件。常见的水样处理方法还有共沉淀、萃取富集、常压消解和微波消解等。Atanassova 等[11]用 Na-DDTC 共沉淀分离水样中的 Se、Cu、Pb、Zn、Fe、Co、Ni、Mn、Cr、Cd 等微量元素，回收率不小于 98%。

目前国内需要消解处理的地表水和废水(处理设施出口)中无机元素总量的测定尚没有统一的前处理标准，美国 EPA method 200.8 和 EPA method 3015A 提出以电热板消解和微波消解的方法对地表水和废水(处理设施出口)进行处理。参照美国 EPA method 200.8 对水样进行消解，采用硝酸(1+1)和盐酸(1+1)溶液消解，85℃持续加热，保持样品溶液不沸腾，蒸发至少量剩余后定容，摇匀保存，待测。美国 EPA 3015A 中，将样品罐中加入 4.0mL 浓硝酸和 1.0mL 浓盐酸进行消解，消解温度在 10min 内升高到 170℃，并在 170℃保持 10min。消解完毕后，冷却至室温，将消解液转移定容，摇匀，待测。两种方法均简便，值得国内同行业借鉴。汪张懿等[12]在 ICP-AES 法和分光光度法测定工业废水中总磷的方法比较中也采用微波消解法，将待测水样分别加入聚四氟乙烯密封消解罐中，加入过硫酸钾溶液 4.0mL，120℃下消解 10min，得到满意的测定结果。

4.2 干扰与消除技术研究

石化污水中污染物种类多、基体复杂，物理化学性质存在差异，如何消除或者抑制各种元素带来的干扰，也是 ICP-MS 分析石化污水的关键。ICP-MS 测定的干扰主要分为质谱干扰和非质谱干扰(基体效应)，质谱干扰主要来自同位素、多原子离子、氧化物、双电荷干扰等[13]，解决质谱干扰最常用的办法有测定前分离干扰元素、数学校正法、冷等离子体技术及动态碰撞/反应池技术；稀释样品、基体匹配法、内标法和标准加入法等可用于校正和补偿基体干扰效应。为减小试样中基体效应带来的影响，标准样品系列溶液在基体组成上应确保尽量与试样匹配。内标校正法的作用是监控和校正信号的短期漂移、长期漂移，校正一般的基体效应。内标元素的选择原则是被测定的溶液中不含所选择的内标元素、内标元素受到的干扰因素尽可能少、质谱行为尽可能与被测元素一致等。

低质量元素测定时的背景与干扰消除方法，比如水样中的^{45}Sc、^{51}V、^{75}As和^{52}Cr等元素，测定中主要考虑 C 和 Cl 两种元素的干扰。C 主要干扰^{45}Sc和^{52}Cr，它的来源：一是氩气或试剂中的含 C 杂质，可通过减空白扣除；二是样品中的有机碳，需经硝化除去；三是样品中溶解的 CO_2，可在器壁观察到气泡，加热至沸腾即可除去。Cl 主要干扰^{51}V,^{75}As，当 Cl 含量不太高时，可测出 Cl 的含量，通过计算求干扰系数加以扣除。但当样品中 Cl 含量很高而被干扰元素含量很低时，这种扣除容易造成较大误差。

4.3 形态分析技术应用

近年来，元素形态分析得到了普遍重视和迅速发展，不同形态的元素性质差异很大，决定着它们在环境中的行为与归宿，测定元素在其特定样品中存在的形态，才能可靠评价痕量元素对环境和生态体系的影响。不同形态的As具有不同的代谢和致毒机理，国际癌症研究机构(IARC，1980)将As列为致癌因子，无机砷中As(Ⅲ)的毒性比As(Ⅴ)大得多，As的化学形态分析通过测定不同价态的As(Ⅲ)、As(Ⅴ)得以表征，广泛应用于分离As化合物的方法是HPLC与ICP-AES、ICP-MS联用技术及IC-ICP-MS联用技术[14]，测定As(Ⅲ)、As(Ⅴ)的检出限分别为4.9μg/g、6.0μg/g。工业污水中Cr(Ⅵ)进入环境对人体有致癌性以及致突变性等危害，张素静等[15]建立高效液相色谱(HPLC)和电感耦合等离子体质谱(ICP-MS)联用技术检测水中三价铬Cr(Ⅲ)和六价铬Cr(Ⅵ)的分析方法，首先用EDTA络合Cr(Ⅲ)使其稳定，在40℃，pH=7条件下测定，两者没有互相转化，检出限为0.5ng/mL，方法简单准确。

4.4 同位素检测技术应用

除了进行元素测定外，ICP-MS还可同时快速地进行同位素比值测定，这也是ICP-MS成为分析领域一种强有力的新的分析技术的原因之一。近年来用ICP-MS进行同位素比值测定发展很快。ICP-MS可以测定除Ta以外所有元素的同位素比值(因为^{180}Ta丰度只有0.001%)。同位素稀释法和ICP-MS技术相结合非常适合于痕量和超痕量元素分析。目前，该技术在石化污水检测中应用还比较少见，多用于地质科学、核物理研究等。胡晓楠[16]等提出IC-MC-ICP-MS测量环境水样品中钚同位素比值的方法研究，将IC与MC-ICP-MS联用，实现IC的高分离能力与MC-ICP-MS的高分辨能力及准确的同位素比值测量能力相结合，提高了样品的分析效率。随着石化污水达标排放的标准不断提高，污水中重金属污染物的不断涌现，ICP-MS在污水同位素分析领域的应用空间将逐渐扩大。

5 展望

石化污水中微量元素的分析技术在石油化工业发展和环境保护进程中起着重要的作用，ICP-MS以其高灵敏度、高稳定性和多元素分析能力的特点，已成为元素分析不可或缺的工具。随着科学技术的不断进步和广大分析工作者的深入研究，ICP-MS必将以其独特的技术优势在石油产品未来的分析领域引领前沿独占鳌头。

参考文献

[1] 刘卫丽，胡慧洁，赵杰. 电感耦合等离子体质谱仪测定水体中的12种元素[J]. 南方金属，2016，212.

[2] 李金英，郭冬发，姚继军，等. 电感耦合等离子体质谱(ICP-MS)新进展[J]. 质谱学报，2002，23(3)：164-179.

[3] 李冰等. 电感耦合等离子体质谱原理和应用[M]. 北京：地质出版社，2005：9-15.

[4] 冯先进，屈太原，等. 电感耦合等离子体质谱法(ICP-MS)最新应用进展[J]. 中国无机分析化学，2011，1(1)：46-52.

[5] 陈登云. ICP-MS技术及其应用[J]. 现代仪器，2011(2)：8-11，38.

[6] 刘长江，韩梅，贾娜，等. 电感耦合等离子体质谱(ICP-MS)技术及其应用[J]. 广东化工，2015，42(11)：148-149，155.

[7] Henshaw J M，Heithmar E M and Hinners T A. Inductively coupled plasma mass spectrometric determination of trace elements in surface waters subject to acidic deposition[J]. Anal. Chem. 1989，61：335-342.

[8] Beauchemin D，Mclaren J W，Mykytiuk A P，and Berman S S. Determination of trace metals in a river water reference material by inductively coupled plasma mass spectrometry[J]. Anal. Chem. 1987b，59：778-783.

[9] Garbarino J R，Taylor H E，Stable isotope dilution analysis of hydrologic samples by Inductively coupled plasma mass spectrometry. Anal. Chem. 1987，59：1568-1575.

[10] 陈纯、汤立同、王楠，等. ICP-MS法测定环境水样中的总磷[J]. 环境监控与预警，2015，7(4)：16-18.
[11] Atanassova，D，Stefanova V，Russeva E，Talanta，1998，47(5)：1237.
[12] 汪张懿，杨颖，任荣，等. ICP- AES法和分光光度法测定工业废水中总磷的方法比较[J]. 环境监测管理与技术，2016，28(5)：58-61.
[13] 宋阳，李现忠，黄文氢，等. ICP-MS技术在石油化工中的应用[J]. 石油化工，2016，45(10)：1279-1287.
[14] 何红蓼，李冰，杨红霞，等. 环境样品中痕量元素的化学形态分析(Ⅰ)分析技术在化学形态分析中的应用[J]. 岩矿测试，2005，24(1)：51-58.
[15] 张素静，骆如欣，马栋，等. PLC-ICP-MS法检测水中Cr(Ⅲ)和Cr(Ⅵ)[J]. 中国司法誉定，2016，2：31-34.
[16] 胡晓楠，李力力，陈彦，等. IC-MC-ICP-MS测量环境水样品中钚同位素比值的方法研究[J]. 质谱学报，2016，37(2)：173-178.

炼厂酸性气处理技术进展

李　涛

（中国石化扬子石油化工有限公司南京研究院，江苏南京　210048）

摘　要：从催化剂、尾气处理、酸性气的分离等方面综述了国内外炼厂酸性气处理技术进展，并对国内炼厂酸性气的处理提出了具体建议。

关键词：炼厂；酸性气；硫回收

1　引言

随着炼油厂原油加工规模的扩大以及加工进口含硫原油比例的增加，国家对环境保护要求的日益严格，炼油厂酸性气配套处理设施也日趋完善，规模也逐渐大型化。对石油炼制二次加工装置的干气、液态烃脱硫以及加氢精制（脱硫）过程中产生的酸性气和含硫污水汽提装置产生的酸性气，普遍采用克劳斯硫回收工艺制取硫磺。近年来，国内外在酸性气处理技术方面取得了很大进展，现从硫回收催化剂、尾气处理、酸性气的分离等方面总结如下。

2　炼厂酸性气处理技术进展

2.1　催化剂

克劳斯硫回收催化剂最早为天然铝矾土，后来被人造的、活性更高的活性氧化铝取代，但纯的活性氧化铝催化剂活性有限，提高催化剂活性，还需要从多方面对催化剂进行改进。代表性的如法国 Rhone—Progil 公司开发的 CR 系列活性氧化铝催化剂，具有催化活性高、床层压降小、耐压、磨耗小和硫回收率高等特点。类似的催化剂有美国铝业公司的 s 型系列催化剂，该系列催化剂活性高，耐硫酸盐化性能好，可用于多种工艺的不同反应器，也可用于露点温度以下操作的硫回收反应器。含硫化物的酸性气体中含有一定量难以脱除的有机硫化物，严重影响硫回收装置的总硫回收率和尾气达标排放。日本触媒化成株式会社的 CSR-2 氧化铝催化剂，对有机硫水解活性高。另外，近年开发出钛基系列催化剂，代表性的有 TiO_2 系催化剂、$TiO_2-Al_2O_3$ 系催化剂和 $TiO_2-Al_2O_3$-助剂系催化剂。

浙江德清三龙催化剂有限公司开发的两种新型催化剂，三龙催化剂公司研制的钛基克劳斯硫磺回收催化剂的最大特点是反应活性高，几乎达到热力学平衡转化率；其次是对有机硫水解能力强，水解率几乎是三氧化二铝催化剂的一倍以上。该催化剂还具有较强的耐中毒性能，催化剂一旦因操作条件不正常发生“中毒”，在恢复正常操作条件后，能很快达到原来的活性水平。此外，该公司还专门开发了低温活性较高的尾气加氢催化剂，性能明显优于进口同类产品，有机硫水解活性大于98%，是一种加氢性能优良的催化剂。

法国罗纳一普朗克公司开发的 CRS-31 催化剂和中国石化齐鲁分公司研究院的 TiO2 型催化剂 LS-901 均为较好的有机硫水解催化剂。代表性的加氢催化剂有 AKZO 公司的 KF-756 以及中国石化齐鲁分公司研究院的 LS-951。

美国新技术投资公司（NTV）附属化工产品工业控股公司（CPII）最近获得美国专利局的专利授权申请，该专利是一种用于脱硫的方法，通过对中游和下游的硫磺回收装置（SRU）脱瓶颈，简化了油气加工流程。它也可以作为一种独立的经济方式在较小的迷你炼油厂回收硫。目前正在对内部和终端用户开发应用这种新的化学解决方案。该专利是采用高活性纳米铁催化剂来吸收硫化氢。该专利涉及一种稳定铁(II)氧化物和/或氢氧化物的制备。这些氧化物和/或氢氧化物以5-10纳米范围内的纳米颗粒存在。与已知工艺相比，通过利用一种特制的铁源，这些纳米粒子可以从各种铁酸盐，如硫酸盐和氯化物，以较低的成本和更少的杂质来制备。这些新颖的纳米颗粒特别适合于从包括但不限于烃流的液体和/或气体流中除去硫化合物，例如硫化氢。

2.2 尾气处理方面

国际壳牌研究有限公司公开了一种从酸性气流中回收硫的方法(授权公告号CN100532250)[1]，该方法包括与直接还原步骤和生物硫回收步骤组合的Claus硫回收步骤，以提供含有非常低浓度的硫化氢和二氧化硫的脱硫气流。该方法包括在氧化条件下使酸性气流与氧气反应以得到含有硫化氢和二氧化硫的燃烧气体。在Claus反应条件下使燃烧气体反应以得到含有硫的反应气。从反应气中回收硫以得到含有硫化氢和二氧化硫的Claus尾气。在直接还原反应条件下使Claus尾气反应以得到含有硫的直接还原气体。从直接还原反应气中回收硫以得到含有一定浓度硫化氢的尾气。使该直接还原尾气与贫吸收剂接触，由此从尾气中将其中含有的部分硫化氢除去并得到脱硫气体和含有溶解的硫化氢的富溶剂。通过在合适的生物氧化条件下使富溶剂与硫细菌接触而将富溶剂的溶解的硫化氢生物氧化成元素硫。

武汉国力通能源环保有限公司潘威等公开了一种降低硫磺回收装置二氧化硫排放浓度的系统、方法及脱硫剂(申请号：CN201510147363.2)[2]，脱硫剂包括氨基多羧酸螯合铁、氨基多羧酸螯合剂、丙烯酰胺、平平加-9和水。系统包括络合铁脱硫装置，硫磺回收装置和液硫池气提装置，在一套络合铁脱硫系统中净化液硫池脱气和硫磺回收装置尾气，从源头上根治各种造成硫磺回收装置二氧化硫排放的因素；保证焚烧后的烟气二氧化硫浓度低于50mg/Nm^3；不改变现有硫磺回收装置的热反应及转化部分，投资低、运行费用低，液硫池脱气利用的是空气，这部分空气作为络合铁脱硫系统的再生空气，节省了液硫脱气净化的运行成本；为降低硫磺回收装置二氧化硫排放浓度提供了一种全面的、完善的解决方法。

山东三维石化工程股份有限公司王震宇等公开了一种SWSR-6硫磺回收工艺及装置(申请号：CN201510633242.9)，具体涉及一种SWSR-6硫磺回收工艺；含硫化氢酸性气经克劳斯反应生成硫磺及制硫尾气，其中硫磺回收，制硫尾气进行焚烧，所有含硫介质均转化为SO_2，形成含SO_2烟气，含SO_2烟气在烟气净化塔中与吸收剂接触，烟气中的SO_2被吸收剂吸收，烟气净化塔中生成的盐溶液与碱液反应，经结晶、离心后得到亚硫酸钠，脱除SO_2后的净化烟气排放。本发明脱硫工序产出符合GB-1894的无水亚硫酸钠产品，装置硫回收率接近100%，脱硫效率接近100%，保证硫磺回收装置排放气中SO_2浓度<50mg/Nm^3。本发明还提供SWSR-6硫磺回收装置。

山东三维石化工程股份有限公司高炬等公开了一种硫磺回收工艺及其装置(CN201510405728.7)，具体涉及一种硫磺回收工艺。含硫化氢酸性气发生克劳斯反应生成硫磺及制硫尾气，其中硫磺回收，制硫尾气与氢气混合送入尾气加氢还原系统进行尾气加氢还原反应，再进入H_2S吸收及溶剂氧化系统，气体中的H_2S被氧化为单质硫，净化气体排空；最后分离出硫磺和溶剂。本工艺是克劳斯工艺与液相氧化技术优化组合形成的硫磺回收及尾气处理新工艺，能使排放气中硫化氢含量降到最低，处理后排空气中的H_2S含量降低到5ppm以下，设备投入少、工艺流程短、能耗低、工艺过程安全可靠，环境友好。本发明还提供其装置，结构简单易实施。

中石化南京工程有限公司、中石化炼化工程(集团)股份有限公司李明军等公开了一种处理硫磺回收尾气硫化氢的方法(申请号：CN201310331095.0)[3]，具体步骤如下：a. 首先将20%～80%的吸收液输入常温吸收段内与底部进入的硫磺回收尾气逆流接触进行第一级常温吸收；b. 接着将剩余的吸收液输入低温吸收段的上部与来自常温吸收段的尾气逆流接触进行第二级低温吸收并排出尾气；c. 完成第二级低温吸收后的低温吸收段的吸收液输入常温吸收段内与输入的常温吸收液混合后再次进行常温吸收，常温吸收后的吸收液从常温吸收段的底部排出。通过双级双温吸收工艺可有效提高硫化氢的回收率达到 99.99%，控制尾气进入焚烧段的硫化氢含量在 130～50μg/g 以内，从而大大降低了排放尾气中 SO_2 的量，以满足越来越严格的环保要求。吸收液采用浓度为 25%～60%的甲基二乙醇胺溶液。

中国石油化工股份有限公司刘爱华等公开了一种降低硫磺回收装置 SO_2 排放浓度的工艺(申请号：CN201410248133.0)，该工艺是将来自催化反应段的 Claus 尾气首先在加氢反应器内加氢催化剂的作用下，含硫化合物加氢转化为 H_2S，然后经急冷塔降温，进入胺液吸收塔吸收加氢尾气中的 H_2S；从胺液吸收塔出来的净化尾气进入装有双功能氧化锌脱硫剂的脱硫反应器进行净化处理，将部分净化尾气引入液硫池作为液硫脱气的气提气，液硫脱气的废气抽出后与反应炉尾气混合后进入一级冷凝器进行硫回收处理或者与一级反应器尾气混合后进入二级冷凝器进行硫回收处理或者与 Claus 尾气混合后进入三级冷凝器进行硫回收处理，其余净化尾气引入焚烧炉焚烧后排放，最终硫磺回收装置烟气 SO_2 排放浓度可降至 $50mg/m^3$ 以下。

2.3 酸性气的分离

中国科学院大连化学物理研究所在专利中公开了一种可实现酸性气体高效吸收的微反应方法(授权公告号 CN102451653B)[4]，是一种可以实现酸性气体(CO_2、H_2S、SO_2、SO_3、HCl 等)吸收过程强化的微反应技术方法。该方法采用一种微反应器，使待吸收的酸性气体与吸收液在反应压力 0.1～7MPa 下流经该微反应器，并在其并行微反应通道中停留 0.001～10s，完成吸收。所述的并行微反应通道至少包含有一排微孔，流经该微反应器的酸性气体与吸收液通过微通道上的微孔接触混合；接触混合后的气液两相流体在微通道中至少经历一次折线或曲线流动。本发明可在毫秒级物料停留时间内，强化酸性气体混合物的化学吸收过程，是一种可实现快速生产放大的微反应技术。

美国巴特尔纪念研究院公开了可以捕集一或多种某些酸性气体的可逆性的酸性气体结合有机液体物质、系统和方法(申请公布号 CN102159301A)[5]，这些酸性气体结合有机化合物可以再生，从而释放捕集的酸性气体，并且能够使这些有机酸性气体结合物质被重复利用。与目前的水系统相比，这种系统能够输送液体捕集化合物，并且从有机液体中释放酸性气体，同时节约大量能量。酸性气体捕集化合物优选是可以容易输送的液体物质，从而使捕集的物质从洗涤位置移至第二阶段，在该阶段中，可以分离酸性气体，进行储存或加工。一旦从有机液体中除去酸性气体，可以使有机液体返回到系统中，并重复该过程。在一些实施方案中，这些是单分子的两性离子液体。

南化集团研究院公开了一种从酸性气流中除去 COS 的方法(授权公告号 CN101143286B)[6]，提出一种采用复合胺水溶液作吸收剂，添加适量活化剂，从气流中完全除去 H_2S，并在除去率不高的情况下除去大部分 COS 的方法，吸收剂可以再生并循环使用。本发明方法比常规胺法有较高的 COS 脱除率。复合胺由甲基二乙醇胺 MDEA 和二异丙醇胺 DIPA 组成，活化剂由二氮杂二环 DBU 和哌嗪或二氮杂二环(DBU)和吗啉组成。

美国联合碳化物化学和塑料技术公司公开了一种改进的吸收剂组合物(授权公告号 CN1157248)[7]，用于脱除气流中的酸性气，例如 CO_2、H_2S 和 COS。这种吸收剂组合物包括一种水溶液，其中含有：① 大于 1mol 的哌嗪每升水溶液；② 大约 1.5～6mol 的甲基二乙醇胺每升水溶液。

陶氏环球技术公司公开了一种从含有硫化羰的酸性气体中除去硫化羰的改良的组合物和方法(授权公告号 CN100411710)[8]，该组合物基本由以下物质组成：a)至少一种如通式(Ⅰ)的聚亚烷基二醇烷基醚 R1O-(Alk-O)$_n$-R2(Ⅰ)，其中 R_1 是含有 1～6 个碳原子的烷基基团；R_2 是氢原子或含有 1～4 个碳原子的烷基基团；Alk 是含有 2～4 个碳原子的支化或非支化的亚烷基基团，n 是 1～10；及 b)至少一种如通式(Ⅱ)的链烷醇胺化合物 $R_3NHR_4OR_6$(Ⅱ)或至少一种如通式(Ⅲ)的哌嗪化合物其中 R_3 是氢原子、含有 1～6 个碳原子的烷基基团或 R_4OH 基团；R_4 是含有 1～6 个碳原子的支化或非支化亚烷基基团；R_5 各自独立地是氢原子或含有1～4个碳

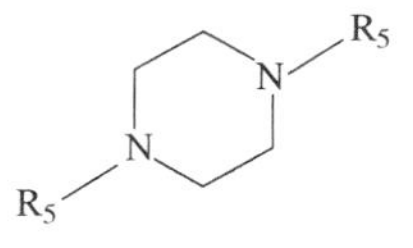

(Ⅲ)

原子的羟烷基基团；而R6是氢原子、含有1~6个碳原子的烷基基团或含有1~4个碳原子的羟烷基基团。

日本三菱重工业株式会社公开了一种用于从合成气分离CO_2和H_2S的酸性气体的方法(授权公告号 CN101875484B.)[9]，所述的合成气含有所述酸性气体，该方法依次包括以下步骤：转换反应步骤，即，将所述合成气中的CO转化为CO_2；物理吸收步骤，即，通过利用物理吸收溶剂移除在所述转换反应后的合成气中含有的H_2S，其中所述物理吸收溶剂是含有二甲醚和聚乙二醇的混合溶液的溶剂。；溶剂移除步骤，即，从已经在所述物理吸收步骤中移除H_2S的合成气移除所述物理吸收溶剂；化学吸收步骤，即，通过利用化学吸收溶剂从已经在所述物理吸收步骤中移除H_2S的合成气移除CO_2，其中所述化学吸收溶剂是含有烷基胺的溶剂；以及加热步骤，即，通过利用在所述物理吸收步骤之前并且在所述转换反应后的粗制合成气的热量，加热在所述溶剂移除后并且在所述化学吸收步骤和热交换步骤之前的合成气。

中国石油天然气股份有限公司杨威公开了一种选择性吸收二氧化硫的吸收剂及其应用(申请号：CN201510048400.4)，该二氧化硫吸收剂包括以下组分：有机多元胺，质量百分数5-80%；无机强酸，所述无机强酸与所述有机多元胺的摩尔比为(0.3~1.2)：1；抗氧化剂，质量百分数0.01%~1.00%；脱硫活化剂，质量百分数0.01%~8.00%；余量为水；所述吸收剂的pH值为4.0~6.5。本发明的SO_2吸收剂对SO_2具有较高的吸收率和选择性，在从含SO_2和CO_2的混合气中吸收SO_2时，不吸收CO_2，初始吸收率可以达到100%，30分钟内吸收率仍保持在99%以上，适用于工业含SO_2尾气特别是硫磺回收装置尾气的净化。本发明的SO_2吸收剂还具有良好的可再生性能及稳定性，有利于吸收剂的循环利用。

气体膜分离是一种环保绿色的分离技术，目前主要有三种类型膜用于CO_2的去除：醋酸纤维素，聚酰亚胺和含氟聚合物。天津大学王志等公开了一种用于分离酸性气体的固定载体复合膜制备方法(授权公告号 CN1171665)[10]，该方法以聚丙烯腈(PAN)，聚砜(PS)，聚醚砜(PES)，磺化聚醚砜(SPES)材质的、截留分子量为30000~60000的平板膜或者中空纤维膜为基膜，在其表层涂覆含有对酸性气体起促进传递作用的仲胺和羧基的功能基团聚合物薄膜，该复合膜用于酸性气体的分离与富集。依此方法所制备地复合膜具有较高的分离因子和优异的CO_2渗透速率，其透过性能与支撑液膜和离子交换膜相接近。

日本富士胶片株式会社开发了一种气体分离用组件，其利用选择性地透过CO_2气体的CO_2气体分离膜(申请公布号 CN105102107A)[11]，从被分离气体中分离CO_2气体。本发明制造酸性气体分离性优异、涂布适合性优良的酸性气体分离用涂布液以及使用了该涂布液制造酸性气体分离性优异的酸性气体分离复合膜。将聚乙烯醇缩醛化合物、酸性气体载体以及除氢氧根离子、羧基离子、碳酸根离子和碳酸氢根离子以外的至少一种阴离子分散或溶解于水中而形成的酸性气体分离用涂布液，该聚乙烯醇缩醛化合物通过使由聚乙烯醇形成的聚合物嵌段与由聚丙烯酸盐形成的聚合物嵌段经由连接基团键合而成的嵌段共聚物利用缩醛键进行交联而形成，在至少一个表面为疏水性的多孔质支撑体的疏水性表面上将该酸性气体分离用涂布液涂布成膜，制造在多孔质支撑体上具备酸性气体分离促进输送膜的酸性气体分离复合膜。

埃克森美孚研究工程公司已开发应用1套气体处理技术和众所周知的吸附剂如FLEX—S0RB。FLEXSORB SE Plus溶剂利用位阻胺专利，选择性脱除含CO_2的H_2S。如何选择SE与SEPlus应根据具体的处理要求，以便降低资金和运行成本。该项技术和吸附剂已广泛用于石油冶炼和天然气生产，包括世界各地海上和岸上的生产地。FLEXSORB SE和SE PLUS溶剂基本能吸收所有体积分数低于10×10^{-6}的H_2S，同时又使CO_2中的95%不进入工艺气中。在低压下也极其有效。

3 结语

目前的硫回收技术主要有Claus法、生物脱硫法、活性炭吸附法、离子液体法等，根据回收制得产品的不同，可以分为回收制硫磺、硫酸、亚硫酸铵、硫氢化钠、硫脲、甲硫醇、二甲基亚砜等。大型硫回收装置一般采用Claus法制硫磺工艺以及丹麦托普索公司、南化研究院等制酸工艺。目前先进的硫回收工艺均在经典的克劳斯硫回收工艺基础上进行完善以及添加尾气处理功能发展起来的，典型的有超优克劳斯工艺、超级克劳斯工艺、SCOT工艺、Clinsulf工艺、Sulfreen工艺、MCRC工艺、山东三维硫回收工艺和华陆工程科技先进高效硫回收工艺等，这些工艺均使用克劳斯硫回收催化剂、水解催化剂和加氢催化剂。

目前的专利技术改进主要集中体现在三个方面：一是催化剂的改进，包括克劳斯反应、有机硫水解反应、加氢催化、选择性氧化4个方面催化剂功能的改进和提高，例如TiO_2系催化剂、高活性纳米铁催化剂等；二是采用富氧回收工艺技术提高装置的处理能力，已工业化的富氧克劳斯工艺主要有COPE、SURE、OxyClaus和后燃烧(P-Combustion)工艺；三是尾气处理工艺的改进，有以下几种：(1)对SCOT尾气处理工艺的改进，对经过加氢、溶剂吸收阶段得到的富溶剂在合适的生物氧化条件下使富溶剂与硫细菌接触而将富溶剂的溶解的硫化氢生物氧化成元素硫；(2)采用选择性氧化催化剂为尾气处理的主要手段，对SO_2等进行加氢处理，使其全部转化为H_2S，再对H_2S进行选择性氧化催化反应，生成单质硫和水，例如齐鲁石化公司的气相氧化工艺、三维石化的液相氧化工艺、LO-CAT工艺、武汉国力通环保公司的络合铁氧化工艺等；(3)先对尾气进行焚烧，所有含硫介质均转化为SO_2，形成含SO_2烟气，含SO_2烟气在烟气净化塔中与吸收剂接触，烟气中的SO_2被吸收剂吸收，烟气净化塔中生成的盐溶液与碱液反应，经结晶、离心后得到亚硫酸钠，脱除SO_2后的净化烟气排放。

酸性气的分离与富集技术主要包括利用有机多元胺、复合胺水溶液、两性离子液体、位阻胺等吸收剂来选择性吸收CO_2、SO_2、COS等、实现酸性气的分离与富集，以及采用各种膜分离技术。

对于当前炼厂硫回收装置负荷过高，烟气SO_2浓度超标、煤气化装置酸性气处理等问题，建议从以下7个方面入手：(1)改进和提高提高克劳斯反应催化剂的活性，例如采用TiO_2系催化剂、高活性纳米铁催化剂等，保证反应转化率，提高装置的处理能力；(2)借鉴COPE工艺等，采用富氧技术，提高硫回收装置的处理能力；(3)改进和提高有机硫水解反应催化剂的活性，从源头上减少COS的生成；(4)采用复合胺水溶液等吸收剂脱除尾气中的COS、H_2S等；(5)增加选择性氧化单元，将经过加氢处理、溶剂吸收后的尾气不再返回克劳斯反应单元，而是选择性氧化成单质硫和水；(6)采用化学吸收、膜分离等技术对煤制气装置的酸性气进行分离与富集，再送入硫回收装置加以回收；(7)采用三维石化尾气处理工艺，增设烟气净化塔，SO_2烟气在中与吸收剂接触，烟气中的SO_2被吸收剂吸收，烟气净化塔中生成的盐溶液与碱液反应，经结晶、离心后得到亚硫酸钠，脱除SO_2后的净化烟气排放。

参考文献

[1] J·K·陈，M·A·赫夫马斯特．从酸性气流中高效回收硫的方法[P]．中国专利：CN100532250，2009-08-26.

[2] 潘威，刘斯洋，祝茂元，等．一种降低硫磺回收装置二氧化硫排放浓度的系统、方法及脱硫剂[P].中国专利：CN104787730A，2015-07-22.

[3] 李明军，邢亚琴，蒋国贤，等．一种处理硫磺回收尾气硫化氢的方法及其装置[P]．中国专利：CN103381331A，2013-11-06.

[4] 陈光文，袁权，党敏辉，等．一种可实现酸性气体高效吸收的微反应方法[P]．中国专利：CN102451653B，2014-04-16.

[5] D.J. 赫尔德布兰特，C.R. 杨克，P.K. 克赫．用酸性气体结合有机化合物捕集和释放酸性气体[P]．中国专利：CN102159301A，2011-08-17.

[6] 毛松柏，朱道平，丁雅萍，等．从酸性气流中除去COS的方法[P]．中国专利：CN101143286B，2010-05-12.

[7] C·N·舒伯特，P·福特，J·W·蒂恩．从气流中脱除酸性气体的吸收剂组合物[P]．中国专利：CN1157248，

2004-07-14.
[8] C·N·舒伯特，A·C·阿什克拉夫特．从含有硫化羰的酸性气体中除去硫化羰的改良的组合物和方法[P]．中国专利：CN100411710，2008-08-20.
[9] 荻野信二，佐藤文昭，加藤雄大，等．用于从合成气分离酸性气体的方法和设备[P]．中国专利：CN101875484B，2014-06-20.
[10] 王志，蔡彦，柏云华，等．分离酸性气体的含聚烯丙基胺促进传递膜的制备方法[P]．中国专利：CN101239284B，2010-07-28.
[11] 油屋吉宏，泽田真，米山聪，等．酸性气体分离复合膜的制造方法和酸性气体分离膜组件[P]．中国专利：CN105102107A，2015-11-25.

Ⅲ重整装置节能增效改造效果分析

余伟江

（中国石化镇海炼化分公司，浙江宁波 315207）

摘 要：介绍了镇海炼化分公司Ⅲ重整装置在日常运行中存在的生产瓶颈，对预加氢系统压降偏高、重整进料与反应生成油换热器热端温差大、重整产物空冷器冷后温度高、重整四合一炉热效率低等问题进行了详细的原因分析，结合生产实际提出了装置改造的思路及内容，改造项目实施后，装置运行平稳，消除了瓶颈，标定结果表明该项目实施后能耗下降达到预期效果，具有良好的经济效益。

关键词：连续重整；生产瓶颈；节能改造；经济效益

1 引言

Ⅲ套重整装置是中石化镇海炼化分公司（简称镇海炼化）炼油 700×10^4t/a 改扩工程的主体装置之一。装置采用美国 UOP 公司第二代超低压连续重整工艺，由 UOP 公司负责基础设计，洛阳石化工程公司负责工程设计，中石化第三建设公司进行施工安装。该装置由石脑油加氢、重整反应、催化剂再生、生成油分馏等系统构成，于 1996 年 12 月投料试车一次成功。装置首次开工采用 UOP 公司的 R-134 连续重整催化剂，2001 年 5 月更换为由石油化工科学研究院开发的 PS-Ⅵ（工业牌号 RC011）催化剂。

装置原设计规模为 80×10^4t/a，1999 年改造为 100×10^4t/a。2007 年 3 月大修后，装置处理量由最大设计流量 116t/h 提高至 119t/h，装置生产潜力进一步得到挖掘和利用。考虑到重整装置在生产流程中的重要核心地位，以及对上下游的重大影响，为了保证其长周期平稳运行，消除装置生产瓶颈，进一步挖潜增效，2014 年 11 月装置停工检修，对部分设备进行了改造和更新。本文重点介绍 2014 年装置节能改造的实施情况及节能效果。

2 装置运行中存在的生产瓶颈

装置自 2007 年技术改造后，随着运行周期及进料负荷的进一步提高，Ⅲ重整装置在运行中逐渐暴露出以下主要瓶颈：

（1）石脑油加氢混合进料换热器（E201）壳程压力偏高、换热深度不够而导致预加氢反应循环回路压降高和预加氢反应炉负荷吃紧；

（2）重整进料与反应生成油换热器（E301）热端温差偏大，导致进料换热终温下降，进料加热炉燃料气耗量增加；

（3）重整四合一炉（F301～F304）排烟温度 200℃左右，炉子热效率偏低；

（4）重整产物空冷器（A301）冷却能力严重不足，导致反应产物分离器操作温度偏高，再接触系统氢气携带轻烃严重，装置液收下降；

（5）汽提塔（T201）、脱己烷塔（T501）和脱丁烷塔（T301）分离精度偏低等。

3 装置改造的思路及内容

考虑到本装置在生产流程中的重要核心地位，以及对上下游装置的影响，为保证其长周期平稳运行，消除装置生产瓶颈，挖潜增效，结合生产实际，装置节能增效的改造主要思路及内容如下：

3.1 石脑油加氢混合进料换热器更换

石脑油加氢混合进料换热器(E201)是装置石脑油加氢部分进料换热升温和反应产物热回收的重要设备，同时也是石脑油加氢反应循环回路中所占压降比重较大的设备之一。随着装置处理量的增大，目前石脑油加氢循环回路压降高达1.2MPa左右，且主要集中在石脑油加氢混合进料换热器的管壳程，直接导致循环氢压缩机(C201)出口压力偏高，能耗增大。同时随着装置处理量的增大，该设备换热深度已不足，导致石脑油加氢反应炉(F201)负荷吃紧。新的石脑油加氢混合进料换热器将采用5台壳径为1200mm的双弓板双壳程换热器串联，替换原有6台壳径为1000mm的单壳程换热器，换热面积和换热深度均较改造前增加，且管壳程总压降仅为0.22MPa，从而满足现有装置处理量的要求，尽可能地回收石脑油加氢反应产物热量，降低石脑油加氢反应循环回路压降，减小石脑油加氢进料加热炉负荷，为装置长周期生产和节能降耗创造良好条件。

3.2 重整进料与反应生成油换热器更换

重整进料与反应生成油换热器(E301)是连续重整装置的关键节能设备，良好的换热效果及较低的压降对全装置的能耗有显著的降低作用。重整进料与反应生成油换热器的热负荷约占重整进料全部加热负荷的80%，重整进料加热炉热负荷只占20%左右，良好的换热效果不仅有效地减少重整进料加热炉的热负荷、减少燃料消耗，而且可以降低重整反应系统压降，节省重整循环氢压缩机蒸汽耗量。目前使用的板式换热器，随着装置进料负荷的增加，加上管束结垢的影响，其热端温差达63℃，换热能力不能满足生产要求，导致重整精制石脑油进料换热终温下降，重整进料加热炉(F301)燃料气消耗量增加，并进一步加剧了重整反应生成油空冷器(A301)冷却负荷不足的矛盾，根据装置现有情况，考虑到重整进料与反应生成油换热器在装置内的重要核心地位，拟更换为1台技术成熟、性能可靠的缠绕式换热器。该换热器热端温差34℃，远低于装置现有换热器的63℃，良好的换热效果既能有效地减少重整进料加热炉的热负荷，减少燃料消耗、又可一定程度上缓解重整产物空冷器的冷却负荷严重不足的生产瓶颈。

3.3 重整四合一炉增上烟气余热回收系统

重整四合一炉(F301~F304)原设计为配套80×10^4t/a处理能力，装置提负荷后一直未进行扩能改造，造成目前该炉运行苛刻度较高，虽然设置余热锅炉系统产3.5MPa蒸汽以回收烟气余热，但受其设计能力的限制目前排烟温度达200℃左右，炉子热效率只有89.5%左右，热能未得到充分利用。因此，有必要采用烟气预热空气的方式回收烟气余热，本次改造拟将该四合一炉通风方式由自然通风改为强制通风，并设置烟气余热回收系统，使排烟温度不高于120℃，提高加热炉热效率，减少燃料气消耗。

3.4 重整产物空冷器更换

重整产物空冷器(A301)原设计为配套80×10^4t/a处理能力，随着装置负荷的提高，其冷却负荷严重不足，导致下游重整气液分离器温度偏高，特别是夏季长期在55℃左右，使再接触系统氢气携带轻烃情况加重，装置产品液收下降，氢气增压机带液造成气阀等故障时有发生，同时影响到后续PSA装置的氢气提纯能力。由于装置空冷构架仅余2台空冷的位置，无法通过增加空冷片数的方法来满足现有处理量下的冷却负荷需求。因此本次改造拟采用4组新型高效复合型空冷器，替换原有10台传统空冷器，以满足装置现有重整产物空冷器负荷的需求，消除长期以来困扰装置生产的负荷瓶颈。

3.5 汽提塔、脱己烷塔和脱丁烷塔更换塔盘

预加氢汽提塔(T201)为双溢流普通浮阀塔盘，随着装置处理量增大、塔进料负荷增加后，汽提塔分离能力下降，塔底精制石脑油产品初馏点偏低。同样原因导致脱己烷塔(T501)和脱丁烷塔(T301)分离能力下降，塔顶或塔底产品不能达到生产控制质量要求，严重影响了装置正常操作和产品质量，限制了装置进一步改造挖潜。本次改造拟将上述各塔塔盘更换为高效塔盘，以提高各塔

分离能力，保证塔顶或塔底产品质量，同时可根据装置实际操作情况，在保证塔顶和塔底产品合格的前提下，适当降低塔回流比，节能降耗。

4 装置改造项目实施情况

Ⅲ重整装置于2014年10月23日至11月17日停工检修完成改造，按照检修计划实施完成了如下节能增效改造项目：

4.1 石脑油加氢换热器整体更换

预加氢进料换热器(E201)原为6台U型管壳式换热器，改造更换为5台双壳程换热器，基础自承台至设备鞍座拓展并植筋加固，换热器出入口重新配管。

4.2 重整进料与反应生成油换热器更换为缠绕式换热器

重整进料与反应生成油换热器(E301)原为外国进口的板式换热器，本次改造中将E301整体更换为缠绕式换热器换热器，装置现场基础自承台至设备底座砼框架植筋加固，钢结构及平台安装，换热器出入口管线重新配管。

4.3 重整四合一炉增上余热回收系统

重整四合一炉(F301~F304)余热回收系统改造，主要新增设备包括：一台空气预热器、一台引烟机(无变频)、一台鼓风机(无变频)及附属的烟道、风道、管道碟阀、快开风门等，同时所有40个火嘴和炉前控制阀后瓦斯线全部更换。

4.4 重整产物空冷器A301改为复合式空冷

原10台管翅式空冷器整体更换为4组(含8台水泵，16台风机)复式空冷，钢结构自地面承台植筋加固，空冷器底座钢结构及平台安装，出入口管线配管，设备电缆敷设等。

4.5 汽提塔(T201)、脱己烷塔(T501)、脱丁烷塔(T301)更换高效塔盘

T201汽提塔第1~20#更换塔板，21~40#更换降液管及塔板，分布器改造；T301稳定塔第1~20#更换塔板，21~30#更换降液管及塔板，分布器改造；T501脱已烷塔第1~28#更换塔板，29~60#降液塔盘侧隙及底隙改造。

5 装置改造后节能效果分析

2014年11月18日装置转入开工阶段，各改造设备运行正常，自2014年11月底装置开工成功平稳运行至今已有近一年，装置各个参数指标均在可控范围内，节能增效效果明显。

5.1 石脑油加氢混合进料换热器E201更新

换热器(E201)更新后预加氢系统压降大幅下降，与上一周期运行末期1.15MPa的压降相比低了0.55MPa。预加氢循环氢压缩机C201出口压力比设计值低了0.4MPa，预加氢压降下降后，C201压缩比明显降低，电机电流下降了约11A，节约电耗约66kW/h。同时E201热端温差下降6℃，节约燃料气约80kg/h。2008年检修后和2014年改造后E201运行初期，预加氢反应系统总压降(113t/h处理量工况下)，具体分布如表1。

表1 E201改造前后预加氢反应回路压降

设备名称	E201壳程(原料侧)	F201炉管	R201和R202	E201管程及A201	合计
改造前压差值/MPa	0.54	0.21	0.04	0.20	0.99
改造后压差值/MPa	0.40		0.035	0.165	0.60

从表1可知，相同处理量(113t/h)工况下，2008年检修后运行初期预加氢反应系统总压降为0.99MPa，其中E201管壳程、F201炉管和A201总压降为0.95MPa；2014年改造后运行初期预加氢反应系统总压降为0.60MPa，其中E201管壳程、F201炉管和A201总压降为0.565MPa。比对可知，E201改造后，管壳程总压降下降0.385MPa，预加氢配套能力大幅上升。

5.2 重整进料与反应生成油换热器 E301 更换

此次大修 E301 更新为缠绕管式换热器，标定热端温差约为 43℃，比改造前下降约 24℃（见表 2），四合一炉节约燃料气约 250kg/h。

表 2 E301 改造前后热端温差

E301	热端入口温度/℃	热端出口温度/℃	热端温差/℃
改造前	477	410	67
改造后	470	427	43

5.3 重整四合一炉增上余热回收系统

本次大修对重整四合一炉火嘴进行了更换，同时增上烟气余热回收系统，加热炉自然通风改成预热空气强制通风，加热炉排烟温度比改造前的排烟温度 200℃ 下降明显，目前控制在 120～130℃，热效率由 89%上升到 92%，节约燃料气约 1t/h，见表 3。

表 3 四合一炉余热回收系统投用前后运行参数

四合一炉余热回收系统	投用前	投用后	四合一炉余热回收系统	投用前	投用后
F301～F304 排烟温度/℃	203	126	F301 氧含量/%	2.52	2.69
F302 氧含量/%	2.23	2.96	F303 氧含量/%	1.52	3.21
F304 氧含量/%	1.89	3.95	F301 热效率/%	89.31	92.52
F302 热效率/%	89.36	92.61	F303 热效率/%	89.60	92.42
F304 热效率/%	89.58	92.24			

5.4 重整产物空冷器 A301 改为复合式空冷

重整产物空冷器 A301 改复合式空冷后，冷却能力大幅提高，夏季高温季节冷后温度能够控制在 40℃以下，产品氢纯度大幅提高，彻底消除了夏季高温季节氢气放低瓦以及重整降量的瓶颈，见图 1。

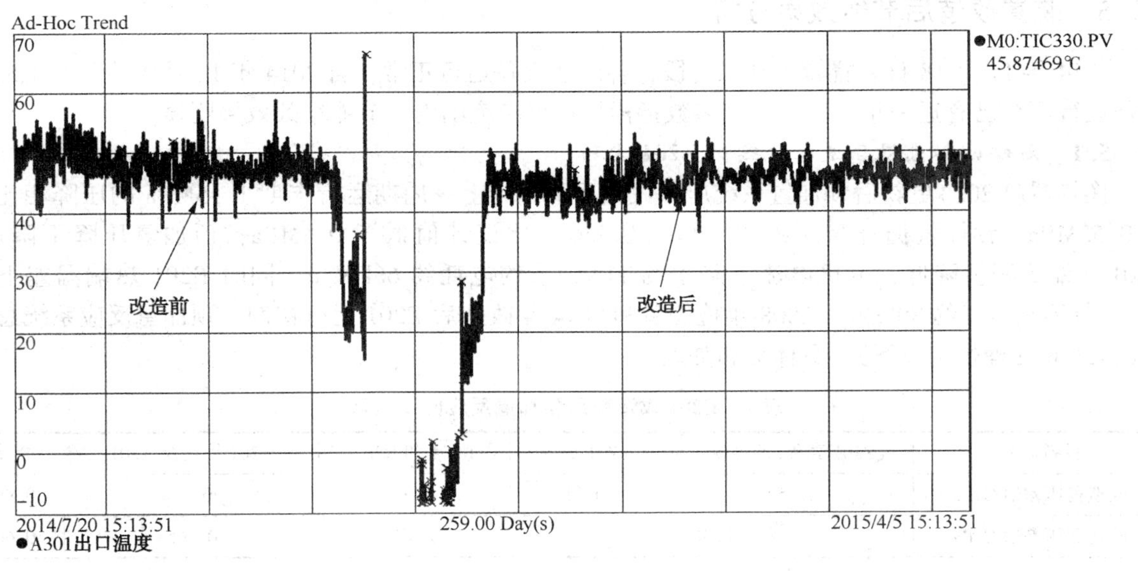

图 1 重整产物空冷器 A301 改造前后冷后温度

5.5 汽提塔(T201)、脱己烷塔(T501)、脱丁烷塔(T301)更换塔盘

各塔内件改造后，各塔底温度、灵敏版温度、回流量等工艺参数运行正常，分离精度有较大提高，产品质量达到设计指标要求。

为取得装置改造后的综合性能数据，为公司生产运行安排提供依据，2015 年 5 月 12 日 8：00 至 5 月 15 日 8：00，根据公司计划安排对Ⅲ重整装置进行一次标定，从标定结果及核算数据对比(见表 4)来看，改造符合设计的要求，在实际生产中装置能耗较改造前下降明显，节能增效效果明显，改造达到预期效果。

表 4　装置改造前后能耗分析

项目	2012 年 9 月标定数据		2015 年 5 月标定数据		能耗对比值
	单耗/(t/t)	能耗值/(kgEO/t)	单耗/(t/t)	能耗值/(kgEO/t)	能耗值/(kgEO/t)
燃料气	0. 0454	43. 13	0. 0356	33. 83	-9. 30
电	64. 340	14. 80	65. 797	15. 13	0. 33
1. 0MPa 蒸汽	-0. 0577	-4. 38	0. 007	0. 53	4. 91
3. 5MPa 蒸汽	-0. 0433	-3. 81	-0. 065	-5. 72	-1. 91
循环水	28. 470	2. 85	29. 530	2. 95	0. 10
除盐水	0. 133	0. 31	0. 165	0. 37	0. 06
合计	—	52. 90	—	47. 10	-5. 80

6　结论

(1) 选用成熟可靠的新技术、新设备应用到现有装置的节能改造，效果显著。

(2) 通过与 2012 年 9 月标定能耗相比，能耗下降了 5. 8kgEO/t，超过了可研报告中可节能 4. 71kgEO/t 的指标，节能效果明显，装置节能改造达到预期效果。

(3) 经过本次改造消除了装置生产瓶颈，提高了装置运行水平，有利于长周期平稳高效生产。

重整反应加热炉低温余热回收技术应用

郭建波

(中国石化洛阳分公司，河南洛阳　471012)

摘　要： 重整反应加热炉以炼厂燃料气为燃料，能耗占整个装置能耗50%左右，随着国家新的环保标准对烟气的 NO_x 排放严格要求，原燃烧器已无法满足 NO_x 排放要求。以中国石油化工股份有限公司洛阳分公司0.7Mt/a连续重整装置为例，重整反应加热炉通过采用低温余热回收技术，进行反应加热炉烟气的余热回收，提高了助燃空气的温度，改善了燃料燃烧状态，实现了反应加热炉烟气的低温排放，提高了反应加热炉的整体热效率；同时通过采用高效低氮燃烧器，烟气中 NO_x 小于 $100mg/m^3$，节能和环保效果明显。

关键词： 反应加热炉；余热；节能；低氮

1　引言

催化重整是强吸热反应，在重整反应过程中为了保持所需的反应温度需多次“接力”加热，中国石油化工股份有限公司洛阳分公司0.7Mt/a连续重整装置设置有四个反应加热炉，反应加热炉以炼厂燃料气为燃料，能耗占整个装置能耗50%左右[1]，2013年对重整装置反应加热炉排烟温度进行检测和标定，根据现场检测，三合一反应加热炉H201A/C/D排烟温度分别为150℃、175℃和160℃，二反加热炉H201B排烟温度为150℃，反应加热炉热效率偏低。通过露点温度实际检测，反应加热炉排烟温度远高于烟气露点温度，造成了大量的能源浪费，急需对重整装置反应加热炉进行节能改造；同时根据燃料性质和烟气露点分析，排烟温度控制在110℃左右时，既能保证余热回收系统不受烟气露点腐蚀，又可提高反应加热炉热效率。

由于重整反应加热炉为自然通风模式，无空气预热器回收烟气余热，同时随着国家新的环保标准对烟气的 NO_x 排放严格要求，原燃烧器已无法满足 NO_x 排放要求。因此提出了重整反应加热炉增上空气预热器改造项目，改造前提一是不改变现有对流室及汽包取热平衡，二是通过自然通风改为强制通风改善燃烧器燃烧状态，并通过采用高效低氮燃烧器，控制烟气中 NO_x 小于 $100mg/m^3$，从而实现提高反应加热炉热效率和满足环保排放的目的。

2　重整反应加热炉改造前状况

2.1　重整反应加热炉改造前运行状况

重整反应加热炉H201A/C/D、H201B改造前运行数据见表1。

表1　重整反应加热炉H201A/C/D、H201B改造前运行数据

参数	H201A	H201C	H201D	H201B
燃料气流量/(m^3/h)	923	930	650	1500
工艺介质流量/(t/h)	97	97	97	97
工艺介质入炉温度/℃	461	458	480	410
工艺介质出炉温度/℃	530	530	530	525

续表

参数	H201A	H201C	H201D	H201B
烟气炉膛温度/℃	728	728	708	711
烟气炉膛氧含量/%	2.3	2.5	2.2	2.3
辐射室顶炉膛负压/Pa	-20	-20	-20	-33
烟气排烟温度/℃	150	175	160	150
除氧水入对流段温度/℃	104	104	104	104
汽包产汽出对流段温度/℃	450	450	450	467

2.2 重整反应加热炉改造可行性

三合一重整反应加热炉 H201A/C/D 和重整二反加热炉 H201B 用燃料气的硫含量小于 10μg/g，反应加热炉露点腐蚀温度均在 80℃以下，而该炉的平均排烟温度却在 158℃左右，根据燃料介质和烟气实际组分，烟气排烟温度控制在 110℃左右，既能保证余热回收系统不受烟气露点腐蚀，又可以大幅度提高反应加热炉运行热效率[2]。为了响应国家节能减排号召，对重整反应加热炉进行改造，提高加热炉的热效率，节约能源，在保证加热炉安全平稳运行基础上，达到节能减排和长周期运行的目的。同时对三合一重整反应加热炉 H201A/C/D 对流弯头箱门进行重新设计，改造后可以明显提高反应加热炉的综合热效率，三合一反应加热炉 H201A/C/D 和重整二反加热炉 H201B 的热效率提高到 92.5%以上。

重整反应加热炉对流室为余热锅炉，通过辐射室出来的高温烟气产生蒸汽，相当于燃烧燃料气产蒸汽，发汽成本较高。如果将烟气热焓转化为加热炉助燃空气热焓，加热炉热负荷恒定的工况下，将节省燃料气的消耗量，达到节能的效果。因此，通过抽去对流室预热段炉管的方案将对流室出口烟气提高到 300℃左右，通过减少对流传热面积来控制对流室汽包产汽量，为了回收三合一反应加热炉 H201A/C/D、重整二反加热炉 H201B 对流室出口 300℃混合烟气，在加热炉联合烟囱旁设置一台高效扰流子+低温铸铁组合式换热器。通过组合式换热器将对流烟气温度由 300℃降至 110℃，利用烟气热量预热加热炉燃烧器助燃空气，将燃烧器助燃空气温度由 20℃加热至 247℃。回收 6.85MW 的烟气热量来提升反应加热炉助燃空气的热焓，同时减少对流室约 5.15MW 烟气用来产生蒸汽的热量，达到节约燃料气消耗的目的，产生较好的节能效果。由于锅炉燃煤产汽成本比燃料气发汽成本低很多，所以重整反应加热炉节能改造后将产生较高的经济效益。

2.3 高效低 NO_x 燃烧器改造可行性

低 NO_x 燃烧的核心技术是低 NO_x 燃烧器，减缓燃烧速率和燃烧强度、降低燃烧区温度，是低 NO_x 燃烧器的设计理念，根据装置情况和 NO_x 排放要求，重整反应加热炉改造采用燃料分级燃烧(再燃烧)技术。

燃料分级燃烧器设置两个燃烧区，全部燃烧空气进入一级燃烧区，一部分燃料(20%~40%)进入一级燃烧区，一级燃料气在大量过剩空气条件下完全燃烧，多余的空气冷却火焰，产生比常规气体燃烧器或空气分级气体燃烧器更低的火焰温度和 NO_x。二级燃料气喷口在燃烧器火盆耐火砖的下游，将剩余燃料注入燃烧气体和空气中，从一级来的过剩氧作为剩余燃料完全燃烧所需的氧，由于氧的浓度已大幅降低，最高火焰温度低于常规气体燃烧器火焰温度。燃料分级燃烧器火焰长度比常规气体燃烧器长 50%左右，延长了高温传热区域，降低了炉管局部高温工作区。

3 重整反应加热炉改造内容

3.1 增设扰流子+铸铁板式空气预热器

利用重整装置 2015 年大检修进行了重整反应加热炉改造，抽除重整三合一炉 H201A/C/D 与重整二反加热炉 H201B 对流室预热段炉管，如图 1 所示。

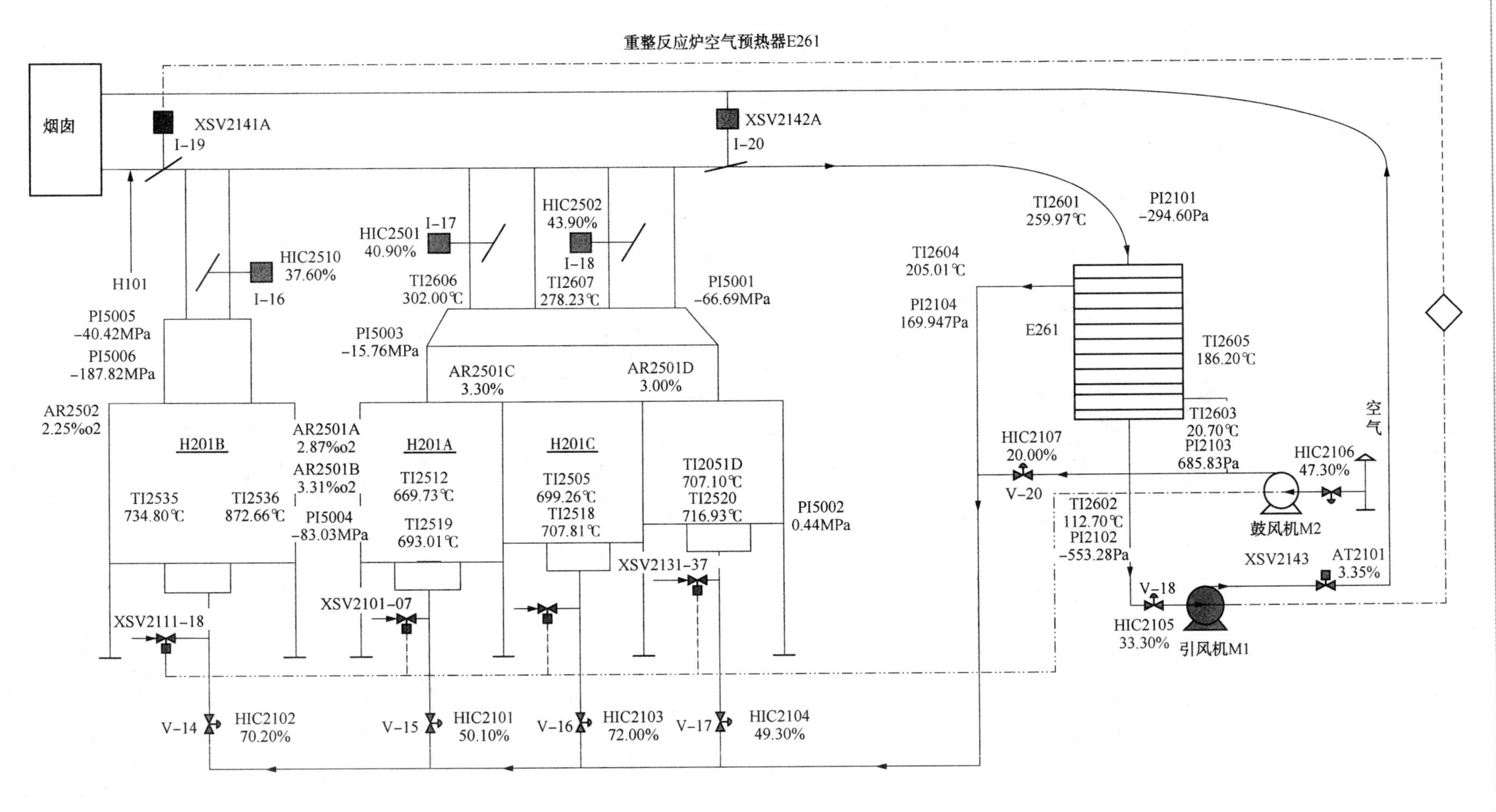

图1 重整反应炉空气预热器E261

余热回收系统设置一台高效的高温烟气扰流子+低温铸铁组合式换热器，将烟气热量回收下来。在预热器的烟气出口设置一台烟气引风机，在预热器的空气入口新建一台空气鼓风机；更换直排烟道挡板阀，新增烟气去热烟道开关挡板阀，新增空气旁路挡板阀，气动快开风门及新增烟风道等。改造后余热回收系统操作流程简述为：

烟气流程：热烟气从加热炉对流顶部引出，经主烟道进入空气预热器后，再由烟气引风机引出，经冷烟道送向烟囱排空。

空气流程：冷空气从吸风筒由空气鼓风机鼓入空气预热器换热后，经主热风道进入加热炉环风道，最终供每台燃烧器燃烧。

3.2 燃烧器改造

空气与烟气换热后在风机作用下进入加热炉炉底风道系统助燃。由于原三合一反应加热炉H201A/C/D和重整二反加热炉H201B设计燃烧器为自然通风燃烧器，为满足增设空气预热器后燃料充分高效燃烧和国家新的环保标准对烟气的NO_x排放严格要求，将重整反应四台加热炉全部78台燃烧器进行更新，更新为既能满足自然通风又能满足强制通风形式的高效低NO_x燃烧器。

4 改造后存在问题和处理

4.1 部分低负荷燃烧器容易结焦

自2015年12月重整反应加热炉改造运行以来，在运行初期燃烧器比较容易出现结焦，经过分析为开工初期燃料气组分不稳定，燃料气中氢气含量高时，火焰燃烧速度加快，燃烧温度升高，高温火焰区域下移，燃烧器喷枪头部温度升高，存在喷枪头被烧坏的风险，一旦喷枪头烧坏会改变火焰的正常形状，造成燃烧不充分出现燃烧器结焦，以及当燃料气存在重组份时在高温条件下易出现高温析碳和燃料气中杂质堵塞燃烧器喷枪，也易造成燃烧器容易出现结焦；同时当重整装置加工负荷低时会造成燃烧器负荷过低，燃烧器火焰过低，燃料气燃烧不充分也会出现燃烧器结焦。

通过将重整反应加热炉燃料气总线上过滤器的过滤精度由20目提高到30目，大幅降低了燃料气中的杂质，防止了燃烧器喷枪堵塞，保证了火焰形状，降低了结焦；当重整装置加工负荷低时，在尽量保证炉管受热均匀情况下，通过熄灭部分燃烧器保证了工作燃烧器负荷，降低了燃烧器结焦；同时随着重整装置加工负荷逐步提高至满负荷运行和装置运行正常后燃料气组分趋于稳定，燃料气中氢气含量下降和重组份降低，燃烧器结焦现象大幅下降。

4.2 H201A燃烧器火焰短

2016年10月重整反应进料逐步提高至95t/h时发现H201A加热炉物料出口一侧部分炉管的底部管壁温度达到625℃左右。现场检查H201A燃烧器火焰燃烧情况，发现物料出口一侧燃烧器火焰刚性不好，顶部火焰发散，检查燃烧器前燃料气压力较低(0.01~0.03MPa)，远低于燃烧器前燃料气压力设计值0.1MPa。

如图2所示为H201A两侧燃烧器火焰燃烧实况，左图为物料出口一侧，右图为物料进口一侧。

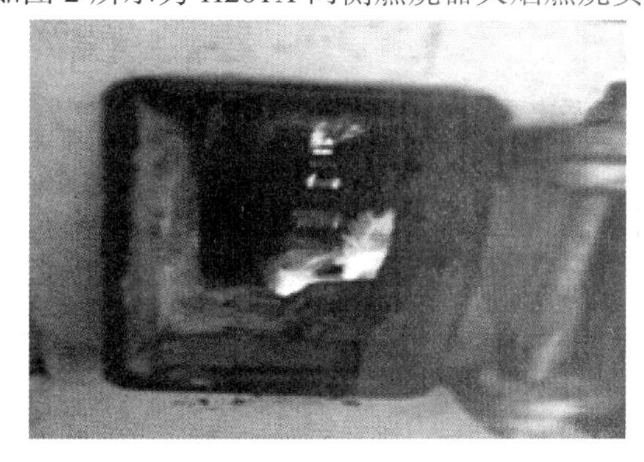
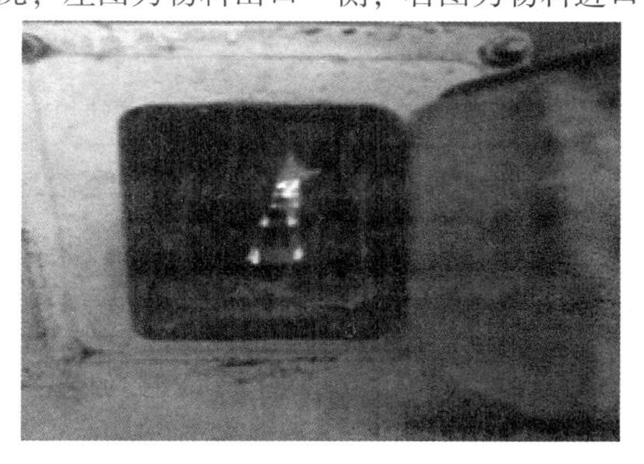

图2 H201A两侧燃烧器火焰燃烧实况

经过对重整反应进料量、反应温度、各反应加热炉出入口温度和加热炉操作状况进行分析发现，由于重整装置更换催化剂在相同产品质量的情况下只需控制较低的反应温度，降低了整个反应加热炉的负荷，同时2016年5月更换了重整进出料换热器，由于新换热器换热面积大，换热效果大幅提高，在同等操作条件下，重整第一反应加热炉H201A入口温度提高20℃，降低了第一反应加热炉H201A的负荷。

根据重整装置2016年10月18~19日实际运行数据，对重整反应加热炉实际负荷进行核算，相关基础数据见表2。经计算H201A的实际负荷7.2MW，相比正常操作设计负荷13.78MW，实际负荷率低；而且在增上烟气余热回收节能改造时，考虑到异常工况下自然通风的适应性，燃烧器负荷与原自然通风时一致，原选型的燃烧器设计负荷为30.24MW(中间6台燃烧器每台设计负荷2.52MW，两侧共12台燃烧器每台设计负荷1.26MW)，造成实际燃烧时燃烧器超低负荷运行，炉前燃料气压力较低，燃烧器喷枪喷射的燃料气速度过低，火焰较短，火焰顶部发散，火焰燃烧效果不好造成辐射室底部热量积聚，从而造成辐射室底部炉管管壁温度超温。

表2 新燃烧器计算基础数据

项目	数据	项目	数据
重整反应进料量/(t/h)	90.5	重整循环氢量/(m^3/h)	46577
H201A炉前/后温度/℃	462/514	H201B炉前/后温度/℃	407/515
H201C炉前/后温度/℃	450/515	H201D炉前/后温度/℃	471/515
H201A/B/C/D总瓦斯耗量/(t/h)	3.85	空气预热器后排烟温度/℃	110
氧含量/%	3.6	对流室余锅蒸汽产量/(t/h)	17.5

根据H201A的实际工作负荷重新选型制造燃烧器喷枪在线替代原燃烧器喷枪，H201A燃烧器火焰恢复正常；同时通过优化重整反应炉操作，适当提高炉膛负压，以提高火焰高度，降低炉膛底部积聚的热量；生产过程中保证重整反应加工负荷长期稳定在90t/h以上，以提高燃烧器负荷，同时定期检测H201A炉管底部的管壁温度，根据重整反应情况和燃料气组分变化及时优化调整各燃烧器的燃烧情况，保证了H201A炉管底部的管壁温度在正常工作范围内。

5 重整反应加热炉节能改造效果分析

5.1 重整反应加热炉节能改造后运行状况

重整反应加热炉节能改造后，重整反应加热炉H201A/B/C/D烟气出对流室的温度由改造前158℃升高至260℃，经新增的扰流子-铸铁板式空气预热器后排烟温度降至110℃排至大气中，空气经烟气预热至205℃进入加热炉。通过对流室抽取省煤段炉管，对流室少产8.5t/h蒸汽，烟气热量被转移至提高助燃空气温度，以节省更多的加热炉燃料气。加热炉最终排烟温度由158℃降至110℃，重整反应加热炉效率提高到92.5%以上。重整反应加热炉节能改造后主要参数运行情况见表3。

表3 重整反应加热炉节能改造后主要参数运行情况

指标	重整反应进料量/(t/h)	对流室余热锅炉蒸汽产量/(t/h)	烟气进空气预热器入口温度/℃	加热炉排烟温度，/℃	氧含量/%
设计值	95	26	280~300	110	2~4
2016年11月	90	17.5	260	110	3.6

注：因反应进料量和反应温度偏低，反应加热炉热负荷低，余热锅炉产汽量和对流室出口烟气温度没达到预期值。

5.2 重整反应加热炉节能改造后热效率计算

加热炉热效率计算一般采用反平衡法[3]计算：

$$\eta=(1-Q_{烟}-Q_{散})\times100\%$$

式中 $Q_{散}$——散热损失，%，取经验数值3%；

$Q_{烟}$——排烟损失，%；

$Q_{烟}$——$[(0.006549+0.032685\alpha)(tg+0.00013475tg^2)-1.1+(4.043\alpha-0.252)\times10^{-4}CO]/100$

其中 α——过剩空气系数 $\alpha=(21+0.116O_2)/(21-O_2)$；

tg——排烟温度，℃；

O_2——排烟中氧含量百分数(在线分析)；

CO——排烟中一氧化碳含量，μL/L。

改造前后重整反应加热炉热效率对比见表4。

表4 改造前后重整反应加热炉热效率对比

指标	O_2/%	α	CO/(μL/L)	tg/℃	$Q_{烟}$/%	$Q_{散}$/%	热效率/%
改造前	2.3	1.137	0	158	5.95	3	91.05
改造后	3.6	1.231	0	110	4.12	3	92.88

6 结论

(1)连续重整装置三合一反应加热炉H201A/C/D和重整二反加热炉H201B采用低温余热回收技术，改造烟气余热回收系统，实现了反应加热炉烟气的余热回收，提高了助燃空气的温度，改善了燃料燃烧状态，反应加热炉烟气实现了低温排放，重整反应加热炉热效率由改造前91.05%提高到92.88%，提高了1.83%，节能效果明显。

(2)重整反应加热炉节能改造后，能够满足装置正常生产和调节控制要求，运行情况良好。目前重整反应加热炉热负荷不高，按照满负荷测算，可达到预期节能效果。

(3)经第三方检测，重整反应加热炉更换高效低NO_x燃烧器后，排放烟气中总NO_x为90mg/m^3，降低了环境污染物的排放，满足了环保要求。

参 考 文 献

[1] 徐承恩. 催化重整工艺与过程[M]. 北京：中国石化出版社，2006：718-736.

[2] 刘运桃. 管式加热炉技术问答[M]. 北京：中国石化出版社，2000：31-34.

[3] 钱家麟. 管式加热炉[M]. 2版. 北京：中国石化出版社，2003：32-45.